Interesse revisited

Olaf Krey · Sascha Bernholt ·
Daniel Laumann · Thorid Rabe
(Hrsg.)

Interesse revisited

Interessenforschung im Bereich Naturwissenschaften

Springer Spektrum

Hrsg.
Olaf Krey
Didaktik der Physik
Universität Augsburg
Augsburg, Deutschland

Sascha Bernholt
Didaktik der Chemie
IPN – Leibniz-Inst. f. Pädagogik
Kiel, Deutschland

Daniel Laumann
Institut für Didaktik der Physik
Universität Münster
Münster, Deutschland

Thorid Rabe
Didaktik der Physik
Martin-Luther-Universität
Halle-Wittenberg
Halle/Saale, Deutschland

ISBN 978-3-658-48541-2 ISBN 978-3-658-48542-9 (eBook)
https://doi.org/10.1007/978-3-658-48542-9

Die Deutsche Nationalbibliothek verzeichnet diese Publikation in der Deutschen Nationalbibliografie; detaillierte bibliografische Daten sind im Internet über https://portal.dnb.de abrufbar.

Springer Spektrum ist ein Imprint der eingetragenen Gesellschaft Springer Fachmedien Wiesbaden GmbH und ist ein Teil von Springer Nature.
Die Anschrift der Gesellschaft ist: Abraham-Lincoln-Str. 46, 65189 Wiesbaden, Germany

Interesse revisited – Ein Vorwort

Ein Verständnis des Konstrukts „Interesse“ und dessen Einfluss auf Lern- und Entscheidungsprozesse von Lernenden stehen schon seit vielen Jahrzehnten im Fokus fachdidaktischer und pädagogisch-psychologischer Forschung. Neben theoretischen und empirischen Arbeiten zur Konstruktklärung, zur kurz-, mittel- und langfristigen Interessenentwicklung oder zu Zusammenhängen zu weiteren motivational-affektiven oder kognitiven Personenmerkmalen, behavioralen Indikatoren von Lernprozessen oder Merkmalen von Lernumgebungen waren auch die Vorhersage von Bewertungsprozessen, Handlungen oder Wahlentscheidungen durch individuelle Interessen Gegenstand von Theorieentwicklung und empirischen Untersuchungen.

Mit Blick auf grundlegende Ziele des allgemeinbildenden Schulsystems, bspw. die Ermöglichung einer erfolgreichen Schullaufbahn und erfolgreicher Übergänge zwischen Bildungsetappen, die Eröffnung beruflicher Wahlentscheidungen oder die Vorbereitung auf gesellschaftliche Teilhabe, wird die Interessenförderung vielerorts als immanenter Anspruch fachbezogener Schulbildung, aber insbesondere auch als zentrale Aufgabe außerschulischer und extracurricularer Bildungsangebote wiederholt hervorgehoben.

Empirische Befunde betonen jedoch auch seit Jahrzehnten konsistent, dass das Interesse der Lernenden insbesondere an mathematisch-naturwissenschaftlichen Fächern und Fachinhalten im Verlauf der Schulzeit abnimmt. Ebenso wird aus der Perspektive der Wirtschaft betont, dass sich der bereits vorhandene Fachkräftemangel in den kommenden Jahren weiter verschärfen wird, wenn nicht mehr Absolvent:innen im Anschluss an die schulische Bildung für MINT-bezogene Studien- und Ausbildungsgänge begeistert werden können. Ein analoges Problem stellt sich für die Lehrer:innenbildung: Auch hier liegt bereits eine angespannte Situation bzgl. (angehender) MINT-Lehrkräfte vor, die sich insbesondere für die Fächer Physik und Chemie verschärfen wird. An diesem skizzierten Gesamtgefüge von Bildungs- und Forschungszielen auf der einen und gesellschaftlichen Problemlagen und entsprechenden Bedarfen hinsichtlich einer Steigerung spezifischer Interessen auf der anderen Seite hat sich trotz phasenweise intensiver Forschungs- und Entwicklungsbemühungen über die letzten Dekaden nur wenig geändert.

Aus Sicht der Fachdidaktik lässt sich diese Situation auch als Wissensdefizit deuten, das dazu auffordert, die bisherige Forschung – ihre theoretischen Grundlagen, Ziele, Methoden und Ergebnisse – in ihrem status quo zu bilanzieren, sie auf dieser Basis kritisch zu hinterfragen und ggf. neue Perspektiven zu entwickeln.

Die Idee, sich dieser Herausforderung zu stellen, entstand im Rahmen einer von der Wilhelm und Else Heraeus-Stiftung geförderten Klausurtagung unter dem Titel „Physikdidaktik- Quo vadis?" im Juni 2022. Auf dieser Tagung entschloss sich eine Arbeitsgruppe dem Thema *Interesse in Forschung und (schulischer) Lehre* erneut Aufmerksamkeit von Seiten der Fachdidaktik zu widmen. Vor diesem Hintergrund wurde auf der Jahrestagung der Gesellschaft für Didaktik der Chemie und Physik (GDCP) 2023 in Aachen ein Workshop organisiert und dann 2024 von den Herausgeber:innen dieses Bandes eine von der Wilhelm und Else Heraeus-Stiftung geförderte Schwerpunkttagung „Interesse revisited – Das Interessenkonstrukt in den Naturwissenschaften" an der Universität Augsburg ausgerichtet. Dem Charakter einer Arbeitstagung entsprechend wurden vorbereitend Synopsen zum Forschungsstand angefertigt und von den Teilnehmer:innen gelesen. Die daran anknüpfenden Diskussionsthemen und -fragen der Tagung wurden von einzelnen Gruppen aufgegriffen, ergänzt und im Rahmen der in diesem Band vorliegenden Beiträge systematisch weiterbearbeitet und vertieft.

Die Frage danach, wie sich Interesse entwickelt und wie sich diese Entwicklung beeinflussen lässt, ob das erstrebenswert wäre und mit welcher Zielvorstellung das ggf. verbunden sein sollte, verweist mindestens auf pädagogische, psychologische und soziologische Dimensionen und führt schnell an die Grenzen des (ohnehin bereits multiperspektivisch und interdisziplinär angelegten) Wissensstandes der Fachdidaktiken.

Ziel dieses Buches ist es daher, den aktuellen Stand der Interessenforschung im Bereich Naturwissenschaften kritisch zu sichten, zusammenzufassen und dabei Stärken und Probleme bisheriger Forschung zu identifizieren. Die Beiträge in diesem Band liefern damit keine fertigen Antworten, Lösungen oder Handlungsrezepte, sondern eine fundierte Grundlage für die weitere Entwicklung und Ausrichtung der Interessenforschung im Bereich Naturwissenschaften.

Als Herausgeber:innen verfolgen wir mit dem vorliegenden Buch zum einen das Anliegen, den Ist-Zustand bzgl. der theoretischen Grundlagen und der methodischen Erfassung sowie der empirischen Forschungsbefunde zur zeitlichen Entwicklung und nachhaltigen Förderung von Interesse im Bereich der Naturwissenschaften bzw. der naturwissenschaftlichen Fachdidaktik auf Basis der Forschungs- und Entwicklungsarbeiten der letzten Dekaden darzustellen. Zum anderen sollen auf Grundlage dieser Sichtung aber auch Defizite und Desiderata der bisherigen Interessenforschung identifiziert und so Anregungen für zukünftige Arbeiten, insbesondere in den Fachdidaktiken, herausgearbeitet werden.

Wir richten uns damit an Forschende der Naturwissenschaftsdidaktiken sowie anderer fachdidaktischer Disziplinen, insbesondere weiterer MINT-Fächer, die sich ebenfalls im Spannungsfeld zwischen Herausforderungen aufgrund geringer Interessen an den Fächern einerseits und deren großer und zunehmender gesellschaftlichen Bedeutung andererseits befinden. Gleichzeitig möchten wir auch weitere Akteur:innen der Lehrer:innenprofessionalisierung ansprechen und hoffen, dass die hier diskutierten Zusammenhänge auch als Fallbeispiel für allgemeinere Diskussionen in den Bildungswissenschaften dienen können. Schließlich soll auch interessierten MINT-Bildungsakteur:innen, insb. (zukünftigen) Lehrkräften an Schulen und außerschulischen Lernorten, ein detaillierter Überblick zum Interessenkonstrukt aus fachdidaktischer Perspektive zur Verfügung gestellt werden.

Im Folgenden erläutern wird kurz den **Aufbau des Buches** und die Ausrichtung der einzelnen Kapitel, die alle einen Reviewprozess (half-blind) durchlaufen haben. Den **ersten Teil des Bandes** bilden Beiträge, die aus den Synopsen hervorgegangen sind, die vorbereitend für die Schwerpunkttagung entlang von Leitfragen verfasst wurden. Die Beiträge wurden sowohl auf Basis der dortigen Diskussionen als auch mit Anregungen aus dem Reviewverfahren weiterentwickelt:

Was ist? Im Beitrag „**Interessentheorien revisited. Ein Überblick gängiger Interessenbegriffe und damit verbundener Beschreibungen der Interessenentwicklung**" (Kap. 1) stellen Thomas Zügge und Lars Höft die beiden vorherrschenden Konzeptualisierungen des Interessenbegriffs dar: die Person-Gegenstands-Theorie des Interesses, die wesentlich auf Krapp zurückgeht, und das darauf aufbauende Vier-Phasen-Modell der Interessenentwicklung nach Hidi und Renninger. Beide Konzeptualisierungen werden (auch vergleichend) herangezogen, um die zur Beschreibung von Struktur und Entwicklung des Interesses verwendeten Begriffe möglichst präzise zu fassen und um Interesse gegen verwandte motivationspsychologische Konstrukte wie Neugierde oder erwarteten

Wert abzugrenzen. Hierbei werden Unschärfen und Fehlstellen deutlich, die es in der Zukunft zu adressieren und zu berücksichtigen gilt.

Was soll? Thorid Rabe geht in Kap. 2 **„Interessenförderung als Ziel von naturwissenschaftlichem Unterricht?! Erkundungen zu normativen Perspektiven auf Interesse in naturwissenschaftlichen Bildungsprozessen“** dem Verdacht nach, dass das auf den ersten Blick konsensuelle Verständnis von naturwissenschaftlichem Interesse als Ziel naturwissenschaftlichen Unterrichts einer differenzierteren Betrachtung bedarf. Dabei werden ausgewählte theoretische Rahmungen aus Pädagogik, Psychologie und naturwissenschaftlicher Fachdidaktik systematisch erkundet. Im Fokus stehen unter anderem unterschiedliche Begründungsfiguren zu Interesse als Bedingung versus Interesse als Indikator für erfolgreiche Bildungsprozesse, die Relevanz von Interesse im Verhältnis zu ggf. konkurrierenden Zielebenen von Bildungsprozessen und die (individuelle vs. gesellschaftliche) Festlegung erwünschter Interessengegenstände bzw. -bereiche.

Wie viel wovon? Unter der Annahme, dass das Konstrukt Interesse in und an den naturwissenschaftlichen Fächern weiterhin empirisch erforscht werden sollte, stellt sich aus methodologischer Perspektive die Frage nach geeigneten Datenarten, Erhebungsverfahren und Operationalisierungen des Konstrukts. In ihrem Beitrag **„Die Erfassung von Interessen in der empirischen fachdidaktischen Forschung – Ein methodologisches Review“** (Kap. 3) arbeiten Sascha Bernholt und Olaf Krey anhand einer systematischen Analyse von Interessenstudien, die zwischen 2012 und 2023 publiziert wurden, die prototypischen Merkmale solcher Studien heraus. Bei aller Varianz im Detail wird im Rahmen einer quantitativen Fragebogenstudie meist auf die Person-Gegenstands-Theorie Bezug genommen und das Domäneninteresse an Biologie, Chemie, Physik oder einem naturwissenschaftlichen Verbundfach bei 14- bis 16-jährigen Schüler:innen erfasst. Die sich darin andeutende theoretische und empirische Engführung problematisieren die Autoren zusätzlich mit Blick auf theoretisch-definitorische Ambiguitäten, wenig belastbare Validitätsargumente und fehlende empirische Befunde zu Zusammenhängen zwischen Interessen an unterschiedlichen Gegenständen.

Im Beitrag **„Empirische Befunde der Interessenforschung der Fächer Biologie, Chemie und Physik im Primar- und Sekundarbereich seit 2012 – Ein systematisches Review“** (Kap. 4) widmen sich Sebastian Habig, Nadine Großmann, Andrea M. Schmid, Helena van Vorst, Sabine Fechner und Matthias Wilde den Befunden dieses Forschungsbereichs. Die Autor:innengruppe nutzt dabei wiederum ein systematisches Review der fachbezogenen Interessenforschung der Jahre 2012 bis 2023 und differenziert dabei zwischen drei theoretischen Perspektiven. Unter der differenziell-theoretischen Perspektive zeichnet sich dabei eine Bestätigung der Befunde früherer Analysen ab. So finden sich weiterhin zahlreiche Studien zum Zusammenhang zwischen Geschlecht und Interesse, wobei (weiterhin) offen bleibt, wie inter- und intraindividuelle Interessenunterschiede von Schüler:innen bei der Gestaltung differenzierenden Unterrichts berücksichtigt werden sollten. Auch finden sich zahlreiche Studien zum Einfluss kulturell-sozialer Faktoren auf die Interessenentwicklung (ontogenetische Perspektive), wobei die Identifikation von Einflussgrößen in diesem Kontext noch nicht als abgeschlossen bewertet werden kann. Die überwiegende Mehrheit der analysierten Studien fokussiert auf individuelle und situationale fachliche Interessen, insbesondere auch im Rahmen von Interventionsstudien, was den hohen normativen Wert des Interesses im schulischen und außerschulischen Kontext unterstreicht.

Im zweiten Teil des Buches sind Beiträge enthalten, die aus verschiedenen Perspektiven unterschiedliche Aspekte der fachdidaktischen Interessenforschung vertiefend betrachten. Dabei reicht die Bandbreite von theoretisch orientierten Arbeiten z. B. zur Konstruktfundierung (Kap. 5) oder dem Versuch bisher getrennte Forschungstraditionen aufeinander zu beziehen (Kap. 9), über Perspektiven, die sich dem Interesse vorwiegend mit Blick auf die Person nähern (Kap. 6, 7, 8) bis zu dem Anliegen Interessenförderung im schulischen (Kap. 10) und außerschulischen Bereich (Kap. 11) in den Blick zu nehmen.

Während Kap. 1 dieses Bandes den status quo der Theoriebildung zum Konstrukt Interesse in den Naturwissenschaften beleuchtet, stellen sich Claudia von Aufschnaiter, Tino Endres und Verena Petermann in ihrem Beitrag der Herausforderung, einen **„Entwurf eines Interessenmodells für die Naturwissenschaften“** (Kap. 5) zu begründen und vorzustellen. Ziel ist es, ein Modell zu entwickeln, das es erlaubt, Interesse sowohl als zeitlich stabile Disposition als auch als Momentaufnahme in einem Prozess abzubilden sowie Interessen in ihrer zeitlichen Entwicklung nachvollziehbar zu machen. Die Autor:innen selbst betonen den Anspruch der Vorläufigkeit des Modells und verbinden damit die (mindestens implizite) Aufforderung an Interessenforscher:innen und Fachdidaktiker:innen, den theoretischen Diskurs zum Interessenkonstrukt weiterzuführen, um so die theoretische Grundlage für weitere Forschungsbemühungen zu explizieren und zu präzisieren und damit Orientierung für zukünftige empirische Interessenforschung zu bieten.

Einflussfaktoren der Personenseite auf das Interesse nehmen Daniel Laumann, Julia Welberg und Jan Winkelmann in ihrem Beitrag **„Personenmerkmale und das Interesse von Lernenden in den Naturwissenschaften“** (Kap. 6) noch einmal gezielt in den Blick. In fünf fokussierten Literaturreviews fassen sie die Forschungsliteratur zum Einfluss von Persönlichkeit (im Sinne der „Big

Ort. Unser großer Dank gilt den Teilnehmer:innen der Tagung, die sich bereit erklärt haben, die vorliegende Publikation mit einem Beitrag zu bereichern. Die Zusammenarbeit mit den Autor:innen dieses Bandes war geprägt von Zuverlässigkeit und gegenseitiger kollegialer Wertschätzung, was die Arbeit an diesem Band zu einer Freude gemacht hat.

Im März 2025

Olaf Krey
Universität Augsburg

Sascha Bernholt
Leibniz-Institut für die Pädagogik der Naturwissenschaften und Mathematik (IPN), Kiel

Daniel Laumann
Universität Münster

Thorid Rabe
Martin-Luther-Universität Halle-Wittenberg

Inhaltsverzeichnis

Interessentheorien revisited. Ein Überblick gängiger Interessenbegriffe und damit verbundener Beschreibungen der Interessenentwicklung

Thomas Zügge und Lars Höft

1 Einleitung

Spuren des etymologischen Ursprungs des Begriffs „Interesse“ finden sich bis heute in allen Interessentheorien: Die wörtliche Übersetzung des lateinischen Stammes „inter esse“ verweist auf die Existenz von etwas „*zwischen*“ zwei Entitäten. Verhältnismäßig spät erbte der deutsche Interessenbegriff zudem weitere Konnotationen wie „Aufmerksamkeit“ und „Wichtigkeit“ vom französischen Begriff „interet“. Spätestens im 17. und 18. Jahrhundert wurde ihm durch Comenius und Rousseau eine zentrale Rolle bei der Gestaltung von Lernprozessen zugeschrieben (Pfeifer, 1993). Im 19. Jahrhundert forderte Herbart (1965) in seiner Theorie der Erziehung, Interesse solle nicht nur als Voraussetzung von Lernprozessen betrachtet werden, sondern gleichsam das Ziel derselben sein. Das so ausgedrückte Vertrauen, didaktisch-pädagogisch die Interessenentwicklung steuern zu können, nahm Dewey (1913) zu Beginn des 20. Jahrhunderts wieder auf (Daniels, 2008; Harackiewicz & Knogler, 2017; Jonas, 2011; Krapp & Prenzel, 2011). Die Etablierung des Interesses in der internationalen pädagogisch-psychologischen Forschung erfolgte spätestens mit der

T. Zügge (✉)
Fachdidaktik der Physik, Universität Greifswald, Greifswald, Deutschland
E-Mail: zuegge@physik.uni-greifswald.de

L. Höft
Didaktik der Chemie, IPN Kiel, Kiel, Deutschland
E-Mail: hoeft@leibniz-ipn.de

O. Krey et al. (Hrsg.), *Interesse revisited*,
https://doi.org/10.1007/978-3-658-48542-9_1

Interesse statisch beschrieben wird.[1] Der erste Teil schließt mit der beispielhaften Darstellung eines Modells, mit welchem eine statische Interessenbeschreibung versucht wird (Abschn. 2.4).

Die dynamische Entwicklung des Interesses bildet den Kern des zweiten Teils (Abschn. 3). Die zentralen Konzepte der Beziehungsbeschreibung werden abermals aufgegriffen, diesmal aber unter der Frage, wie sie sich im Verlauf der Interessenentwicklung verändern (Abschn. 3.1). Den Mechanismen, die diese Veränderungen moderieren, sind die folgenden Unterkapitel gewidmet. Sowohl die dreiphasige Entwicklungsbeschreibung der POI (Abschn. 3.2) unter Referenz auf die Selbstbestimmungstheorie der Motivation (Self Determination Theory, kurz: SDT, Abschn. 3.2) wird dargestellt als auch das im Einklang mit der POI entwickelte, derzeit in der pädagogischen Psychologie prävalente Vier-Phasen-Modell der Interessenentwicklung (Four Phase Model of Interest Development, kurz: FPM) beschrieben (Abschn. 3.3).[2] Ausgehend von den Entwicklungsbeschreibungen werden abschließend zwei Modelle vorgestellt, die versuchen, den wechselseitigen Zusammenhang zwischen Interesse und Lernen auf der Prozessebene zu beschreiben (Abschn. 3.5).

Zum Ende des Beitrags wird das Augenmerk auf jene motivationstheoretischen Konstrukte gelenkt, die mitunter vom Begriff des Interesses schwer unterscheidbar sind, aber anderes beschreiben (Abschn. 4). Mit dem Versuch die Begriffe Neugierde (Abschn. 4.1) und Erwartungswert (Abschn. 4.2) vom Begriff des Interesses abzugrenzen und kritisch in den bestehenden Diskurs über den Interessenbegriff einzuordnen wird das Ziel verfolgt, die Orientierung im Diskurs der „Interessentheorien" zu erleichtern und gleichzeitig den Interessenbegriff durch Abgrenzung auszuschärfen.

Mit der Diskussion einiger der im Verlauf aufgeworfenen Fragen schließt der Beitrag (Abschn. 5).

---

[1] Nicht immer wird es möglich sein, die Entwicklung des Interesses ganz auf den zweiten Teil zu verschieben. Einige der Begriffe sind konzeptuell stark als entwickelte Versionen anderer angelegt.

[2] Unter anderem aufgrund gemeinsamer Arbeiten zwischen Krapp, Hidi und Renninger sind der POI und dem FPM konzeptuelle Gemeinsamkeiten und Begrifflichkeiten inhärent, jedoch lassen sich auch Abgrenzungen finden – bspw. hinsichtlich der Bedeutung von objektbezogenen Wissenselementen oder der Phasierungen der Interessenentwicklung.

2 Interesse als Beziehung zwischen Person und Gegenstand

Bei allen Unschärfen im Diskurs um den Interessenbegriff bleibt die Konstruktion des Interesses als bedeutungsmäßig herausgehobene Beziehung zwischen Person und Gegenstand (Krapp, 1992; Prenzel et al., 1986; H. Schiefele et al., 1983) ein über alle prävalenten und im Folgenden dargestellten Ansätze verbindendes Element (Harackiewicz & Knogler, 2017). Der Klärung dieser Trias ist dieser Abschn. gewidmet. Die immer wieder (z. B. von Blankenburg & Scheersoi, 2018) geforderte Integration verschiedener Interessentheorien erfüllt die Person-Gegenstands-Theorie des Interesses (POI) dabei insofern schon, als es sich bei ihr gar nicht um eine Theorie im eigentlichen Sinne, sondern vielmehr um eine theoretische Rahmenkonzeption zur Strukturierung und Einordnung von interessenbezogenen Hypothesen und Forschungsergebnissen handelt. Krapp formuliert selbst: „POI is not a theory in the strict sense of the word, but rather a theoretical framework for structuring and elucidating interest-related concepts, hypotheses, and results." (Krapp, 2002a, S. 408). Entsprechend umfasst die POI konzeptionell wichtige Begriffe, die sich auch unabhängig von dieser (und teilweise zuvor) in der Diskussion um den Interessenbegriff etablieren konnten. Diese werden im Folgenden ebenso erläutert wie ausgewählte motivationspsychologische und persönlichkeitstheoretische Annahmen, die zur Beschreibung des Interesses übernommen wurden. So entsteht ein vollständiges Bild der Konzeption (Krapp, 1992, 2002b), die bei der Entwicklung des Vier Phasen Modells (FPM) (vgl. Abschn. 3.3) weitgehend übernommen wurde. Wo dies nicht der Fall ist, weisen wir auf Unterschiede hin.

Ausgangspunkt jeder Beschreibung der POI ist notwendigerweise die Klärung ihrer drei namensgebenden Begriffe: die Person, der Gegenstand (Object) und die Art der Beziehung zwischen diesen, die sich in Interessenhandlungen manifestiert (Interaction) und als Interesse bezeichnet wird. Anders als die Reihenfolge im Namen es nahelegt, beginnen wir mit der Klärung des Gegenstandsbegriffs. Zum einen, weil die aktuelle Interessenforschung in der Regel gegenstandszentriert agiert, zum anderen weil sich so die gewichtige Rolle subjektiver Konstruktion in der Beschreibung des Gegenstandsbegriffs der POI als Grundlage schon verankern lässt, bevor die Rolle der Person im Anschluss detaillierter beschrieben wird. Beides dient als Grundlage für die Klärung der Beziehung zwischen Gegenstand und Person mithilfe der diese Beziehung kennzeichnenden zentralen Begriffe: individuelles, situationales und aktualisiertes Interesse, State und Trait, Nicht-Interesse und Indifferenz.

2.1 Der Gegenstand

Seit Beginn der Arbeit an einer POI bezeichnete der Begriff (Interessen-) Gegenstand nicht allein interindividuell objektiv wahrnehmbare Objekte, sondern machte es notwendig, zwischen z. B. Fach- und Sachinhalten, Aktivitäten und Themen, Kontexten und Themengebieten zu unterscheiden (Blankenburg & Scheersoi, 2018; Häußler & Hoffmann, 2000, 2002; Hidi, 2006; Hidi & Renninger, 2006; Hoffmann et al., 1998; Krapp, 1992, S. 305 ff.; Pekrun, 2019; Swarat et al., 2012). Daran wird bereits deutlich, dass es sich keineswegs nur um Objekte im materiellen Sinn handeln muss. Beispielsweise sind es gerade Aktivitäten (also eben keine Objekte im umgangssprachlichen Verständnis), denen besonders großer Einfluss auf das Interesse attribuiert wird (Blankenburg & Scheersoi, 2018; Swarat et al., 2012). Der Begriff *Gegenstand* verweist nicht auf „Dinge", sondern auch auf Themen, Aktivitäten, Fragestellungen, abstrakte Ideen etc.

Die von Krapp entworfene POI orientiert sich zudem an den (sozial)konstruktivistischen, gestaltpsychologischen und tätigkeitstheoretischen Vorarbeiten von Lewin und Leontjew (Leontjew, 1977; Lewin, 1936); darauf verweisen sowohl direkte Referenzen als auch die Übernahme einschlägiger Bezeichnungen (z. B. „Life Space" in Krapp, 2002a, b; Lewin, 1936). Daraus ergibt sich eine weitere Eigenschaft des Gegenstandsbegriffes. Dieser verweist in erkenntnistheoretisch-konstruktivistischer Lesart gerade nicht auf objektive, intersubjektiv identische „Dinge" sondern potenziell jeden mental repräsentierten Inhalt, sofern dieser als Rekonstruktion des Individuums oder der Lerngruppe identifizierbar ist (Leontjew, 1977; Lewin, 1936).

Demzufolge liegt es weiter nahe, den „Interessengegenstand" der POI (die „Auffassung", die die Person vom Gegenstand hat, Krapp, 1992, S. 308) im Sinne Lewins als individuell wahrgenommenen Aufforderungscharakter (bzw. Angebotscharakter) zu verstehen, d. h. als spezifisches Zusammenspiel von Eigenschaften des Gegenstands, der Situation und der wahrnehmenden Person.

Betrachtung und Bewertung des Gegenstands sind nicht allein von seinen interindividuell wahrnehmbaren Attributen geprägt, sondern von den Angeboten, die er aus Perspektive der wahrnehmenden Person dieser macht oder knapper: als Kombination von Eigenschaften der Umgebung, die unter der Prädisposition des Wahrnehmenden hervortreten (Gibson, 1977, S. 79). Derart als Angebote lesbare Gegenstände existieren unabhängig davon, ob das Individuum sie annimmt oder nicht (Gibson, 1977; Lewin, 1963). Mit anderen Worten: Obwohl (Lern-) Situationen aus objektiven, oft physischen Arrangements bestehen, werden die daraus entstehenden situationsspezifischen Impulse individuell konstruiert, wahr- und ggf. angenommen.

Der geschilderte konstruktivistische Prozessansatz gehört zu einem der wenigen Prinzipien, das sich in einem Großteil der psychologischen Felder etablieren konnte (vgl. hierzu etwa die Darstellungen von Harackiewicz & Knogler, 2017; Rauthmann et al., 2015). In neuerer Literatur zur Interessenforschung taucht er aber zunehmend nur noch als Randbemerkung auf.

Dass die von jungen Menschen als attraktiv wahrgenommenen Angebote des naturwissenschaftlichen Unterrichts in der Regel abseits der sachlogischen Struktur des Fachinhalts zu suchen sind, hat dazu beigetragen, dass die „Interessantheit" (von Krapp (1992) parallelisiert mit dem situationalen Interesse, s. u.) von Sachinhalten in der Verbindung mit (optionalen) Kontextualisierungen gesucht wurde (Blankenburg & Scheersoi, 2018; Harackiewicz et al., 2016; Renninger et al., 1998). Vor dem Hintergrund der oben beschriebenen Schwierigkeit, interindividuell attraktiv wahrgenommene Gegenstände/Angebote zu identifizieren, sind Aussagen über die Attraktivität von Lernarrangements für Gruppen von Jugendlichen besonders schwer zu treffen, was zum einen in deutlichem Widerspruch zur gängigen Forschungspraxis steht (Bernholt & Krey, in diesem Band, Kap. „Die Erfassung von Interessen in der empirischen fachdidaktischen Forschung – Ein methodologisches Review") und sich zum anderen für die Planung von Lerngelegenheiten als problematisch erweist. Harackiewicz und Kollegen (2016) haben in diesem Zusammenhang drei Variablen identifiziert, mit denen sich für Gruppen von Lernenden geeignete Gegenstände/Kontexte zunächst differenzierter klassifizieren lassen: Mit *Tiefe* wird die Einwurzelung des Gegenstands im Leben der Lernenden beschrieben (handelt es sich z. B. lediglich um eine mediale Referenz oder ein aufgenommenes Hobby). Die *Korngröße* beschreibt die Größe der Lerngruppe, für die eine verallgemeinerbare Aussage getroffen werden kann, und *Ownership* die gegenstands-/kontextspezifischen Möglichkeiten, sich das Lernangebot zu eigen zu machen. Jede der drei Variablen stellt Lehrende vor die Herausforderung, sehr aufwendige Bestandsaufnahmen zur Auswahl geeigneter Gegenstände/Kontexte durchzuführen (Harackiewicz et al., 2016). Um die Auswahl von Gegenständen zu vereinfachen, die bezüglich Tiefe, Korngröße und Ownership an bekannte Lerngruppen angepasst sind, hat Zügge (2022) im Einklang mit Impulsen aus der POI die Antizipation von Entwicklungsaufgaben vorgeschlagen.

2.2 Die Person

Der Begriff *Gegenstand* in der POI bezeichnet wie oben ausgeführt die von Personen individuell konstruierten Repräsentationen, die nur sehr begrenzt verallgemeinerbar sind. Entsprechend merkt Krapp an, dass sich aus dem Wissen um formale, demografische Attribute von Personen noch keine Aussagen über mögliche Interessengegenstände ableiten lassen (Krapp, 2007). Vielmehr kann es als besonderes Merkmal der POI verstanden werden, dass sich die an ihrer Entwicklung Beteiligten nicht (allein) als Unterrichtsforscher:innen verstanden, sondern sich immer wieder in der Tradition psychologischer Forschung zu Selbstkonzept und Entwicklung des Individuums stehend beschrieben haben (z. B. Krapp, 2002a, b; Renninger & Su, 2012). So wurden eine Reihe von metatheoretischen Prämissen übernommen, wie bspw. die oben geschilderte Dialektik von Individuum und Objektwelt, die Notwendigkeit der Erfüllung grundlegender Bedürfnisse (siehe Abschn. 3.2), die reflexive Intentionalitätsfähigkeit des Subjekts und die Existenz eines individuellen Selbst als Kern der Persönlichkeit, womit sich die Identitätsbeschreibung von rein sozialkonstruktivistischen Beschreibungen abhebt und dem Individuum eine eigentätige Komponente in seiner Entwicklung zugeschrieben wird (Krapp, 1992, 2002b). Einordnend sei darauf hingewiesen, dass soziale und eigentätige Konstruktion des Selbst keine Widersprüche darstellen (Brandtstädter, 2001; Harter, 2003, 2015; Christ et al., in diesem Band, Kap. „Interest goes Identity? Eine Bestandsaufnahme der Relationierungen von Interesse und Identität und deren Potentiale für naturwissenschaftsdidaktische Forschung").

Eine zentrale, aus der Psychologie der Persönlichkeit und Selbstbestimmungstheorie übernommene Hypothese des POI-Rahmenkonzepts, die insbesondere die „Person" näher charakterisiert, ist die Selbstaktionalität der Ontogenese, also die Konzeptualisierung von Individuen als nicht nur reflexive Objekte der eigenen (Interessen-)Entwicklung, sondern aktive Gestalter:innen dieser Entwicklung (Brandtstädter, 2001). Auch Krapp wirbt darum, die POI als Handlungstheorie zu verstehen (Deci, 1998; Krapp, 2002a). In diesem Sinne wird, häufig mit Verweis auf Krapp, der Begriff „Interessenhandlung" für Handlungen genutzt, die Individuen im Einklang mit ihren Interessen unternehmen (Krapp, 1992, 1999, 2002a; Prenzel et al., 1986; H. Schiefele et al., 1983; Silvia, 2006; Urhahne, 2008).[3] Notwendigerweise wäre von Interessenhandlungen (d. h. in diesem Sinn auch Entwicklungshandlungen) also nur zu sprechen, wenn diese zumindest als

[3] Mitunter wird die besondere Rolle der Interessentheorien neben anderen motivationalen Konzepten damit begründet, dass sie in der Lage sind, aus detaillierten Beschreibungen der Verbindung zwischen objektiver Erscheinung und subjektiver Repräsentation Handlungsimpulse abzuleiten (Hidi, 2006; Urhahne & Wijnia, 2023).

anteilig selbstgesteuert angenommen werden können (Brandtstädter, 2001). Der Begriff der Interessenhandlung lässt sich nicht ohne weiteres aus der POI auf andere Interessenkonzeptionen übertragen: Er bedarf eines Interessenkonstrukts, in dem das Individuum selbstaktional-ontogenetisch im konkreten Kontext mit der inneren Repräsentation des Interessengegenstands in Interaktion tritt (Krapp, 1992).

2.3 Die statische Beziehung zwischen Person und Gegenstand – zentrale Konzepte der Charakterisierung

Nach der Darstellung der theoretischen Grundannahmen den Gegenstand und die Person in der POI betreffend wird nun die Konzeptualisierung ihres Zusammenwirkens diskutiert. Die Frage lautet: Welche Leitkonzepte der interessenthematischen Beziehung zwischen Person und Gegenstand sind gängig oder etymologisch gesprochen: Was ist („esse") zwischen („inter") Person und Gegenstand. Die für diese Beschreibungen gängigen Begriffe situationales Interesse, individuelles Interesse, aktualisiertes Interesse, catch und hold, wert- und gefühlsbezogene Valenzen, psychologischer Zustand und Eigenschaft, sowie Nichtinteresse und Indifferenz werden im Folgenden eingeführt. Sofern im Folgenden nicht anders herausgearbeitet, sind die Begriffe in beiden prävalenten Theorien der Interessenentwicklung (POI und FPM) identisch belegt.

2.3.1 Situationales, individuelles und aktualisiertes Interesse

Krapp, Hidi und Renninger (1992) führten die umfangreich theoretisch differenzierte Unterscheidung zwischen situationalem und individuellem Interesse ein. Mitunter wird der Begriff *individuelles Interesse* als ruhende Form des Interesses bezeichnet, die zwar als Valenz im Individuum angelegt ist, aber nur in Form von *aktualisiertem Interesse* akut handlungsleitend wird (z. B. in Upmeier zu Belzen & Vogt, 2003). Interessenzustände, die vor allem durch äußere Reize, Gegenstände oder Situationen ausgelöst werden, die also eine zeit- und/oder situationsspezifische Beziehung zwischen Person und Gegenstand repräsentieren, als *situationales Interesse* bezeichnet (Krapp et al., 1992, Krapp, 1992, 2002b; Upmeier zu Belzen & Vogt, 2003).

Mit *individuellem Interesse* werden also Person-Gegenstands-Beziehungen bezeichnet, die durch wiederholte Auseinandersetzung mit dem Interessengegenstand entstanden sind und in Folge zeit- und situationsübergreifend stabil sind (Krapp et al., 1992, Krapp, 1992, 2002b; Upmeier zu Belzen & Vogt, 2003).[4] Es werden zwei Komponenten der durch Wiederholung entstandenen Person-Gegenstands-Beziehung unterschieden,

- die gefühlsbezogene und
- die wertbezogene Valenz.

Mit *gefühlsbezogener Valenz* wird die emotional positive Akzentuierung der Beziehung zu einem Interessengegenstand bezeichnet, die sich aus zurückliegendem positiven Erleben der Auseinandersetzung mit ihm entwickelt hat (Krapp, 1992, 2002b; Pekrun, 1988; H. Schiefele et al., 1983).

Wertbezogene Valenz bezeichnet – das hat Krapp wiederholt betont (Krapp, 1999, 2002a; Krapp & Prenzel, 2011) – keine Wichtigkeits- oder Wertzuschreibung hinsichtlich eines Interessengegenstands: Weder liege es nahe, von einem eindimensional hierarchischen Wertsystem im Individuum auszugehen, noch benötige Interesse an einem Gegenstand immer eine Kongruenz mit dem eigenen (Be-)Wertungssystem. Stattdessen bezeichne wertbezogene Valenz die persönliche Relevanz, welche die Auseinandersetzung mit dem Gegenstand für das Individuum habe.[5] Sie ist darum Ausdruck der Identifikation des Individuums mit den Handlungszielen und Tätigkeiten, die mit der Auseinandersetzung mit dem Gegenstand in Verbindung stehen und repräsentiert die selbstintentionale Schnittmenge zwischen dem (erwünschten oder erlebten) Selbstkonzept des Individuums und dem Interessengegenstand. Entsprechend ist der Aufbau der wertbezogenen Valenz eng verknüpft mit der Selbstkonzeptentwicklung und kann extern nur schwer antizipiert werden. In jedem Fall kann sie nicht von der gesellschaftlichen Bedeutung eines Gegenstands abgeleitet werden, sondern bedarf der Betrachtung der Person (Krapp, 1992, 2002a, b; Krapp & Prenzel, 2011).

[4] Unterschiedliche Nuancen lassen sich bzgl. des Verständnisses bzw. der verwendeten Bezeichnungen ausmachen: Krapp und Prenzel verwenden die Ausdrücke Disposition und individuelles Interesse, um auf einen individuellen, habituellen Motivationsmechanismus zu verweisen. Dieser steuere in unbekannten Situationen die Emotionen, Absichten und Handlungen im Zusammenspiel mit einem bewusst-rationalen Regulationssystem (siehe etwa Krapp, 2002b; Krapp & Prenzel, 2011). Schiefele hingegen beschreibt individuelles Interesse als stabile affektiv-evaluative Orientierung. Diese konstituiere sich aus komplexen Netzwerken von Valenzüberzeugungen, die zusammen mit Wissen über den Gegenstand im Langzeitgedächtnis gespeichert würden (Schiefele, 2009).

[5] Der Relevanzbegriff der pragmatischen Linguistik trennt in sehr ähnlicher Weise zwischen globaler und individueller Relevanz. Damit wird häufig ebenfalls die Frage verknüpft, ob erstere ohne zweitere überhaupt definiert werden kann (siehe etwa Schegloff, 1992).

Aktualisiertem und situationalem Interesse ist gemein, dass es sich um Konzepte zur momentanen Charakterisierung der Person-Gegenstand-Relation handelt. Beide stehen über ihren Bezug zum individuellen Interesse miteinander in Verbindung.

Anders als für das Verhältnis zwischen situationalem und individuellen Interesse ist es für das Verhältnis von individuellem zu aktualisiertem Interesse entscheidend, dass die Entstehung aktualisierten Interesses abhängig vom Vorhandensein individuellen Interesses ist: Eine stabile, d. h. zeitlich und über Kontexte hinweg überdauernde Disposition gegenüber einem Gegenstand, also individuelles Interesse (Harackiewicz & Knogler, 2017; Krapp, 1992, 2002b), kann im Sinne eines Interessenpotenzials bei der Ausführung einer Aktivität den psychologischen Zustand des Interesses erzeugen (Abschn. 2.3.2). Eine solche Manifestation des Interessenpotenzials als Zustand wird dann als aktualisiertes Interesse bezeichnet (Krapp, 1992).

Hinsichtlich des situationalen Interesses hat es sich als theoretisch zielführend erwiesen, weiter zu differenzieren. Es wird unterteilt in eine *catch* und eine *hold*-Komponente. So kann der erste Kontakt mit einem Interessengegenstand getrennt von der weiteren Auseinandersetzung mit ihm beschrieben werden. Die dafür von Mitchell (1993) entlehnten Begriffe beschreiben entsprechend die initiale Lenkung/das Triggern von Aufmerksamkeit (catch) und das Aufrechterhalten derselben (hold; Hidi, 2000; Upmeier zu Belzen & Vogt, 2003).

2.4 State und Trait

In der Beschreibung von Interesse hat es sich etabliert, zu unterscheiden zwischen dem aktuellen psychologischen Zustand des Interesses („state“) und der biografisch entwickelten, überdauernden Disposition, sich mit Gegenständen wiederholt auseinanderzusetzen („trait“), (Hidi, 2006; Hidi & Renninger, 2006; Laukenmann et al., 2000; Ulich & Mayring, 1992). Während der Zustand von Beginn an eingenommen werden kann, bedarf die Entwicklung der Disposition wiederholter Auseinandersetzung. Es ist wichtig zu betonen, dass es sich trotzdem nicht um eine Entwicklungsbeschreibung handelt. Viel mehr liegt die Unterscheidung trait/state quer zu der im nächsten Abschnitt noch einzuführenden Interessenentwicklung: Sowohl in der POI als auch im FPM wird zwischen erlebten psychologischen Zuständen zu unterschiedlichen Zeitpunkten der Interessenentwicklung nicht unterschieden, bzw. der (Interessen)Zustand als in jeder

Phase hervorrufbar konzeptualisiert (Ainley, 2017; Hidi, 2006; Hidi & Renninger, 2006). Hidi beschreibt den Zusammenhang zwischen individuellem Interesse, situationalem Interesse und psychologischem Zustand des Interesses wie folgt:

> „The best way that I can think of clarifying the conceptualization of the relationship between individual interest, situational interest and the psychological state of interest, is to consider individual interest as a sufficient but not necessary condition to elicit the psychological state of interest and to acknowledge that situational interest can also trigger this state." (Hidi, 2006, S. 74).

Der psychologische Zustand (state) des Interesses kann also sowohl aufgrund eines situationalen als auch eines individuellen Interesses (dann als aktualisiertes Interesse) ausgelöst werden und wird vom Individuum (vermutlich) gleich erlebt, was die Unterscheidung aus subjektiver Perspektive unmöglich macht (Ainley, 2017; Harackiewicz & Knogler, 2017; Hidi, 2006; Hidi & Renninger, 2006; Silvia, 2006). Dementsprechend nehmen die Autorinnen der FPM an, dass das situationale und das individuelle Interesse zum gleichen psychologischen Zustand führen (Renninger & Hidi, 2015).[6]

2.5 Nicht-Interesse und Indifferenz

Ohne es explizit erwähnt zu haben, nahmen wir den Charakter der Beziehung zwischen Person und Objekt bisher stets als positiv konnotiert an, d. h. die bedeutungsmäßige Akzentuierung der Person-Gegenstands-Beziehung wurde als positive Verstärkung dieser verstanden (Krapp, 1992). Als Ergänzung wurde auch vorgeschlagen, das Interessenkonstrukt durch die Begriffe Indifferenz/Desinteresse und Abneigung zu ergänzen, also das Fehlen einer bedeutungsmäßig herausgehobenen Beziehung und ihre negative Akzentuierung ebenfalls in die Rahmenkonzeption der POI aufzunehmen (Upmeier zu Belzen & Vogt, 2003). Desinteresse oder Indifferenz beschreibt dabei das Fehlen einer Person-Gegenstands-Beziehung, entweder aufgrund mangelnder Erfahrung mit dem Gegenstand oder als bereits informierte, gewählte Gleichgültigkeit, die mit

[6] Vereinzelt wird auch eine Parallelität mit anderen Modellen der Motivations- und Persönlichkeitspsychologie angenommen und zugunsten einer Harmonisierung vorgeschlagen, die Begriffe individuelles und situationales Interesse gänzlich durch Trait und State zu ersetzen (siehe etwa Pekrun, 2019), was den Gewinn der zusätzlichen Unterscheidung zwischen Trait und State dann aber weitestgehend zunichtemachen würde.

Vorwissen, aber keinerlei Wertattribution einhergeht, die jedoch durch die extrinsisch regulierte Auseinandersetzung mit dem Gegenstand aufgelöst werden kann (Upmeier zu Belzen & Vogt, 2003; Vogt, 2007). Abneigung dagegen bezeichnet eine bestehende, „negative Person-Gegenstands-Relation, die sich aufgrund der Verarbeitung von vorausgegangenen negativ bewerteten Person-Gegenstands-Auseinandersetzungen entwickelt hat.“ (Vogt, 2007, S. 14). Die so gemachten Erfahrungen führen bei Schüler:innen zur selektiven Wahrnehmung weiterer Informationen und zur Negierung eigener Handlungsoptionen im Feld des Gegenstands. Abneigung wird in der Regel von negativen Gefühlen und negativen Wertzuschreibungen begleitet. Im Gegensatz zur Indifferenz, bei der die Auseinandersetzung mit dem Gegenstand extrinsisch initiiert werden kann, wird sie im Falle der Abneigung intrinsisch motiviert vermieden. Entsprechend kann auch von individuellem Nicht-Interesse gesprochen werden (Upmeier zu Belzen & Vogt, 2003; Vogt, 2007). Ob und wie mit Abneigung konstruktiv umgegangen werden kann und ob die Skalen der aktuellen Interessenforschung konsistent zwischen Desinteresse und Abneigung unterscheiden, ist Gegenstand aktueller Diskussionen (Su, 2020; Upmeier zu Belzen & Vogt, 2003; Vogt, 2007).

2.6 Gegenstandsbezogene Interessenprofile in den Naturwissenschaften

Sowohl POI, FPM als auch die mit ihnen verknüpften oben genannten Konzepte sind generische Konstrukte zur Beschreibung von Interessen und Interessenentwicklung. Sie können genutzt werden, um Fach- bzw. Domäneninteresse von Schüler:innen zu einem bestimmten Zeitpunkt zu beschreiben und die Entwicklung zu charakterisieren. Sie bleiben aber abstrakt. Für die Gestaltung von Unterricht können solch unscharfe, primär deskriptive Betrachtungen unzureichend sein. Schon das Interesse an verschiedenen Fachinhalten (Sachinteresse) und den Methoden des gleichen Fachs wurde von Schüler:innen in empirischen Studien sehr unterschiedlich eingeschätzt (z. B. Blankenburg et al., 2016a; Habig et al., 2018; Häussler et al., 1998). So stellt sich für Forschende die Frage nach einer adäquaten Abbildung für die Analyse von Interessenstrukturen: Konstituiert sich das Fachinteresse jede:r Lernenden bspw. zu gleichen Teilen aus einer Vielzahl inhaltsspezifischer Interessen (z. B. van Griethuijsen et al., 2015) oder sind eher naturwissenschaftliche Methoden und Arbeitsweisen (z. B. Lavonen et al., 2021; Ochsen et al., 2023) verantwortlich für steigendes Fachinteresse?

Die Systematisierung und Klassifizierung von Interessengegenständen hat in der pädagogisch-psychologischen und fachdidaktischen Interessenforschung eine lange Tradition (Todt & Schreiber, 1998). Gängig ist die Differenzierung in inhalts-, kontext- und tätigkeitsspezifische Interessen (vgl. Häussler et al., 1998; Häussler & Hoffmann, 2000; Swarat et al., 2012). Ein detaillierteres Modell zur Beschreibung von naturwissenschaftlichen Interessenstrukturen, das versucht, diese Systematisierung aufzugreifen, ist das RIASEC + N Modell (Dierks et al., 2014), mit dem versucht wird, durch die nuancierte Beschreibung von Interesse an naturwissenschaftlichen Tätigkeiten, Varianz im Unterricht besser abzubilden. Die Konzeptualisierung bezieht sich dabei auf die Arbeiten von Holland (1997) zur Beschreibung von Berufsinteressen und auf holistische Interessenmodelle (Hoffmann et al., 1998; Prenzel, 1998; Todt & Schreiber, 1998). Ergänzend zu den bereits bestehenden Differenzierungen von Interessen an unterschiedlichen Schulfächern, Kontexten und Inhalten werden für den naturwissenschaftlichen Unterricht prototypische Tätigkeiten operationalisiert. So sollten Interessenprofile von Schüler:innen losgelöst von Inhalt oder Domäne identifiziert werden und die Interessenentwicklung über mehrere Schuljahre beschrieben werden. Die im Namen des Modells abgekürzten prototypischen Tätigkeiten werden auch als „Interessendimensionen“ bezeichnet. Es wird unterschieden zwischen:

- praktischen, handwerklichen Tätigkeiten (realistic);
- analytischen, forschenden Tätigkeiten (investigative);
- kreativen, künstlerischen Tätigkeiten (artistic);
- Tätigkeiten, bei denen sich Schüler:innen gegenseitig unterstützen (social);
- leitenden Tätigkeiten, bspw. in Gruppenarbeiten (enterprising);
- systematisierenden Tätigkeiten (conventional) und
- austauschenden/vernetzenden Tätigkeiten zwischen Schüler:innen (networking).

Das RIASEC + N Modell wurde in verschiedenen schulischen und außerschulischen Kontexten zur (latenten) Modellierung des Interesses genutzt (Blankenburg et al., 2016a, b, Dierks et al., 2014, 2016; Habig et al., 2018; Höft et al., 2019; Höft & Bernholt, 2019a, b, 2021; Ochsen et al., 2022).

3 Interessenentwicklung, Beschreibungsansätze zur Dynamik

Mit den Worten „any interest has a history" fasst Krapp (2002b, S. 396) zusammen, was über alle Interessentheorien hinweg Konsens ist: Interessen existieren nicht einfach, sie entwickeln sich dynamisch (Harackiewicz & Knogler,

2017; Hidi & Renninger, 2006; Krapp, 2002a; Renninger, 2009). Beispiele für Manifestationen dieser Dynamik sind vielfältig. Sie finden sich unter anderem

- im sich verändernden Charakter des Interesses, in dem vor allem zu Beginn emotionale Aspekte überwiegen (Fandakova & Gruber, 2021; Hidi, 2006; Krapp, 2002b),
- in der zeitlichen Abhängigkeit der Wirkung von Interessen auch auf sich selbst (Fandakova & Gruber, 2021; Fastrich et al., 2018; Marvin & Shohamy, 2016),
- in der Altersabhängigkeit von Interessen (Upmeier zu Belzen & Vogt, 2003; Vogt, 2007) und
- in der intraindividuellen Entwicklung des Interesses selbst.

Besonders wurde immer wieder die Parallelität der Entwicklung von Interesse, Selbstkonzept und Identität betont – sowohl seitens der Interessenforschung (Avraamidou, 2020; Blankenburg & Scheersoi, 2018; Carlone & Johnson, 2007; Köller et al., 2000; z. B. Krapp, 1992, 1998, 2002a, b; Krapp et al., 1992; Renninger, 2009; Renninger et al., 1998; Thieroff et al., 2021) als auch seitens der Erforschung von Selbstkonzept und Identität (Gottfredson, 1981; Daniels, 2008; Diekman & Eagly, 2008; Christ et al., in diesem Band, Kap. „Entwurf eines Interessenmodells für die Naturwissenschaften"). Unterstützt wird die daraus abzuleitende Notwendigkeit einer integrierten Betrachtung von Interessen- und Persönlichkeitsentwicklung durch die Beobachtung entwicklungsbegleitender Interessenveränderungen, wie sie oben schon angedeutet wurden. Besonders starke Argumente liefern die in unterschiedlichen akademischen Domänen häufig beobachtete Abnahme des Interesses mit dem Alter (Fredricks & Eccles, 2002; Frenzel et al., 2012; Hidi & Harackiewicz, 2000; Hoffmann et al., 1998; Potvin & Hasni, 2014; Steidtmann et al., 2023; Tröbst et al., 2016; Wild et al., 2023) und die Entwicklung von primär affektiv gestiftetem Interesse bei Kindern hin zu einem stärker kognitiv charakterisierten Interesse in der Adoleszenz (Anderhag et al., 2016; Frenzel et al., 2012; Pekrun, 2019). Erstere Beobachtung wurde durch eine entwicklungspsychologische Perspektiven integrierende Betrachtung als notwendiger Prozess der Selbstkonzept- und Identitätsausdifferenzierung/-konsolidierung erklärt. Dieser Prozess nimmt zwischen Personen divergierende Interessenentwicklungen explizit an und schließt so auch Interessenzunahmen in Subgruppen nicht aus, welche bei einfachen Mittelwertanalysen meist verdeckt bleiben (bspw. Akkerman et al., 2020; Schiefer et al., 2017; Wild, 2023, siehe auch Bernholt & Krey, in diesem Band, Kap. „Die Erfassung von Interessen in der empirischen fachdidaktischen Forschung – Ein methodologisches Review"). Der mit dem Alter zunehmend kognitive Charakter des Interesses wird im Verweis auf die gestiegenen metakognitiven Fähigkeiten Adoleszenter erklärt (Brandtstädter, 2001; Harter, 2015; Kessels & Hannover, 2004; Krapp, 2002b).

Hauptsächlich zwei Konstrukte haben sich zur Beschreibung der Entwicklung von Interessen etabliert: Ein dreiphasiges Modell im Rahmen der POI, das vor allem auf Krapp und Schiefele zurückgeht (Krapp, 2002b, 2005; U. Schiefele, 2001, 2009) und das FPM von Hidi und Renninger (2006). Bevor diese detailliert dargestellt werden, werden die zum Ende des vorherigen Abschnitts eingeführten zentralen Konzepte der Beziehungsbeschreibung zwischen Person und Gegenstand auf ihre Bedeutung für die Entwicklung dieser Beziehung untersucht. Der Abschnitt schließt mit der Diskussion der gegenseitigen Beeinflussung von Lernprozess und Interessenentwicklung aus zwei Perspektiven.

3.1 Die dynamische Beziehung zwischen Person und Gegenstand – zentrale Konzepte ihrer Entwicklungbeschreibung

3.1.1 Entwicklung des situationalen Interesses

Der erste, evtl. von weiteren Anreizen begleitete und als akzentuiert wahrgenommene, Kontakt mit einem Interessengegenstand wird als situationales Interesse bezeichnet (Krapp, 1992). In dieser Phase überwiegt das emotionale Erleben so sehr, dass situationales Interesse insgesamt mitunter als Emotion konzeptualisiert wurde (Silvia, 2005; Schiefele, 2009). Dabei kann das situationale Interesse sowohl von positiven als auch von negativen Emotionen begleitet werden. Der Kognition wird zu Beginn der Interessenentwicklung je nach zugrundeliegendem theoretischem Framework eine unterschiedliche Bedeutung zugeschrieben. Krapp z. B. geht in seinem Modell der Interessenentwicklung (1992) davon aus, dass kein Vorwissen vonnöten ist, um situationales Interesse hervorzurufen und trennt den Aufbau von Wissen aus dem Interessenkonstrukt ab (s. u.). Unstrittig aber ist für ihn, dass der weitere Aufbau von überdauerndem, individuellem Interesse sowohl kognitive als auch emotionale Impulse benötigt (z. B. Krapp, 1992). Die Anteile von Kognition und Emotion an der Interessenentwicklung verändern sich mit der Zeit. Kognition und Emotion der gerade entstehenden Person-Gegenstands-Beziehung ergänzen sich dabei in der catch- und hold-Komponente: Die eher emotionale catch-Komponente liefert sofort positives Feedback, während die kognitiv-rationale hold-Komponente der Situation die Lerngelegenheit identifiziert und die Aufmerksamkeit lenkt (Krapp, 1998, 2002b). Auch wenn es keinen universellen Trigger für situationales Interesse zu geben scheint (Renninger et al., 2019) werden Neuartigkeit, Komplexität, Überraschung, Inkongruenz, visuelle

Stimuli, Hands-On Aktivitäten, Gruppenarbeiten und Wahloptionen häufig mit der catch-Komponente assoziiert (Durik & Harackiewicz, 2007; Harackiewicz et al., 2016; Hidi, 2000; Krapp, 1998; Ochsen et al., 2021, 2022; Silvia, 2006, 2010).[7]

3.1.2 Entwicklung des individuellen Interesses

Bezüglich der Dynamik des individuellen Interesses sind vor allem zwei Faktoren getrennt voneinander zu betrachten: zum einen die selbstverstärkende Wirkung des individuellen Interesses selbst und zum anderen die Frage, wie Unterschiede in der Entwicklung von individuellen Interessen erklärt werden können.

Über alle Nuancierungen hinweg wird dem individuellen Interesse (stärker als dem situationalen Interesse) eine selbstverstärkende Wirkung zugeschrieben. Diese wird begründet mit der, durch das aktualisierte Interesse motivierten, wiederholten Auseinandersetzung mit dem Interessengegenstand. Krapp vermutet gar, dieser Selbstverstärkungsmechanismus sei konstitutiv für individuelles Interesse: Ein Ende dieser Vermehrung könne nicht als Stagnation, sondern müsse als Interessenverlust bezeichnet werden (Harackiewicz et al., 2016; Krapp, 2002a, b; Renninger & Hidi, 2011; Rotgans & Schmidt, 2017c; Silvia, 2001).

Für das Individuum ist die Entwicklung individueller Interessen ressourcen- und zeitaufwendig. Das führt dazu, dass Menschen zwar jederzeit neue individuelle Interessen entwickeln können, aber typischerweise nur eine überschaubare Anzahl dieser pflegen (Harackiewicz & Knogler, 2017; Hofer, 2010). Renninger und Riley gehen von typischerweise sechs individuellen Interessen aus (Renninger & Riley, 2013).

Die Frage nach individuellen Unterschieden in der Interessenentwicklung wird spätestens seit der Seeon-Konferenz 1996 (dort vor allem: Fivush, 1998; Gisbert, 1998; Hannover, 1998; Renninger et al., 1998) in Zusammenhang mit der Notwendigkeit stärkerer entwicklungs- und geschlechtersensibler Differenzierung in der Interessenforschung gedacht, auch wenn sich aus der empirischen Erforschung der individuellen Entwicklung nur schwer Rückschlüsse auf die Interessenstruktur ziehen lassen (Krapp, 2002b, S. 394). Dennoch konnte wiederholt

[7] Diesen Mechanismus der Selbstverstärkung auf die Bereitschaft zu reduzieren, dazuzulernen, also Wissen auszubauen, führe, so Krapp, in eine tautologische Sackgasse: Operationale Definition und postulierter Effekt des (individuellen) Interesses überlagerten sich. Vielmehr seien zur vollständigen Beschreibung der Entstehung individuellen Interesses auch emotionale und wertbezogene Aspekte notwendig (Krapp, 2002a). Krapp verwendet in diesem Zusammenhang auch den Begriff der „kollativen Variablen" (1998, S. 191), der dem Konzept der epistemischen Neugierde entnommen ist (Berlyne, 1954). Dass hiermit die begriffliche Schärfe abnimmt, wird im Abschnitt *Interesse und Neugierde* (Abschn. 4.1) diskutiert.

beobachtet werden, dass der Rückgang des Fachinteresses eine Geschlechtsabhängigkeit zeigt, die mit den Stereotypen der Fächer und den Prototypen der darin erfolgreichen Schüler:innen korreliert. Dabei werden insbesondere MINT-Fächern und den darin erfolgreichen Schüler:innen Eigenschaften zugeschrieben, die Jugendliche nur selten gern in ihre Identität integrieren möchten (Prototypenabgleich nach Kessels & Hannover, 2004), wie weiter unten ausgeführt wird.

Zusätzlich suggerieren die MINT-Fächer selbst mitunter, besondere Anforderungen an das logische Denken, Intelligenz usw. zu stellen und im Umkehrschluss aus entsprechenden Fachleistungen direkte Schlüsse auf eben jene Qualitäten im Individuum zuzulassen (Kessels & Hannover, 2004). Die Ablehnung von MINT-Fächern durch motivierte Schüler:innen lässt sich so u. a. als Schutz des Selbstkonzepts und durch subjektiv wahrgenommenen Mangel an Kompetenzerleben, Autonomie und sozialer Eingebundenheit erklären (Hoffmann et al., 1997; Kessels & Hannover, 2004, 2006; Kessels, 2015). Die Vermutung, Schüler:innen zeigten im Rahmen ihrer adoleszenten Identitätsentwicklung Interesse für jene Fächer, deren prototypisch erfolgreiche Schüler:innen zur aspirierten oder salient zu schützenden Identität passten, führte unter anderem zur Entwicklung der „Role Congruity Theory“ und der „Theorie der identitätskongruenten Nutzung von schulischen Angeboten“ (Diekman & Eagly, 2008; Kessels, 2015). Damit im Einklang wurde zum Beispiel von Avraamidou argumentiert, die Förderung von individuellem Interesse sei ohne Sensibilität für Intersektionalität nicht möglich. Nicht nur, weil es gelte, den diversen Selbstkonzepten unterschiedlicher Zielgruppen im Klassenverband Rechnung zu tragen, sondern auch, weil Unterricht wie Wissenschaft geformt und verwoben ist von und mit gesellschaftlichen Systemen aus Macht, Privileg und Unterdrückung, von Kontext, Stereotyp und Normhaftigkeit (Avraamidou, 2020; Avraamidou & Osborne, 2009).

Zu den unterschiedlich erfolgreichen Interventionen zählen die Orientierung an den Interessen von Mädchen (Hoffmann et al., 1997), die Installation einer positiven Feedbackkultur (Kessels et al., 2008) und vor allem das Angebot weiblicher Rollenvorbilder (Hidi, 2001; Kessels, 2015; Kessels & Hannover, 2006; Schraw & Lehman, 2001).

Dass dabei der Blick über die Geschlechtlichkeit von Schüler:innen hinaus zu weiten ist, wurde wiederholt angemerkt und sowohl das soziale Umfeld als Faktor einbezogen (Renninger, 2009) als auch vorgeschlagen, Interessenentwicklungen in den Naturwissenschaften als Entwicklung einer komplexen Science Identity zu verstehen, deren Begleitung von der Sensibilität intersektionaler Marginalisierungsprozesse profitiert (Avraamidou, 2020; Carlone & Johnson, 2007; Christ et al., in diesem Band, Kap. „Entwurf eines Interessenmodells für die Naturwissenschaften“). Ebenfalls deutlich breiter wurde der Zusammenhang der Identitäts- und Interessenentwicklung im Kontext der Berufswahl durch die Arbeitspsychologie untersucht (Brown & Lent, 1996; Lent et al., 1994, 2005).

3.1.3 Entwicklung von State und Trait

Mit dem Begriffspaar state und trait, also dem akuten psychologischen Interessenzustand und der überdauernden Disposition, diesen einzunehmen, werden abgelöst von der zeitlichen Entwicklung des Interesses unterschiedliche Formen des Interesses beschrieben. Zwar kann zu Beginn der Interessenentwicklung noch nicht von trait-Interesse gesprochen werden und notwendigerweise geht der Entwicklung von diesem ein Interessenzustand voraus, er ist aber nicht im kausalen Sinne ursächlich. Interessenzustände entstehen zu allen Zeitpunkten der Interessenentwicklung. Sie können, müssen aber nicht, durch die Disposition (trait) einem Gegenstand gegenüber begünstigt werden.

Die Fragen aber, ob der psychologische Zustand „Interesse" sich über die Zeit entwickelt und wie er von früheren, abgelösten Formen des Interesses beeinflusst wird (und von frühen Phasen der Interessenentwicklung abzugrenzen wäre), gehören zu den aktuellen Forschungsdesideraten der Interessenforschung (Renninger & Hidi, 2011). Hinsichtlich des psychologischen Zustands des Interesses wurde wiederholt angemerkt, dass dieser nicht zwingend im Sinne oben erwähnter Selbstverantwortlichkeit des Subjekts bewusst sein muss. Sowohl seine Erzeugung als auch seine Wirkung auf die ersten Entwicklungsschritte hin zu einer überdauernden Disposition geschehen häufig vom Subjekt unbemerkt (Renninger et al., 2004; Renninger & Riley, 2013; Renninger & Su, 2012).

3.2 Interessenentwicklung im Rahmen der POI – Internalisierung von Regulation durch die Befriedigung von Grundbedürfnissen

In der POI wird Interessenentwicklung parallel zum Aufbau intrinsischer Motivation im Sinne der SDT modelliert, also auch Interessen als initial extern reguliert verstanden, bevor sie schrittweise vom Individuum integriert werden.

Grundlage des Modells ist die Hypothese, dass die notwendigen Schritte zwischen den (als Kontinuum verstandenen) Phasen *catch*, *hold* und individuellem Interesse dem Individuum nur dann möglich sind, wenn sowohl kognitiv-repräsentative Faktoren (Sinnhaftigkeit, Zielorientierung usw.) als auch gefühlsbezogene Faktoren während der Tätigkeit positiv erlebt werden (Krapp,

- integrierte Regulation (durch Identifikation von Zielen, Normen und Handlungsstrategien mit dem eigenen Selbst).[9]

Insofern ist die Selbstbestimmungstheorie von einer organismischen Dialektik geprägt (Deci & Ryan, 1993): Organismisch, weil eine stete Integration und Progression der menschlichen Entwicklung postuliert wird, und dialektisch, weil sich das Selbst von seinen angeborenen Grundbedürfnissen ausgehend in seiner sozialen Umwelt ausschärft. Selbstbestimmte Handlungen basieren also auf einer Mischung aus autotelischer, intrinsischer Motivation und integrierter Regulation, die auch immer eine instrumentelle Funktion besitzt, d. h. von der konkreten Handlung separierbar ist. Mit diesen Handlungen assoziierte Prozesse sind das Erleben von Interesse, Freude und inhärenter Befriedigung (Ryan & Deci, 2000b). Verhaltensweisen hingegen, die nicht auf Intentionen zurückgehen, nennen Deci und Ryan amotiviert (Deci, 1998; Deci & Ryan, 1985, 1993, 2000; Ryan & Deci, 2000a, b, 2018).

Es soll darauf hingewiesen werden, dass Krapp die erste Stufe der Internalisierung nicht in sein Interessenkonstrukt übernommen hat, die Entwicklung vom situationalen zum individuellen Interesse aber mit Introjektion, Identifikation und Integration parallelisiert und für jeden Schritt die Erfüllung psychologischer Grundbedürfnisse fordert (Krapp, 1992).

3.3 Interessenwicklung im Rahmen des FPM – kumulative Progression durch distinkte Phasen

Das FPM der Interessenentwicklung nach Hidi und Renninger (2006) unterscheidet sich, wie der Name nahelegt, allein schon durch die Anzahl der postulierten Phasen von dem zuvor dargestellten Modell nach Krapp (2002b, 2005): Eine neue Phase wird mit dem entstehenden individuellen Interesse hinzugefügt.

Hidi und Renninger entwickelten ihr FPM (Hidi & Renninger, 2006) als Modell zur Beschreibung der Interessenentwicklung im Einklang mit der POI und anknüpfend an gemeinsame vorherige Arbeiten z. B. mit Krapp (vgl. Hidi

[9] Deci und Ryan weisen darauf hin, dass auch extrinsisch motiviertes Verhalten als selbstbestimmt gelten kann, wenn es Teil der Entwicklungstrajektorie des Individuums ist (z. B. in Form von Entwicklungsaufgaben; Deci & Ryan, 1993, S. 226).

et al., 2004). Entsprechend analog wird Interesse konzeptualisiert als "psychological state and a predisposition to reengage particular disciplinary content over time that develops through the interaction of the person and his or her environment" (Renninger & Hidi, 2011, S. 170).

Konkreter formulieren Sie fünf, aus der Forschungsliteratur extrahierte und mit der POI vereinbare Grundannahmen zum Charakter des Interesses: Interesse sei 1) inhalts-/objektspezifisch, resultiere 2) aus der Beziehung und/oder Interaktion von Subjekt und Umwelt, habe 3) kognitive (Wert und Wissen) und affektive (gefühlsbezogene) Komponenten, könne 4) dem Subjekt unbewusst vorhanden sein, und fundiere 5) auf einer physiologisch-neurologischen Basis (Renninger & Hidi, 2011). In den Arbeiten zum FPM wird jedoch stärker die motivationale Funktion von Interesse und dessen Entwicklung akzentuiert, während die Klärung der Person-Objekt-Beziehung in den Hintergrund rückt (Hidi & Renninger, 2006; Renninger & Hidi, 2011, 2022; Renninger & Su, 2019). Weitere Teile der Konzeptionen ähneln sich darüber hinaus stark: Interesse wird im FPM ebenfalls mithilfe des situationalen und des individuellen Interesses beschrieben. Auch die durch Mitchell (1993) motivierte Differenzierung des situationalen Interesses in eine *catch*- und eine *hold*-Phase wurde im FPM übernommen, die *catch*-Phase jedoch mit „*triggered situational interest*" und die *hold*-Phase mit „*maintained situational interest*" bezeichnet. Ebenso wurde das individuelle Interesse in zwei Phasen aufgeteilt: *emerging individual interest* und *well-developed individual interest*, wobei letztere dem individuellen Interesse im Sinne Krapps entspricht (Hidi & Renninger, 2006).

Jede der Phasen der Interessenentwicklung, wie sie durch Hidi und Renninger (2006, 2022) beschrieben werden, ist in differierendem Anteil durch kognitive und affektive Komponenten bestimmt. Auch verändert sich die Relation der Komponenten untereinander mit wachsendem oder sinkendem Interesse (bspw. wird angenommen, die Relation zwischen Wissen und Gefühlszuschreibungen werde mit zunehmendem Interesse stärker). Mit zunehmendem Interesse nehme auch die Wahrscheinlichkeit epistemischer Handlungen (bspw. das Stellen von Fragen) und wiederholter Auseinandersetzung mit dem Inhalt, bzw. allgemeiner dem Objekt zu (Renninger & Hidi, 2022). Dabei wird ein rein affektiv charakterisierter Interessenzustand allein in den initialen Momenten des situationalen Interesses für möglich gehalten (Renninger & Su, 2012). Die vier Phasen der Interessenentwicklung werden wie folgt beschrieben (Hidi & Renninger, 2006):

1. *Triggered situational interest*: Diese erste Phase beschreibt einen psychologischen Zustand, der sich vornehmlich durch affektive Prozesse auszeichnet und so positive oder negative Gefühle gegenüber dem Interessengegenstand

hervorruft. (Vor)Wissen oder Wertzuschreibungen werden in der Konstruktion des Zustands nicht als konstitutive Komponenten angenommen.

2. *Maintained situational interest* kennzeichnet als zweite Phase im Gegensatz zur ersten einen psychologischen Zustand, der mit fokussierter Aufmerksamkeit einhergeht, wiederkehrend (oder längerfristiger) auftritt und sich vorwiegend durch positive Gefühle auszeichnet. Darüber hinaus werden die Entwicklung von Wertzuschreibungen und die Aneignung von Wissenselementen/-strukturen als weitere Merkmale der zweiten Phase konzeptualisiert. Die so hinzugekommene epistemische Komponente äußert sich im Arbeiten mit, Hinterfragen von und Suchen nach neuen inhaltsbezogenen Informationen, ist aber noch auf externe Unterstützung angewiesen.
3. *Emerging individual interest* bezeichnet im Folgenden die Ausbildung einer Prädisposition, die u. a. durch die wiederholte Auseinandersetzung mit dem Inhalt charakterisierbar ist. Positive Gefühle, positive Wertzuschreibungen und etablierte Wissensstrukturen kennzeichnen diese Phase. Der psychologische Zustand des Interesses wird nun zunehmend als Folge der Prädisposition hervorgerufen und kann aufrechterhalten werden. Epistemische Handlungen geschehen intrinsisch motiviert, d. h. die Auseinandersetzung mit und die Suche nach neuen inhaltsbezogenen Informationen finden zumeist eigenständig und selbstreguliert statt.
4. *Well-developed individual interest* beschreibt abschließend die Prädisposition dafür, sich wiederholt und auch über längere Zeiträume mit dem Interessengegenstand auseinanderzusetzen. Sie ist charakterisierbar durch positive Gefühle, Wertzuschreibungen und detailliert ausgeprägte Wissensstrukturen über den Interessengegenstand. Der psychologische Zustand des Interesses wird in hohem Maß aufgrund der Prädisposition hervorgerufen und aufrechterhalten. Individuen mit well-developed individual interest setzten sich vermehrt mit Problemlöseprozessen auseinander und verfolgen epistemische Handlungen auch dann weiter, wenn sie auf Herausforderungen und Probleme stoßen.

Über die beschriebene Entwicklung entlang der vier Phasen steigern sich also sowohl die emotionale wie die wertbezogene Akzentuierung des Gegenstandes aus Perspektive des Individuums und die Motivation für die Auseinandersetzung ist zunehmend intrinsisch-integrierten Ursprungs (ähnlich der Entwicklungsbeschreibung der POI unter Verweis auf die SDT), was mit gestiegener Selbstwirksamkeitswahrnehmung einhergeht. Hierüber vermittelte reziproke Auswirkungen auf die Interessenentwicklung werden wiederum vor allem im FPM angenommen (bspw. Hidi & Ainley, 2008; O'Keefe & Linnenbrink-Garcia, 2014; Renninger & Hidi, 2022, 2019).

3.4 Differenzen in der Beschreibung der Interessenentwicklung

Die Konzeptualisierungen der Interessenentwicklung in FPM und POI unterscheiden sich u. a. hinsichtlich der Rolle des Wissens und der Bedeutung der Befriedigung der Grundbedürfnisse, also des Erlebens von Kompetenz, Autonomie und sozialer Eingebundenheit (siehe Abschn. 3.2). Renninger und Hidi beschreiben die historisch gewachsene Divergenz, ausgehend von ihrer gemeinsamen Arbeit mit Krapp[10] wie folgt:

> "During the decade that followed, Krapp, Hidi, and Renninger began working together to describe a developmental model. In the meantime, Krapp had begun to adopt Self-Determination Theory [...] and described interest as the outcome of psychological need. By contrast, Hidi und Renninger (2006) argued that knowledge and its coordination with value is essential to interest development, and that psychological needs could support the development of interest, but also could be supported by developing interest." (Renninger & Hidi, 2022, S. 9)

Während die POI die Erfüllung der drei Grundbedürfnisse als notwendige Voraussetzung für die Interessenentwicklung identifiziert, werden im FPM zwar ebenfalls positive und evtl. sogar wechselseitige Zusammenhänge angenommen, in der Befriedigung der in der SDT formulierten Grundbedürfnisse aber keine obligatorische Notwendigkeit mehr gesehen.

In Hidi und Renningers FPM (2006) ist Wissen und der hiermit verknüpfte Wert essenzieller Bestandteil des Interessenkonstrukts. In der POI betont Krapp hingegen, dass es nicht sinnvoll sei, das Resultat interessengeleiteter Handlungen (in diesem Fall Wissen) selbst konstitutiv zum Teil der Interessendefinition zu machen (z. B. Krapp, 2000; siehe auch Fußnote in Abschn. 3.1.1).

Deutlicher als in der POI werden die vier Phasen des FPM als sequenziell und distinkt konzeptualisiert und repräsentieren eine progressiv-kumulative Entwicklung, wobei allein die zeitliche Dauer der Phasen interindividuell variieren kann, nicht ihre Reihenfolge. Zur Aufrechterhaltung des Interesses sind an die

---

[10] Krapp, Hidi und Renninger wiesen bereits dreißig Jahre zuvor in einem gemeinsamen Beitrag auf die sich anbahnende Differenzierung in einer Nebenbemerkung hin (Krapp et al., 1992, S. 7).

jeweilige Phase angepasste Maßnahmen notwendig, um den akuten psychologischen Zustand zu aktivieren (Hidi & Renninger, 2006; Renninger, 2009). Ebenso wie in der POI kann dieser in jeder der vier Entwicklungsphasen hervorgerufen werden und moderiert durch seine wiederholte (aktualisierte) Aktivierung die Interessenzunahme.

3.5 Interessenentwicklung und Lernprozess

Die Interessenentwicklung ist in POI und FPM über die epistemische Komponente eng mit dem Wissenserwerb verflochten – in dem FPM ist Wissen sogar integraler Bestandteil der konzeptuellen Fassung von Interesse. Empirische Befunde deuten wiederholt auf Zusammenhänge zwischen situationalem Interesse und – durch die fokussierte Aufmerksamkeit begünstigten – Lernprozessen hin (z. B. Rotgans & Schmidt, 2014). Individuellen Interessen dagegen wird mehr Einfluss auf Wahlentscheidungen zugeschrieben, bspw. zwischen Aufgabenkontexten oder Fächern (bspw. Nagy et al., 2006). Längsschnittliche Studien deuten zudem auf einen positiven Zusammenhang zwischen individuellem Interesse und Leistung hin, der auch über längere Zeitspannen persistent bleibt (bspw. Denissen et al., 2007; Höft & Bernholt, 2021; Jansen et al., 2016).

Konzeptionell haben vor allem Rotgans und Schmidt (2017c) und Murayama (2022) versucht, einen Mechanismus zu beschreiben, über den sich die Korrelation zwischen Lernerfolg und Interessenzunahme erklären ließe. Beide Konzeptionen werden im Folgenden kurz dargestellt.

Rotgans und Schmidt (2017c) formulieren das *„epistemic model of interest in education"* ausgehend von eigenen empirischen Studien[11]. Aus diesen Studien leiten sie ab, dass wiederholtes Triggern von situationalem Interesse zu einem Anstieg des individuellen Interesses führe (Rotgans & Schmidt, 2017a), situationales Interesse durch Problematisierungen zwar getriggert werden könne, jedoch nach der Problemklärung abfalle (Rotgans & Schmidt, 2014), situationales Interesse positiv mit Lernen korreliert sei (Rotgans & Schmidt, 2014) und Vorwissen zwar prädiktiv für späteres individuelles Interesse, umgekehrt vorhandenes individuelles Interesse aber nicht prädiktiv für späteres Wissen sei (Rotgans & Schmidt, 2017b). Infolge dieser Beobachtungen nahmen sie an, Lernende seien in neuen Lernsituationen immer von (Vor)Wissen und Kenntnissen (z. B. auch Präkonzepten) geprägt und verfügten somit bereits über initiale Wertzuschreibungen und

[11] Die Befunde stehen teils im Widerspruch zu anderen Forschungsergebnissen (mit größeren Stichproben; siehe auch den Kommentar hierzu von Schmidt & Rotgans, 2017).

individuelles Interesse in zumindest niedriger Ausprägung (Rotgans & Schmidt, 2017c). Das hervorgerufene situationale Interesse sei hiervon nicht unabhängig und führe vor diesem Hintergrund zu erhöhter Aufmerksamkeit, zu Lernzuwächsen und infolgedessen zu einem weiter gestärkten individuellen Interesse. Das individuelle Interesse erleichtere es abermals, in neuen Situationen situationales Interesse, bzw. den psychologischen Zustand des Interesses zu erzeugen.

Murayama (2022) hingegen beschreibt mit dem „*reward-learning framework of knowledge acquisition*“ ein Modell des Wissenserwerbs, dessen Prozessphasen den Entwicklungsphasen des situationalen und individuellen Interesses zugeordnet werden können (siehe auch Fastrich et al., 2018; Murayama et al., 2019). Im Kern postuliert das Modell, Wissenserwerb werde als Belohnung wahrgenommen und auftretende kognitive Dissonanzen und Wissenslücken (knowledge gaps, vgl. Abschn. 4.1.1) evozierten die Informationssuche durch die Antizipation von Belohnung. Das neu erworbene Wissen erleichtere es im Folgenden, weitere Wissenslücken zu identifizieren und einen Kreislauf aus Informationssuche, Wissenserwerb und Belohnung wiederholt zu durchlaufen. Zu Beginn würde dieser Kreislauf eher zufällig initiiert werden, sei instabil und leicht zu unterbrechen. Das wiederholte Durchlaufen führe aber dazu, dass das Gefühl der Belohnung von Lernenden zuverlässiger antizipiert und stärker wahrgenommen würde. Daher könne sich das Wechselspiel aus Lernzuwachs und Interessenentwicklung stabilisieren, sofern sich bspw. nicht wiederholt Misserfolge einstellen. Murayama et al. (2019) assoziieren die initiale Phase, in der der Kreislauf noch instabil sei, mit dem situationalen Interesse. Die stabile Phase des eigenständig aufrechterhaltenen Kreislaufs entspräche in diesem Konstrukt dem individuellen Interesse. In ähnlicher Weise hatten auch Renninger und Hidi (2022, S. 6) einen Zusammenhang zwischen Belohnungssystem und Interessenhandlungen vermutet.

4 Interesse und andere motivationspsychologische Konstrukte

Nicht immer ist die Abgrenzung zwischen Interesse und anderen motivationalen Konzepten direkt offensichtlich. Das liegt nicht nur an der oben bemängelten begrifflichen Unschärfe des Konstrukts, sondern auch in der Natur seiner Konstruktion: Interesse und Motivation teilen sich ähnliche Variablen und wirken wechselseitig mit Zielen, Selbstwirksamkeit, Selbstregulation und Erwartungen (Renninger & Hidi, 2011). Vielfältige Versuche, Interesse mit anderen motivationalen Variablen in gemeinsamen Rahmentheorien zu integrieren, haben Interesse scheinbar nahe an verwandte Konstrukte wie Flow und intrinsische Motivation gerückt (siehe etwa de Brabander & Martens, 2014; Fong, 2022; Hattie et al., 2020; Linnenbrink-Garcia & Wormington, 2019; Murphy & Alexander, 2000; Sansone & Smith, 2000; Su, 2020; Urhahne & Wijnia, 2023).

Die Rolle des Interesses als motivationale Variable wird dabei stets unterstrichen, teilweise dem Interesse sogar ein zentraler und/oder prototypischer Rang eingeräumt (siehe etwa Harackiewicz & Knogler, 2017; Sansone & Smith, 2000). Es lassen sich aber eine Reihe von Merkmalen identifizieren, die zur Unterscheidung von Interesse und anderen motivationalen Konstrukten herangezogen werden können. Das zentrale Abgrenzungsmerkmal lässt sich bereits aus einem frühen Zitat von Ulrich Schiefele herauslesen: Interest ist „a content-specific motivational characteristic" (Schiefele, 1992, S. 299), d. h. stets gegenstandsbezogen. Dieses zentrale Merkmal wurde breit zur Identifikation von Interesse übernommen und stellt heute einen Eckpfeiler der Interessentheorie(n) dar (Krapp, 2002a; Krapp et al., 1992; Krapp & Prenzel, 2011; Renninger & Su, 2012; Rotgans & Schmidt, 2017c; Swarat et al., 2012). Nahezu alle gängigen Interessentheorien lassen sich von verwandten motivationalen Konzepten (Motivation, Bedürfnisse, Zielorientierungen usw.) durch ihre konstitutive Objektbezogenheit, d. h. die gegenstandsbezogene Beschreibung kognitiver und emotionaler Zustände, abgrenzen (Krapp et al., 1992; U. Schiefele, 2009; Swarat et al., 2012). Ferner enthalten die meisten Interessenkonstrukte Hinweise auf die Notwendigkeit domänenspezifischen Vorwissens (Krapp et al., 1992; Renninger & Wozniak, 1985; Rotgans & Schmidt, 2017c; Schmidt & Rotgans, 2017; Swarat et al., 2012) und (in Abgrenzung zu vielen anderen motivationalen Konstrukten) die Reziprozität von Kognition und Affekt (Hidi, 2006; Hidi & Renninger, 2006; Krapp, 1999; Renninger, 2000).

Beispielhaft werden im Folgenden die Konstrukte Neugierde und Erwartungswert auf ihre Gemeinsamkeiten mit dem Interessenkonstrukt untersucht und diskutiert. Beide bieten auf unterschiedliche Weise die Möglichkeit, den Interessenbegriff durch Abgrenzung zu verwandten Konstrukten zu schärfen. Inwiefern Unterschiede zwischen dem Konstrukt Neugierde und den Interessenkonzeptionen bestehen, wird aktuell diskutiert. Schon deutlich älter ist die Frage, ob Elemente der Erwartungswerttheorie nicht schon das Interesse bezeichnen.

4.1 Interesse und Neugierde

Die beim Interessenbegriff bemängelte definitorische Unschärfe lässt sich auch hinsichtlich des Begriffs Neugierde (Curiosity) konstatieren (Alexander, 2019).

Entsprechend vielfältig sind Beschreibungen des Zusammenhangs zwischen Interesse und Neugierde. So schreiben Harackiewicz und Knogler (2017), zu den von Interesse ausgelösten Gefühlen gehöre neben der Freude auch die Neugierde, während Peterson und Hidi (2019) formulieren, gestillte Neugierde sei in der Lage, Interesse zu erzeugen, aus welchem neue Neugierde entstehe. Schon die Frage also, ob es eine kausale, zeitliche Abfolge zwischen den beiden Zuständen gibt, bleibt unbeantwortet. Diese Offenheit ist symptomatisch dafür, dass insgesamt noch kein Konsens über die Beziehung der beiden Konstrukte hergestellt werden konnte. Das Feld der Autor:innen differenziert sich in solche, die Neugierde und Interesse für unterscheidbar halten (u. a. Bowler, 2010; Fandakova & Gruber, 2021; Hidi & Renninger, 2019; McGillivray et al., 2015; Peterson & Hidi, 2019; Shin & Kim, 2019; Donnellan et al., 2022) und solche, die Interesse und Neugierde weitestgehend für zwei Bezeichnungen desselben Phänomens halten (z. B. Fastrich et al., 2018; Rotgans & Schmidt, 2014; Schmidt & Rotgans, 2021; Silvia, 2006). Murayama et al. (2019) argumentieren darüber hinaus, beide Konzepte bezeichneten Prozesse, die sich einer a priori Definition entzögen.

Unbenommen davon gibt es eine Reihe theoretischer und praktischer Argumente, die zumindest eine vorläufige Unterscheidung motivieren. Auf theoretischer Ebene lässt sich feststellen: Der mangelnde Konsens hinsichtlich der Unterscheidung der beiden Konzepte führt zu Unsicherheiten bzgl. einer angemessenen Operationalisierung der Konstrukte und betrifft damit die Gestaltung und Qualität von Forschungsinstrumenten. Während Interesse sehr breit definiert werden kann und gängige Forschungsdesigns üblicherweise unterschiedliche Zeitpunkte, Dimensionen und Wirkungen berücksichtigen, ist Neugierde seltener als eigenständiges Konstrukt operationalisiert und erforscht worden. Rein pragmatisch kann als Faustregel helfen, dass die Prozesse aktiver Suche nach spezifischen Informationen im Unterricht oft leichter im Konstrukt Neugierde beschrieben werden können, dem zudem ein größeres Potenzial als dem situationalen Interesse zugeschrieben wird, sich in individuelles Interesse zu wandeln (Shin & Kim, 2019). Dabei unterscheiden sich die Praxen zur Erzeugung von situationalem Interesse und Neugierde teilweise erheblich (Shin & Kim, 2019).

Im Folgenden wird zuerst der für das Konzept Neugierde zentrale Begriff des „knowledge gap" eingeführt, bevor Argumente für und gegen die Identität von Neugierde und Interesse gegenübergestellt werden.

4.1.1 Knowledge Gap

Der Begriff Neugierde (epistemic curiosity) wird in der Regel auf Berlyne zurückgeführt, der diese als grundlegenden Trieb, Informationen über die Umwelt zu sammeln, kennzeichnete (1950, 1954, 1960, 1966). Ergänzt wurde die Beschreibung von Day (1971), der diesen Trieb mit dem Bedürfnis identifizierte, Inkongruenzen zwischen Verstandenem und Unverstandenem in der Umwelt aufzulösen. Loewenstein (1994) schließlich prägte das Konzept des notwendigerweise wahrgenommenen „knowledge gap“ als Ursprung dieses Bedürfnisses (siehe auch Markey & Loewenstein, 2014). Entsprechend ließe sich (epistemische) Neugierde von situationalem Interesse schon durch die Existenz eines solchen „knowledge gap“ abgrenzen und als konstitutiv für das Entstehen von Neugierde könnten aufgezählt werden (Pekrun, 2019):

- das Gewahrwerden solch einer Informationslücke,
- die Erwartung, dass diese prinzipiell geschlossen werden kann, und
- ein intrinsisches Bedürfnis, dies zu tun.

Auslöser solcher Informationslücken sind vorwiegend Neuheit, Überraschung/Unsicherheit, Inkongruenz und Komplexität im Zusammenhang mit Domänen, zu denen zumindest teilweise Vorwissen vorhanden ist (Berlyne, 1960; van Lieshout et al., 2020). Ergänzend soll aber auch erwähnt werden, dass z. B. Lieke van Lieshout et al. (2020) mit dem Begriff der „non-instrumental curiosity“ ein Konstrukt vorgeschlagen haben, mit welchem die nicht zielgerichtete Erkundung der Umwelt auf der Suche nach unspezifischen Informationen beschrieben werden kann.

4.1.2 Neugierde = Interesse

Eine ganze Reihe von Forschenden versteht Neugierde nicht nur als Unterform des Interesses (Pekrun, 2019), sondern geht davon aus, dass die Konstrukte Neugierde und Interesse identische Phänomene beschreiben. Allen voran hat Berlyne seinerzeit seine kollativen Variablen (Neuheit, Inkongruenz, Komplexität und Unsicherheit), denen heute die Auslösung von Neugierde attribuiert wird (s. o.), sowohl für Neugierde als auch Interesse postuliert. Tatsächlich teilen sich Neugierde und situationales Interesse eine ganze Reihe von Gemeinsamkeiten über ihre jeweils unscharfen Definitionen hinaus (Alexander, 2019): Beide Konstrukte sind komplex und facettenreich, beschreiben sowohl flüchtige als auch stabile Formen, entwickeln sich über die Zeit und können intern wie extern erzeugt werden. Eine ganze Reihe weiterer Aspekte sind zumindest ähnlich, etwa die Operationalisierung als Zustand (Schmidt & Rotgans, 2021) und die Rolle von Emotionen (Ainley, 2019; Shin & Kim, 2019). Mitunter wird darauf verwiesen, dass sich Neugierde und situationales Interesse beide entwickeln aus der gleichen kindlichen Anlage von Aufmerksamkeit und dem kindlichen Verhalten, sich unbekannten Objekten zu nähern, diese zu erkunden und weitere Erkundungen von gemachten Erfahrungen leiten zu lassen (Ainley, 2019). Auf Ebene des psychologischen Zustands, so die Schlussfolgerung, seien beide Konstrukte sowohl subjektiv als auch objektiv ununterscheidbar (Ainley, 2019; Hidi & Renninger, 2006; Schmidt & Rotgans, 2021; Silvia, 2006).

4.1.3 Neugierde ≠ Interesse

Argumenten für die Gleichsetzung von Interesse und Neugier steht eine Reihe von Gegenargumenten entgegen. Nicht zuletzt plädieren z. B. auch Hidi und Renninger (2019) für eine konzeptionelle Unterscheidung.[12] Shin und Kim (2019) haben umfangreich Unterschiede zwischen situationalem Interesse und Neugierde zusammengetragen. Dazu zählt, dass beiden unterschiedliche neuropsychologische Prozesse und damit theoretische Grundannahmen zugrunde liegen: Während situationales Interesse mit dem Belohnungssystem assoziiert ist und daher eine ganze Reihe möglicher Quellen besitzt (Autonomie, soziale Eingebundenheit, Kompetenzerleben, um auf die SDT in der POI zu referenzieren), wurde Neugierde als Trieb konzeptualisiert, der nicht nach Belohnung, sondern fehlender Information sucht. Konzeptionen des situationalen Interesses folgen im Allgemeinen eher hedonistischen Motivationsbeschreibungen, in denen Individuen danach suchen, positive Emotionen zu erleben und/oder Leid zu vermeiden. Neugierde hingegen fußt auf Annahmen der psychologischen Triebtheorien, in denen ein internes Defizit (in diesem Zusammenhang wird auch von „information deprivation" gesprochen) eine unangenehme Erregung auslöst, die zu erkundendem Verhalten anregt, um den Zustand der Ausgeglichenheit wieder herzustellen (Berridge, 2000; Higgins, 1997; Shin & Kim, 2019).

Entsprechend kann die Entstehung beider Zustände auch nicht durch die gleichen Trigger unterstützt werden. Für die Entwicklung von situationalem Interesse sind z. B. Verständlichkeit und Zugänglichkeit wesentliche Voraussetzungen. Die Entwicklung von Neugierde hingegen profitiert von Ambiguitäten und Unvollständigkeiten. Auch im weiteren Verlauf der Entwicklung manifestiert sich die dann bestehende Vertrautheit mit dem Gegenstand auf unterschiedliche Art und Weise: Im Sinne von aktualisiertem Interesse motiviert sie zur wiederholten Auseinandersetzung mit vertrauten Elementen; im Sinne einer aus einem knowledge gap entstandenen Neugierde motivieren primär die noch unvertrauten Elemente des Vorwissens (Grossnickle, 2016; Renninger & Hidi, 2015). Entsprechend lösen situationales Interesse und Neugierde auch unterschiedliche Muster der

[12] Im Gegensatz zu Shin und Kim (2019) betrachten sie situationales Interesse als das nachhaltigere Phänomen.

Informationsbeschaffung aus. Während situationales Interesse in einem breiten Spektrum zur recht unspezifischen Suche nach Informationen motiviert, aus denen positive Stimuli zu erwarten sind, hat die Befriedigung von Neugierde sehr spezifische und zielgerichtete Informationsbeschaffungsstrategien zur Folge (Hidi & Renninger, 2019; Jirout & Klahr, 2012; Markey & Loewenstein, 2014). Damit eng zusammenhängend unterscheiden sich auch die emotionalen Wirkungen von Handlungen. Vor allem während der Informationsbeschaffung sind Handlungen aus situationalem Interesse heraus mit eher positiven Emotionen verbunden, jene aus Neugierde aber mit negativen, bzw. der Auflösung dieser durch Adressierung des knowledge gap (Alexander, 2019; Grossnickle, 2016; Markey & Loewenstein, 2014; Renninger & Hidi, 2015; Silvia, 2005).

Trotzdem – auch das sollte gesagt werden – scheinen im psychologischen Zustand des Interesses/der Neugier die Emotionen für das Subjekt nicht differenzierbar (Ainley, 2019; Grossnickle, 2016; Hidi, 2006). Allerdings lässt sich, wie für das Interesse, auch für die Neugierde zwischen Disposition und Zustand unterscheiden und auf einige Differenzen zwischen Trait-Interest und Trait-Curiosity verweisen: Impliziert Trait-Curiosity zum Beispiel eine Regelmäßigkeit der Auseinandersetzung in verschiedenen Kontexten (Grossnickle, 2016) ist das für Trait-Interest in der Regel nicht der Fall; in den Vordergrund tritt die gegenstandsbezogene Bereitschaft zur Interaktion und Erweiterung von Wissen (Hidi & Renninger, 2006; Pekrun, 2019). Wo Interesse und Neugierde getrennt erhoben wurden, erwies sich Trait-Curiosity im Gegensatz zum individuellen Interesse als unzureichender Prädiktor für Schulerfolg (Fandakova & Gruber, 2021; Kashdan & Yuen, 2007; Shah et al., 2018). Auch fehlt bisher weitestgehend eine konsistente Beschreibung der Neugierde-Entwicklung (Peterson & Hidi, 2019).

Tang et al. (2022) suchten mithilfe von Metaanalysen, nach möglichen Elementen einer Operationalisierung mit derer sich Interesse und Neugierde voneinander abgrenzen ließe. Dabei konnten sie asymmetrische Muster in der Koinzidenz von mit Interesse und Neugierde assoziierten Ergebnissen aufzeigen. Sie schließen, dass Neugierde meistens zusammen mit Interesse auftrete, während dies andersherum nicht der Fall sei. Donnellan et al. (2022) untersuchten die gleiche Fragestellung mithilfe von maschinellem Lernen und Expert:inneninterviews und gelangten ebenfalls zu der Schlussfolgerung, Interesse und Neugierde seien voneinander abgrenzbare Phänomene.

4.2 Interesse und erwarteter Wert

Eine Motivationstheorie, welche große konzeptuelle Ähnlichkeit zu den vorgestellten Interessentheorien aufweist ist die Erwartungs-Wert-Theorie (Eccles, 1983, 2009; Eccles & Wigfield, 2020; Wigfield, 1994; Wigfield et al., 2009; Wigfield & Eccles, 2000). Als proximale Determinanten von individuellem Verhalten werden in dieser subjektive Erfolgserwartungen und der subjektive Wert der Handlung bzw. des Handlungsergebnisses angenommen. Besonders der subjektive Wert steht aufgrund ähnlicher Bezeichnungen teilweise in der Gefahr mit Interesse verwechselt zu werden. Er wird in vier vom Individuum wahrgenommene Komponenten untergliedert (Eccles, 1983):

- der **intrinsische Wert**[13]/ das Interesse (intrinsic and interest value),
- die **Wichtigkeit**/der Zielerreichungswert (attainment value),
- die **Nützlichkeit**/Zweckmäßigkeit (utility value),
- die relativen **Kosten** (perceived cost).

Von diesen vier Komponenten suggeriert vor allem der intrinsische Wert konzeptuelle Überlappungen zu den vorgestellten Interessenbegriffen und soll darum im Folgenden diskutiert werden. Aber auch Wichtigkeit und Nützlichkeit bilden laut Eccles selbst Schnittmengen mit der wertbezogenen Valenz des Interesses (siehe auch Eccles, 2005; Eccles et al., 2015).

Der **intrinsische Wert** wird in der Erwartungs-Wert-Theorie (EWT) als antizipierte oder prozessbezogene Freude konzeptualisiert (bspw. Eccles, 2005; Wigfield, 1994). Eccles vergleicht den intrinsischen Wert mit dem Flow-Konstrukt nach Csikszentmihalyi (1988) und der intrinsischen Motivation wie sie in der SDT (s. o.) formuliert wurde (Eccles, 2005). Bzgl. des Interessenbegriffs weist der intrinsische Wert sowohl Überschneidungen mit dem situationalen Interesse als auch dem psychologischen Zustand des Interesses im Sinne von POI und FPM auf. Sowohl Flow, als auch intrinsische Motivation beziehen sich auf inhaltsbezogene Handlungen (Aufgaben/Tätigkeiten, die als Interessenhandlung verstanden werden können und betonen die Rolle positiver Gefühle (affektive/emotionale Valenz) bei deren Ausführung (bspw. Eccles & Wigfield, 2020).

Auch die im Rahmen der EWT formulierten Faktoren, die initial die Zuschreibung eines intrinsischen Wertes begünstigen, weisen eine konzeptionelle Nähe

[13] Für eine bessere Abgrenzung zu zentralen Interessentheorien und aus Konsistenzgründen werden im Folgenden die fettgedruckten Begriffe, bspw. der intrinsische Wert (intrinsic value), genutzt.

zu den Interessentheorien auf: Wiederholt diskutiert wurde z. B. die Passung zwischen Personeneigenschaften, Aspekten der Aktivität und den bei ihrer Ausführung gemachten Erfahrungen (Eccles et al., 1991; Sakaki et al., 2024). Die folgende, anhaltende oder wiederholte, Auseinandersetzung mit der Aktivität führt zur Elaboration und Internalisierung des intrinsischen Werts, wodurch auch die subjektiv zugeschriebene Wichtigkeit und Nützlichkeit steigt (Eccles & Wigfield, 2020). Dieser Aufbau geht mit zunehmendem Kompetenzerleben und „Wertschätzung" der Aufgabe einher. Es wird angenommen, dass zeitgleich die wahrgenommene Wichtigkeit und Nützlichkeit der Aktivität steigt und schließlich die Aufgabendomäne mit der Zeit in die mentale Struktur der Identität inkorporiert werden könnte, ähnlich wie auch in den Interessentheorien. Der beschriebene Prozess weist starke Parallelen zu jenem auf, mit dem der sich selbst verstärkende Charakter des individuellen Interesses (siehe Abschn. 3.1.2) erklärt wird.

Aspekte der anderen drei subjektiven Wertkomponenten weisen in Teilen Übereinstimmungen mit Komponenten des Interesses (entsprechend POI und FPM) auf. So ähnelt z. B. auch die *Wichtigkeit* der wertbezogenen Valenz des Interesses. Wie in letzterer verweist auch die Komponente Wichtigkeit in der EWT nicht auf eine als interindividuell angenommene Relevanz, sondern die persönliche Relevanzzuschreibung des Individuums ausgehend von dem Gefühl, Aufgabenbearbeitung und wahrgenommene Identität seien miteinander im Einklang und die in der SDT formulierten Grundbedürfnisse seien erfüllt (Eccles, 1983).

Bedeutsame Differenzierungslinien finden sich aber in der fehlenden Modellierung für eine qualitative Entwicklung innerhalb der Wertkomponenten. Rein quantitative Entwicklungen werden im Erwartungs-Wert-Modell durch sich ändernde Ausprägungsmuster hinsichtlich aller vier Wertkomponenten beschrieben. Anders als beim individuellen Interesse (in der FPM) konstituiert sich der intrinsische Wert der EWT auch nicht ausgehend von bestehenden Wissensstrukturen, epistemischen Antrieben oder anderen selbstregulatorischen Effekten.

5 Diskussion

Interesse ist ein in der pädagogischen Psychologie und naturwissenschaftlichen Fachdidaktik umfangreich beforschtes Konstrukt. Das Hauptaugenmerk der Interessenforschung lag dabei auf der Untersuchung der Bedeutung des Interesses für Lernprozesse. Mit der POI und dem FPM gibt es zwei etablierte Theorien, die Struktur, Entwicklung und Zusammenhänge des Konstrukts mit weiteren Personenmerkmalen detailliert beschreiben. Die subtilen Unterschiede zwischen den beiden Theorien und die Komplexität des Konstrukts erschweren es Forschenden, theoretisch sauber zu argumentieren, aussagekräftige empirische Ergebnisse zu generieren und diese zu interpretieren.

Eine zentrale Herausforderung stellt die Konzeptualisierung und Operationalisierung des psychologischen Zustands des individuellen und situationalen Interesses dar (Abschn. 2.3.2). Während in (oft älteren) Arbeiten die Annahme getroffen wird, dass sich der psychologische Zustand des Interesses in jeder Phase der Interessenentwicklung unterscheidet (bspw. Krapp, 1992), wird in (oft neueren) Arbeiten angenommen, die psychologischen Zustände seien (zumindest subjektiv, vermutlich aber auch objektiv) ununterscheidbar (bspw. Renninger & Hidi, 2015). Hieraus folgt auch die Frage, welche Implikationen sich aus der Ununterscheidbarkeit der Zustände für die Konzeptualisierung und Operationalisierung des situationalen Interesses ergeben. Dieses mit dem psychologischen Zustand gleichzusetzen – wie es mitunter im Rahmen der FPM geschieht (Abschn. 2.3.2) – würde zwingend bedeuten, zwischen den Interessenzuständen des situationalen und individuellen Interesses unterscheiden zu müssen. Zusätzlich unterstrichen wird die Notwendigkeit einer differenzierten Konzeptualisierung und Operationalisierung des psychologischen Zustands des Interesses durch die u. A. von Pekrun (2019) adressierte Frage, ob sich der psychologische Zustand des situationalen Interesses von jenem der Neugierde unterscheide (Abschn. 4.1). Es wäre entsprechend wünschenswert, wenn zukünftige Forschung eine stärkere Differenzierung und detailliertere Beschreibung jener psychologischen Zustände oder gar Zustandskomponenten entwickelte, die mit den verschiedenen Formen von Interesse und Neugierde assoziiert sind.

Auch mit Blick auf die Konstruktion von individuellem Interesse stellen sich Fragen an die Interessenforschung: Während Krapp in der POI individuelles Interesse als Disposition unter Zuhilfenahme gefühlsbezogener und wertbezogener Valenzen beschreibt, also auch als Ergebnis der Persönlichkeitsentwicklung versteht, benutzen Hidi und Renninger den Begriff Prädisposition und unterstreichen damit die Fluidität des individuellen Interesses. Daraus ergibt sich die Frage nach der Stabilität des individuellen Interesses. Weiter leitet sich die Notwendigkeit ab, für den in der Interessenforschung immer wieder aufgegriffenen Zusammenhang zwischen Interessen- und Persönlichkeitsentwicklung (Abschn. 2.2 und 3.1.2) in der Theorieentwicklung tragfähige Mechanismen zu konstruieren und diesem auch in der empirischen Forschung vermehrte Aufmerksamkeit zu widmen.

Mit Blick auf die Interessenentwicklung findet sich aber noch ein weiterer, zentraler Unterschied zwischen der POI und dem FPM. In letzterem wird das individuelle Interesse in zwei Phasen differenziert (Abschn. 3.3). Für eine detaillierte Konzeptualisierung dieser Phasierung fehlen aber noch hinreichend längsschnittliche Forschungsbefunde. Insbesondere weitere Befunde kombinierter qualitativer small- und quantitativer large-scale Assessments (z. B. Akkerman et al., 2020) versprechen, nennenswerte Impulse zu liefern.

Ebenfalls noch zu wenig erforscht erscheint uns die kognitive Komponente des Interessenkonstrukts, namentlich der Zusammenhang zwischen Interesse und Wissen(-sgewinn). Sowohl in der POI als auch im FPM nehmen das Individuum und die ihm eigene mentale Rekonstruktion des Interessengegenstands eine zentrale Rolle ein. Letztere wird dabei als dynamisch und engverzahnt mit dem Wissen des Individuums über den Interessengegenstand verstanden (Abschn. 2.1). Beide Modelle unterscheiden sich aber hinsichtlich der Frage, welche Rolle Vorwissen bei der Interessenentwicklung spielt (Abschn. 3.4). Für das Entstehen von Neugierde hingegen sind die Dynamik und das individuelle Bestehen von (Nicht-) Vorwissen sogar konstitutiv (Abschn. 4.1.1). Die umfangreichere Diskussion und Untersuchung der Rolle von (Vor-)Wissen bei der Interessen- und Neugierdeentwicklung verspricht also nicht nur vertiefte Erkenntnisse über die Faktoren, welche die Interessenentwicklung begünstigen, sondern darüber hinaus auch hinsichtlich der Frage, anhand welcher Kriterien sich die Konstrukte Interesse und Neugierde voneinander abgrenzen lassen.

Vor diesem Hintergrund stellt sich auch noch einmal pointierter die Frage, ob verallgemeinerbare Beschreibungen von Interessengegenständen nicht schon aufgrund der individuellen Konstruktionen mentaler Repräsentationen dieser unmöglich sind (Abschn. 2.1). Bereits der Versuch, initiales situationales Interesse im Unterricht zu erzeugen, sieht sich notwendigerweise mit unterschiedlichen Repräsentationen des potenziellen Interessengegenstands konfrontiert – bedingt durch die schüler:innenspezifisch unterschiedlich geprägten Ausgangssituationen, welche biografisch erworbenes Vorwissen, Interesse, Abneigung und Indifferenz umfassen können. Vor allem die in der informierten Indifferenz postulierte Rolle von Vorwissen als gegen situationales Interesse immunisierende Instanz (Abschn. 2.3.3) ist zum Ersten in der Lage, abermals infrage zu stellen, welche Rolle Wissensbestände für die Interessenentwicklung und -diagnostik spielen können. Zum Zweiten weckt die darüberhinausgehende Beobachtung, dass die wiederholte Auseinandersetzung mit einem potenziellen Interessengegenstand zwar Vorwissen über diesen mehren, aber dennoch zu Abneigung führen kann, Zweifel an bestehenden Erklärungsmechanismen sowohl für die Entwicklung von Interesse wie auch epistemischer Neugierde. Im Besonderen ist fraglich, ob neuropsychologische Erklärungsansätze (Belohnungssystem vs. Trieb, Abschn. 4.1.3) ausreichen, um die beobachteten Entwicklungen zu beschreiben. Insgesamt bedarf es einer kritischen Auseinandersetzung mit der Rolle, welche die Vergleichbarkeit von Interessengegenständen in empirischen Untersuchungen der Interessenentwicklung von Kohorten spielt, bzw. zusätzlicher Impulse und Verfahren, mit denen diese abgesichert werden kann.

Diese und andere Unschärfen legen nahe, dass eine zuverlässige Beschreibung und theoretische Modellierung von Interesse und Interessenentwicklung dort zu suchen ist, wo Krapp sie bereits 1992 vermutet hat: Ohne die detaillierte Betrachtung der Interdependenzen zwischen Interesse und Individuum, Interessenentwicklung und Persönlichkeitsentwicklung ist sie nicht zu realisieren.

Literatur

Ainley, M. (1998). Interest in Learning and the Disposition of Curiosity in Secondary Students: Inverstigating Process and Cointext. In L. Hoffmann, A. Krapp, K. A. Renninger, & J. Baumert (Hrsg.), *Interest and learning: Proceedings of the Seeon Conference on Interest and Gender* (S. 105–125). IPN.

Ainley, M. (2017). Interest: Knowns, Unknowns, and Basic Processes. In P. A. O'Keefe & J. M. Harackiewicz (Hrsg.), *The Science of Interest* (S. 3–24). Springer International Publishing. https://doi.org/10.1007/978-3-319-55509-6_1.

Ainley, M. (2019). Curiosity and interest: Emergence and divergence. *Educational Psychology Review, 31*(4), 789–806. https://doi.org/10.1007/s10648-019-09495-z.

Akkerman, D. M., Vulperhorst, J. P., & Akkerman, S. F. (2020). A developmental extension to the multidimensional structure of interests. *Journal of Educational Psychology, 112*(1), 183–203. https://doi.org/10.1037/edu0000361.

Alexander, P. A. (2019). Seeking Common Ground: Surveying the Theoretical and Empirical Landscapes for Curiosity and Interest. *Educational Psychology Review, 31*(4), 897–904. https://doi.org/10.1007/s10648-019-09508-x.

Anderhag, P., Wickman, P.-O., Bergqvist, K., Jakobson, B., Hamza, K. M., & Säljö, R. (2016). Why Do Secondary School Students Lose Their Interest in Science? Or Does it Never Emerge? A Possible and Overlooked Explanation: INTEREST IN SCIENCE. *Science Education, 100*(5), 791–813. https://doi.org/10.1002/sce.21231.

Avraamidou, L. (2020). Science identity as a landscape of becoming: Rethinking recognition and emotions through an intersectionality lens. *Cultural Studies of Science Education, 15*(2), 323–345. https://doi.org/10.1007/s11422-019-09954-7.

Avraamidou, L., & Osborne, J. (2009). The Role of Narrative in Communicating Science. *International Journal of Science Education, 31*(12), 1683–1707. https://doi.org/10.1080/09500690802380695.

Berlyne, D. E. (1954). A Theory of Human Curiosity. *British Journal of Psychology. General Section, 45*(3), 180–191. https://doi.org/10.1111/j.2044-8295.1954.tb01243.x.

Berlyne, D. E. (1960). Conflict, arousal, and curiosity. *McGraw-Hill Book Company*. https://doi.org/10.1037/11164-000.

Berridge, K. C. (2000). Reward learning: Reinforcement, incentives, and expectations. In *Psychology of Learning and Motivation* (Bd. 40, S. 223–278). Elsevier. https://doi.org/10.1016/S0079-7421(00)80022-5.

Blankenburg, J., Höffler, T. N., & Parchmann, I. (2016a). Fostering Today What is Needed Tomorrow: Investigating Students' Interest in Science. *Science Education, 100*(2), 364–391. https://doi.org/10.1002/sce.21204.

Blankenburg, J., Höffler, T. N., Peters, H., & Parchmann, I. (2016b). The effectiveness of a project day to introduce sixth grade students to science competitions. *Research in Science & Technological Education, 34*(3), 342–358. https://doi.org/10.1080/02635143.2016.1222361.

Blankenburg, J., & Scheersoi, A. (2018). Interesse und Interessenentwicklung. In D. Krüger, I. Parchmann, & H. Schecker (Hrsg.), *Theorien in der naturwissenschaftsdidaktischen Forschung* (S. 245–259). Springer Berlin Heidelberg. https://doi.org/10.1007/978-3-662-56320-5_15.

Bowler, L. (2010). The Self-Regulation of Curiosity and Interest During the Information Search Process of Adolescent Students. *JASIST, 61,* 1332–1344. https://doi.org/10.1002/asi.21334.

Brandtstädter, J. (2001). *Entwicklung, Intentionalität, Handeln.* Kohlhammer.

Brown, S. D., & Lent, R. W. (1996). A social cognitive framework for career choice counseling. *The Career Development Quarterly, 44*(4), 354–366. https://doi.org/10.1002/j.2161-0045.1996.tb00451.x.

Carlone, H. B., & Johnson, A. (2007). Understanding the science experiences of successful women of color: Science identity as an analytic lens. *Journal of Research in Science Teaching, 44*(8), 1187–1218. https://doi.org/10.1002/tea.20237.

Csikszentmihalyi, M. (1988). *Flow: The Psychology of Optimal Experience* (M. Csikszentmihalyi & I. S. Csikszentmihalyi, Hrsg.). Cambridge University Press.

Daniels, Z. (2008). *Entwicklung schulischer Interessen im Jugendalter.* Waxmann.

Day, H. I. (1971). The measurement of specific curiosity. In H. I. Day, D. E. Berlyne, & D. E. Hunt, *Intrinsic motivation: A new direction in education.* Holt, Rinehart and Winston.

de Brabander, C. J., & Martens, R. L. (2014). Towards a unified theory of task-specific motivation. *Educational Research Review, 11,* 27–44. https://doi.org/10.1016/j.edurev.2013.11.001.

DeCharms, R. (1983). *Personal causation: The internal affective determinants of behavior.* Lawrence Erlbaum Associates, Inc.

Deci, E. L. (1998). The relation of interest to motivation and human needs: The self- determination theory viewpoint. In L. Hoffmann, A. Krapp, K. A. Renninger, & J. Baumert (Hrsg.), *Interest and learning: Proceedings of the Seeon Conference on Interest and Gender* (S. 146–162). IPN.

Deci, E. L., & Ryan, R. M. (1985). Intrinsic Motivation and Self-Determination in Human Behavior. *Springer, US.* https://doi.org/10.1007/978-1-4899-2271-7.

Deci, E. L., & Ryan, R. M. (1993). Die Selbstbestimmungstheorie der Motivation und ihre Bedeutung für die Pädagogik. *Zeitschrift für Pädagogik, 39*(2), 223–238. https://doi.org/10.25656/01:11173.

Deci, E. L., & Ryan, R. M. (2000). The „What" and „Why" of Goal Pursuits: Human Needs and the Self-Determination of Behavior. *Psychological Inquiry, 11*(4), 227–268. https://doi.org/10.1207/S15327965PLI1104_01.

Denissen, J. J. A., Zarrett, N. R., & Eccles, J. S. (2007). I Like to Do It, I'm Able, and I Know I Am: Longitudinal Couplings Between Domain-Specific Achievement, Self-Concept, and Interest. *Child Development, 78*(2), 430–447. https://doi.org/10.1111/j.1467-8624.2007.01007.x.

Dewey, J. (1913). *Interest and effort in education* (S. ix, 101). Houghton, Mifflin and Company.

Diekman, A. B., & Eagly, A. H. (2008). Of men, women, and motivation: A role congruity account. In *Handbook of motivation science* (S. 434–447). The Guilford Press.

Dierks, P. O., Höffler, T. N., Blankenburg, J., Peters, H., & Parchmann, I. (2016). Interest in science: A RIASEC-based analysis of students' interests. *International Journal of Science Education, 38*(2), 238–258. https://doi.org/10.1080/09500693.2016.1138337.

Dierks, P. O., Höffler, T. N., & Parchmann, I. (2014). Profiling interest of students in science: Learning in school and beyond. *Research in Science & Technological Education, 32*(2), 97–114. https://doi.org/10.1080/02635143.2014.895712.

Donnellan, E., Aslan, S., Fastrich, G. M., & Murayama, K. (2022). How are curiosity and interest different? Naïve Bayes classification of people's beliefs. *Educational Psychology Review, 34*(1), 73–105. https://doi.org/10.1007/s10648-021-09622-9.

Durik, A. M., & Harackiewicz, J. M. (2007). Different strokes for different folks: How individual interest moderates the effects of situational factors on task interest. *Journal of Educational Psychology, 99*(3), 597–610. https://doi.org/10.1037/0022-0663.99.3.597.

Eccles, J. (1983). Expectancies, values and academic behaviors. In J. T. Spence (Hrsg.), *Achievement and achievement motives* (S 75–146).

Eccles, J. S. (2005). Subjective Task Value and the Eccles et al. Model of Achievement-Related Choices. In A. J. Elliot & C. S. Dweck (Hrsg.), *Handbook of competence and motivation* (S. 105–121). Guilford Publications.

Eccles, J. S. (2009). Who Am I and What Am I Going to Do With My Life? Personal and Collective Identities as Motivators of Action. *Educational Psychologist, 44*(2), 78–89. https://doi.org/10.1080/00461520902832368.

Eccles, J. S., Buchanan, C. M., Flanagan, C., Fuligni, A., Midgley, C., & Yee, D. (1991). Control Versus Autonomy During Early Adolescence. *Journal of Social Issues, 47*(4), 53–68. https://doi.org/10.1111/j.1540-4560.1991.tb01834.x.

Eccles, J. S., Fredricks, J. A., & Epstein, A. (2015). Understanding Well-Developed Interests and Activity Commitment. In K. A. Renninger, M. Nieswandt, & S. Hidi (Hrsg.), *Interest in Mathematics and Science Learning* (S. 315–330). American Educational Research Association. https://doi.org/10.3102/978-0-935302-42-4_18.

Eccles, J. S., & Wigfield, A. (2020). From expectancy-value theory to situated expectancy-value theory: A developmental, social cognitive, and sociocultural perspective on motivation. *Contemporary Educational Psychology, 61*, Article 101859. https://doi.org/10.1016/j.cedpsych.2020.101859.

Fandakova, Y., & Gruber, M. J. (2021). States of curiosity and interest enhance memory differently in adolescents and in children. *Developmental Science, 24*(1), Article e13005. https://doi.org/10.1111/desc.13005.

Fastrich, G. M., Kerr, T., Castel, A. D., & Murayama, K. (2018). The role of interest in memory for trivia questions: An investigation with a large-scale database. *Motivation Science, 4*(3), 227–250. https://doi.org/10.1037/mot0000087.

Fivush, R. (1998). Interest, Gender and personal narrative: How children construct self-understanding. In L. Hoffmann, A. Krapp, K. A. Renninger, & J. Baumert (Hrsg.), *Interest and learning: Proceedings of the Seeon Conference on Interest and Gender*. IPN.

Fong, C. J. (2022). Academic motivation in a pandemic context: A conceptual review of prominent theories and an integrative model. *Educational Psychology, 42*(10), 1204–1222. https://doi.org/10.1080/01443410.2022.2026891.

Fredricks, J., & Eccles, J. (2002). Children's Competence and Value Beliefs from Childhood Through Adolescence: Growth Trajectories in Two Male-Sex-Typed Domains. *Developmental psychology, 38,* 519–533. https://doi.org/10.1037/0012-1649.38.4.519.

Frenzel, A. C., Pekrun, R., Dicke, A.-L., & Goetz, T. (2012). Beyond quantitative decline: Conceptual shifts in adolescents' development of interest in mathematics. *Developmental Psychology, 48*(4), 1069–1082. https://doi.org/10.1037/a0026895.

Gibson, J. J. (1977). The theory of affordances. In R. Shaw & J. Bransford (Hrsg.), *Perceiving, acting, and knowing: Toward an ecological psychology* (S. 67–82). Erlbaum.

Gisbert, K. (1998). Individual Interests in Mathematics and Female Gender Identity: Biographical Case Studies. In L. Hoffmann, A. Krapp, K. A. Renninger, & J. Baumert (Hrsg.), *Interest and learning: Proceedings of the Seeon Conference on Interest and Gender*. IPN.

Gottfredson, L. S. (1981). Circumscription and compromise: A developmental theory of occupational aspirations. *Journal of Counseling Psychology, 28*(6), 545–579. https://doi.org/10.1037/0022-0167.28.6.545.

Grossnickle, E. M. (2016). Disentangling Curiosity: Dimensionality, Definitions, and Distinctions from Interest in Educational Contexts. *Educational Psychology Review, 28*(1), 23–60. https://doi.org/10.1007/s10648-014-9294-y.

Habig, S., Blankenburg, J., Van Vorst, H., Fechner, S., Parchmann, I., & Sumfleth, E. (2018). Context characteristics and their effects on students' situational interest in chemistry. *International Journal of Science Education, 40*(10), 1154–1175. https://doi.org/10.1080/09500693.2018.1470349.

Hannover, B. (1998). The Development of Self-Concept and Interests. In L. Hoffmann, A. Krapp, K. A. Renninger, & J. Baumert (Hrsg.), *Interest and learning: Proceedings of the Seeon Conference on Interest and Gender* (S. 105–125). IPN.

Harackiewicz, J. M., & Knogler, M. (2017). Interest: Theory and application. In *Handbook of competence and motivation: Theory and application, 2nd ed* (S. 334–352). The Guilford Press.

Harackiewicz, J. M., Smith, J. L., & Priniski, S. J. (2016). Interest Matters: The Importance of Promoting Interest in Education. *Policy Insights from the Behavioral and Brain Sciences, 3*(2), 220–227. https://doi.org/10.1177/2372732216655542.

Harter, S. (2003). The development of self-representations during childhood and adolescence. In *Handbook of self and identity* (S. 610–642). The Guilford Press.

Harter, S. (2015). *The construction of the self: Developmental and sociocultural foundations* (2. Aufl.). Guilford Press.

Hattie, J., Hodis, F. A., & Kang, S. H. K. (2020). Theories of motivation: Integration and ways forward. *Contemporary Educational Psychology, 61,* Article 101865. https://doi.org/10.1016/j.cedpsych.2020.101865.

Häussler, P., Hoffman, L., Langeheine, R., Rost, J., & Sievers, K. (1998). A typology of students' interest in physics and the distribution of gender and age within each type. *International Journal of Science Education, 20*(2), 223–238. https://doi.org/10.1080/0950069980200207.

Häußler, P., & Hoffmann, L. (2000). A curricular frame for physics education: Development, comparison with students' interests, and impact on students' achievement and self-concept. *Science Education, 84*(6), 689–705. https://doi.org/10/c534d8.

Häussler, P., & Hoffmann, L. (2000). A curricular frame for physics education: Development, comparison with students' interests, and impact on students' achievement and self-concept. *Science Education, 84*(6), 689–705. https://doi.org/10.1002/1098-237X(200011)84:6<689::AID-SCE1>3.0.CO;2-L.

Häußler, P., & Hoffmann, L. (2002). An intervention study to enhance girls' interest, self-concept, and achievement in physics classes. *Journal of Research in Science Teaching, 39*(9), 870–888. https://doi.org/10.1002/tea.10048.

Herbart, J. F. (1806/1965). Allgemeine Pädagogik, aus dem Zweck der Erziehung abgeleitet. In J. F. Herbart (Hrsg.). *Pädagogische Schriften* (Bd. 2, S. 9–155). Düsseldorf: Küpper.

Hidi, S. (2000). An interest researcher's perspective: The effects of extrinsic and intrinsic factors on motivation. In *Intrinsic and extrinsic motivation: The search for optimal motivation and performance* (S. 309–339). Academic Press. https://doi.org/10.1016/B978-012619070-0/50033-7.

Hidi, S. (2001). Interest, Reading, and Learning: Theoretical and Practical Considerations. *Educational Psychology Review, 13*(3), 191–209. https://doi.org/10.1023/A:1016667621114.

Hidi, S. (2006). Interest: A unique motivational variable. *Educational Research Review, 1*(2), 69–82. https://doi.org/10.1016/j.edurev.2006.09.001.

Hidi, S., & Ainley, M. (2008). Interest and self-regulation: Relationships between two variables that influence learning. In *Motivation and self-regulated learning: Theory, research, and applications* (S. 77–109). Lawrence Erlbaum Associates Publishers.

Hidi, S., & Harackiewicz, J. M. (2000). Motivating the Academically Unmotivated: A Critical Issue for the 21st Century. *Review of Educational Research, 70*(2), 151–179. https://doi.org/10.3102/00346543070002151.

Hidi, S., & Renninger, K. A. (2006). The Four-Phase Model of Interest Development. *Educational Psychologist, 41*(2), 111–127. https://doi.org/10.1207/s15326985ep4102_4.

Hidi, S., & Renninger, K. A. (2019). Interest Development and Its Relation to Curiosity: Needed Neuroscientific Research. *Educational Psychology Review, 31*(4), 833–852. https://doi.org/10.1007/s10648-019-09491-3.

Hidi, S., Renninger, K. A., & Krapp, A. (2004). Interest, a Motivational Variable That Combines Affective and Cognitive Functioning. In D. Y. Dai & R. J. Sternberg (Hrsg.), *Motivation, Emotion, And Cognition: Integrative Perspectives On Intellectual Functioning And Development* (0 Aufl., S. 103–130). Routledge. https://doi.org/10.4324/9781410610515-11.

Higgins, E. T. (1997). Beyond pleasure and pain. *American Psychologist, 52*(12), 1280–1300. https://doi.org/10.1037/0003-066X.52.12.1280.

Hofer, M. (2010). Adolescents' Development of Individual Interests: A Product of Multiple Goal Regulation? *Educational Psychologist, 45*(3), 149–166. https://doi.org/10/ddhz4w.

Hoffmann, L., Häußler, P., & Lehrke, M. (1998). *Die IPN-Interessenstudie Physik*. IPN.

Hoffmann, L., Häußler, P., & Peters-Haft, S. (1997). *An den Interessen von Jungen und Mädchen orientierter Physikunterricht: Ergebnisse eines BLK – Modellversuchs*. IPN.

Höft, L., & Bernholt, S. (2019a). Ich mag, was ich kann oder kann ich, was ich mag? Über das Zusammenspiel von Interesse, Freude und Konzeptwissen im Fach Chemie. *Zeitschrift für Didaktik der Naturwissenschaften, 25*(1), 161–180. https://doi.org/10.1007/s40573-019-00097-4.

Höft, L., & Bernholt, S. (2019b). Longitudinal couplings between interest and conceptual understanding in secondary school chemistry: An activity-based perspective. *International Journal of Science Education, 41*(5), 607–627. https://doi.org/10.1080/09500693.2019.1571650.

Höft, L., & Bernholt, S. (2021). Domain-specific and activity-related interests of secondary school students. Longitudinal trajectories and their relations to achievement. *Learning and Individual Differences, 92,* 102089. https://doi.org/10.1016/j.lindif.2021.102089.

Höft, L., Bernholt, S., Blankenburg, J., & Winberg, M. (2019). Knowing more about things you care less about: Cross-sectional analysis of the opposing trend and interplay between conceptual understanding and interest in secondary school chemistry. *Journal of Research in Science Teaching, 56*(2), 184–210. https://doi.org/10.1002/tea.21475.

Holland, J. L. (1997). *Making vocational choices: A theory of vocational personalities and work environments* (3. Aufl.). Psychological Assessment Resources.

Jansen, M., Lüdtke, O., & Schroeders, U. (2016). Evidence for a positive relation between interest and achievement: Examining between-person and within-person variation in five domains. *Contemporary Educational Psychology, 46,* 116–127. https://doi.org/10.1016/j.cedpsych.2016.05.004.

Jirout, J., & Klahr, D. (2012). Children's scientific curiosity: In search of an operational definition of an elusive concept. *Developmental Review, 32*(2), 125–160. https://doi.org/10.1016/j.dr.2012.04.002.

Jonas, M. E. (2011). Dewey's Conception of Interest and its Significance for Teacher Education. *Educational Philosophy and Theory, 43*(2), 112–129. https://doi.org/10.1111/j.1469-5812.2009.00543.x.

Kashdan, T. B., & Yuen, M. (2007). Whether highly curious students thrive academically depends on perceptions about the school learning environment: A study of Hong Kong adolescents. *Motivation and Emotion, 31*(4), 260–270. https://doi.org/10.1007/s11031-007-9074-9.

Kessels, U. (2015). Zur Kompatibilität von Geschlechtsidentität, MINT-Fächern und schulischem Engagement: Warum wählen Mädchen seltener Physik und machen häufiger Abitur als Jungen? In S. Bernholt (Hrsg.), *Heterogenität und Diversität – Vielfalt der Voraussetzungen im naturwissenschaftlichen Unterricht. Jahrestagung in Bremen 2014.* (Bd. 35, S. 19–30). IPN. http://www.fachportal-paedagogik.de/fis_bildung/suche/fis_set.html?FId=1073043. Zugegriffen: 12. März 2025.

Kessels, U., & Hannover, B. (2004). Entwicklung schulischer Interessen als Identitätsregulation. In J. Doll & M. Prenzel (Hrsg.), *Bildungsqualität von Schule: Lehrerprofessionalisierung, Unterrichtsentwicklung und Schülerförderung als Strategien der Qualitätsverbesserung* (S. 398–412). Waxmann.

Kessels, U., & Hannover, B. (2006). Zum Einfluss des Image von mathematisch-naturwissenschaftlichen Schulfächern auf die schulische Interessenentwicklung. In M. Prenzel, L. Allolio-Näcke, Prenzel-Allolio-Näcke, & Deutsche Forschungsgemeinschaft (Hrsg.), *Untersuchungen zur Bildungsqualität von Schule: Abschlussbericht des DFG-Schwerpunktprogramms* (S. 350–369). Waxmann.

Kessels, U., Warner, L. M., Holle, J., & Hannover, B. (2008). Identitätsbedrohung durch positives schulisches Leistungsfeedback. *Zeitschrift für Entwicklungspsychologie und Pädagogische Psychologie, 40*(1), 22–31. https://doi.org/10.1026/0049-8637.40.1.22.

Köller, O., Daniels, Z., Schnabel, K. U., & Baumert, J. (2000). Kurswahlen von Mädchen und Jungen im Fach Mathematik: Zur Rolle von fachspezifischem Selbstkonzept und Interesse. *Zeitschrift für Pädagogische Psychologie, 14*(1), 26–37. https://doi.org/10.1024//1010-0652.14.1.26.

Krapp, A. (1992). Das Interessenkonstrukt. Bestimmungsmerkmale der Interessenhandlung und des individuellen Interesses aus der Sicht einer Person-Gegenstands-Konzeption. In A. Krapp & M. Prenzel (Hrsg.), *Interesse, Lernen, Leistung: Neuere Ansätze der pädagogisch – Psychologischen Interessenforschung* (S. 297–329). Aschendorff.

Krapp, A. (1998). Entwicklung und Förderung von Interessen im Unterricht. *Psychologie in Erziehung und Unterricht, 45,* 186–203.

Krapp, A. (1999). Intrinsische Lernmotivation und Interesse. Forschungsansätze und konzeptuelle Überlegungen. *Zeitschrift für Pädagogik, 45*(3), 387–406. www.pedocs.de/volltexte/2012/5958/.

Krapp, A. (2000). Interest and Human Development During Adolescence: An Educational-Psychological Approach. In *Advances in Psychology* (Bd. 131, S. 109–128). Elsevier. https://doi.org/10.1016/S0166-4115(00)80008-4.

Krapp, A. (2002a). An educational-psychological theory of interest and its relation to SDT. In E. L. Deci & R. M. Ryan (Hrsg.), *The handbook of self-determination research* (S. 405–427). University of Rochester Press.

Krapp, A. (2002b). Structural and dynamic aspects of interest development: Theoretical considerations from an ontogenetic perspective. *Learning and Instruction, 12*(4), 383–409. https://doi.org/10.1016/S0959-4752(01)00011-1.

Krapp, A. (2005). Basic needs and the development of interest and intrinsic motivational orientations. *Learning and Instruction, 15*(5), 381–395. https://doi.org/10.1016/j.learninstruc.2005.07.007.

Krapp, A. (2007). An educational–psychological conceptualisation of interest. *International Journal for Educational and Vocational Guidance, 7*(1), 5–21. https://doi.org/10.1007/s10775-007-9113-9.

Krapp, A., Hidi, S., & Renninger, K. A. (1992). Interest, learning, and development. In *The role of interest in learning and development* (S. 3–25). Lawrence Erlbaum Associates, Inc.

Krapp, A., & Prenzel, M. (2011). Research on Interest in Science: Theories, Methods and Findings. *International Journal of Science Education, 33,* 27–50. https://doi.org/10.1080/09500693.2010.518645.

Laukenmann, M., Bleicher, M., Fuß, S., Gläser-Zikuda, M., Mayring, P., & Rhöneck, C. von. (2000). Eine Untersuchung zum Einfluss emotionaler Faktoren auf das Lernen im Physikunterricht. In *Zeitschrift für Didaktik der Naturwissenschaften* (Bd. 6, S. 139–155).

Lavonen, J., Ávalos, B., Upadyaya, K., Araneda, S., Juuti, K., Cumsille, P., Inkinen, J., & Salmela-Aro, K. (2021). Upper secondary students' situational interest in physics learning in Finland and Chile. *International Journal of Science Education, 43*(16), 2577–2596. https://doi.org/10.1080/09500693.2021.1978011.

Lent, R. W., Brown, S. D., & Hackett, G. (1994). Toward a Unifying Social Cognitive Theory of Career and Academic Interest, Choice, and Performance. *Journal of Vocational Behavior, 45*(1), 79–122. https://doi.org/10.1006/jvbe.1994.1027.

Lent, R. W., Brown, S. D., Sheu, H.-B., Schmidt, J., Brenner, B. R., Gloster, C. S., Wilkins, G., Schmidt, L. C., Lyons, H., & Treistman, D. (2005). Social Cognitive Predictors of Academic Interests and Goals in Engineering: Utility for Women and Students at Historically Black Universities. *Journal of Counseling Psychology, 52*(1), 84–92. https://doi.org/10.1037/0022-0167.52.1.84.

Leontjew, A. N. (1977). *Tätigkeit, Bewußtsein, Persönlichkeit* (1. Aufl.). Klett.

Lewin, K. (1936). *Principles of topological psychology* (S. xv, 238). McGraw-Hill. https://doi.org/10.1037/10019-000.

Lewin, K. (1963). *Feldtheorie in den Sozialwissenschaften: Ausgewählte theoretische Schriften* (Faks.-Ausg. der Erstausg. von 1963). Huber.

Linnenbrink-Garcia, L., & Wormington, S. V. (2019). An integrative perspective for studying motivation in relation to engagement and learning. In *The Cambridge handbook of motivation and learning* (S. 739–758). Cambridge University Press. https://doi.org/10.1017/9781316823279.031.

Loewenstein, G. (1994). The Psychology of Curiosity: A Review and Reinterpretation. *Psychological Bulletin, 116,* 75–98. https://doi.org/10.1037/0033-2909.116.1.75.

Markey, A., & Loewenstein, G. (2014). Curiosity. In *International handbook of emotions in education* (S. 228–245). Routledge/Taylor & Francis Group.

Marvin, C. B., & Shohamy, D. (2016). Curiosity and reward: Valence predicts choice and information prediction errors enhance learning. *Journal of Experimental Psychology: General, 145*(3), 266–272. https://doi.org/10.1037/xge0000140.

McGillivray, S., Murayama, K., & Castel, A. D. (2015). Thirst for knowledge: The effects of curiosity and interest on memory in younger and older adults. *Psychology and Aging, 30*(4), 835–841. https://doi.org/10.1037/a0039801.

Mitchell, M. (1993). Situational interest: Its multifaceted structure in the secondary school mathematics classroom. *Journal of Educational Psychology, 85*(3), 424–436. https://doi.org/10.1037/0022-0663.85.3.424.

Murayama, K. (2022). A reward-learning framework of knowledge acquisition: An integrated account of curiosity, interest, and intrinsic–extrinsic rewards. *Psychological Review, 129*(1), 175–198. https://doi.org/10.1037/rev0000349.

Murayama, K., FitzGibbon, L., & Sakaki, M. (2019). Process Account of Curiosity and Interest: A Reward-Learning Perspective. *Educational Psychology Review, 31*(4), 875–895. https://doi.org/10.1007/s10648-019-09499-9.

Murphy, P. K., & Alexander, P. A. (2000). A Motivated Exploration of Motivation Terminology. *Contemporary Educational Psychology, 25*(1), 3–53. https://doi.org/10.1006/ceps.1999.1019.

Nagy, G., Trautwein, U., Baumert, J., Köller, O., & Garrett, J. (2006). Gender and course selection in upper secondary education: Effects of academic self-concept and intrinsic value. *Educational Research and Evaluation, 12*(4), 323–345. https://doi.org/10.1080/13803610600765687.

Ochsen, S., Bernholt, A., Grund, S., & Bernholt, S. (2023). Interestingness is in the eye of the beholder – the impact of formative assessment on students' situational interest in chemistry classrooms. *International Journal of Science Education, 45*(5), 383–404. https://doi.org/10.1080/09500693.2022.2163204.

Ochsen, S., Bernholt, S., Bernholt, A., & Parchmann, I. (2021). Eine Mikroanalyse von Chemieunterricht – Einsatz und Perzeption von Triggern für situationales Interesse. *Zeitschrift für Didaktik der Naturwissenschaften, 27*(1), 1–15. https://doi.org/10.1007/s40573-020-00122-x.

Ochsen, S., Bernholt, S., Bernholt, A., & Parchmann, I. (2022). Chemie finde ich eigentlich interessant, aber manchmal auch nicht – Zusammenhänge zwischen Merkmalen des Chemieunterrichts und dem situationalen Interesse von Lernenden. *Unterrichtswissenschaft, 50*(3), 425–451. https://doi.org/10.1007/s42010-021-00133-8.

O'Keefe, P. A., & Linnenbrink-Garcia, L. (2014). The role of interest in optimizing performance and self-regulation. *Journal of Experimental Social Psychology, 53,* 70–78. https://doi.org/10.1016/j.jesp.2014.02.004.

Pekrun, R. (1988). *Emotion.* Motivation und Persönlichkeit: Psychologie Verlags Union.

Pekrun, R. (2019). The Murky Distinction Between Curiosity and Interest: State of the Art and Future Prospects. *Educational Psychology Review, 31*(4), 905–914. https://doi.org/10.1007/s10648-019-09512-1..

Peterson, E. G., & Hidi, S. (2019). Curiosity and interest: Current perspectives. *Educational Psychology Review, 31*(4), 781–788. https://doi.org/10.1007/s10648-019-09513-0.

Pfeifer, W. (1993). Interesse. In *Etymologisches Wörterbuch des Deutschen.* https://www.dwds.de/d/wb-etymwb.

Potvin, P., & Hasni, A. (2014). Interest, motivation and attitude towards science and technology at K-12 levels: A systematic review of 12 years of educational research. *Studies in Science Education, 50*(1), 85–129. https://doi.org/10.1080/03057267.2014.881626.

Prenzel, M. (1998). Interest Research Concerning the Upper Secondary Level, College, and Vocational Education: An Overview. In L. Hoffmann, A. Krapp, K. A. Renninger, & J. Baumert (Hrsg.), *Interest and learning: Proceedings of the Seeon Conference on Interest and Gender*. IPN.

Prenzel, M., Krapp, A., & Schiefele, H. (1986). Grundzüge einer pädagogischen Interessentheorie. *Zeitschrift für Pädagogik, 32,* 163–173.

Rauthmann, J., Sherman, R., & Funder, D. (2015). New Horizons in Research on Psychological Situations and Environments [Rejoinder]. *European Journal of Personality, 29.*

Renninger, K. A. (2000). Individual interest and its implications for understanding intrinsic motivation. In *Intrinsic and extrinsic motivation: The search for optimal motivation and performance* (S. 373–404). Academic Press. https://doi.org/10.1016/B978-012619070-0/50035-0.

Renninger, K. A. (2009). Interest and Identity Development in Instruction: An Inductive Model. *Educational Psychologist, 44*(2), 105–118. https://doi.org/10.1080/00461520902832392.

Renninger, K. A., Bachrach, J. E., & Hidi, S. (2019). Triggering and maintaining interest in early phases of interest development. *Learning, Culture and Social Interaction, 23,* Article 100260. https://doi.org/10.1016/j.lcsi.2018.11.007.

Renninger, K. A., & Hidi, S. (2011). Revisiting the Conceptualization, Measurement, and Generation of Interest. *Educational Psychologist, 46*(3), 168–184. https://doi.org/10.1080/00461520.2011.587723.

Renninger, K. A., & Hidi, S. (2015). The Power of Interest for Motivation and Engagement. *Routledge.* https://doi.org/10.4324/9781315771045.

Renninger, K. A., & Hidi, S. (2019). Interest Development and Learning. In K. A. Renninger & S. E. Hidi (Hrsg.), *The Cambridge Handbook of Motivation and Learning* (1. Aufl., S. 265–290). Cambridge University Press. https://doi.org/10.1017/9781316823279.

Renninger, K. A., & Hidi, S. (2022). Interest: A unique affective and cognitive motivational variable that develops. In *Advances in Motivation Science* (Bd. 9, S. 179–239). Elsevier. https://doi.org/10.1016/bs.adms.2021.12.004.

Renninger, K. A., Hidi, S., & Krapp, A. (Hrsg.). (1992). *The role of interest in learning and development* (Nachdr.). Erlbaum.

Renninger, K. A., Hoffmann, L., & Krapp, A. (1998). Interest and Gender: Issues of Development and Learning. In L. Hoffmann, A. Krapp, K. A. Renninger, & J. Baumert (Hrsg.), *Interest and learning: Proceedings of the Seeon Conference on Interest and Gender* (S. 9–21). IPN.

Renninger, K. A., & Riley, K. R. (2013). Interest, cognition, and the case of l- and science. In *Cognition and motivation: Forging an interdisciplinary perspective* (S. 352–382). Cambridge University Press.

Renninger, K. A., Sansone, C., & Smith, J. (2004). Love Of Learning. *Character Strengths And Virtues: A Handbook And Classification,* 161–179. https://works.swarthmore.edu/fac-education/56. Zugegriffen: 12. März 2025.

Renninger, K. A., & Su, S. (2012). Interest and its development. In *The Oxford handbook of human motivation* (S. 167–187). Oxford University Press. https://doi.org/10.1093/oxfordhb/9780195399820.013.0011.

Renninger, K. A., & Su, S. (2019). Interest and Its Development, Revisited. In R. M. Ryan (Hrsg.), *The Oxford Handbook of Human Motivation* (S. 203–226). Oxford University Press. https://doi.org/10.1093/oxfordhb/9780190666453.013.12.

Renninger, K. A., & Wozniak, R. H. (1985). Effect of interest on attentional shift, recognition, and recall in young children. *Developmental Psychology, 21*(4), 624–632. https://doi.org/10.1037/0012-1649.21.4.624.

Rotgans, J. I., & Schmidt, H. G. (2014). Situational interest and learning: Thirst for knowledge. *Learning and Instruction, 32,* 37–50. https://doi.org/10.1016/j.learninstruc.2014.01.002.

Rotgans, J. I., & Schmidt, H. G. (2017a). Interest development: Arousing situational interest affects the growth trajectory of individual interest. *Contemporary Educational Psychology, 49,* 175–184. https://doi.org/10.1016/j.cedpsych.2017.02.003.

Rotgans, J. I., & Schmidt, H. G. (2017b). The relation between individual interest and knowledge acquisition. *British Educational Research Journal, 43*(2), 350–371. https://doi.org/10.1002/berj.3268.

Rotgans, J. I., & Schmidt, H. G. (2017c). The Role of Interest in Learning: Knowledge Acquisition at the Intersection of Situational and Individual Interest. In P. A. O'Keefe & J. M. Harackiewicz (Hrsg.), *The Science of Interest* (S. 69–93). Springer International Publishing. https://doi.org/10.1007/978-3-319-55509-6_4.

Ryan, R. M., & Deci, E. L. (2000a). Intrinsic and Extrinsic Motivations: Classic Definitions and New Directions. *Contemporary Educational Psychology, 25*(1), 54–67. https://doi.org/10.1006/ceps.1999.1020.

Ryan, R. M., & Deci, E. L. (2000b). Self-determination theory and the facilitation of intrinsic motivation, social development, and well-being. *American Psychologist, 55*(1), 68–78. https://doi.org/10/c48g8h.

Ryan, R. M., & Deci, E. L. (2018). *Self-Determination Theory: Basic Psychological Needs in Motivation, Development, and Wellness*. Guilford Publications.

Ryan, R. M., & Deci, E. L. (2019). Chapter Four – Brick by Brick: The Origins, Development, and Future of Self-Determination Theory. In A. J. Elliot (Hrsg.), *Advances in Motivation Science* (Bd. 6, S. 111–156). Elsevier. https://doi.org/10.1016/bs.adms.2019.01.001.

Sakaki, M., Murayama, K., Frenzel, A. C., Goetz, T., Marsh, H. W., Lichtenfeld, S., & Pekrun, R. (2024). Developmental trajectories of achievement emotions in mathematics during adolescence. *Child Development, 95*(1), 276–295. https://doi.org/10.1111/cdev.13996.

Sansone, C., & Smith, J. L. (2000). Interest and self-regulation: The relation between having to and wanting to. In *Intrinsic and extrinsic motivation: The search for optimal motivation and performance* (S. 341–372). Academic Press. https://doi.org/10.1016/B978-012619070-0/50034-9.

Schegloff, E. (1992). In another context. In C. Goodwin & A. Duranti (Hrsg.), *Rethinking context: Language as an interactive phenomenon* (S. 191–227). Cambridge University Press.

Schiefele, H., Prenzel, M., Krapp, A., Heiland, A., & Kasten, H. (1983). *Zur Konzeption einer paedagogischen Theorie des Interesses*. Inst. fuer Empirische Paedagogik u. Paedag. Psychologie.

Schiefele, U. (1992). Topic interest and levels of text comprehension. In *The role of interest in learning and development* (S. 151–182). Lawrence Erlbaum Associates, Inc.

Schiefele, U. (2001). *The Role of Interest in Motivation and Learning*. In Intelligence and Personality: Psychology Press.

Schiefele, U. (2009). Situational and individual interest. In *Handbook of motivation at school* (S. 197–222). Routledge/Taylor & Francis Group. https://doi.org/10.4324/9780203879498.

Schiefer, I. M., Becker, S., & Artelt, C. (2017). Eine personenzentrierte Betrachtung der Entwicklung des Fachinteresses Deutsch, Mathematik und Englisch von Jahrgangsstufe 4 bis 11. *Psychologie in Erziehung und Unterricht, 65*(2), 141. https://doi.org/10.2378/PEU2017.art24d.

Schmidt, H. G., & Rotgans, J. I. (2017). Like it or not: Individual interest is not a cause but a consequence of learning. Rejoinder to Hidi and Renninger. *British Educational Research Journal, 43*(6), 1266. https://www.academia.edu/35837856/Like_it_or_not_Individual_interest_is_not_a_cause_but_a_consequence_of_learning_Rejoinder_to_Hidi_and_Renninger_2017_.

Schmidt, H. G., & Rotgans, J. I. (2021). Epistemic Curiosity and Situational Interest: Distant Cousins or Identical Twins? *Educational Psychology Review, 33*(1), 325–352. https://doi.org/10.1007/s10648-020-09539-9.

Schraw, G., & Lehman, S. (2001). Situational Interest: A Review of the Literature and Directions for Future Research. *Educational Psychology Review, 13*(1), 23–52. https://www.jstor.org/stable/23358868. Zugegriffen: 12. März 2025.

Shah, P. E., Weeks, H. M., Richards, B., & Kaciroti, N. (2018). Early childhood curiosity and kindergarten reading and math academic achievement. *Pediatric Research, 84*(3), Article 3. https://doi.org/10.1038/s41390-018-0039-3.

Shin, D. D., & Kim, S. (2019). Homo Curious: Curious or Interested? *Educational Psychology Review, 31*(4), 853–874. https://doi.org/10.1007/s10648-019-09497-x.

Silvia, P. J. (2001). Interest and interests: The psychology of constructive capriciousness. *Review of General Psychology, 5*(3), 270–290. https://doi.org/10.1037/1089-2680.5.3.270.

Silvia, P. J. (2005). What is interesting? Exploring the appraisal structure of interest. *Emotion (Washington, D.C.), 5*(1), 89–102. https://doi.org/10.1037/1528-3542.5.1.89.

Silvia, P. J. (2006). *Exploring the psychology of interest* (S. viii, 263). Oxford University Press. https://doi.org/10.1093/acprof:Oso/9780195158557.001.0001.

Silvia, P. J. (2010). Confusion and interest: The role of knowledge emotions in aesthetic experience. *Psychology of Aesthetics, Creativity, and the Arts, 4*(2), 75–80. https://doi.org/10.1037/a0017081.

Steidtmann, L., Kleickmann, T., & Steffensky, M. (2023). Declining interest in science in lower secondary school classes: Quasi-experimental and longitudinal evidence on the role of teaching and teaching quality. *Journal of Research in Science Teaching, 60*(1), 164–195. https://doi.org/10.1002/tea.21794.

Su, R. (2020). The three faces of interests: An integrative review of interest research in vocational, organizational, and educational psychology. *Journal of Vocational Behavior, 116,* Article 103240. https://doi.org/10.1016/j.jvb.2018.10.016.

Swarat, S., Ortony, A., & Revelle, W. (2012). Activity matters: Understanding student interest in school science. *Journal of Research in Science Teaching, 49*(4), 515–537. https://doi.org/10.1002/tea.21010.

Tang, X., Renninger, K. A., Hidi, S., Murayama, K., Lavonen, J., & Salmela-Aro, K. (2022). The differences and similarities between curiosity and interest: Meta-analysis and network analyses. *Learning and Instruction, 80,* Article 101628. https://doi.org/10.1016/j.learninstruc.2022.101628.

Thieroff, B., Schubert, J. C., & Gölitz, D. (2021). Entwicklung und empirische Validierung eines kontextorientierten Skalenmodells zur Erfassung des Interesses von Schüler*innen am Klimawandel. *Zeitschrift für Didaktik der Naturwissenschaften, 27*(1), 45–57. https://doi.org/10.1007/s40573-021-00125-2.

Todt, E., & Schreiber, S. (1998). Development of Interests. In K. A. Renninger, L. Hoffmann, & A. Krapp (Hrsg.), *Interest and Learning* (S. 25–40). IPN.

Tröbst, S., Kleickmann, T., Lange-Schubert, K., Rothkopf, A., & Möller, K. (2016). Instruction and Students' Declining Interest in Science: An Analysis of German Fourth- and Sixth-Grade Classrooms. *American Educational Research Journal, 53*(1), 162–193. https://doi.org/10.3102/0002831215618662.

Ulich, D., & Mayring, P. (1992). *Psychologie der Emotionen.* Kohlhammer.

Upmeier zu Belzen, A., & Vogt, H. (2003). *Interessen und Nicht-Interessen bei Grundschulkindern Theoretische Basis der Längsschnittstudie PEIG 1.* https://doi.org/10.2390/zdb-v10-i1-301.

Urhahne, D. (2008). Sieben Arten der Lernmotivation. *Psychologische Rundschau, 59*(3), 150–166. https://doi.org/10.1026/0033-3042.59.3.150.

Urhahne, D., & Wijnia, L. (2023). Theories of Motivation in Education: An Integrative Framework. *Educational Psychology Review, 35*(2), 45. https://doi.org/10.1007/s10648-023-09767-9.

Van Griethuijsen, R. A. L. F., Van Eijck, M. W., Haste, H., Den Brok, P. J., Skinner, N. C., Mansour, N., Savran Gencer, A., & BouJaoude, S. (2015). Global Patterns in Students' Views of Science and Interest in Science. *Research in Science Education, 45*(4), 581–603. https://doi.org/10.1007/s11165-014-9438-6.

van Lieshout, L. L., de Lange, F. P., & Cools, R. (2020). Why so curious? Quantifying mechanisms of information seeking. *Current Opinion in Behavioral Sciences, 35,* 112–117. https://doi.org/10.1016/j.cobeha.2020.08.005.

Vogt, H. (2007). Theorie des Interesses und des Nicht-Interesses. In D. Krüger & H. Vogt (Hrsg.), *Theorien in der biologiedidaktischen Forschung: Ein Handbuch für Lehramtsstudenten und Doktoranden* (S. 9–20). Springer. https://doi.org/10.1007/978-3-540-68166-3_2.

Wigfield, A. (1994). Expectancy-value theory of achievement motivation: A developmental perspective. *Educational Psychology Review, 6*(1), 49–78. https://doi.org/10.1007/BF02209024.

Wigfield, A., & Eccles, J. S. (2000). Expectancy-Value Theory of Achievement Motivation. *Contemporary Educational Psychology, 25*(1), 68–81. https://doi.org/10.1006/ceps.1999.1015.

Wigfield, A., Stephen, T., & Klauda, S. L. (2009). Expectancy-value theory. In Wenzel & A. Wigfield (Hrsg.), *Handbook of motivation at school* (S. 55–75). Routledge/Taylor & Francis Group.

Wild, S. (2023). Trajectories of subject-interests development and influence factors in higher education. *Current Psychology, 42*(15), 12879–12895. https://doi.org/10.1007/s12144-021-02691-7.

Wild, S., Rahn, S., & Meyer, T. (2023). Comparing long-term trajectories in subject interest among non-traditional students and traditional students – An example from a cooperative higher education programme in Germany. *Learning and Individual Differences, 101,* Article 102250. https://doi.org/10.1016/j.lindif.2022.102250.

Zügge, T. (2022). Innere Kontexte: Entwicklungssensible Ergänzung des naturwissenschaftsdidaktischen Kontextbegriffs. *Springer Fachmedien Wiesbaden.* https://doi.org/10.1007/978-3-658-36784-8.

Interessenförderung als Ziel von naturwissenschaftlichem Unterricht?!

Erkundungen zu normativen Perspektiven auf Interesse in naturwissenschaftlichen Bildungsprozessen

Thorid Rabe

1 Ausgangspunkte und Ziel der Erkundung

Lässt man gedanklich den gesellschaftlichen und (bildungs)politischen Diskurs zu den Naturwissenschaften Revue passieren, findet man einen breiten Konsens dazu, dass Interesse einerseits ein wichtiges Ziel von Bildung und deshalb Interessenförderung eine Aufgabe von Bildungsinstitutionen ist, dass dieses Ziel aber andererseits regelmäßig verfehlt wird. Begründet wird die Interessenförderung mit den ökonomischen und gesellschaftlichen Bedarfen an Menschen, die sich über die Schulzeit hinaus (auch beruflich) den Naturwissenschaften zuwenden. Wie aber verhält sich der erziehungswissenschaftliche Diskurs zu der Norm von Interesse als Bildungsziel?

Mit den nachfolgenden Erkundungsgängen wird eine vorläufige und skizzenhafte Kartierung verschiedener erziehungswissenschaftlicher Terrains vorgenommen, die eine erste Orientierung zu der Frage erlaubt, ob, inwiefern und mit welchen Begründungen Interesse als eine verbindliche Zielkategorie für Bildungsprozesse in den Naturwissenschaften bzw. als ein relevantes Konstrukt für naturwissenschaftsdidaktische Forschung verhandelt wird. Damit rückt Interesse als eine (mögliche) normativ gesetzte Zielgröße von Bildungsangeboten in

T. Rabe (✉)
Didaktik der Physik, Martin-Luther-Universität Halle-Wittenberg, Halle-Wittenberg, Deutschland
E-Mail: thorid.rabe@physik.uni-halle.de

O. Krey et al. (Hrsg.), *Interesse revisited*,
https://doi.org/10.1007/978-3-658-48542-9_2

den Blick. Mit Wolfgang Meseth et al. (2019) lassen sich für die Erziehungswissenschaften allgemein normative Sätze als solche Sätze definieren, „die ein Sollen oder ein Wollen formulieren. Sie treffen Aussagen darüber, was man tun darf und was nicht. Sie formulieren, was erlaubt oder verboten ist, aber auch, was man selbst will und für richtig hält" (Meseth et al., 2019, S. 6). In der Moderne lassen sich solche Normen als sozial konstruiert, fluide (bei hoher ‚Viskosität') und mit einer Erfüllungserwartung einhergehend charakterisieren (vgl. Wittek & Rabe, 2025) und sie können explizit oder implizit vorliegen und entsprechend ihre Wirkung entfalten. Mit Blick auf das Sollen oder Wollen von Interessenförderung im Rahmen von (schulischen) Bildungsprozessen und der damit verbundenen Erfüllungserwartung wird in diesem Beitrag gefragt, wer sich aus welcher Perspektive heraus explizit oder implizit zu Interesse als Zielgröße naturwissenschaftlicher Bildung positioniert und mit welchen Argumenten bzw. Gründen diese Positionierung untersetzt wird.

Dafür werden disziplinär unterschiedlich gelagerte Zugänge auf ihre jeweiligen Positionierungen hinsichtlich des Konstrukts Interesse beleuchtet. Es handelt sich dabei um Erkundungsgänge, die die ausgewählten disziplinären Zugänge eher summarisch und mit dem Anspruch beschreiben, deren Breite an Positionen und Argumenten darzustellen, unabhängig davon, wie gewichtig sie für fachdidaktische Forschung bisher waren. Ziel des Beitrags ist es nicht, Interesse als Zielgröße von naturwissenschaftlichem Unterricht und als Forschungsgegenstand in den entsprechenden Fachdidaktiken neu oder abschließend zu legitimieren und festzulegen. Vielmehr wird zunächst der Raum für eine Diskussion zu normativen Zielsetzungen bezogen auf Interesse in den Naturwissenschaften eröffnet.

Die übergeordnete Frage, der im Folgenden nachgegangen wird, lautet:

> *Mit welchen Begründungen stellt Interesse und/oder Interessenförderung in verschiedenen bildungstheoretischen/ disziplinären Zugängen eine normativ akzeptierte Zielgröße naturwissenschaftlichen Unterrichts dar – oder ggf. auch nicht?*

Dazu werden die folgenden drei ausgewählten disziplinären Zugänge 1) allgemeiner (nicht fachbezogener) Bildungstheorien, 2) pädagogisch-psychologischer Zugänge sowie 3) naturwissenschaftsdidaktischer Zugänge konsultiert, weil sie als Bezugsfelder für die Ausgestaltung schulischer und außerschulischer Bildung in den Naturwissenschaften sowie für die darauf bezogene Forschung besonders relevant erscheinen.

Im Bereich der naturwissenschaftsdidaktischen Literatur wird eine weitere Unterteilung vorgenommen in:

a) eher (grundlagen-)theoretisch orientierte fachdidaktische Forschungsliteratur als normativ-selbstreflexive Selbstverständigung bzw. als theoretisches Fundament für fachdidaktische Forschung;
b) eher empirisch gelagerte Forschungsliteratur als Berichte (empirischer) Forschungsergebnisse innerhalb der fachdidaktischen Forschungscommunity und zum Teil auch in Richtung Unterrichtspraxis;
c) Lehrbücher als informierender und normativ-handlungsanleitender Überblick für (zukünftige) Lehrpersonen zu weitgehend konsensuell als relevant identifizierten Aspekten von Unterricht in den naturwissenschaftlichen Fächern (Professionalisierung).

Obwohl diese Unterteilung künstlich und nicht trennscharf ist, können damit ggf. unterschiedliche Perspektiven auf Interesse als Konstrukt sichtbar werden. Gleichzeitig entstehen auch Redundanzen, weil die disziplinären Zugänge bzw. Quellentypen (Forschungs- versus Lehrbuchtexte) aufeinander bezogen sind und ähnliche Positionen und Argumente vertreten.

Für die Literaturdurchsicht lässt sich die obige globale Leitfrage in die folgenden interdependenten Frageperspektiven ausdifferenzieren:

- *Inwiefern gilt Interesse als Ziel bzw. Indikator für erfolgreiche Bildungsprozesse einerseits oder als deren Voraussetzung bzw. Bedingung andererseits?*
- *Inwiefern wird auf das Konstrukt Interesse als Zielgröße von (naturwissenschaftlichen) Bildungsprozessen fokussiert? Inwieweit werden auch „benachbarte" oder ähnliche Konstrukte als Bildungsziel thematisiert?*
- *Welches Ausmaß, welche Ausprägung und welche Breite von Interesse wird als wünschenswert gesehen?*
- *Wer legt die relevanten Gegenstandsbereiche für Interessen und deren Förderung bzw. für deren empirische Erfassung in Unterricht und Forschung fest?*

Während sich all diese Fragen auf Interesse als mehr oder weniger relevantes Bildungsziel beziehen, werden bei der Durchsicht der Literatur ggf. auch weitere, vordergründig nicht intendierte Funktionen sichtbar, die mit Interesse als Konstrukt verbunden sind:

- *Jenseits der Relevanz von Interesse in und für Bildung(sprozesse): Welche Bedeutung oder Funktion hat das Konstrukt Interesse für Forschung und Unterricht darüber hinaus – implizit oder explizit?*

2 Bildungstheoretische Zugänge

2.1 Allgemeinbildung/kategoriale Bildung: Interesse im Spannungsfeld zwischen Vielfalt und Spezialisierung, gesellschaftlichem Anspruch und Recht auf Individualisierung

Bereits in den pädagogischen Schriften von Johann Friedrich Herbart (1776–1881), der als einer der Begründer der Pädagogik als einer systematischen Wissenschaft gilt, findet sich ein Rekurs auf Interesse im Zusammenhang mit Unterricht. Für Herbart (1982, S. 97) soll Unterricht nicht nur mit Interessen beginnen, also die Interessen von Lernenden als Ausgangspunkt für das Lernen berücksichtigen, sondern das Ausprägen von Interessen bei den Lernenden stellt auch einen Endpunkt dar, also ein Ziel des Unterrichts. Vorrangig ist dabei das Hervorbringen eines vielseitigen Interesses, das „später mögliche Entscheidungs- und Handlungsräume erweitern soll" (Kiel, 2018, S. 114), die man sowohl auf individuelle private Zusammenhänge als auch auf gesellschaftliche und politische Teilhabe beziehen kann. Wolfgang Klafki identifiziert eine Theorie der Interessenbildung als einen von vier Kerngedanken der Pädagogik Herbarts:

> *„Auf der einen Seite geht es Herbart darum, daß junge Menschen durch Unterricht dazu angeregt und befähigt werden, persönliche Interessenschwerpunkte zu finden und auszubilden. Auf der anderen Seite erkennt Herbart die Gefahr, daß einseitige Fixierungen auf eine einzige oder sehr wenige Interessenrichtungen die späteren Möglichkeiten des einzelnen hinsichtlich beruflicher, privater und gesellschaftlich-politischer Entscheidungen begrenzen würden. Insofern plädiert er für vielseitige Interessenbildung, ohne damit individuelle Schwerpunktsetzungen im Rahmen der Vielseitigkeit ausschließen zu wollen."* (Klafki, 2020, S. 35)

Interesse ist also bei Herbart Ausgangs- und Zielperspektive von Unterricht allgemein, ohne dass spezifiziert würde, was unter einem vielseitigen Interesse zu verstehen sei bzw. welche (fachlichen) Interessengegenstände besonders relevant wären. Die Idee der Vielseitigkeit des Interesses wird auch in der späteren Rezeption Herbarts aufgegriffen.

Mit Wolfgang Klafki ist bereits ein oder sogar der Vertreter der kategorialen Bildungsidee aufgerufen, deren Leitgedanke darin besteht, dass Menschen sich in Bildungsprozessen ihre Wirklichkeit kategorial erschließen und dabei gleichzeitig für diese Wirklichkeit bzw. die Gegenstände des Verstehens und Lernens erschlossen werden. Allgemeinbildung bezieht sich auf epochaltypische Schlüsselprobleme und zielt auf die Mündigkeit der Heranwachsenden. Der

Mehrdimensionalität menschlichen Handelns entsprechend sind verschiedene Bildungsdimensionen, wie beispielsweise kognitive, emotionale, ästhetische, soziale oder handwerklich-technische Dimensionen, zu unterscheiden, wobei sowohl die Benennung als auch der Zuschnitt dieser Dimensionen bei Klafki changieren. Wenn Klafki formuliert: „Abgekürzt kann man von der Notwendigkeit der Bildung vielseitiger individueller Fähigkeiten und Interessen sprechen" (Klafki, 1998, S. 248), dann wird zum einen die Herbartsche Vielseitigkeit wieder aufgegriffen und zum anderen deutet sich hier bereits die Kompetenzdefinition von Franz. E. Weinert an, die mit ihrer Bezugnahme auf sowohl Fähigkeiten als auch affektive Aspekte in den letzten Jahren für die Fachdidaktiken leitmotivisch geworden ist (vgl. auch Abschn. 2.2). Der Anspruch auf Allgemeinbildung zeigt sich in dem „generelle[n] Postulat, daß diese Interessen- und Fähigkeitsbildung keinem jungen Menschen vorenthalten werden darf" (Klafki, 1998, S. 248), wobei hier die Interessenbildung sogar an erster Stelle genannt wird. Auf den ersten Blick könnte man daraus ableiten, dass bei allen Heranwachsenden die gleichen spezifischen Fähigkeiten und Interessen erreicht werden sollten. Dem widerspricht Klafki allerdings mit Verweis auf das Recht auf Individualisierung:

> *„Aber: Über diese formale Allgemeinheit des Vielseitigkeitsanspruchs hinaus ist diese Bildungsdimension dominant durch das Kriterium der Pluralität im Sinne des Rechts auf Individualisierung, auf ganz persönliche Akzentsetzungen, auf ein großes Maß persönlicher Wahlentscheidungen und auf die Kreativität der Subjekte gekennzeichnet. Curricular müsste sich das in einem möglichst breiten Angebot frei wählbarer Kurse und Projekte und in vielfältigen Formen innerer Differenzierung des Unterrichts niederschlagen."* (Klafki, 1998, S. 248)

Nach Klafki sollen Interessen, die bei ihm nahezu gleichrangig neben Fähigkeiten als Bildungsziel stehen, bei allen Lernenden ausgeprägt und durch entsprechende curriculare und didaktische Entscheidungen gefördert werden, ohne dass dabei uniforme Interessenprofile hervorgebracht werden. Ebenso wenig wie von Herbart wird von Klafki allerdings ausgeschärft, was unter Interesse zu verstehen ist.

Die Auswahl konkreter Bildungsinhalte und das Herauspräparieren von deren Bildungsgehalten ist nach Klafki mit Bezug auf die bereits genannten Schlüsselprobleme und damit unter Berücksichtigung der historischen, gesellschaftlichen, kulturellen Rahmenbedingungen zu leisten. Während Interesse bei Klafki zwar als Zielgröße schulischer Bildung klar erkennbar ist, kommt den von den Lernenden bereits mitgebrachten Interessen als Ausgangspunkt für Bildungsprozesse angesichts der Dominanz der Schlüsselprobleme im gesellschaftlichen Kontext, wenn überhaupt, eher eine untergeordnete Rolle zu. Im Gegensatz dazu stellt das im angelsächsischen Raum stärker verbreitete Instruktionsdesign, so behauptet

Ewald Kiel, „die Frage nach einem guten Problem im Unterricht eher unabhängig von der Gesellschaft, sondern rekurriert auf das Interesse der Kinder und Jugendlichen“ (Kiel, 2018, S. 112). Demnach wären Interessen – ähnlich wie bei Herbart – ein Ausgangspunkt für die Gestaltung von Lernangeboten (wobei hier vermutlich nicht mehr begründet von Bildung in der deutschen Begriffstradition zu sprechen ist, sondern man bei dem Begriff instruction bleiben sollte).

2.2 Literacy gemäß PISA: Interesse im Dienste der Leistungsentwicklung

Der international verbreitete Ansatz der Science Literacy kann hier nicht in allen Nuancen diskutiert werden. Der Fokus wird deshalb auf die theoretische Rahmung der auch bildungspolitisch einflussreichen PISA-Studien gerichtet, die dem Literacy-Ansatz folgen. Den verschiedenen Varianten des Literacy-Ansatzes (die Übersetzung ins Deutsche als „Grundbildung“ ist etwas irreführend) gemeinsam ist die eher funktionalistische bzw. pragmatische Bildungsauffassung, die vor allem auf „Wissenserwerb über Inhalte und Zusammenhänge sowie den Erwerb praktisch verwertbarer Kompetenzen“ (Fischler et al., 2018, S. 13) abhebt.

In der Rahmenkonzeption der PISA-Studien wird Literacy allgemein definiert als die „Kenntnisse und Fähigkeiten […], die für eine erfolgreiche Teilhabe an modernen Gesellschaften als unerlässlich angesehen werden“ (Sälzer & Reiss, 2016, S. 17). Teilhabe bzw. die Möglichkeit zur Teilhabe stellt hier das übergeordnete Ziel von Bildungsprozessen dar. Während sich die ersten PISA-Erhebungsrunden entsprechend auf die Messung der hier benannten „Kenntnisse und Fähigkeiten“ beschränkten, werden seit 2006 auch die motivationalen Orientierungen und hier insbesondere die Interessen an Naturwissenschaften in die Operationalisierung des Literacy-Konzepts einbezogen. Neben dem Interesse wird auch das Erleben von Freude an Naturwissenschaften als relevante motivationale Orientierung genannt, die aber, wie ein Blick in das Skalenhandbuch zeigt, in seiner Operationalisierung bzw. Erhebung mit dem Konstrukt des Interesses zusammenfällt (Mang et al., 2019, S. 90).

Mit der Weiterentwicklung des Literacy-Ansatzes werden also auch die in der Kompetenzdefinition von Weinert (2001, S. 27 f.) zwar erst *nach dem Komma* genannten motivationalen, volitionalen und sozialen Bereitschaften und Fähigkeiten einbezogen, die man aber als den kognitiven Fähigkeiten und Fertigkeiten gleichberechtigte Bestandteile von Kompetenzen deuten kann. So heißt es im Bericht zur PISA-Erhebung von 2015: „Die Entwicklung motivationaler Orientierungen und Selbstbilder in den Naturwissenschaften ist neben dem

Wissens- bzw. Kompetenzzuwachs wichtiges Ziel naturwissenschaftlichen Unterrichts und beeinflusst zukünftige Ausbildungs- und Berufswahlentscheidungen" (Schiepe-Tiska et al., 2016, S. 99). Begründet wird die Relevanz motivationaler Orientierungen damit, dass diese die Auseinandersetzung mit und das Lernen von Naturwissenschaften über Unterricht und Schule hinaus, Bildungswegentscheidungen, aber auch den Prozess des Wissenserwerbs selbst beeinflussen. Motivationale Orientierungen sind deshalb „nicht nur wichtige Bildungsziele, sondern auch Bedingungs- und Prozessgrößen für die Leistungsentwicklung" (Schiepe-Tiska et al., 2016, S. 101).

Dass Kenntnisse und Fähigkeiten respektive Leistungen dennoch als gewichtigere Bildungsziele gelten, lässt sich indirekt daraus erschließen, dass diese in jeder PISA-Erhebung erfasst werden, während motivationale Orientierungen nur dann gemessen werden, wenn die Naturwissenschaften den Schwerpunkt der Erhebungsrunde bilden. Die Ausprägung von Interessen scheint – so die These hier – demnach keinen Bildungswert per se darzustellen, sondern lediglich vermittelt über ihre Wirkung auf gesellschaftlich erwünschte Teilhabe legitimiert zu sein. Wenn Anja Schiepe-Tiska und Kolleg:innen konstatieren: „Diese mehrdimensionalen Bildungsziele sind in Deutschland explizit in Schulgesetzen und Lehrplänen verankert – sie geraten allerdings im schulischen Alltag häufig aus dem Blick" (Schiepe-Tiska et al., 2016, S. 101), dann kann also kritisch angefragt werden, ob das nicht auch für die PISA-Studien gilt. Diese punktuelle Beobachtung fügt sich in die allgemeinere Diagnose von David Fortus und Kolleg:innen (Fortus et al., 2022) ein, die konstatieren, dass affektive Aspekte (darunter auch das Interesse) trotz ihrer Relevanz für Science Literacy weltweit in nationalen Bildungsstandards unterbelichtet bleiben.

Zusammenfassend entsteht der Eindruck, dass Interesse im Literacy-Ansatz lediglich als subalternes Ziel behandelt wird, das seine Relevanz vor allem daraus erhält, dass es als konditional für die Entwicklung von Fähigkeiten und Teilhabe erscheint. Die hier angeführten Quellen differenzieren nicht danach, ob verschiedene Personen Interesse in unterschiedlichem Umfang ausprägen sollten; vielmehr sollen möglichst hohe Interessenausprägungen bei allen Heranwachsenden erreicht werden. Die Interessengegenstände werden den Lernenden (zum Teil designbedingt) zur Einschätzung vorgegeben und lassen sich in der Literacy-Logik über die Bedarfe hinsichtlich der gesellschaftlich-ökonomischen Teilhabe bestimmen bzw. legitimieren.

2.3 Transformatorische Bildungstheorie: Interesseentwicklung als Indikator für Bildungsprozesse?

In der transformatorischen Bildungstheorie mit Hans-Christoph Koller als einem prominenten Vertreter (neben beispielsweise Winfried Marotzki, Helmut Peukert, Rainer Kokemohr oder Arnd-Michael Nohl) wird Bildung als ein Anderswerden des Bildungssubjekts, also als ein Prozess in dem Sinne verstanden, dass sich die Art und Weise, wie sich das Subjekt auf sich selbst und die Welt bezieht, grundlegend verändert (Stieger, 2023). Bildung ist nach Koller „ein Prozess der Erfahrung […], aus dem ein Subjekt ‚verändert hervorgeht' – mit dem Unterschied, dass dieser Veränderungsvorgang nicht nur das Denken, sondern das gesamte Verhältnis des Subjekts zur Welt, zu anderen und zu sich selber betrifft" (Koller, 2012, S. 9). Ausgelöst werden diese Transformationen grundlegender Figuren des Welt- und Selbstverhältnisses durch Krisenerfahrungen der Bildungssubjekte und deren Auseinandersetzung mit (neuen) Problemlagen. Koller sieht Bildungsprozesse als Lernprozesse höherer Ordnung: Während es beim Lernen (lediglich) um Informationsverarbeitung mit den bereits zur Verfügung stehenden kognitiven und emotionalen Strukturen gehe, ändere sich bei Bildungsprozessen auch der Modus der Informationsverarbeitung: „Menschen bringen in der Auseinandersetzung mit neuen Problemlagen neue Dispositionen der Wahrnehmung, Deutung und Bearbeitung von Problemen hervor, die es ihnen erlauben, diesen Problemen besser als bisher gerecht zu werden" (Koller, 2012, S. 16)[1]. Während also Lernen im Wesentlichen Informationsaufnahme und -verarbeitung betrifft, wobei die Prozessierung, die Art und Weise des Umgangs mit den Informationen unverändert bleibt, betreffen Bildungsprozesse auch den Modus der Informationsverarbeitung (vgl. auch Koller, 2022). Bildungsprozesse führen demnach zu umfangreicheren oder tiefgreifenderen Veränderungen, vollziehen sich im „(Er-) Finden neuer sprachlicher Figuren" (Koller, 2016, S. 159), drücken sich also in einer neuen Weise der Artikulation und des Sprechens über sich und die Welt aus.

---

[1] Die Frage, ob die beschriebenen Transformationsprozesse in einer bestimmten Richtung oder mit einer spezifischen Qualität verlaufen müssen, um tatsächlich als (erwünschte) Bildungsprozesse gelten zu können, ist an die transformatorische Bildungstheorie herangetragen und unter anderem von Koller aufgegriffen worden. Am eingängigsten erscheint mir ein Qualitätskriterium, das er unter Bezugnahme auf Judith Butler – allerdings nur in einer Fußnote – formuliert: „dass nur solche Transformationen als Bildung zu bezeichnen sind, die das Feld der Normen erweitern und Ausschlüssen entgegenwirken." (Koller, 2016, S. 160).

Die transformatorische Bildungstheorie grenzt sich vor diesem Hintergrund auch methodisch ab von einer Operationalisierung von Lern- oder Bildungsergebnissen zum Zwecke der quantitativen Messbarkeit, wie sie unter anderem bei den auf das Literacy-Konzept bezogenen PISA-Studien (vgl. Abschn. 2.2) vorgenommen wird. Bildung in der transformatorischen Deutung lässt sich nicht auf einen messbaren Wissens- oder Kompetenzerwerb reduzieren und ist in diesem Denkrahmen entsprechend nicht in einem quantitativ-empirischem Forschungszugriff messbar: „Stattdessen werden transformatorische Bildungsprozesse als subjektive Wandlungsprozesse verstanden, die sich in innovativen sprachlichen Figuren ausdrücken und im Rahmen qualitativer Forschung interpretativ erschlossen werden können" (Stieger, 2023, S. 632).

Auffällig ist, dass der Begriff des Interesses im Rahmen dieses bildungstheoretischen Zugangs auf den ersten Blick keine Rolle spielt. Allerdings ließe sich vorsichtig die Frage aufwerfen, ob die Ausprägung und Veränderung von Interessen, verstanden als eine herausgehobene Person-Gegenstandsbeziehung, auch als eine Transformation des Welt- und Selbstverhältnisses und damit als ein Bildungsprozess gedeutet werden kann bzw. ob Interessenveränderungen einen Aspekt dieser Transformation darstellen. Dann wäre ein empirischer Zugriff auf Interessen(veränderungen) allerdings vornehmlich rekonstruktiv-interpretativ und verbunden mit dem Ziel, individuelle Bildungsprozesse nachzuzeichnen, möglich. Ein solches Vorgehen hätte den Vorteil, dass auch solche Verschiebungen im Interesse, die mit einer veränderten oder angepassten Auffassung des Interessengegenstands selbst einhergehen, erfasst werden könnten. So ist es beispielsweise nicht nur denkbar, sondern angesichts der zunehmenden Wissens- und Erfahrungsbestände auch plausibel, dass eine Schülerin im Verlauf der Schulzeit zwar durchgängig hohes Interesse an *Physik* äußert, mit diesem Gegenstand *Physik* aber in der Klasse 6 etwas gänzlich anderes verbindet als in der Jahrgangsstufe 10.

Gegen die Idee, grundsätzlich in jeder Interessenentwicklung auch Bildungsprozesse im Sinne der transformatorischen Bildungstheorie zu sehen, spricht, dass mit der Bedeutung der Krisenerfahrung als Auslöser die Dimensionierung der Transformation auf einer anderen Ebene liegt, als sie im Interessenkonstrukt typischerweise angelegt ist. Während Interessengegenstände selbst und die mit ihnen verbundenen Interessenentwicklungen sehr kleinteilig sein können (z. B. Interesse an elektrischen Schaltungen), legt das Bild der Transformation des *gesamten* Verhältnisses des Subjekts zur Welt und zu sich selbst globalere und komplexere Veränderungen nahe. Es bleibt also weiterhin theoretisch zu klären, ab welcher Reichweite von Interessengegenständen und Interessenentwicklungen man auch von Bildungsprozessen sprechen wollte (zum Beispiel wie bei dem oben angerissenen Interesse an *Physik*) bzw. ob man andernfalls Interessenveränderungen als Ausdruck von einfachen Lernprozessen, jedoch nicht als Bildungsprozesse des Individuums betrachtet (so beim Interesse an elektrischen Schaltungen). Für diese Denkrichtung spricht, dass auch Koller selbst Lernen und Bildung lediglich als graduell differente und dabei gleichwertige idealtypische Veränderungsmodi betrachtet, die für analytische Zwecke zu unterscheiden, aber empirisch nicht unbedingt trennscharf beobachtbar seien: „Lernen bestünde demnach in der Veränderung bestimmter einzelner Aspekte von Welt- und Selbstbezügen, Bildung dagegen in der Veränderung mehrerer (aber nicht notwendigerweise aller) solcher Aspekte“ (Koller, 2022, S. 14).

2.4 Bildungsgangforschung: Interessen als Vorderbühnendarstellung

Die Bildungsgangforschung, bei der es sich nicht so sehr um einen eigenen bildungstheoretischen Ansatz als um ein Forschungsprogramm handelt, setzt sich die Erforschung von Bildungsprozessen aus der Perspektive der Sich-Bildenden zum Ziel:

> *„Gelingende Lernprozesse darüber hinaus als interessierte und perspektivenreiche Aneignung fachlicher Lehrinhalte in der Lösung von Entwicklungsaufgaben verstehend nachzuvollziehen und in Folge die Ausprägung einer spezifischen fachlichen Kompetenz von Schülern zu rekonstruieren – dies umreißt das Grundprogramm der schulischen Bildungsgangforschung. Wenn Jugendliche etwas lernen, dann unter der Bedingung, dass es biographisch bedeutsam ist und dass es auf der Linie ihres Lebens liegt.“* (Hericks, 1998, S. 182)

Lernprozesse werden hier als gelingend gekennzeichnet, sofern sie dem Kriterium genügen, dass sie nicht nur perspektivenreich, sondern auch verbunden mit Interesse stattfinden. Anders formuliert hat Interesse hier den Status eines Qualitätskriteriums von Lernprozessen, wobei nicht expliziert wird, ob sich diese Qualität im Aufgreifen bereits vorhandener Interessen der Lernenden oder im Ermöglichen oder Generieren von (neuen) Interessen bei den Lernenden zeigt.

Eines der zentralen Konzepte der Bildungsgangforschung ist die sogenannte *Entwicklungsaufgabe*, die Heranwachsende im Laufe ihrer Bildungsbiographie bearbeiten und bewältigen müssen. Entwicklungsaufgaben werden durch die

Gesellschaft an die Heranwachsenden herangetragen, die diese Entwicklungsaufgaben wiederum für sich individuell und biographisch ausdeuten und bearbeiten müssen (vgl. auch Abb. 1):

> „- *Entwicklungsaufgaben formulieren einerseits objektive, d.h. gesellschaftliche Anforderungen an Menschen in jeweils ähnlichen biographischen Lebenssituationen (z.B. an Jugendliche). Damit solche Anforderungen biographisch wirksam werden, müssen sie andererseits individuell als Aufgaben eigener Entwicklung gedeutet und ausgeformt werden.*
>
> - *Entwicklungsaufgaben sind „unhintergehbar", d.h. sie müssen wahrgenommen, angegangen und bewältigt werden, wenn es zu einer Progression in der Kompetenzentwicklung und zur Konstitution von Identität kommen soll*" (Hericks & Spörlein, 2001, S. 34).

Typische Entwicklungsaufgaben für Heranwachsende bestehen darin, sich über die eigene Ausbildung und den Beruf klar zu werden (Beruf); sich selbst kennenzulernen und zu wissen, wie andere einen sehen (Selbst); die eigene Zukunft zu entwerfen und zu planen (Zukunft) oder eine eigene Weltanschauung zu entwickeln und ein eigenes Werte- und Prinzipienportfolio zu entwerfen (Werte). Nach Uwe Hericks und Kolleg:innen spiegeln sich in Entwicklungsaufgaben deshalb die in einer Gesellschaft überindividuell verbindlichen Aufgaben, jedoch nicht die individuellen Entwicklungsziele und Interessen des oder der Heranwachsenden (Hericks et al., 2001, S. 11).

Das Verhältnis zwischen Interessen und Entwicklungsaufgaben wird in Anlehnung an die Theater-Metaphorik, die Erving Goffman (1959) zur Analyse sozialer Interaktionen heranzieht, als eine Vorderbühne-Hinterbühne-Relation bzw. als

Abb. 2.1 Entwicklungsaufgaben (inhaltlich angelehnt an Lechte, 2008, S. 30)

Verhältnis zwischen einer Oberflächen- und Tiefenstruktur beschrieben[2]. Demnach ist die Hinterbühne ein nichtöffentlicher, für Unberechtigte unzugänglicher Raum, der gleichzeitig eine öffentliche Aufführung des Selbst in einer Rolle ermöglicht. Die Inszenierung findet wiederum öffentlich für ein Publikum auf der Vorderbühne statt und verlangt eine überzeugende Darstellung und Ausgestaltung der Rolle(n). Demnach wäre die Interessenbekundung oder die Interessendarstellung durch eine Person ein Teil der öffentlich sichtbar gemachten, präsentierten Rolle. Hingegen ermöglichen und bedingen die Entwicklungsaufgaben von der Hinterbühne aus diese beobachtbare Interessendarbietung auf der Vorderbühne. Durch einen rekonstruktiven Zugriff lassen sich „hinter den vordergründigen Bemühungen, Interessen und Tätigkeiten von Menschen in verschiedenen Lebenssituationen größere Entwicklungsaufgaben rekonstruieren, die in diesen Interessen, Bemühungen und Tätigkeiten handlungsleitend zur Geltung kommen. Zu beachten ist außerdem, dass hinter bestimmten aktuellen Interessen nicht notwendig nur eine Entwicklungsaufgabe zu stehen braucht“ (Hericks, 1998, S. 181).

Demnach können (eher spezifische) Interessen von Schüler:innen ein Symptom oder ein Ausdruck für die biographische Bearbeitung von allgemeinen Entwicklungsaufgaben sein: „Subjektive Deutungen der allgemeinen Entwicklungsaufgaben, die gleichzeitig ein gewisses Interesse an Physik artikulieren“ (Hericks, 1998, S. 183). Gleichzeitig scheinen Interessen aber auch unabhängig von Entwicklungsaufgaben auftreten zu können. Aus Sicht der Bildungsgangforschung ist für die Gestaltung von fachspezifischen Bildungsgängen nicht so sehr entscheidend, die vorhandenen Interessen der Lernenden aufzugreifen, sondern solche Angebote zu machen, die Lernende als bedeutsam für die Bearbeitung der eigenen Entwicklungsaufgabe interpretieren können (vgl. Hericks, 1998, S. 182):

> *„Der Bildungsgang in seiner objektiven Dimension kann [...] den Schülern helfen, das Lernen von Physik in subjektiv sinnvolle Zusammenhänge hineinzustellen (‚subjektiv sinnvoll', d.h. verknüpft mit subjektiv bedeutsamen Interessen und Aufgaben, eben den Entwicklungsaufgaben); er kann solche Zusammenhänge allerdings niemals selbst*

---

[2] In einem Vorwort zu Goffmans Werk „Interaktion und Geschlecht“ fasst Hubert A. Knoblauch die Theater-Metapher auch folgendermaßen zusammen: „Die Person ist eine Maske, und was immer sich hinter ihr verbergen mag, gehört nicht zum gesellschaftlichen Leben. Die Maske ist das, womit ein Eindruck auf das jeweilige Publikum erzeugt werden soll. Diesen Eindruck eines dargestellten Selbst nennt Goffman auch das ‚Gesicht‘ (‚face‘) der Person, und wir arbeiten hart daran, es aufrechtzuerhalten und seine positive Seite herauszustreichen.“ (Knoblauch, 2001, S. 19) Knoblauch weist allerdings auch darauf hin, dass Goffman selbst die Metapher des *Theatrum Mundi* im eigenen Werk nicht weiterverfolgt.

herstellen. Sinnzusammenhänge stiften kann nur der Lernende selbst." (Hericks, 1998, S. 183)

Zu überlegen wäre, ob nicht auch eine Entwicklungsaufgabe für Heranwachsende darin bestünde, ein eigenes Interessenprofil zu finden oder auszuschärfen. Eine so gelagerte Entwicklungsaufgabe würde sich allerdings mit den oben genannten Aufgaben (Beruf, Selbst, Zukunft, Werte) überlappen. Dann wäre ein legitimes Ziel bei der Ausgestaltung von Bildungsangeboten, den Schüler:innen Gelegenheit zu geben, unterschiedliche potentielle Interessengegenstände zu erkunden und zu einigen dieser Gegenstände auch Interessen zu entwickeln. Ziel wäre es jedoch gerade nicht, dass alle Schüler:innen Interessen an dem spezifischen Bereich Naturwissenschaften entwickeln, weil zu einem solchen Profil auch gehören würde herauszufinden, für was man sich *nicht* interessiert.

Die Theorie der Bildungsgangforschung und spezifischer die Ideen von Entwicklungsaufgaben, die Heranwachsende zu bewältigen haben, für fachdidaktische Forschung weiter zu erschließen, kann deshalb ergiebig sein, weil Interesse hier als relevant im Zusammenhang von biographischer Identitätsarbeit erscheint.

3 Pädagogisch-psychologische Zugänge/Empirische Bildungsforschung

Bei Hans Schiefele (1986) als einem Vertreter der frühen pädagogisch-psychologisch gelagerten Interessenforschung in Deutschland findet sich eine vergleichsweise ausführliche Diskussion zur Bedeutung und zur Rolle von Interessen in und für Bildungs- bzw. Lernprozesse. Er charakterisiert Interessen gleichermaßen als Ziel oder Ausdruck von gelungenen Lernprozessen wie als Voraussetzung bzw. Bedingung für das Gelingen von Lernprozessen. Dabei verweist er auf das Bildungsideal Herbarts (vgl. Abschn. 2.1) im Sinne der Ausprägung einer Vielseitigkeit des Interesses und der gleichschwebenden Vielseitigkeit der Erkenntnis (Schiefele, 1986).

Die Förderung bzw. Ausprägung von Interessen begründet Schiefele als Bildungsziel damit, dass Interessen Ausdruck von Identität – Schiefele spricht in synonymer Verwendung auch von Persönlichkeit und Eigenart – sind: „So gesehen, verwirklicht der Mensch in seinen Interessen immer auch sich selbst; in ihnen wird er für sich und andere begreifbar" (Schiefele, 1986). Dabei betont Schiefele allerdings, dass es ebenfalls Ausdruck von Persönlichkeit sei, „wenn ein Gegenstand nicht gewählt oder nur unter äußerem Zwang angenommen wird" (Schiefele, 1986, S. 157). Demnach könnte auch Desinteresse in den Spielarten der Gleichgültigkeit oder Abneigung (Upmeier zu Belzen et al., 2002) für eine erfolgreiche Identitätsaushandlung stehen. Dass sich Menschen bzw. Heranwachsende für alles interessieren sollen oder können, ist nach Schiefele angesichts der Vielzahl möglicher Interessengegenstände weder sinnvoll noch möglich: „Bei der Fülle begegnender Sachverhalte sind die gleichgültigen immer zahlreicher als die interessanten. Man kann sich nicht für alles interessieren" (Schiefele, 1986, S. 157).

Schiefele sieht in der Interessenbildung einen Bildungsauftrag für Schulen, dem diese allerdings (zur Zeit der Veröffentlichung 1986) nicht ausreichend nachkämen: „Eine Schule, die sich nicht um Interessenbildung bemüht, nimmt ihren Bildungsauftrag nur mangelhaft wahr, wenn überhaupt" (Schiefele, 1986, S. 158). Gleichzeitig stellt Interesse eine Bedingung für Bildungsprozesse dar, wobei es sich nicht um eine conditio sine qua non für einen Allgemeinbildungsanspruch handeln könne, denn in der obigen Argumentation, dass man sich nicht für alles interessieren könne, wären sonst allgemeine Festlegungen von Bildungsinhalten nicht legitimierbar. Schule und Unterricht dürfen sich deshalb nicht an den veränderlichen Interessen der Lernenden ausrichten:

> *„Aber der Unterricht, in dem es um die Bildung der Person geht, kann sich nicht von den zufällig vorhandenen und wechselnden Interessen der Lernenden abhängig machen. Wenn jeder nur das lernte, was er gerne wollte, wäre es mit der allgemeinen Bildung am Ende."* (Schiefele, 1986, S. 158)

Dass Bildung bzw. Lernen auch jenseits vorhandener Interessen bei den Lernenden möglich ist, begründet bereits Schiefele im Sinne der bildungstheoretischen Position der kategorialen Bildung (vgl. Abschn. 2.1):

> *„In der Auseinandersetzung mit dem aus Kulturgütern destillierten Fächerkanon mögen die Lernenden Interessen entwickeln oder auch nicht; das Bildungsprinzip der wechselseitigen Erschließung hat für seine Gültigkeit Interessen nicht zur Voraussetzung."* (Schiefele, 1986, S. 158)

Demnach sind also Bildungsprozesse auch ohne individuelle Interessenbildung zu jedem einzelnen Bildungsinhalt möglich. Vielmehr stelle dann das Angebot an potentiellen Interessengegenständen, also „das Curriculum […] ein Selektionsfeld dar, in dem mit jeder Wahl der Lernende auch sich selber wählt" (Schiefele, 1986, S. 160). Die Argumentation Schiefeles wird beispielsweise von Kiel (2018) aufgegriffen: „Wenn man nicht einem Ideal totaler Partizipation verhaftet ist, kann man selbstverständlich Anforderungen an die Kinder und Jugendlichen herantragen, die diese zunächst einmal für uninteressant halten“ (Kiel, 2018, S. 114).

In den frühen Jahren der Interessenforschung wird also die Relevanz von Interessenförderung recht stark unter Einbezug eines Bildungsbegriffs und mit Blick auf Identitätsentwicklung der Heranwachsenden hergestellt: „Die Person gewinnt Identität über ihren Bezug zum Interessengegenstand“ (Prenzel et al., 1986, S. 167). In den Folgejahren scheint sich die Begründung stärker in Richtung von Interesse als einem Einflussfaktor, also einer Bedingung für Lernprozesse zu verschieben. Ulrich Schiefele und Kolleg:innen (1993, S. 121) skizzieren als Forschungsgebiet der Pädagogischen Psychologie, dass es um die Vorhersage der Schulleistung über leistungsbeeinflussende Faktoren und um bildungsrelevante Entscheidungen gehe, wobei im Bereich der Schülermerkmale neben kognitiven Faktoren und allgemeinen motivationalen Faktoren auch die spezifischen Präferenzen für Lerninhalte, also Interessen einzubeziehen sind. Innerhalb der Gruppe motivationaler Schülermerkmale schreiben die Autor:innen dem Interesse aus folgenden Gründen eine herausgehobene Bedeutung zu: 1) aufgrund seiner Auswirkung auf die Schulleistung, 2) aufgrund seiner durch Lehrpersonen wahrgenommenen Erklärungsmacht, 3) weil es selbst wesentliches Ziel schulischen Unterrichts sei und 4) ein wichtiges Konzept darstelle, um das Auftreten intrinsischer Motivation zu erklären (Schiefele et al., 1993, S. 122–123). Diese Argumente liegen auf sehr unterschiedlichen Ebenen. Während mit (3) Interesse zumindest formal wieder als Bildungsziel angesprochen ist und (1) und (4) auf Interesse als Einflussgröße verweisen, bietet (2) eine bisher nicht angesprochene Legitimation für Forschung zu (nicht für Förderung von) Interesse an. Da nämlich das Interessenkonstrukt in den subjektiven Theorien oder Orientierungen von Lehrpersonen herangezogen wird, um das Verhalten von Schüler:innen und/ oder die Unterrichtspraxis zu erklären, wären (abhängig vom jeweiligen Theorierahmen) solche handlungsleitenden Orientierungen oder Überzeugungen von Lehrpersonen empirisch zu erfassen, die sich auf das Konstrukt Interesse beziehen.

Manfred Prenzel (1994) schreibt dem Interesse in seinem programmatisch betitelten Aufsatz „Mit Interesse in das dritte Jahrtausend! Pädagogische Überlegungen“ drei Funktionen zu. Interesse als Lernmotivation gehe mit dem Wunsch nach Verstehen und Kompetenz im Umgang mit dem Interessengegenstand einher und sei deshalb Auslöser für bedeutungsvolles Lernen. Im Sinne einer Entwicklungsmotivation gehöre die Ausbildung von individuellen Interessen bzw. der Differenzierungsprozess bzgl. Interessen zur Entwicklung persönlicher Identität. Und schließlich sei Interesse eine Bildungsmotivation, wobei hier wiederum eine

Vielfältigkeit der Interessen und die damit verbundene Aufgeschlossenheit als Bildungselement gelten.

> *„Lernen aus Interesse hat die Qualität eines bedeutungsvollen Lernens, das vom Subjekt selbst gewollt wird und das zur Weiterentwicklung seiner Autonomie beiträgt. [...] Interessiertes Lernen schafft also die Grundlage für ein Weiterlernen, das den Veränderungen von Gegenständen und Kontexten folgt"* (Prenzel, 1994, S. 1326).

Hier klingt, wie auch beim Literacy-Konzept, die Idee an, dass Interessen die Grundlage oder den Impetus für ein lebenslanges Lernen bilden, das angesichts einer sich verändernden Welt notwendig erscheint.

Auch bei Olaf Köller et al. (2000) zeigt sich, dass individuelle Interessen als Bedingungsfaktor für den erwünschten Output in Form von erfolgreichen Lernprozessen relevant gesetzt werden, indem individuelle Interessen „als erklärungsmächtige motivationale Determinanten erfolgreichen schulischen Lernens" (Köller et al., 2000, S. 164) thematisiert werden. Allerdings wird auch – fast ein wenig unerwartet – die Ausprägung eines eigenen Interessenprofils in der Adoleszenz als eine Entwicklungsaufgabe bezeichnet, wobei nicht spezifiziert wird, ob der Begriff definitorisch gleich belegt ist wie in der Bildungsgangforschung. So könne es für Schüler:innen „funktional im Sinne einer erfolgreichen Bewältigung von zentralen Entwicklungsaufgaben wie der Berufswahl [sein], Interessen in vielen Bereichen zu Gunsten anderer Bereiche zu verlieren, die zur erfolgreichen Bewältigung der Entwicklungsaufgabe hilfreich sind" (Köller et al., 2000, S. 177). Gleichzeitig fordern die gleichen Autoren die pädagogische Praxis auf, „Unterricht so zu gestalten, dass sich die Schüler nicht nur kurzfristig interessiert dem Fach zuwenden, sondern längerfristig im Sinne eines entstehenden habituellen oder dispositionalen Interesses die Auseinandersetzung mit dem Gegenstand suchen" (Köller et al., 2000, S. 176–177.) Damit bleibt unklar, wie viel Interesse und in welcher Breite die Förderung von Interesse wünschenswert und realistisch erscheint.

Falko Rheinberg und Regina Vollmeyer sehen im Interesse einen gegenstandsbezogenen Fokussierungsmechanismus, sodass Interesse diagnostisch dazu dient, die konkreten Lernanreize zu erfassen, um damit wiederum gute Voraussagen zur Lernaktivität treffen zu können (Rheinberg & Vollmeyer, 2000, S. 145). Das Konstrukt des Interesses füllt hier eine Erklärungslücke bzgl. der *Richtung* menschlichen Handelns. Während die Leistungsmotivation den Sach- oder Tätigkeitsbereich, auf den sich der Wunsch nach Kompetenzsteigerung richtet, offen lässt, ist dieses Merkmal in der Interessendefinition enthalten (Rheinberg & Vollmeyer, 2000, S. 148).

Insgesamt zeigt sich in den pädagogisch-psychologisch gelagerten Quellen, die hier konsultiert wurden, dass das Konstrukt Interesse durchgängig sowohl als Bedingung und als auch als Ziel von Bildungs- oder Lernprozessen verhandelt wird, ohne dass genauer beschrieben würde, wie sich Bedingungs- und Zielebene zueinander verhalten. Anders formuliert werden Bildungsprozesse gleichermaßen durch vorhandene Interessen der Bildungssubjekte bedingt, wie sie selbst auf die Ausprägung oder Weiterentwicklung von Interessen(profilen) bei den Bildungssubjekten abzielen.

4 Fachdidaktische Zugänge

Fachdidaktische Zugänge zum Interesse – hier beschränkt auf die Naturwissenschaftsdidaktiken – beziehen sich, ihrem eigenen Charakter als Wissenschaftsdisziplin mit multiplen Bezugsdisziplinen entsprechend, sehr eng auf die bisher thematisierten pädagogischen und psychologischen Perspektiven auf Interesse. Die folgende Trennung in drei Quellentypen ist künstlich und nicht trennscharf, dient aber dazu, deutlich zu machen, wer in den Quellen adressiert wird – Wissenschaftler:innen oder (zukünftige) Lehrpersonen – bzw. wie stark kanonisierend und normativ der Blick auf Interesse eingefärbt ist.

4.1 (Grundlagen-)theoretisch orientierte fachdidaktische Forschungsliteratur im deutschsprachigen Raum

Walter Jung unterscheidet mit Blick auf die Ausgestaltung von Fachunterricht Bildungsziele als das utopische Moment, zu dem die Entwicklung von Autonomie, Kommunikationsfähigkeiten, die Fähigkeit, sich in der bestehenden Welt zu behaupten, die Fähigkeit zur kritischen Reflexion der bestehenden Welt und die Fähigkeit, etwas Neues zu beginnen, gehören, von greifbaren Lernzielen im Sinne von Fertigkeiten, Wissen und Prozessen (Jung, 1970, S. 14 ff.). Interesse wird hier also nicht als ein eigenes Bildungs- oder Lernziel genannt. Für die Begründung und Zielsetzung von Physikunterricht beschreibt Jung zwei Kategorien an Argumenten: zum einen Argumente, die auf gesellschaftliche Bedarfe abheben und zum anderen Argumente, die sich auf die individuellen Bedürfnisse der Bildungssubjekte beziehen (Jung, 1991). Hier ließen sich durchaus die in diesem Beitrag bisher dargestellten Argumente für Interesse als Bildungsziel eingruppieren. Gesellschaftlich relevant wäre das Interesse an spezifischen

Gegenstandsbereichen dann im Sinne von erwünschten Bildungswegentscheidungen und der Leistungsfähigkeit einer workforce in diesen Bereichen. Mit Blick auf die Individuen wiederum wäre Interesse als Aspekt der Menschwerdung bzw. Identitätsfindung begründet. Zwar nennt Jung Interesse nicht explizit als Bildungsziel, aber er behauptet: „Es ist eine der wesentlichen Funktionen des Lehrers, Interesse zu wecken und wachzuhalten" (Jung, 1970, S. 67). Interesse stellt dabei den Anlass für eine Person dar, sich mit einer Sache auseinanderzusetzen und sie als persönlich relevant zu werten („es geht mich an" Jung, 1970, S. 67).

Eine ausführliche Auseinandersetzung mit Interesse aus naturwissenschaftsdidaktischer Perspektive findet sich bei Manfred Lehrke (1987) im Vorfeld der IPN-Interessenstudie. Mit der These, man solle den Schülerinteressen nicht hinterherlaufen, etwa indem man sie erhebe, sondern man solle Interessen wecken, scheint er direkt an die Funktion des Lehrers bei Jung anzuknüpfen. Lehrke hinterfragt dann aber kritisch: „Stellt nicht ‚interessant machen´ von Unterricht eine Manipulation der Schüler dar? Was bedeutet Berücksichtigung von Schülerinteressen ‚konkret´ bzw. was kann es bedeuten?" (Lehrke, 1987, S. 14). Dahinter scheint die moralisch-ethisch konnotierte Frage zu stehen, ob und inwieweit Schülerinteressen Ausgangs- oder Endpunkt von Fachunterricht sein dürfen bzw. können.

Im Weiteren unterscheidet Lehrke die zwei bereits identifizierten Sichtweisen auf die Bedeutung von Interesse für Unterricht: a) Interesse diene dazu und solle dazu dienen, Lernen zu fördern und höhere Lernleistungen zu erzielen und b) Interesse stelle ein Ziel von Unterricht dar. Dabei bezieht auch er sich auf Herbart:

> *„‚Es ist zwar eine bekannte pädagogische Vorschrift, der Lehrer müsse suchen seine Schüler für das, was er vorträgt, zu interessieren. Allein, diese Vorschrift wird gewöhnlich in dem Sinne gegeben und verstanden, als wäre das Lernen der Zweck, das Interesse aber das Mittel. Dieses Verhältnis nun kehre ich um. Das Lernen soll dazu dienen, daß Interesse aus ihm entstehe. Das Lernen soll vorübergehn, und das Interesse soll während des ganzen Lebens beharren.' (Herbart 1818; 1965, S. 97)"* (Lehrke, 1987, S. 19)

Lehrke betont, dass Gegenstände nur dann als interessant wahrgenommen werden können, wenn Personen ihnen begegnen: „Interessant werden Gegenstände erst dadurch, daß es Abbildungen von ihnen im Kopf gibt, daß also Informationen aufgenommen werden, und daß diese Informationen verarbeitet und bewertet werden" (Lehrke, 1987, S. 105). Daraus ließe sich wiederum zum Beispiel mit Blick auf Identitätsentwicklung oder Förderung von Chancengleichheit ableiten, dass es

Aufgabe der Schule sein müsste, dass Heranwachsende einer Vielzahl von potentiellen Interessengegenständen begegnen, um überhaupt Gelegenheit zu erhalten, eigene Interessen – auch jenseits der Prägungen im privaten Umfeld – auszubilden. Schule hätte also die Funktion besonders für diejenigen Schüler:innen mögliche Interessenräume zu eröffnen und so die Genese und Weiterentwicklung von Interessen zu unterstützen, die in ihrem sozialen Umfeld außerhalb der Schule nicht oder nur eingeschränkt in dieser Weise gefördert werden. Auf Naturwissenschaften bezogen wären also gerade die Kinder und Jugendlichen interessestiftend zu adressieren, deren Eltern den betreffenden Disziplinen Desinteresse oder sogar Aversion entgegenbringen.

Aus der Steuerungsfunktion von Interesse im Sinne der Auswahl von Objekten der Auseinandersetzung leitet Lehrke ebenfalls ab, dass zu starke oder einseitige Interessenausprägungen für Schule Nachteile mit sich bringen können, weil andere potentielle Interessen- und Lerngegenstände ausgeblendet werden; es also zu einer Verengung des Blicks bei den Lernenden kommt (Lehrke, 1987, S. 108). Ob ein Fehlen von Interesse im Sinne einer neutralen Haltung (Lehrke, 1987, S. 24) gegenüber den potentiellen Interessengegenständen wünschenswert oder auch nur legitim wäre, bleibt dabei offen.

Interessant ist außerdem der Gedanke, dass Schule „es eher gewissermaßen mit dem Vorfeld von ausgeprägten Interessen zu tun [habe], also mit Aufmerksamkeit, Zuwendung, der Bereitschaft, sich auf Beziehungen zu Gegenständen einzulassen, oder sogar mit der Frage, wie Aversionen gegenüber bestimmten Gegenstandbereichen vermieden werden können“ (Lehrke, 1987, S. 109). Dies ließe sich als eine abgeschwächte Fassung von Interesse als Bildungsziel oder sogar als dessen realistischere Variante so deuten, dass es nicht immer um die Ausprägung eines stabilen individuellen Interesses zu den Gegenständen des Fachunterrichts gehen muss, sondern dass auch das, was als situationales Interesse definiert wird, oder sogar noch schwächere Zuwendungen zu den Lerngegenständen ein hinlängliches Ergebnis von Bildungsprozessen wären. Dann wäre das Vermeiden der Aversion gegen die Inhalte des naturwissenschaftlichen Unterrichts gewissermaßen der Minimalstandard der Interessenförderung. Diese Idee klingt beispielsweise bei Helmut Vogt an: „Es gilt also nicht nur bei den Schülern Interessen zu fördern, sondern besonders auch die Entwicklung von Nicht-Interessen zu vermeiden“ (Vogt, 2007, S. 10). Obwohl das Vermeiden von Aversion oder auch nur von Nicht-Interesse schon realistischer erscheint als der Anspruch, Interesse (beispielsweise an Chemie) bei allen Schüler:innen zu wecken, könnte auch dann noch kritisch angefragt werden, ob es sich nicht um Vorstellungen mit utopischem Überschuss handelt. Dann ließe sich die von Jung (siehe oben) erhobene Forderung an Lehrer:innen realistischer so formulieren, dass sie selbst die Aufgabe wahrnehmen und der Ambition folgen sollen, möglichst vielfältige Angebote so zu gestalten, dass sie bei Schüler:innen potentiell Interesse wecken und wachhalten könnten. Gleichzeitig sollten sie aber nicht die Erwartung an die Schüler:innen richten, dann auch tatsächlich interessiert zu sein und zu bleiben.

Nach Lehrkes Einschätzung gelingt es der Schule jedoch nicht, die angebotenen Lerngegenstände in diesem Sinne an dem Denken der Kinder auszurichten: „Weil die Gegenstände nicht der Suche der Kinder nach Struktur entgegenkommen, können sie auch nicht interessant sein" (Lehrke, 1987, S. 114). Hier deutet sich an, dass für eine Interessenförderung wie bei einer Elementarisierung auch eine Orientierung an der affektiven und kognitiven Struktur der jeweiligen Lernenden notwendig wäre, die sich von der der Erwachsenen, die Unterricht gestalten, unterscheidet. Daraus lassen sich wiederum die drei Stufen von Interessenerhebungen ableiten, die Lehrke als sinnvoll vorschlägt:

> *„(1) Was ist interessant und was ist uninteressant?*
>
> *(2) Warum ist was interessant? Wodurch unterscheiden sich interessante von weniger interessanten Gegenständen?*
>
> *(3) Wie soll mit dem Interessantheitspotential von Gegenständen umgegangen werden?"* (Lehrke, 1987, S. 133)

Eine ähnliche Argumentationsfigur wie bei Lehrke findet sich auch bei Heinz Muckenfuß, wenn er die „lebenspraktischen Inhalte in den Mittelpunkt des Physikunterrichts und nicht die aus ihnen zu gewinnenden formal-abstrakten Begriffe und Gesetze der Physik" (Muckenfuß, 1995, S. 148) als Ausgangspunkt des Lernens setzen möchte. Auch wenn lebensbedeutsame Inhalte nicht einfach gleichzusetzen sind mit Inhalten, die für (alle) Lernenden interessant sind, geht die Denkbewegung hier dennoch stark von den Lernenden und ihrer Lebenswelt aus.

Die Idee der Sinnstiftung findet sich auch bei Arno Combe und Ulrich Gebhard (2007), die eine transformatorische Sicht auf Bildung an den Fachunterricht herantragen und damit Bildungsprozesse als kriseninduziert sehen (Combe & Gebhard, 2007, S. 62). Sinnvolles Lernen hängt dabei mit der Beziehung zwischen den Dingen der Welt und den subjektiven Strukturen des Lernenden zusammen (Combe & Gebhard, 2007, S. 110). Im Rahmen von Schule kann Sinn entstehen, wenn ein biographisch bedeutsamer Zugang oder Zusammenhang zu einem bestimmten Lernbereich hergestellt werden kann. Das Ermöglichen von Sinn erscheint dann als das prioritäre Ziel von Unterricht. Bildungsprozesse werden auch von diesen Autoren als Identitätsentwicklung aufgefasst, die

„[m]it jedem ‚objektiven Stoff', den wir an Kinder und Jugendliche herantragen" (Combe & Gebhard, 2007, S. 62), also durch Unterricht, beeinflusst wird. Durch Erfahrungsräume werden „Berührungsflächen zwischen Ich und Gegenstand" (Combe & Gebhard, 2007, S. 89) geschaffen. Obwohl der Interessenbegriff hier nicht explizit verwendet wird, erinnert diese Formulierung sehr an die Definition des Konstrukts Interesse und so heißt es auch an anderer Stelle, es könne sich ein „positiv besetztes Person-Gegenstands-Verhältnis" (Combe & Gebhard, 2007, S. 37–38) herausbilden.

An die pädagogisch-psychologischen Perspektiven auf Interesse schließt beispielsweise Wolfgang Ruppert (2004) deutlich stärker an, wenn er darauf verweist, dass Interesse zu besseren Lernprozessen und damit höherem Lernerfolg führe (Ruppert, 2004, S. 107). Gleichzeitig wird aber auch die Figur der wechselseitigen Erschließung aufgegriffen und auf Interesse gewendet: „Menschen mit Interessen sind nicht nur in der Lage, sich Gegenstände zu erschließen, sondern sie selbst werden dadurch zugleich für die Gegenstände erschlossen" (Ruppert, 2004, S. 108). Mit Verweis auf Klafki (1991) wird eine vielseitige Interessenentwicklung als wesentliches Merkmal eines zeitgemäßen Allgemeinbildungskonzepts ausgewiesen, weshalb es ein wichtiges Bildungsziel sei, bei Schüler:innen Interessen zu entwickeln und zu fördern. Bildsam sind Interessen, weil Wissen, das interessengeleitet erworben wird, längerfristig bedeutsam und sinnstiftend und damit persönlichkeitsbildend ist (Ruppert, 2004, S. 108).

Insgesamt gilt für die theoretisch gelagerte fachdidaktische Forschungsliteratur, dass meist unverhandelt bleibt, wie sich Interessengegenstände konstituieren (als höchst subjektive individuelle mentale Repräsentation und/ oder als von mehreren Individuen geteilte und mehr oder weniger angemessene Vorstellung zu Objekten, Inhalten, Kontexten oder Tätigkeiten in der „Realwelt"?), wie Interessengegenstände dimensioniert und strukturiert sind (zum Beispiel Interesse an Schmetterlingen versus Interesse an Evolution) oder wer festlegt, welche Interessengegenstände in den Naturwissenschaften als relevant für Lernen oder Bildung angesehen werden (zum Beispiel die Lernenden selbst oder Physik-Expert:innen?). Insofern bleiben, obwohl es sich um fachdidaktische Quellen handelt, Fragen der Fachlichkeit bzw. Fachbezogenheit von Interessen eher abgeblendet.

4.2 Empirisch gelagerte fachdidaktische Forschungsliteratur zu Interesse

Lore Hoffmann und Manfred Lehrke sehen eine der „wichtigsten Aufgaben" (Hoffmann & Lehrke, 1986, S. 190) von Schulunterricht darin, Interessen zu wecken und auszubilden. Sie konstatieren, dass der naturwissenschaftliche Unterricht darin nicht erfolgreich ist. Ziel wäre es deshalb, darauf hinzuarbeiten, dass bei Schüler:innen statt Desinteresse zumindest eine Offenheit gegenüber den Naturwissenschaften entstehe oder sogar eine interessierte Begegnung ermöglicht werde. Peter Häußler und Kolleg:innen sehen, damit eine empirische Erforschung von Schülerinteressen begründend, eine Chance darin, „eine bessere Passung zwischen dem Unterrichtsangebot und den Interessenprofilen der Schüler:innen" herzustellen (Häußler et al., 1996, S. 67). Gleichzeitig verwehren sich aber auch diese Autor:innen gegen den „Vorwurf [...] es gehe doch nicht an, den Interessen hinterherzulaufen" (Häußler et al., 1996, S. 67) und weisen ihn mit dem Argument zurück, dass „ja nicht irgendwelche, möglicherweise für den Physikunterricht nicht verantwortbare Interessen von Jugendlichen erhoben" würden (Häußler et al., 1996, S. 67), sondern dass die Interessengegenstände durch Befragung von Expert:innen (gemeint ist die Delphi-Studie von Häußler et al., 1983[3]) als pädagogisch sinnvoll legitimiert seien. Mit Blick auf die Frage, wer legitime oder relevante Interessengegenstände festlegt, ergibt sich also hier die Abfolge, dass zunächst (erwachsene) Expert:innen eine Vorauswahl treffen, aus der erst im Anschluss Schüler:innen in der Befragung die für sie interessant(er)en bestimmen können. Zu den Expert:innen gehören wohlweislich keine Jugendlichen, sodass man schlussfolgern kann, dass ihre Interessen nicht Ausgangspunkt der Befragung sind.

Annette Upmeier zu Belzen et al. (2002) unterscheiden das Konstrukt Interesse von *Indifferenz* und *Nicht-Interesse* (auch: *Desinteresse* und *Abneigung*):

> *„Desinteresse beschreibt einen Zustand der Interesselosigkeit bzw. Gleichgültigkeit gegenüber einem Gegenstand, ohne dass eine Person-Gegenstands-Relation zustande kommt. Die Person ist passiv und setzt sich aus eigenem Antrieb nicht mit*

[3] Befragt wurden „70 Personen aus der Bundesrepublik Deutschland [...], die sich bekanntermaßen für die Realisierung der menschlichen Grundrechte und Sozialpflichten einsetzen und die in Sachen Bildung bzw. Physik als qualifiziert ausgewiesen sind." (Häußler et al., 1983, S. 2) Weiter wird die Befragungsgruppe nicht spezifiziert. Zu bedenken ist, dass die Befragung vor rund 40 Jahren durchgeführt wurde und, abgesehen von veränderten bildungspolitischen Diskursen, auch die Perspektiven von Expert:innen aus den neuen Bundesländern nicht abgebildet sind.

> *dem Gegenstand auseinander. Eine Abneigung basiert auf einer negativen Person-Gegenstands-Relation – verbunden mit negativen Gefühlen. Die Person meidet bzw. selektiert die weitere Informationsaufnahme. Die handelnde Auseinandersetzung mit dem Gegenstand wird aktiv vermieden.*" (Upmeier zu Belzen et al., 2002, S. 292)

Sie sehen „Interessen [als] eine der wichtigsten Grundlagen im Kontext schulischen Lernens" (Upmeier zu Belzen et al., 2002, S. 293) und betonen deshalb, dass es bereits Aufgabe des Kindergartens sei, sich einerseits an den Interessen der Kinder zu orientieren und andererseits Begegnungen mit solchen Gegenständen zu ermöglichen, die in der Familie nicht präsent sind (Upmeier zu Belzen et al., 2002, S. 304). Darin klingt wiederum an, dass Kindergarten und Schule eine ausgleichende Wirkung bzgl. der Interessenentwicklung zu leisten haben, indem der Horizont bzgl. möglicher Interessengegenstände geweitet wird.

Die pädagogisch-psychologischen Argumente für Interessenförderung (vgl. Abschn. 3) schlagen sich auch in der fachdidaktischen Forschungsliteratur nieder. So wird der Einfluss des Interesses auf erfolgreiches, nachhaltiges Lernen mit der Intensität der Auseinandersetzung mit dem Interessen- bzw. Lerngegenstand, mit der mit Interesse einhergehenden Steigerung der Perspektivenvielfalt auf den Gegenstand, mit der (kognitiven) Aktivierung durch Interesse und mit dem Flow-Erleben begründet (Lewing et al., 2023, S. 2–3). Weiterhin wird Interesse als Einflussgröße auf Scientific Literacy bzw. auf ein angemessenes Wissenschaftsverständnis gesehen (Lewing et al., 2023; Osborne et al., 2003).

Interesse soll demnach eine Wirkung vor allem auch außerhalb des schulischen Kontexts zeigen, indem die außerschulische Auseinandersetzung mit Naturwissenschaften und hier insbesondere die Bildungswegentscheidungen beeinflusst werden (Maltese & Tai, 2010; Taskinen et al., 2009), und stellt deshalb ein genuines Unterrichtsziel dar (Lewing et al., 2023). Gleichzeitig sehen sich aber besonders außerschulische Lernorte wie Schülerlabore gewissermaßen in die Pflicht genommen, Interessen zu fördern. So wird in einem Zielkatalog als erstes Ziel von Schülerlaboren auf Schülerseite die „Förderung von Interesse und Aufgeschlossenheit von Schülern für Naturwissenschaften und Technik" (Guderian & Priemer, 2008, S. 27) genannt, die sich gegebenenfalls (expliziert wird das nicht) wiederum positiv auf unterrichtliche Zusammenhänge auswirken können.

Im internationalen Diskurs findet sich ebenfalls die Problematisierung des fehlenden oder sinkenden Interesses an den Naturwissenschaften bei Heranwachsenden. Beide Argumentationsstränge zu den gesellschaftlichen Bedarfen und der individuellen Teilhabe an den Naturwissenschaften als kulturelle Unternehmung lassen sich identifizieren:

> *"Moreover, irrespective of the economic affects, the decline of interest in science remains a serious matter of concern for any society attempting to raise its standards of scientific literacy. For if, as Sir Neil* Cossons (1993) *argues: ,the distinguishing feature of modern Western societies is science and technology. Science and technology are the most significant determinants in our culture. In order to decode our culture and enrich our participation – this includes protest and rejection – an appreciation/ understanding of science is desirable'."* (Osborne et al., 2003, S. 1053)

Während Osborne et al. hier die mündige Teilhabe der Heranwachsenden in den Vordergrund stellen, scheinen die ökonomischen Bedarfe in Form von Fachkräften häufiger herangezogen zu werden „As a result, serious staff shortages already hit the labor market and might endanger economic growth and contestability (European Commission, 2004; The Business-Higher Education Forum, 2011; The Royal Society, 2010). Thus, one major challenge and task for educational researchers is to get more students interested and skilled in science" (Blankenburg et al., 2016, S. 365).

International deutlich stärker als im deutschsprachigen Raum ausgeprägt sind Forschungszugänge, die einem science identity Ansatz folgen (vgl. Christ et al. in diesem Band, Kap. „Interest goes Identity? Eine Bestandsaufnahme der Relationierungen von Interesse und Identität und deren Potentiale für naturwissenschaftsdidaktische Forschung"). Während in früheren Rahmenmodellen zu science identity wie in dem von Heidi B. Carlone und Angela Johnson (2007) Konstrukte wie science performance, competence und recognition als Indikatoren für eine solche Identität interpretiert wurden, ergänzen Weiterentwicklungen des Modells das Interesse als eine weitere Komponente von science identity und fügen später auch das sense of belonging zum Modell hinzu: „we have added the component of interest, which we consider critically relevant in influencing the decision of who and what a student wants to be" (Hazari et al., 2010, S. 982; vgl. auch Hazari et al., 2020). Demnach drückt sich auch in einem Interesse oder Interessenprofil aus, wer eine Person ist oder sein möchte. Für Bildungszusammenhänge wäre dann wie oben zu argumentieren, dass Heranwachsenden die Gelegenheit gegeben werden sollte, verschiedenen potentiellen Interessengegenständen zu begegnen, sodass ausgewählte Interessen Teil der eigenen Identität werden können, aber nicht müssen.

Die Argumentation, dass Interessenförderung auch deshalb relevant sein könnte, weil über den oder die einzelne interessierte Lernende hinaus die gesamte Lerngruppe von dem bei einzelnen Lernenden vorhandenem Interesse profitiere, weil Interesse ansteckend wirke und sich positiv auf die Lernatmosphäre in Gruppen auswirke, schließt an die Identitätsperspektive an und variiert die Idee der communities of practice gewissermaßen zu communities of interest. Um mehr

Menschen für die Naturwissenschaften zu gewinnen, könne „facilitating the creation of communities of interested learners that attract others into the fold" (Hazari et al., 2017, S. 5) sinnvoll sein,

4.3 Lehrbücher

Als wichtige Beobachtung aus der Durchsicht von Lehrbüchern, die sich an (zukünftige) Lehrpersonen in den naturwissenschaftlichen Fächern richten, sei vorangestellt, dass keineswegs alle Lehrbücher motivationale Aspekte allgemein und Interesse im Besonderen substanziell thematisierten. So werden beispielsweise in der Kurzfassung der „Physikdidaktik. Theorie und Praxis" von Ernst Kircher et al. (2015) zwar Interesse, Freude oder Spaß an der Physik als erstrebenswerte Einstellungen genannt, weitere Ausführungen mit Referenz auf Interesse finden sich dann aber nur hinsichtlich der Möglichkeiten, sie zu messen. Als Bedingungsgröße für naturwissenschaftlichen Unterricht wird Interesse in den „Grundlagen der Naturwissenschaftsdidaktik" von Claudia Nerdel (2017) zwar genannt, jedoch gibt es keinen expliziten Rekurs auf Interesse als Zielgröße des Unterrichts und auch keine umfassenderen Ausführungen zum Konstrukt. Ähnlich verhält es sich mit der „Fachdidaktik Naturwissenschaft" von Peter Labudde (2010).

In der „Physikdidaktik kompakt" von Martin Hopf et al. (2022, S. 18–19) werden die zwei Begründungslinien für eine Relevanz von Interesse im Physikunterricht mit Bezug auf Jung sogar als solche expliziert. Die Bedarfsargumente, die auf die Ermöglichung von politischer und ökonomischer Teilhabe zielen und die die Autoren ebenfalls als dominante Argumente im Rahmen des Science Literacy-Ansatzes sehen, würden demnach verlangen, dass Heranwachsende eine positive Grundhaltung und Interesse gegenüber Naturwissenschaften entwickeln. Die Bedürfnisargumente zielten hingegen stärker auf Persönlichkeitsentwicklung und Identitätsbildung, zu der auch die Interessenbildung gehöre und die außerdem eher in bildungstheoretischen Zugängen im Sinne von Allgemeinbildung zu verorten sind. Während in den Physik- und Biologiedidaktiken (Scheersoi et al., 2019) vor allem das Konstrukt Interesse behandelt wird, scheint in der Chemiedidaktik die Motivation als (ebenfalls) zentrale Größe für den Unterricht gesetzt zu werden. So ist ein Kapitel in der der „Chemiedidaktik kompakt" (Barke et al., 2015) mit „Motivation" überschrieben, während auf Interesse nur begrenzt eingegangen wird. In der „Fachdidaktik Chemie in Theorie und Praxis" werden Motivation und Interesse gleichermaßen als „Erfolgsprädiktoren" (Grüß-Niehaus et al., 2024, S. 124) für Lernen bezeichnet.

Die „Pädagogik der Naturwissenschaften" (Gebhard et al., 2017) widmet ein eigenes Kapitel dem Thema „Interesse an Naturwissenschaft". Dabei betont Gebhard, konsistent zu seinen vorangegangenen Publikationen (vgl. Abschn. 4.1) zu fachlichen Lernprozessen, dass Interesse „in einem noch viel tieferen Sinne bildungswirksam als nur im Hinblick auf die Effizienzsteigerung von Lernprozessen" (Gebhard, 2017, S. 125) sei und die Förderung von Interesse „nicht nur ein naturwissenschaftsdidaktisches Anliegen, sondern eine allgemein-pädagogische und bildungsbezogene Aufgabe" (Gebhard, 2017, S. 126) darstelle. Interessen seien Ausdruck von Persönlichkeit und Individualität und insofern werden sie in Anlehnung an Katharina Willems (2007) mit Identitätsaushandlungen verknüpft:

> *„Fachinteressen haben offenbar auch etwas mit Identitätsbildung und -regulation zu tun, wie Interessen überhaupt auch Ausdruck unserer Persönlichkeit sind. Die Hinwendung zu oder gar Identifikation mit einem Fach drückt dann im sozialen Kontext symbolisch einen Identitätsaspekt aus."* (Gebhard, 2017, S. 140)

Vor diesem Hintergrund stellt Gebhard fest, dass man sich nicht für alles interessieren könne, es aber die Aufgabe fachdidaktischer und unterrichtspraktischer Bemühungen sein müsse, zwischen der Interessantheit von (potentiellen) Interessengegenständen und der Interessiertheit einer Person zu vermitteln (vgl. Gebhard, 2017, S. 126), wobei Kontextualisierungen, in denen fachliche Inhalte in menschliche und soziale Zusammenhänge eingebettet werden, als Königsweg erscheinen.

Insgesamt deutet sich an, dass der Stellenwert des Konstrukts Interesse selbst und seine Bedeutung im Verhältnis zu anderen Konstrukten in den jeweiligen Fachdidaktiken als unterschiedlich bedeutsam für Unterricht bzw. professionelles Lehrer:innenhandeln eingeschätzt wird. Da es sich bisher allerdings nur um einen eklektizistischen Blick auf Lehrbücher in den Fachdidaktiken handelt, könnte es lohnenswert sein, dieser Beobachtung systematischer und ggf. ausgeweitet auf weitere Disziplinen im MINT-Bereich nachzugehen, um zu rekonstruieren, ob sich ggf. fachliche Spezifika, unterschiedliche empirische Befunde und damit Problemlagen der Fächer in dieser Gewichtung niederschlagen.

5 Bündelung: Beobachtungen zum und blinde Flecken im Interessendiskurs

Entlang der eingangs aufgeworfenen Fragen werden im Folgenden die Befunde der Literaturdurchsicht gebündelt.

Mit welchen Begründungen stellt Interesse und/oder Interessenförderung in verschiedenen bildungstheoretischen/ disziplinären Zugängen eine normativ akzeptierte Zielgröße naturwissenschaftlichen Unterrichts dar?

Inwiefern gilt Interesse als Ziel bzw. Indikator für erfolgreiche Bildungsprozesse einerseits oder als deren Voraussetzung bzw. Bedingung andererseits?

In allen drei konsultierten Bereichen – Bildungstheorie, Pädagogische Psychologie und Fachdidaktik – finden sich jeweils die beiden Begründungsfiguren für die Relevanz von Interesse, die auf Interesse als Bildungsbestandteil bzw. *Interesse als Bildungsziel* einerseits und auf *Interesse als Bedingungsgröße* für Lernen und/ oder Bildung andererseits verweisen. Auch über die zweite Argumentationsfigur (Interesse als Bedingungsgröße) lässt sich Interessenförderung als Aufgabe für die Ausgestaltung naturwissenschaftlichen Unterrichts legitimieren, weil darüber möglichst gute Lernergebnisse – die dann das eigentliche Ziel von Bildungsprozessen darstellen – ermöglicht werden.

Nur zum Teil parallel dazu lassen sich eher auf das Individuum bezogene und eher auf die Gesellschaft bezogene Begründungen unterscheiden. Mit Blick auf das *Individuum* kann Interessenentwicklung als Aspekt von Identitätsaushandlung bzw. Persönlichkeitsbildung gerahmt werden, die den Bedürfnissen nach kultureller Einbettung der Heranwachsenden entspricht. Der daraus resultierende Anspruch an naturwissenschaftliche Bildungsangebote besteht dann darin, Gelegenheiten zur Ausprägung individueller Interessenprofile zu schaffen, aber nicht notwendigerweise alle Heranwachsenden als naturwissenschaftlich interessierte Personen aus schulischen Bildungsprozessen zu entlassen. Relevant ist Interessenförderung dann auch im Sinne der Herstellung von individuellen Partizipationschancen und Chancengleichheit, indem Schule und Unterricht eine kompensatorische Funktion übernehmen, wenn naturwissenschaftsbezogene Interessen in familiären Zusammenhängen nicht gefördert werden (können).

Im Hinblick auf die *Gesellschaft* wird angeführt, dass diese darauf angewiesen ist, dass ihre Bürger:innen zu einer mündigen Teilhabe an politischen, ökonomischen und gesellschaftlichen Entscheidungs- und Handlungsfeldern befähigt werden. Die Entwicklung von Interesse bei Heranwachsenden ist dann sowohl mit Blick auf die Bereitschaft zur Teilhabe an naturwissenschaftsbezogenen Tätigkeitsfeldern (Interesse als Zielgröße) als auch mit Blick auf den Erwerb von Fähigkeiten (Interesse als Bedingungsgröße) relevant.

Vor allem im Zusammenhang mit empirischen Perspektiven auf Interesse stellt das Konstrukt häufig eine Bedingungsgröße dar, die entweder das *Produkt* von

Lern- oder Bildungsprozessen wie beispielsweise Lernergebnisse, Kompetenzerwerb, Leistungsergebnisse oder Wahlverhalten vorhersagt oder den *Prozess* des Lernens selbst prägt, wie zum Beispiel über die Fokussierung von Aufmerksamkeit, das positive emotionale Erleben des Prozesses oder die Lernatmosphäre. Interesse bestimmt also die Qualität von Lernprozessen bzw. die Qualität des Erlebens von Lernprozessen mit.

In den bisherigen Darstellungen nicht hervorgehoben wurde, dass das Konstrukt Interesse in einigen Quellen stärker über *theoretisch-normative Überlegungen* und in anderen wiederum eher unter Rückgriff auf *empirische Evidenzen* (vgl. Habig et al. in diesem Band, Kap. „Empirische Befunde der Interessenforschung der Fächer Biologie, Chemie und Physik im Primar- und Sekundarbereich seit 2012 – Ein systematisches Review") als relevant gesetzt wird. Die beiden Begründungslinien erscheinen komplementär, damit wechselseitig nicht substituierbar und deshalb notwendig, um zu einer umfassenden Legitimation von Interessenförderung zu gelangen. Wo die Argumentationslinien jeweils greifen und wie sich zueinander verhalten, wäre allerdings an anderer Stelle genauer herauszuarbeiten.

Inwiefern wird auf das Konstrukt Interesse als Zielgröße von (naturwissenschaftlichen) Bildungsprozessen fokussiert? Inwieweit werden auch „benachbarte" oder ähnliche Konstrukte als Bildungsziel thematisiert?

Fortus und Kolleg:innen (2022) haben für affektive Aspekte insgesamt herausgestellt, dass diese in Relation zu ihrer Relevanz in normativen Dokumenten wie den Bildungsstandards unzureichend als Zielebene naturwissenschaftlicher Bildung verankert sind. Diese allgemeine Diagnose umfasst auch das Interesse. Die Anlage der PISA-Studien zeigt exemplarisch, dass sich diese Beobachtung auch darin bestätigt, welche Aspekte in Schulleistungsstudien als Qualitätsindikatoren für schulische Bildung erhoben werden – nämlich häufiger kognitive Fähigkeiten als affektive Konstrukte wie das Interesse.

Jenseits dieser bildungspolitischen und normierenden Dokumente wird allerdings das Interesse an Naturwissenschaften durchaus als ein Bestandteil von oder als ein Indikator für eine naturwissenschaftliche Identität betrachtet[4]. Interesse verweist damit auf ein allgemeineres und umfassenderes Konstrukt, das die eigentliche Zielebene von naturwissenschaftlichen Bildungsprozessen darstellt.

[4] Der Zusammenhang zwischen den Konstrukten Interesse und Identität wird im Beitrag von Lisa-Marie Christ et al. (in diesem Band, Kap. „Interest goes Identity? Eine Bestandsaufnahme der Relationierungen von Interesse und Identität und deren Potentiale für naturwissenschaftsdidaktische Forschung") detaillierter theoretisch eruiert.

Neben Interesse sind es meist Fähigkeiten und Wissen als Bestandteile von Kompetenzen, die als Ziel schulischer Bildung relevant gesetzt oder in empirischen Studien erhoben werden. Zum Teil synonym zu Interesse werden Begriffe wie Aufgeschlossenheit, Neugierde oder Freude verwendet und als Gegenpol gilt das Desinteresse.

Welches Ausmaß, welche Ausprägung und welche Breite von Interesse werden als wünschenswert gesehen?

Diese Frage wird in der durchgesehenen Literatur erstaunlich wenig bis gar nicht thematisiert. Mehrfach findet sich die Aussage, dass sich Menschen nicht für alles interessieren können und dass die Ausprägung eines eigenen Interessenprofils zur Identitätsentwicklung gehört. Hier wird auch vorsichtig andiskutiert, dass ein Zuviel an Interesse, das auf einzelne Gegenstandsbereiche begrenzt bleibt, hinderlich sein könnte, weil eine Blickverengung und verminderte Anstrengungsbereitschaft in anderen Gegenstandsbereichen die Folge sein könnten. Auch wird mehrfach das Ziel gesetzt, dass naturwissenschaftliche Bildungsangebote zumindest ein Desinteresse im Sinne einer Abneigung gegen die Naturwissenschaften verhindern sollten. Implizit und insbesondere bei gesellschaftlichen Bedarfsargumenten schwingt aber in den Texten mit, dass es auch und gerade Interessen an den Naturwissenschaften sind, die gefördert werden sollen. Eine explizite, einen Abgleich mit anderen Gegenstandsbereichen (Politik, Sprachen, Sport) vornehmende Begründung der Relevanz *naturwissenschaftlichen* Interesses lässt sich in den hier konsultierten Quellen aber nicht finden (ggf. aber in anderen Diskursen zum Beispiel zur Legitimation der Unterrichtsfächer zum Beispiel als Interesse am kognitiv-instrumentellen Modus der Weltbegegnung).

Wer legt die relevanten Gegenstandsbereiche für Interessen und deren Förderung bzw. für deren empirische Erfassung in Unterricht und Forschung fest?

Interessant ist, dass mehrfach eine Abgrenzungsgeste gegen die Idee, die Lernenden könnten sich selbst interessengeleitet Lerngegenstände auswählen, zu beobachten ist. Zwar soll Unterricht sich an den Interessen der Lernenden orientieren, dabei geht die Denkrichtung aber von den Lerngegenständen aus, die dann für die Interessen der Lernenden aufbereitet werden. Dass Interessen als Kriterium für die Auswahl dessen, was fachlich gelernt werden soll, dienen können, scheint nicht konsensfähig zu sein.

Auch bei der empirischen Erfassung von Interessen mittels Items und Likertskalen (vgl. Bernholt & Krey in diesem Band, Kap. „Die Erfassung von Interessen in der empirischen fachdidaktischen Forschung – Ein methodologisches Review“) werden die möglichen Interessengegenstände vorab durch Bildungs- und oder Fachexpert:innen festgelegt. Folglich können die Befragten die Interessengegenstände nicht ihrem eigenen Relevanzsystem entsprechend frei auswählen oder selbst spezifizieren, was den individuellen Interessengegenstand charakterisiert. Vielmehr ist eine (Nicht-)Interessenbekundung nur innerhalb des von Expert:innen festgelegten Rahmens möglich. Damit können zwei Unschärfen bei der Erfassung von Interessen entstehen. Zum einen können ggf. vorhandene und relevante Interessen, die aber nicht in den Items abgebildet sind, übersehen werden und zum anderen kommt es möglicherweise zu einer Überschätzung der in den Items formulierten Interessen, weil sie durch die Vorgabe als normativ relevant markiert und damit nur schwer vollständig zurückzuweisen sind.

Ein Problem, das der Angabe und Auswahl von Interessen noch vorgelagert und bisher erstaunlich wenig thematisiert wird, betrifft die Genese und Verfasstheit der Interessengegenstände selbst, die letztlich nur als mentale Repräsentationen der Individuen existieren. Konstatiert wird vor diesem Hintergrund, dass man etwas über den Gegenstand wissen müsse, um an ihm interessiert sein zu können. Allerdings wird auch angenommen, dass man sich aufgrund von Interesse mit diesem Gegenstand (weiter) auseinandersetzt und so weiteres Wissen über und Erfahrungen mit ihm erlangt. In diesem Auseinandersetzungsprozess verändert sich jedoch naheliegenderweise auch die mentale Repräsentation und damit der Interessengegenstand selbst; er wird spezifiziert, modifiziert, variiert. Deshalb wäre zu prüfen, ob es sich beim interindividuellen Vergleich von Interessen oder auch in der intraindividuellen longitudinalen Beobachtung von Interessen eigentlich jeweils um den gleichen Interessengegenstand Biologie, Chemie oder Physik handelt oder ob sich beispielsweise hinter der Bezeichnung „Physikinteresse“ dann nicht jeweils ein ganz anderer Gegenstand in der Person-Gegenstands-Beziehung verbirgt.

Jenseits der Relevanz von Interesse in und für Bildung(sprozesse): Welche Bedeutung oder Funktion hat das Konstrukt Interesse für Forschung und Unterricht noch – implizit oder explizit?

Zwei Aspekte zur Relevanz von Interesse haben sich zusätzlich und eher implizit in der Literatur angedeutet.

Zum einen scheint Interesse als eine Art *Differenzierungskriterium* in Forschung, Unterricht und Bildungspolitik zu dienen. Anders formuliert unterteilen

Forscher:innen, Lehrer:innen, aber auch die Bildungspolitik Heranwachsende mit Hilfe des Kriteriums Interesse in unterschiedliche Gruppen (mit den Kategorien desinteressiert, nicht-interessiert, interessiert, hochinteressiert) und stellen damit diese Differenzen gegebenenfalls erst her. Häufig wird diese Differenzierungslinie zusammengebracht mit anderen Differenzkategorien, wie Gender, sozio-ökonomischer Hintergrund oder science capital im Elternhaus. Außerdem scheint die Zuweisung zu einer Kategorie (zum Beispiel desinteressiert versus interessiert an Naturwissenschaften) regelmäßig verbunden mit einer Wertung im Sinne von unerwünscht versus erwünscht, nicht zugehörig versus zugehörig, inkompetent versus kompetent. Es ist also kritisch zu hinterfragen, inwieweit auch die Verteilung von Macht und Wertigkeit mit der Zuweisung von Interessen einhergeht.

Das führt zu dem zweiten Aspekt, dass Interesse vermutlich ein implizites Bewertungskriterium im Handeln von Lehrpersonen darstellt. Die Erfassung von professionellen oder subjektiven Theorien bzw. Orientierungen von Lehrpersonen zu Interesse als Ziel- oder Bedingungsgröße im naturwissenschaftlichen Fachunterricht und die Untersuchung ihrer Handlungswirksamkeit stellt meines Erachtens derzeit noch ein Forschungsdesiderat dar.

6 Diskussion

Die Diskussion um und die Legitimation von Interesse an den Naturwissenschaften als Bildungsauftrag für Unterricht oder andere Bildungsangebote ist nicht abgeschlossen und vielleicht grundsätzlich auch nicht abschließbar. Deshalb sollten sich die betreffenden Fachdidaktiken weiterhin und wieder verstärkt der Frage widmen, ob und in welcher Weise Interesse als Ziel von Bildungsprozessen legitimiert werden kann und welche Relevanz diesem Ziel im Verhältnis zu ggf. konkurrierenden Zielebenen zukommt. Dabei ist unbedingt fachspezifischer – also dezidiert aus der Perspektive des Faches und mit Blick auf die Fachlichkeit des Interesses – zu argumentieren, welche Interessengegenstandsbereiche in den Naturwissenschaften für Bildung zentral und begründbar sind.

Wenn Menschen sich nur für eine begrenzte Anzahl an Gegenstandsbereichen interessieren können, weil affektive und kognitive Ressourcen ebenso begrenzt sind wie die für Interessenverfolgung benötigte Zeit, befinden sich die Naturwissenschaften (mindestens implizit) in Konkurrenz mit anderen möglichen Gegenstandsbereichen. Auch hier fehlt eine fachdidaktisch breitere Diskussion, ob und ggf. weshalb Interesse an den Naturwissenschaften wichtiger sein kann als Interessen an anderen Gegenstandsbereichen. Bleibt aus fachdidaktischer Sicht die Vielseitigkeit des Interesses das Ziel, auch wenn Naturwissenschaften in eine solche Vielfalt nicht bei jedem Individuum eingeschlossen sind?

Daran anknüpfend erscheint eine neue Delphi-Studie zu Bildungs- und damit ggf. Interessengegenständen in den naturwissenschaftlichen Fächern notwendig: a) um ein breites Bild zu erhalten, welche Interessengegenstände/-gegenstandsbereiche für naturwissenschaftliche Bildung gegenwärtig im gesellschaftlichen Diskurs als relevant verhandelt werden; b) um Konsensbereiche herauszuarbeiten; c) um zukünftige Interessenstudien (auch) auf diese Gegenstandsbereiche auszurichten. Dabei sollte die kritische Überlegung einbezogen werden, wer im Rahmen einer solchen Delphi-Studie befragt wird. Bleibt es wie bei Häußler et al. (1983) bei einer Personengruppe, die in den Bereichen Bildung oder Physik über Expertise verfügt? Oder sollten andere Stakeholder-Gruppen einbezogen werden? Angesichts der oben angeschnittenen Idee, dass Gegenstandsbereiche von Interesse immer individuell mental konstruiert sind, ist zu prüfen, ob (qualitative) Befragungen von Heranwachsenden einbezogen werden sollten.

Schließen möchte ich mit meiner Positionierung anschließend an ein Zitat von Schiefele:

> *„Mögen auch alle genannten und denkbaren lebensnotwendigen Lernaufgaben bestehen, und mag ein Mensch auch beherrschen, was so von ihm verlangt wird: wer kein Interesse hat, ist nicht gebildet."* (Schiefele, 1986, S. 159)

Schiefele trennt damit zwischen Personen, die viel wissen und können, deshalb aber noch nicht gebildet sind, und denjenigen, die zusätzlich zu Wissen oder Fähigkeiten einen affektiven Zugang in Form von Interesse zur Welt haben. Nur letztere sind laut Schiefele gebildet. Man beachte, dass dabei nicht festgelegt ist, worauf sich das Interesse richtet. Es kann sich also auch um Gegenstandsbereiche handeln, die völlig jenseits typischer Schulcurricula liegen: Hauptsache jede:r interessiert sich für *etwas*! Dabei muss für die Einzelperson die Autonomie und Freiheit bestehen, sich von den Naturwissenschaften als nichtinteressiert oder desinteressiert abzuwenden. Auch letzteres wäre aus individueller Sicht eine legitime und erfolgreiche Identitätsaushandlung. Wünschenswert erscheint mir dabei, dass es sich dabei um ein „informiertes Desinteresse" handelt, dem also eine Begegnung mit dem Interessenbereich vorausgeht.

In diesem Sinne sollten Bildungsangebote (weiterhin) darauf ausgerichtet werden bzw. sich daran bemessen lassen, dass sie Heranwachsenden (eigentlich aber auch Erwachsenen, die sich weiterbilden) Gelegenheiten bieten, neue und eigene Interessen zu entdecken und weiterzuentwickeln. Bildlich gesprochen, bestünde die Aufgabe von Bildungsangeboten darin, viele unterschiedliche Kristallisationskeime für Interessengenese zu schaffen und dann ausreichend Nährlösung bereit zu halten, in der das Interesse weiterwachsen kann.

Literatur

Barke, H.-D., Harsch, G., Marohn, A., & Krees, S. (2015). *Chemiedidaktik kompakt*. https://doi.org/10.1007/978-3-662-43396-6.

Blankenburg, J. S., Höffler, T. N., & Parchmann, I. (2016). Fostering Today What is Needed Tomorrow: Investigating Students' Interest in Science. *Science Education, 100*(2), 364–391. https://doi.org/10.1002/sce.21204.

Carlone, H. B., & Johnson, A. (2007). Understanding the Science Experiences of Successful Women of Color: Science Identity as an Analytic Lens. *Journal of Research in Science Teaching, 44*(8), 1187–1218. https://doi.org/10.1002/tea.

Combe, A., & Gebhard, U. (2007). *Sinn und Erfahrung. Zum Verständnis fachlicher Lernprozesse in der Schule.* Verlag Barbara Budrich.

Cossons, N. (1993). Let us take science into our culture. *Interdisciplinary Science Reviews, 18*, 337–342.

European Commission. (2004). *Europe needs more scientists.* Brussels, Belgium: European Commission.

Fischler, H., Gebhard, U., & Rehm, M. (2018). Naturwissenschaftliche Bildung und Scientific Literacy. In D. Krüger, I. Parchmann, & H. Schecker (Hrsg.), *Theorien der naturwissenschaftsdidaktischen Forschung* (S. 11–27). Springer.

Fortus, D., Lin, J., Neumann, K., & Sadler, T. D. (2022). The role of affect in science literacy for all. *International Journal of Science Education, 44*(4), 535–555. https://doi.org/10.1080/09500693.2022.2036384.

Gebhard, U. (2017). Interesse an Naturwissenschaft. In U. Gebhard, D. Höttecke, & M. Rehm (Hrsg.), *Pädagogik der Naturwissenschaften. Ein Studienbuch* (S. 125–142). Springer VS.

Goffman, E. (1959). *Wir alle spielen Theater. Die Selbstdarstellung im Alltag.* (16. Aufl.). Piper.

Grüß-Niehaus, T., Hundertmark, S., & Schanze, S. (2024). Und was kommt an? – Konzeptentwicklung als ein Teil des Lernens. In J. Paul, S. Schanze, & B. F. Sieve (Hrsg.), *Fachdidaktik Chemie in Theorie und Praxis* (S. 109–140). Springer Spektrum.

Guderian, P., & Priemer, B. (2008). Interessenförderung durch Schülerlaborbesuche – eine Zusammenfassung der Forschung in Deutschland. *Physik und Didaktik in Schule und Hochschule, 7*(2), 27–36.

Häußler, P., Frey, K., Hoffmann, L., Rost, J., & Spada, H. (1983). Physikalische Bildung für heute und morgen. Ergebnisse einer curricularen Delphi-Studie. In *Beilage zu der Zeitschrift Praxis der Naturwissenschaften* (Issue 12). IPN.

Häußler, P., Hoffmann, L., Langeheine, R., Rost, J., & Sievers, K. (1996). Qualitative Unterschiede im Interesse an Physik und Konsequenzen für den Physikunterricht. *Zeitschrift für Didaktik der Naturwissenschaften, 2*(3), 57–69.

Hazari, Z., Chari, D., Potvin, G., & Brewe, E. (2020). The context dependence of physics identity: Examining the role of performance/competence, recognition, interest, and sense of belonging for lower and upper female physics undergraduates. *Journal of Research in Science Teaching, 57*(10), 1583–1607. https://doi.org/10.1002/tea.21644.

Hazari, Z., Potvin, G., Cribbs, J. D., Godwin, A., Scott, T. D., & Klotz, L. (2017). Interest in STEM is contagious for students in biology, chemistry, and physics classes. *Science Advances, 3*(8), 1–8. https://doi.org/10.1126/sciadv.1700046.

Hazari, Z., Sonnert, G., Sadler, P. M., & Shanahan, M.-C. (2010). Connecting high school physics experiences, outcome expectations, physics identity, and physics career choice: A gender study. *Journal of Research in Science Teaching, 47*(8), 978–1003. https://doi.org/10.1002/tea.20363.

Herbart, J. F. (1982). *Pädagogische Schriften. Bd 3: Pädagogisch-didaktische Schriften* (Asmus, W.). Klett-Cotta.

Hericks, U. (1998). Der Ansatz der Bildungsgangforschung und seine didaktischen Konsequenzen – Darlegungen zum Stand der Forschung. In M. A. Meyer & A. Reinartz (Hrsg.), *Bildungsgangdidaktik. Denkanstöße für pädagogische Forschung und schulische Praxis* (S. 173–188). Springer Fachmedien. https://doi.org/10.1007/978-3-663-09424-1_15.

Hericks, U., Keuffer, J., Christof, K. H., & Kunze, I. (Hrsg.). (2001). *Bildungsgangdidaktik. Perspektiven für Fachunterricht und Lehrerbildung*. Springer Fachmedien.

Hericks, U., & Spörlein, E. (2001). Entwicklungsaufgaben in Fachunterricht und Lehrerbildung – Eine Auseinandersetzung mit einem Zentralbegriff der Bildungsgangdidaktik. In U. Hericks, J. Keuffer, K. H. Christof, & I. Kunze (Hrsg.), *Bildungsgangdidaktik. Perspektiven für Fachunterricht und Lehrerbildung* (S. 33–50). Springer Fachmedien. https://doi.org/10.1007/978-3-663-05749-9_3.

Hoffmann, L., & Lehrke, M. (1986). Eine Untersuchung über Schülerinteressen an Physik und Technik. *Zeitschrift für Pädagogik, 32*(2), 189–204.

Hopf, M., Schecker, H., Höttecke, D., & Wiesner, H. (Hrsg.). (2022). *Physikdidaktik kompakt* (1. vollstä). Aulis Verlag.

Jung, W. (1970). *Beiträge zur Didaktik der Physik. Ein Essay über ihre Probleme.* Diesterweg.

Jung, W. (1991). Begründung und Zielsetzung des Physikunterrichts. In W. Bleichroth, H. Dahnke, W. Jung, W. Kuhn, G. Merzyn, & K. Weltner (Hrsg.), *Fachdidaktik Physik* (S. 13–57). Aulis Verlag Deubner.

Kiel, E. (2018). Schlüsselprobleme weiter denken! In K.-H. Braun & H. Stübig (Hrsg.), *Erziehungswissenschaftliche Reflexion und pädagogisch-politisches Engagement* (S. 109–123). Springer Fachmedien Wiesbaden. https://doi.org/10.1007/978-3-658-18595-4_10.

Kircher, E., Girwidz, R., & Häußler, P. (Hrsg.). (2015). *Physikdidaktik – Theorie und Praxis.* Springer Spektrum. https://doi.org/10.1007/978-3-642-41745-0.

Klafki, W. (1991). *Neue Studien zur Bildungstheorie und Didaktik.* Zeitgemäße Allgemeinbildung und kritisch-konstruktive Didaktik. Beltz.

Klafki, W. (1998). Schlüsselprobleme der modernen Welt und die Aufgaben der Schule – Grundlinien einer neuen Allgemeinbildungskonzeption in internationaler/interkultureller Perspektive. In I. Gogolin, M. Krüger-Potratz, & M. A. Meyer (Hrsg.), *Pluralität und Bildung. Schriften der Deutschen Gesellschaft für Erziehungswissenschaften (DGfE)* (S. 235–249). VS Verlag für Sozialwissenschaften. https://doi.org/10.1007/978-3-663-11056-9_14.

Klafki, W. (2020). Pädagogische Erfahrung und pädagogische Theorie bei Johann Friedrich Herbart. In *Pädagogisch-politische Porträts. Neuere Geschichte der Pädagogik* (S. 21–44). Springer Fachmedien Wiesbaden. https://doi.org/10.1007/978-3-658-26751-3.

Knoblauch, H. A. (2001). Erving Goffmans Reich der Interaktion – Einführung. In E. Goffman (Hrsg.), *Interaktion und Geschlecht* (S. 7–49). Campus-Verlag.

Koller, H.-C. (2012). *Bildung anders denken. Einführung in die Theorie transformatorischer Bildungsprozesse.* Kohlhammer.

Koller, H.-C. (2016). Ist jede Transformation als Bildungsprozess zu begreifen? Zur Frage der Normativität des Konzepts transformatorischer Bildungsprozesse. In D. Verständig, J. Holze, & R. Biermann (Hrsg.), *Von der Bildung zur Medienbildung* (S. 149–161). Springer Fachmedien. https://doi.org/10.1007/978-3-658-10007-0.

Koller, H.-C. (2022). *Bildung als Transformation? Zur Diskussion um die Theorie transformatorischer Bildungsprozesse.* Springer Berlin Heidelberg. https://doi.org/10.1007/978-3-662-64829-2_2.

Köller, O., Baumert, J., & Schnabel, K. (2000). Zum Zusammenspiel von schulischem Interesse und Lernen im Fach Mathematik: Längsschnittanalysen in den Sekundarstufen I und II. In U. Schiefele & K.-P. Wild (Hrsg.), *Interesse und Lernmotivation. Untersuchungen zu Entwicklung, Förderung und Wirkung* (S. 163–181). Waxmann.

Labudde, P. (Hrsg.). (2010). *Fachdidaktik Naturwissenschaft. 1.–9. Schuljahr.* Haupt.

Lechte, M.-A. (2008). *Sinnbezüge, Interesse und Physik. Eine empirische Untersuchung zum Erleben von Physik aus Sicht von Schülerinnen und Schülern.* Verlag Barbara Budrich.

Lehrke, M. (1987). *Interesse und Desinteresse am naturwissenschaftlich-technischen Unterricht: Interpretation der vorliegenden Untersuchungen und mögliche Konsequenzen* (Univ. Diss). IPN.

Lewing, J., Klein, P., & Schneider, S. (2023). Wirkung technischer und biologischer Kontexte auf das situationale Interesse beim Bearbeiten physikalischer Lernaufgaben zum Energiekonzept. *Zeitschrift für Didaktik der Naturwissenschaften, 29*(1). https://doi.org/10.1007/s40573-023-00157-w.

Maltese, A. V., & Tai, R. H. (2010). Eyeballs in the Fridge: Sources of early interest in science. *International Journal of Science Education, 32*(5), 669–685. https://doi.org/10.1080/09500690902792385.

Mang, J., Ustjanzew, N., Leßke, I., Schiepe-Tiska, A., & Reiss, K. (2019). *PISA 2015. Skalenhandbuch. Dokumentation der Erhebungsinstrumente.* Waxmann.

Meseth, W., Casale, R., Tervooren, A., & Zirfas, J. (Hrsg.). (2019). *Normativität in der Erziehungswissenschaft.* Springer.

Muckenfuß, H. (1995). *Lernen im sinnstiftenden Kontext. Entwurf einer zeitgemäßen Didaktik des Physikunterrichts.* Cornelsen.

Nerdel, C. (2017). *Grundlagen der Naturwissenschaftsdidaktik. Kompetenzorientiert und aufgabenbasiert für Schule und Hochschule.* Springer Spektrum.

Osborne, J., Simon, S., & Collins, S. (2003). Attitudes towards science: A review of the literature and its implications. *International Journal of Science Education, 25*(9), 1049–1079. https://doi.org/10.1080/0950069032000032199.

Prenzel, M. (1994). Mit Interesse in das dritte Jahrtausend! Pädagogische Überlegungen. In N. Seibert (Hrsg.), *Bildung und Erziehung an der Schwelle zum dritten Jahrtausend: Multidisziplinäre Aspekte, Analysen, Positionen, Perspektiven* (S. 1314–1339). PimS-Verlag.

Prenzel, M., Krapp, A., & Schiefele, H. (1986). Grundzüge einer pädagogischen Interessentheorie. *Zeitschrift für Pädagogik, 32*(2), 163–173. https://doi.org/10.25656/01.

Rheinberg, F., & Vollmeyer, R. (2000). Sachinteresse und leistungsthematische Herausforderung – zwei verschiedenartige Motivationskomponenten und ihr Zusammenwirken beim Lernen. In U. Schiefele & K.-P. Wild (Hrsg.), *Interesse und Lernmotivation. Untersuchungen zu Entwicklung, Förderung und Wirkung* (S. 145–161). Waxmann.

Ruppert, W. (2004). Welches Interesse haben Schüler an biologischen Themen? In U. Spörhase-Eichmann & W. Ruppert (Hrsg.), *Biologiedidaktik Praxishandbuch für die Sekundarstufe I und II* (S. 107–123). Cornelsen.

Sälzer, C., & Reiss, K. (2016). PISA 2015 – die aktuelle Studie. In K. Reiss, C. Sälzer, A. Schiepe-Tiska, E. Klieme, & O. Köller (Hrsg.), *PISA 2015. Eine Studie zwischen Kontinuität und Innovation* (S. 13–44). Waxmann.

Scheersoi, A., Bögeholz, S., & Hammann, M. (2019). Biologiedidaktische Interessenforschung: Befunde und Ansatzpunkte für die Praxis. In J. Groß, M. Hammann, P. Schmiemann, & J. Zabel (Hrsg.), *Biologiedidaktische Forschung: Erträge für die Praxis* (S. 37–55). Springer Spectrum. https://doi.org/10.1007/978-3-662-58443-9.

Schiefele, H. (1986). Interesse. Neue Antworten auf ein altes Problem. *Zeitschrift für Pädagogik, 32*(2), 153–162. https://doi.org/10.25656/01.

Schiefele, U., Krapp, A., & Schreyer, I. (1993). Metaanalyse des Zusammenhangs von Interesse und schulischer Leistung. *Zeitschrift für Entwicklungspsychologie und Pädagogische Psychologie, 25*(2), 120–148.

Schiepe-Tiska, A., Simm, I., & Schmidtner, S. (2016). Motivationale Orientierungen, Selbstbilder und Berufserwartungen in den Naturwissenschaften in PISA 2015. In K. Reiss, C. Sälzer, A. Schiepe-Tiska, E. Klieme, & O. Köller (Hrsg.), *PISA 2015. Eine Studie zwischen Kontinuität und Innovation* (S. 99–132). Waxmann.

Stieger, S. P. (2023). Transformatorische Bildungstheorie. In M. Huber & M. Döll (Hrsg.), *Bildungswissenschaft in Begriffen, Theorien und Diskursen* (S. 629–635). Springer VS. https://doi.org/10.1007/978-3-658-37858-5.

Taskinen, P., Asseburg, R., & Walter, O. (2009). Wer möchte später einen naturwissenschaftsbezogenen oder technischen Beruf ergreifen? Kompetenzen, Selbstkonzept und Motivationen als Prädiktoren der Berufserwartungen in PISA 2006. *Zeitschrift für Erziehungswissenschaft, 10,* 79–105. https://doi.org/10.1007/978-3-531-91815-0_5.

The Business-Higher Education Forum (BHEF). (2011). *Creating the workforce of the future: The STEM interest and proficiency challenge.* Washington, D.C.: BHEF.

The Royal Society. (2010). *The scientific century: Securing our future prosperity.* London, UK: The Royal Society.

Upmeier zu Belzen, A., Vogt, H., Wieder, B., & Christen, F. (2002). Schulische und außerschulische Einflüsse auf die Entwicklungen von naturwissenschaftlichen Interessen bei Grundschulkindern. In M. Prenzel & J. Doll (Hrsg.), *Bildungsqualität von Schule: Schulische und außerschulische Bedingungen mathematischer, naturwissenschaftlicher und überfachlicher Kompetenzen* (Zeitschrift, S. 291–307). Beltz. https://doi.org/10.256 56/01.

Vogt, H. (2007). Theorie des Interesses und des Nicht-Interesses. In H. Vogt & D. Krüger (Hrsg.), *Theorien in der biologiedidaktischen Forschung. Ein Handbuch für Lehramtsstudenten und Doktoranden* (S. 9–20). Springer.

Weinert, F. E. (2001). Vergleichende Leistungsmessung in Schulen – eine umstrittene Selbstverständlichkeit. In F. E. Weinert (Hrsg.), *Leistungsmessungen in Schulen* (S. 17–31). Beltz.

Willems, K. (2007). *Schulische Fachkulturen und Geschlecht. Physik und Deutsch – natürliche Gegenpole?* transcript Verlag.

Wittek, D., & Rabe, T. (2025). Normative Perspektiven auf den Lehrer:innenberuf. In T. Bohl, A. Gröschner, A. Scheunpflug, & M. Syring (Hrsg.), *Studienbuch Bildungswissenschaften* (S. 263–280). Klinkhardt/utb.

Die Erfassung von Interessen in der empirischen fachdidaktischen Forschung – Ein methodologisches Review

Sascha Bernholt und Olaf Krey

1 Einleitung

Die Ziele des naturwissenschaftlichen Unterrichts in den Sekundarstufen sind vielschichtig: Unterricht soll Schülerinnen und Schüler auf eine Ausbildung oder ein Hochschulstudium vorbereiten, die Identitätsentwicklung und Fähigkeiten zum kritischen Denken fördern sowie sie dabei unterstützen, eine konstruktive Rolle als Bürgerinnen und Bürger in der modernen Gesellschaft zu übernehmen (Osborne & Dillon, 2008). In diesem Zusammenhang spielen neben akademischen Leistungen u. a. motivationale Facetten, Aspekte der Identitätsentwicklung oder auch gesellschaftliche Faktoren eine Rolle, da sie die Verfolgung verschiedener (naturwissenschaftsbezogener) akademischer und beruflicher Laufbahnen beeinflussen. Dabei hat sich Interesse als starke Determinante für die zukünftige Studien- und Berufswahl (Lauermann et al., 2017), aber auch für lebenslanges Lernen (Lüftenegger et al., 2012) erwiesen.

Im Vergleich von empirischen Studien im Bereich der Bildungswissenschaften zeigt sich, dass Untersuchungen zum *Interesse* von Lernenden sehr unterschiedlich umgesetzt werden. Dies umfasst zum einen die gewählten methodische Vorgehensweisen, aber auch die Stellung des Konstrukts *Interesse* innerhalb der jeweiligen Studie. Während es bei vielen Studien das zentrale Konstrukt ist, wird

S. Bernholt (✉)
Didaktik der Chemie, IPN Kiel, Kiel, Deutschland
E-Mail: bernholt@leibniz-ipn.de

O. Krey
Didaktik der Physik, Universität Augsburg, Augsburg, Deutschland
E-Mail: olaf.krey@physik.uni-augsburg.de

O. Krey et al. (Hrsg.), *Interesse revisited*,
https://doi.org/10.1007/978-3-658-48542-9_3

es häufig auch als Kovariate oder als Nebenindikator insb. bei leistungsbezogenen Untersuchungen herangezogen.

Die empirische Beforschung von Interessenausprägungen und deren zeitlicher Entwicklung setzt eine geeignete Operationalisierung und messmethodische Erfassung voraus. In dem nachfolgenden Beitrag soll auf Basis einer systematischen Auswertung von Forschungsliteratur aufgezeigt werden, wie diese Operationalisierung und Umsetzung des jeweils betrachteten theoretischen Interessenkonstrukts in den eingesetzten Erhebungsinstrumenten erfolgt ist und inwieweit dieser Prozess bis zur Interpretation der erhobenen Daten durch Validitätsargumente gestützt wurde. Diese Auswertung soll letztlich Hinweise zu der übergeordneten Fragestellung liefern, wie in der Forschungsliteratur Interesse erfasst wird und welche Implikationen das für die Interpretation der erhaltenen Befunde (vgl. Habig et al. in diesem Band, Kap. „Empirische Befunde der Interessenforschung der Fächer Biologie, Chemie und Physik im Primar- und Sekundarbereich seit 2012 – Ein systematisches Review") mit sich bringt.

2 Konzeptuelle Basis von Interessenmaßen

Obwohl es unterschiedliche Rahmentheorien gibt (vgl. Zügge & Höft in diesem Band, Kap. „Interessentheorien revisited. Ein Überblick gängiger Interessenbegriffe und damit verbundener Beschreibungen der Interessenentwicklung"), wird Interesse in den meisten Ansätzen als eine dynamische Beziehung zwischen einer Person und einem Gegenstand wie einem Thema oder einer Aktivität definiert (Krapp, 1999). Interesse kann dabei sowohl einen psychologischen Zustand als auch eine Prädisposition umfassen, was insbesondere Implikationen für die zeitliche Stabilität des betrachteten Konstrukts mit sich bringt (Renninger & Hidi, 2011). Neben der Gegenstands- und Personenspezifität ist ein weiteres Merkmal, dass sich Interesse durch ein „konstant hohes kognitives Engagement und eine emotionale Bindung" auszeichnet (übersetzt nach Jansen et al., 2016, S. 117). Für das Engagement und die emotionale Bindung können entsprechend unterschiedliche Indikatoren herangezogen werden, um über deren Erfassung Rückschlüsse auf die Ausprägung des Interesses der betrachteten Person zu gewinnen.

Aus forschungsmethodischer Perspektive sind zur Erfassung von Interessen demnach unterschiedliche Entscheidungen zu treffen und systematisch aufeinander zu beziehen. Diese Entscheidungen beginnen bei der Wahl und ggf. Kombination theoretischer Grundlagen, auf deren Basis das Zielkonstrukt benannt und beschrieben werden muss. Aus dieser Beschreibung sollte sich dann zudem ergeben, welche Personengruppe und welche Indikatoren zur Erfassung von Interessenausprägungen in den Blick genommen werden, um zu dem abstrakten Konzept Interesse messbare Beobachtungen zu generieren (Operationalisierung). Dies umfasst auch eine Charakterisierung der angenommenen zeitlichen Stabilität (state vs. trait). Aus methodischer Sicht lassen sich an dieser Stelle angeführte Theorien bzw. Theoriebereiche, die Beschreibung des Zielkonstrukts (insb. hinsichtlich Begrifflichkeiten und state/trait-Verortung), die untersuchte Stichprobe (insb. hinsichtlich Alter), die Anzahl an Messungen bzw. Messzeitpunkten und das gewählte Erhebungsformat betrachten. In Abhängigkeit von diesen Entscheidungen lassen sich zudem das Vorgehen zur Codierung (Transformation von beobachteten Werten in Messwerte) und ggf. Skalierung (Verrechnung von Messwerten zu Skalenwerten) analysieren. Im Sinne einer interpretativen Argumentationskette lässt sich entlang dieser methodischen Entscheidungen zudem auswerten, ob und welche Verfahren im Rahmen der jeweiligen Studien eingesetzt wurden, um den Prozess bis zur Interpretation der Daten durch Validitätsargumente zu stützen (Kane, 2013). Abschließend soll das Auswertungsziel der jeweiligen Studie betrachtet werden, das heißt, ob beispielsweise Interessenausprägungen (beispielsweise Unterschiede zwischen Interessengegenständen), Zusammenhänge von Interesse und anderen Konstrukten, Gruppenunterschiede oder Interessenveränderungen (über die Zeit oder im Rahmen von Interventionen) auf Basis der Erhebung in den Blick genommen wurden.

3 Methode

Der methodenbezogenen Analyse von Interessenstudien liegt eine systematische Literaturrecherche zugrunde. Neben dem Bezug zu Interesse als zentralem Konstrukt der jeweiligen Publikation wurde auf Studien im Bereich der Naturwissenschaften (sowohl interdisziplinär im Sinne von Science/STEM, als auch disziplinär im Sinne der einzelnen Fächer Biologie, Chemie und Physik) mit der Zielgruppe von Lernenden (das heißt Schülerinnen und Schüler, aber auch Kinder bzw. Jugendliche außerhalb des schulischen Kontexts) eingegrenzt. Zudem wurde sich auf Publikationen konzentriert, die ab 2012 (wobei hier das letzte umfassende Review zu Interesse von Potvin & Hasni, 2014 als Grenze herangezogen wurde) sowie in deutscher oder englischer Sprache publiziert wurden. Zudem wurde sich auf Zeitschriftenbeiträge beschränkt, in der Annahme, dass durch den zugrunde liegenden Peer Review-Prozess ein gewisses Maß an Qualitätssicherung sichergestellt werden kann. Entsprechend wurden alle auf Basis der oben genannten Kriterien identifizierten Publikationen auch in die Analyse aufgenommen.

Zur Umsetzung der Recherche wurden die Kriterien iterativ in einen Suchstring überführt (vgl. Habig et al. in diesem Band, Kap. „Empirische Befunde der Interessenforschung der Fächer Biologie, Chemie und Physik im Primar- und Sekundarbereich seit 2012 – Ein systematisches Review“), in den auch Kriterien zum Ausschluss von Studien bzw. Forschungsbereichen eingegangen sind (beispielsweise economy, medicine, sports u. a.), um die Suchergebnisse möglichst eng auf relevante Publikationen einzugrenzen. Dieser Suchstring wurde dann in den beiden Datenbanken Web of Science und Scopus eingegeben, die Ergebnisse wurden auf Duplikate überprüft und zu einer Gesamtliste zusammengefügt. Diese Gesamtliste wurde dann auf Basis von Titel und Abstract manuell gesichtet, wobei Studien außerhalb der Zielstellung exkludiert und die beibehaltenen Studien hinsichtlich des generellen methodischen Vorgehens (qualitativ, quantitativ oder mixed) kategorisiert wurden. Ausschlusskriterien waren dabei, dass der Fokus der Publikation nicht erkennbar auf dem Konstrukt Interesse, auf den Naturwissenschaften oder der avisierten Zielgruppe lag, dass keine Erfassung von Interessen erfolgte oder dass die Publikation ein Review darstellte oder auf Theoriedarstellung oder -entwicklung fokussierte. Die Anzahl der Publikationen im Verlauf dieser Suchstrategie ist in Abb. 1 dargestellt.

Die beibehaltenen Publikationen wurden anschließend zusammengetragen und manuell auf Basis vorgegebener Analysekategorien ausgewertet. Diese Analysekategorien wurden insbesondere für die Reduktion der erheblichen Informationen aus den quantitativ angelegten Studien verwendet, bei denen ohne diesen Reduktionsschritt die Menge an Informationen schlicht nicht mehr zu beherrschen war. Die folgenden Analysekategorien wurden verwendet:

- Theorie: Angaben zur zugrunde liegenden Interessentheorie, Interessenkonstrukt, Auffassungen zur Personenseite (state/trait), Auffassungen zur Gegenstandsseite (Interesse an…)
- Methodik: Angaben zum Sample wie Stichprobengröße, Alter/Jahrgang, weitere relevante Angaben wie z. B. Schulform (falls zutreffend), zum Erhebungsformat, der Anzahl der Erhebungszeitpunkte, dem Antwortformat und den Antwortkategorien
- Auswertung: Angaben zum Scoring und zur Skalierung
- Validitätsaspekte: Angaben zu Maßnahmen der Validitätssicherung – Objektivität, Inhaltsvalidität, Antwortprozesse, Reliabilität, Konstruktvalidität, Berücksichtigung alternativer Modelle, Messinvarianz

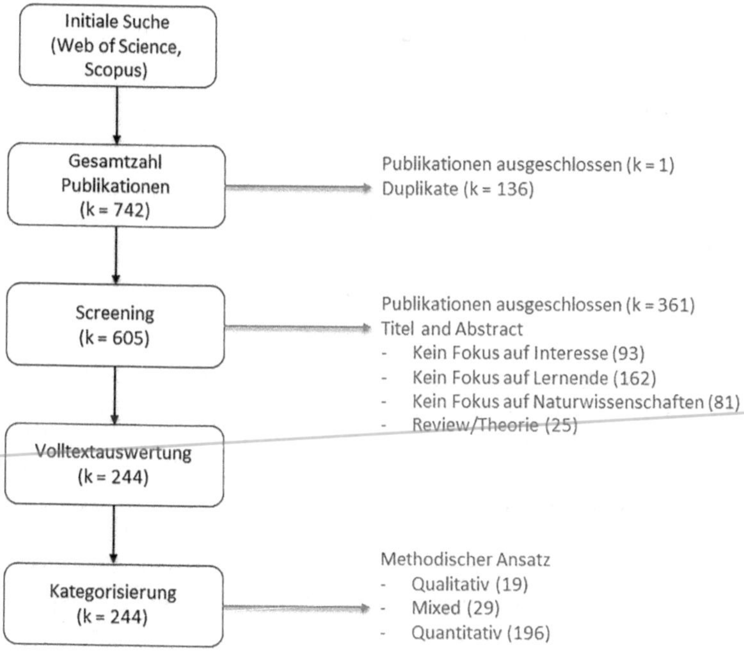

Abb. 1 Flussdiagramm der Literaturrecherche mit Angabe der Anzahl an Publikationen im jeweiligen Teilschritt der Recherche

- Auswertungsziel: Ausprägungen von Interessen, Zusammenhänge zwischen den Interessenkonstrukten, Zusammenhänge zu anderen Konstrukten, Gruppenvergleiche

Aus den Publikationen wurden dann in einem ersten Schritt anhand dieser Analysekategorien Informationen extrahiert und für die weitere Verarbeitung bereitgestellt. In einem zweiten Schritt wurden die innerhalb einer Analysekategorie zusammengetragenen Informationen weiter strukturiert und zu den in den folgenden Abschnitten vorgestellten Kategorien verdichtet. Die Bildung dieser Kategorien erfolgte demnach weitgehend induktiv. Die Zuordnung des Vorgehens einzelner (Teil-)Studien zu den so erhaltenen induktiven Kategorien ist wenig fehleranfällig. Anders verhält es sich bei der Extraktion der Informationen aus den Publikationen. Dieser erste Schritt entscheidet maßgeblich über die Qualität der zugrunde liegenden Daten und damit über die Zuverlässigkeit der

Tab. 1 Über die Analysekategorien gemittelte Übereinstimmungsanteile der beiden maßgeblichen Kodierer vor der kommunikativen Validierung, basierend auf 41 zufällig gewählten Publikationen (entspricht 18 %)

Analysekategorie	Übereinstimmungsanteil
Theorie	0,81
Methodik	0,88
Auswertung	0,71
Validitätsaspekte	0,82
Auswertungsziel	0,82

weiteren Auswertungen und die Belastbarkeit der vorgenommenen Interpretationen. Bei diesem ersten Schritt besteht die Hauptschwierigkeit und damit auch die Hauptfehlerquelle darin, die relevante Information in der jeweiligen Publikation zu identifizieren. Fehler bei der Zuordnung der identifizierten Information zu einer der wesentlichen Analysekategorien sind im Vergleich vernachlässigbar, auch die theoretisch erwartbare zufällig richtige Zuordnung fällt hier nicht ins Gewicht. Vor diesem Hintergrund wurde die beobachtete Übereinstimmung (statt beispielsweise Cohens Kappa) der zwei wesentlichen Kodierer bestimmt. Hierfür wurden 41 zufällig ausgewählte Publikationen, also ca. 18 % des gesamten Materials, zugrunde gelegt. Die Mittelwerte der übereinstimmend identifizierten Informationen wurden für alle Teilkategorien bestimmt. Tab. 1 sind die gemittelten Werte für die übergeordneten Analysekategorien zu entnehmen. Insbesondere die Entnahme von Informationen zu der Frage wie aus Beobachtungen oder Verhalten quantitative Werte wurden (Scoring), stellte die Kodierenden vor größere Herausforderungen, was den etwas schlechteren Übereinstimmungswert bzgl. der Kategorie Auswertung verursacht.

4 Ergebnisse

4.1 Erfassung von Interessen mittels qualitativer Zugänge

Inhaltlich sind die 19 qualitativen Studien sehr unterschiedlich gelagert und verfolgen unterschiedliche Erkenntnisinteressen. In einer Arbeit werden retrospektiv Einflussfaktoren auf die Ausbildung eines individuellen Interesses erhoben (A9), eine weitere Arbeit rekonstruiert den Einfluss einer Curriculuminnovation auf die

Interessenentwicklung von Lernenden (A15). In je einer Arbeit werden interessenbezogene Abwägungsprozesse bei Studienwahlentscheidungen thematisiert (A17), eine Typologie zur Teilhabe an Naturwissenschaften vorgeschlagen (A19) bzw. Wege und Verläufe der Entwicklung eines MINT-Interesses längsschnittlich verfolgt (A14). Drei Arbeiten betrachten konkrete Interventionen und deren Wirkung auf MINT-Interessen (A1; A8; A18). Der größte Teil der Arbeiten (7 von 19) widmet sich der Entstehung situationalen Interesses, wobei Trigger für situationales Interesse identifiziert (A5; A6; A7; A12; A13) und dann Zusammenhänge zu Lernendenmerkmalen untersucht (A12; A13) oder Methoden, Gestaltungsmerkmale von Lernumgebungen (z. B. Nutzung digitaler Medien; A7; A10) und mögliche Unterstützungsmaßnahmen von Lehrpersonen zum Ausbilden und Aufrechterhalten von situationalem Interesse (A5; A16) herausgearbeitet werden. Die Bandbreite umfasst auch vier Arbeiten, die auf Basis der Analyse empirischer Daten Theorieimpulse setzen möchten, indem innovative Rahmungen und Begriffsbildungen (z. B. A2, A3: Interessenentwicklung als Entwicklung von *scientific taste* vs. *everyday taste*, A4: Herstellung situationalen Interesses als Prozess mit diskontinuierlichen und kontinuierlichen Anteilen) vorgenommen werden oder existierende Theorien durch Ausschärfungen und zusätzliche Explikationen weiterentwickelt werden (z. B. A11, die naturwissenschaftliche Neugier und Interesse miteinander in Beziehung setzen).

Die Daten wurden in acht Fällen in einem außerschulischen Kontext (A4; A8; A9; A10; A11; A12; A13; A18) bzw. in zwei Fällen in einem von der Schule besuchten außerschulischen Lernort (A5; A6) generiert. Daten aus schulischen Kontexten wurden in sieben Arbeiten verwendet. In einer Arbeit wurden Daten im Alltag der Studienteilnehmerinnen und -teilnehmer erhoben (A17), eine weitere Arbeit nimmt schulische und außerschulische Aktivitäten in den Blick (A14).

Die Studien sind den Fragestellungen und Auswertungsmethoden entsprechend eher mit einer geringen Fallzahl durchgeführt worden. In zwei Studien wird die Fallzahl nicht exakt angegeben (stattdessen wird z. B. von zehn Schulklassen berichtet, A3, oder auf eine andere Arbeit verwiesen, A12). Die Fallzahlen, sofern konkrete Zahlen angegeben wurden, variieren zwischen $N = 3$ und $N = 54$, der Median liegt bei 19. Gelegentlich wird eine reduzierte Anzahl an Fällen für die Beantwortung einer bestimmten Fragestellung tiefgründiger betrachtet oder zu Belegzwecken herangezogen. Das Alter der Studienteilnehmerinnen und -teilnehmer bewegt sich zwischen 4 Jahren und 20 Jahren. In einer Studie werden Erwachsene (Personen im Alter von 24–68 Jahre im außerschulischen Kontext) retrospektiv befragt und stellt damit eine Ausnahme dar (A9). Alle anderen Studien beforschen Probandinnen und Probanden vorwiegend im Sekundarschulalter,

Tab. 2 Überblick über Kombinationen von je zwei Datenarten in den qualitativen Studien

Datenkategorie	Video	Interview
Beobachtung	A8	A7; A15; A18; A19
Interview	A5	

das heißt in den Klassenstufen 4–10, zwei Arbeiten nehmen Übergänge in den Blick (Kindergarten-Primarstufe, Primarstufe-Sekundarstufe).

Nur eine Studie (A14) ist echt längsschnittlich angelegt, zwei Studien kann man als quasi-längsschnittlich ansehen (A3; A16), alle anderen Studien versuchen nicht, eine Entwicklung abzubilden oder Kohorten in einem Quasilängsschnitt miteinander zu vergleichen, auch wenn ggf. Daten über einen längeren Zeitraum hinweg (z. B. über den Verlauf eines Kurses) erhoben werden.

Die Art der erhobenen Daten lässt sich grob in die Kategorien Interview, Video (inklusive zugehörige Audiospuren) und Beobachtungen (inklusive entstandener Produkte, z. B. Facebookbeiträge) einteilen. Acht Arbeiten nutzen Videodaten (A2; A3; A4; A5; A6; A8; A10; A16), zwei der Arbeiten basieren auf Beobachtungsprotokollen (A12; A13; A18; A19) und acht der Arbeiten generieren die Daten über Interviews (biografisch, narrativ oder halbstrukturiert; überwiegend Einzelinterviews, z. T. auch Gruppeninterviews; A1; A6; A7; A9; A11; A17; A18; A19). In sechs Arbeiten werden mehr als eine Datenquelle verwendet (Tab. 2). In einer Arbeit werden alle drei Datenarten kombiniert (A6). In drei Fällen werden bereits existierende Daten unter einer neuen Fragestellung analysiert (A3; A4; A12).

Interviewaufnahmen und Videomitschnitte werden in allen Studien zunächst transkribiert und ggf. um Beschreibungen nonverbalen Verhaltens erweitert. Weitergehende Auswertungsschritte beziehen sich dann auf die Transkripte und greifen nur bei Bedarf auf die Primärdaten zurück. Besonders sensibel ist der erste Schritt der Datenreduktion, in dem in der Regel relevante Kodiereinheiten identifiziert werden (ggf. auch als thematisches Kodieren bezeichnet). Die Beschreibungen dieses Schrittes stellen dabei ein unterschiedliches Ausmaß an Transparenz her. Das Spektrum reicht von der Information darüber, dass ein solcher Selektionsprozess stattgefunden hat bis zur ausführlichen Begründung relevanter Auswahlkriterien (vgl. A2; A3; A4).

Zum Aufdecken von Strukturen und der weiteren Datenreduktion werden durchweg inhaltsanalytische Kodierverfahren verwendet, die je nach Fragestellung und Kodierschema mehr oder weniger interpretative Beurteilungen erfordern. Vereinzelt werden Fragen gestellt, die eine gleichzeitige Betrachtung mehrerer Kategoriensysteme des gleichen Datenmaterials erfordern (z. B.

Zusammenwirken von Triggern situationalen Interesses und beobachtete Lernendenmerkmale; beispielsweise A13).

Während in den quantitativen Studien fast durchweg Selbstauskünfte mithilfe von Likert-Skalen erhoben werden, sind Selbstauskünfte bei qualitativen Arbeiten in der Regel bei Interviewstudien mit anschließenden inhaltsanalytischen Kodierverfahren relevant (10 Arbeiten). In drei Arbeiten wird auf eine Explikation der Interessenindikatoren verzichtet (A12; A13; A18). Zwei Arbeiten zum *scientific taste* erheben Interesse nicht direkt, sondern analysieren Situationen, die zur Ausbildung eines *scientific tastes* beitragen (A2; A3). Diese Situationen müssen nicht notwendigerweise an Interesse gekoppelt sein, weshalb in diesen Arbeiten nachvollziehbarerweise keine Interessenindikatoren thematisiert werden. Die Auswahl der Szenen zum *scientific taste* geschieht aber regelbasiert und nachvollziehbar operationalisiert. In Arbeiten, denen (auch) Videodaten zugrunde liegen, wird die affektive Komponente durchweg als Erkennungsmerkmal von Interesse (in zwei Arbeiten ausschließlich) verwendet (A5; A6). In vier Arbeiten werden auch andere Interessendimensionen (Werte und Wissen) für das Erkennen relevanter Situationen herangezogen (A4; A8; A10; A16). Dazu werden Operationalisierungen vollständig oder wenigstens beispielhaft angegeben. Zwei Studien, die retrospektiv Einflussfaktoren auf die Ausbildung individuellen Interesses untersuchen, nutzen das Verfolgen eines Hobbies bzw. eine getroffene Studienwahl als Interessenindikator (A9; A17). Eine längsschnittliche Studie analysiert schulische und außerschulische Aktivitäten zur Rekonstruktion von MINT-Lernwegen (A18).

Maßnahmen zur Qualitätssicherung der Auswertungsschritte werden in der Hälfte aller Fälle (8 Arbeiten) gar nicht dargestellt; ob und inwieweit derartige Maßnahmen ergriffen wurden, bleibt somit unklar. Regelmäßig wird die kommunikative Validierung im Forscherteam (A1; A2; A3; A7; A8; A9; A11; A13; A16) und in sechs dieser Arbeiten auch die Bestimmung einer Interkoderreliabilität (prozentuale Übereinstimmung oder/und Cohens Kappa) dargestellt (A1; A7; A8; A9; A11; A13).

4.2 Erfassung von Interessen mittels Mixed-Methods

Die 29 identifizierten Studien, die mehrere Datenquellen im Sinne eines Mixed-Methods-Ansatzes kombinieren, fokussieren in ihrem Erkenntnisinteresse auf ähnliche Bereiche wie die Studien, die primär einem qualitativen Zugang folgen. So wird in neun Studien untersucht, woran Schülerinnen und Schüler ihr Interesse festmachen, welche Aspekte und Indikatoren sie dafür nutzen und wie sich diese Einordnungen ggf. in nachfolgenden Studien konzeptualisieren und operationalisieren lassen. In zwei dieser Studien werden dazu Fragen von Schülerinnen und Schülern gesammelt, die sie im Bereich der Naturwissenschaften interessieren (B3; B7). In zwei weiteren Studien werden Schülerinnen und Schüler explizit befragt, was unterschiedliche Kontexte für sie interessant (und relevant) macht (B2; B15). Loukomies et al. (2015) versuchen derartige Selbstauskünfte (als *berichtete Interessen*) mit Indikatoren des Verhaltens der Schülerinnen und Schüler im Unterricht (*beobachtete Interessen*) abzugleichen (B17). Der Frage nach dem Einfluss von speziellen Themen, Kontexten oder Aktivitäten für Interessenauskünfte gehen zwei Arbeiten nach (B6; B13).

Unter einer ontogenetischen Perspektive untersuchen sieben Arbeiten den Prozess der Entstehung und Veränderung von Interessen, um auch Einflussfaktoren auf die Entwicklung bzw. Veränderung von Interessen im Verlauf der Schulzeit (beispielsweise durch Faktoren der Schule, Familie, Peers oder Vorbildern) zu identifizieren. Zwei Studien nehmen dabei Schülerinnen und Schüler aus unterrepräsentierten Gruppen in den Blick (B10; B27).

Die Mehrheit der Studien fokussiert auf eine aktualgenetische Perspektive und zielt auf die Identifikation von Einflussfaktoren auf das individuelle oder situationale Interesse von Schülerinnen und Schülern im Rahmen von Interventionsstudien. Dabei werden unterschiedliche Formate (beispielsweise Citizen Science-Projekte), spezifische Bereiche (engineering, coding) oder Methoden (Schreibworkshop, Spiele-basierte Ansätze) herangezogen und entsprechend sowohl schulische als auch außerschulische Angebote untersucht. Ein Kernmerkmal ist dabei, dass diese Interventionen in der Regel längerfristig angelegt sind, beispielsweise im Rahmen von mehreren Wochen (B26) bis zu mehreren Monaten (B24) oder mehreren Jahren (B1; B16).

Die im Rahmen der einzelnen Studien akquirierten Stichproben umfassen in erster Linie Schülerinnen und Schüler in der Altersspanne von 11 bis 14 Jahren, nur einzelne Studien betrachten ältere (B1; B2; B27; B28) oder jüngere Lernende (B6; B13). Die Stichprobengröße unterscheidet sich in Abhängigkeit vom konkreten methodischen Zugang. Bei einem vorwiegend qualitativen methodischen Zugang variiert die Stichprobengröße von 4 bis zu 251 Lernenden (Mittelwert 36, Median 20), bei den quantitativen Zugängen von 16 bis 1624 Befragten (Mittelwert 281, Median 121).

Hinsichtlich des konkreten methodischen Zugangs zeigt sich vor allem eine Kombination von Interviews mit Fragebögen. So werden in 21 der 29 Studien Interviews durchgeführt, wobei vor allem semi-strukturierte Leitfadeninterviews mit einzelnen Personen (14 Studien), seltener Gruppeninterviews (6 Studien)

Anwendung finden. Bei den Fragebögen kommen (wie bei den quantitativen Studien, siehe Abschn. 4.3.6) vor allem Likert-basierte Rating-Skalen (22 Studien), seltener offene Antwortformate (6 Studien) zum Einsatz. Hinsichtlich der Erhebung von Selbstauskünften von Schülerinnen und Schülern finden sich darüber hinaus noch zwei Studien, die von Schülerinnen und Schülern bei einer Zeitschrift eingereichte, naturwissenschaftsbezogene Fragen untersuchen (B3; B7) oder die Auskünfte mittels der Experience Sampling Methode (ESM) erheben, wobei dafür kürzere (15 Abfragen in einer Unterrichtsstunde; B17) oder längere Intervalle (alle zwei Stunden an ausgewählten Tagen, verteilt über zwei Jahre; B1) angelegt wurden.

Eine Studie nutzt Hautleitfähigkeitsmessungen (Electrodermal Activity, EDA), um aus diesen physiologischen Daten Rückschlüsse auf das situationale Interesse der Schülerinnen und Schüler zu ziehen (B26). Als weitere qualitative Zugänge werden Klassenraumbeobachtungen (5 Studien) bzw. Videographie von Unterricht (1 Studie) genutzt. In einer Studie werden Zeichnungen als Erhebungsinstrument eingesetzt (B15), in einer weiteren Studie Bearbeitungsergebnisse von Schülerinnen und Schülern eingesammelt und analysiert. In drei Studien, die insbesondere längerfristig angelegte Interventionsprogramme umfassen, wird zudem auf Feldnotizen (field notes) der Forschenden zurückgegriffen.

Ähnlich wie bei den rein qualitativen Studien werden demnach vor allem Selbstauskünfte von Schülerinnen und Schülern als Datenquelle herangezogen (24 Arbeiten). Diese Auskünfte beziehen sich je nach Anlage der Studie auf die eigenständige Benennung von Interessen oder von Merkmalen interessanter Themen oder Aktivitäten, auf die Benennung und Beschreibung von Einflussfaktoren, -personen oder -gruppen auf das eigene Interesse, die Bewertung von (Design)Merkmalen durchgeführter Unterrichts- oder Interventionsangebote oder die Erläuterung von (zurückliegenden oder zukünftigen) Entscheidungen bei der Wahl bzw. Wahrnehmung bestimmter Angebote, Kurse oder Karrierewege.

Abseits von Selbstauskünften gibt es nur vereinzelte Ansätze der Erhebung von Daten, aus denen auf Interessen bzw. Interessenausprägungen geschlossen werden soll. Diese umfassen zum einen das Kategorisieren von Verhaltensweisen der Schülerinnen und Schüler (beispielsweise in Form von geäußerten Fragestellungen, die für interessant befunden werden, B7, oder im Umgang mit Lernmaterialien wie die Wahrnehmung und Umsetzung von Aktivitäten und dabei auftretende verbale und nonverbale Äußerungen, B17; B22) oder die Nutzung physiologischer Daten (B26).

Hinsichtlich der Kombination von qualitativen und quantitativen Zugängen nutzt die Mehrheit der analysierten Studien eine Methodenkombination zur Ergebnistriangulation. Entsprechend werden die Datenquellen in der Mehrzahl der Studien zunächst separat erhoben und ausgewertet und erst auf Basis der Ergebnisse zusammengeführt. In einer weiteren Studie wird auf Basis von Ergebnissen aus Interviews (mit Schülerinnen und Schülern sowie deren Eltern und Lehrkräften) und Klassenraumbeobachtungen in einem nachfolgenden Schritt eine quantitative Erhebung durchgeführt mit dem Ziel, die qualitativen Befunde auf Basis einer umfangreicheren Stichprobe zu generalisieren (B4).

Weniger häufig finden sich andere Ansätze der Methodenkombination. Drei Studien nutzen zunächst eine quantitative Erhebung, um auf dieser Grundlage Personen oder Gegenstände für eine zweite, qualitative Erhebung auszuwählen, um so die Interpretation der Befunde der ersten Erhebung weiter zu vertiefen. In einer Publikation findet sich auch eine Sequenz von drei Studien, bei der zunächst qualitative Befunde als Basis für die Ausrichtung einer quantitativen Erhebung genutzt wurden (Verallgemeinerung), um anschließend die Befunde dieser quantitativen Erhebung mit Lernenden der Zielgruppe in Interviews zu diskutieren (B2). In einer Studie wurde eine qualitative Erhebung als Vorstudie zur Ausrichtung einer quantitativen Hauptstudie genutzt (B10).

Entsprechend der oben genannten methodischen Zugänge finden sich (vergleichbar mit den Studien im qualitativen bzw. quantitativen Bereich) hinsichtlich der Maßnahmen zur Qualitätssicherung der Auswertungsschritte vor allem Angaben zur diskursiven bzw. kommunikativen Validierung (11 Arbeiten) bzw. zur Inter-Coder-Übereinstimmung (13 Arbeiten) bei der Nutzung von Interviews sowie zur Bestimmung der Reliabilität (14 Arbeiten) bei der Nutzung von Fragebogenskalen. Die Durchführung von kognitiven Interviews zur Absicherung intendierter Antwortprozesse beim gewählten Erhebungsformat (B10), von Interviews mit Personen der Zielgruppe zur Absicherung der eigenen Dateninterpretation (B19) oder Experteninterviews zur Absicherung der Inhaltsvalidität (B11) finden sich jeweils nur einmal. Fünf Studien enthalten keine Angaben zu derartigen Maßnahmen, in drei weiteren Studien betrifft dies zumindest die Auswertung der qualitativen Erhebungsdaten.

4.3 Erfassung von Interessen mittels quantitativer Zugänge

4.3.1 Theoretische Grundlagen der Operationalisierung

In den 196 ausgewerteten Publikationen werden als unmittelbar für die jeweilige Studie (bzw. die Erhebung des Interesses innerhalb der Studie) relevante Theoriegrundlagen insgesamt 103 Theoriepublikationen angeführt (vgl. die gekürzte

Übersicht in Tab. 3). Von diesen 103 sind 46 Publikationen allerdings Einzelnennungen, die in keiner der anderen ausgewerteten Publikationen angeführt werden. Die mit 76 Nennungen am häufigsten zitierte Quelle ist die Kernpublikation des sog. Vier-Phasen-Modells (Four Phase Model of Interest Development, 4PM) von Hidi und Renninger (2006). Es folgen mit einigem Abstand die Social Cognitive Career Theory (SCCT) von Lent et al. (1994) mit 31 und eine Kernpublikation der Person-Gegenstands-Theorie (Person Object Theory of Interest, POI) von Krapp (2002) mit 30 Nennungen. Weitere Publikationen, die mehrfach genannt wurden, fallen vor allem in die Bereiche des Vier-Phasen-Modells (Ainley et al., 2002; Hidi, 2006; Renninger & Hidi, 2011) und der Person-Gegenstands-Theorie (Krapp, 2007; Krapp & Prenzel, 2011), aber auch der SCCT (Lent et al., 2002). Davon abweichend wird auch das RIASEC-Modell nach Holland (1997) in sieben Publikationen als theoretische Grundlage angeführt (vgl. Tab. 4).

Aggregiert man die genannten Publikationen nach identifizierbaren Theoriebereichen, zeigt sich auch hier die dominante Rolle des 4PM, das in etwa 36 % der ausgewerteten Publikationen als Theoriegrundlage angeführt wird (Tab. 4). Mit einigem Abstand folgen die POI (21 %) und die SCCT (12 %). Des Weiteren finden sich Verweise auf Theoriebereiche, die auf bestimmte Facetten oder Aspekte des Konstrukts Interesse fokussieren, beispielsweise Theorieannahmen zum situationalen Interesse (SI) bzw. zu Flow, oder auf Konstrukte, die in einen engen Zusammenhang zum Interesse gesetzt werden,

Tab. 3 Theoriereferenzen in den analysierten Studien (mit einer Mindestanzahl von zehn Nennungen; Abkürzungen vgl. Tab. 4)

Theoriereferenz	Theoriebereich	Anzahl	Prozent
Hidi & Renninger, 2006	4PM	77	15,8
Lent et al., 1994	SCCT	31	6,4
Krapp, 2002	POI	30	6,2
Ainley et al., 2002	4PM	19	3,9
Krapp & Prenzel, 2011	POI	18	3,7
Hidi, 2006	4PM	15	3,1
Schiefele, 2009	POI	14	2,9
Renninger & Hidi, 2011	4PM	12	2,5
Hidi, 1990	4PM	12	2,5
Krapp, 2007	POI	11	2,3

Tab. 4 Theoriebereiche der analysierten Studien

Abkürzung	Theoriebereich	Anzahl	Prozent
4PM	Vier-Phasen-Modell	103	35,5
POI	Personen-Gegenstands-Theorie	62	21,4
SCCT	Social Cognitive Career Theory	34	11,7
SI	Situationales Interesse	25	8,6
EVT	Erwartungs-Mal-Wert-Modell	20	6,9
SDT	Selbstbestimmungstheorie	11	3,8
Emotion	Emotionen	10	3,4
RIASEC	RIASEC-Modell zu Berufsinteressen	7	2,4
CCD	Gottfredson's theory of circumscription, compromise, and self-creation	4	1,4
SE	Selbstwirksamkeit/Selbstwirksamkeitserwartung	4	1,4
Flow	Flow	3	1
Activity	Aktivitätsorientierte Ansätze	2	0,7
Curiosity	Neugier	2	0,7
EST	Empathizing-Systemizing-Theorie	1	0,3
Identity	Identität	1	0,3

beispielsweise Emotionen, Selbstwirksamkeit (self-efficacy, SE) bzw. Selbstwirksamkeitserwartungen, Neugier, Identität, Werte oder soziale Einflussfaktoren (vgl. auch Christ et al. in diesem Band, Kap. „Interest goes Identity? Eine Bestandsaufnahme der Relationierungen von Interesse und Identität und deren Potentiale für naturwissenschaftsdidaktische Forschung"; Heinicke & Fühner in diesem Band, Kap. „Emotionen und Interesse"; Laumann et al. in diesem Band, Kap. „Personenmerkmale und das Interesse von Lernenden in den Naturwissenschaften").

Darüber hinaus lassen sich verschiedene Bezüge zu weiteren Theorien identifizieren, die nicht primär eine Theorie des Interesses darstellen. Dazu gehören das Erwartungs-mal-Wert-Modell (expectancy-value theory, EVT), die Selbstbestimmungstheorie (self determination theory, SDT), die Empathizing-Systemizing-Theorie (EST) oder Theorien zu Berufswahl- und Karriereentscheidungen (Gottfredson's theory of circumscription, compromise, and self-creation, CCD) oder allgemeinere Entwicklungs- (Process, personality, interests, and knowledge, PPIK) oder Systemtheorien (zum kulturellen Kapital). In diesen Theorien bzw.

Modellen wird in der Regel Interesse als eine Variable ausgewiesen und in einen Zusammenhang zu anderen Konstrukten oder Wirkfaktoren gesetzt.

Betrachtet man nicht nur die singuläre Nennung von spezifischen Theoriepublikationen oder die Verortung in bestimmten Theoriebereichen, sondern auch die gemeinsame Verwendung bzw. Integration verschiedener Theoriebereiche innerhalb einer Publikation lässt sich vor allem eine häufige Integration der Theoriegrundlagen zum Vier-Phasen-Modell mit der Person-Gegenstands-Theorie festhalten (vgl. Abb. 2). An diese beiden Theoriebereiche sind vor allem Studien auf Basis des Erwartungs-Mal-Wert-Modells, der Selbstbestimmungstheorie sowie Studien mit Fokus auf situationalem Interesse und Emotionen angedockt. Des Weiteren lässt sich ein Cluster an Studien erkennen, die auf akademische und berufliche Wahlentscheidungen fokussieren und dabei auf RIASEC, die Social Cognitive Career Theory (SCCT), Gottfredson's Theory of Circumscription, Compromise, and Self-creation (CCD) sowie die Theorie zur Selbstwirksamkeit (SE) aufbauen.

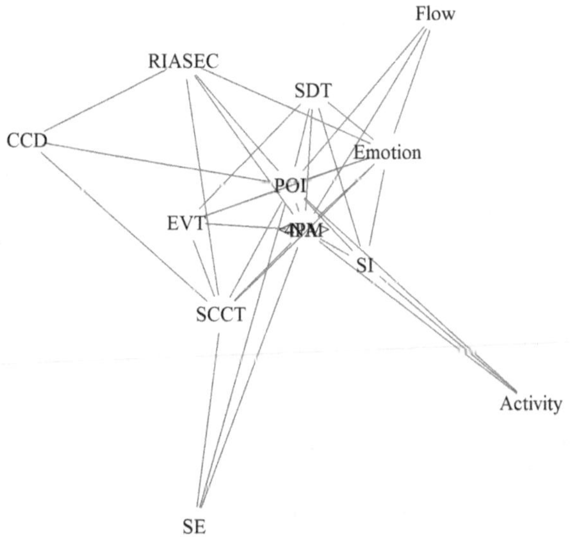

Abb. 2 Netzwerkdarstellung der Kombination von Theoriebereichen innerhalb von Publikationen. Hergestellte Bezüge werden durch Verbindungslinien angezeigt, die räumliche Nähe der Theorien in der Abbildung zeigt die Häufigkeit der Verknüpfung an. Abkürzungen siehe Tab. 4

Ein weiterer, aber eher durch wenige Publikationen abgedeckter Cluster fokussiert auf soziale Einflussfaktoren, die häufig in Bezug zu Konstrukten wie Identität und Werte gesetzt werden. In einzelnen Studien wird dabei auch auf das Konstrukt Neugier oder die Empathizing-Systemizing-Theorie (EST) verwiesen. Diese treten in den analysierten Studien jedoch nur isoliert auf und sind in Abb. 2 daher nicht dargestellt.

4.3.2 Kategorisierung der untersuchten Interessengegenstände

Trotz der relativ starken Fokussierung auf im Kern drei Theoriebereiche (4PM, POI, SCCT) findet sich eine große Diversität an Begrifflichkeiten, mit denen das Konstrukt Interesse in den jeweiligen Studien spezifiziert wird. So werden in den analysierten Studien insgesamt 44 verschiedene *Interessen* erfasst, wobei diese Vielfalt insbesondere durch die jeweilige Spezifikation des Interessengegenstands zustande kommt (vgl. Zügge & Höft in diesem Band, Kap. „Interessentheorien revisited. Ein Überblick gängiger Interessenbegriffe und damit verbundener Beschreibungen der Interessenentwicklung“). Gruppiert man diese Begrifflichkeiten entlang von Gegenstandskategorien (Tab. 5), zeigt sich, dass das Interesse an spezifischen Domänen (Biologie, Chemie und Physik, aber auch deren Konglomerate wie Science oder STEM) in etwa 42 % der analysierten Studien im Fokus stand. In etwa 17 % der Studien wird situationales Interesse untersucht, gefolgt von Studien zu Karriereinteressen bzw. zum Interesse an konkreten (Fach)Inhalten in jeweils etwa 14 % der Publikationen. Das Interesse an (naturwissenschaftlichen) Aktivitäten wird in etwa 8 % der Studien in den Blick genommen. Am wenigsten wird das Interesse am (naturwissenschaftlichen) Unterricht untersucht, worauf nur 9 Studien abzielen.

Die Gegenstände dieser Interessen sind durch den Bezug zu den Naturwissenschaften (in Form der Disziplinen oder übergreifend) verbunden, allerdings fällt

Tab. 5 Absolute und relative Häufigkeiten der in den Studien verwendeten und nach Gegenstandskategorien kategorisierten Interessenkonstrukte (Mehrfachzuordnung von Publikationen möglich)

Interessenkonstrukt	Anzahl	Prozent
domain interest	101	42,8
career interest	39	16,5
content interest	34	14,4
situational interest	34	14,4
activity interest	19	8,1
class interest	9	3,8

die Differenzierung sehr unterschiedlich aus. Während der Bezug beim Interesse an Fachinhalten sehr spezifisch ist, bleibt der Bezug beim Interesse am naturwissenschaftlichen Unterricht in der Regel vage, da hier alles berücksichtigt wird, was im Unterricht passiert, also ggf. sowohl Inhalte und Aktivitäten als auch Situationen und Karrierebezüge. Insofern stellt sich an dieser Stelle die Frage, inwieweit sich die Instrumente zur Erfassung unterschiedlicher Interessen auf Ebene der einzelnen Items überschneiden. Da konkrete Formulierungen der Erhebungsitems in der Mehrheit der Publikationen nur exemplarisch aufgeführt waren, lässt sich diese Frage nicht im Rahmen dieses Beitrags beantworten.

Hinsichtlich der Kombination unterschiedlicher Interessenkonstrukte (also beispielsweise eine Untersuchung von Domänen- *und* Karriereinteressen) innerhalb einer Studie zeigt sich, dass die Frage von Zusammenhängen zwischen den Interessen unterschiedlicher Gegenstandskategorien eher weniger im Fokus der analysierten Studien steht (Abb. 3). Die absolute Mehrheit der analysierten Studien fokussiert auf ein Interessenkonstrukt (das innerhalb der Gegenstandskategorie durchaus weiter differenziert sein kann, also beispielsweise das Interesse an unterschiedlichen Fachthemen), während die Anzahl an Studien, die eine gemeinsame Betrachtung von mehreren Interessenkonstrukten vorsehen, durchweg im einstelligen Bereich liegt. Zu den Zusammenhängen, aber auch zur Differenzierung von Interessen entlang der Gegenstandskategorien liegt demnach nur begrenzte empirische Evidenz vor.

Systematisiert man die Gegenstandsseite danach, wie spezifisch dieser Fokus gesetzt wird, lassen sich zum einen (in Anlehnung an Häußler et al., 1998) unterschiedliche Spezifikationen des Fachbezugs identifizieren. Dazu gehört die Aggregationsebene des Fachbezugs (von der Fächergruppe STEM über die Naturwissenschaften/Science zu den einzelnen Disziplinen) sowie die Ausdifferenzierungen von Kontext, Thema und Aktivitäten (Gegenstandsebenen in Tab. 6). Zum anderen lassen sich auf den Ebenen STEM/Science/Domänen verschiedene Bereiche differenzieren, die eher auf das Fach (bzw. den Fächerverbund), den Klassenraum oder Berufe bzw. Karrierewege rekurrieren (Konstruktebenen in Tab. 6). Entlang dieser Systematik ergeben sich hinsichtlich der Häufigkeit, in denen diese Konstrukte in empirischen Studien untersucht wurden, unterschiedliche Schwerpunktlegungen (Tab. 6). So wurden Fachinhalte als Interessengegenstände untersucht, wobei die meisten Studien auf die Inhalte im Bereich Science (15,5 %) bzw. in den einzelnen Domänen (23,7 %) abzielen, gefolgt von konkreten Themen (15,9 %). Zudem lassen sich Studien identifizieren, die auf Berufs- und Karriereinteressen fokussieren, wobei hier der Bezug zu STEM mit 7,7 % häufiger gesetzt wird als zu Science (3,2 %); häufig werden Karriereinteressen auch im Kontext der einzelnen Domänen untersucht (5,3 %).

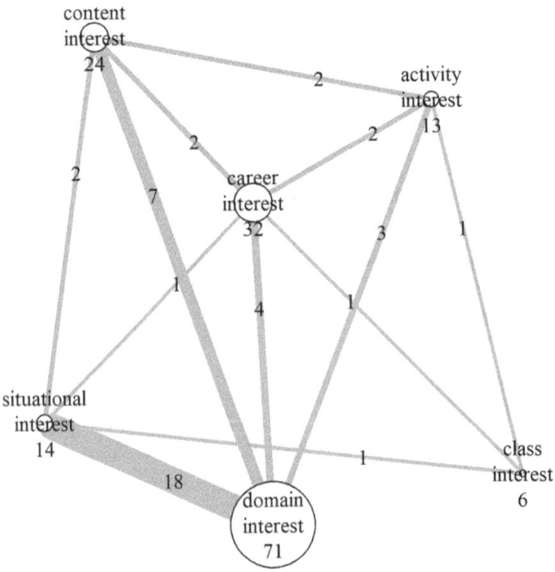

Abb. 3 Netzwerkdarstellung mit Häufigkeiten der Untersuchung von unterschiedlichen Interessenkonstrukten innerhalb einer Studie. Innerhalb der Kreise ist die Anzahl an Studien angegeben, die das jeweilige Interessenkonstrukt isoliert untersuchen, die Zahlen auf und die Dicke der Verbindungslinien gibt die Häufigkeit der Kombination der verbundenen Interessenkonstrukte innerhalb einer Publikation an

Weniger häufig wird der Fokus auf den Klassenraum gesetzt, wobei hier der Bezug zu Science am häufigsten hergestellt wird.

Eine große Anzahl an Publikationen nimmt das Interesse an konkreten Aktivitäten in den Blick (13 %). Diese sind jedoch nicht zwangsläufig auf Unterricht bezogen, sondern häufig auf die Aktivitäten (im Sinne konkreter Tätigkeiten oder Handlungen), die im Rahmen von Interventionsstudien von den Probanden durchgeführt wurden. Ein Bezug zu unterschiedlichen Aggregationsebenen (Fachdisziplin, Science, STEM) ist damit in der Regel nicht verbunden, sondern es werden Aktivitäten und Tätigkeiten in den Blick genommen, die in diesen Bereichen relevant sind. Dabei werden unterschiedliche Kriterien für die Auswahl der Aktivitäten herangezogen. Das prominenteste Kriterium betrifft die Authentizität der Aktivitäten, weitere Beispiele wären die vollständige oder repräsentative Darstellung eines Bereichs.

Tab. 6 Häufigkeiten der Studien unterteilt nach Fokussierungen des Interessenkonstrukts auf unterschiedliche Gegenstandsebenen (STEM, Science, Domäne, unspezifisch) und -bereiche (fach-, unterrichts-, berufsbezogen)

Konstrukt-ebenen	fachbezogenes Interesse	unterrichtsbezogenes Interesse	Berufsbezogenes Interesse
Gegenstandsebenen	STEM 9 (3,7 %)	STEM class 1 (0,4 %)	STEM career 19 (7,8 %)
	Science 38 (15,5 %)	Science class 11 (4,5 %)	Science career 8 (3,3 %)
	Domain (Biology, Chemistry, Physics) 58 (23,7 %)	Domain class 4 (1,6 %)	Domain career 13 (5,3 %)
	Context 13 (5,3)	Activity 32 (13,1 %)	
	Topic 39 (15,9 %)		

4.3.3 Kategorisierung der Personenseite untersuchter Interessenkonstrukte

Hinsichtlich der Personenseite ist eine gängige Differenzierung eine Unterscheidung in individuelles und situationales Interesse. Unter diesem Blickwinkel liegt der Schwerpunkt der betrachteten Publikationen mit 79 % sehr stark auf Untersuchungen des individuellen Interesses (trait), während nur 18 % der Publikationen (auch) das situationale Interesse (state) in den Blick nehmen (Tab. 7). Sechs Publikationen sind hier in der Zuordnung und den verwendeten Begrifflichkeiten nicht ganz eindeutig. So wird hier beispielsweise die Differenzierung in eine catch- und eine hold-Komponente des Interesses vorgenommen, wobei nicht immer deutlich wird, ob unter der hold-Komponente eine andauernde Disposition (trait) oder ein bestärktes, aber noch situationales Interesse (state) verstanden wird.

Tab. 7 Häufigkeiten der Studien unterteilt nach Fokussierungen des Interessenkonstrukts auf der Personenseite

Personenseite	Anzahl	Prozent
Individual	174	79,5
individual/situational	6	2,7
Situational	39	17,8

4.3.4 Untersuchte Stichproben

Hinsichtlich der Stichprobengrößen, an denen Untersuchungen zum Interesse durchgeführt wurden, scheinen mit einem Mittelwert von etwa 8088 sehr viele sehr große Studien vorzuliegen. Bei genauerer Betrachtung wird dieser Mittelwert jedoch von zwei Studien sehr stark verzerrt. Dies ist zum einen eine Studie zu Karriereinteressen auf der Basis einer 30 Jahre umfassenden Datenbank der ACT (einer US-amerikanischen Agentur, die College-Eingangstests anbietet), die Angaben von ca. 38 Mio. Personen umfasst (Iskander et al., 2013). Zum anderen sticht hinsichtlich der Stichprobengröße eine Studie zu Domäneninteressen von Tucker-Drob et al. (2014) heraus, die die Daten von etwa 400.000 Schülerinnen und Schülern aus 57 Ländern auf Basis der PISA-Erhebung 2003 heranzieht. Lässt man diese beiden Studien unberücksichtigt, liegt der Mittelwert der Stichprobengröße bei 1899, der Median bei 396 Personen, sodass viele große, aber auch viele kleine Stichprobengrößen vorliegen (Abb. 4).

Hinsichtlich der Charakterisierung der Stichprobe wird als zentrales Merkmal das Alter der Probandinnen und Probanden in nahezu allen Studien angeführt (z. T. nur in Form von Jahrgangsstufen oder ähnlichem). Betrachtet man die erhobenen Stichproben unter Berücksichtigung von Alter und den oben genannten Interessenkonstrukten (Tab. 5), so zeigt sich, dass vor allem das Domäneninteresse und (mit einigem Abstand) das Fachinteresse untersucht wurden und dies in der Altersgruppe der 14- bis 15jährigen (Abb. 5). Berücksichtigt man auch

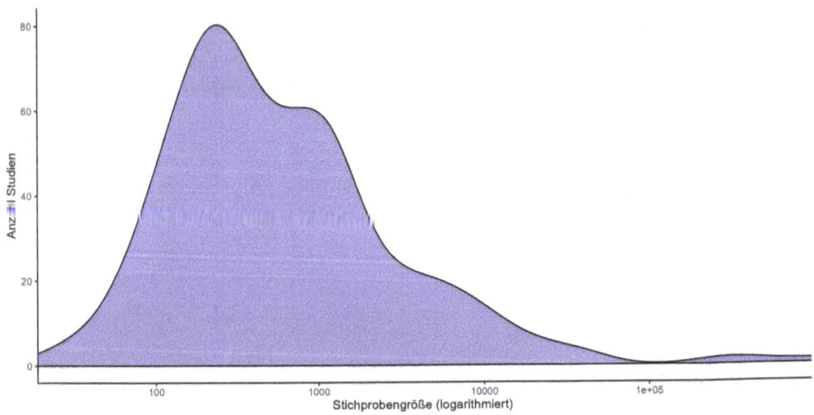

Abb. 4 Dichteverteilung der Stichprobengröße (logarithmierte Skala) in den analysierten Studien

die beiden oben genannten Studien verstärkt sich der Fokus auf das Domäneninteresse der 15-jährigen Schülerinnen und Schüler noch weiter (Tucker-Drob et al., 2014), wird aber zahlenmäßig vom Karriereinteresse in dieser Altersgruppe noch übertroffen (wobei in der Publikation von Iskander et al., 2013, keine genauen Angaben zum Alter der Teilnehmenden gemacht werden, lediglich: „It reasonable [sig!] to assume that the participants were generally in the college-bound population, or else they would not have taken the ACT exam"; Iskander et al., 2013, S. 603) Der Fokus auf diese Altersgruppe ist vermutlich auch damit begründet, dass hier akademische und berufliche Wahlentscheidungen anstehen. Dennoch lässt sich festhalten, dass alle Konstrukte über eine sehr große Altersspanne untersucht wurden (von 4–7 Jahren bis ins mittlere und hohe Erwachsenenalter), aber mit einer erkennbar unterschiedlichen Gewichtung, die sich z. T. um Größenordnungen unterscheiden. Hinsichtlich der Abdeckung des Altersspektrums bilden Studien zum Unterrichtsinteresse eine Ausnahme, da sich diese Studien auf Teilnehmende zwischen 12 und 20 fokussieren, was sicherlich der gängigen Verortung des Fachunterrichts in den Naturwissenschaften bzw. den naturwissenschaftlichen Fächern entspricht. Aber auch hinsichtlich der kumulierten Stichprobengröße bildet der Fokus auf das Unterrichtsinteresse das Schlusslicht unter den Interessenstudien.

4.3.5 Umfang an Messzeitpunkten

Die meisten der analysierten Studien basieren auf singulären Erhebungen von Interessenausprägungen, sodass in 53,7 % der Studien nur ein Messzeitpunkt vorliegt (Tab. 8). Die Anzahl an Studien mit mehreren Messzeitpunkten nimmt dann erwartungskonform mit der Anzahl an Messzeitpunkten ab. Während zwei Messzeitpunkte noch vergleichsweise häufig vorkommen (27,9 % der Studien), sind 5 und mehr Messzeitpunkte selten zu finden.

Berücksichtigt man bei dieser Betrachtung die Differenzierung nach individuellem und situationalem Interesse, so zeigt sich, dass Studien mit mehreren Messzeitpunkten beim situationalen Interesse anteilig vorherrschen (bei nahezu allen Interessenkonstrukten; Abb. 6). Beim individuellen Interesse überwiegen hingegen die singulären Erhebungen zu allen Interessenkonstrukten. Generell lässt sich somit auch festhalten, dass die verfügbare empirische Evidenz zu längsschnittlichen Entwicklungen von Interessen auf der individuellen Ebene eher begrenzt ist.

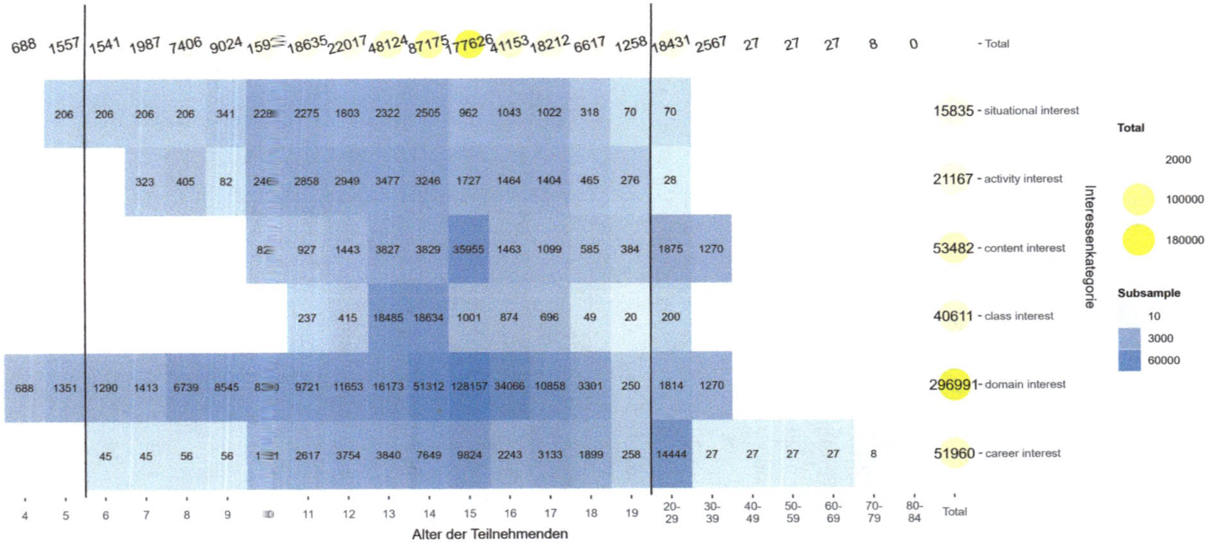

Abb. 5 Kumulierte Stichprobengrößen aller analysierten Studien (exkl. der beiden Studien von Iskander et al., 2013, und Tucker-Drob et al., 2014), unterteilt nach Alter der Teilnehmenden und dem fokussierten Interessenkonstrukt. Wenn in der Publikationen keine genauen Angaben zur Verteilung bei altersübergreifenden Studien angegeben war, wurde eine Gleichverteilung über die jeweils betrachtete Altersspanne angenommen. In den Kacheln sind die kumulierten Teilstichprobenzahlen angegeben, in den Kreisen die Randsummen der jeweiligen Unterteilung

Tab. 8 Absolute und relative Häufigkeit von Studien in Abhängigkeit von der Anzahl an Messzeitpunkten

Messzeitpunkte	Anzahl	Prozent
1	158	53,7
2	82	27,9
3	20	6,8
4	19	6,5
5	2	0,7
6	1	0,3
7	2	0,7
8	4	1,4
11	2	0,7
12	1	0,3
18	1	0,3
29	1	0,3

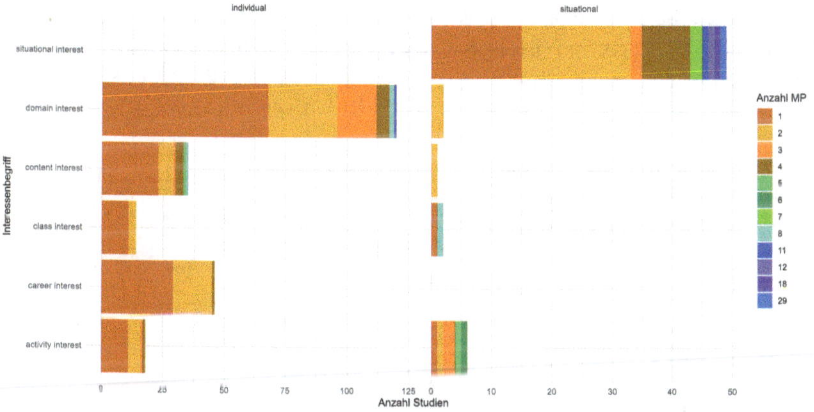

Abb. 6 Häufigkeit der Studien in Abhängigkeit von der Anzahl an Messzeitpunkten (MP), unterteilt nach Studien mit Fokus auf individuellem bzw. situationalem Interesse

4.3.6 Genutzte Erhebungsmethoden zur Erfassung des Interesses

Hinsichtlich der Erhebungsmethoden zeigt sich eine starke Dominanz von Fragebögen (Tab. 9). Lediglich in fünf quantitativen Studien wurden andere Formate eingesetzt. Diese Formate umfassen zum einen die Experience Sampling Methode

(ESM), bei der die Teilnehmenden (in der Regel über ein Smartphone) zu festgelegten oder zufälligen Zeitpunkten zu ihrem aktuellen Interesse befragt wurden (C82; C101; C169). Während das Erhebungsformat somit vom klassischen (digitalen oder analogen) Fragebogen abweicht, ist das Fragen- und Antwortformat jedoch sehr vergleichbar. In jeweils einer weiteren Studie wurde das Antwortverhalten der Teilnehmenden innerhalb eines Kursforums (in Form der Beteiligungsfrequenz) als Indikator für das Interesse herangezogen (C168) bzw. das Interesse der Teilnehmenden auf Basis von Interviews erfasst und ausgewertet (C103).

Innerhalb der Erhebungsmethode des Fragebogens sind Rating- bzw. Likert-Skalen das gängige Antwortformat. Hinsichtlich der verwendeten Abstufungen finden sich einige wenige Studien mit sehr wenigen (2–3) bzw. sehr vielen (bis zu 10) Abstufungen, die meisten Studien nutzen jedoch ein vier- bzw. fünfstufiges Likert-Format, auf dessen Basis die Teilnehmenden ihr Interesse bzw. ihre Zustimmung bzw. Ablehnung zu interessenbezogenen Aussagen ausdrücken sollen (Tab. 10).

Die Angaben der Teilnehmenden (auf Basis von Likert-Skalen, aber auch bei den anderen oben genannten Erhebungsformaten) werden in den analysierten Studien in der Regel auf Basis mehrerer Indikatoren bzw. Aussagen erhoben und anschließend zu Skalenwerten aggregiert. Über das *Wie* der Aggregation

Tab. 9 Absolute und relative Häufigkeit von Erhebungsformaten

Erhebungsmethode	Anzahl	Prozent
Fragebogen	192	97,5
Experience Sampling (ESM)	3	1,5
Tätigkeiten/Verhalten	1	0,5
Interview	1	0,5

Tab. 10 Absolute und relative Häufigkeit der Anzahl von Abstufungen im Likert-Format

Abstufungen der Likert-Skala	Anzahl	Prozent
2	2	0,7
3	4	1,4
4	87	29,6
5	109	37,1
6	17	5,8
7	24	8,2
10	3	1

Tab. 11 Absolute und relative Häufigkeit der in den Studien verwendeten Skalierungsmethode zur Verrechnung von Einzel- zu Skalenwerten

Skalierungsmethode	Anzahl	Prozent
Mittelwert	126	58,6
Verhältniswerte	9	4,2
Faktorwerte	6	2,8
Prozent	6	2,8
Rasch Personenscore	3	1,4
Summe	2	0,9
Dichotomisierte Werte	2	0,9
Median	1	0,5
Keine Angabe	60	27,9

findet sich bei einem Viertel der Studien keine genaue Aussage (Tab. 11). Unter den ausgewerteten Angaben ist die Bildung eines Mittelwerts das häufigste genannte Verfahren (58,6 %). Weitere Verfahren sind die Berechnung von Faktorwerten (insb. im Zusammenhang mit konfirmatorischen Faktorenanalysen), Rasch-Skalierung sowie unterschiedliche mathematische Basisoperationen (Summe, Anzahl, Anteil, Prozent) oder statistische Werte (Median, Mittelwert/Median-Split), die aber nur in wenigen Studien als Verfahren angeführt werden. Während auch mit Blick auf die Studien, die keine Angaben zur Skalierungsmethode machen, davon auszugehen ist, dass die Bildung von Mittelwerten das vorherrschende Verfahren ist, dürfte die Anzahl der Verwendung von Faktorwerten (auf Basis von Faktorenanalysen) deutlich höher liegen, während die weiteren Verfahren auch in diesen Studien ohne konkrete Angabe keine große Verbreitung haben dürften.

4.3.7 Kategorisierung der Auswertungsziele

In den analysierten Studien wurden die erhobenen Interessen hinsichtlich unterschiedlicher Auswertungsziele analysiert. Diese Ziele wurden grob in sieben Kategorien unterteilt (Tab. 12). Dabei zeigt sich, dass die Interessenwerte in der Mehrheit der Studien unter einer differenziellen Perspektive mit Blick auf Gruppenunterschiede (56,6 %) und Zusammenhänge zu anderen Konstrukten (54 %) ausgewertet wurden (vgl. Habig et al. in diesem Band, Kap. „Empirische Befunde der Interessenforschung der Fächer Biologie, Chemie und Physik im Primar- und Sekundarbereich seit 2012 – Ein systematisches Review“; Laumann et al. in diesem Band, Kap. „Personenmerkmale und das Interesse von Lernenden in den Naturwissenschaften“). Die geringste Anzahl findet sich bei Studien mit dem Ziel einer Klassifikation oder Profilbildung über unterschiedliche Interessen (3,5 %).

Tab. 12 Absolute und relative Häufigkeiten von Auswertungszielen der analysierten Studien (Mehrfachangaben pro Studie möglich)

Auswertungsziel	Anzahl	Prozent
Gruppenunterschiede im Interesse	112	56,6
Zusammenhänge zwischen Interesse und anderen Konstrukten	107	54
Ausprägungen von Interessen	77	38,9
Interventionen	47	23,7
Zusammenhänge zwischen Interessen	46	23,2
Veränderung über die Zeit	30	15,2
Klassifikation/Typologie/Profile	7	3,5

Studien mit dem Auswertungsziel der Analyse von Interessenausprägungen erheben in der Regel das Interesse bezogen auf unterschiedliche Gegenstände ihrer Gegenstandskategorie, beispielsweise mehrere Domänen (Biologie, Chemie, Physik etc.) beim Domäneninteresse oder mehrere Themen (Optik, Mechanik, etc.) beim Themeninteresse. Die Ausprägungen des Interesses werden dann zwischen diesen Gegenständen verglichen. Dabei werden die individuellen Interessenausprägungen aller Probanden zu einem Wert aggregiert, wobei die meisten Studien (n = 75, 97,4 %) den Mittelwert über alle Personenwerte bilden, in einer Studie (1,3 %) wird der Median verwendet, eine weitere Studie nutzt Netzwerk-analytische Maße (closeness, betweenness).

Hinsichtlich der Analyse von Zusammenhängen fokussieren 46 Studien (23,2 %) auf Zusammenhänge zwischen unterschiedlichen Interessen, beispielsweise dem Interesse an unterschiedlichen Fächern oder Themen. In 107 Studien (54 %) werden Zusammenhänge zwischen dem Interesse und anderen Konstrukten analysiert (Tab. 13). Dabei treten über die Studien insgesamt 169 Konstrukte auf (wobei hier auf die Benennung in den jeweiligen Studien zurückgegriffen wurde, ohne einen etwaigen Überlapp zu analysieren; so werden beispielsweise knowledge und achievement aufgrund der Begrifflichkeiten als separate Konstrukte aufgefasst, auch wenn konzeptionell vermutlich ein substantieller Überlapp vorliegt). Am häufigsten wird dabei der Zusammenhang zwischen Interesse und leistungs- bzw. wissensbezogenen Maßen betrachtet, aber Selbstwirksamkeitserwartungen, sozioökonomischer Status (SES) oder Unterrichtsqualitätsdimensionen wie kognitive Aktivierung und deren Zusammenhänge zum Interesse werden ebenfalls mit einer gewissen Häufigkeit untersucht. Alle weiteren Konstrukte treten nur in zwei oder nur in einer Studie auf.

Tab. 13 Absolute und relative Häufigkeiten von Studien mit einem Fokus auf die Untersuchung von Zusammenhängen zwischen Interessen und anderen Konstrukten (gekürzt auf mindestens 1 %)

Konstrukt	Anzahl	Prozent
knowledge	26	10,2
self-efficacy	22	8,7
SES	9	3,5
achievement	7	2,8
self-concept	7	2,8
cognitive activation	4	1,6
engagement	4	1,6

Das am häufigsten in den betrachteten Studien vertretene Analyseziel betrifft die Untersuchung von Interessenunterschieden zwischen spezifischen Personengruppen. Dabei zeigt sich, dass die meisten Studien (57,3 %) die Interessenwerte mit Blick auf Geschlechtsunterschiede ausgewertet haben (Tab. 14). Weitere Gruppierungsvariablen zur Betrachtung von Interessenunterschieden stellen Land, Jahrgang und Alter dar (in jeweils etwa 11, 7 bzw. 4 % der Studien mit diesem Untersuchungsziel), ebenso ethnische Herkunft (6), Schulform (6) oder Anzahl der Geschwister (2). Die weiteren 16 der insgesamt 24 Gruppierungsvariablen treten nur in einzelnen Studien auf.

Die Bildung von Profilen bzw. Typologien über verschiedene Interessen oder Interessenfacetten steht nur in sechs Studien im Fokus der Analyse. Rochera et al. (2019) gruppierten dabei beispielsweise Schülerinnen und Schüler nach ihrem Interesse zur Teilnahme an außerschulischen naturwissenschaftsbezogenen Aktivitäten in drei Profilgruppen (low, medium, high), die demnach Niveauunterschiede der Interessenausprägung darstellten (C136). Naukkarinen et al. (2023)

Tab. 14 Absolute und relative Häufigkeiten von Studien mit einem Fokus auf der Untersuchung von Gruppenunterschieden

Gruppierungsvariable	Anzahl	Prozent
Geschlecht	90	57,3
Land	17	10,8
Jahrgang	11	7
Alter	6	3,8
Race/Ethnicity	6	3,8
Schulform	6	3,8
Schullage (Land/Stadt)	3	1,9
Anzahl Geschwister	2	1,3

Tab. 15 Absolute und relative Häufigkeiten der Art der Untersuchung von zeitlichen Veränderungen der Interessenausprägungen

Veränderung/Entwicklung (über die Zeit)	Anzahl	Prozent
Interessenentwicklung	26	86,7
Autoregressive Effekte	2	6,7
Reziproke Effekte	2	6,7

nutzen unterschiedliche Interessenfacetten, um Schülerinnen und Schüler in vier Profile (functionalist, scientist, idealist, und creator) einzusortieren (C119). Diese unterscheiden sich demnach nicht nur hinsichtlich der Ausprägung ihres Interesses, sondern durch unterschiedliche Konstellationen von hohen und niedrigen Interessenausprägungen bei unterschiedlichen Facetten.

Veränderungen über die Zeit (ohne weitere Intervention) wurden in 30 Studien analysiert. Dabei wurden in 26 dieser Studien (86,7 %) Mittelwertausprägungen im Längsschnitt verglichen (Tab. 15). In jeweils zwei Studien wurden zudem autoregressive Effekte (also der Effekt früherer Interessenausprägungen auf spätere Interessenausprägungen desselben Konstrukts; C81; C86) bzw. reziproke Effekte (wechselseitige Effekte zwischen unterschiedlichen Interessenkonstrukten über die Zeit; C65; C66) betrachtet.

In 47 Studien wurden die Effekte von Interventionen zur Förderung des Interesses untersucht. Dabei wurden in erster Linie Pre-Post-Designs verwendet, um eine Veränderung des Interesses festzustellen. Längerfristige Effekte wurden nicht untersucht (vgl. Habig et al. in diesem Band, Kap. „Empirische Befunde der Interessenforschung der Fächer Biologie, Chemie und Physik im Primar- und Sekundarbereich seit 2012 – Ein systematisches Review").

4.3.8 Kategorisierung von Maßnahmen zur Absicherung der Validität im Rahmen der untersuchten Studien

Während die bis hierher betrachteten methodischen Entscheidungen von der Wahl des Theorierahmens über die Operationalisierung des Interessenkonstrukts über die methodische Umsetzung bis zum Untersuchungsziel der Auswertung einen Einblick in die Vorgehensweisen der betrachteten Studien geben, soll abschließend noch die Frage der Validität aufgegriffen werden. Im Sinne einer interpretativen Argumentationskette (Kane, 2013) lässt sich entlang der methodischen Entscheidungen auswerten, ob und welche Maßnahmen ergriffen wurden, um Validitätsargumente für die intendierte Interpretation der erhobenen Daten zu liefern. Da eine Beurteilung der Validität der einzelnen Studien den Rahmen der

Tab. 16 Absolute und relative Häufigkeiten der in den analysierten Studien angeführten Maßnahmen zur Absicherung der Validität der Erhebung bzw. der Interpretation und Verwendung der erhobenen Befunde

Validitätsaspekt	Anzahl	Prozent
Reliabilität	156	78,8
Alternative Modelle	40	20,2
Inhaltsvalidität	29	14,6
Objektivität	24	12,1
Messinvarianz	14	7,1
Konstruktvalidität	9	4,5
Antwortprozesse	1	0,5

vorliegenden Betrachtung sprengen würde, wird im Folgenden lediglich das Vorhandensein entsprechender Maßnahmen im Rahmen der jeweiligen Publikationen analysiert.

Übergreifend zeigt sich, dass in der Mehrheit der Studien Maßnahmen zur Adressierung unterschiedlicher Validitätsaspekte aufgegriffen wurden (Tab. 16). Der Schwerpunkt liegt dabei mit Abstand auf Angaben zur Reliabilität gebildeter Skalen (78,8 %). Weitere Maßnahmen adressieren Aspekte der faktoriellen Validität bzw. der Inhaltsvalidität, wobei diese Maßnahmen nur in 20,2 bzw. 14,6 % der Studien aufgeführt werden. Maßnahmen zur Objektivität, Messinvarianzprüfung, zur Konstruktvalidität oder zur Analyse von Antwortprozessen bei der Fragebogenbearbeitung werden nur in wenigen Studien aufgegriffen.

Mit Blick auf Maßnahmen zur Absicherung der Objektivität der eingesetzten Erhebungsinstrumente wird in allen 24 Studien, die diesen Aspekt aufgreifen, auf eine standardisierte Instruktion verwiesen. Antwortprozesse werden in einer Studie in den Blick genommen, wobei think-aloud-Befragungen durchgeführt wurden (C155). Die geringe Anzahl an Maßnahmen zur Validitätsprüfung in den Studien lässt sich vermutlich darauf zurückführen, dass mit dem vorherrschenden Erhebungsformat der Likert-Skalen eine Auffassung einhergeht, dass dieses für die Studienteilnehmenden intuitiv verständlich ist, angemessen interpretiert sowie Konstrukt-konform bearbeitet wird.

Bezogen auf Aspekte der Inhaltsvalidität werden vor allem Expertenurteile als Maßnahme ergriffen (Tab. 17). Diese Maßnahme wird in 25 Studien aufgeführt. Lediglich in vier Studien werden Anpassungen im Fragebogen durch Interviews abgesichert (C19; C21; C42; C175).

Maßnahmen zur Konstruktvalidität (Tab. 18) umfassen in erster Linie die Betrachtung von Zusammenhängen mit konstruktnahen Indikatoren (konvergente Validierung; 8 Studien). In einer Studie wird zudem eine methodische Replikation durchgeführt, um die Konstrukterfassung abzusichern (C91).

Tab. 17 Absolute und relative Anzahl an in den Studien angeführten Maßnahmen zur Absicherung der Inhaltsvalidität der Erhebung

Maßnahmen zur Inhaltsvalidität	Anzahl	Prozent
Expertinnen/Experten-Rating	25	86,2
Interviews	4	13,8

Tab. 18 Absolute und relative Anzahl an in den Studien angeführten Maßnahmen zur Absicherung der Konstruktvalidität der Erhebung

Konstruktvalidität	Anzahl	Prozent
konvergent	8	88,9
Methodische Replikation	1	11,1

Als erweitertes Kriterium der Konstruktvalidität wurde in 40 Studien die faktorielle Validität betrachtet (Tab. 19). Dabei wurde untersucht, ob die einzelnen Items bzw. Indikatoren eines Messinstruments (bzw. einer Subskala des Messinstruments) einen gemeinsamen Faktor bilden. Dazu wurden in der Mehrheit konfirmatorische Faktorenanalysen (CFA) herangezogen, in einigen Studien auch explorative Faktorenanalysen (EFA), um alternative Modellstrukturen vergleichend zu prüfen. In einer sehr geringen Anzahl an Studien werden diese beiden Verfahren kombiniert oder alternative Verfahren (Regressionsanalysen, ESEM, SEM) verwendet. In einer Studie wurde lediglich über Faktorladungen eine Modellstruktur abgeleitet, ohne diese noch einmal replikativ zu prüfen.

Tab. 19 Absolute und relative Anzahl an in den Studien angeführten Auswertungsmethoden zur Analyse alternativer Modellstrukturen

Alternative Modelle (faktorielle Validität)	Anzahl	Prozent
CFA	18	45
EFA	15	37,5
EFA/CFA	2	5
Regression	2	5
ESEM	1	2,5
Faktorladungen	1	2,5
SEM	1	2,5

Tab. 20 Absolute und relative Anzahl an in den Studien angeführten Verfahren zur Analyse der Reliabilität der Erhebung

Maßnahmen zur Absicherung der Reliabilität	Anzahl	Prozent
Cronbachs Alpha	140	87,5
Interrater agreement	6	3,8
EAP/PV Reliabilität	3	1,9
Hancock's coefficient H	3	1,9
Composite reliability	2	1,2
Composite Reliability (CR); average variance extracted (AVE)	1	0,6
Cronbachs Alpha, McDonalds Omega	1	0,6
EAP/PV Reliabilität, WLE Reliabilität	1	0,6
ICC	1	0,6
McDonalds Omega	1	0,6
WLE reliability	1	0,6

Eine Bestimmung der Reliabilität der erhobenen Interessenskalen ist die Maßnahme, die sich in den meisten (aber bei weitem nicht allen) Studien findet. Als Maß wird dabei vor allem Cronbachs Alpha herangezogen (Tab. 20). Deutlich seltener finden sich Angaben von McDonalds Omega oder zur Test–Retest-Reliabilität. Entsprechend der eher seltenen Nutzung alternativer Skalierungsverfahren (Tab. 11) finden sich auch nur wenige Studien mit entsprechenden Angaben zur Reliabilität, wie Expected-A-Posteriori (EAP/PV) oder Weighted Likelihood Estimates (WLE) Reliabilitäten.

Wenngleich Gruppenunterschiede den dominanten Fokus bei den Auswertungszielen darstellen, finden sich in nur 14 Studien Angaben zur Prüfung der Messinvarianz. Bezogen auf die Invarianzprüfung zwischen Gruppen bzw. Messzeitpunkten sind dies nur elf Studien, während sechs Studien die Invarianzprüfung über die Zeit (bei längsschnittlichen Designs) vornehmen. Dabei gibt es einen Überlapp von drei Studien, die die Invarianz sowohl zwischen Gruppen als auch über die Zeit analysieren.

Aus dieser Einzelbetrachtung von Maßnahmen zur Absicherung von Validitätsaspekten geht bereits hervor, dass diese eher vereinzelt und nicht sehr systematisch angeführt werden. Betrachtet man die Kombination dieser Maßnahmen, wie sie in den analysierten Studien zu finden sind, zeigt sich, dass vor allem Angaben zur Reliabilität gemacht werden. Diese Angaben werden mit weiteren Maßnahmen kombiniert, wobei unter den betrachteten Aspekten maximal vier

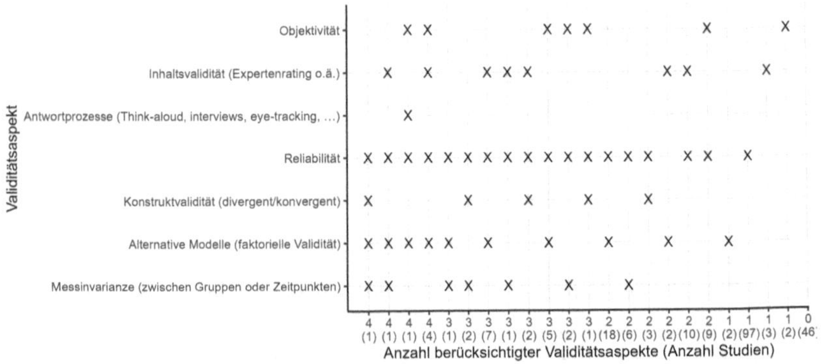

Abb. 7 Muster der Berücksichtigung von einzelnen oder kombinierten Maßnahmen zur Absicherung der Validität der Erhebung bzw. der Interpretation und Verwendung der erhobenen Befunde in den analysierten Studien, sortiert nach Anzahl der Maßnahmen

Maßnahmen in einer Studie zusammenkommen (Abb. 7). Das häufigste Muster ist dabei die ausschließliche Berücksichtigung der Reliabilität (97 Studien), gefolgt von keinerlei Angaben zu den betrachteten Validitätsaspekten (46 Studien).

5 Diskussion

Aus der Betrachtung der methodischen Herangehensweisen in den analysierten Studien lassen sich selbst ohne Berücksichtigung der Ergebnisse (vgl. Habig et al. in diesem Band, Kap. „Empirische Befunde der Interessenforschung der Fächer Biologie, Chemie und Physik im Primar- und Sekundarbereich seit 2012 – Ein systematisches Review“) Schlussfolgerungen ziehen, die den aktuellen Stand der empirischen Beforschung von Interessen im Bereich der Naturwissenschaftsdidaktiken charakterisieren. Wenn man die am häufigsten gefundenen Erhebungsmerkmale der im Beitrag analysierten Studien zusammenfasst, so kann die *typische* Interessenstudie in den Naturwissenschaften als auf Basis der Person-Gegenstands-Theorie entwickelte quantitative Fragebogenstudie zum individuellen Domäneninteresse (wahlweise zu einem der Fächer Biologie, Chemie, Physik oder einem naturwissenschaftlichen Verbundfach) von 14- bis16jährigen Schülerinnen und Schülern charakterisiert werden, in der einmalig das Interesse mittels unterschiedlicher Indikatoren anhand einer vier- bis fünf-stufigen Likert-Skala erfasst wird. Bei ausreichender Reliabilität (Cronbachs Alpha) werden

Mittelwertausprägungen unterschiedlicher Domänen verglichen, Zusammenhänge zu anderen (vorwiegend leistungsbezogenen) Personenmerkmalen untersucht oder Unterschiede zwischen Jungen und Mädchen betrachtet. Studien dieses Typus gibt es insgesamt sehr zahlreich und auch mit großen Stichproben, sodass sich zu diesem Fokus auch sehr umfangreiche empirische Evidenz zusammentragen lässt. Sobald man diesen Kernfokus der empirischen Interessenforschung jedoch verlässt, wird das Bild deutlich unschärfer.

Diese Unschärfe entsteht zum einen dadurch, dass sich bei bestimmten Charakteristika der analysierten Studien eine sehr große Vielfalt feststellen lässt. So zeigt sich eine gewisse *diffuse Vielfalt* in den betrachteten Gegenstandskategorien, sodass in den analysierten Studien sehr viele unterschiedliche *Interessen* in den Blick genommen werden (beispielsweise Chemieinteresse, allgemeines Interesse in Chemie, Interesse an Säuren und Basen, Interesse an chemiebezogenen Berufen, Interesse am Chemieunterricht, Interesse am Experimentieren, Interesse an Themen nachhaltiger Chemie). Diese Unterschiedlichkeit beruht zum Teil sicherlich auf begrifflicher Unschärfe und der Verwendung von Synonymen, sodass hier die große Breite der in den Studien gefundenen Bezeichnungen (vgl. Abschn. 4.3.2) vermutlich auf eine geringere Anzahl an Interessenkategorien zurückgeführt werden könnte. Unmittelbar stellt sich jedoch die Schwierigkeit, diese Begriffsvielfalt der Studien zu systematisieren und zu strukturieren, um deren Ergebnisse aufeinander beziehen zu können.

In ähnlicher Weise findet sich über die analysierten Studien hinweg eine große Bandbreite bei der Auseinandersetzung mit den theoretischen Grundlagen und darauf aufbauend der Definition und der Abgrenzung des betrachteten Interessenkonstrukts. Wenngleich es vorherrschende Rahmentheorien für bestimmte Interessenbereiche gibt (beispielsweise das Vier-Phasen-Modell bei Fragen der Interessenentwicklung, die Person-Gegenstands-Theorie bei fach- und inhaltsbezogenen Interessen oder die Social Cognitive Career Theory bei Berufsinteressen; vgl. Abschn. 4.3.1), werden die handlungsleitenden Elemente dieser Theoriegrundlagen bei der Umsetzung der jeweiligen Studie nicht immer expliziert. Dies betrifft insbesondere auch die Operationalisierung unterschiedlicher Gegenstandskategorien, die in den Studien häufig nicht transparent dargelegt ist. Viele Studien verweisen lediglich auf vorhergehende Studien, und dies häufig in großer Pauschalität und ohne eine differenzierte Auseinandersetzung, die eine Anwendung und Umsetzung im vorliegenden Studienkontext nachvollziehbar begründen würde. Auch die Auswahl und Formulierung von Indikatoren zur Erfassung von Interessen sowie deren Abgrenzung von anderen Gegenstandskategorien werden kaum thematisiert. Damit bleibt z. B. offen, was theoriebasiert und begründet als Indikator für das Fachinteresse Chemie, für das Sachinteresse am Thema Optik oder für das Interesse am Experimentieren herangezogen wird. Vielfach werden auch nur exemplarische Indikatoren in den Studien aufgeführt, die Konsistenz der Erfassung selbst gleichnamiger Interessen ist damit jedoch kaum zu beurteilen.

Neben theoretisch-definitorischen Ambiguitäten gibt es aber auch ein empirisches Defizit, da viele der untersuchten Interessengegenstände und auch die gruppierten Gegenstandskategorien vorwiegend isoliert in den Blick genommen werden. Zusammenhänge zwischen Interessen unterschiedlicher Gegenstandskategorien oder auch Interessen an einzelnen Gegenständen derselben Kategorie werden deutlich seltener in den Blick genommen (vgl. Abb. 3, Abschn. 4.3.2). In der Folge sind die Zusammenhänge zwischen Interessen an unterschiedlichen Gegenstandskategorien (beispielsweise Fach, Sachthemen, Aktivitäten, Unterricht, Karriere) kaum beleuchtet. Daher ist auch unklar, inwieweit es Abhängigkeiten, Hierarchien, Wechselwirkungen oder ähnliches zwischen diesen Kategorien gibt. Lediglich die Differenzierung in unterschiedliche Gegendstandskategorien wurde empirisch untersucht (Häußler et al., 1998), aber nachfolgend nicht weiter in den Blick genommen oder gar beforscht (wenngleich als Schema aber umfangreich angewendet).

Der eher diffusen Vielfalt hinsichtlich theoretischer Grundlagen und deren Operationalisierung bei der Erfassung unterschiedlicher Interessengegenstände steht auf der anderen Seite eine deutliche Engführung bei anderen Studienmerkmalen gegenüber, die aber nicht weniger zu der oben angeführten Unschärfe in vielen Bereichen der Interessenforschung beiträgt. So gehen die im Rahmen des Beitrags analysierten Studien auf der Personenseite in der Regel nicht allzu sehr ins Detail. Mit Geschlecht, Alter/Jahrgang und Land (der Erhebung) erschöpfen sich weitestgehend die Angaben zur Charakterisierung der betrachteten Stichproben. Der soziale Kontext, die unterschiedlichen Bezugsgruppen (Familien, Schule, Musikschule, Sportverein etc.), ihre Normen und Werte werden kaum mit den in diesen Kontexten relevanten und verfolgten Interessen(gegenständen) in Beziehung gesetzt. Damit wird ein theoretisch erwartbar einflussreicher Variablenbereich vernachlässigt, indem die Person in der Person-Gegenstands-Beziehung als doch eher statisch und eindimensional aufgefasst wird. Während die Tragfähigkeit dieser vorwiegend betrachteten Erklärungsvariablen, insb. Geschlecht, auch immer wieder infrage gestellt wurde und wird (Su & Rounds, 2015; Valian, 2014), geht die Einschränkung auf diese eher stabilen Personenmerkmale mit einer weitgehenden Ausklammerung von Faktoren einher, die durch die Interaktion von Personen mit dynamischen Lernumgebungen und insb. in sozialen Kontexten einhergehen. Entsprechend finden sich in den analysierten Studien nur äußerst wenige Auswertungsziele oder Erhebungsmethoden, die in den Blick nehmen, wie sich Interessen von Lernenden ausprägen oder entwickeln, wenn Personen in Lernumgebungen zusammenarbeiten und sich gegenseitig beeinflussen (McAlpin et al., 2023). Der Fokus liegt vielmehr auf Momentaufnahmen und damit, auch aus theoretischer Sicht (vgl. Zügge & Höft in diesem Band, Kap. „Interessentheorien revisited. Ein Überblick gängiger Interessenbegriffe und damit verbundener Beschreibungen der Interessenentwicklung), auf einer sehr eingeschränkten Sicht auf das Interesse einer Person (vgl. Christ et al. in diesem Band, Kap. „Interest goes Identity? Eine Bestandsaufnahme der Relationierungen von Interesse und Identität und deren Potentiale für naturwissenschaftsdidaktische Forschung“).

Die Auswertung der in den Studien herangezogenen Stichproben zeigt zudem eine starke Fokussierung auf die Gruppe der 14- bis 16jährigen Schülerinnen und Schüler. In dieser Altersspanne stehen akademische bzw. berufliche Wahlentscheidungen (in Richtung Oberstufe bzw. Berufswahl) an. Die Fokussierung auf die ein bis zwei Jahre vor diesen Wahlentscheidungen scheint jedoch relativ eng gesetzt, insbesondere wenn man annimmt, dass individuelle Interessen relativ stabil sind (was zumindest für Karriereinteressen gut belegt ist). Damit stellt sich zum einen die Frage, wie aussagekräftig die punktuelle Betrachtung von Interessen zeitnah zu entsprechenden Wahlentscheidungen ist oder ob eine längerfristige Perspektive nicht einen Mehrwert liefert, da Interessenzu- oder -abnahmen, konkurrierende Interessen oder bildungsbiografische und soziale Einflussfaktoren mit in den Blick genommen und hinsichtlich ihres Einflusses auf den Entscheidungsprozess analysiert werden könnten. Zum anderen schränkt dieser zeitlich enge Korridor auch unsere Kenntnisse zu Maßnahmen deutlich ein, die sich günstig auf die Entwicklung von Interessen bei Lernenden auswirken. So finden sich zwar zahlreiche Studien zu Interventionen (vgl. Abschn. 4.3.7), jedoch sind diese häufig in der Zielgruppe der 14- bis 16jährigen verortet und selten werden längerfristige Effekte in den Blick genommen – von der Wirkung einer systematischen Verkettung unterschiedlicher, längerfristig angelegter Interventionsmaßnahmen ganz zu schweigen. Studien, die einen längeren Vorlauf zu Wahlentscheidungen in den Blick nehmen und ggf. bereits im Kindergarten- oder Grundschulalter beginnen, wären hier wünschenswert.

Die vorherrschende Durchführung von Einzelerhebungen unterstreicht darüber hinaus, dass es kaum echte Längsschnittstudien gibt. Der Betrachtungszeitraum der analysierten Interventionsstudien ist entsprechend häufig kurz, insbesondere bei quantitativen Studien. Längerfristige Betrachtungen (über Monate oder Jahre) finden sich häufig nur bei vergleichsweise kleinen Stichproben. Daraus folgt jedoch auch, dass über die Stabilität bzw. Veränderbarkeit individueller Interessen über längere Zeiträume (Jahre) bisher nur wenig bekannt ist. Dies liegt auch daran, dass in den vorhandenen längsschnittlichen Studien häufig nur Mittelwertsverläufe auf der Ebene von Kohorten oder Gruppen von Lernenden berichtet werden. Deutlich seltener finden sich Analysen zu autoregressiven oder reziproken Effekten über die Zeit (vgl. Abschn. 4.3.7). Derartige Befunde wären aber notwendig, um die Stabilität von Interessenausprägungen auf der Individualebene beurteilen zu können.

Die am deutlichsten hervortretende Standardisierung im Rahmen der analysierten Studien findet sich in der Erhebungsform. So setzt die Interessenforschung in allererster Linie auf Daten in Form von Selbstauskünften der jeweiligen Zielgruppe. Dies betrifft sowohl qualitative wie quantitative methodische Zugänge. Diese methodische Engführung auf leitfadengestützte Interviews (in qualitativen Studien) und Likert-Skalen (in quantitativen Studien) könnte eine inhaltliche Engführung des betrachteten Konstrukts mit sich ziehen. Inwieweit Selbstauskünfte und Daten aus alternativen Erhebungsformaten eine komplementäre Interpretation im Sinne der Ausprägung von Interessen bei Personen ermöglichen, ist kaum untersucht. Alternative Zugänge zur Erfassung von Interessen werden bisher, bis auf wenige Ausnahmen bei Studien, die auf Videodaten oder Feldbeobachtungen basieren, kaum entwickelt und beforscht (vgl. Abschn. 4.3.6). So finden sich zwar Studien mit alternativen Erhebungsformaten, beispielsweise in Form der Beteiligungsfrequenz in einem Kursforum (C168)oder in Form physiologischer Maße wie Hautleitfähigkeit (B26), aber diese Beispiele sind selten. Die Nutzung physiologischer Maße wird auch für andere Konstrukte untersucht, beispielsweise cognitive load (Ayres et al., 2021), allerdings liegen bisher nur wenige Studien vor, die die Spezifität und damit auch Validität dieser Maße bei der Erfassung psychologischer Konstrukte untersuchen (Babiker et al., 2021). Dies betrifft auch Evidenz aus neurowissenschaftlichen Studien (Hidi & Renninger, 2019). Insofern besteht bei diesen Erhebungsformaten, aber auch generell jenseits von Selbstauskünften ein Bedarf an systematischen Untersuchungen, um objektive, reliable und valide Maße zu identifizieren, die eine Erfassung von Interessen bei Lernenden ermöglichen und an denen Befunde und Schlussfolgerungen auf Basis von Selbstauskünften repliziert oder ggf. auch hinterfragt werden können.

Diese Notwendigkeit lässt sich auch dadurch unterstreichen, dass die Interpretation der Befunde aus Likert-Rating-Skalen in den analysierten Studien nur selten mit Validitätsargumenten (jenseits der Reliabilität der Skalen) untermauert wird (vgl. Abschn. 4.3.8). So finden sich nur selten Begleitstudien zur Analyse von Antwortprozessen bei der Beantwortung von interessenbezogenen Fragebögen. Dabei wäre eine Absicherung wichtig, ob Schülerinnen und Schüler die vorgelegten Indikatoren wie intendiert interpretieren oder auch nur als relevant und repräsentativ für die avisierte Gegenstandskategorie eines bestimmten Interessenkonstrukts erachten. Da diese Indikatoren häufig in den Publikationen gar nicht vollständig abgebildet sind, ist dies auch ungeachtet derartiger Begleitstudien kaum einzuschätzen. Das Fehlen entsprechender Begleitstudien und auch die häufig nur unvollständig dargestellten Erhebungsinstrumente geben entsprechend deutlichen Anlass, dieses vorherrschende Antwortformat kritisch zu prüfen und zu hinterfragen.

Ähnliche Fragen stellen sich auch hinsichtlich der gängigen Praxis der unmittelbaren Übersetzung von Likert-Skalenniveaus in numerische Werte und deren Weiterverarbeitung durch Mittelwertbildung. Auch in Rückbezug zu den theoretischen Grundlagen ist nicht unumstritten, welche inhaltliche Bedeutung diesen Werten auf der individuellen und auch auf der aggregierten Gruppenebene letztlich zuzuschreiben ist (vgl. Zügge & Höft in diesem Band, Kap. „Interessentheorien revisited. Ein Überblick gängiger Interessenbegriffe und damit verbundener Beschreibungen der Interessenentwicklung"). Welche Schlussfolgerungen lassen sich also tatsächlich aus Mittelwertsunterschieden im Fachinteresse Physik zwischen Jungen und Mädchen im Sinne der Person-Gegenstands-Theorie treffen?

Wenngleich Verfahren zur Absicherung und Analyse der Validität in der Forschung breit etabliert sind, gibt es im Bereich der Interessenforschung insgesamt kaum Studien, die in nennenswertem Umfang Validitätsargumente zur Interpretation der erhobenen Befunde zusammentragen. Verfahren zur Absicherung der Validität der Interpretation von Ergebnissen sind sicherlich nicht vollumfänglich in jeder Interessenstudie zu erwarten und so gibt es regelmäßig Rückverweise auf vorhergehende Studien. Diese sind aber häufig pauschal und wenig argumentativ eingebettet, sodass man eher selten Fälle findet, in denen über Sequenzen von Einzeluntersuchungen tatsächlich Evidenzen zusammengetragen wurden, die Validitätsargumente stützen. Entsprechend wirft die *Lückenhaftigkeit*, die im Rahmen der vorliegenden Analyse empirischer Studien hinsichtlich der Berücksichtigung von Validitätsargumenten vorgefunden wurde, schon die Frage auf, wie viel Evidenz in diesem Bereich verlässlich vorliegt.

Der vielfach berichtete Rückgang der Interessen im Bereich der Naturwissenschaften und Mathematik über den Verlauf der Schulzeit ist vor diesem Hintergrund nur schwer einzuordnen, sowohl hinsichtlich des *tatsächlichen* Umfangs dieser Entwicklung als auch hinsichtlich der Gründe. Entsprechende Daten zur Stabilität bzw. Veränderbarkeit von Interessen sind jedoch notwendig, auch um plausible Annahmen zu erwartbaren Effekten von Maßnahmen zur Interessenförderung und zur Nachhaltigkeit dieser Effekte treffen zu können.

Anhang

Suchstring

Web of Science (WOS)

((TI = (interest) AND TS = (science OR physics OR chemistry OR biology OR STEM) AND DT = (Article OR Review) AND PY = (2011–2024) AND WC = (Education OR Humanities OR Psychology OR Social Sciences) NOT TI = (medical OR medicine OR clinical OR health OR tourism OR politics OR sociology OR undergraduate OR preservice OR pre-service OR inservice OR in-service OR adult* OR homeless OR major* OR university OR polit* OR sociol*)) AND LA = (English OR German)) NOT WC = (engi* OR comp* OR busi* OR econ* OR math* OR ethic* OR medi* OR surge* OR religio* OR abuse OR library OR health* OR nutrit* OR sport OR veterin* OR pharma* OR biomedi* OR history* OR neuro* OR rehab* OR relation* OR sustainable* or family* or cultural* or area* or communication OR manage* OR special*).

Scopus

TITLE (interest) AND TITLE-ABS-KEY („stem" OR science OR chemistry OR physics OR biology) AND SUBJAREA (psyc OR soci OR arts) AND LANGUAGE (english OR german) AND PUBYEAR > 2011 AND DOCTYPE (ar OR re) AND NOT INDEX (medline) AND NOT TITLE (medical OR medicine OR clinical OR health OR tourism OR politics OR sociology OR undergraduate OR preservice OR pre-service OR inservice OR in-service OR adult* OR homeless OR major* OR university OR polit* OR sociol*) AND (EXCLUDE (SUBJAREA,„ENGI") OR EXCLUDE (SUBJAREA,„COMP") OR EXCLUDE (SUBJAREA,„BUSI") OR EXCLUDE (SUBJAREA,„ECON") OR EXCLUDE (SUBJAREA,„MATH")).

Literaturverzeichnis der inkludierten Publikationen

Qualitative Studien

A1. Aivelo, T. & Huovelin, S. (2020). Combining formal education and citizen science: a case study on students' perceptions of learning and interest in an urban rat project. *Environmental Education Research, 26*(3), 324–340. https://doi.org/10.1080/13504622.2020.1727860.

A2. Anderhag, P., Hamza, K. M. & Wickman, P. O. (2015). What Can a Teacher Do to Support Students' Interest in Science? A Study of the Constitution of Taste in a Science Classroom. *Research in Science Education, 45*(5), 749–784. https://doi.org/10.1007/s11165-014-9448-4.

A3. Anderhag, P., Wickman, P. O., Bergqvist, K., Jakobson, B., Hamza, K. M. & Saljo, R. (2016). Why Do Secondary School Students Lose Their Interest in Science? Or Does it Never Emerge? A Possible and Overlooked Explanation. *Science Education, 100*(5), 791–813. https://doi.org/10.1002/sce.21231.

A4. Azevedo, F. S. (2018). An inquiry into the structure of situational interests. *Science Education, 102*(1), 108–127. https://doi.org/10.1002/sce.21319.

A5. Boling, M., Hartmeyer, R. & Bentsen, P. (2019). Seven place-conscious methods to stimulate situational interest in science teaching in urban environments. *Education 3–13, 47*(2), 162-175. https://doi.org/10.1080/03004279.2017.1420096.

A6. Dohn, N. B. (2013). Upper Secondary Students' Situational Interest: A case study of the role of a zoo visit in a biology class. *International Journal of Science Education, 35*(16), 2732–2751. https://doi.org/10.1080/09500693.2011.628712.

A7. Dohn, N. B. (2017). Integrating Facebook in Upper Secondary Biology Instruction: A Case Study of Students' Situational Interest and Participation in Learning Communication. *Research in Science Education, 47*(6), 1305–1329. https://doi.org/10.1007/s11165-016-9549-3.

A8. Evans, M. A., Lopez, M., Maddox, D., Drape, T. & Duke, R. (2014). Interest-Driven Learning Among Middle School Youth in an Out-of-School STEM Studio. *Journal of Science Education and Technology, 23*(5), 624–640. https://doi.org/10.1007/s10956-014-9490-z.

A9. Hecht, M., Knutson, K. & Crowley, K. (2019). Becoming a naturalist: Interest development across the learning ecology. *Science Education, 103*(3), 691–713. https://doi.org/10.1002/sce.21503.

A10. Jung, Y. J., Zimmerman, H. T. & Land, S. M. (2019). Emerging and developing situational interest during children's tablet-mediated biology learning activities at a nature center. *Science Education, 103*(4), 900–922. https://doi.org/10.1002/sce.21514.

A11. Luce & Hsi, S. (2015). Science-Relevant Curiosity Expression and Interest in Science: An Exploratory Study. *Science Education, 99*(1), 70–97. https://doi.org/10.1002/sce.21144.

A12. Renninger, K. A. & Bachrach, J. E. (2015). Studying Triggers for Interest and Engagement Using Observational Methods. *Educational Psychologist, 50*(1), 58–69. https://doi.org/10.1080/00461520.2014.999920.

A13. Renninger, K. A., Bachrach, J. E. & Hidi, S. E. (2019). Triggering and maintaining interest in early phases of interest development. *Learning Culture and Social Interaction, 23.* https://doi.org/10.1016/j.lcsi.2018.11.007.

A14. Shaby, N., Staus, N., Dierking, L. D. & Falk, J. H. (2021). Pathways of interest and participation: How STEM-interested youth navigate a learning ecosystem. *Science Education, 105*(4), 628–652. https://doi.org/10.1002/sce.21621.

A15. Sinatra, G. M., Mukhopadhyay, A., Allbright, T. N., Marsh, J. A. & Polikoff, M. S. (2017). Speedometry: A vehicle for promoting interest and engagement through integrated STEM instruction. *Journal of Educational Research, 110*(3), 308–316. https://doi.org/10.1080/00220671.2016.1273178.

A16. Skalstad, I. & Munkebye, E. (2022). How to support young children's interest development during exploratory natural science activities in outdoor environments. *Teaching and Teacher Education, 114.* https://doi.org/10.1016/j.tate.2022.103687.

A17. Vulperhorst, J. P., van der Rijst, R. M. & Akkerman, S. F. (2020). Dynamics in higher education choice: weighing one's multiple interests in light of available programmes. *Higher Education, 79*(6), 1001–1021. https://doi.org/10.1007/s10734-019-00.452-x.

A18. Walan, S. (2021). The dream performance – a case study of young girls' development of interest in STEM and 21st century skills, when activities in a makerspace were combined with drama. *Education in Science & Technological Education, 39*(1), 23–43. https://doi.org/10.1080/02635143.2019.1647157.

A19. Wong, B. (2016). Minority Ethnic Students and Science Participation: A Qualitative Mapping of Achievement, Aspiration, Interest and Capital. *Research in Science Education, 46*(1), 113–127. https://doi.org/10.1007/s11165-015-9466-x.

Mixed-Methods Studien

B1. Akkerman, S. F. & Bakker, A. (2019). Persons pursuing multiple objects of interest in multiple contexts. *European Journal of Psychology of Education, 34*(1), 1–24. https://doi.org/10.1007/s10212-018-0400-2.

B2. Broman, K., Bernholt, S. & Christensson, C. (2022). Relevant or interesting according to upper secondary students? Affective aspects of context-based chemistry problems. *Education in Science & Technological Education, 40*(4), 478–498. https://doi.org/10.1080/02635143.2020.1824177.

B3. Cakmakci, G., Sevindik, H., Pektas, M., Uysal, A., Kole, F. & Kavak, G. (2012). Investigating Turkish Primary School Students' Interest in Science by Using Their Self-Generated Questions. *Research in Science Education, 42*(3), 469–489. https://doi.org/10.1007/s11165-010-9206-1.

B4. Cheung, D. (2018). The key factors affecting students' individual interest in school science lessons. *International Journal of Science Education, 40*(1), 1–23. https://doi.org/10.1080/09500693.2017.1362711.

B5. Chiu, T. K. F., Ismailov, M., Zhou, X., Xia, Q., Au, C. K., & Chai, C. S. (2023). Using Self-Determination Theory to Explain How Community-Based Learning Fosters Student Interest and Identity in Integrated STEM Education. *International Journal of Science and Mathematics Education, 21*(S. 1), 109–130. https://doi.org/10.1007/s10763-023-10382-x.

B6. Čipková, E., Karolčík, Š., Dudová, N., & Nagyová, S. (2018). What is the students' interest in biology after the biology curriculum modification? *The Curriculum Journal, 29*(3), 370–386.

B7. Demirdogen, B. & Cakmakci, G. (2014). Investigating students' interest in chemistry through self-generated questions. *Chemistry Education Research and Practice, 15*(2), 192–206. https://doi.org/10.1039/c4rp00037d.

B8. Dohn, N. B. (2013). Situational Interest in Engineering Design Activities. *International Journal of Science Education, 35*(12), 2057–2078. https://doi.org/10.1080/09500693.2012.757670.

B9. Drymiotou, I., Constantinou, C. P., & Avraamidou, L. (2021). Enhancing students' interest in science and understandings of STEM careers: the role of career-based scenarios. *International Journal of Science Education, 43*(5), 717–736.

B10. Godec, S., Archer, L. & Dawson, E. (2022). Interested but not being served: mapping young people's participation in informal STEM education through an equity lens. *Research Papers in Education, 37*(2), 221–248. https://doi.org/10.1080/02671522.2020.1849365.

B11. Habig, B., & Gupta, P. (2021). Authentic STEM research, practices of science, and interest development in an informal science education program. *International Journal of STEM Education, 8,* 1–18.

B12. Huang, B., Jong, M. S. Y., King, R. B., Chai, C. S., & Jiang, M. Y. C. (2022). Promoting secondary Students' twenty-first century skills and STEM career interests through a crossover program of STEM and community service education. *Frontiers in Psychology, 13,* 903252.

B13. Jocz, J. A., Zhai, J., & Tan, A. L. (2014). Inquiry learning in the Singaporean context: Factors affecting student interest in school science. *International Journal of Science Education, 36*(15), 2596–2618.

B14. Jördens, J., & Hammann, M. (2021). Driven by topics: High school students' interest in evolutionary biology. *Research in Science Education, 51*(3), 599–616.

B15. Kurt, S. (2021). Secondary School Students' Interest in Physics, Chemistry and Biology Concepts from Developmental View. *Problems of Education in the 21st Century, 79*(6), 894–911.

B16. Logan & Skamp, K. R. (2013). The Impact of Teachers and Their Science Teaching on Students' 'Science Interest': A four-year study. *International Journal of Science Education, 35*(17), 2879–2904. https://doi.org/10.1080/09500693.2012.667167.

B17. Loukomies, A., Juuti, K. & Lavonen, J. (2015). Investigating Situational Interest in Primary Science Lessons. *International Journal of Science Education, 37*(18), 3015–3037. https://doi.org/10.1080/09500693.2015.1119909.

B18. Loukomies, A., Pnevmatikos, D., Lavonen, J., Spyrtou, A., Byman, R., Kariotoglou, P. & Juuti, K. (2013). Promoting Students' Interest and Motivation Towards Science Learning: the Role of Personal Needs and Motivation Orientations. *Research in Science Education, 43*(6), 2517–2539. https://doi.org/10.1007/s11165-013-9370-1.

B19. Maiorca, C., Roberts, T., Jackson, C., Bush, S., Delaney, A., Mohr-Schroeder, M. J. & Soledad, S. Y. (2021). Informal Learning Environments and Impact on Interest in STEM Careers. *International Journal of Science and Mathematics Education, 19*(1), 45–64. https://doi.org/10.1007/s10763-019-10038-9.

B20. Mallari, M. D., & Tayag, J. R. (2022). Situational Interest and Engagement of Public Junior High School Science Students in Modular Distance Learning. *International Journal of Instruction, 15*(3), 581–598.

B21. Önal, N. T., & Önal, N. (2021). The effect of augmented reality on the astronomy achievement and interest level of gifted students. *Education and Information Technologies, 26*(4), 4573–4599.

B22. Salonen, A., Karkkainen, S. & Keinonen, T. (2018). Career-related instruction promoting students' career awareness and interest towards science learning. *Chemistry Education Research and Practice, 19*(2), 474–483. https://doi.org/10.1039/c7rp00221a.

B23. Shahali, E. H. M., Halim, L., Rasul, M. S., Osman, K., & Mohamad Arsad, N. (2019). Students' interest towards STEM: a longitudinal study. *Research in Science & Technological Education, 37*(1), 71–89.

B24. Simon, U. K., Steindl, H., Larcher, N., Kulac, H. & Hotter, A. (2016). Young science journalism: writing popular scientific articles may contribute to an increase of high-school students' interest in the natural sciences. *International Journal of Science Education, 38*(5), 814–841. https://doi.org/10.1080/09500693.2016.1173260.

B25. Tablatin, C. L., Casano, J. D. & Rodrigo, M. M. (2023). Using Minecraft to cultivate student interest in STEM. *Frontiers in Education, 8*. https://doi.org/10.3389/feduc.2023.1127984.

B26. Tan, A. L., Gillies, R., & Jamaludin, A. (2023). Psychophysiological methods to study the triggers of interest: A Singapore case study. *Current Psychology, 42*(32), 28298–28308. https://doi.org/10.1007/s12144-022-03936-9.

B27. Visintainer, T. (2020). "I think at first glance people would not expect me to be interested in science": Exploring the racialized science experiences of high school students of color. *Journal of Research in Science Teaching, 57*(3), 393–422. https://doi.org/10.1002/tea.21597.

B28. Vulperhorst, J. P., Wessels, K. R., Bakker, A. & Akkerman, S. F. (2018). How do STEM-interested students pursue multiple interests in their higher educational choice? *International Journal of Science Education, 40*(8), 828–846. https://doi.org/10.1080/09500693.2018.1452306.

B29. Zhang, H., Couch, S., Estabrooks, L., Perry, A., & Kalainoff, M. (2023). Role models' influence on student interest in and awareness of career opportunities in life sciences. *International Journal of Science Education, Part B, 13*(4), 381–399.

Quantitative Studien

C1. Ainley, M. & Ainley, J. (2011a). A Cultural Perspective on the Structure of Student Interest in Science. *International Journal of Science Education, 33*(1), 51–71. https://doi.org/10.1080/09500693.2010.518640.

C2. Ainley, M. & Ainley, J. (2011b). Student engagement with science in early adolescence: The contribution of enjoyment to students' continuing interest in learning about science. *Contemporary Educational Psychology, 36*(1), 4–12. https://doi.org/10.1016/j.cedpsych.2010.08.001.

C3. Akcaoglu, M., Rosenberg, J. M., Ranellucci, J. & Schwarz, C. V. (2018). Outcomes from a self-generated utility value intervention on fifth and sixth-grade students' value and interest in science. *International Journal of Educational Education, 87,* 67–77. https://doi.org/10.1016/j.ijer.2017.12.001.

C4. Alberts, K. M., Beymer, P. N., Phun, V. & Schmidt, J. A. (2022). Examining a utility value intervention among early adolescents: Trajectories of situational interest and boredom. *Learning and Individual Differences, 96.* https://doi.org/10.1016/j.lindif.2022.102155.

C5. Alexander, J. M., Johnson, K. E. & Kelley, K. (2012). Longitudinal analysis of the relations between opportunities to learn about science and the development of interests related to science. *Science Education, 96*(5), 763–786. https://doi.org/10.1002/sce.21018.

C6. Alhadabi, A. (2021). Science Interest, Utility, Self-Efficacy, Identity, and Science Achievement Among High School Students: An Application of SEM Tree. *Frontiers in Psychology, 12.* https://doi.org/10.3389/fpsyg.2021.634120.

C7. Andersen, M. S., Klingenberg, S., Petersen, G. B., Creed, P. A. & Makransky, G. (2023). Fostering science interests through head-mounted displays. *Journal of Computer Assisted Learning, 39*(2), 369–379. https://doi.org/10.1111/jcal.12749.

C8. Ardies, J., Maeyer, S. de & Gijbels, D. (2015). A longitudinal study on boys' and girls' career aspirations and interest in technology. *Research in Science & Technological Education, 33*(3), 366–386. https://doi.org/10.1080/02635143.2015.1060412.

C9. Areepattamannil, S. (2012). Effects of Inquiry-Based Science Instruction on Science Achievement and Interest in Science: Evidence from Qatar. *Journal of Educational Research, 105*(2), 134–146. https://doi.org/10.1080/00220671.2010.533717.

C10. Babarovic, T. (2022). Development of STEM Vocational Interests During Elementary and Middle School: A Cohort-Sequential Longitudinal Study. *Journal of Career Development, 49*(6), 1230–1250. https://doi.org/10.1177/08948453211036986.

C11. Babarovic, T., Devic, I. & Burusic, J. (2019). Fitting the STEM interests of middle school children into the RIASEC structural space. *International Journal for Educational and Vocational Guidance, 19*(1), 111–128. https://doi.org/10.1007/s10775-018-9371-8.

C12. Badri, M., Al Mazroui, K., Al Rashedi, A. & Yang, G. (2016). Variation by Gender in Abu Dhabi High School Students' Interests in Physics. *Journal of Science Education and Technology, 25*(2), 232–243. https://doi.org/10.1007/s10956-015-9589-x.

C13. Badri, M., Yang, G., Al Mazroui, K., Mohaidat, J., Al Rashedi, A. & Al Housani, N. (2017). Out-of-school experience categories influencing interest in biology of secondary school students by gender: exploration on an Abu Dhabi sample. *Journal of Biological Education, 51*(2), 166–185. https://doi.org/10.1080/00219266.2016.1177576.

C14. Balta, N., Japashov, N., Karimova, A., Agaidarova, S., Abisheva, S. & Potvin, P. (2023). Middle and high school girls' attitude to science, technology, engineering, and mathematics career interest across grade levels and school types. *Frontiers in Education, 8*. https://doi.org/10.3389/feduc.2023.1158041.

C15. Balta, N., Japashov, N., Mansurova, A., Tzafilkou, K., Oliveira, A. W. & Lathrop, R. (2023). Middle- and secondary-school students' STEM career interest and its relationship to gender, grades, and family size in Kazakhstan. *Science Education, 107*(2), 401–426. https://doi.org/10.1002/sce.21776.

C16. Baram-Tsabari, A. & Yarden, A. (2011). Quantifying the Gender Gap in Science Interests. *International Journal of Science and Mathematics Education, 9*(3), 523–550. https://doi.org/10.1007/s10763-010-9194-7.

C17. Basl, J. (2011). Effect of School on Interest in Natural Sciences: A comparison of the Czech Republic, Germany, Finland, and Norway based on PISA 2006. *International Journal of Science Education, 33*(1), 145–157. https://doi.org/10.1080/09500693.2010.518641.

C18. Basso, A., Chiorri, C., Bracco, F., Carnasciali, M. M., Alloisio, M., & Grotti, M. (2018). Improving the interest of high-school students toward chemistry by crime scene investigation. *Chemistry Education Research and Practice, 19*(2), 558–566.

C19. Bathgate, M. & Schunn, C. (2016). Disentangling intensity from breadth of science interest: What predicts learning behaviors? *Instructional Science, 44*(5), 423–440. https://doi.org/10.1007/s11251-016-9382-0.

C20. Beymer, P. N., Rosenberg, J. M. & Schmidt, J. A. (2020). Does choice matter or is it all about interest? An investigation using an experience sampling approach in high school science classrooms. *Learning and Individual Differences, 78*. https://doi.org/10.1016/j.lindif.2019.101812.

C21. Blankenburg, J. S., Hoffler, T. N. & Parchmann, I. (2016). Fostering Today What is Needed Tomorrow: Investigating Students' Interest in Science. *Science Education, 100*(2), 364–391. https://doi.org/10.1002/sce.21204.

C22. Blazev, M., Karabegovic, M., Burusic, J. & Selimbegovic, L. (2017). Predicting gender-STEM stereotyped beliefs among boys and girls from prior school achievement and interest in STEM school subjects. *Social Psychology of Education, 20*(4), 831–847. https://doi.org/10.1007/s11218-017-9397-7.

C23. Blotnicky, K. A., Franz-Odendaal, T., French, F. & Joy, P. (2018). A study of the correlation between STEM career knowledge, mathematics self-efficacy, career interests, and career activities on the likelihood of pursuing a STEM career among middle school students. International Journal of STEM Education, 5. https://doi.org/10.1186/s40594-018-0118-3.

C24. Brandmo, C. & Braten, I. (2018). Investigating relations between beliefs about justification for knowing, interest, and knowledge across two socio-scientific topics. *Learning and Individual Differences, 62,* 89–97. https://doi.org/10.1016/j.lindif.2018.01.010.

C25. Bressler, D. M., Tutwiler, M. S. & am Bodzin (2021). Promoting student flow and interest in a science learning game: a design-based research study of School Scene Investigators. *ETR&D-Educational Technology Research and Development, 69*(5), 2789–2811. https://doi.org/10.1007/s11423-021-10039-y.

C26. Buccheri, G., Gurber, N. A. & Bruhwiler, C. (2011). The Impact of Gender on Interest in Science Topics and the Choice of Scientific and Technical Vocations. *International Journal of Science Education, 33*(1), 159–178. https://doi.org/10.1080/09500693.2010.518643.

C27. Carman, J., Zint, M., Burkett, E. & Ibanez, I. (2021). The role of interest in climate change instruction. *Science Education, 105*(2), 309–352. https://doi.org/10.1002/sce.21610.

C28. Carreno, M. I., Castro-Alonso, J. C. & Gallardo, M. J. (2022). Interest in Physics After Experimental Activities with a Mobile Application: Gender Differences. *International Journal of Science and Mathematics Education, 20*(8), 1841–1857. https://doi.org/10.1007/s10763-021-10228-4.

C29. Cedere, D., Jurgena, I., Helmane, I., Tiltina-Kapele, I. & Praulite, G. (2015). Cognitive Interest: Problems and Solutions in the Acquisition of Science and Mathematics in Schools of Latvia. *Journal of Baltic Science Education, 14*(4), 424–434.

C30. Cedere, D., Jurgena, I. & Targamadze, V. (2018). Interest of Latvian and Lithuanian Students in Science and Mathematics. *Journal of Baltic Science Education, 17*(1), 31–42.

C31. Cevik, M. (2018). Impacts of the Project Based (PBL) Science, Technology, Engineering and Mathematics (STEM) Education on Academic Achievement and Career Interests of Vocational High School Students. Pegem Egitim Ve Ogretim Dergisi, *8*(2), 281–305. https://doi.org/10.14527/pegegog.2018.012.

C32. Chachashvili-Bolotin, S., Milner-Bolotin, M. & Lissitsa, S. (2016). Examination of factors predicting secondary students' interest in tertiary STEM education. *International Journal of Science Education, 38*(3), 366–390. https://doi.org/10.1080/09500693.2016.1143137.

C33. Chan, R. C. (2022). A social cognitive perspective on gender disparities in self-efficacy, interest, and aspirations in science, technology, engineering, and mathematics (STEM): the influence of cultural and gender norms. *International Journal of STEM Education, 9*(1). https://doi.org/10.1186/s40594-022-00352-0.

C34. Chen, J. A., Tutwiler, M. S., Metcalf, S. J., Kamarainen, A., Grotzer, T. & Dede, C. (2016). A multi-user virtual environment to support students' self-efficacy and interest in science: A latent growth model analysis. *Learning and Instruction, 41,* 11–22. https://doi.org/10.1016/j.learninstruc.2015.09.007.

C35. Chen, Y., Chow, S. C. & So, W. W. (2022). School-STEM professional collaboration to diversify stereotypes and increase interest in STEM careers among primary school students. *Asia Pacific Journal of Education, 42*(3), 556–573. https://doi.org/10.1080/02188791.2020.1841604.

C36. Christophel, E. & Schnotz, W. (2017). Gender-Specific Covariations between Competencies, Interest and Effort during Science Learning in Virtual Environments. *Frontiers in Psychology, 8*. https://doi.org/10.3389/fpsyg.2017.01681.

C37. Corin, E. N., Sonnert, G. & Sadler, P. M. (2020). The Role of Dual Enrollment STEM Coursework in Increasing STEM Career Interest Among American High School Students. *Teachers College Record, 122*(2).

C38. Cui, Y. T., Hong, J. C., Tsai, C. R. & Ye, J. H. (2022). How Does Hands-On Making Attitude Predict Epistemic Curiosity and Science, Technology, Engineering, and Mathematics Career Interests? Evidence From an International Exhibition of Young Inventors. *Frontiers in Psychology, 13*. https://doi.org/10.3389/fpsyg.2022.859179.

C39. Deemer, E. D. & Sharma, P. (2019). Situational Interest and Scientific Self-Efficacy: Influence of an Energy Science Career Intervention. *Career Development Quarterly, 67*(2), 171–184. https://doi.org/10.1002/cdq.12179.
C40. Desch, I., Stiller, C. & Wilde, M. (2015). Facilitating Working Interest by Students'Choice of Their Lessons'Topic. *Psychologie in Erziehung und Unterricht, 63*(1), 60–74. https://doi.org/10.2378/peu2016.art06d.
C41. Dierks, P. O., Hoffler, T. N., Blankenburg, J. S., Peters, H. & Parchmann, I. (2016). Interest in science: a RIASEC-based analysis of students' interests. *International Journal of Science Education, 38*(2), 238–258. https://doi.org/10.1080/09500693.2016.1138337.
C42. Dierks, P. O., Hoffler, T. N. & Parchmann, I. (2014). Profiling interest of students in science: Learning in school and beyond. *Education in Science & Technological Education, 32*(2), 97–114. https://doi.org/10.1080/02635143.2014.895712.
C43. Dohn, N. B. (2022). A gender perspective on the structure of adolescents' interest in science. *International Journal of Science Education, 44*(10), 1565–1582. https://doi.org/10.1080/09500693.2022.2087008.
C44. Dorfner, T., Fortsch, C. & Neuhaus, B. J. (2018). Effects of three basic dimensions of instructional quality on students' situational interest in sixth-grade biology instruction. *Learning and Instruction, 56,* 42–53. https://doi.org/10.1016/j.learninstruc.2018.03.001.
C45. Drechsel, B., Carstensen, C. & Prenzel, M. (2011). The Role of Content and Context in PISA Interest Scales: A study of the embedded interest items in the PISA 2006 science assessment. *International Journal of Science Education, 33*(1), 73–95. https://doi.org/10.1080/09500693.2010.518646.
C46. Ergun, A. (2019). Identifikation of the Interest of Turkish Middle-School Students in STEM Careers: Gender and Grade Level Differences. *Journal of Baltic Science Education, 18*(1), 90–104. https://doi.org/10.33225/jbse/19.18.90.
C47. Ferguson, S. L. & Hull, D. M. (2019). Exploring Science Career Interest: Latent Profile Analysis of High School Occupational Preferences for Science. *Journal of Career Development, 46*(5), 583–598. https://doi.org/10.1177/0894845318783873.
C48. Fernandez-Garcia, C. M., Torio-Lopez, S., Garcia-Perez, O. & Inda-Caro, M. (2019). Parental Support, Self-Efficacy Beliefs, Outcome Expectations and Interests in Science, Technology, Engineering and Mathematics (STEM). *Universitas Psychologica, 18*(2). https://doi.org/10.11144/Javeriana.upsy18-2.psse.

C49. Fiksl, M., Flogie, A. & Abersek, B. (2017). Innovative Teaching/Learning Methods to Improve Science, Technology and Engineering Classroom Climate and Interest. *Journal of Baltic Science Education, 16*(6), 1009–1019.

C50. Fortsch, C., Werner, S., Dorfner, T., Kotzebue, L. von & Neuhaus, B. J. (2017). Effects of Cognitive Activation in Biology Lessons on Students' Situational Interest and Achievement. *Research in Science Education, 47*(3), 559–578. https://doi.org/10.1007/s11165-016-9517-y.

C51. Franzen, P., Arens, A. K., Greiff, S. & Niepel, C. (2022). Student profiles of self-concept and interest in four domains: A latent transition analysis. *Learning and Individual Differences, 95.* https://doi.org/10.1016/j.lindif.2022.102139.

C52. Fuesting, M. A., Diekman, AB & Hudiburgh, L. (2017). From classroom to career: the unique role of communal processes in predicting interest in STEM careers. *Social Psychology of Education, 20*(4), 875–896. https://doi.org/10.1007/s11218-017-9398-6.

C53. Garriott, P. O., Flores, L. Y., Prabhakar, B., Mazzotta, E. C., Liskov, A. C. & Shapiro, J. E. (2014). Parental Support and Underrepresented Students' Math/Science Interests: The Mediating Role of Learning Experiences. *Journal of Career Assessment, 22*(4), 627–641. https://doi.org/10.1177/1069072713514933.

C54. Grigg, S., Perera, H. N., McIlveen, P. & Svetleff, Z. (2018). Relations among math self efficacy, interest, intentions, and achievement: A social cognitive perspective. *Contemporary Educational Psychology, 53,* 73–86. https://doi.org/10.1016/j.cedpsych.2018.01.007.

C55. Grimmon, A. S., Cramer, J., Yazilitas, D., Smeets, I. & Bruyckere, P. de (2020). Interest in STEM among children with a low socio-economic status: further support for the STEM-CIS-instrument through the adapted Dutch STEM-LIT measuring instrument. *Cogent Education, 7*(1). https://doi.org/10.1080/2331186X.2020.1745541.

C56. Grossmann, N. & Wilde, M. (2020). Promoting Interest by Supporting Learner Autonomy: the Effects of Teaching Behaviour in Biology Lessons. *Research in Science Education, 50*(5), 1763–1788. https://doi.org/10.1007/s11165-018-9752-5.

C57. Habig, S., Blankenburg, J., van Vorst, H., Fechner, S., Parchmann, I. & Sumfleth, E. (2018). Context characteristics and their effects on students' situational interest in chemistry. *International Journal of Science Education, 40*(10), 1154–1175. https://doi.org/10.1080/09500693.2018.1470349.

C58. Hagay, G., Baram-Tsabari, A., Ametller, J., Cakmakci, G., Lopes, B., Moreira, A. & Pedrosa-de-Jesus, H. (2013). The Generalizability of Students' Interests in Biology Across Gender, Country and Religion. *Research in Science Education, 43*(3), 895–919. https://doi.org/10.1007/s11165-012-9289-y.

C59. Halim, L., Mohd Shahali, E. H., & H Iksan, Z. (2023). Effect of environmental factors on students' interest in STEM careers: The mediating role of self-efficacy. *Research in Science & Technological Education, 41*(4), 1394–1411. https://doi.org/10.1080/02635143.2021.2008341.

C60. Heddy, B. C. & Sinatra, G. M. (2017). Transformative parents: Facilitating transformative experiences and interest with a parent involvement intervention. *Science Education, 101*(5), 765–786. https://doi.org/10.1002/sce.21292.

C61. Higde, E. & Aktamis, H. (2022). The effects of STEM activities on students' STEM career interests, motivation, science process skills, science achievement and views. *Thinking Skills and Creativity, 43.* https://doi.org/10.1016/j.tsc.2022.101000.

C62. Hite, R. L. & McDonald, T. L. (2021). Exploring science relevancy by gender and SES in The Bahamas: secondary Bahamian students' interests in science and attractive attributes of future careers. *International Journal of Science Education, 43*(11), 1860–1879. https://doi.org/10.1080/09500693.2021.1939191.

C63. Hochberg, K., Kuhn, J. & Muller, A. (2018). Using Smartphones as Experimental Tools-Effects on Interest, Curiosity, and Learning in Physics Education. *Journal of Science Education and Technology, 27*(5), 385–403. https://doi.org/10.1007/s10956-018-9731-7.

C64. Hoffman, A. J., McGuire, L., Rutland, A., Hartstone-Rose, A., Irvin, M. J., Winterbottom, M., Balkwill, F., Fields, G. E. & Mulvey, K. L. (2021). The Relations and Role of Social Competencies and Belonging with Math and Science Interest and Efficacy for Adolescents in Informal STEM Programs. *Journal of Youth and Adolescence, 50*(2), 314–323. https://doi.org/10.1007/s10964-020-01302-1.

C65. Höft, L. & Bernholt, S. (2019). Longitudinal couplings between interest and conceptual understanding in secondary school chemistry: an activity-based perspective. *International Journal of Science Education, 41*(5), 607–627. https://doi.org/10.1080/09500693.2019.1571650.

C66. Höft, L. & Bernholt, S. (2021). Domain-specific and activity-related interests of secondary school students. Longitudinal trajectories and their relations to achievement. *Learning and Individual Differences, 92.* https://doi.org/10.1016/j.lindif.2021.102089.

C67. Höft, L., Bernholt, S., Blankenburg, J. S. & Winberg, M. (2019). Knowing more about things you care less about: Cross-sectional analysis of the opposing trend and interplay between conceptual understanding and interest in secondary school chemistry. *Journal of Research in Science Teaching, 56*(2), 184–210. https://doi.org/10.1002/tea.21475.

C68. Holstermann, N., Ainley, M., Grube, D., Roick, T. & Bogeholz, S. (2012). The specific relationship between disgust and interest: Relevance during biology class dissections and gender differences. *Learning and Instruction, 22*(3), 185–192. https://doi.org/10.1016/j.learninstruc.2011.10.005.

C69. Hong, H. Y. & Lin-Siegler, X. (2012). How Learning About Scientists' Struggles Influences Students' Interest and Learning in Physics. *Journal of Educational Psychology, 104*(2), 469–484. https://doi.org/10.1037/a0026224.

C70. Hong, J. C., Chang, C. H., Tsai, C. R. & Tai, K. H. (2019). How situational interest affects individual interest in a STEAM competition. *International Journal of Science Education, 41*(12), 1667–1681. https://doi.org/10.1080/09500693.2019.1624992.

C71. Hong, J. C., Hwang, M. Y., Tai, K. H. & Tsai, C. R. (2017). An Exploration of Students' Science Learning Interest Related to Their Cognitive Anxiety, Cognitive Load, Self-Confidence and Learning Progress Using Inquiry-Based Learning With an iPad. *Research in Science Education, 47*(6), 1193–1212. https://doi.org/10.1007/s11165-016-9541-y.

C72. Hong, J. C., Lu, C. C., Hwang, M. Y., Kuo, Y. C., Wang, C. C. & Chou, C. Y. (2015). Larvae phobia relevant to anxiety and disgust reflected to the enhancement of learning interest and self-confidence. *Learning and Individual Differences, 42,* 147–152. https://doi.org/10.1016/j.lindif.2015.08.024.

C73. Hsieh, F. P., Chen, Y. A., Hung, J. F. & Tsai, C. Y. (2020). The Effects of the Trip Model on Students' Science Reading Ability and Marine Conservation Learning Interest. *Journal of Baltic Science Education, 19*(3), 374–387. https://doi.org/10.33225/jbse/20.19.374.

C74. Hummel, E., Ozel, M., Medina-Jerez, W., Fancovicova, J., Usak, M., Prokop, P. & Randler, C. (2015). Interest in Birds and its Relationship with Attitudes and Myths: A Cross-cultural Study in Countries with Different Levels of Economic Development. *Educational Sciences-Theory & Practice, 15*(1), 285–296. https://doi.org/10.12738/estp.2015.1.2242.

C75. Inda-Caro, M., Rodriguez-Menendez, C. & Pena-Calvo, J. V. (2016). Spanish High School Students' Interests in Technology: Applying Social Cognitive Career Theory. *Journal of Career Development, 43*(4), 291–307. https://doi.org/10.1177/0894845315599253.

C76. Jack, B. M., Lee, L., Yang, K. K. & Lin, H. S. (2017). A Science for Citizenship Model: Assessing the Effects of Benefits, Risks, and Trust for Predicting Students' Interest in and Understanding of Science-Related Content. *Research in Science Education, 47*(5), 965–988. https://doi.org/10.1007/s11165-016-9535-9.

C77. Jack, B. M. & Lin, H. S. (2018). Warning! Increases in interest without enjoyment may not be trend predictive of genuine interest in learning science. *International Journal of Educational Development, 62,* 136–147. https://doi.org/10.1016/j.ijedudev.2018.03.005.

C78. Jansen, M., Lüdtke, O. & Schroeders, U. (2016). Evidence for a positive relation between interest and achievement: Examining between-person and within-person variation in five domains. *Contemporary Educational Psychology, 46,* 116–127. https://doi.org/10.1016/j.cedpsych.2016.05.004.

C79. Jansen, M., Schroeders, U., Lüdtke, O. & Marsh, H. W. (2019). The dimensional structure of students' self-concept and interest in science depends on course composition. *Learning and Instruction, 60,* 20–28. https://doi.org/10.1016/j.learninstruc.2018.11.001.

C80. Japashov, N., Naushabekov, Z., Ongarbayev, S., Postiglione, A. & Balta, N. (2022). STEM Career Interest of Kazakhstani Middle and High School Students. *Education Sciences, 12*(6). https://doi.org/10.3390/educsci12060397.

C81. Joy, A., Mathews, C. J., Zhao, M., Law, F., McGuire, L., Hoffman, A. J., Balkwill, F., Burns, K. P., Butler, L., Drews, M., Fields, G., Smith, H., Ozturk, E., Winterbottom, M., Rutland, A., Hartstone-Rose, A., & Mulvey, K. L. (2023). Interest, Mindsets and Engagement: Longitudinal Relations in Science Orientations for Adolescents in Informal Science Programs. *Journal of Youth and Adolescence, 52*(5), 1088–1099. https://doi.org/10.1007/s10964-023-01734-5.

C82. Juuti, K., Loukomies, A. & Lavonen, J. (2020). Interest in Dialogic and Non-Dialogic Teacher Talk Situations in Middle School Science Classroom. *International Journal of Science and Mathematics Education, 18*(8), 1531–1546. https://doi.org/10.1007/s10763-019-10031-2.

C83. Kaleva, S., Celik, I., Nogueiras, G., Pursiainen, J. & Muukkonen, H. (2023). Examining the predictors of STEM career interest among upper secondary students in Finland. *Educational Education and Evaluation, 28*(1–3), 3–24. https://doi.org/10.1080/13803611.2022.2161579.

C84. Kang, J., Hense, J., Scheersoi, A. & Keinonen, T. (2019). Gender study on the relationships between science interest and future career perspectives. *International Journal of Science Education, 41*(1), 80–101. https://doi.org/10.1080/09500693.2018.1534021.

C85. Kang, J. & Keinonen, T. (2018). The Effect of Student-Centered Approaches on Students' Interest and Achievement in Science: Relevant Topic-Based, Open and Guided Inquiry-Based, and Discussion-Based Approaches. *Research in Science Education, 48*(4), 865–885. https://doi.org/10.1007/s11165-016-9590-2.

C86. Kang, J., Keinonen, T. & Salonen, A. (2021). Role of Interest and Self-Concept in Predicting Science Aspirations: Gender Study. *Research in Science Education, 51*(SUPPL 1), 513–535. https://doi.org/10.1007/s11165-019-09905-w.

C87. Kang, J., Keinonen, T., Simon, S., Rannikmae, M., Soobard, R. & Direito, I. (2019). Scenario Evaluation with Relevance and Interest (SERI): Development and Validation of a Scenario Measurement Tool for Context-Based Learning. *International Journal of Science and Mathematics Education, 17*(7), 1317–1338. https://doi.org/10.1007/s10763-018-9930-y.

C88. Kang, J., Salonen, A., Tolppanen, S., Scheersoi, A., Hense, J., Rannikmae, M., Soobard, R. & Keinonen, T. (2023). Effect of Embedded Careers Education in Science Lessons on Students' Interest, Awareness, and Aspirations. *International Journal of Science and Mathematics Education, 21*(1), 211–231. https://doi.org/10.1007/s10763-021-10238-2.

C89. Kans, M. & Claesson, L. (2022). Gender-Related Differences for Subject Interest and Academic Emotions for STEM Subjects among Swedish Upper Secondary School Students. *Education Sciences, 12*(8). https://doi.org/10.3390/educsci12080553.

C90. Keller, M. M., Neumann, K. & Fischer, H. E. (2017). The impact of physics teachers' pedagogical content knowledge and motivation on students' achievement and interest. *Journal of Research in Science Teaching, 54*(5), 586–614. https://doi.org/10.1002/tea.21378.

C91. Kerger, S., Martin, R. & Brunner, M. (2011). How can we enhance girls' interest in scientific topics? *British Journal of Educational Psychology, 81*(4), 606–628. https://doi.org/10.1111/j.2044-8279.2011.02019.x.

C92. Kier, M. W., Blanchard, Osborne, J. W. & Albert, J. L. (2014). The Development of the STEM Career Interest Survey (STEM-CIS). *Research in Science Education, 44*(3), 461–481. https://doi.org/10.1007/s11165-013-9389-3.

C93. Kim, H., Chacko, P., Zhao, J. H. & Montclare, J. K. (2014). Using Touch-Screen Technology, Apps, and Blogs To Engage and Sustain High School Students' Interest in Chemistry Topics. *Journal of Chemical Education, 91*(11), 1818–1822. https://doi.org/10.1021/ed500234z.

C94. Kim, M. H., & Sidney, P. G. (2024). Do teacher instructional practices shape children's academic self-concept and interest in mathematics and science? Evidence from TIMSS 2015. *Infant and Child Development, 33*(2). https://doi.org/10.1002/icd.2429.

C95. Kooffreh, M. E., Ikpeme, E. V. & Mgbado, T. I. (2021). Knowledge, perception, and interest regarding biotechnology among secondary school students in Calabar, Cross River State, Nigeria. *Biochemistry and Molecular Biology Education, 49*(4), 664–668. https://doi.org/10.1002/bmb.21507.

C96. Koyunlu Unlu, Z. & Dokme, I. (2020). Multivariate Assessment of Middle School Students' Interest in STEM Career: a Profile from Turkey. *Research in Science Education, 50*(3), 1217–1231. https://doi.org/10.1007/s11165-018-9729-4.

C97. Kramer, J., Hospach, K. & Trautwein, U. (2017). Lower secondary-school and the vocational Gymnasium in 6 year form: The role of vocational interests. *Zeitschrift für Erziehungswissenschaft, 20*(4), 690–710. https://doi.org/10.1007/s11618-017-0760-4.

C98. Kwarikunda, D., Schiefele, U., Ssenyonga, J. & Muwonge, C. M. (2020). The Relationship between Motivation for, and Interest in, Learning Physics among Lower Secondary School Students in Uganda. *African Journal of Research in Mathematics Science and Technology Education, 24*(3), 435–446. https://doi.org/10.1080/18117295.2020.1841961.

C99. Kwarikunda, D., Schiefele, U., Ssenyonga, J. & Muwonge, C. M. (2021). Secondary School Students' Motivation Profiles for Physics Learning: Relations with Cognitive Learning Strategies, Gender, Attitudes and Individual Interest. *African Journal of Research in Mathematics Science and Technology Education, 25*(2), 197–210. https://doi.org/10.1080/18117295.2021.1956720.

C100. Lamb, R. L., Annetta, L., Meldrum, J. & Vallett, D. (2012). Measuring Science Interest: Rasch Validation of the Science Interest Survey. *International Journal of Science and Mathematics Education, 10*(3), 643–668. https://doi.org/10.1007/s10763-011-9314-z.

C101. Lavonen, J., Avalos, B., Upadyaya, K., Araneda, S., Juuti, K., Cumsille, P., Inkinen, J. & Salmela-Aro, K. (2021). Upper secondary students' situational interest in physics learning in Finland and Chile. *International Journal of Science Education, 43*(16), 2577–2596. https://doi.org/10.1080/09500693.2021.1978011.

C102. Lee, H. & Boo, E. (2022). The effects of teachers' instructional styles on students' interest in learning school subjects and academic achievement: Differences according to students' gender and prior interest *Learning and Individual Differences, 99*. https://doi.org/10.1016/j.lindif.2022.102200.

C103. Leibham, M. B., Alexander, J. M. & Johnson, K. E. (2013). Science Interests in Preschool Boys and Girls: Relations to Later Self-Concept and Science Achievement. *Science Education, 97*(4), 574–593. https://doi.org/10.1002/sce.21066.

C104. Li, S. Q., Liu, X. F., Tripp, J. & Yang, Y. (2022). From ICT availability to student science achievement: mediation effects of ICT psychological need satisfactions and interest across genders. *Research in Science & Technological Education, 40*(4), 529–548. https://doi.org/10.1080/02635143.2020.1830269.

C105. Lin, K.-Y., Lu, S.-C., Hsiao, H.-H., Kao, C.-P., & Williams, P. J. (2023). Developing student imagination and career interest through a STEM project using 3D printing with repetitive modeling. *Interactive Learning Environments, 31*(5), 2884–2898. https://doi.org/10.1080/10494820.2021.1913607.

C106. Linnenbrink-Garcia, L., Patall, E. A. & Messersmith, E. E. (2013). Antecedents and consequences of situational interest. *British Journal of Educational Psychology, 83*(4), 591–614. https://doi.org/10.1111/j.2044-8279.2012.02080.x.

C107. Linnenbrink-Garcia, L., Pugh, K. J., Koskey, K. L. & Stewart, V. C. (2012). Developing Conceptual Understanding of Natural Selection: The Role of Interest, Efficacy, and Basic Prior Knowledge. *Journal of Experimental Education, 80*(1), 45–68. https://doi.org/10.1080/00220973.2011.559491.

C108. Liu, Y. S., He, W. & Zhao, L. (2022). Effects of Inquiry Learning with Different Task Orders on Fifth Graders' Individual and Situational Interest and Concept Achievement in Science Education. *Journal of Baltic Science Education, 21*(5), 849–861. https://doi.org/10.33225/jbse/22.21.849.

C109. Makransky, G., Petersen, G. B. & Klingenberg, S. (2020). Can an immersive virtual reality simulation increase students' interest and career aspirations in science? *British Journal of Educational Technology, 51*(6), 2079–2097. https://doi.org/10.1111/bjet.12954.

C110. Mau, W. C., Chen, S. J. & Lin, C. C. (2019). Assessing High School Student's STEM Career Interests Using a Social Cognitive Framework. *Education Sciences, 9*(2). https://doi.org/10.3390/educsci9020151.

C111. McConney, A., Oliver, M., Woods-McConney, A. & Schibeci, R. (2011). Bridging the Gap? A Comparative, Retrospective Analysis of Science Literacy and Interest in Science for Indigenous and Non-Indigenous Australian Students. *International Journal of Science Education, 33*(14), 2017–2035. https://doi.org/10.1080/09500693.2010.529477.

C112. McGuire, L., Monzavi, T., Hoffman, A. J., Law, F., Irvin, M. J., Winterbottom, M., Hartstone-Rose, A., Rutland, A., Burns, K. P., Butler, L., Drews, M., Fields, G. E. & Mulvey, K. L. (2021). Science and Math Interest and Gender Stereotypes: The Role of Educator Gender in Informal Science Learning Sites. *Frontiers in Psychology, 12*. https://doi.org/10.3389/fpsyg.2021.503237.

C113. McMaster, N., Carey, M. D., Da Martin & Martin, J. (2023). Raising Primary School Boys' and Girls' Awareness and Interest in STEM-Related Activities, Subjects, and Careers: An Exploratory Case Study. *Journal of New Approaches in Educational Research, 12*(1), 1–18. https://doi.org/10.7821/naer.2023.1.1135.

C114. Meyerhoffer, N. & Dreesmann, D. C. (2020). Expert video exchanges in bilingual biology lessons – student's intrinsic motivation and subject-specific interest. *Journal of Biological Education, 54*(3), 315–327. https://doi.org/10.1080/00219266.2019.1575265.

C115. Mills, R., Tomas, L., Whiteford, C. & Lewthwaite, B. (2020). Developing Middle School Students' Interest in Learning Science and Geology Through Slowmation. *Research in Science Education, 50*(4), 1501–1520. https://doi.org/10.1007/s11165-018-9741-8.

C116. Minkley, N., Xu, K. M. & Krell, M. (2021). Analyzing Relationships Between Causal and Assessment Factors of Cognitive Load: Associations Between Objective and Subjective Measures of Cognitive Load, Stress, Interest, and Self-Concept. *Frontiers in Education, 6*. https://doi.org/10.3389/feduc.2021.632907.

C117. Mitsopoulou, AG & Pavlatou, E. A. (2021). Factors Associated with the Development of Secondary School Students' Interest towards STEM Studies. *Education Sciences, 11*(11). https://doi.org/10.3390/educsci11110746.

C118. Mohtar, L. E., Halim, L., Abd Rahman, N., Maat, S. M., Iksan, Z. H. & Osman, K. (2019). A Model of Interest in STEM Careers Among Secondary School Students. *Journal of Baltic Science Education, 18*(3), 404–416. https://doi.org/10.33225/jbse/19.18.404.

C119. Naukkarinen, J., Korpinen, K., & Silventoinen, P. (2023). Upper secondary school students' gendered interests in electronics and electrical engineering. *Research in Science & Technological Education, 41*(4), 1412–1432. https://doi.org/10.1080/02635143.2021.2008342.

C120. Neubauer, K., Geyer, C. & Lewalter, D. (2014). The Relevance of Basic Needs for Situational Interest in Museum Visits with Different Instructional Designs. *Psychologie in Erziehung und Unterricht, 61*(1), 28–41. https://doi.org/10.2378/peu2014arto4d.

C121. Nnamani, O., Hadebe-Ndlovu, B. N., Okeke, C. I. & Ede, M. O. (2023). Effect of Jigsaw and Team Pair-Solo cooperative learning strategies on interest in Basic Science of primary school children with visual impairment. *Psychology in the Schools, 60*(7), 2430–2446. https://doi.org/10.1002/pits.22866.

C122. Ochsen, S., Bernholt, A., Grund, S. & Bernholt, S. (2023). Interestingness is in the eye of the beholder – the impact of formative assessment on students' situational interest in chemistry classrooms. *International Journal of Science Education, 45*(5), 383–404. https://doi.org/10.1080/09500693.2022.2163204.

C123. Ocumpaugh, J., San Pedro, M. O., Lai, H. Y., Baker, R. S. & Borgen, F. (2016). Middle School Engagement with Mathematics Software and Later Interest and Self-Efficacy for STEM Careers. *Journal of Science Education and Technology, 25*(6), 877–887. https://doi.org/10.1007/s10956-016-9637-1.

C124. Olsen, R. V. & Lie, S. (2011). Profiles of Students' Interest in Science Issues around the World: Analysis of data from PISA 2006. *International Journal of Science Education, 33*(1), 97–120. https://doi.org/10.1080/09500693.2010.518638.

C125. Oon, P. T. & Subramaniam, R. (2011). On the Declining Interest in Physics among Students-From the perspective of teachers. *International Journal of Science Education, 33*(5), 727–746. https://doi.org/10.1080/09500693.2010.500338.

C126. Patall, E. A., Vasquez, A. C., Steingut, R. R., Trimble, S. S. & Pituch, K. A. (2016). Daily interest, engagement, and autonomy support in the high school science classroom. *Contemporary Educational Psychology, 46,* 180–194. https://doi.org/10.1016/j.cedpsych.2016.06.002.

C127. Peterman, K., Kermish-Allen, R., Knezek, G., Christensen, R. & Tyler-Wood, T. (2016). Measuring Student Career Interest within the Context of Technology-Enhanced STEM Projects: A Cross-Project Comparison Study Based on the Career Interest Questionnaire. *Journal of Science Education and Technology, 25*(6), 833–845. https://doi.org/10.1007/s10956-016-9617-5.

C128. Potvin, P., Ayotte-Beaudet, J. P., Hasni, A., Smith, J., Giamellaro, M., Lin, T. J. & Tsai, C. C. (2023). Development and Validation of a Questionnaire to Assess Situational Interest in a Science Period: a Study in Three Cultural/Linguistic Contexts. *Research in Science Education, 53*(1), 99–120. https://doi.org/10.1007/s11165-022-10050-0.

C129. Potvin, P. & Hasni, A. (2014). Analysis of the Decline in Interest Towards School Science and Technology from Grades 5 Through 11. *Journal of Science Education and Technology, 23*(6), 784–802. https://doi.org/10.1007/s10956-014-9512-x.

C130. Qian, H. F., Wei, N. N., Zhang, R. L., Tang, Y. F. & Luo, G. X. (2023). Social support and continuing motivation in chemistry: the mediating roles of interest in chemistry and chemistry self-efficacy. *Chemistry Education Research & Practice, 24*(2), 478–493. https://doi.org/10.1039/d2rp00165a.

C131. Rachmatullah, A. & Wiebe, E. N. (2023). Exploring middle school students‘ interests in computationally intensive science careers: The CISCI instrument validation and intervention. *Science Education, 107*(2), 333–367. https://doi.org/10.1002/sce.21771.

C132. Randler, C., Osti, J. & Hummel, E. (2012). Decline in Interest in Biology among Elementary School Pupils During a Generation. *Eurasia Journal of Mathematics Science and Technology Education, 8*(3), 201–205.

C133. Rautenstrauch, H. & Busker, M. (2021). Comparison of integrated natural sciences and specialized chemistry classes – a study on the interest of students and their perceived self-efficacy in chemical contents. *Chemkon, 28*(1), 6–16. https://doi.org/10.1002/ckon.201900029.

C134. Razali, F. (2021). Exploring Crucial Factors of an Interest in STEM Career Model among Secondary School Students. *International Journal of Instruction, 14*(2), 385–404. https://doi.org/10.29333/iji.2021.14222a.

C135. Reed, A. H., Angolia, M. G., Sluder, L. G. & Pagliari, L. R. (2022). Using STEM Camps to Improve Female Interest in Technology Careers. *Journal of Youth Development, 17*(3), 90–104. https://doi.org/10.5195/jyd.2022.1233.

C136. Rochera, M. J., Merino, I., Oller, J. & Coll, C. (2019). Children's and Adolescents' Specific Interest in Science and Technology, Participation in Out-of-School Activities and Inclination to Become Scientists. *Journal of Science Education and Technology, 28*(4), 399–413. https://doi.org/10.1007/s10956-019-09776-w.

C137. Roller, S. A., Lampley, S. A., Dillihunt, M. L., Benfield, M. P., Gholston, S. E., Turner, M. W. & am Davis (2020). Development and Initial Validation of the Student Interest and Choice in STEM (SIC-STEM) Survey 2.0 Instrument for Assessment of the Social Cognitive Career Theory Constructs. *Journal of Science Education and Technology, 29*(5), 646–657. https://doi.org/10.1007/s10956-020-09843-7.

C138. Rollke, K., Sellmann-Risse, D., Wenzel, A. & Grotjohann, N. (2021). Impact of inquiry-based learning in a molecular biology class on the dimensions of students' situational interest. *International Journal of Science Education, 43*(17), 2843–2865. https://doi.org/10.1080/09500693.2021.1993377.

C139. Romine, W., Sadler, T. D., Presley, M. & Klosterman, M. L. (2014). Student interest in Technology and Science (SITS) Survey: Development, Validation, and Use of a New Instrument. *International Journal of Science and Mathematics Education, 12*(2), 261–283. https://doi.org/10.1007/s10763-013-9410-3.

C140. Romine, W., Tsai, C. L., Miller, M., Tang, N. E. & Folk, W. (2020). Evaluation of a Process by which Individual Interest Supports Learning Within a Formal Middle School Classroom Context. *International Journal of Science and Mathematics Education, 18*(7), 1419–1439. https://doi.org/10.1007/s10763-019-10032-1.

C141. Rotgans, J. I. & Schmidt, H. G. (2017a). Interest development: Arousing situational interest affects the growth trajectory of individual interest. *Contemporary Educational Psychology, 49*, 175–184. https://doi.org/10.1016/j.cedpsych.2017.02.003.

C142. Rotgans, J. I. & Schmidt, H. G. (2017b). The relation between individual interest and knowledge acquisition. *British Educational Research Journal, 43*(2), 350–371. https://doi.org/10.1002/berj.3268.

C143. Rotgans, J. I. & Schmidt, H. G. (2018). How individual interest influences situational interest and how both are related to knowledge acquisition: A microanalytical investigation. *Journal of Educational Research, 111*(5), 530–540. https://doi.org/10.1080/00220671.2017.1310710.

C144. Sachisthal, M. S., Jansen, B. R., Peetsma, T. T., Dalege, J., van der Maas, H. L. & Raijmakers, M. E. (2019). Introducing a Science Interest Network Model to Reveal Country Differences. *Journal of Educational Psychology, 111*(6), 1063–1080. https://doi.org/10.1037/edu0000327.

C145. Sachisthal, M. S., Jansen, B. R., Dalege, J. & Raijmakers, M. E. (2020). Relating teenagers' science interest network characteristics to later science course enrolment: An analysis of Australian PISA 2006 and Longitudinal Surveys of Australian Youth data. *Australian Journal of Education, 64*(3), 264–281. https://doi.org/10.1177/0004944120957477.

C146. Sainz, M., Upadyaya, K. & Salmela-Aro, K. (2021). The Co-Development of Science, Math, and Language Interest Among Spanish and Finnish Secondary School Students. *Frontiers in Education, 6.* https://doi.org/10.3389/feduc.2021.684543.

C147. Sakellariou, C. & Fang, Z. (2021). Self-efficacy and interest in STEM subjects as predictors of the STEM gender gap in the US: The role of unobserved heterogeneity. *International Journal of Educational Research, 109.* https://doi.org/10.1016/j.ijer.2021.101821.

C148. Schmäing, T., & Grotjohann, N. (2024). A classroom station work on the Wadden Sea and its influence on the motivation and interest. *European Journal of Psychology of Education, 39*(2), 455–473. https://doi.org/10.1007/s10212-023-00699-0.

C149. Schneider, B., Chen, I. C., Bradford, L. & Bartz, K. (2022). Intervention initiatives to raise young people's interest and participation in STEM. *Frontiers in Psychology, 13.* https://doi.org/10.3389/fpsyg.2022.960327.

C150. Schneider, R., Gentrup, S., Jansen, M., & Stanat, P. (2024). Kohortentrends in schulfachbezogenen Selbstkonzepten und Interessen bei Mädchen und Jungen. *Zeitschrift für Pädagogische Psychologie, 38*(4), 279-293. https://doi.org/10.1024/1010-0652/a000346.

C151. Schultheis, E. H., Kjelvik, M. K., Snowden, J., Mead, L. & Stuhlsatz, M. A. (2023). Effects of Data Nuggets on Student Interest in STEM Careers, Self-efficacy in Data Tasks, and Ability to Construct Scientific Explanations. *International Journal of Science and Mathematics Education, 21*(4), 1339–1362. https://doi.org/10.1007/s10763-022-10295-1.

C152. Seidelin, L., Albrechtsen, T. R., Schops, K., Holmer, M. & Wahlberg, M. (2021). Does teaching about artificial reefs trigger students' situational interest in marine biology? *Journal of Biological Education, 55*(3), 264–275. https://doi.org/10.1080/00219266.2019.1679659.

C153. Sellami, A., El-Kassem, R. C., Al-Qassass, H. B. & Al-Rakeb, N. A. (2017). A Path Analysis of Student Interest in STEM, with Specific Reference to Qatari Students. *Eurasia Journal of Mathematics Science and Technology Education, 13*(9), 6045–6067. https://doi.org/10.12973/eurasia.2017.00999a.

C154. Sellami, A. L., Al-Rakeb, N. A. & Tok, E. (2023). Secondary School Students‘ Interest in STEM Careers in Qatar. *Education Sciences, 13*(4). https://doi.org/10.3390/educsci13040369.

C155. Sha, L., Schunn, C., Bathgate, M. & Ben-Eliyahu, A. (2016). Families support their children‘s success in science learning by influencing interest and self-efficacy. *Journal of Research in Science Teaching, 53*(3), 450–472. https://doi.org/10.1002/tea.21251.

C156. Shahali, E. H.M.; Halim, L.; Rasul, M. S.; Osman, K.; Zulkifeli, M. A. (2017): STEM Learning through Engineering Design: Impact on Middle Secondary Students' Interest towards STEM. *Eurasia Journal of Mathematics, Science and Technology Education, 13*(5), S. 1189–1211. https://doi.org/10.12973/eurasia.2017.00667a.

C157. Sheldrake, R. (2016). Confidence as motivational expressions of interest, utility, and other influences: Exploring under-confidence and over-confidence in science students at secondary school. *International Journal of Educational Research, 76,* 50–65. https://doi.org/10.1016/j.ijer.2015.12.001.

C158. Simunovic, M. & Babarovic, T. (2021). The Role of Parental Socializing Behaviors in Two Domains of Student STEM Career Interest. *Research in Science Education, 51*(4), 1055–1071. https://doi.org/10.1007/s11165-020-09938-6.

C159. Siregar, N. C., Rosli, R. & Nite, S. (2023). Students? interest in Science, Technology, Engineering, and Mathematics (STEM) based on parental education and gender factors. *International Electronic Journal of Mathematics Education, 18*(2). https://doi.org/10.29333/iejme/13060.

C160. Song, J., Gaspard, H., Nagengast, B. & Trautwein, U. (2020). The Conscientiousness x Interest Compensation (CONIC) Model: Generalizability Across Domains, Outcomes, and Predictors. *Journal of Educational Psychology, 112*(2), 271–287. https://doi.org/10.1037/edu0000379.

C161. Srikoon, S., Apaivatin, R., Monsang, P., Khamngoen, S. & Malaitao, T. (2020). Construct Validity of Assessing Interest in STEM Content Scale. *Education Research International, 2020,* 1–7. https://doi.org/10.1155/2020/1696494.

C162. Staus, N. L., Lesseig, K., Lamb, R., Falk, J. & Dierking, L. (2020). Validation of a Measure of STEM Interest for Adolescents. *International Journal of Science and Mathematics Education, 18*(2), 279–293. https://doi.org/10.1007/s10763-019-09970-7.

C163. Steidtmann, L., Kleickmann, T. & Steffensky, M. (2023). Declining interest in science in lower secondary school classes: Quasi-experimental and longitudinal evidence on the role of teaching and teaching quality. *Journal of Research in Science Teaching, 60*(1), 164–195. https://doi.org/10.1002/tea.21794.

C164. Sulaiman, F., Rosales, J. J. & Kyung, L. J. (2023). The Effectiveness of the Intergrated STEM-PBL Physics Module on Students' Interest, Sense-making and Effort. *Journal of Baltic Science Education, 22*(1), 113–129. https://doi.org/10.33225/jbse/23.22.113.

C165. Sun, J. C., Ye, S. L., Yu, S. J. & Chiu, T. K. (2023). Effects of Wearable Hybrid AR/VR Learning Material on High School Students‘ Situational Interest, Engagement, and Learning Performance: the Case of a Physics Laboratory Learning Environment. *Journal of Science Education and Technology, 32*(1), 1–12. https://doi.org/10.1007/s10956-022-10001-4.

C166. am Svedholm-Hakkinen & Lindeman, M. (2016). Testing the Empathizing-Systemizing theory in the general population: Occupations, vocational interests, grades, hobbies, friendship quality, social intelligence, and sex role identity. *Personality and Individual Differences, 90,* 365–370. https://doi.org/10.1016/j.paid.2015.11.044.

C167. Swarat, S., Ortony, A. & Revelle, W. (2012). Activity matters: Understanding student interest in school science. *Journal of Research in Science Teaching, 49*(4), 515–537. https://doi.org/10.1002/tea.21010.

C168. Swirski, H., Baram-Tsabari, A. & Yarden, A. (2018). Does interest have an expiration date? An analysis of students‘ questions as resources for context-based learning. *International Journal of Science Education, 40*(10), 1136–1153. https://doi.org/10.1080/09500693.2018.1470348.

C169. Tang, X., Renninger, K. A., Hidi, S. E., Murayama, K., Lavonen, J. & Salmela-Aro, K. (2022). The differences and similarities between curiosity and interest: Meta-analysis and network analyses. *Learning and Instruction, 80,* 101.628. https://doi.org/10.1016/j.learninstruc.2022.101628.

C170. Tapola, A., Jaakkola, T. & Niemivirta, M. (2014). The Influence of Achievement Goal Orientations and Task Concreteness on Situational Interest. *Journal of Experimental Education, 82*(4), 455–479. https://doi.org/10.1080/00220973.2013.813370.

C171. Tapola, A., Veermans, M. & Niemivirta, M. (2013). Predictors and outcomes of situational interest during a science learning task. *Instructional Science, 41*(6), 1047–1064. https://doi.org/10.1007/s11251-013-9273-6.

C172. Tatiana, S., Hanna, J., Kristiina, M., Jouni, P. & Sanna, J. (2022). The Changes in Lower Secondary School Students‘ Interest During Collaborative Learning. *Scandinavian Journal of Educational Research, 66*(7), 1127–1140. https://doi.org/10.1080/00313831.2021.1958377.

C173. Tellhed, U., Bjorklund, F. & Strand, K. K. (2023). Tech-Savvy Men and Caring Women: Middle School Students‘ Gender Stereotypes Predict Interest in Tech-Education. *Sex Roles, 88*(7–8), 307–325. https://doi.org/10.1007/s11199-023-01353-1.

C174. Teodorovic, J., Milin, V., Bodroza, B., Deric, I. D., Vujacic, M., Im Jaksic, Stankovic, D., Cankar, G., Charalambous, C. Y., van Damme, J. & Kyriakides, L. (2022). Testing the dynamic model of educational effectiveness: the impact of teacher factors on interest and achievement in mathematics and biology in Serbia. *School Effectiveness and School Improvement, 33*(1), 51–85. https://doi.org/10.1080/09243453.2021.1942076.

C175. Teppo, M., Soobard, R., & Rannikmae, M. (2021). Grade 6 & 9 Student and Teacher Perceptions of Teaching and Learning Approaches in Relation to Student Perceived Interest/Enjoyment Towards Science Learning. *Journal of Baltic Science Education, 20*(1), 119–133. https://doi.org/10.33225/jbse/21.20.119.

C176. Tey, T. C., Moses, P. & Cheah, P. K. (2020). Teacher, parental and friend influences on STEM interest and career choice intention. *Issues in Educational Research, 30*(4), 1558–1575.

C177. Toli, G. & Kallery, M. (2021). Enhancing Student Interest to Promote Learning in Science: The Case of the Concept of Energy. *Education Sciences, 11*(5). https://doi.org/10.3390/educsci11050220.

C178. Toma, R. B. (2022). Elementary school students' interests and attitudes towards biology and physics. *Journal of Biological Education,* 1–12. https://doi.org/10.1080/00219266.2022.2147208.

C179. Trobst, S., Kleickmann, T., Lange-Schubert, K., Rothkopf, A. & Moller, K. (2016). Instruction and Students‘ Declining Interest in Science: An Analysis of German Fourth- and Sixth-Grade Classrooms. *American Educational Research Journal, 53*(1), 162–193. https://doi.org/10.3102/0002831215618662.

C180. Tsai, L. T., Chang, C. C. & Cheng, H. T. (2021). Effects of a STEM-oriented Course on Students' Marine Science Motivation, Interest, and Achievements. *Journal of Baltic Science Education, 20*(1), 134–145. https://doi.org/10.33225/jbse/21.20.134.
C181. Tucker-Drob, E. M., Cheung, A. K. & Da Briley (2014). Gross Domestic Product, Science Interest, and Science Achievement: A Person x Nation Interaction. *Psychological Science, 25*(11), 2047–2057. https://doi.org/10.1177/0956797614548726.
C182. Turner, S. L., Joeng, JR, Sims, M. D., Dade, S. N. & Reid, M. F. (2019). SES, Gender, and STEM Career Interests, Goals, and Actions: A Test of SCCT. *Journal of Career Assessment, 27*(1), 134–150. https://doi.org/10.1177/1069072717748665.
C183. Tyler-Wood, T., Ellison, A., Lim, O. & Periathiruvadi, S. (2012). Bringing Up Girls in Science (BUGS): The Effectiveness of an Afterschool Environmental Science Program for Increasing Female Students' Interest in Science Careers. *Journal of Science Education and Technology, 21*(1), 46–55. https://doi.org/10.1007/s10956-011-9279-2.
C184. Uitto, A. (2014). Interest, Atttitudes and Self-Efficacy Beliefs Explaining Upper-Secondary School Students' Orientation Towards Biology-Related Careers. *International Journal of Science and Mathematics Education, 12*(6), 1425–1444. https://doi.org/10.1007/s10763-014-9516-2.
C185. Uitto, A., Juuti, K., Lavonen, J., Byman, R. & Meisalo, V. (2011). Secondary school students' interests, attitudes and values concerning school science related to environmental issues in Finland. *Environmental Education Research, 17*(2), 167–186. https://doi.org/10.1080/13504622.2010.522703.
C186. van Griethuijsen, R., van Eijck, M. W., Haste, H., Brok, P. J. den, Skinner, N., Mansour, N., Gencer, A. S. & BouJaoude, S. (2015). Global Patterns in Students' Views of Science and Interest in Science. *Research in Science Education, 45*(4), 581–603. https://doi.org/10.1007/s11165-014-9438-6.
C187. van Meter-Adams, A., Frankenfeld, C. L., Bases, J., Espina, V. & La Liotta (2014). Students Who Demonstrate Strong Talent and Interest in STEM Are Initially Attracted to STEM through Extracurricular Experiences. *CBE-Life Sciences Education, 13*(4), 687–697. https://doi.org/10.1187/cbe.13-11-0213.
C188. Veldman, J., van Laar, C., Thoman, D. B. & van Soom, C. (2021). „Where will I belong more?": The role of belonging comparisons between STEM fields in high school girls' STEM interest. *Social Psychology of Education, 24*(5), 1363-1387. https://doi.org/10.1007/s11218-021-09663-6.

C189. Wang, N., Tan, A. L., Xiao, W. R., Zeng, F., Xiang, J. & Duan, W. (2021). The Effect of Learning Experiences on Interest in STEM Careers: A structural equation model. *Journal of Baltic Science Education, 20*(4), 651–663. https://doi.org/10.33225/jbse/21.20.651.

C190. Ward, T. J., Delaloye, N., Adams, E. R., Ware, D., Vanek, D., Knuth, R., Hester, C. L., Marra, N. N. & Holian, A. (2016). Air Toxics Under the Big Sky: examining the effectiveness of authentic scientific research on high school students' science skills and interest. *International Journal of Science Education, 38*(6), 905–921. https://doi.org/10.1080/09500693.2016.1167984.

C191. Williams, A. J., Danovitch, J. H. & Mills, C. M. (2021). Exploring Sources of Individual Differences in Children's Interest in Science. *Mind, Brain and Education, 15*(1), 67–76. https://doi.org/10.1111/mbe.12263.

C192. Wolf, V., Hsiao, V., Rodriguez, B., Min, A., Mayorga, J. & Ashcroft, J. (2022). Utilization of Remote Access Electron Microscopes to Enhance Technology Education and Foster STEM Interest in Preteen Students. *Research in Science Education, 52*(2), 617–634. https://doi.org/10.1007/s11165-020-09964-4.

C193. Yang, G., Badri, M., Al-Mazroui, K., Al-Rashedi, A. & Nai, P. (2017). Science as Interests but not for Career: Understanding High School Students' Engagement in Science in Abu Dhabi. *Eurasia Journal of Mathematics Science and Technology Education, 13*(7), 3621–3639. https://doi.org/10.12973/eurasia.2017.00749a.

C194. Zhao, T. & Perez-Felkner, L. (2022). Perceived abilities or academic interests? Longitudinal high school science and mathematics effects on postsecondary STEM outcomes by gender and race. *International Journal of STEM Education, 9*(1). https://doi.org/10.1186/s40594-022-00356-w.

C195. Zheng, A. Q., Tucker-Drob, E. M. & Da Briley (2019). National Gross Domestic Product, Science Interest, and Science Achievement: A Direct Replication and Extension of the Tucker-Drob et al. (2014) Study. *Psychological Science, 30*(5), 776–788. https://doi.org/10.1177/0956797619835768.

C196. Zoechling, S., Hopf, M., Woithe, J. & Schmeling, S. (2022). Students' interest in particle physics: conceptualisation, instrument development, and evaluation using Rasch theory and analysis. *International Journal of Science Education, 44*(15), 2353–2380. https://doi.org/10.1080/09500693.2022.2122897.

Literatur

Ainley, M., Hidi, S. E., & Berndorff, D. (2002). Interest, learning, and the psychological processes that mediate their relationship. *Journal of Educational Psychology, 94*(3), 545–561. https://doi.org/10.1037/0022-0663.94.3.545.

Ayres, P., Lee, J. Y., Paas, F., & van Merriënboer, J. J. G. (2021). The Validity of Physiological Measures to Identify Differences in Intrinsic Cognitive Load. *Frontiers in Psychology, 12,* Article 702538. https://doi.org/10.3389/fpsyg.2021.702538.

Babiker, A., Baashar, Y., Alkahtani, A. A., Faye, I., & Alkawsi, G. (2021). Towards Detection of Interest Using Physiological Sensors. *Applied Sciences, 11*(3), 1318. https://doi.org/10.3390/app11031318.

Häußler, P., Hoffman, L., Langeheine, R., Rost, J., & Sievers, K. (1998). A typology of students' interest in physics and the distribution of gender and age within each type. *International Journal of Science Education, 20*(2), 223–238. https://doi.org/10.1080/0950069980200207.

Hidi, S. (1990). Interest and Its Contribution as a Mental Resource for Learning. *Review of Educational Research, 60*(4), 549–571. https://doi.org/10.3102/00346543060004549.

Hidi, S. E. (2006). Interest: A unique motivational variable. *Educational Research Review, 1*(2), 69–82. https://doi.org/10.1016/j.edurev.2006.09.001.

Hidi, S. E., & Renninger, K. A. (2006). The Four-Phase Model of Interest Development. *Educational Psychologist, 41*(2), 111–127. https://doi.org/10.1207/s15326985ep4102_4.

Hidi, S. E., & Renninger, K. A. (2019). Interest Development and Its Relation to Curiosity: Needed Neuroscientific Research. *Educational Psychology Review, 31*(4), 833–852. https://doi.org/10.1007/s10648-019-09491-3.

Holland, J. L. (1997). *Making vocational choices: A theory of vocational personalities and work environments* (3. Aufl.). Psychological Assessment Resources.

Iskander, E. T., Gore, P. A., Furse, C., & Bergerson, A. (2013). Gender Differences in Expressed Interests in Engineering-Related Fields ACT 30-Year Data Analysis Identified Trends and Suggested Avenues to Reverse Trends. *Journal of Career Assessment, 21*(4), 599–613. https://doi.org/10.1177/1069072712475290.

Jansen, M., Lüdtke, O., & Schroeders, U. (2016). Evidence for a positive relation between interest and achievement: Examining between-person and within-person variation in five domains. *Contemporary Educational Psychology, 46,* 116–127. https://doi.org/10.1016/j.cedpsych.2016.05.004.

Kane, M. T. (2013). Validating the Interpretations and Uses of Test Scores. *Journal of Educational Measurement, 50*(1), 1–73. https://doi.org/10.1111/jedm.12000.

Krapp, A. (1999). Interest, motivation and learning: An educational-psychological perspective. *European Journal of Psychology of Education, 14*(1), 23–40.

Krapp, A. (2002). An educational–psychological theory of interest and its relation to SDT. In E. L. Deci & R. M. Ryan (Hrsg.), *Handbook of self-determination research* (1. publ, S. 405–427). University of Rochester Press.

Krapp, A. (2007). An educational–psychological conceptualisation of interest. *International Journal for Educational and Vocational Guidance, 7*(1), 5–21. https://doi.org/10.1007/s10775-007-9113-9.

Krapp, A., & Prenzel, M. (2011). Research on Interest in Science: Theories, methods, and findings. *International Journal of Science Education, 33*(1), 27–50. https://doi.org/10.1080/09500693.2010.518645.

Lauermann, F., Tsai, Y.-M. & Eccles, J. S. (2017). Math-related career aspirations and choices within Eccles et al.'s expectancy-value theory of achievement-related behaviors. *Developmental Psychology, 53*(8), 1540–1559. https://doi.org/10.1037/dev0000367.

Lent, R. W., Brown, S. D., & Hackett, G. (1994). Toward a Unifying Social Cognitive Theory of Career and Academic Interest, Choice, and Performance. *Journal of Vocational Behavior, 45*(1), 79–122. https://doi.org/10.1006/jvbe.1994.1027.

Lent, R. W., Brown, S. D., & Hackett, G. (2002). Social Cognitive Career Theory. In D. Brown (Hrsg.), *Career choice and development* (S. 255–311). Jossey-Bass.

Lüftenegger, M., Schober, B., van de Schoot, R., Wagner, P., Finsterwald, M., & Spiel, C. (2012). Lifelong learning as a goal – Do autonomy and self-regulation in school result in well prepared pupils? *Learning and Instruction, 22*(1), 27–36. https://doi.org/10.1016/j.learninstruc.2011.06.001.

McAlpin, J. D., Kulatunga, U., & Lewis, J. E. (2023). Using social influence models to characterize student interest in a general chemistry peer-led team learning setting. *Chemistry Education Research and Practice, 24*(3), 1003–1024. https://doi.org/10.1039/d2rp00296e.

Osborne, J. F. & Dillon, J. S. (2008). *Science Education in Europe: Critical Reflections.* King's College London, School of Education.

Potvin, P., & Hasni, A. (2014). Interest, motivation and attitude towards science and technology at K-12 levels: A systematic review of 12 years of educational research. *Studies in Science Education, 50*(1), 85–129. https://doi.org/10.1080/03057267.2014.881626.

Renninger, K. A., & Hidi, S. E. (2011). Revisiting the Conceptualization, Measurement, and Generation of Interest. *Educational Psychologist, 46*(3), 168–184. https://doi.org/10.1080/00461520.2011.587723.

Schiefele, U. (2009). Situational and Individual Interest. In K. R. Wentzel & A. Wigfield (Hrsg.), *Handbook of Motivation at School* (S. 211–236). Routledge.

Su, R. & Rounds, J. (2015). All STEM fields are not created equal: People and things interests explain gender dispar ties across STEM fields. *Frontiers in Psychology, 6*. https://doi.org/10.3389/fpsyg.2015.00189.

Tucker-Drob, E. M., Cheung, A. K. & Da Briley (2014). Gross Domestic Product, Science Interest, and Science Achievement: A Person x Nation Interaction. *Psychological Science, 25*(11), 2047–2057. https://doi.org/10.1177/0956797614548726.

Valian, V. (2014). Interests, Gender, and Science. *Perspectives on Psychological Science, 9*(2), 225–230. https://doi.org/10.1177/1745691613519109.

Empirische Befunde der Interessenforschung der Fächer Biologie, Chemie und Physik im Primar- und Sekundarbereich seit 2012 – Ein systematisches Review

Sebastian Habig, Nadine Großmann, Andrea M. Schmid, Helena van Vorst, Sabine Fechner und Matthias Wilde

S. Habig (✉)
Didaktik der Chemie, Friedrich-Alexander-Universität Erlangen-Nürnberg, Nürnberg, Deutschland
E-Mail: sebastian.habig@fau.de

N. Großmann
Didaktik der Biologie, Universität zu Köln, Köln, Deutschland
E-Mail: nadine.grossmann@uni-koeln.de

A. M. Schmid
Institut für Fachdidaktik MINT und Nachhaltigkeit, Pädagogische Hochschule Luzern, Luzern, Schweiz
E-Mail: andrea.schmid3@phlu.ch

H. van Vorst
Didaktik der Chemie, Universität Duisburg-Essen, Duisburg-Essen, Deutschland
E-Mail: helena.vanvorst@uni-due.de

S. Fechner
Didaktik der Chemie, Universität Paderborn, Paderborn, Deutschland
E-Mail: sabine.fechner@uni-paderborn.de

M. Wilde
Universität Bielefeld, Biologiedidaktik, Bielefeld, Deutschland
E-Mail: matthias.wilde@uni-bielefeld.de

O. Krey et al. (Hrsg.), *Interesse revisited*,
https://doi.org/10.1007/978-3-658-48542-9_4

1 Einführung und Motivation

Die naturwissenschaftlichen Fächer – mit Ausnahme des Fachs Biologie – gelten seit je her als eher unbeliebte Unterrichtsfächer unter Schüler:innen in Deutschland (Jugendwerk der Deutschen Shell, 1992; Merzyn, 2008; Borgstedt et al., 2024). PISA-Ergebnisse zeigen zudem eine Abnahme der Freude am naturwissenschaftlichen Lernen und einen deutlichen Rückgang der instrumentellen Lernmotivation im naturwissenschaftlichen Bereich im Zeitraum von 2006 bis 2015. Gleichzeitig kann eine vergleichsweise hohe Spannbreite an Interessenlagen von Kindern und Jugendlichen an naturwissenschaftsbezogenen Themen beobachtet werden (Awisati & González-Sancho, 2016). Mit der Frage nach den Gründen, warum sich (junge) Menschen lieber mit den einen als den anderen Themen oder Fragestellungen beschäftigen und wie selbstintentionale Lernprozesse entstehen, befasst sich die pädagogisch-psychologische Forschung seit vielen Jahren im Kontext der Lernmotivationsforschung. Lernmotivation beschreibt die Bereitschaft von Individuen, sich selbstintentional, aktiv und zielorientiert mit Inhalten zu beschäftigen, um Wissen und Fertigkeiten diesbezüglich zu erwerben (Krapp, 1993). Die in dieser Definition deutlich werdende Gegenstands- und Inhaltsspezifität gilt insbesondere für das Interessenkonstrukt. In diesem Beitrag soll als systematische Übersichtsarbeit der Forschungsstand zur fachbezogenen Interessenforschung der Fächer Biologie, Chemie und Physik seit 2012 berichtet werden. Unser Review orientiert sich an dieser Definition des Interessenbegriffs (s. o., Krapp, 1993) und schließt alle empirischen Studien ein, die Interesse explizit adressieren und diese Definition teilen.

2 Theoretischer Hintergrund

Die pädagogisch-psychologische und fachdidaktische Interessenforschung zeigte schon in den neunziger Jahren und um die Jahrtausendwende, welche Bedeutung interessenbasierte Motivation für (fachliche) Lernprozesse und Outcomes haben kann (Ainley et al., 2002; Köller et al., 2001; Schiefele et al., 1992). Vermehrt wurden Fragen bezüglich inter- und intraindividueller Interessenunterschiede von Schüler:innen untersucht und Einflussgrößen identifiziert, die situationales Interesse wecken und nachhaltig stärken können. Weiterführend stand aus entwicklungspsychologischer Perspektive die Frage im Vordergrund, inwiefern es zur Ausbildung stabiler individueller Interessen kommt und durch welche Faktoren diese Interessenentwicklung beeinflusst wird (Hidi & Renninger, 2006).

Interesse beinhaltet dabei sowohl kognitive als auch affektive Faktoren und ist teilweise durch biologische Einflüsse determiniert (Hidi & Renninger, 2006; Krapp, 1992, 1999). Zur weiteren Klärung und Kontextualisierung des Begriffs Interesse werden aus der nicht leicht einzugrenzenden Auswahl möglicher Theorien zwei prominente Interesse-Theorien exemplarisch ausgewählt und vorgestellt. Das sind die Person-Gegenstands-Theorie des Interesses nach Krapp (1992) und das Vier-Phasen-Modell zur Entwicklung von Interesse nach Hidi und Renninger (2006). Andere Interesse-Theorien, die sich unter die obige Definition fassen lassen, werden damit nicht ausgeschlossen. Vorgreifend kann allerdings ausgesagt werden, dass die meisten Bezüge der berücksichtigten Arbeiten auf die beiden genannten Theorien entfallen. Die Person-Gegenstands-Theorie des Interesses (POI) definiert Interesse als dynamischen Prozess zwischen einer Person und einem Objekt und berücksichtigt individuelle und umweltbedingte Faktoren sowie deren Interaktion (Hidi & Renninger, 2006; Krapp, 1999; Krapp & Prenzel, 2011). Es wird dabei zwischen zwei Formen von Interesse unterschieden: Situationales Interesse (a) tritt während der Auseinandersetzung mit einem Objekt in einer bestimmten Situation auf (Krapp, 1992; Renninger & Hidi, 2016). Individuelles oder auch dispositionales Interesse (b) bedeutet, dass eine Internalisierung stattgefunden hat und die Person-Gegenstands-Beziehung längerfristig besteht bzw. persistent ist (Renninger & Hidi, 2016). Während das individuelle Interesse eine eher stabile persönliche Disposition darstellt, tritt das situationale Interesse kurzfristig auf; es ist an den aktuellen Kontext geknüpft (Krapp, 1992; Renninger & Hidi, 2016). Diese Beziehung von Person und Objekt bzw. Gegenstand ist durch die drei Komponenten emotionale, wertbezogene und epistemische bzw. kognitive Valenz gekennzeichnet (Krapp, 1992, 1999; Krapp & Prenzel, 2011; Schiefele, 1991).

Das Vier-Phasen-Modell zur Entwicklung von Interesse nach Hidi und Renninger (2006) mit Interessenvalenzen nach Krapp und Prenzel (2011) verdeutlicht den Prozess der Interessenentwicklung von der ersten Zuwendung hin zu einer Internalisierung. An erster Stelle steht ein durch externe Faktoren ausgelöstes, kurzzeitiges situationales Interesse (Catch: Krapp & Prenzel, 2011; Mitchell, 1993; siehe auch POI: Krapp, 1992). In der zweiten Phase soll das kurzzeitig ausgelöste Interesse durch das Aufzeigen von persönlicher Relevanz des Interessengegenstands über einen längeren Zeitraum aufrechterhalten werden (Hold: Harackiewicz et al., 2000; Krapp & Prenzel, 2011; Mitchell, 1993; siehe auch POI: Krapp, 1992). Ab der dritten Phase wird das Interesse von der Person selbst durch interessengeleitete Fragen an das Thema oder den Gegenstand gelenkt, sodass individuelles Interesse entstehen kann (Hidi & Renninger, 2006).

Gelingt es, diese intrinsische Auseinandersetzung langfristig aufrechtzuerhalten, folgt die Internalisierung zum vollends entwickelten individuellen Interesse (Hidi & Renninger, 2006). Hidi und Renninger (2006) betonen, dass der Übergang von Phase drei zu Phase vier herausfordernd ist und nicht immer gelingt. Beim Erreichen der Internalisierung strebt die Person danach, das Interesse weiterzuentwickeln und verfügt bereits über ein breites Wissen zum Gegenstand (Hidi & Renninger, 2006; Krapp & Prenzel, 2011). Für eine ausführlichere theoretische Betrachtung des Interessenkonstrukts sei an dieser Stelle auf Beitrag Zügge & Höft (in diesem Band, Kap. „Interessentheorien revisited. Ein Überblick gängiger Interessenbegriffe und damit verbundener Beschreibungen der Interessentwicklung“) verwiesen.

Auf Basis der Person-Gegenstands-Theorie des Interesses (Krapp, 1999; Schiefele, 1991) lassen sich nach Prenzel et al. (1986) die in bisherigen Fragestellungen adressierten Bereiche durch drei theoretische Perspektiven mit deskriptiv-explanativem Charakter bearbeiten: 1) Die differenzielle Perspektive, 2) die aktualgenetische Perspektive und 3) die ontogenetische Perspektive (s. Abb. 1).

Während aus differenzieller Perspektive vor allem intra- und interindividuelle Unterschiede der Interessenausprägungen untersucht werden, befasst sich die aktualgenetische Perspektive mit situationalen Interessenhandlungen in spezifischen Situationen und Kontexten. Fragen hinsichtlich der Genese und Entwicklung von Interessen über längere Zeiträume werden aus ontogenetischer Perspektive bearbeitet.

Die GDCP-Schwerpunkttagung *Interesse Revisited* zum Anlass nehmend, hat sich die Autor:innengruppe dieses Beitrags zur Erstellung eines systematischen

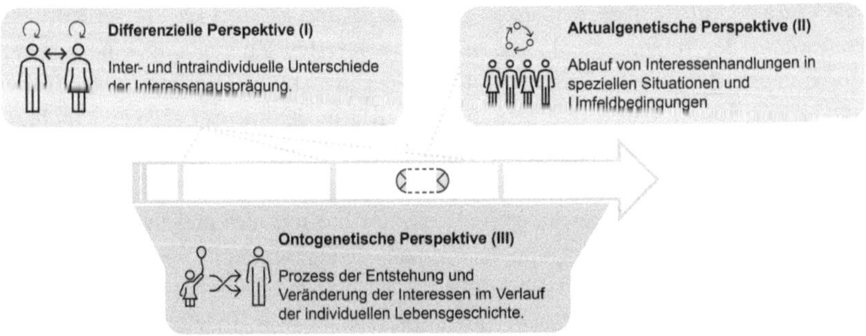

Abb. 1 Übersicht über theoretische Perspektiven gemäß Prenzel et al. (1986)

Reviews entschlossen, das den Anspruch hat, fachbezogene, empirische Forschungsarbeiten im Zeitraum von 2012 bis 2023 zum Themenfeld Interesse zusammenzufassen und so einen Überblick über aktuelle Entwicklungen, Forschungsfelder und Forschungsdesiderata zu bieten. Mit diesem Ziel vor Augen erscheint uns die Orientierung an den skizzierten theoretischen Perspektiven als sinnvoll, weil sie eine umfassende Analyse des häufig sehr unterschiedlich interpretierten Interessenkonstrukts ermöglicht. Neben der strukturgebenden Funktion für die Zuordnung von Forschungsergebnissen ergibt sich zudem das Potenzial, künftig zu einer Erhöhung der Präzision in der Hypothesenbildung beizutragen, indem sich künftige Forschungsanliegen gezielt auf theoretische Perspektiven zum Interessenkonstrukt beziehen können. Auch aufgrund der Ergebnisse des vergleichbaren systematischen Reviews von Potvin und Hasni (2014) war anzunehmen, dass die meisten Studien Fragestellungen aus den gewählten Perspektiven bearbeiteten und diese nur in seltenen Fällen gezielt kombinieren.

3 Methodik

3.1 Rahmen des Reviews und Forschungsfragen

Um einen Überblick über empirische Ergebnisse fachbezogener Interessenforschung gewinnen zu können, mussten zunächst einige Rahmenbedingungen festgelegt und Eingrenzungen sowohl des zu untersuchenden Themenfelds als auch des berücksichtigten Zeitraums vorgenommen werden. Anknüpfend an das bereits genannte systematische Review von Potvin und Hasni (2014) wurde entschieden, Arbeiten zu berücksichtigen, die im Zeitraum von 2012–2023 und als originale Artikel in deutscher oder englischer Sprache in peer-review Zeitschriften erschienen sind, um sicherzustellen, dass vor Veröffentlichung eine grundlegende qualitätssichernde Maßnahme durchlaufen wurde. Dabei haben wir nicht erneut die Qualität des peer-review geprüft, sondern dies als Kriterium für die Suche in wissenschaftlichen Arbeiten genutzt. Es wurden Artikel gesucht, die sich explizit aus Perspektive der Fächer Physik, Chemie und/oder Biologie sowie zusammenfassend für Science, Technology, Engineering and Mathematics (STEM) mit Interessenkonstrukten beschäftigen und sich diese (häufig neben anderen) in den zugrunde liegenden Forschungsanliegen oder -fragen erkennen lassen. Arbeiten, die sich ausschließlich auf die Mathematik- oder Technikdidaktik beziehen, sowie allgemein pädagogisch-psychologisch bzw. erziehungswissenschaftlich geprägte Arbeiten ohne direkten Fachbezug wurden ausgeschlossen. Bei der Auswahl von Studien stand als Kern von Interesse eine Definition entlang des im Abschn. 2 dargelegten theoretischen Hintergrunds im Zentrum. Weitere Theoriebezüge außerhalb von Person-Gegenstands-Theorie (Krapp, 1999; Schiefele, 1991) und dem Vier-Phasen-Modell (Hidi & Renninger, 2006) galten nicht als Ausschlusskriterium, da eine genaue Zuordnung nicht immer möglich war. Weiterführend wurden ausschließlich Artikel berücksichtigt, die als Zielgruppe vornehmlich den Primar- und Sekundarbereich (ca. 6–18 Jahre) fokussieren. Bei dieser Auswahl war nicht von Bedeutung, ob die Studien in formal-unterrichtlichen Kontexten oder außerschulischen Bildungsorten durchgeführt wurden. Dementsprechend wurden Arbeiten aus dem Kontext höherer Bildung sowie der Erwachsenenbildung ausgeschlossen. Nach Festlegung der genannten Ein- und Ausschlusskriterien wurde mittels ausgearbeiteter Suchanfragen (s. Abschn. 3.2 und Anhang) in den wissenschaftlichen Datenbanken Scopus, Web of Science (WoS) und APA PsycInfo nach relevanten Arbeiten gesucht.

Das primäre Ziel dieses Reviews ist es, empirische Befunde aus der fachbezogenen (Biologie, Chemie, Physik, STEM) Interessenforschung der vergangenen 11 Jahre zusammenzufassen und diese entlang der drei interessentheoretischen Perspektiven (differenziell, aktualgenetisch, ontogenetisch) zu kategorisieren. Folgende Forschungsfragen sollen mit dem Review beantwortet werden:

1. Welche zentralen Befunde bezüglich intra- und interindividueller Interessenunterschiede und relevanter Einflussvariablen lassen sich zusammenfassen? (Differenzielle Perspektive)
2. Inwieweit hängen spezifische (unterrichtliche) Situationen mit situationsbedingten Interessenausprägungen zusammen? (Aktualgenetische Perspektive)
3. Welche Erkenntnisse lassen sich aus den Arbeiten bezüglich der Genese und Entwicklung fachbezogener Interessen ableiten? (Ontogenetische Perspektive)

3.2 Ablauf der Artikelsuche

Die Suche nach relevanten Artikeln soll am Beispiel der Datenbank *Scopus* transparent gemacht werden. Nach gemeinsamer Festlegung der beschriebenen Ein- und Ausschlusskriterien durch die Autor:innengruppe wurde die Datenbank im September 2023 mithilfe der erweiterten Suchanfrage nach Artikeln durchsucht, in deren Titel, Abstract und/oder Keywords die Stichworte „stem", „science", „chemistry", „physics" und/oder „biology" enthalten waren. Ergänzend musste im Titel des Beitrags das Stichwort „interest" enthalten sein. Zudem wurden die berücksichtigten Sprachen auf Englisch und Deutsch festgelegt und die Suche auf die Jahre ab 2012 beschränkt. Explizit nicht berücksichtigt wurden Artikel, die sich auf andere Fächer wie Mathematik, Ingenieurwissenschaften, Computer Science oder deutlich abzugrenzende Bereiche wie Medizin, Wirtschaftswissenschaften, Gesundheitswissenschaften, Tourismus, politische Bildung oder Soziologie beziehen, indem eine Nennung folgender Stichworte im Titel zum Ausschluss führte: „engi“, „comp“, „busi“, „econ“, „math“, „medical“, „medicine“, „clinical“, „health“, „tourism“, „politics“, „sociology“, „polit“, „sociol“. Weiterführend wurden Studien ausgeschlossen, die sich auf Lehrkräfte, Studierende oder andere Zielgruppen und nicht auf Schüler:innen des Primar- bzw. Sekundarbereichs beziehen. Dazu wurden alle Artikel aussortiert, die eines oder mehrere der folgenden Stichworte im Titel trugen: „undergraduate“, „preservice“, „pre-service“, „inservice“, „in-service“, „adult“, „homeless“, „major“, „university“. Der resultierende Such-String für die *Scopus*-Datenbank und die für die anderen genutzten Datenbanken kann im Anhang eingesehen werden.

In Vorbereitung der ersten Screening-Phase wurden in den genannten Datenbanken in Summe 1324 Artikel gefunden. Die exportierten bibliographischen Daten wurden anschließend auf Duplikate geprüft. Neben der Duplikatsuche wurde entlang der Titel und Journalnamen nach offensichtlich ungeeigneten Beiträgen gesucht. So konnten zahlreiche Artikel identifiziert werden, die aus dem Bereich der Sportwissenschaft oder – trotz entsprechender Einschränkungen im Such-String – den Politikwissenschaften stammten. Zusätzlich wurden Artikel ausgeschlossen, die ausschließlich über die Neukonstruktion oder Adaption von Testinstrumenten berichten (s. hierzu den Beitrag Bernholt & Krey, in diesem Band, Kap. „Die Erfassung von Interessen in der empirischen fachdidaktischen Forschung – Ein methodologisches Review“). Insgesamt konnten so von den 1324 Artikeln 621 im Sinne der Ziele des Reviews ungeeignete Artikel in Vorbereitung der Screenings ausgeschlossen werden.

In einer sich anschließenden ersten Screening-Phase wurden die Abstracts der resultierenden 703 Artikel näher auf Passung zur Zielsetzung des Reviews untersucht. Beim Screening der verbleibenden Artikel wurde auf die Software ASReview LAB v1.4 (ASReview LAB developers, 2023), einem auf KI basierenden Werkzeug für systematische Reviews zurückgegriffen. Ohne an dieser Stelle genauer auf die Funktionsweise der Software eingehen zu können, kann hier angemerkt werden, dass es sich bei ASReview um eine an der Universität Utrecht entwickelte, open-source machine-learning unterstützte Anwendung handelt, die die Reihenfolge der als nächstes auf Relevanz zu bewertenden Artikel adaptiv anpasst (van de Schoot et al., 2021). Dabei schlägt die KI auf Basis der von Nutzer:innen zur Verfügung gestellten Trainingsdatensätze (Abstracts) und getroffenen Entscheidungen zur Relevanz der zu untersuchenden

Artikel weitere als relevant erachtete Artikel aus dem Dokumentensatz vor. Es sei betont, dass dennoch jeder der 703 Abstracts von mindestens einer Person der Autor:innengruppe (ca. 20 % diskursiv-konsensual von zwei Rater:innen) bewertet wurde. Ein wesentlicher Vorteil, der sich durch die Nutzung der Anwendung ergibt, ist das zeitökonomischere Screening der Abstracts von infrage kommenden Artikeln, da die für das Ziel des Reviews als relevant eingestuften Artikel schneller aus der Datengrundlage heraus identifiziert werden können. Die Software soll und kann die finale Entscheidung, ob ein Artikel als relevant oder nicht erachtet wird, nicht abnehmen. Nach Abschluss der ersten Screening-Phase konnten 410 Artikel aus verschiedenen Gründen (s. Abb. 2) als nicht relevant ausgeschlossen werden, sodass 293 Artikel in die sich anschließende Volltextanalyse aufgenommen wurden. In einer zweiten Screening-Phase wurden die Volltexte (8 Volltexte konnten nicht beschafft werden oder waren nur in nicht eingeschlossenen Sprachen verfügbar) auf Eignung geprüft, woraufhin erneut 33 Artikel exkludiert wurden. Nach Abschluss des Screening-Prozesses enthält der Analysekorpus 252 Artikel, die zur genaueren Untersuchung herangezogen wurden. Der Such- und Identifikationsprozess kann anhand von Abb. 2 nachvollzogen werden.

Im Anschluss an die Aufnahme in den Analysekorpus wurden die Beiträge gleichmäßig auf die Autor:innen aufgeteilt und von diesen den theoretischen Perspektiven zugeordnet. Um die Zuordnung der Studien zu den drei Perspektiven zu überprüfen, wurden 20 % der Zuordnungen von zwei Autor:innen gegenkodiert. Diese Gegenkodierung ergab einen Cohen's Kappa-Wert von $\kappa = ,75$, der als akzeptable Übereinstimmung zwischen den Autor:innen eingeordnet werden kann (Stemler & Tsai, 2008).

4 Ergebnisse

Die Ergebnisdarstellung ist in vier Bereiche gegliedert, einen allgemeinen Bereich, der zunächst übergreifend die untersuchten Länder und Fächer darstellt sowie drei Bereiche, die sich den drei oben beschriebenen Perspektiven widmen. Die Strukturierung der Analyse innerhalb der jeweiligen Abschnitte erfolgte mit einer Schwerpunktsetzung auf die jeweilig relevanten Konstrukte. So wurden zuerst die in Potvin und Hasni (2014) angelegten Kategorien genutzt, diese aber induktiv entlang derjenigen Variablen strukturiert, die sich bei der Analyse der Studien aus den jeweiligen Perspektiven als relevant herausgestellt haben. Prädiktoren für interindividuelle Interessenunterschiede (u. a. Selbstkonzept, Geschlecht) spielen somit in der differenziellen Perspektive eine größere Rolle als in der aktualgenetischen Perspektive, in der eine Strukturierung entlang

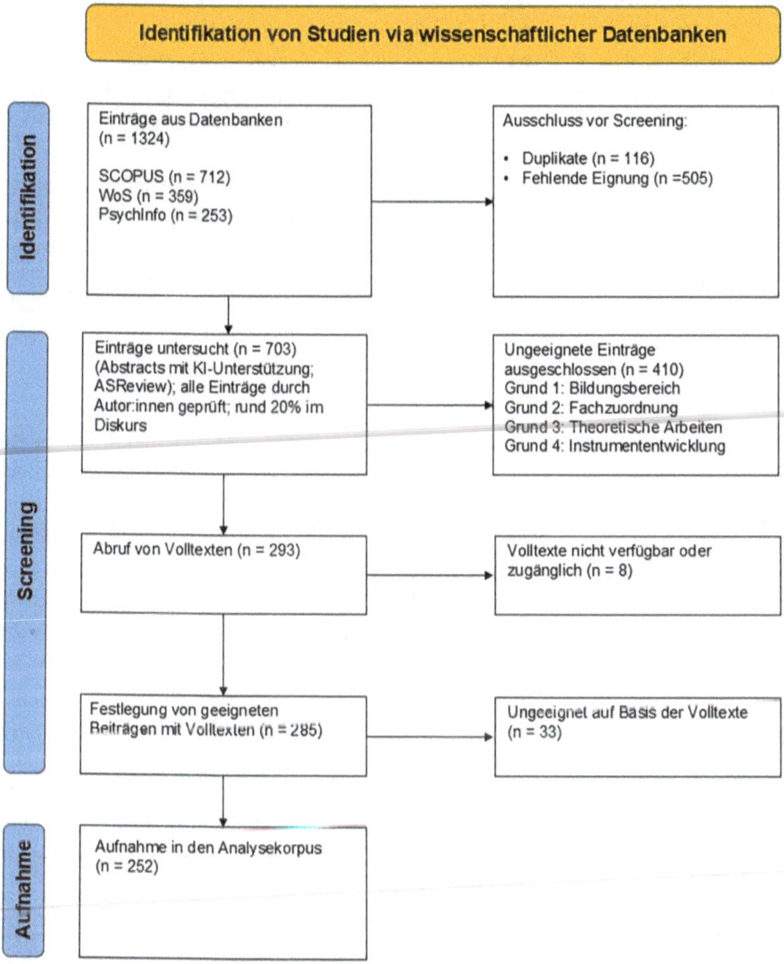

Abb. 2 Flussdiagramm gemäß den PRSIMA-Empfehlungen (Page et al., 2021) für systematische Reviews

der kategorisierten Interventionsmaßnahmen als zielführend angesehen wurde. Zur besseren Orientierung werden Arbeiten aus dem Analysekorpus in Klammern angegeben. Die Referenzen lassen sich dem separaten Literaturverzeichnis zuordnen, welches ausschließlich die zur Analyse herangezogen Artikel enthält. Es sei angemerkt, dass zum Belegen von Aussagen nicht alle betreffenden Artikel aufgelistet, sondern exemplarische Arbeiten angeführt werden. Falls auf einzelne Studien verwiesen wird, stellen sie eine aus unserer Sicht relevante Ergänzung oder Abgrenzung zu den sonstigen Ausführungen in der jeweiligen Perspektive dar. Weitere Arbeiten, die zur Einordnung der Befunde oder von den Autor:innen als ergänzende Quellen herangezogen werden, werden regulär zitiert.

4.1 Untersuchte Länder

Die Artikel der finalen Zusammenstellung wurden hinsichtlich der Länder und Regionen untersucht, in denen die beschriebenen Studien durchgeführt wurden. In der Regel stimmt die Herkunft der Autor:innen mit dem Land der Studiendurchführung überein. In einigen Fällen wurden jedoch auch länderübergreifende (95, 108, 110, 141, 153, 207, 252) und ländervergleichende Studien mit neu erhobenen Daten (30, 63, 68, 126, 133, 179, 226) oder bestehenden Datensätzen (z. B. mit PISA-Datensätzen) (142, 224, 232) durchgeführt. Tab. 1 zeigt die Anzahl der publizierten Artikel zugeordnet zur übergeordneten Region, in der die Studien durchgeführt wurden und getrennt nach theoretischer Perspektive, der oder denen die Arbeiten zugeordnet werden können. Rund 73 % der Studien wurden in Europa bzw. Nordamerika durchgeführt, wobei hier die Einschränkung auf deutsch- und englischsprachige Artikel limitierend zu beachten ist. Davon entfällt ein Gros auf die Vereinigten Staaten (n = 68), Deutschland (n = 46), Finnland (n = 16) und die Türkei (n = 14). Allerdings zeigt sich auch in vielen asiatischen Ländern wie Taiwan (n = 13), Malaysia (n = 12), China (n = 10) oder Singapur (n = 4) Forschungsaktivität im Bereich der fachbezogenen Interessenforschung (Abb. 3).

4.2 Untersuchte Fächer

Für die Zusammenstellung der Arbeiten wurde gezielt nach Studien gesucht, die sich aus fachbezogener Sicht mit Interessenkonstrukten beschäftigen. Dabei haben wir uns auf die Fächer Biologie, Chemie und Physik sowie zusammenfassend STEM beschränkt und Arbeiten, die beispielsweise ausschließlich das

Tab. 1 Übergeordnete Regionen der durchgeführten Studien

Übergeordnete Region	Anzahl Publikationen*	Differenzielle Perspektive**	Aktual-genetische Perspektive**	Ontogenetische Perspektive**
Europa	131	80	59	19
Nordamerika	73	32	35	14
Ferner Osten	49	25	27	3
Naher Osten	15	11	7	1
Afrika	5	2	3	0
Australien und Ozeanien	3	1	0	2
Südamerika	3	2	2	0
Mittlerer Osten	1	1	0	0
Gesamt	280	154	133	39

Anmerkungen: *Wurden Studien unter Beteiligung von Wissenschaftler:innen mehrerer Länder durchgeführt, gehen diese doppelt in die Häufigkeiten ein. **Mehrfachzuordnungen zu theoretischen Perspektiven sind möglich

Fach Mathematik berücksichtigen, ausgeschlossen. In Anbetracht der Vielfalt der Ursprungsländer der berücksichtigten Arbeiten, ist es wenig überraschend, dass rund zwei Drittel dieser einen nicht weiter differenzierten STEM-Bezug aufweist. Dennoch lassen sich auch Arbeiten mit konkretem Bezug zu einem oder mehreren Fächern finden. Das Fach Chemie wird in 19, das Fach Physik in 30 und das Fach Biologie in 40 Arbeiten explizit genannt. Darüber hinaus lassen sich zwei Arbeiten finden, die domänenübergreifende Ansätze untersuchen und dabei geisteswissenschaftliche bzw. kulturell-künstlerische Bezüge herstellen (STEAM). Drei weitere Arbeiten geben die Durchführung von Studien im Rahmen von naturwissenschaftlichem Sachunterricht an.

Im Folgenden werden die Befunde der berücksichtigten Arbeiten getrennt nach theoretischer Perspektive zusammengefasst. Dabei dienen häufig bearbeitete Fragestellungen bzw. häufig untersuchte Variablen als strukturgebende Elemente.

4.3 Differenzielle Perspektive

Arbeiten, die der differenziellen Perspektive zugeordnet werden, stellen intra- und/oder interindividuelle Unterschiede in den Fokus ihres Forschungsanliegens.

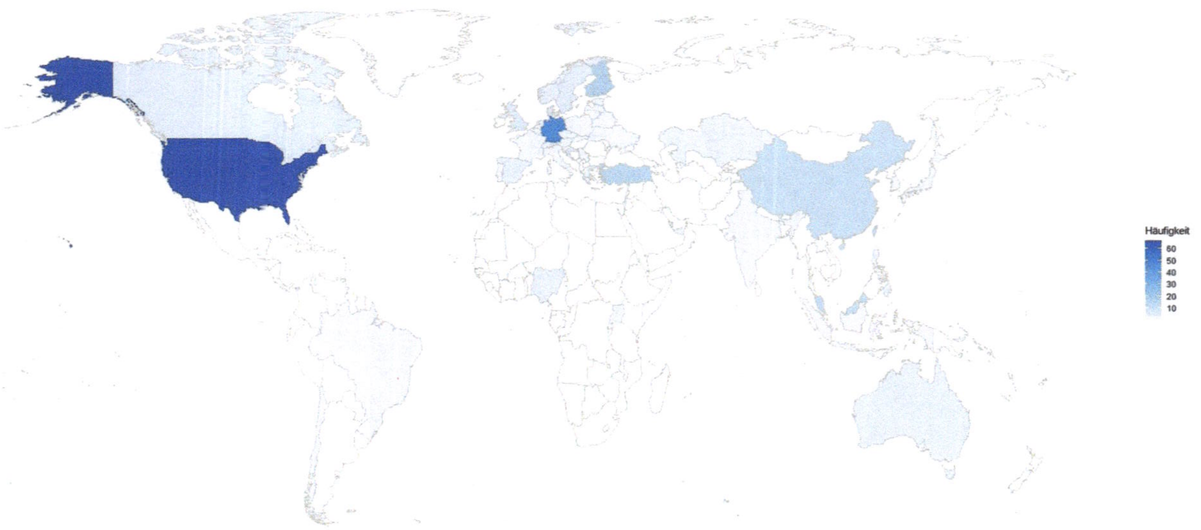

Abb. 3 Geografische Zuordnung der in den ausgewählten Artikeln untersuchten Stichproben. Dargestellt sind Häufigkeiten nach Ländern. Mehrfachzuteilungen sind möglich. Nicht enthalten sind Fälle aus PISA-Datensätzen

Zur anschaulichen Darstellung der Ergebnisse werden die quantitativ relevantesten Konstrukte bzw. Variablen im Zusammenhang mit Interesse beschrieben und wesentliche Erkenntnisse dazu zusammengefasst. Die Analyse der 154 Arbeiten zur differenziellen Perspektive zeigt, dass Interesse hauptsächlich als Lernvoraussetzung bzw. als personenimmanentes Merkmal oder als Zielvariable im Sinne von situationalem oder individuellem Interesse, welches durch verschiedene andere motivationale oder weiterführende Konstrukte bedingt wird, aufgefasst wird. Eine besondere Stellung nehmen dabei in vielen Bereichen Berufswahlinteressen ein.

4.3.1 Geschlecht

Ähnlich zu den Ergebnissen des Reviews von Potvin und Hasni (2014) war das Geschlecht eine der häufigsten Variablen, die im relevanten Zeitraum im Zusammenhang mit Interesse als interindividuellem Merkmal in vielen Arbeiten berücksichtigt wurde ($n = 59$). Auf Basis binärer Geschlechterzuordnungen untersuchen die meisten Arbeiten in diesem Kontext differenzielle Interessenausprägungen von Jungen und Mädchen an den Naturwissenschaften allgemein (10, 99, 100, 140, 185, 245), an spezifischen Unterrichtsfächern (10, 38, 40, 72, 99, 106, 107, 119, 179), an konkreten biologischen (13, 40, 68, 225) oder physikalischen Themen (12). Einige Arbeiten berichten von geschlechtsspezifischen Interessenunterschieden zugunsten von Jungen (10, 106, 179). Konträr dazu werden in einer vergleichbaren Anzahl an Arbeiten Unterschiede zugunsten der Mädchen (99, 107) oder keine Unterschiede im individuellen Interesse zwischen Jungen und Mädchen (38, 72, 100, 119, 140) identifiziert. Während letzteres häufiger aus asiatischen bzw. afrikanischen Kontexten (38, 100, 119) berichtet wird, zeigen sich Unterschiede zugunsten der Jungen vornehmlich in europäischen Kontexten. Aus unserer Sicht sind hier insbesondere die Ausnahmen (72, 107, 140) beachtenswert, da sie Hinweise darauf geben, dass kulturell-gesellschaftlich geprägte Interessenmuster bezüglich der Naturwissenschaften unter jungen Menschen durchaus veränderbar und keinesfalls deterministischer Natur sein müssen.

Bei Betrachtung konkreter Fachinteressen und spezifischer Fragestellungen oder Themen zeichnet sich ein differenzierteres Bild. Nach wie vor zeigen Ergebnisse, dass Mädchen interessierter am Fach Biologie im Vergleich zu den Fächern Chemie und Physik zu sein scheinen (40, 99, 106) und ein vergleichsweise hohes Interesse an (human)biologischen Themen (Krankheitsbekämpfung, Fortpflanzung, Gesundheit/Fitness) zeigen (13, 40, 225). Kohärent zu Ergebnissen der

ROSE-Studie (Sjøberg & Schreiner, 2010) lassen sich jedoch auch Themenbereiche identifizieren, die geschlechtsindifferent als mehr oder weniger interessant eingeschätzt werden (z. B. Technologie, Genetik) (40, 68, 225).

16 Arbeiten beschäftigten sich explizit mit geschlechtsspezifischen Unterschieden in Bezug auf Karriereinteressen. Überwiegend wird das Geschlecht als Prädiktor für Karriereinteressen beschrieben, wobei dieses für naturwissenschaftsbezogene Karrieren bei Jungen höher ausfällt (15, 52, 117, 169, 170, 189, 201, 249). Weniger Arbeiten berichten über keine relevanten Unterschiede im Karriereinteresse zwischen Jungen und Mädchen (10, 14, 98, 245). Themenbezogene Geschlechterunterschiede scheinen sich auch in zukünftigen Studien- oder Berufswahlinteressen auszudrücken, da sich in einigen Arbeiten übereinstimmend zeigt, dass Mädchen häufiger Karrieren in medizinisch-gesundheitlichen Bereichen präferieren, wohingegen Jungen eher analytisch-technologische Berufe favorisieren (37, 178, 225, 237).

4.3.2 Selbstwirksamkeitserwartungen und Selbstkonzept

Selbstwirksamkeitserwartungen (self-efficacy) und fachbezogene Selbstkonzepte (self-concepts) stellen die quantitativ zweitbedeutendste Gruppe an untersuchten Größen dar (n = 28). Obwohl die Begriffe nicht immer trennscharf, teilweise synonym und mitunter als Sub-Konstrukte eines fachbezogenen Selbstbewusstseins (science-confidence) (191, 196) oder als Kontrollüberzeugungen im Sinne der Control-Value Theory (Pekrun, 2006) betrachtet werden (142), werden die relevanten Arbeiten hier gemeinsam ausgewertet, da unterschiedliche theoretische Ansätze mit teils variablen Begrifflichkeiten arbeiten, diese letztlich jedoch mittels vergleichbarer Testinstrumente erfasst werden. Im Allgemeinen unterscheiden sich Selbstwirksamkeitserwartungen und Selbstkonzepte dadurch, dass erstere die von Individuen eingeschätzten Erwartungen widerspiegeln, zukünftige Anforderungen innerhalb eines Fachs bewältigen zu können. Dabei sind konkrete Erfolgsparameter bei der Einschätzung bekannt (auch in Itemformulierungen). Selbstkonzepte hingegen beschreiben die individuellen Überzeugungen über das generelle Leistungsvermögen in spezifischen Fächern, welche wiederum durch zurückliegende Erfahrungen geprägt sind (Marsh et al., 2015). Die meisten Arbeiten im Analysekorpus, die sich mit den beschriebenen Größen beschäftigen, untersuchen, inwiefern die von den Proband:innen eingeschätzte fachbezogene Selbstwirksamkeit bzw. deren fachbezogenes Selbstkonzept mit Interessenausprägungen zusammenhängen. Häufig wird von positiven Zusammenhängen zwischen dem fachbezogenen Selbstkonzept bzw. fachbezogenen Selbstwirksamkeitserwartungen und dem individuellen Interesse am Fachunterricht berichtet (38, 56, 97, 100, 142, 243). Während sich diese positiven Zusammenhänge häufig zeigen, wenn die relevanten Variablen zeitgleich bzw. in vergleichsweisen kurzen zeitlichen Abständen erhoben werden, berichten zwei Arbeiten, dass das aktuelle Selbstkonzept kein signifikanter Prädiktor für zukünftiges Fachinteresse zu sein scheint und vice versa (107, 160). Auffällig ist, dass viele Arbeiten gerichtete Effekte des fachlichen Selbstkonzepts auf fachliches Interesse suggerieren (38, 100, 142, 243, 250), obwohl in der Regel korrelative Befunde berichtet werden. Zwei Arbeiten geben indes umgekehrte Wirkrichtungen an, indem sie individuelle fachliche Interessen als Prädiktoren für Selbstwirksamkeitserwartungen (56, 119) bzw. Selbstkonzepte (196) beschreiben.

Die Domänenspezifität von Fachinteressen und Selbstkonzepten wurde in zwei Arbeiten für verschiedene Fächerkombinationen mittels Profilanalysen (59) bzw. einer konfirmatorischen Faktorenanalyse (97) – letztere auf Grundlage eines Datensatzes mit Einschätzungen von 12.967 Schüler:innen der Fächer Chemie, Biologie und Physik – nachgewiesen. Bemerkenswert ist, dass zwar sämtliche Werte der erhobenen Fachinteressen durchweg mit allen Werten der erhobenen fachlichen Selbstkonzepten signifikant korrelieren, diese Korrelationen jedoch nicht notwendigerweise besonders hoch sein müssen. So korreliert beispielsweise das physikspezifische Interesse erwartbar hoch zu ,76 mit dem physikbezogenen Selbstkonzept, allerdings nur zu ,30 mit dem Fachinteresse in Biologie oder zu ,19 mit dem biologiespezifischen Selbstkonzept (97, Jansen et al., 2019). Die Arbeit liefert zudem Hinweise darauf, dass sich fachliche Interessen und Selbstkonzepte in Abhängigkeit eines integrierten bzw. differenzierten naturwissenschaftlichen Unterrichts unterschiedlich entwickeln. Dieses Ergebnis wird für das Fach Chemie durch eine weitere Arbeit gestützt (163).

In einigen Studien wurde untersucht, inwiefern Selbstwirksamkeitserwartungen und Selbstkonzepte interessenbedingende Effekte weiterer relevanter Variablen mediieren bzw. moderieren. So gibt es Hinweise, dass situationale Effekte von konkreten Lernumgebungen auf das Interesse am Fachunterricht über die Selbstwirksamkeitswahrnehmung von ethnisch diversen Schüler:innen vermittelt werden (62). Auch scheinen sowohl das Interesse am Fach Chemie als auch die chemiebezogene Selbstwirksamkeit eine vermittelnde Rolle in der Beziehung zwischen sozialer Unterstützung und fortlaufender Motivation im Fach Chemie zu spielen (89). Eine weitere Studie zeigt einen über Selbstwirksamkeitserwartungen mediierten Einfluss von Erfahrungen an außerschulischen Lernorten auf die Berufswahlinteressen von 14-jährigen Schüler:innen, wohingegen schulische Lerngelegenheiten keinen Einfluss auf Selbstwirksamkeitserwartungen im Fach oder berufliches Interesse zeigten (70). Der positive Zusammenhang zwischen dem fachbezogenen Selbstkonzept und Berufswahlinteressen von jungen Menschen wird durch die Ergebnisse weiterer Arbeiten gestützt (146, 250).

4.3.3 Schulische Leistung und weitere Einflussfaktoren

Zahlreiche Arbeiten untersuchen den Zusammenhang zwischen den Ausprägungen fachlicher Interessen, in welcher Weise diese schulische Leistung prädizieren und vice versa. In diesem Abschnitt werden zunächst die Ergebnisse der Arbeiten zusammengefasst, die sich mit diesem Zusammenhang beschäftigen und dabei inter- und intraindividuelle Interessenunterschiede und deren Beziehungen zu anderen Variablen wie Wertüberzeugungen, Freude oder Wahlmotiven berücksichtigt ($n = 25$). Einige der relevanten Arbeiten berichten von einer prädiktiven Kraft naturwissenschaftsbezogener Interessen im Sinne individueller Lernvoraussetzungen auf die fachbezogene Leistung (5, 18, 81, 95, 96, 202, 224). Damit replizieren diese Arbeiten zunächst bereits gut dokumentierte Befunde früherer Studien, jedoch kristallisieren sich zunehmend konkrete Bedingungen heraus, unter denen dieser Einfluss nachgewiesen werden kann. Eine längsschnittliche Studie kommt zu dem Schluss, dass Interesse an außerschulischen naturwissenschaftlichen Aktivitäten in jungen Jahren ein Prädiktor für zukünftige naturwissenschaftsbezogene Lerngelegenheiten sei, es jedoch umgekehrt keine direkte Wirkung von frühen naturwissenschaftsbezogenen Lerngelegenheiten auf die Ausprägung naturwissenschaftlicher Interessen von jungen Kindern gebe (5). Zwar lassen sich kausale Beziehungen auf Basis des korrelativen Charakters der Analysen nicht belastbar herstellen, allerdings liefert die Arbeit Hinweise auf die Notwendigkeit, fachliche Interessen nicht nur als Ergebnis, sondern auch als Voraussetzung zur Initiierung fachlicher Lernprozesse zu sehen. Zudem bestätigt sich, dass der positive Zusammenhang zwischen fachlichen Interessen und schulischer Leistung von weiteren Einflussgrößen wie der Fachdomäne (96), naturwissenschaftlichen Aktivitäten (81) oder Wertüberzeugungen (28) abhängig ist.

Weitere Studien im Datensatz untersuchen, inwiefern individuelle Interessen weitere affektive, teils situationale oder meta-kognitive (Nutzung von Lernstrategien) oder auch epistemologische Überzeugungen vorhersagen können (66, 120, 174, 175, 206). Während eine Arbeit Interaktionseffekte zwischen dem individuellen Fach- und Sachinteresse und der Kontextualisierung von Lernaufgaben auf die Freude am Lernen mit diesen Aufgaben berichtet (66), zeigt eine weitere Arbeit, dass individuelles Interesse zwar das initiale situationale Interesse beim Bearbeiten von Aufgaben bedingt, dieser Einfluss jedoch mit zunehmender Zeit abnimmt und an Signifikanz verliert (174, 175). Die Autoren stellen die These infrage, individuelles Interesse sei eine – neben weiteren – Ursache von motivationsgeleitetem Lernen und beschreiben es vielmehr als affektives Nebenprodukt von Lernprozessen, welches nicht zwingend einen *thirst for knowledge* (McGillivray et al., 2015) verursacht (174, 175).

In diesem Kontext sind auch die Ergebnisse zweier Arbeiten hervorzuheben, die sich unter anderem mit dem Zusammenhang des Persönlichkeitsmerkmals Gewissenhaftigkeit zu Interesse und Leistung beschäftigt haben (202, 216). So kann gezeigt werden, dass sowohl Interesse am Fach Biologie als auch die wahrgenommene Nützlichkeit (utility value) mangelnde Gewissenhaftigkeit bei der Vorhersage fachlicher Leistung und Anstrengungsbereitschaft kompensieren kann und vice versa (202).

4.3.4 Soziale Unterstützung, familiärer Hintergrund und sozioökonomischer Status

Interindividuelle Interessenunterschiede können durch soziale und kognitive Unterstützung des persönlichen Umfelds durch Peers oder Familienangehörige geprägt werden (Dabney et al., 2013). Insofern überrascht es nicht, dass einige Studien den Zusammenhang sozialer Kontextfaktoren zu Interessenausprägungen von Kindern und Jugendlichen untersuchten ($n = 23$). Die meisten Forschungsarbeiten in diesem Bereich knüpfen ihre Forschungsfragen an Karriereaspirationen von jungen Erwachsenen und durch diese bedingende Einflussfaktoren. Nicht wenige Arbeiten berichten von Zusammenhängen zwischen der elterlichen (15, 32, 62, 70, 164, 198) oder durch Freunde (73, 169, 193, 198, 204) vermittelten Unterstützung auf das naturwissenschaftsbezogene Karriereinteresse. Dabei zeigt sich auch, dass negative Einstellungen von Eltern gegenüber naturwissenschaftlichen Berufen teilweise an ihre Kinder übertragen werden (203) und sich so möglicherweise reproduzieren. Elterliche Einflüsse zeigen sich dabei durch passive positive (oder negative) Einstellungen gegenüber Naturwissenschaften oder durch aktive Maßnahmen wie gemeinsame Gespräche über naturwissenschaftliche Themen oder gemeinsame Besuche außerschulischer Lernorte (74). In Peer-Gruppen scheinen geteilte Interessen ausschlaggebend für positive Verstärkungen zu sein (169). Ergänzend sei darauf hingewiesen, dass sich elterliche Unterstützung in einer chinesischen Studie als negative Einflussgröße auf Lernmotivation im Fach Chemie herausgestellt hat (89).

Ambivalente Ergebnisse finden sich bezüglich des Einflusses des sozioökonomischen Status und des beruflichen Hintergrunds des Elternhauses auf die Karriereaspirationen von Jugendlichen mit teils deutlichen (32, 144, 189) oder fehlenden Zusammenhängen (117, 204). Sicherlich müssen die kulturellen Hintergründe bei der Interpretation dieser Ergebnisse berücksichtigt werden. Soziale Einflüsse werden nicht nur mit Blick auf die Karriereinteressen von Schüler:innen untersucht. Eine Arbeit deutet darauf hin, dass Unterstützung durch das Elternhaus das Fachinteresse in Biologie positiv beeinflussen kann (216). Eine weitere

Arbeit zeigt, dass das Interesse am Fach Chemie den positiven Zusammenhang zwischen sozialer Unterstützung und Lernmotivation vermittelnd beeinflusst.

4.3.5 Ländervergleiche

Aus differenzieller Perspektive haben sich 15 Arbeiten im Datensatz mit ländervergleichenden Fragen bezüglich fachlicher Interessen beschäftigt. Häufig standen dabei generelle länderabhängige Unterschiede im Interesse von Schüler:innen an Naturwissenschaften (179, 224, 226), an naturwissenschaftlichen Fächern (30), Fragestellungen und Themen (30, 63), Tätigkeiten (126) und Karrieren (108, 126, 226) im Fokus des Forschungsanliegens. In einer ländervergleichenden Arbeit, die Daten aus dem Vereinigten Königreich, den Niederlanden, der Türkei, dem Libanon, Indien und Malaysia berücksichtigt ($N = 9171$), zeigt sich, dass Schüler:innen aus nicht-westeuropäischen Ländern signifikant höheres Interesse an naturwissenschaftlichem Unterricht, naturwissenschaftsbezogenen Berufen und außerschulischen Lernangeboten aufweisen, als Schüler:innen aus Westeuropa. Zudem berichten die Autor:innen von stärker ausgeprägten Überzeugungen zur evidenzbasierten Wissenschaft bei Schüler:innen in außereuropäischen Ländern und finden darüber hinaus einen hohen korrelativen Zusammenhang zwischen diesen Überzeugungen und dem Interesse an Naturwissenschaften (226). Letzteres wird auch bezogen auf konkrete Unterrichtsfächer oder Themen untersucht. Die Fächer Chemie und Physik werden von lettischen und litauischen Schüler:innen als weniger interessant eingeschätzt, als das Fach Biologie (30) und humanbiologische Themen (entnommen aus dem ROSE-Fragebogen Sjøberg & Schreiner, 2010) werden kohärent über verschiedene Länder hinweg als am interessantesten eingeschätzt (63). Höchste Ausprägungen für humanbiologische Themen zeigen sich auch indifferent für Schüler:innen verschiedener Länder in einer weiteren Arbeit (67). Hervorzuheben ist, dass beide letztgenannten Arbeiten die Rolle von kulturellen Besonderheiten betonen, wenn Interessenausprägungen bzw. -entwicklungen vergleichend untersucht werden. In einem Fall zeigt sich darüber hinaus die Religionszugehörigkeit als bedeutendster Prädiktor für das Interesse an biologischen Fragestellungen (67). Dies ist insofern bemerkenswert, als dass kulturell-religiöse Einflüsse – unseres Wissens – bisher selten im Kontext fachbezogener Interessenforschung untersucht wurden.

Eine Arbeit fand auf Basis des PISA-Datensatzes aus dem Jahr 2006 heraus, dass die Ausprägung naturwissenschaftlicher Interessen prädiktiv für fachliche Leistung ist, dieser Zusammenhand jedoch vom Bruttoinlandsprodukt der berücksichtigten Staaten moderiert wird. So zeigt sich für ökonomisch stärkere Volkswirtschaften ein mittlerer Zusammenhang zwischen fachbezogenem Interesse und fachlicher Leistung von rund $r = ,35$, was mit den Ergebnissen aus früheren Arbeiten, die diesen Zusammenhang untersucht haben, übereinstimmt (Schiefele et al., 1992). Bemerkenswert ist, dass sich dieser Zusammenhang für ökonomisch schwächere Volkswirtschaften praktisch nicht zeigt (224). Der Zusammenhang zwischen fachlicher Leistung und naturwissenschaftsbezogenem Interesse wurde auch in einer weiteren Studie auf Basis der PISA-Daten von japanischen und taiwanesischen Schüler:innen untersucht (95). Die Autoren untersuchten zusätzlich die Einflüsse der von den Schüler:innen wahrgenommenen Freude am Unterricht und kommen zu dem Ergebnis, dass zwar das naturwissenschaftliche Interesse positiv mit Kompetenzausprägungen im Fach korreliert, letztere jedoch zunehmend geringer oder teils negativ mit der wahrgenommenen Freude am Unterricht zusammenhängen. Sie schlussfolgern, dass ein hoch ausgeprägtes Fachinteresse nicht notwendigerweise mit Freude am Unterricht einhergehen muss und empfehlen, beide Konstrukte differenzierter zu betrachten (95). Gleichsam betonen sie die Bedeutung gesellschaftlich relevanter Themen und deren Auswirkungen auf die naturwissenschaftsbezogenen Interessen von jungen Menschen.

4.4 Aktualgenetische Perspektive

Nach der Klassifizierung von Prenzel et al. (1986) fokussiert die aktualgenetische Perspektive den „Ablauf von Interessenhandlungen in speziellen Situationen und Umfeldbedingungen." (S. 167). Dieser Perspektive wurden im Rahmen der hier betrachteten Beiträge von 252 insgesamt 133 Beiträge zugeordnet. Der überwiegende Anteil der Publikationen (n = 108) berichtet Ergebnisse aus Interventionsstudien, wohingegen in den übrigen Untersuchungen hauptsächlich Merkmale von schulischen oder außerschulischen Lerngelegenheiten als unabhängige Variablen identifiziert werden. Hierbei stehen Beobachtungen des regulären Unterrichts oder Besuche von außerschulischen Lernorten im Vordergrund, die durch weitere Erhebungsmethoden ergänzt werden. Die Merkmale werden vor allem durch Videoaufzeichnungen identifiziert (z. B. 6, 132, 200) und oft im Rahmen eines *mixed-method*-Ansatzes durch zusätzliche quantitative Methoden ergänzt (z. B. 151, 166).

Andererseits werden Faktoren, die sich situational auf die Interessenausprägung auswirken können, unabhängig von der Lerngelegenheit anhand von Fragebogenstudien mit korrelativen Auswertungsmethoden expliziert (z. B. 73, 93, 110, 121) oder in seltenen Fällen qualitativ mithilfe von Interviews ermittelt (22). Auch findet man Publikationen, die eine Kombination beider Datenquellen wählen (8, 26, 101).

Da Interventionsstudien mit explizit ausgewählten unabhängigen Variablen im Vordergrund der aktualgenetischen Perspektive stehen, wurden in einem ersten Schritt die Art der Interventionsmaßnahmen thematisch kategorisiert und erst in einem weiteren Schritt Einflussgrößen und Abhängigkeiten tiefergehend analysiert bzw. Ergebnisse berichtet.

Folgende Kategorien konnten gebildet werden:

- **Gestaltung von Lehr-Lernsituationen**: Untersuchungen, in denen konzeptionelle oder methodische Aspekte der Gestaltung von Lernprozessen fokussiert werden; hierbei werden vertieft eher pädagogisch-methodische bzw. fachdidaktisch begründete Ansätze differenziert.
- **Außerschulische Lernsituationen**: Untersuchungen, in denen Interesseneffekte an Lernorten außerhalb des Schulgebäudes betrachtet wurden.
- **Digitale Medien oder Unterrichtsansätze**: Untersuchungen, in denen digitale Werkzeuge zur Gestaltung von Lehr-Lernprozessen eingesetzt wurden; diese Kategorie ist nicht trennscharf zu den beiden ersten, wird allerdings dennoch aufgrund der Aktualität separat betrachtet; Studien können demzufolge in zwei Kategorien vorkommen.
- **Kontext/Inhalte**: Untersuchungen, in denen konkrete fachliche Inhalte bzw. außerfachliche/lebensweltliche Anwendungssituationen (Kontexte) betrachtet wurden; diese Kategorie kann sich ebenfalls mit den beiden ersten überschneiden.
- **Sonstiges**: Hierunter fallen Untersuchungen, die keine der anderen Kategorien zugeordnet werden konnten.

Anzumerken ist, dass sechs der Untersuchungen keiner Kategorie zugeordnet wurden und hier nicht näher betrachtet werden, weil ihr inhaltlicher Schwerpunkt entweder stärker in der differenziellen oder ontogenetischen Perspektive lag, sodass sie in diesen Abschnitten aufgegriffen werden.

4.4.1 Theoriebezüge

In Bezug auf theoretische Rahmungen fällt auf, dass sich fast die Hälfte ($n = 51$) aller Beiträge auf das 4-Phasen-Modell nach Hidi und Renninger (2006) bezieht und ähnlich viele Beiträge ($n = 54$) die Personen-Gegenstands-Beziehung des Interesses nach Krapp (1999) als Bezug wählen. Zusätzlich sind theoretische Bezüge vereinzelt zur Erwartungs-Wert-Theorie nach Eccles und Wigfield (2002) (z. B. 3, 4) und zur Selbstbestimmungstheorie der Motivation nach Deci und Ryan (1993) (z. B. 39, 64, 133) zu finden.

Weitere Publikationen beziehen sich insbesondere im Bereich des situationalen Interesses auf eine weiterführende Aufteilung in die catch- und hold-Komponente nach Mitchell (1993) (z. B. 147, 219), die emotionale und wertbezogene Valenz als Erweiterung der Personen-Gegenstands-Theorie (z. B. 93, 116) oder den Zustand des triggered and maintained interest nach Linnenbrink-Garcia und Kolleg:innen (2010) (z. B. 128, 171, 184).

Allerdings stellt ein relativ hoher Anteil von Publikationen von über 20 % nur unklare Theoriebezüge her. Auffällig ist, dass oft zwar einschlägige Literatur rezipiert wird, diese jedoch wenig konkret in Bezug auf die implementierte Maßnahme gesetzt ist. In den meisten Fällen werden zwar standardisierte oder bereits erprobte Instrumente genutzt, deren Einsatz aber wenig theoretisch legitimiert ist.

4.4.2 Kategorien von Maßnahmen

Gestaltung von schulischen Lehr-Lernsituationen. Ein Großteil der Untersuchungen ($n = 124$), in denen die Gestaltung von schulischen Lehr-Lernsituationen in den Blick genommen wurde, betrachtet den Einfluss bestimmter Maßnahmen auf das Interesse, meist das situationsspezifische Interesse im Sinne der Person-Gegenstands-Konzeption. Die dabei untersuchten Maßnahmen sind sehr divers. Sie reichen von verschiedenen Ansätzen des *inquiry learning* (76, 105, 123, 126, 130, 133, 186, 219, 244, 248), über die Nutzung von (journalistischen) Medien und Videos (90, 93, 157, 182, 222, 238, 241), der Umsetzung eines handlungsorientierten, kooperativen, problembasierten oder projektbasierten Unterrichts (57, 121, 195, 207, 215, 223, 228, 235), dem Einbezug der Eltern (74, 93, 165) oder externer Expert:innen (84, 143), bis hin zu kreativen Ansätzen, wie einem *science theater* (75) oder dem *creative drama* (153, 230, 251). Insbesondere im Bereich der interventionsunabhängigen Beobachtungs- und Fragebogenstudien werden übergeordnete Unterrichtsqualitätsmerkmale, wie Classroom-Management, Strukturiertheit, kognitive Aktivierung und Lernklima in ihrer Wirkung auf Interessenvariablen untersucht (50, 58, 147, 151).

Generell fällt auf, dass der Einsatz einer Interventionsmaßnahme nicht in allen Fällen fachdidaktisch begründet wird. Eine Vielzahl an Studien nutzt lediglich den naturwissenschaftlichen Unterricht, um allgemeinpädagogisch-methodische bzw. instruktionale Ansätze in ihrer Wirksamkeit zu erproben (z. B. 1, 2, 147, 148, 155, 157, 215, 221). In der Argumentation wird selten eine Legitimation oder eine fachspezifische Relevanz der Maßnahmen herausgestellt.

Außerschulische Lernsituationen. Beiträge zu außerschulischen Lernsituationen ($n = 16$) evaluieren in den meisten Fällen Interessenveränderungen nach dem Besuch eines außerschulischen Lernortes. Die Mehrheit der untersuchten Lerngelegenheiten sind Sommercamps oder -schulen (114, 128, 137, 183, 187) gefolgt von Orten zur Gewässeruntersuchung (47, 181, 184), Schülerlaboren (171, 236), einem Museum (65), einem Zoo (48), einem Maker-Workshop (103) oder einer Kinder-Uni (231). Die Studiendesigns wurden in diesen Berichten hauptsächlich als *one-group* Prä- und Posttest-Design angelegt, mit einem auffälligen Verzicht auf Vergleichs- bzw. Kontrollgruppen. Zusätzlich werden situative Variablen einbezogen, die entweder während oder nach der Intervention in Form von Fragebögen oder Befragungen erhoben werden.

Digitale Medien oder Unterrichtsansätze. Untersuchungen, die sich der Nutzung bzw. Implementation digitaler Werkzeuge widmeten, kommen in einer großen Mehrzahl zu positiven Effekten auf interessenbezogene Variablen. Ein Großteil der Studien ($n = 28$), die dieser Kategorie zugeordnet wurden, widmen sich dem Einsatz von AR/VR (1, 25, 138, 152, 208), den Effekten virtueller Lernumgebungen und Apps (7, 34, 84, 86, 111, 127, 213) oder der Nutzung mobiler Endgeräte (29,7 8, 85, 103, 134, 247). Weiterhin sind Elemente des *game-based learning* zu finden, z. B. in Form von Aktivitäten im Rahmen der Spielesoftware Minecraft (124, 211).

Die Studiendesigns sind in den meisten Fällen als Vergleichsgruppendesigns mit Prä- und Posttest angelegt (1, 7, 35, 78, 84, 90, 152, 212, 213), allerdings fällt auf, dass der Vergleich neben einer herkömmlichen Kontrollgruppe auch den Vergleich unterschiedlicher digitaler Tools (z. B. 7, 138) oder Arten der Implementation eines digitalen Tools (213) umfasst. Daneben finden sich auch Studien, die nur im Rahmen ihrer Intervention Interessenentwicklungen im Prä-Posttest-Design erheben (29, 211) oder situative Variablen über andere Methoden (Interviews, Log-Daten) in den Blick nehmen (8, 124).

Kontextorientierte Ansätze. Ansätze, die Interesse in Beziehung zu fachlichen, beruflichen, gesellschaftlichen oder persönlichen Kontexten setzen ($n = 19$), wählen in den meisten Fällen berufliche Kontexte zur Steigerung des Interesses an einer MINT-Karriere (51, 84, 88) oder Kontexte im Bereich moderner Technologien, Energie und Klima (42, 94, 149). Eine weitere Gruppe von Veröffentlichungen beschäftigt sich allgemeiner mit kontextorientiertem Unterricht, indem Variablen in Bezug auf ihre jeweilige Wirkung untersucht werden (26, 66, 125, 129, 161).

4.4.3 Wirkung der Maßnahmen auf Interessenvariablen

Eine große Mehrheit der Untersuchungen ($n = 113$) findet positive Effekte der betrachteten Maßnahme auf Interesse bzw. Teildimensionen des untersuchten Interessenkonstruktes oder stellt positive korrelative Zusammenhänge zwischen Interesse (bzw. Teildimensionen) und anderen Variablen fest. Nur wenige Untersuchungen berichten von ausbleibenden (z. B. 3, 116, 143, 166) oder negativen

Effekten (z. B. 4, 83, 155) der betrachteten Maßnahme auf das Interesse, zumindest für eine Teilstichprobe der untersuchten Schüler:innen (z. B. 37, 84, 197) bzw. für einige betrachtete Teilkonstrukte (z. B. 31, 75, 85, 133).

Insgesamt lässt sich für die **Gestaltung von Lehr-Lernsituationen** feststellen, dass innovative, vom traditionellen (Frontal-)Unterricht abweichende, aktivierende Maßnahmen in der Regel zu positiven Effekten hinsichtlich des situationsspezifischen Interesses führen, während Maßnahmen, die sich auch in einem traditionelleren Bild von Unterricht wiederfinden (z. B. Diskussionen im Klassenraum (105), Phase der theoretischen Bearbeitung eines Inhalts (151)) keine oder negative Effekte auf das Interesse zeigen.

Außerschulische Aktivitäten führen in den analysierten Studien in fast allen Fällen zu den gewünschten Effekten auf Interessenvariablen. Eine Ausnahme stellt das Berufsorientierungsprogramm OST-MINT dar (183), das zwar einen positiven Einfluss auf mathematisches Interesse und das Interesse an mathematischen Berufen zeigt, allerdings keine signifikanten Beziehungen zu naturwissenschaftlichen Einstellungen und dem Karriereinteresse an MINT-Berufen aufzeigt.

Im Bereich **Digitale Medien oder Unterrichtsansätze** finden alle der aufgeführten Studien positive Effekte, die teilweise differenzielle Ergebnisse beinhalten. Eine Untersuchung von Hong und Lin-Siegler (84) stellt dabei fest, dass Lernende mit hohem individuellem Interesse an Physik den Unterricht unter Einsatz einer digitalen Lernumgebung zum Image von Wissenschaftler:innen signifikant positiver bewerteten als Lernende mit niedrigem individuellem Interesse. Tapola, Veermans und Niemivirta (213) verglichen außerdem zwei unterschiedliche Arten von Aufgabenstellungen in digitalen Simulationen und stellten fest, dass konkrete Simulationen zu einer Steigerung des situationalen Interesses führten, während abstrakte Simulationen das situationale Interesse der Lernenden verringerten.

Kontextorientierte Ansätze und Interventionsmaßnahmen, die explizit Kontexte für den naturwissenschaftlichen Unterricht zur Interessensteigerung einsetzen, ergeben im überwiegenden Fall positive Zusammenhänge von der Art der Lernumgebung und Interessenvariablen. Ausnahmen bilden Studien, die detaillierteren Forschungsfragen nachgehen, wie der prädiktiven Wirkung von situationalem Interesse auf Selbstwirksamkeitserwartung (42), der Interaktion von Aufgabenmerkmalen und Einschätzungsskalen (161) oder der Wirkung einer NOS-Einheit auf das individuelle Interesse (116). Auch werden differenzielle Effekte berichtet, in denen Interessenänderungen nur bei Proband:innen mit bestimmten Voraussetzungen zu beobachten sind (84, s. o.), in der das Image von wissenschaftlichen Berufen als Kontext genutzt wurde.

4.4.4 Wirkung von Interessenvariablen als unabhängige Variable

Nur einzelne Beiträge berichten Interessenkonstrukte als unabhängige Variablen. In den meisten Fällen dient hier individuelles Interesse als Prädiktor für z. B. die Selbstwirksamkeitserwartung (34), die Wahrnehmung der Wahlfreiheit (18, 44) oder den Lernerfolg (125, 129, 172). Außerdem werden Ausprägungen des individuellen Interesses als Prädiktoren für situationales Interesse in der Lernumgebung genutzt (18, 34, 44, 125, 126, 172, 215). Hier zeigt sich eine Tendenz in den Ergebnissen, dass eine erfolgreiche Aktivierung des situationalen Interesses durch die Lernumgebung den Einfluss des individuellen Interesses minimiert (z. B. 175, 215). Wenige Fälle nutzen Maße des situationalen Interesses als Prädiktor für Lernhandlungen wie z. B. einer Anwendung von Lernstrategien (176) oder für die Entwicklung des individuellen Interesses (173). Zwei Publikationen erheben sachbezogenes Interesse als Grundlage zur Planung von interessenangepasstem Unterricht anhand einer unkonventionellen Methode (67, 69). Hierbei werden die Sachinteressen der Schüler:innen über selbstgenerierte Schüler:innenfragen qualitativ erhoben. Für das eigentliche Interesse am späteren Unterricht liegt dann allerdings lediglich ein Erfahrungsbericht der Entwicklergruppe (Forscher:innen bzw. Lehrkräfte) vor.

4.4.5 Berufsinteressen

27 Artikel berichten von Untersuchungen, die das Interesse an MINT-Berufen (*STEM career interest*) in den Blick nehmen oder als eine von mehreren Variablen erheben. Hierbei fällt auf, dass ein Anteil von fünf Artikeln über Fragebogenstudien Variablen expliziert, die einen Zusammenhang mit Berufsinteressen aufzeigen. Im Zentrum stehen der Einfluss informeller Lernerfahrungen (234), der Interaktion mit Peers (73), der Eltern (165), Schulfaktoren, Schüleraktivitäten und Lebensweltbezug (214). Im Rahmen von Interventionsstudien werden berufsorientierende schulische Lerngelegenheiten als *project-based-* (31, 195, 235) oder *inquiry-based learning* (76, 126, 151, 211) Ansätze angeboten, während außerschulische Angebote hauptsächlich als Sommercamp (114, 137, 183) durchgeführt werden.

In Bezug auf die theoretische Rahmung fallen ca. 40 % der Publikationen durch unklar beschriebene Theoriebezüge auf. Es werden zwar einschlägige Instrumente zur Erhebung des Berufswahlinteresses eingesetzt, diese aber wenig theoretisch motiviert. Die übrigen Studien beziehen sich in der Intervention auf die Person-Gegenstands-Beziehung (37, 126, 153, 181, 214) oder die für berufliches Interesse oft angeführte Social Cognitive Career Theory (SCCT: Brown & Lent, 2017) (31, 35, 51, 138, 195).

4.4.6 Geschlecht

Geschlechterunterschiede wurden nur in 19 Interventionsstudien als zusätzliche Variable betrachtet. Hier zeigten vor allem Mädchen ein gesteigertes Interesse bei Maßnahmen, in denen Diskussionen naturwissenschaftlicher Fragen mit Eltern (74), das Schreiben eines journalistischen Beitrags (197), Drama- und Makerspace Aktivitäten (230) oder Unterricht zu Ozeanen (94) Bestandteil der Interventionsgruppe war. Allerdings gab es auch Studien, die keine signifikanten Unterschiede im Interesse zwischen den Geschlechtern finden konnten (21, 83). Auch differenzielle Effekte des Geschlechts in Zusammenhang mit Interessen-, Selbstwirksamkeits- und Leistungsvariablen werden in Studien berichtet (88, 126, 129).

4.5 Ontogenetische Perspektive

Von den insgesamt 252 eingeschätzten Artikeln weisen 37 eine ontogenetische Perspektive auf. Diese Perspektive beleuchtet gemäß Prenzel et al. (1986) den Prozess der Entstehung und Veränderung der Interessen im Verlauf der individuellen Lebensgeschichte. Die Arbeitsgruppe differenziert diese Definition für die Analyse insofern weiter, dass eine natürliche Entwicklung der Interessen über einen kürzeren oder längeren Zeitraum ohne gezielte Manipulation (s. hierzu: Aktualgenetische Perspektive) berücksichtigt wird. Wurden Artikel dieser Perspektive zugeordnet, erfolgte dabei in den meisten Fällen die Zuordnung zu mindestens einer weiteren Perspektive, mehrheitlich der differenziellen und teilweise der aktualgenetischen Perspektive. Methodisch betrachtet können die Studien mit ontogenetischer Perspektive in drei Gruppen eingeteilt werden: Quasi-längsschnittliche Studien über einen kurzen Zeitraum bis 2 Jahre (107, 114, 118, 122, 173, 179, 203, 205) sowie über einen längeren Zeitraum ab 3 Jahren (10, 80, 81, 180, 233), querschnittliche Studien mit längsschnittlicher Untersuchung (40, 99, 102, 162, 177, 185, 210, 237) und retrospektiv-biografische Aufarbeitungen (33, 204).

Die Befunde der Studien aus der ontogenetischen Perspektive können in verschiedene Kategorien unterteilt werden, die im Folgenden separat betrachtet werden. Nach der Betrachtung von Fächer-/Themenbezügen, Ländervergleichen und theoretischen Konstrukten folgen die Befunde in den drei gebildeten Kategorien sowie ein Abschnitt mit Fokus Interesse an STEM-Karrieren und –Berufen. Bei der Darstellung der Befunde ist zu berücksichtigen, dass der Bezug des Interesses (Thema, Fach, Aktivität) sowie der untersuchten STEM-Bereiche und Jahrgangsstufen bzw. Altersspannen variieren. Aus diesem Grund gestaltet sich eine übergeordnete Zusammenfassung der Befunde und zentraler Aussagen schwierig.

4.5.1 Fächer-/Themenbezüge

Die 37 analysierten Paper zur ontogenetischen Perspektive beziehen sich einerseits auf einzelne oder mehrere Fächer, wie Chemie (33, 80, 81, 118, 177, 185), Physik (33, 118, 177, 185, 205), Biologie (40, 118, 122, 162, 177, 185), Mathematik (122, 185). Andererseits werden allgemeine Aspekte von Naturwissenschaften (99, 102, 107, 160, 173, 179) oder erweitert MINT/STEM (32, 297, 495, 549, 550, 562, 614, 622) untersucht. Zudem lassen sich Studien finden, die sich speziell der Limnologie und Ozeanologie widmen (141, 200).

4.5.2 Länderbezüge

Länderspezifisch werden in den analysierten Artikeln Kohorten aus Australien (177), China (99), Deutschland (80, 81, 162, 185, 205), Finnland (107, 122, 179), Israel (210), Kroatien (10), Singapur (173), Slowakei (40), Spanien (179), Türkei (118), UK (102), USA (33, 102, 114, 180, 203, 204, 233, 237), Malaysia (145), Kanada (158, 160) und Norwegen (200) untersucht. Einzelne Studien fokussieren dabei einen Ländervergleich im Ansatz, wie UK und USA (102) sowie Finnland und Spanien (179).

4.5.3 Theoretische Konstrukte

Die der ontogenetischen Perspektive zugeordneten Studien beziehen sich auf unterschiedliche theoretische Interessenkonstrukte. Schwerpunkte bilden die folgenden theoretischen Bezüge: Personen-Objekt-Theorie (Krapp et al., 1992, in 107, 118, 122, 160, 173, 203, 205), Vier-Phasen-Modell der Interessenentwicklung (Harackiewicz et al., 2016; Hidi & Renninger, 2006, in 173, 200, 203, 205), Erwartung-Wert-Theorie (Eccles & Wigfield, 2002, in 107, 179, 185, 237), Fach- und Sachinteresse (Ainley et al., 2002; Rheinberg & Vollmeyer, 2000, in 40, 160), individuelles und situationales Interesse (Hidi & Renninger, 2006; Krapp & Prenzel, 2011, in 122, 173, 177, 210), RIASEC + N (Holland, 1997, in 80, 81), Science Interest Network Model (SINM; Sachisthal et al., 2019, in 177). Im Bereich Karriereinteresse für MINT wurden Bezüge zu den Theorien Relative Cognitive Strength and Interest Model (Wang et al., 2017, in 233) sowie Social Cognitive Framework (Brown & Lent, 2017, in 180) gemacht. Teilweise sind die theoretischen Konstrukte in den Artikeln nicht immer explizit aufgeführt oder nur entlang der gewählten Variablen erkennbar (10, 33, 99, 102, 114, 162, 204). Die für das Interesse relevanten Konstrukte bzw. Variablen, die in den verwendeten Studien untersucht werden, sind in der Zusammenfassung der Befunde aufgeführt.

4.5.4 Entwicklung von Interesse über die Zeit

In verschiedenen Studien ($n = 12$) wird eine Abnahme des Interesses über einen Zeitraum berichtet, bspw. an naturwissenschaftlichen Schulaktivitäten (81), an der Teilnahme an STEM-Aktivitäten (54, 82), an biologischen Themen (162), (School) Science and Technology (158, 160), an STEM-Berufen und -Fächern (52, 145, 237), an Naturwissenschaften (102), an Biologie (40) oder an Physik (205). Zum Teil wird diese Abnahme von Fach- und Sachinteresse auch nur für bestimmte Schüler:innengruppen wie Jungen (185) oder wenig interessierte Schüler:innen (203) berichtet. Eine Studie zeigt die Abnahme des Interesses an Naturwissenschaften trotz längerer Teilnahme an naturwissenschaftlichen Projekten auf (102). Im Ländervergleich wird eine Abnahme des Interesses an Naturwissenschaften und Mathematik für Spanien, aber nicht für Finnland belegt (179). Seltener wird eine Zunahme des Interesses berichtet, bspw. an Naturwissenschaften (107) oder in unterschiedlichen STEM-Domänen in Anlehnung an die ROSE-Studie (54). In einer Studie wird eine Aufrechterhaltung des STEM-Karriereinteresses zwei Jahre nach der Teilnahme an einem naturwissenschaftlichen Programm berichtet (145). Die dargestellten Befunde beziehen längsschnittliche (10, 81, 107, 160, 203, 205) und querschnittliche Studien (99, 162, 185) mit ein. Neben diesen Befunden können in einer längsschnittlichen Studie (10) sowie in einem querschnittlichen Vergleich von zwei Datensätzen der gleichen Jahrgangsstufe aus unterschiedlichen Jahren (210) keine Veränderungen festgestellt werden.

Die längs- und querschnittlichen Studien in dieser Kategorie beziehen sich auf die gleiche Jahrgangsstufe in unterschiedlichen Jahren (162, 185, 210), auf die 4. bis 6. Jahrgangsstufe (10), auf die 4. bis 12. Jahrgangsstufe (237), auf die 5. bis 7. Jahrgangsstufe (205), auf die 5. bis 8. Jahrgangsstufe (52), auf die 5. bis 9. Jahrgangsstufe (40), auf die 5. bis 11. Jahrgangsstufe (82, 158), auf die 6. bis 7. Jahrgangsstufe (203), auf die 7. bis 9. Jahrgangsstufe (107), auf die 8. bis 10. Jahrgangsstufe (494), auf die 9. bis 10. Jahrgangsstufe (113), auf die 9. bis 11. Jahrgangsstufe (179) sowie auf den Kindergarten bis zur Grundschule (5, 200). Die Zusammenfassung zeigt, dass in diesen Studien viele Jahrgangsstufen und Zeitspannen in der Schulkarriere abgedeckt werden. Die meisten längsschnittlichen Studien berücksichtigen hierbei einen Zeitraum von einem Jahr bis drei Jahren (10, 160, 203, 205). Zumeist werden hier zwei bis vier Erhebungszeitpunkte implementiert (80, 102, 107, 114, 122, 145, 160, 203, 205), während einzelne Studien auf mehr Erhebungszeitpunkte zurückgreifen (173, 194).

4.5.5 Geschlechtsspezifische Unterschiede in der Entwicklung von bzw. im Interesse

In dieser Kategorie ist zu berücksichtigen, dass geschlechtsspezifische Unterschiede nicht immer im Rahmen der Interessenentwicklung, sondern im Interesse zu unterschiedlichen oder einzelnen Zeitpunkten betrachtet werden (differenzielle Perspektive). Diese Unterschiede fallen divers aus und variieren je nachdem, welches Objekt in der Person-Objekt-Beziehung betrachtet wird. Im Vergleich der drei dargestellten Kategorien ist zu berücksichtigen, dass die Anzahl der Studien in dieser Kategorie am geringsten ($n = 9$) ausfällt.

Studien zeigen bekannte geschlechtsspezifische Unterschiede, wie das höhere Interesse von Mädchen an Biologie und Medizin sowie von Jungen an Physik, Informatik und Ingenieurwissenschaften (237). Im Vergleich von Spanien und Finnland zeigt sich in beiden Ländern ein höheres Interesse an Naturwissenschaften aufseiten der Jungen als aufseiten der Mädchen (179), während eine weitere Studie aus Finnland Vorteile zugunsten der Mädchen zu zwei Messzeitpunkten in diesem Interesse feststellt (107). Im generellen STEM-Karriereinteresse zeigen sich Unterschiede zugunsten der Jungen (52), während sich in der fächerspezifischen Betrachtung ein höheres Karriereinteresse der Mädchen an Medizin und Gesundheit sowie ein höheres Karriereinteressen der Jungen an Technologie feststellen lässt (178). Bezüglich zeitlicher Veränderungen zeigt eine Studie ein höheres naturwissenschaftliches Interesse in der Jahrgangsstufe 4 sowie ein höheres Interesse an Biologie in der Jahrgangsstufe 8 für Mädchen als für Jungen (99). Eine weitere Studie zeigt eine Abnahme des Interesses an Naturwissenschaften für Jungen, aber keine Abnahme sowie leicht positive Veränderungen für Mädchen auf (185). Vereinzelt zeigen Studien auch keine Effekte des Geschlechts (102, 160).

4.5.6 Einflussfaktoren der Interessenentwicklung bzw. des Interesses

Auch in dieser Kategorie ist zu berücksichtigen, dass die Einflussfaktoren zumeist im Rahmen von Interessenzuständen (differenzielle Perspektive) und nicht bezogen auf die Interessenentwicklung untersucht werden. Interesse wird in den hier angeführten Studien als Prädiktor (122, 173, 177) sowie auch als Kriterium (122, 173) betrachtet. Als Prädiktoren konnten festgestellt werden: die *Noten* im Fach für das Interesse an Biologie und Mathematik zu einem Zeitpunkt sowie auch das Interesse an Biologie und Mathematik für die Noten im Fach zu einem anderen Zeitpunkt (122), das situationale für das individuelle Interesse (173), das Interesse an Naturwissenschaften für die Kurswahl in

Chemie, Physik und Biologie (177; fachspezifische Unterschiede in der Vorhersagestärke), das Interesse an Mathematik und Naturwissenschaften für die Teilnahme an MINT-Fächern (180), Karriereinformationen, die mathematische Selbstwirksamkeit und das Interesse an naturwissenschaftlichen Fächern für das STEM-Karriereinteresse (104), die Ethnie und das Interesse an STEM für die Wahl einer STEM-bezogenen Karriere (204), das naturwissenschaftsbezogene Engagement und das dynamische Selbstbild für das Interesse (102; Interesse nicht weiter definiert), das Interesse an Naturwissenschaften für einen naturwissenschaftlichen Berufswunsch (107), STEM-Karriereinteresse zu Beginn der High School für das STEM-Karriereinteresse zum Ende der High School (178), Interesse an STEM-Dimensionen in Anlehnung an die ROSE-Studie für das Vergnügen an, die wahrgenommene Relevanz von und das Wissen über STEM (54), das Interesse an Naturwissenschaften für spätere Gelegenheiten, etwas über Naturwissenschaften zu lernen (5), die pädagogische Neuheit, die wahrgenommene Einfachheit und die Intention, eine Karriere in den Naturwissenschaften und Technologie zu verfolgen, für das Interesse in Naturwissenschaften und Technologie (160) sowie situationsspezifische Effekte für das selbstberichtete situationale Interesse (113; empirische Untersuchung des situationalen Interesses und der Konfundierung mit individuellem Interesse). Zudem konnten wechselseitige Beziehungen zwischen dem konzeptuellen Verständnis und dem Interesse an naturwissenschaftlichen Schulaktivitäten (81) sowie der Leistung und dem Interesse an Aktivitäten, die auf kognitive Aktivierung und die Kommunikation von Wissen zielen (80) aufgezeigt werden.

In einer Studie wird eine Intervention als Einflussfaktor für das STEM-Karriereinteresse herausgestellt (aktualgenetische Perspektive; 145). Zwei Jahre nach dieser Intervention kann jedoch nur eine Abnahme des Interesses an STEM-Fächern festgestellt werden (145). Ein Sommercamp als Intervention führte in einer Studie zudem nach einem Jahr dazu, dass Schüler:innen häufiger einen naturwissenschaftlichen Berufswunsch äußerten (114). Eine Studie zeigt zudem, dass ein hohes Interesse an Physik zu einer Aufrechterhaltung des STEM-Karriereinteresses beitragen kann (178). Zudem berichtet eine Fallstudie darüber, dass Veränderungen im Interesse in der Jugendzeit von den verfügbaren Ressourcen und Möglichkeiten, die Schüler:innen in ihrem Lernumfeld wahrnehmen, beeinflusst werden (194). In einer qualitativen Inhaltsstudie kann darüber hinaus festgestellt werden, dass Wissenschaftler:innen in ihrer Kindheit informelle und materielle Gelegenheiten zur naturwissenschaftlichen Auseinandersetzung erhielten und ermutigt wurden, ihren Interessen nachzugehen (33). Auch der erweiterte Familien- sowie Freundeskreis stellte sich als bedeutsam für die Interessenentwicklung heraus (33).

Bezogen auf die Interessenentwicklung konnte festgestellt werden, dass die Abnahme im Interesse an *School Science* und *Technology* davon abhängt bzw. dieser Trend sogar umgekehrt werden kann, je nachdem, wie attraktiv der Lehrplan wahrgenommen wird und wie wissenschaftliches Wissen präsentiert und gelehrt wird (158). Zudem stellt eine Studie heraus, dass die Entwicklung von Interesse in unterschiedlichen Phasen durch unterschiedliche Unterstützungsformate beeinflusst wird (200).

4.5.7 Berufswahl- bzw. Karriereinteresse in den drei Kategorien

In der Kategorie zu den Einflussfaktoren der Interessenentwicklung bzw. des Interesses finden sich im Vergleich der drei zuvor angeführten Kategorien die meisten Studien zu STEM-Karriereinteressen bzw. zu STEM-Berufsinteressen (104, 114, 145, 178). Diese Studien berichten zwei Interventionsmaßnahmen (Sommercamp, naturwissenschaftliches Programm), die das Berufswahl- bzw. Karriereinteresse positiv beeinflussen können (114, 145). Eine Studie zeigt zudem das Erhalten von Karriereinformationen, die mathematische Selbstwirksamkeit sowie das Interesse an naturwissenschaftlichen Fächern als bedeutsame Prädiktoren des Interesses an STEM-Karrieren auf (104). Zudem kann das STEM-Karriereinteresse zu Beginn der High School das STEM-Karriereinteresse zum Ende der High School vorhersagen (178). Die zitierte Studie zeigt darüber hinaus auf, dass ein hohes Interesse an Physik förderlich für die Aufrechterhaltung des STEM-Karriereinteresses ist (178).

Studien zum Berufswahlinteresse können auch in den Kategorien zur Interessenentwicklung (52, 145, 237) sowie zu geschlechtsspezifischen Effekten (52, 178) identifiziert werden. Eine Abnahme des Interesses an STEM-Berufen bzw. -Karrieren wird in diesen Studien berichtet (52, 237). Zwei Jahre nach der Teilnahme an einem naturwissenschaftlichen Programm zeigt sich in einer Studie eine Aufrechterhaltung des Interesses an STEM-Karrieren (154). Hinsichtlich geschlechtsspezifischer Effekte können Unterschiede im STEM-Karriereinteresse zugunsten der Jungen (52) identifiziert werden, während sich in der fächerspezifischen Betrachtung ein höheres Karriereinteresse der Mädchen an Medizin und Gesundheit sowie ein höheres Karriereinteressen der Jungen an Technologie feststellen lässt (178).

5 Diskussion

Vor dem Hintergrund der Befunde in den drei Perspektiven können verschiedene Anhaltspunkte für eine Diskussion formuliert werden. Diese Punkte umfassen sowohl perspektiven-spezifische als auch perspektiven-übergreifende Diskussionsansätze.

Die Ergebnisse der Arbeiten zur differenziell-theoretischen Perspektive replizieren größtenteils bereits bekannte Befunde aus Arbeiten, die vor 2012 durchgeführt worden sind. Hier ist vor allem festzustellen, dass im vorliegenden Beitrag sowie auch im Review von Potvin und Hasni (2014) die Untersuchung von Zusammenhängen zwischen Geschlecht und Interesse vergleichsweise häufig auftritt. Die Tatsache, dass es zwischen Jungen und Mädchen interindividuelle Interessenunterschiede gibt, welche sich auf Domänen, Inhalte, Aktivitäten und Berufsorientierungen zurückführen lassen, ist wenig überraschend. Offen bleibt, inwiefern inter- und intraindividuelle Interessenunterschiede von Schüler:innen bei der Gestaltung differenzierenden Unterrichts berücksichtigt werden sollten. Beispiele hierfür gibt es zwar bereits (z. B. Walkington & Bernacki, 2014), jedoch wird diese Frage für die naturwissenschaftlichen Fächer noch vergleichsweise selten untersucht. Auch ist weitgehend ungeklärt, auf welche zugrunde liegenden Variablen die genannten Geschlechterunterschiede zurückzuführen sind. Hinweise geben hierzu die Befunde einzelner länderübergreifender Studien, die ambivalente Ergebnisse bezogen auf die Interessenausprägungen von Jungen und Mädchen unterschiedlicher Herkunft berichten. Neben geschlechtsspezifischen Unterschieden wird hier berichtet, dass Schüler:innen aus Industrieländern ein geringeres naturwissenschaftliches Interesse berichten als Schüler:innen in weniger entwickelten Ländern (zusammenfassend: Potvin & Hasni, 2014). Es liegt nahe, dass kulturell-soziale Einflüsse eine entscheidende Rolle bei der Interessenentwicklung junger Menschen spielen (ontogenetische Perspektive). Die Identifikation von Einflussgrößen in diesem Kontext könnte Aufgabe künftiger fachdidaktischer Forschung sein.

Auch der mehrfach belegte Zusammenhang zwischen Selbstkonzept und Interesse verwundert nicht und steht in Einklang mit den Befunden vorheriger Forschung (Arens et al., 2011). Auch im Review von Potvin und Hasni (2014) konnten nur wenige Studien identifiziert werden, in denen sich dieser Zusammenhang nicht zeigte. Lohnenswert für künftige Arbeiten könnte sein, fachliche Selbstkonzepte streng differenziert zu betrachten und diese vor dem Hintergrund von berichteten Mediationseffekten im Rahmen von Interessenerhebungen stets mitzuberücksichtigen. Ebenso stellt das komplexe Beziehungsgefüge zwischen fachlichen Selbstkonzepten, fachlichen Interessen und Persönlichkeitsmerkmalen ein bisher wenig untersuchtes, aber vielversprechendes Forschungsfeld dar, um eingangs aufgeworfene lernmotivationale Fragen künftig genauer zu untersuchen. Für eine weiterführende Betrachtung des Interessenkonstrukts mit Selbstkonzept und Identitätsaspekten sei an dieser Stelle auf den Beitrag Christ et al. (in diesem Band, Kap. „Die Erfassung von Interessen in der empirischen fachdidaktischen Forschung – Ein methodologisches Review") verwiesen.

Auffällig ist, dass Fachinteresse in Arbeiten aus dem schulischen Kontext häufig als Mittel zum Zweck einer Leistungssteigerung verstanden wird. Naturwissenschaftsbezogene Berufswahlinteressen werden jedoch häufig als eigenständige Zieldimensionen angesehen. Kritisch könnte auch die Frage diskutiert werden, inwiefern durch unterrichtliche Maßnahmen eine langfristige Interessenförderung, insbesondere im Sekundarbereich, überhaupt eine realistische Zielsetzung von naturwissenschaftlichem Unterricht sein kann. Die überwiegende Mehrheit der Artikel im Analysekorpus dieses Reviews misst individuellen und situationalen fachlichen Interessen hohen normativen Wert zu, was sich insbesondere über die häufige Erhebung der Variablen in Interventionsstudien zeigt (aktualgenetische Perspektive). Dass durch unterrichtliche Maßnahmen ausgelöste situationale Interessen jedoch auch negative Folgen haben können, zeigt eine aktuelle Arbeit von Senko et al. (2022). Die Autor:innen konnten zeigen, dass situationale Interessen zu einer Leistungsüberschätzung bei Schüler:innen führen können, was wiederum zu einer Verstehensillusion nach dem Bearbeiten von Lernaufgaben führen kann. Gewinnbringend könnte sein, die Qualität von situationalen Interessen genauer zu untersuchen und zielführende Auslöser für situationale Interessen zu identifizieren.

Auch werden Zusammenhänge von situationalem Interesse (in den Facetten *triggered* und *maintained* bzw. *catch* und *hold*) und Ausprägungen individueller Interessen und ihrer Entwicklung in fachdidaktischen Interventionsstudien wenig systematisch erforscht. Dies verwundert umso mehr, da Theorien – wie etwa das Vier-Phasen-Modell der Interessenentwicklung nach Hidi und Renninger (2006) – eine der meistzitierten Rahmungen in den Studien darstellt. Die Erkenntnis, dass gewisse Interventionsmaßnahmen in der Lage sind, situationales Interesse so zu verändern, dass es weniger mit den stabilen Interessen korreliert, wäre ein Ansatzpunkt, um die Entwicklung individueller Interessen in Längsschnitt-Interventionsstudien in Abhängigkeit zu situativen Variablen weiter zu verfolgen. Der vermehrte Einbezug längsschnittlicher Studien in der Untersuchung der Interessenentwicklung wurde bereits von Potvin und Hasni in ihrem Review aus dem Jahr 2014 gefordert.

Generell fällt auf, dass sich Interventionsstudien in Bezug auf ihre Maße auf einschlägige Interessentheorien beziehen, ihre eingesetzten Maßnahmen (unabhängigen Variablen) aber diesbezüglich wenig fundiert begründen und analysieren. So werden zwar in den meisten Fällen innovative Maßnahmen eingesetzt, bei denen man generell eine Interessensteigerung erwarten könnte, deren Merkmale werden aber wenig differenziert mit konkreten theoretischen Annahmen aus gezielt ausgewählten Rahmungen in Beziehung gesetzt. Dadurch ergibt sich in der Ergebnisdarstellung in vielen Fällen ein erwartetes Bild nach dem Motto „Das Neue war auch interessanter". Dies ist als ein recht begrenzter Erkenntnisgewinn anzusehen. Hier würden die gezielte Beobachtung von situativen Ausprägungen in direktem Zusammenhang mit den jeweiligen Lerngelegenheiten und weitere Einblicke anhand von Prozessdaten konkretere Einblicke liefern.

Hinsichtlich der *ontogenetischen Perspektive* ist festzustellen, dass nur wenige Studien mit gemischt-methodischen Ansätzen und einem retrospektiv-biografisch qualitativen Design mit großer Proband:innenanzahl (keine Einzelfallanalysen) vorliegen. Diese könnten jedoch das Potenzial bieten, Interesse sowohl in bestimmten Entwicklungsphasen, aber auch im Verlauf von Interventionen umfassender und vertiefter sowie intraindividueller betrachten zu können. Zugleich lässt sich eine große Breite an untersuchten Konstrukten, an untersuchten Fachbereichen und Ländern sowie naturgemäß für diese Perspektive eine große Breite an untersuchten Lebensabschnitten feststellen. Dies erschwert die Formulierung übergreifender Aussagen. Auch länderspezifische Vergleiche können so nur schwer angestellt werden. Eine Frage, die sich heraus ergibt, ist: Sollten groß angelegte Länder(vergleichs)studien (wieder) mehr in den Fokus der fachdidaktischen Forschung rücken und Interessen im Bereich Physik, Chemie und Biologie ontogenetisch prüfen?

Mit Blick auf die Studien zum STEM-Berufs- und- Karriereinteresse kann festgestellt werden, dass diese im Besonderen Einflussfaktoren dieses Interesses untersuchen, während die längerfristige Förderung dieser speziellen Form des Interesses nur selten betrachtet wird. Es stellt sich daher die Frage, ob vor dem Hintergrund des (zunehmenden) Fachkräftemangels zukünftig im Besonderen Maßnahmen zur längerfristigen Förderung dieses Interesses in den Blick genommen werden sollten. Das Potenzial weiterer Forschung in der ontogenetischen Perspektive zeigt sich darin, dass Untersuchungen im Bereich der Interessenentwicklung über längere Zeit – mit Blick auf sensible Entwicklungsphasen – Hinweise dafür liefern können, zu welchen Zeiten Interesse wie und unter Berücksichtigung welcher Faktoren beeinflusst bzw. gefördert werden kann und sollte (160; Ganley & Lubienski, 2016). Unter Einbezug der Einflussfaktoren und möglicher Zusammenhänge in spezifischen Entwicklungs- und Entscheidungsphasen eröffnet sich die Möglichkeit konkrete Maßnahmen abzuleiten. Hierbei werden in bisherigen und sollten auch in zukünftigen Studien intraindividuelle Aspekte berücksichtigt werden, die eine zunehmende Wichtigkeit erlangen.

Abschließend soll darauf hingewiesen werden, dass sich durch die festgelegten Suchkriterien naturgemäß Einschränkungen in der Aussagekraft eines Reviews ergeben können. Bei der Wahl der Suchkriterien haben wir uns an früheren Reviews mit vergleichbarer Fragestellung orientiert. Im Besonderen wurden hier die Suchkriterien von Potvin und Hasni (2014) herangezogen, da das vorliegende Review an ihrem Review zeitlich anschließen und dieses fortführen sollte. Zunächst wurden ausschließlich deutsch- und englischsprachige Publikationen herangezogen. Da eine möglichst breite Leserschaft mit dem vorliegenden Review angesprochen werden sollte, wurden englischsprachige Publikationen ausgewählt. Deutschsprachige Publikationen konnten aufgrund der sprachlichen Herkunft der beteiligten Autor:innen ebenso einbezogen werden, jedoch aufgrund von Sprachbarrieren keine Publikationen weiterer Sprachen.

Ebenso wie in dem Review von Potvin und Hasni (2014) wurden ausschließlich *peer review*-Publikationen einbezogen. Dieses Vorgehen kann jedoch zu einer Verzerrung der Befunde geführt haben. Die Entscheidung zum Ausschluss von Publikationen ohne *peer review*-Verfahren wurde getroffen, um sicherzustellen, dass die ausgewählten Publikationen bereits eine Prüfung hinsichtlich ihrer wissenschaftlichen Qualität durchlaufen haben. Bei der anschließenden Arbeit mit den ausgewählten Publikationen konnten trotz des *peer review*-Prozesses Einschränkungen in der wissenschaftlichen Qualität festgestellt werden, was eine erneute Beurteilung der Qualität der Publikationen erforderlich machte.

In dieser erneuten Beurteilung konnten perspektivenübergreifend Einschränkungen hinsichtlich der theoretischen Fundierung und der methodischen Güte festgestellt werden. Zum Teil ist keine klare theoretische Fundierung des untersuchten Interessenkonstrukts erkennbar, zum Teil werden interessenbezogene Quellen zitiert, jedoch keine weitere theoretische Verankerung vorgenommen. Auch hinsichtlich der methodischen Güte sind Ambivalenzen erkennbar. Eine dezidierte Ausrichtung künftiger Studien auf theoretische Fundierung und methodische Gütekriterien stellt ein zentrales Potenzial für belastbare Resultate und Studienvergleiche in der fachdidaktischen Forschung dar.

Werden die vorliegenden Befunde in Bezug zum eingangs aufgegriffenen Review von Potvin und Hasni (2014) gesetzt, lässt sich zunächst feststellen, dass sich die Kategorisierung der Befunde zum Teil überschneidet. Potvin und Hasni unterscheiden zwischen I) Studien, die keine Befunde berichten (im vorliegenden Review exkludiert), II) Studien, die sich einer Validierung von Messinstrumenten widmen (Beitrag Bernholt & Krey, in diesem Band, Kap. „Die Erfassung von Interessen in der empirischen fachdidaktischen Forschung – Ein methodologisches Review“), III) Studien, die sich einer Bestandsaufnahme und Darstellung von Interessenausprägungen widmen (differenzielle und ontogenetische Perspektive im vorliegenden Review) sowie IV) Studien, die sich den Auswirkungen einer interessenbezogenen Intervention widmen (aktualgenetische Perspektive im vorliegenden Review). Hinsichtlich der auch im vorliegenden Review adressierten Kategorien lässt sich feststellen, dass auch in früheren Studien eine Abnahme des Interesses an Naturwissenschaften insbesondere im Verlauf der Sekundarstufe festgestellt werden konnte. Maßnahmen, um diesem Trend entgegenzuwirken, fokussierten auch in den von Povin und Hasni (2014) zusammengetragenen Studien sowohl schulische als auch außerschulische Maßnahmen wie Sommercamps (vgl. auch aktualgenetische Perspektive). Bei den kategorisierten Interventionsmaßnahmen kann im Vergleich zu dem von uns analysierten Zeitraum eine quantitative Verschiebung hin zu den Kategorien „digitale Medien“ und „berufsbezogene Interventionen“ beobachtet werden, jedoch bleiben die gefundenen Kategorien qualitativ ähnlich geartet.

Anhang

Literaturverzeichnis der inkludierten Arbeiten (Analysekorpus)

1. Abdullah, N., Baskaran, V. L., Mustafa, Z., Ali, S. R., & Zaini, S. H. (2022). Augmented Reality: The Effect in Students' Achievement, Satisfaction and Interest in Science Education. *International Journal of Learning, Teaching and Educational Research, 21*(5), 326–350. https://doi.org/10.26803/ijlter.21.5.17.
2. Adigun Folaranmi, A., Ajagun, G. A., & Samuel, M. (2019). Effect of round-robin instructional strategy on senior secondary school students' interest in electrochemistry in federal capital territory Abuja Nigeria. *Journal of Education and E-Learning Research, 6*(3), 129–134. Scopus. https://doi.org/10.20448/journal.509.2019.63.129.134.
3. Akcaoglu, M., Rosenberg, J. M., Ranellucci, J., & Schwarz, C. V. (2018). Outcomes from a self-generated utility value intervention on fifth and sixth-grade students' value and interest in science. *International Journal of Educational Research, 87*, 67–77. https://doi.org/10.1016/j.ijer.2017.12.001.

4. Alberts, K. M., Beymer, P. N., Phun, V., & Schmidt, J. A. (2022). Examining a utility value intervention among early adolescents: Trajectories of situational interest and boredom. *Learning and Individual Differences, 96*, 102155. https://doi.org/10.1016/j.lindif.2022.102155.
5. Alexander, J. M., Johnson, K. E., & Kelley, K. (2012). Longitudinal analysis of the relations between opportunities to learn about science and the development of interests related to science. *Science Education, 96*(5), 763–786. https://doi.org/10.1002/sce.21018.
6. Anderhag, P., Hamza, K. M., & Wickman, P.-O. (2015). What Can a Teacher Do to Support Students' Interest in Science? A Study of the Constitution of Taste in a Science Classroom. *Research in Science Education, 45*(5), 749–784. https://doi.org/10.1007/s11165-014-9448-4.
7. Andersen, M. S., Klingenberg, S., Petersen, G. B., Creed, P. A., & Makransky, G. (2023). Fostering science interests through head-mounted displays. *Journal of Computer Assisted Learning, 39*(2), 369–379. https://doi.org/10.1111/jcal.12749.
8. Areepattamannil, S. (2012). Effects of Inquiry-Based Science Instruction on Science Achievement and Interest in Science: Evidence from Qatar. *The Journal of Educational Research, 105*(2), 134–146. https://doi.org/10.1080/00220671.2010.533717.
9. Asshoff, R., Hallerbach, P., & Reinhardt, K. (2020). Teaching changes interest and attitudes of students towards bedbugs. *International Journal of Science Education, 42*(11), 1818–1833. https://doi.org/10.1080/09500693.2020.1788745.
10. Babarović, T. (2021). Development of STEM Vocational Interests During Elementary and Middle School: A Cohort-Sequential Longitudinal Study. *Journal of Career Development*, 089484532110369. https://doi.org/10.1177/08948453211036986.
11. Babarović, T., Dević, I., & Burušić, J. (2019). Fitting the STEM interests of middle school children into the RIASEC structural space. *International Journal for Educational and Vocational Guidance, 19*(1), 111–128. https://doi.org/10.1007/s10775-018-9371-8.
12. Badri, M., Mazroui, K. A., Al Rashedi, A., & Yang, G. (2016). Variation by Gender in Abu Dhabi High School Students' Interests in Physics. *Journal of Science Education and Technology, 25*(2), 232–243. https://doi.org/10.1007/s10956-015-9589-x.
13. Badri, M., Yang, G., Al Mazroui, K., Mohaidat, J., Al Rashedi, A., & Al Housani, N. (2017). Out-of-school experience categories influencing interest in biology of secondary school students by gender: Exploration on an Abu Dhabi sample. *Journal of Biological Education, 51*(2), 166–185. https://doi.org/10.1080/00219266.2016.1177576.

14. Bakar, A. Y., & Mahmud, M. I. (2020). Profiling of Aspiration and Interest towards STEM and TVET Careers among Lower Secondary Students: A Malaysian Case Study. *Journal for the Education of Gifted Young Scientists, 8*(1), 489–500. https://doi.org/10.17478/jegys.669034.
15. Balta, N., Japashov, N., Mansurova, A., Tzafilkou, K., Oliveira, A. W., & Lathrop, R. (2023). Middle- and secondary-school students' STEM career interest and its relationship to gender, grades, and family size in Kazakhstan. *Science Education, 107*(2), 401–426. https://doi.org/10.1002/sce.21776.
16. Basso, A., Chiorri, C., Bracco, F., Carnasciali, M. M., Alloisio, M., & Grotti, M. (2018). Improving the interest of high-school students toward chemistry by crime scene investigation. *Chemistry Education Research and Practice, 19*(2), 558–566. https://doi.org/10.1039/C7RP00232G.
17. Bathgate, M., & Schunn, C. (2016). Disentangling intensity from breadth of science interest: What predicts learning behaviors? *Instructional Science, 44*(5), 423–440. https://doi.org/10.1007/s11251-016-9382-0.
18. Beymer, P. N., Rosenberg, J. M., & Schmidt, J. A. (2020). Does choice matter or is it all about interest? An investigation using an experience sampling approach in high school science classrooms. *Learning and Individual Differences, 78,* 101812. https://doi.org/10.1016/j.lindif.2019.101812.
19. Blankenburg, J. S., Höffler, T. N., & Parchmann, I. (2016). Fostering Today What is Needed Tomorrow: Investigating Students' Interest in Science. *Science Education, 100*(2), 364–391. https://doi.org/10.1002/sce.21204.
20. Blažev, M., Karabegović, M., Burušić, J., & Selimbegović, L. (2017). Predicting gender-STEM stereotyped beliefs among boys and girls from prior school achievement and interest in STEM school subjects. *Social Psychology of Education, 20*(4), 831–847. https://doi.org/10.1007/s11218-017-9397-7.
21. Blotnicky, K. A., Franz-Odendaal, T., French, F., & Joy, P. (2018). A study of the correlation between STEM career knowledge, mathematics self-efficacy, career interests, and career activities on the likelihood of pursuing a STEM career among middle school students. *International Journal of STEM Education, 5*(1), 22. https://doi.org/10.1186/s40594-018-0118-3.
22. Bølling, M., Hartmeyer, R., & Bentsen, P. (2019). Seven place-conscious methods to stimulate situational interest in science teaching in urban environments. *Education 3–13, 47*(2), 162–175. https://doi.org/10.1080/03004279.2017.1420096.

23. Brandmo, C., & Bråten, I. (2018). Investigating relations between beliefs about justification for knowing, interest, and knowledge across two socio-scientific topics. *Learning and Individual Differences, 62,* 89–97. https://doi.org/10.1016/j.lindif.2018.01.010.
24. Brandtner, M., & Hertel, S. (2022). Verbale und nonverbale Indikatoren der kognitiven Komponente situational-naturwissenschaftlichen Interesses: Eine explorative Studie mit 4- bis 6-jährigen Kindern in Lernsituationen zur frühen naturwissenschaftlichen Bildung. *Unterrichtswissenschaft, 50*(3), 399–423. https://doi.org/10.1007/s42010-021-00126-7.
25. Bressler, D. M., Shane Tutwiler, M., & Bodzin, A. M. (2021). Promoting student flow and interest in a science learning game: A design-based research study of School Scene Investigators. *Educational Technology Research and Development, 69*(5), 2789–2811. https://doi.org/10.1007/s11423-021-10039-y.
26. Broman, K., Bernholt, S., & Christensson, C. (2022). Relevant or interesting according to upper secondary students? Affective aspects of context-based chemistry problems. *Research in Science & Technological Education, 40*(4), 478–498. https://doi.org/10.1080/02635143.2020.1824177.
27. Cakmakci, G., Sevindik, H., Pektas, M., Uysal, A., Kole, F., & Kavak, G. (2012). Investigating Turkish Primary School Students' Interest in Science by Using Their Self-Generated Questions. *Research in Science Education, 42*(3), 469–489. https://doi.org/10.1007/s11165-010-9206-1.
28. Carman, J., Zint, M., Burkett, E., & Ibáñez, I. (2021). The role of interest in climate change instruction. *Science Education, 105*(2), 309–352. https://doi.org/10.1002/sce.21610.
29. Carreño, M. J., Castro-Alonso, J. C., & Gallardo, M. J. (2022). Interest in Physics After Experimental Activities with a Mobile Application: Gender Differences. *International Journal of Science and Mathematics Education, 20*(8), 1841–1857. https://doi.org/10.1007/s10763-021-10228-4.
30. Cēdere, D., Jurgena, I., & Targamadze, V. (2018). Interest of latvian and lithuanian students in science and mathematics. *Journal of Baltic Science Education, 17*(1), 31–42. Scopus.
31. Çevik, M. (2018). Impacts of the project based (PBL) science, technology, engineering and mathematics (STEM) education on academic achievement and career interests of vocational high school students. *Pegem Eğitim ve Öğretim Dergisi, 8*(2), 281–306. https://doi.org/10.14527/pegegog.2018.012.

32. Chachashvili-Bolotin, S., Milner-Bolotin, M., & Lissitsa, S. (2016). Examination of factors predicting secondary students' interest in tertiary STEM education. *International Journal of Science Education, 38*(3), 366–390. https://doi.org/10.1080/09500693.2016.1143137.
33. Chakraverty, D., Newcomer, S. N., Puzio, K., & Tai, R. H. (2018). It Runs in the Family: The Role of Family and Extended Social Networks in Developing Early Science Interest. *Bulletin of Science, Technology & Society, 38*(3–4), 27–38. https://doi.org/10.1177/0270467620911589.
34. Chen, J. A., Tutwiler, M. S., Metcalf, S. J., Kamarainen, A., Grotzer, T., & Dede, C. (2016). A multi-user virtual environment to support students' self-efficacy and interest in science: A latent growth model analysis. *Learning and Instruction, 41,* 11–22. https://doi.org/10.1016/j.learninstruc.2015.09.007.
35. Chen, Y., & Chang, C.-C. (2018). The Impact of an Integrated Robotics STEM Course with a Sailboat Topic on High School Students' Perceptions of Integrative STEM, Interest, and Career Orientation. *EURASIA Journal of Mathematics, Science and Technology Education, 14*(12). https://doi.org/10.29333/ejmste/94314.
36. Chen, Y., Chow, S. C. F., & So, W. W. M. (2022). School-STEM professional collaboration to diversify stereotypes and increase interest in STEM careers among primary school students. *Asia Pacific Journal of Education, 42*(3), 556–573. https://doi.org/10.1080/02188791.2020.1841604.
37. Cheng, L., Antonenko, P. "Pasha", Ritzhaupt, A. D., & MacFadden, B. (2021). Exploring the role of 3D printing and STEM integration levels in students' STEM career interest. *British Journal of Educational Technology, 52*(3), 1262–1278. https://doi.org/10.1111/bjet.13077.
38. Cheung, D. (2018). The key factors affecting students' individual interest in school science lessons. *International Journal of Science Education, 40*(1), 1–23. https://doi.org/10.1080/09500693.2017.1362711.
39. Chiu, T. K. F., Ismailov, M., Zhou, X., Xia, Q., Au, C. K., & Chai, C. S. (2023). Using Self-Determination Theory to Explain How Community-Based Learning Fosters Student Interest and Identity in Integrated STEM Education. *International Journal of Science and Mathematics Education, 21*(S. 1), 109–130. https://doi.org/10.1007/s10763-023-10382-x.
40. Čipková, E., Karolčík, Š., Dudová, N., & Nagyová, S. (2018). What is the students' interest in biology after the biology curriculum modification? *The Curriculum Journal, 29*(3), 370–386. https://doi.org/10.1080/09585176.2017.1406811.

41. Danovitch, J. H., Mills, C. M., Sands, K. R., & Williams, A. J. (2021). Mind the gap: How incomplete explanations influence children's interest and learning behaviors. *Cognitive Psychology, 130,* 101.421. https://doi.org/10.1016/j.cogpsych.2021.101421.
42. Deemer, E. D., & Sharma, P. (2019). Situational Interest and Scientific Self-Efficacy: Influence of an Energy Science Career Intervention. *The Career Development Quarterly, 67*(2), 171–184. https://doi.org/10.1002/cdq.12179.
43. Demirdogen, B., & Cakmakci, G. (2014). Investigating students' interest in chemistry through self-generated questions. *Chem. Educ. Res. Pract., 15*(2), 192–206. https://doi.org/10.1039/C4RP00037D.
44. Desch, I., Stiller, C., & Wilde, M. (2015). Förderung des situationsspezifischen Interesses durch eine Schülerwahl des Unterrichtsthemas. *Psychologie in Erziehung und Unterricht, 63*(1), 60. https://doi.org/10.2378/peu2016.art06d.
45. Dierks, P. O., Höffler, T. N., & Parchmann, I. (2014). Profiling interest of students in science: Learning in school and beyond. *Research in Science & Technological Education, 32*(2), 97–114. https://doi.org/10.1080/02635143.2014.895712.
46. Dierks, P. O., Höffler, T. N., Blankenburg, J. S., Peters, H., & Parchmann, I. (2016). Interest in science: A RIASEC-based analysis of students' interests. *International Journal of Science Education, 38*(2), 238–258. https://doi.org/10.1080/09500693.2016.1138337.
47. Dohn, N. B. (2013). Upper Secondary Students' Situational Interest: A case study of the role of a zoo visit in a biology class. *International Journal of Science Education, 35*(16), 2732–2751. https://doi.org/10.1080/09500693.2011.628712.
48. Dohn, N. B. (2021). Predictors of students' interest in a citizen science programme. *International Journal of Science Education, 43*(18), 2956–2973. https://doi.org/10.1080/09500693.2021.2003469.
49. Dohn, N. B., & Dohn, N. B. (2017). Integrating Facebook in Upper Secondary Biology Instruction: A Case Study of Students' Situational Interest and Participation in Learning Communication. *Research in Science Education, 47*(6), 1305–1329. https://doi.org/10.1007/s11165-016-9549-3.
50. Dorfner, T., Förtsch, C., & Neuhaus, B. J. (2018). Effects of three basic dimensions of instructional quality on students' situational interest in sixth-grade biology instruction. *Learning and Instruction, 56,* 42–53. https://doi.org/10.1016/j.learninstruc.2018.03.001.

51. Drymiotou, I., Constantinou, C. P., & Avraamidou, L. (2021). Enhancing students' interest in science and understandings of STEM careers: The role of career-based scenarios. *International Journal of Science Education, 43*(5), 717–736. https://doi.org/10.1080/09500693.2021.1880664.
52. Ergün, A. (2019). Identification of the interest of turkish middle-school students in stem careers: Gender and grade level differences. *Journal of Baltic Science Education, 18*(1), 90–104. https://doi.org/10.33225/jbse/19.18.90.
53. Ernawati, M. D. W., Sudarmin, S., Asrial, A., Haryanto, H., Azzahra, M. Z., & Triani, E. (2022). A study of attitude and interest in the student's lessons. *Cypriot Journal of Educational Sciences, 17*(6), 1901–1913. https://doi.org/10.18844/cjes.v17i6.7484.
54. Falk, J. H., Staus, N., Dierking, L. D., Penuel, W., Wyld, J., & Bailey, D. (2016). Understanding youth STEM interest pathways within a single community: The *Synergies* project. *International Journal of Science Education, Part B, 6*(4), 369–384. https://doi.org/10.1080/21548455.2015.1093670.
55. Ferguson, S. L., & Hull, D. M. (2019). Exploring Science Career Interest: Latent Profile Analysis of High School Occupational Preferences for Science. *Journal of Career Development, 46*(5), 583–598. https://doi.org/10.1177/0894845318783873.
56. Fernández García, C. M., Torío-López, S., García-Pérez, O., & Inda-Caro, M. (2019). Parental Support, Self-Efficacy Beliefs, Outcome Expectations and Interests in Science, Technology, Engineering and Mathematics (STEM). *Universitas Psychologica, 18*(2), 1–15. https://doi.org/10.11144/Javeriana.upsy18-2.psse.
57. Fiksl, M., Flogie, A., & Aberšek, B. (2017). Innovative teaching/ learning methods to improve science, technology and Engineering classroom climate and interest. *Journal of Baltic Science Education, 16*(6), 1009–1019. Scopus.
58. Förtsch, C., Werner, S., Dorfner, T., Von Kotzebue, L., & Neuhaus, B. J. (2017). Effects of Cognitive Activation in Biology Lessons on Students' Situational Interest and Achievement. *Research in Science Education, 47*(3), 559–578. https://doi.org/10.1007/s11165-016-9517-y.
59. Franzen, P., Arens, A. K., Greiff, S., & Niepel, C. (2022). Student profiles of self-concept and interest in four domains: A latent transition analysis. *Learning and Individual Differences, 95,* 102.139. https://doi.org/10.1016/j.lindif.2022.102139.
60. Fritsch, E.-M., & Dreesmann, D. C. (2015). Secondary school students' and their parents' knowledge and interest in crop plants: Why should we care? *International Journal of Environmental and Science Education, 10*(6), 891–904. Scopus. https://doi.org/10.12973/ijese.2015.282a.

61. Fuesting, M. A., Diekman, A. B., & Hudiburgh, L. (2017). From classroom to career: The unique role of communal processes in predicting interest in STEM careers. *Social Psychology of Education, 20*(4), 875–896. https://doi.org/10.1007/s11218-017-9398-6.
62. Garriott, P. O., Flores, L. Y., Prabhakar, B., Mazzotta, E. C., Liskov, A. C., & Shapiro, J. E. (2014). Parental Support and Underrepresented Students' Math/Science Interests: The Mediating Role of Learning Experiences. *Journal of Career Assessment, 22*(4), 627–641. https://doi.org/10.1177/1069072713514933.
63. Gedrovics, J., Bilek, M., Lakhvich, T., & de Tolentino-Neto, L. C. B. (2014). Students' interest in science topics as an indicator of their attitudes to science: An international comparison. *Journal of Science Education, 15*(1), 8–13. Scopus.
64. Großmann, N., & Wilde, M. (2020). Promoting Interest by Supporting Learner Autonomy: The Effects of Teaching Behaviour in Biology Lessons. *Research in Science Education, 50*(5), 1763–1788. https://doi.org/10.1007/s11165-018-9752-5.
65. Habig, B., & Gupta, P. (2021). Authentic STEM research, practices of science, and interest development in an informal science education program. *International Journal of STEM Education, 8*(1), 57. https://doi.org/10.1186/s40594-021-00314-y.
66. Habig, S., Blankenburg, J., Van Vorst, H., Fechner, S., Parchmann, I., & Sumfleth, E. (2018). Context characteristics and their effects on students' situational interest in chemistry. *International Journal of Science Education, 40*(10), 1154–1175. https://doi.org/10.1080/09500693.2018.1470349.
67. Hagay, G., & Baram-Tsabari, A. (2015). A strategy for incorporating students' interests into the high-school science classroom. *Journal of Research in Science Teaching, 52*(7), 949–978. https://doi.org/10.1002/tea.21228.
68. Hagay, G., Baram-Tsabari, A., Ametller, J., Cakmakci, G., Lopes, B., Moreira, A., & Pedrosa-de-Jesus, H. (2013). The Generalizability of Students' Interests in Biology Across Gender, Country and Religion. *Research in Science Education, 43*(3), 895–919. https://doi.org/10.1007/s11165-012-9289-y.
69. Hagay, G., Peleg, R., Laslo, E., & Baram-Tsabari, A. (2013). Nature or nurture? A lesson incorporating students' interests in a high-school biology class. *Journal of Biological Education, 47*(2), 117–122. https://doi.org/10.1080/00219266.2013.773363.

70. Halim, L., Mohd Shahali, E. H., & H Iksan, Z. (2023). Effect of environmental factors on students' interest in STEM careers: The mediating role of self-efficacy. *Research in Science & Technological Education, 41*(4), 1394–1411. https://doi.org/10.1080/02635143.2021.2008341.
71. Hammann, M., Jördens, J., & Büschgens, D. (2020). Students' situational interest in cultivated plants: The importance of contextualisation and topic selection. *International Journal of Science Education, 42*(16), 2765–2799. https://doi.org/10.1080/09500693.2020.1836430.
72. Hasni, A., & Potvin, P. (2015). Student's interest in science and technology and its relationships with teaching methods, family context and self-efficacy. *International Journal of Environmental and Science Education, 10*(3), 337–366. Scopus. https://doi.org/10.12973/ijese.2015.249a.
73. Hazari, Z., Potvin, G., Cribbs, J. D., Godwin, A., Scott, T. D., & Klotz, L. (2017). Interest in STEM is contagious for students in biology, chemistry, and physics classes. *Science Advances, 3*(8), e1700046. https://doi.org/10.1126/sciadv.1700046.
74. Heddy, B. C., & Sinatra, G. M. (2017). Transformative parents: Facilitating transformative experiences and interest with a parent involvement intervention: HEDDY and SINATRA. *Science Education, 101*(5), 765–786. https://doi.org/10.1002/sce.21292.
75. Heuling, L. S. (2021). Promoting student interest in science: The impact of a science theatre project. *LUMAT, 9*(2). Scopus. https://doi.org/10.31129/LUMAT.9.2.1401.
76. Hiğde, E., & Aktamış, H. (2022). The effects of STEM activities on students' STEM career interests, motivation, science process skills, science achievement and views. *Thinking Skills and Creativity, 43,* 101000. https://doi.org/10.1016/j.tsc.2022.101000.
77. Hite, R. L., & McDonald, T. L. (2021). Exploring science relevancy by gender and SES in The Bahamas: Secondary Bahamian students' interests in science and attractive attributes of future careers. *International Journal of Science Education, 43*(11), 1860–1879. https://doi.org/10.1080/09500693.2021.1939191.
78. Hochberg, K., Kuhn, J., & Müller, A. (2018). Using Smartphones as Experimental Tools – Effects on Interest, Curiosity, and Learning in Physics Education. *Journal of Science Education and Technology, 27*(5), 385–403. https://doi.org/10.1007/s10956-018-9731-7.
79. Höffler, T. N., Köhler, C., & Parchmann, I. (2019). Scientists of the future: An analysis of talented students' interests. *International Journal of STEM Education, 6*(1), 29. https://doi.org/10.1186/s40594-019-0184-1.

80. Höft, L., & Bernholt, S. (2019). Longitudinal couplings between interest and conceptual understanding in secondary school chemistry: An activity-based perspective. *International Journal of Science Education, 41*(5), 607–627. https://doi.org/10.1080/09500693.2019.1571650.
81. Höft, L., & Bernholt, S. (2021). Domain-specific and activity-related interests of secondary school students. Longitudinal trajectories and their relations to achievement. *Learning and Individual Differences, 92,* 102089. https://doi.org/10.1016/j.lindif.2021.102089.
82. Höft, L., Bernholt, S., Blankenburg, J. S., & Winberg, M. (2019). Knowing more about things you care less about: Cross-sectional analysis of the opposing trend and interplay between conceptual understanding and interest in secondary school chemistry. *Journal of Research in Science Teaching, 56*(2), 184–210. https://doi.org/10.1002/tea.21475.
83. Holstermann, N., Ainley, M., Grube, D., Roick, T., & Bögeholz, S. (2012). The specific relationship between disgust and interest: Relevance during biology class dissections and gender differences. *Learning and Instruction, 22*(3), 185–192. https://doi.org/10.1016/j.learninstruc.2011.10.005.
84. Hong, H.-Y., & Lin-Siegler, X. (2012). How learning about scientists' struggles influences students' interest and learning in physics. *Journal of Educational Psychology, 104*(2), 469–484. https://doi.org/10.1037/a0026224.
85. Hong, J.-C., Hwang, M.-Y., Liu, M.-C., Ho, H.-Y., & Chen, Y.-L. (2014). Using a "prediction–observation–explanation" inquiry model to enhance student interest and intention to continue science learning predicted by their Internet cognitive failure. *Computers & Education, 72,* 110–120. https://doi.org/10.1016/j.compedu.2013.10.004.
86. Hong, J.-C., Hwang, M.-Y., Tai, K.-H., & Tsai, C.-R. (2017). An Exploration of Students' Science Learning Interest Related to Their Cognitive Anxiety, Cognitive Load, Self-Confidence and Learning Progress Using Inquiry-Based Learning With an iPad. *Research in Science Education, 47*(6), 1193–1212. https://doi.org/10.1007/s11165-016-9541-y.
87. Hong, J.-C., Tsai, C.-R., & Tai, K.-H. (2023). iSTEAM contest on enhancing self-confidence in making miniature models: Correlate to mastery orientation, engagement and interest. *Research in Science & Technological Education, 41*(2), 444–461. https://doi.org/10.1080/02635143.2021.1909554.

88. Huang, B., Jong, M. S.-Y., King, R. B., Chai, C.-S., & Jiang, M. Y.-C. (2022). Promoting Secondary Students' Twenty-First Century Skills and STEM Career Interests Through a Crossover Program of STEM and Community Service Education. *Frontiers in Psychology, 13,* 903252. https://doi.org/10.3389/fpsyg.2022.903252.
89. Huangfu, Q., Wei, N., Zhang, R., Tang, Y., & Luo, G. (2023). Social support and continuing motivation in chemistry: The mediating roles of interest in chemistry and chemistry self-efficacy. *Chemistry Education Research and Practice, 24*(2), 478–493. https://doi.org/10.1039/D2RP00165A.
90. Ibe, E., & Abamuche, J. (2019). Effects of audiovisual technological aids on students' achievement and interest in secondary school biology in Nigeria. *Heliyon, 5*(6), e01812. https://doi.org/10.1016/j.heliyon.2019.e01812.
91. Isaak, R. C., Kleinert, S. I., & Matthias Wilde. (2022). The Influence of Gender and Interest on the Use of Learning Strategies in Biology Lessons. *European Journal of Educational Research, 11*(1), 587–597. https://doi.org/10.12973/eu-jer.11.1.587.
92. İzzet Kurbanoğlu, N., & Arslan, S. (2015). High school students' educational and career interest (science–technology–mathematics) and career adaptabilities. *Australian Journal of Career Development, 24*(3), 166–172. https://doi.org/10.1177/1038416215594633.
93. Jack, B. M., & Lin, H. (2018). Warning! Increases in interest without enjoyment may not be trend predictive of genuine interest in learning science. *International Journal of Educational Development, 62,* 136–147. https://doi.org/10.1016/j.ijedudev.2018.03.005.
94. Jack, B. M., Hong, Z.-R., Lin, H., & Smith, T. J. (2022). Ecological Stimuli Predicting High School Students' Genuine Interest in Socio-Scientific Issues. *Science & Education.* https://doi.org/10.1007/s11191-022-00413-4.
95. Jack, B. M., Lee, L., Yang, K.-K., & Lin, H. (2017). A Science for Citizenship Model: Assessing the Effects of Benefits, Risks, and Trust for Predicting Students' Interest in and Understanding of Science-Related Content. *Research in Science Education, 47*(5), 965–988. https://doi.org/10.1007/s11165-016-9535-9.
96. Jansen, M., Lüdtke, O., & Schroeders, U. (2016). Evidence for a positive relation between interest and achievement: Examining between-person and within-person variation in five domains. *Contemporary Educational Psychology, 46,* 116–127. https://doi.org/10.1016/j.cedpsych.2016.05.004.

97. Jansen, M., Schroeders, U., Lüdtke, O., & Marsh, H. W. (2019). The dimensional structure of students' self-concept and interest in science depends on course composition. *Learning and Instruction, 60,* 20–28. https://doi.org/10.1016/j.learninstruc.2018.11.001.
98. Japashov, N., Naushabekov, Z., Ongarbayev, S., Postiglione, A., & Balta, N. (2022). STEM Career Interest of Kazakhstani Middle and High School Students. *Education Sciences, 12*(6), 397. https://doi.org/10.3390/educsci12060397.
99. Jia, C., Yang, T., Qian, Y., & Wu, X. (2020). The Gender Differences in Science Achievement, Interest, Habit, and Creativity: A national representative evidence from China. *Science Education International, 31*(2), 195–202. https://doi.org/10.33828/sei.v31.i2.9.
100. Jocz, J. A., Zhai, J., & Tan, A. L. (2014). Inquiry Learning in the Singaporean Context: Factors affecting student interest in school science. *International Journal of Science Education, 36*(15), 2596–2618. https://doi.org/10.1080/09500693.2014.908327.
101. Jördens, J., & Hammann, M. (2021). Driven by Topics: High School Students' Interest in Evolutionary Biology. *Research in Science Education, 51*(3), 599–616. https://doi.org/10.1007/s11165-018-9809-5.
102. Joy, A., Mathews, C. J., Zhao, M., Law, F., McGuire, L., Hoffman, A. J., Balkwill, F., Burns, K. P., Butler, L., Drews, M., Fields, G., Smith, H., Ozturk, E., Winterbottom, M., Rutland, A., Hartstone-Rose, A., & Mulvey, K. L. (2023). Interest, Mindsets and Engagement: Longitudinal Relations in Science Orientations for Adolescents in Informal Science Programs. *Journal of Youth and Adolescence, 52*(5), 1088–1099. https://doi.org/10.1007/s10964-023-01734-5.
103. Jung, Y. J., & Liu, J. (2022). Children's Interest, Search, and Knowledge: A Pilot Analysis of a STEM Maker Workshop. *Proceedings of the Association for Information Science and Technology, 59*(1), 720–722. https://doi.org/10.1002/pra2.702.
104. Kaleva, S., Celik, I., Nogueiras, G., Pursiainen, J., & Muukkonen, H. (2023). Examining the predictors of STEM career interest among upper secondary students in Finland. *Educational Research and Evaluation, 28*(1–3), 3–24. https://doi.org/10.1080/13803611.2022.2161579.
105. Kang, J., & Keinonen, T. (2018). The Effect of Student-Centered Approaches on Students' Interest and Achievement in Science: Relevant Topic-Based, Open and Guided Inquiry-Based, and Discussion-Based Approaches. *Research in Science Education, 48*(4), 865–885. https://doi.org/10.1007/s11165-016-9590-2.

106. Kang, J., Hense, J., Scheersoi, A., & Keinonen, T. (2019). Gender study on the relationships between science interest and future career perspectives. *International Journal of Science Education, 41*(1), 80–101. https://doi.org/10.1080/09500693.2018.1534021.
107. Kang, J., Keinonen, T., & Salonen, A. (2021). Role of Interest and Self-Concept in Predicting Science Aspirations: Gender Study. *Research in Science Education, 51*(S. 1), 513–535. https://doi.org/10.1007/s11165-019-09905-w.
108. Kang, J., Salonen, A., Tolppanen, S., Scheersoi, A., Hense, J., Rannikmäe, M., Soobard, R., & Keinonen, T. (2023). Effect of Embedded Careers Education in Science Lessons on Students' Interest, Awareness, and Aspirations. *International Journal of Science and Mathematics Education, 21*(1), 211–231. https://doi.org/10.1007/s10763-021-10238-2.
109. Kans, M., & Claesson, L. (2022). Gender-Related Differences for Subject Interest and Academic Emotions for STEM Subjects among Swedish Upper Secondary School Students. *Education Sciences, 12*(8), 553. https://doi.org/10.3390/educsci12080553.
110. Keller, M. M., Neumann, K., & Fischer, H. E. (2017). The impact of physics teachers' pedagogical content knowledge and motivation on students' achievement and interest. *Journal of Research in Science Teaching, 54*(5), 586–614. https://doi.org/10.1002/tea.21378.
111. Kim, H., Chacko, P., Zhao, J., & Montclare, J. K. (2014). Using Touch-Screen Technology, Apps, and Blogs To Engage and Sustain High School Students' Interest in Chemistry Topics. *Journal of Chemical Education, 91*(11), 1818–1822. https://doi.org/10.1021/ed500234z.
112. Kim, M. H., & Sidney, P. G. (2023). Do teacher instructional practices shape children's academic self-concept and interest in mathematics and science? Evidence from TIMSS 2015. *Infant and Child Development*, e2429. https://doi.org/10.1002/icd.2429.
113. Knogler, M., Harackiewicz, J. M., Gegenfurtner, A., & Lewalter, D. (2015). How situational is situational interest? Investigating the longitudinal structure of situational interest. *Contemporary Educational Psychology, 43*, 39–50. https://doi.org/10.1016/j.cedpsych.2015.08.004.
114. Kong, X., Dabney, K. P., & Tai, R. H. (2014). The Association Between Science Summer Camps and Career Interest in Science and Engineering. *International Journal of Science Education, Part B, 4*(1), 54–65. https://doi.org/10.1080/21548455.2012.760856.

115. Korsun, I. (2017). The use of interdisciplinary approach for the formation of learners' situational interest in physics. *Asia–Pacific Forum on Science Learning and Teaching, 18*(2). Scopus.
116. Korte, S., Berger, R., & Hänze, M. (2017). The Impact of Explicit Teaching of Methodological Aspects of Physics on Scientistic Beliefs and Interest. *Science & Education, 26*(3–4), 377–396. https://doi.org/10.1007/s11191-017-9899-x.
117. Koyunlu Ünlü, Z., & Dökme, İ. (2020). Multivariate Assessment of Middle School Students' Interest in STEM Career: A Profile from Turkey. *Research in Science Education, 50*(3), 1217–1231. https://doi.org/10.1007/s11165-018-9729-4.
118. Kurt, S. (2021). Secondary school students' interest in physics, chemistry and biology concepts from development view. *Problems of Education in the 21st Century, 79*(6), 894–911. https://doi.org/10.33225/pec/21.79.894.
119. Kwarikunda, D., Schiefele, U., Ssenyonga, J., & Muwonge, C. M. (2020). The Relationship between Motivation for, and Interest in, Learning Physics among Lower Secondary School Students in Uganda. *African Journal of Research in Mathematics, Science and Technology Education, 24*(3), 435–446. https://doi.org/10.1080/18117295.2020.1841961.
120. Kwarikunda, D., Schiefele, U., Ssenyonga, J., & Muwonge, C. M. (2021). Secondary School Students' Motivation Profiles for Physics Learning: Relations with Cognitive Learning Strategies, Gender, Attitudes and Individual Interest. *African Journal of Research in Mathematics, Science and Technology Education, 25*(2), 197–210. https://doi.org/10.1080/18117295.2021.1956720.
121. LaForce, M., Noble, E., & Blackwell, C. (2017). Problem-Based Learning (PBL) and Student Interest in STEM Careers: The Roles of Motivation and Ability Beliefs. *Education Sciences, 7*(4), 92. https://doi.org/10.3390/educsci7040092.
122. Laine, E., Veermans, M., Gegenfurtner, A., & Veermans, K. (2020). Individual interest and learning in secondary school STEM education. *Frontline Learning Research, 8*(2), 90–108. https://doi.org/10.14786/flr.v8i2.461.
123. Laine, E., Veermans, M., Lahti, A., & Veermans, K. (2017). Generation of student interest in an inquiry-based mobile learning environment. *Frontline Learning Research, 5*(4), 42–60. https://doi.org/10.14786/flr.v5i4.306.
124. Lane, H. C., Gadbury, M., Ginger, J., Yi, S., Comins, N., Henhapl, J., & Rivera-Rogers, A. (2022). Triggering STEM interest with Minecraft in a hybrid summer camp. *Technology, Mind, and Behavior, 3*(4). https://doi.org/10.1037/tmb0000077.

125. Laufs, A.-K., & Kempert, S. (2021). Außerschulische Interessen als Ressource für die individualisierte Vermittlung der Variablenkontrollstrategie in der Grundschule. *Unterrichtswissenschaft, 49*(1), 31–56. https://doi.org/10.1007/s42010-020-00092-6.
126. Lavonen, J., Ávalos, B., Upadyaya, K., Araneda, S., Juuti, K., Cumsille, P., Inkinen, J., & Salmela-Aro, K. (2021). Upper secondary students' situational interest in physics learning in Finland and Chile. *International Journal of Science Education, 43*(16), 2577–2596. https://doi.org/10.1080/09500693.2021.1978011.
127. Leung, Y.-Y. (2015). A school-based study on situational interest of investigative study in senior physics. *Asia–Pacific Forum on Science Learning and Teaching, 16*(2). Scopus.
128. Linnenbrink-Garcia, L., Patall, E. A., & Messersmith, E. E. (2013). Antecedents and consequences of situational interest. *British Journal of Educational Psychology, 83*(4), 591–614. https://doi.org/10.1111/j.2044-8279.2012.02080.x.
129. Linnenbrink-Garcia, L., Pugh, K. J., Koskey, K. L. K., & Stewart, V. C. (2012). Developing Conceptual Understanding of Natural Selection: The Role of Interest, Efficacy, and Basic Prior Knowledge. *The Journal of Experimental Education, 80*(1), 45–68. https://doi.org/10.1080/00220973.2011.559491.
130. Liu, Y., He, W., & Zhao, L. (2022). Effects of inquiry learning with different task orders of fifth graders' individual and situational interest and concept achievement in science education. *Journal of Baltic Science Education, 21*(5), 849–861. https://doi.org/10.33225/jbse/22.21.849.
131. Logan, M. R., & Skamp, K. R. (2013). The Impact of Teachers and Their Science Teaching on Students' 'Science Interest': A four-year study. *International Journal of Science Education, 35*(17), 2879–2904. https://doi.org/10.1080/09500693.2012.667167.
132. Loukomies, A., Juuti, K., & Lavonen, J. (2015). Investigating Situational Interest in Primary Science Lessons. *International Journal of Science Education, 37*(18), 3015–3037. https://doi.org/10.1080/09500693.2015.1119909.
133. Loukomies, A., Pnevmatikos, D., Lavonen, J., Spyrtou, A., Byman, R., Kariotoglou, P., & Juuti, K. (2013). Promoting Students' Interest and Motivation Towards Science Learning: The Role of Personal Needs and Motivation Orientations. *Research in Science Education, 43*(6), 2517–2539. https://doi.org/10.1007/s11165-013-9370-1.

134. Lubrica, J. V., Abiasen, J. T., Dolipas, B. B., & Ramos, J. L. S. (2017). Interactive physics apparatus: Influence on interest of secondary school students in pursuing a career path in science, technology, engineering and mathematics (STEM). *Physics Education, 52*(1), 015.017. https://doi.org/10.1088/1361-6552/52/1/015017.
135. Luce, M. R., & Hsi, S. (2015). Science-Relevant Curiosity Expression and Interest in Science: An Exploratory Study: CURIOSITY AND SCIENCE INTEREST. *Science Education, 99*(1), 70–97. https://doi.org/10.1002/sce.21144.
136. Luo, T., So, W. W. M., Wan, Z. H., & Li, W. C. (2021). STEM stereotypes predict students' STEM career interest via self-efficacy and outcome expectations. *International Journal of STEM Education, 8*(1), 36. https://doi.org/10.1186/s40594-021-00295-y.
137. Maiorca, C., Roberts, T., Jackson, C., Bush, S., Delaney, A., Mohr-Schroeder, M. J., & Soledad, S. Y. (2021). Informal Learning Environments and Impact on Interest in STEM Careers. *International Journal of Science and Mathematics Education, 19*(1), 45–64. https://doi.org/10.1007/s10763-019-10038-9.
138. Makransky, G., Petersen, G. B., & Klingenberg, S. (2020). Can an immersive virtual reality simulation increase students' interest and career aspirations in science? *British Journal of Educational Technology, 51*(6), 2079–2097. https://doi.org/10.1111/bjet.12954.
139. Mallari, M. D., & Tayag, J. R. (2022). Situational Interest and Engagement of Public Junior High School Science Students in Modular Distance Learning. *International Journal of Instruction, 15*(3), 581–598. Scopus. https://doi.org/10.29333/iji.2022.15332a.
140. May, B. K., Wendt, J. L., & Barthlow, M. J. (2022). A comparison of students' interest in STEM across science standard types. *Social Sciences & Humanities Open, 6*(1), 100287. https://doi.org/10.1016/j.ssaho.2022.100287.
141. McGuire, L., Monzavi, T., Hoffman, A. J., Law, F., Irvin, M. J., Winterbottom, M., Hartstone-Rose, A., Rutland, A., Burns, K. P., Butler, L., Drews, M., Fields, G. E., & Mulvey, K. L. (2021). Science and Math Interest and Gender Stereotypes: The Role of Educator Gender in Informal Science Learning Sites. *Frontiers in Psychology, 12,* 503.237. https://doi.org/10.3389/fpsyg.2021.503237.

142. Mercan, F. C. (2020). Control-value theory and enjoyment of science: A cross-national investigation with 15-year-olds using PISA 2006 data. *Learning and Individual Differences, 80,* 101.889. https://doi.org/10.1016/j.lindif.2020.101889.
143. Meyerhöffer, N., & Dreesmann, D. C. (2020). Expert video exchanges in bilingual biology lessons – Student's intrinsic motivation and subject-specific interest. *Journal of Biological Education, 54*(3), 315–327. https://doi.org/10.1080/00219266.2019.1575265.
144. Mitsopoulou, A. G., & Pavlatou, E. A. (2021). Factors Associated with the Development of Secondary School Students' Interest towards STEM Studies. *Education Sciences, 11*(11), 746. https://doi.org/10.3390/educsci11110746.
145. Mohd Shahali, E. H., Halim, L., Rasul, M. S., Osman, K., & Mohamad Arsad, N. (2019). Students' interest towards STEM: A longitudinal study. *Research in Science & Technological Education, 37*(1), 71–89. https://doi.org/10.1080/02635143.2018.1489789.
146. Mohtar, L. E., Halim, L., Abd Rahman, N., Maat, S. M., Iksan, Z. H., & Osman, K. (2019). A model of interest in STEM careers among secondary school students. *Journal of Baltic Science Education, 18*(3), 404–416. https://doi.org/10.33225/jbse/19.18.404.
147. Neubauer, K., Geyer, C., & Lewalter, D. (2013). Bedeutung der basic needs für das situationale Interesse bei Museumsbesuchen mit unterschiedlichen Instruktionsdesigns. *Psychologie in Erziehung und Unterricht, 61*(1), 28. https://doi.org/10.2378/peu2014.art04d.
148. Nnamani, O., Hadebe-Ndlovu, B. N., Okeke, C. I., & Ede, M. O. (2023). Effect of Jigsaw and Team Pair-Solo cooperative learning strategies on interest in Basic Science of primary school children with visual impairment. *Psychology in the Schools, 60*(7), 2430–2446. https://doi.org/10.1002/pits.22866.
149. Nussbaum, E. M., Owens, M. C., Sinatra, G. M., Rehmat, A. P., Cordova, J. R., Ahmad, S., Harris, F. C., Jr., & Dascalu, S. M. (2015). Losing the lake: Simulations to promote gains in student knowledge and interest about climate change. *International Journal of Environmental and Science Education, 10*(6), 789–811. Scopus. https://doi.org/10.12973/ijese.2015.277a.
150. Ochsen, S., Bernholt, A., Grund, S., & Bernholt, S. (2023). Interestingness is in the eye of the beholder – the impact of formative assessment on students' situational interest in chemistry classrooms. *International Journal of Science Education, 45*(5), 383–404. https://doi.org/10.1080/09500693.2022.2163204.

151. Ochsen, S., Bernholt, S., Bernholt, A., & Parchmann, I. (2022). Chemie finde ich eigentlich interessant, aber manchmal auch nicht – Zusammenhänge zwischen Merkmalen des Chemieunterrichts und dem situationalen Interesse von Lernenden. *Unterrichtswissenschaft, 50*(3), 425–451. https://doi.org/10.1007/s42010-021-00133-8.
152. Önal, N. T., & Önal, N. (2021). The effect of augmented reality on the astronomy achievement and interest level of gifted students. *Education and Information Technologies, 26*(4), 4573–4599. https://doi.org/10.1007/s10639-021-10474-7.
153. Ong, K.-J., Chou, Y.-C., Yang, D.-Y., & Lin, C.-C. (2020). Creative Drama In Science education: The Effects on Situational Interest, Career Interest, and Science-Related Attitudes of Science Majors and Non-Science Majors. *EURASIA Journal of Mathematics, Science and Technology Education, 16*(4). https://doi.org/10.29333/ejmste/115296.
154. Özkul, H., & Özden, M. (2020). Investigation of the Effects of Engineering-Oriented STEM Integration Activities on Scientific Process Skills and STEM Career Interests: A Mixed Methods Study. *TED EĞİTİM VE BİLİM*. https://doi.org/10.15390/EB.2020.8870.
155. Patall, E. A., Vasquez, A. C., Steingut, R. R., Trimble, S. S., & Pituch, K. A. (2016). Daily interest, engagement, and autonomy support in the high school science classroom. *Contemporary Educational Psychology, 46*, 180–194. https://doi.org/10.1016/j.cedpsych.2016.06.002.
156. Peterman, K., Kermish-Allen, R., Knezek, G., Christensen, R., & Tyler-Wood, T. (2016). Measuring Student Career Interest within the Context of Technology-Enhanced STEM Projects: A Cross-Project Comparison Study Based on the Career Interest Questionnaire. *Journal of Science Education and Technology, 25*(6), 833–845. https://doi.org/10.1007/s10956-016-9617-5.
157. Peterson, M. O. (2016). Schemes for integrating text and image in the science textbook. Effects on comprehension and situational interest. *International Journal of Environmental and Science Education, 11*(6), 1365–1385. Scopus. https://doi.org/10.12973/ijese.2016.352a.
158. Potvin, P., & Hasni, A. (2014). Analysis of the Decline in Interest Towards School Science and Technology from Grades 5 Through 11. *Journal of Science Education and Technology, 23*(6), 784–802. https://doi.org/10.1007/s10956-014-9512-x.
159. Potvin, P., Dumont, J.-G., Boucher-Genesse, F., & Riopel, M. (2012). The effects of a competency-based reform curriculum on students' problem-solving competency and general attitudes and interest towards science and technology. *International Journal of Innovation in Science and Mathematics Education, 20*(4), 54–69. Scopus.

160. Potvin, P., Hasni, A., Sy, O., & Riopel, M. (2020). Two Crucial Years of Science and Technology Schooling: A Longitudinal Study of the Major Influences on and Interactions Between Self-Concept, Interest, and the Intention to Pursue S&T. *Research in Science Education, 50*(5), 1739–1761. https://doi.org/10.1007/s11165-018-9751-6.
161. Pozas, M., Löffler, P., Schnotz, W., & Kauertz, A. (2020). The Effects of Context-based Problem-solving Tasks on Students' Interest and Metacognitive Experiences. *Open Education Studies, 2*(1), 112–125. https://doi.org/10.1515/edu-2020-0118.
162. Randler, C., Osti, J., & Hummel, E. (2012). Decline in Interest in Biology amongElementary School Pupils During aGeneration. *EURASIA Journal of Mathematics, Science and Technology Education, 8*(3). https://doi.org/10.12973/eurasia.2012.835a.
163. Rautenstrauch, H., & Busker, M. (2021). Comparison of integrated natural sciences and specialized chemistry classes – a study on the interest of students and their perceived self-efficacy in chemical contents. *CHEMKON, 28*(1), 6–16. https://doi.org/10.1002/ckon.201900029.
164. Razali, F. (2021). Exploring Crucial Factors of an Interest in STEM Career Model among Secondary School Students. *International Journal of Instruction, 14*(2), 385–404. Scopus.
165. Razali, F., Md Rami, A. A., & Aziz, F. (2022). The effects of parental autonomy on the creation of STEM career interests. *International Journal of Evaluation and Research in Education (IJERE), 11*(3), 1375. https://doi.org/10.11591/ijere.v11i3.22366.
166. Renninger, K. A., & Bachrach, J. E. (2015). Studying Triggers for Interest and Engagement Using Observational Methods. *Educational Psychologist, 50*(1), 58–69. https://doi.org/10.1080/00461520.2014.999920.
167. Renninger, K. A., Austin, L., Bachrach, J. E., Chau, A., Emmerson, M. S., King, R. R., Riley, K. R., & Stevens, S. J. (2014). Going beyond the „whoa! That's cool!“ of inquiry: Achieving science interest and learning with the ICAN intervention. *Advances in Motivation and Achievement, 18,* 107–138. Scopus. https://doi.org/10.1108/S.0749-742320140000018003.
168. Renninger, K. A., Bachrach, J. E., & Hidi, S. E. (2019). Triggering and maintaining interest in early phases of interest development. *Learning, Culture and Social Interaction, 23,* 100260. https://doi.org/10.1016/j.lcsi.2018.11.007.

169. Robnett, R. D., & Leaper, C. (2013). Friendship Groups, Personal Motivation, and Gender in Relation to High School Students' STEM Career Interest. *Journal of Research on Adolescence, 23*(4), 652–664. https://doi.org/10.1111/jora.12013.
170. Rochera, M. J., Merino, I., Oller, J., & Coll, C. (2019). Children's and Adolescents' Specific Interest in Science and Technology, Participation in Out-of-School Activities and Inclination to Become Scientists. *Journal of Science Education and Technology, 28*(4), 399–413. https://doi.org/10.1007/s10956-019-09776-w.
171. Röllke, K., Sellmann-Risse, D., Wenzel, A., & Grotjohann, N. (2021). Impact of inquiry-based learning in a molecular biology class on the dimensions of students' situational interest. *International Journal of Science Education, 43*(17), 2843–2865. https://doi.org/10.1080/09500693.2021.1993377.
172. Romine, W., Tsai, C.-L., Miller, M., Tang, N.-E., & Folk, W. (2020). Evaluation of a Process by which Individual Interest Supports Learning Within a Formal Middle School Classroom Context. *International Journal of Science and Mathematics Education, 18*(7), 1419–1439. https://doi.org/10.1007/s10763-019-10032-1.
173. Rotgans, J. I., & Schmidt, H. G. (2017a). Interest development: Arousing situational interest affects the growth trajectory of individual interest. *Contemporary Educational Psychology, 49,* 175–184. https://doi.org/10.1016/j.cedpsych.2017.02.003.
174. Rotgans, J. I., & Schmidt, H. G. (2017b). The relation between individual interest and knowledge acquisition. *British Educational Research Journal, 43*(2), 350–371. https://doi.org/10.1002/berj.3268.
175. Rotgans, J. I., & Schmidt, H. G. (2018). How individual interest influences situational interest and how both are related to knowledge acquisition: A microanalytical investigation. *The Journal of Educational Research, 111*(5), 530–540. https://doi.org/10.1080/00220671.2017.1310710.
176. Roure, C., Kermarrec, G., & Pasco, D. (2019). Effects of situational interest dimensions on students' learning strategies in physical education. *European Physical Education Review, 25*(2), 327–340. https://doi.org/10.1177/1356336X17732964.
177. Sachisthal, M. S. M., Jansen, B. R. J., Dalege, J., & Raijmakers, M. E. J. (2020). Relating teenagers' science interest network characteristics to later science course enrolment: An analysis of Australian PISA 2006 and Longitudinal Surveys of Australian Youth data. *Australian Journal of Education, 64*(3), 264–281. https://doi.org/10.1177/0004944120957477.

178. Sadler, P. M., Sonnert, G., Hazari, Z., & Tai, R. (2012). Stability and volatility of STEM career interest in high school: A gender study. *Science Education, 96*(3), 411–427. https://doi.org/10.1002/sce.21007.
179. Sainz, M., Upadyaya, K., & Salmela-Aro, K. (2021). The Co-Development of Science, Math, and Language Interest Among Spanish and Finnish Secondary School Students. *Frontiers in Education, 6,* 684.543. https://doi.org/10.3389/feduc.2021.684543.
180. Sakellariou, C., & Fang, Z. (2021). Self-efficacy and interest in STEM subjects as predictors of the STEM gender gap in the US: The role of unobserved heterogeneity. *International Journal of Educational Research, 109,* 101.821. https://doi.org/10.1016/j.ijer.2021.101821.
181. Salonen, A., Kärkkäinen, S., & Keinonen, T. (2018). Career-related instruction promoting students' career awareness and interest towards science learning. *Chemistry Education Research and Practice, 19*(2), 474–483. https://doi.org/10.1039/C7RP00221A.
182. Sammet, R., Kutta, A.-M., & Dreesmann, D. (2015). Hands-on or Video-based Learning with ANTicipation? A Comparative Approach to Identifying Student Motivation and Learning Enjoyment During a Lesson about Ants. *Journal of Biological Education, 49*(4), 420–440. https://doi.org/10.1080/00219266.2014.1002518.
183. Saw, G., Swagerty, B., Brewington, S., Chang, C.-N., & Culbertson, R. (2019). Out-of-school time STEM program: Students' attitudes toward and career interests in mathematics and science. *International Journal of Evaluation and Research in Education (IJERE), 8*(2), 356. https://doi.org/10.11591/ijere.v8i2.18702.
184. Schmäing, T., & Grotjohann, N. (2023). A classroom station work on the Wadden Sea and its influence on the motivation and interest. *European Journal of Psychology of Education.* https://doi.org/10.1007/s10212-023-00699-0.
185. Schneider, R., Gentrup, S., Jansen, M., & Stanat, P. (2022). Kohortentrends in schulfachbezogenen Selbstkonzepten und Interessen bei Mädchen und Jungen. *Zeitschrift für Pädagogische Psychologie,* 1010–0652/a000346. https://doi.org/10.1024/1010-0652/a000346.
186. Schultheis, E. H., Kjelvik, M. K., Snowden, J., Mead, L., & Stuhlsatz, M. A. M. (2023). Effects of Data Nuggets on Student Interest in STEM Careers, Self-efficacy in Data Tasks, and Ability to Construct Scientific Explanations. *International Journal of Science and Mathematics Education, 21*(4), 1339–1362. https://doi.org/10.1007/s10763-022-10295-1.

187. Schumacher, M. M., Redmont, S., Johnson, M. N., Reid, C. E., & Leukefeld, C. G. (2012). An early intervention to encourage girls‘ interest in careers in drug abuse prevention: More than improving science achievement and attitudes. *Journal of Women and Minorities in Science and Engineering, 18*(4), 377–396. https://doi.org/10.1615/JWomenMinorScienEng.2013003936.
188. Seidelin, L., Albrechtsen, T. R. S., Schöps, K., Holmer, M., & Wahlberg, M. (2021). Does teaching about artificial reefs trigger students' situational interest in marine biology? *Journal of Biological Education, 55*(3), 264–275. https://doi.org/10.1080/00219266.2019.1679659.
189. Sellami, A. L., Al-Ali, A., Allouh, A., & Alhazbi, S. (2023). Student Attitudes and Interests in STEM in Qatar through the Lens of the Social Cognitive Theory. *Sustainability, 15*(9), 7504. https://doi.org/10.3390/su15097504.
190. Sellami, A. L., Al-Rakeb, N. A., & Tok, E. (2023). Secondary School Students' Interest in STEM Careers in Qatar. *Education Sciences, 13*(4), 369. https://doi.org/10.3390/educsci13040369.
191. Sellami, A., El-Kassem, R. C., Al-Qassass, H. B., & Al-Rakeb, N. A. (2017). A Path Analysis of Student Interest in STEM, with Specific Reference to Qatari Students. *EURASIA Journal of Mathematics, Science and Technology Education, 13*(9). https://doi.org/10.12973/eurasia.2017.00999a.
192. Sellami, A., Santhosh, M., Bhadra, J., & Ahmad, Z. (2023). High school students' STEM interests and career aspirations in Qatar: An exploratory study. *Heliyon, 9*(3), e13898. https://doi.org/10.1016/j.heliyon.2023.e13898.
193. Sha, L., Schunn, C., Bathgate, M., & Ben-Eliyahu, A. (2016). Families support their children's success in science learning by influencing interest and self-efficacy. *Journal of Research in Science Teaching, 53*(3), 450–472. https://doi.org/10.1002/tea.21251.
194. Shaby, N., Staus, N., Dierking, L. D., & Falk, J. H. (2021). Pathways of interest and participation: How STEM-interested youth navigate a learning ecosystem. *Science Education, 105*(4), 628–652. https://doi.org/10.1002/sce.21621.
195. Shahali, E. H. M., Halim, L., Rasul, M. S., Osman, K., & Zulkifeli, M. A. (2017). STEM learning through engineering design: Impact on middle secondary students' interest towards STEM. *Eurasia Journal of Mathematics, Science and Technology Education, 13*(5), 1189–1211. Scopus. https://doi.org/10.12973/eurasia.2017.00667a.
196. Sheldrake, R. (2016). Confidence as motivational expressions of interest, utility, and other influences: Exploring under-confidence and overconfidence in science students at secondary school. *International Journal of Educational Research, 76,* 50–65. https://doi.org/10.1016/j.ijer.2015.12.001.

197. Simon, U. K., Steindl, H., Larcher, N., Kulac, H., & Hotter, A. (2016). Young science journalism: Writing popular scientific articles may contribute to an increase of high-school students' interest in the natural sciences. *International Journal of Science Education, 38*(5), 814–841. https://doi.org/10.1080/09500693.2016.1173260.
198. Šimunović, M., & Babarović, T. (2021). The Role of Parental Socializing Behaviors in Two Domains of Student STEM Career Interest. *Research in Science Education, 51*(4), 1055–1071. https://doi.org/10.1007/s11165-020-09938-6.
199. Sinatra, G. M., Mukhopadhyay, A., Allbright, T. N., Marsh, J. A., & Polikoff, M. S. (2017). Speedometry: A vehicle for promoting interest and engagement through integrated STEM instruction. *The Journal of Educational Research, 110*(3), 308–316. https://doi.org/10.1080/00220671.2016.1273178.
200. Skalstad, I., & Munkebye, E. (2022). How to support young children's interest development during exploratory natural science activities in outdoor environments. *Teaching and Teacher Education, 114,* 103.687. https://doi.org/10.1016/j.tate.2022.103687.
201. So, W. W. M., Chen, Y., & Chow, S. C. F. (2022). Primary school students' interests in STEM careers: How conceptions of STEM professionals and gender moderation influence. *International Journal of Technology and Design Education, 32*(1), 33–53. https://doi.org/10.1007/s10798-020-09599-6.
202. Song, J., Gaspard, H., Nagengast, B., & Trautwein, U. (2020). The Conscientiousness × Interest Compensation (CONIC) model: Generalizability across domains, outcomes, and predictors. *Journal of Educational Psychology, 112*(2), 271–287. https://doi.org/10.1037/edu0000379.
203. Staus, N. L., Falk, J. H., Penuel, W., Dierking, L., Wyld, J., & Bailey, D. (2020). Interested, Disinterested, or Neutral: Exploring STEM Interest Profiles and Pathways in A Low-Income Urban Community. *Eurasia Journal of Mathematics, Science and Technology Education, 16*(6). https://doi.org/10.29333/ejmste/7927.
204. Steenbergen-Hu, S., & Olszewski-Kubilius, P. (2017). Factors That Contributed to Gifted Students' Success on STEM Pathways: The Role of Race, Personal Interests, and Aspects of High School Experience. *Journal for the Education of the Gifted, 40*(2), 99–134. https://doi.org/10.1177/0162353217701022.
205. Steidtmann, L., Kleickmann, T., & Steffensky, M. (2023). Declining interest in science in lower secondary school classes: QUASI- EXPERIMENTAL and longitudinal evidence on the role of teaching and teaching quality. *Journal of Research in Science Teaching, 60*(1), 164–195. https://doi.org/10.1002/tea.21794.

206. Stenseth, T., Bråten, I., & Strømsø, H. I. (2016). Investigating interest and knowledge as predictors of students' attitudes towards socio-scientific issues. *Learning and Individual Differences, 47,* 274–280. https://doi.org/10.1016/j.lindif.2016.02.005.
207. Sulaiman, F., Rosales, Jr., J. J., & Kyung, L. J. (2023). The effectiveness of the integrated STEM-PBL physics module on students' interest, sense-making and effort. *Journal of Baltic Science Education, 22*(1), 113–129. https://doi.org/10.33225/jbse/23.22.113.
208. Sun, J. C.-Y., Ye, S.-L., Yu, S.-J., & Chiu, T. K. F. (2023). Effects of Wearable Hybrid AR/VR Learning Material on High School Students' Situational Interest, Engagement, and Learning Performance: The Case of a Physics Laboratory Learning Environment. *Journal of Science Education and Technology, 32*(1), 1–12. https://doi.org/10.1007/s10956-022-10001-4.
209. Swarat, S., Ortony, A., & Revelle, W. (2012). Activity matters: Understanding student interest in school science. *Journal of Research in Science Teaching, 49*(4), 515–537. https://doi.org/10.1002/tea.21010.
210. Swirski, H., Baram-Tsabari, A., & Yarden, A. (2018). Does interest have an expiration date? An analysis of students' questions as resources for context-based learning. *International Journal of Science Education, 40*(10), 1136–1153. https://doi.org/10.1080/09500693.2018.1470348.
211. Tablatin, C. L. S., Casano, J. D. L., & Rodrigo, M. M. T. (2023). Using Minecraft to cultivate student interest in STEM. *Frontiers in Education, 8,* 1127984. https://doi.org/10.3389/feduc.2023.1127984.
212. Tapola, A., Jaakkola, T., & Niemivirta, M. (2014). The Influence of Achievement Goal Orientations and Task Concreteness on Situational Interest. *The Journal of Experimental Education, 82*(4), 455–479. https://doi.org/10.1080/00220973.2013.813370.
213. Tapola, A., Veermans, M., & Niemivirta, M. (2013). Predictors and outcomes of situational interest during a science learning task. *Instructional Science, 41*(6), 1047–1064. https://doi.org/10.1007/s11251-013-9273-6.
214. Taskinen, P. H., Schütte, K., & Prenzel, M. (2013). Adolescents' motivation to select an academic science-related career: The role of school factors, individual interest, and science self-concept. *Educational Research and Evaluation, 19*(8), 717–733. https://doi.org/10.1080/13803611.2013.853620.
215. Tatiana, S., Hanna, J., Kristiina, M., Jouni, P., & Sanna, J. (2022). The Changes in Lower Secondary School Students' Interest During Collaborative Learning. *Scandinavian Journal of Educational Research, 66*(7), 1127–1140. https://doi.org/10.1080/00313831.2021.1958377.

216. Teodorović, J., Milin, V., Bodroža, B., Đerić, I. D., Vujačić, M., Jakšić, I. M., Stanković, D., Cankar, G., Charalambous, C. Y., Damme, J. V., & Kyriakides, L. (2022). Testing the dynamic model of educational effectiveness: The impact of teacher factors on interest and achievement in mathematics and biology in Serbia. *School Effectiveness and School Improvement, 33*(1), 51–85. https://doi.org/10.1080/09243453.2021.1942076.
217. Teppo, M., Soobard, R., & Rannikmäe, M. (2021). Grade 6 & 9 student and teacher perceptions of teaching and learning approaches in relation to student perceived interest/enjoyment towards science learning. *Journal of Baltic Science Education, 20*(1), 119–133. https://doi.org/10.33225/jbse/21.20.119.
218. Tofel-Grehl, C., Fields, D., Searle, K., Maahs-Fladung, C., Feldon, D., Gu, G., & Sun, C. (2017). Electrifying Engagement in Middle School Science Class: Improving Student Interest Through E-textiles. *Journal of Science Education and Technology, 26*(4), 406–417. https://doi.org/10.1007/s10956-017-9688-y.
219. Toli, G., & Kallery, M. (2021). Enhancing Student Interest to Promote Learning in Science: The Case of the Concept of Energy. *Education Sciences, 11*(5), 220. https://doi.org/10.3390/educsci11050220.
220. Toma, R. B. (2022). Elementary school students' interests and attitudes towards biology and physics. *Journal of Biological Education,* 1–12. https://doi.org/10.1080/00219266.2022.2147208.
221. Tröbst, S., Kleickmann, T., Lange-Schubert, K., Rothkopf, A., & Möller, K. (2016). Instruction and Students' Declining Interest in Science: An Analysis of German Fourth- and Sixth-Grade Classrooms. *American Educational Research Journal, 53*(1), 162–193. https://doi.org/10.3102/0002831215618662.
222. Tsai, C.-Y., & Jack, B. M. (2019). Antecedent factors influencing ethics-related social and socio-scientific learning enjoyment. *International Journal of Science Education, 41*(9), 1139–1158. https://doi.org/10.1080/09500693.2019.1595215.
223. Tsai, L.-T., Chang, C.-C., & Cheng, H.-T. (2021). Effect of a STEM-oriented course on students' marine science motivation, interest, and achievements. *Journal of Baltic Science Education, 20*(1), 134–145. https://doi.org/10.33225/jbse/21.20.134.
224. Tucker-Drob, E. M., Cheung, A. K., & Briley, D. A. (2014). Gross Domestic Product, Science Interest, and Science Achievement: A Person × Nation Interaction. *Psychological Science, 25*(11), 2047–2057. https://doi.org/10.1177/0956797614548726.

225. Uitto, A. (2014). Interest, attitudes and self-efficacy beliefs explaining upper-secondary school students‘ orientation towards biology-related careers. *International Journal of Science and Mathematics Education, 12*(6), 1425–1444. https://doi.org/10.1007/s10763-014-9516-2.

226. Van Griethuijsen, R. A. L. F., Van Eijck, M. W., Haste, H., Den Brok, P. J., Skinner, N. C., Mansour, N., Savran Gencer, A., & BouJaoude, S. (2015). Global Patterns in Students' Views of Science and Interest in Science. *Research in Science Education, 45*(4), 581–603. https://doi.org/10.1007/s11165-014-9438-6.

227. Veldman, J., Van Laar, C., Thoman, D. B., & Van Soom, C. (2021). "Where will I belong more?": The role of belonging comparisons between STEM fields in high school girls' STEM interest. *Social Psychology of Education, 24*(5), 1363–1387. https://doi.org/10.1007/s11218-021-09663-6.

228. Vongkulluksn, V. W., Matewos, A. M., Sinatra, G. M., & Marsh, J. A. (2018). Motivational factors in makerspaces: A mixed methods study of elementary school students' situational interest, self-efficacy, and achievement emotions. *International Journal of STEM Education, 5*(1), 43. https://doi.org/10.1186/s40594-018-0129-0.

229. Vulperhorst, J. P., Wessels, K. R., Bakker, A., & Akkerman, S. F. (2018). How do STEM-interested students pursue multiple interests in their higher educational choice? *International Journal of Science Education, 40*(8), 828–846. https://doi.org/10.1080/09500693.2018.1452306.

230. Walan, S. (2021). The dream performance – a case study of young girls' development of interest in STEM and 21st century skills, when activities in a makerspace were combined with drama. *Research in Science & Technological Education, 39*(1), 23–43. https://doi.org/10.1080/02635143.2019.1647157.

231. Walan, S., & Gericke, N. (2021). Factors from informal learning contributing to the children's interest in STEM – experiences from the out-of-school activity called Children's University. *Research in Science & Technological Education, 39*(2), 185–205. https://doi.org/10.1080/02635143.2019.1667321.

232. Wang, H.-H., Lin, H., Chen, Y.-C., Pan, Y.-T., & Hong, Z.-R. (2021). Modelling relationships among students' inquiry-related learning activities, enjoyment of learning, and their intended choice of a future STEM career. *International Journal of Science Education, 43*(1), 157–178. https://doi.org/10.1080/09500693.2020.1860266.

233. Wang, M.-T., Ye, F., & Degol, J. L. (2017). Who Chooses STEM Careers? Using A Relative Cognitive Strength and Interest Model to Predict Careers in Science, Technology, Engineering, and Mathematics. *Journal of Youth and Adolescence, 46*(8), 1805–1820. https://doi.org/10.1007/s10964-016-0618-8.
234. Wang, N., Tan, A.-L., Xiao, W.-R., Zeng, F., Xiang, J., & Duan, W. (2021). The effect of learning experiences on interest in STEM careers: A structural equation model. *Journal of Baltic Science Education, 20*(4), 651–663. https://doi.org/10.33225/jbse/21.20.651.
235. Ward, T. J., Delaloye, N., Adams, E. R., Ware, D., Vanek, D., Knuth, R., Hester, C. L., Marra, N. N., & Holian, A. (2016). *Air Toxics Under the Big Sky*: Examining the effectiveness of authentic scientific research on high school students' science skills and interest. *International Journal of Science Education, 38*(6), 905–921. https://doi.org/10.1080/09500693.2016.1167984.
236. Wegner, C., Schmiedebach, M. (2020). Interest in biology: Grade-dependent differences and benefits of participating in out-of-school interventions. *International Journal of Research in Education and Science, 6*(3), 427–434. Scopus.
237. Wiebe, E., Unfried, A., & Faber, M. (2018). The Relationship of STEM Attitudes and Career Interest. *EURASIA Journal of Mathematics, Science and Technology Education, 14*(10). https://doi.org/10.29333/ejmste/92286.
238. Wijnker, W., Bakker, A., Schukajlow, S., & Drijvers, P. (2021). Modeling the mechanisms of interest raising videos in education. *Human Behavior and Emerging Technologies, 3*(5), 823–831. https://doi.org/10.1002/hbe2.314.
239. Williams, A. J., Danovitch, J. H., & Mills, C. M. (2021). Exploring Sources of Individual Differences in Children's Interest in Science. *Mind, Brain, and Education, 15*(1), 67–76. https://doi.org/10.1111/mbe.12263.
240. Wong, B. (2016). Minority Ethnic Students and Science Participation: A Qualitative Mapping of Achievement, Aspiration, Interest and Capital. *Research in Science Education, 46*(1), 113–127. https://doi.org/10.1007/s11165-015-9466-x.
241. Wyss, V. L., Heulskamp, D., & Siebert, C. J. (2012). Increasing middle school student interest in STEM careers with videos of scientists. *International Journal of Environmental and Science Education, 7*(4), 501–522. Scopus.
242. Xu, C., & Lastrapes, R. E. (2021). Impact of STEM Sense of Belonging on Career Interest: The Role of STEM Attitudes. *Journal of Career Development,* 089484532110330. https://doi.org/10.1177/08948453211033025.

243. Yang, G., Badri, M., Al-Mazroui, K., Al-Rashedi, A., & Nai, P. (2017). Science as interests but not for career: Understanding high school students' engagement in science in Abu Dhabi. *Eurasia Journal of Mathematics, Science and Technology Education, 13*(7), 3621–3639. Scopus.
244. Yazıcı, Y. Y., Hacıoğlu, Y., & Sarı, U. (2023). Entrepreneurship, STEM attitude, and career interest development through 6E learning byDeSIGN^{TM} model based STEM education. *International Journal of Technology and Design Education, 33*(4), 1525–1545. https://doi.org/10.1007/s10798-022-09780-z.
245. Yerdelen, S., Kahraman, N., & Taş, Y. (2016). Low Socioeconomic Status Students' STEM Career Interest in Relation to Gender, Grade Level, and STEM Attitude*. *Journal of Turkish Science Education, 13*(special), Article special.
246. Yusof, R., Mokhtar, M., SulaiMan, S. N. A., -, S., & Mohtar, M. (2020). Consistency between personality career interest with sciences field among gifted and talented students. *Journal for the Education of Gifted Young Scientists, 8*(3), 1147–1161. https://doi.org/10.17478/jegys.667323.
247. Zhai, X., Li, M., & Chen, S. (2019). Examining the Uses of Student-Led, Teacher-Led, and Collaborative Functions of Mobile Technology and Their Impacts on Physics Achievement and Interest. *Journal of Science Education and Technology, 28*(4), 310–320. https://doi.org/10.1007/s10956-019-9767-3.
248. Zhang, H., Couch, S., Estabrooks, L., Perry, A., & Kalainoff, M. (2023). Role models' influence on student interest in and awareness of career opportunities in life sciences. *International Journal of Science Education, Part B, 13*(4), 381–399. https://doi.org/10.1080/21548455.2023.2180333.
249. Zhang, Q., Chia, H. M., & Chen, K. (2022). Examining Students' Perceptions of STEM Subjects and Career Interests: An Exploratory Study among Secondary Students in Hong Kong. *Journal of Technology Education, 33*(2), 4. https://doi.org/10.21061/jte.v33i2.a.1.
250. Zhao, T., & Perez-Felkner, L. (2022). Perceived abilities or academic interests? Longitudinal high school science and mathematics effects on postsecondary STEM outcomes by gender and race. *International Journal of STEM Education, 9*(1), 42. https://doi.org/10.1186/s40594-022-00356-w.
251. Zheng, L., Liu, R., & Zhang, X. (2021). Effects of an interest-driven creation approach on students' mobile learning performance and creativity in learning science in a science museum. *Journal of Computers in Education, 8*(2), 159–182. https://doi.org/10.1007/s40692-020-00175-4.

252. Zoechling, S., Hopf, M., Woithe, J., & Schmeling, S. (2022). Students' interest in particle physics: Conceptualisation, instrument development, and evaluation using Rasch theory and analysis. *International Journal of Science Education, 44*(15), 2353–2380. https://doi.org/10.1080/09500693.2022.2122897.

Such-Strings der Datenbankrecherche

Such-String Scopus

TITLE (interest) AND TITLE-ABS-KEY („stem" OR science OR chemistry OR physics OR biology) AND SUBJAREA (psyc OR soci OR arts) AND LANGUAGE (english OR german) AND PUBYEAR > 2011 AND DOCTYPE (ar OR re) AND NOT INDEX (medline) AND NOT TITLE (medical OR medicine OR clinical OR health OR tourism OR politics OR sociology OR undergraduate OR preservice OR pre-service OR inservice OR in-service OR adult* OR homeless OR major* OR university OR polit* OR sociol*) AND (EXCLUDE (SUBJAREA, „ENGI") OR EXCLUDE (SUBJAREA, „COMP") OR EXCLUDE (SUBJAREA,„BUSI") OR EXCLUDE (SUBJAREA,„ECON") OR EXCLUDE (SUBJAREA,„MATH")).

Such-String WOS

AB = (interest OR enjoyment) AND AB = (science OR physics OR „physical science" OR chemistry OR biology OR stem) AND WC = (Education & Educational Research OR Social Psychology OR Gender & Sexuality Studies) AND WC = (2023 OR 2022 OR 2021 OR 2020 OR 2019 OR 2018 OR 2017 OR 2016 OR 2015 OR 2014 OR 2013) AND WC = (English OR German) AND WC = (Article OR Early Access OR Review Article OR Book Chapters) NOT AB = (undergraduate OR homeless OR kindergarten OR pre-service OR preservice OR inservice OR in-service OR adult* OR major* OR university) NOT AB = (medic* OR clinic* OR health OR tourism OR politics OR sociology).

Such-String APA PsycInfo

(((title(interest OR enjoyment) AND noft(science OR physics OR „physical science" OR chemistry OR biology OR stem)) AND la.exact(„German" OR „English")) AND rtype.exact(„Peer Reviewed Journal" OR „Journal Article" OR „Reprint") NOT (undergraduate OR homeless OR kindergarten OR adulthood OR pre-service OR preservice OR inservice OR in-service OR medical OR health OR medicine OR clinical OR tourism OR economy OR politics OR sociology)) AND pd(20130101–20231231).

Literatur

Ainley, M., Hidi, S., & Berndorff, D. (2002). Interest, learning, and the psychological processes that mediate their relationship. *Journal of Educational Psychology, 94*(3), 545–561.

Arens, A. K., Yeung, A. S., Craven, R. G., & Hasselhorn, M. (2011). The twofold multidimensionality of academic self-concept: Domain specificity and separation between competence and affect components. *Journal of Educational Psychology, 103*(4), 970–981. https://doi.org/10.1037/a0025047.

ASReview LAB developers. (2023). ASReview LAB – A tool for AI-assisted systematic reviews (v1.4) [Software]. Zenodo. https://doi.org/10.5281/ZENODO.10393445.

Awisati, F., & González-Sancho, C. (2016). *PISA 2015 Ergebnisse: Exzellenz und Chancengerechtigkeit in der Bildung* (Bd. I). W. Bertelsmann Verlag. https://doi.org/10.3278/6004573w.

Borgstedt, S., Gaber, R., & Stockmann, F. (2024). Was motiviert zum MINT-Lernen? Eine qualitativ-quantitative SINUS-Studie unter 10- bis 16-Jährigen. SINUS-Institut im Auftrag der Deutsche Telekom Stiftung. https://www.sinus-institut.de/media-center/studien/deutsche-telekom-stiftung-mint. Zugegriffen: 07. März 2025.

Brown, S. D., & Lent, R. W. (2017). Social Cognitive Career Theory in a Diverse World: Closing Thoughts. *Journal of Career Assessment, 25*(1), 173–180. https://doi.org/10.1177/1069072716660061.

Dabney, K. P., Chakraverty, D., & Tai, R. H. (2013). The Association of Family Influence and Initial Interest in Science. *Science Education, 97*(3), 395–409. https://doi.org/10.1002/sce.21060.

Deci, E. L., & Ryan, R. M. (1993). Die Selbstbestimmungstheorie der Motivation und ihre Bedeutung für die Pädagogik. *Zeitschrift für Pädagogik, 39*(2), 223–238.

Eccles, J. S., & Wigfield, A. (2002). Motivational beliefs, values, and goals. *Annual Review of Psychology, 53*(1), 109–132.

Ganley, C. M., & Lubienski, S. T. (2016). Mathematics confidence, interest, and performance: Examining gender patterns and reciprocal relations. *Learning and Individual Differences, 47,* 182–193. https://doi.org/10.1016/j.lindif.2016.01.002.

Harackiewicz, J. M., Smith, J. L., & Priniski, S. J. (2016). Interest Matters: The Importance of Promoting Interest in Education. *Policy Insights from the Behavioral and Brain Sciences, 3*(2), 220–227. https://doi.org/10.1177/2372732216655542.

Hidi, S., & Renninger, K. A. (2006). The four phase model of interest development. *Educational Psychologist, 41*(2), 111–127.

Holland, J. L. (1997). *Making vocational choices: A theory of vocational personalities and work environments* (3rd ed, S. xiv, 303). Psychological Assessment Resources.

Jansen, M., Schroeders, U., Lüdtke, O., & Marsh, H. W. (2019). The dimensional structure of students' self-concept and interest in science depends on course composition. *Learning and Instruction, 60,* 20–28. https://doi.org/10.1016/j.learninstruc.2018.11.001.

Jugendwerk der Deutschen Shell. (Hrsg.). (1992). *Jugend '92.* VS Verlag für Sozialwissenschaften. https://doi.org/10.1007/978-3-322-95920-1.

Köller, O., Baumert, J., & Schnabel, K. (2001). Does Interest Matter? The Relationship between Academic Interest and Achievement in Mathematics. *Journal for Research in Mathematics Education, 32*(5), 448–470. https://doi.org/10.2307/749801.

Krapp, A. (1992). Interesse, Lernen und Leistung. Neue Forschungsansätze in der Pädagogischen Psychologie. *Zeitschrift für Pädagogik, 38*(5), 747–770.
Krapp, A. (1993). Die Psychologie der Lernmotivation: Perspektiven der Forschung und Probleme ihrer pädagogischen Rezeption. *Zeitschrift für Pädagogik, 39,* 187–206.
Krapp, A. (1999). Intrinsische Lernmotivation und Interesse: Forschungsansätze und konzeptuelle Überlegungen. *Zeitschrift für Pädagogik, 45*(3), 387–406.
Krapp, A., Hidi, S., & Renninger, K. A. (1992). Interest, learning, and development. In K. A. Renninger (Hrsg.), *The role of interest in learning and development* (S. 3–25). Erlbaum.
Krapp, A., & Prenzel, M. (2011). Research on Interest in Science: Theories, methods, and findings. *International Journal of Science Education, 33*(1), 27–50. https://doi.org/10.1080/09500693.2010.518645.
Linnenbrink-Garcia, L., Durik, A. M., Conley, A. M., Barron, K. E., Tauer, J. M., Karabenick, S. A., & Harackiewicz, J. M. (2010). Measuring Situational Interest in Academic Domains. *Educational and Psychological Measurement, 70*(4), 647–671. https://doi.org/10.1177/0013164409355699.
Marsh, H. W., Lüdtke, O., Nagengast, B., Trautwein, U., Abduljabbar, A. S., Abdelfattah, F., & Jansen, M. (2015). Dimensional Comparison Theory: Paradoxical relations between self-beliefs and achievements in multiple domains. *Learning and Instruction, 35,* 16–32. https://doi.org/10.1016/j.learninstruc.2014.08.005.
McGillivray, S., Murayama, K., & Castel, A. D. (2015). Thirst for knowledge: The effects of curiosity and interest on memory in younger and older adults. *Psychology and Aging, 30*(4), 835–841. https://doi.org/10.1037/a0039801.
Merzyn, G. (2008). Naturwissenschaften, Mathematik, Technik - immer unbeliebter? Die Konkurrenz von Schulfächern um das Interesse der Jugend im Spiegel vielfältiger Untersuchungen. Schneider Hohengehren.
Mitchell, M. (1993). Situational interest: Its multifaceted structure in the secondary school mathematics classroom. *Journal of Educational Psychology, 85*(3), 424–436.
Page, M. J., McKenzie, J. E., Bossuyt, P. M., Boutron, I., Hoffmann, T. C., Mulrow, C. D., Shamseer, L., Tetzlaff, J. M., Akl, E. A., Brennan, S. E., Chou, R., Glanville, J., Grimshaw, J. M., Hróbjartsson, A., Lalu, M. M., Li, T., Loder, E. W., Mayo-Wilson, E., McDonald, S., … Moher, D. (2021). The PRISMA 2020 statement: An updated guideline for reporting systematic reviews. *Systematic Reviews, 10*(1), 89. https://doi.org/10.1186/s13643-021-01626-4
Pekrun, R. (2006). The Control-Value Theory of Achievement Emotions: Assumptions, Corollaries, and Implications for Educational Research and Practice. *Educational Psychology Review, 18*(4), 315–341. https://doi.org/10.1007/s10648-006-9029-9.
Potvin, P., & Hasni, A. (2014). Interest, motivation and attitude towards science and technology at K-12 levels: A systematic review of 12 years of educational research. *Studies in Science Education, 50*(1), 85–129. https://doi.org/10.1080/03057267.2014.881626.
Prenzel, M., Krapp, A., & Schiefele, H. (1986). Grundzüge einer pädagogischen Interessentheorie. *Zeitschrift für Pädagogik, 32*(2), 163–173.
Renninger, K. A., & Hidi, S. E. (2016). *The power of interest for motivation and engagement.* Routledge.
Rheinberg, F., & Vollmeyer, R. (2000). Sachinteresse und leistungsthematische Herausforderung – Zwei verschiedenartige Motivationskomponenten und ihr Zusammenwirken beim Lernen. In U. Schiefele & K. P. Wild (Hrsg.), *Interesse und Lernmotivation.* Waxmann.

Sachisthal, M. S. M., Jansen, B. R. J., Peetsma, T. T. D., Dalege, J., van der Maas, H. L. J., & Raijmakers, M. E. J. (2019). Introducing a science interest network model to reveal country differences. *Journal of Educational Psychology, 111*(6), 1063–1080. https://doi.org/10.1037/edu0000327.

Schiefele, U. (1991). Interest, learning, and motivation. *Educational Psychologist, 26*(3–4), 299–323.

Schiefele, U., Krapp, A., & Winteler, A. (1992). Interest as a predictor of academic achievement: A meta-analysis of research. In K. A. Renninger (Hrsg.), *The role of interest in learning and development* (S. 183–211). Erlbaum.

Senko, C., Perry, A. H., & Greiser, M. (2022). Does triggering learners' interest make them overconfident? *Journal of Educational Psychology, 114*(3), 482–497. https://doi.org/10.1037/edu0000649.

Sjøberg, S., & Schreiner, C. (2010). The ROSE project – An overview and key findings. https://www.uv.uio.no/ils/english/research/projects/rose/publications/the-rose-project.pdf. Zugegriffen: 07. März 2025.

Stemler, S. E., & Tsai, J. (2008). Bewährte Verfahren zur Interrater-Zuverlässigkeit: Three common approaches. In J. W. Osborne (Hrsg.), *Best practices in quantitative methods* (S. 29–49). Sage.

van de Schoot, R., de Bruin, J., Schram, R., Zahedi, P., de Boer, J., Weijdema, F., Kramer, B., Huijts, M., Hoogerwerf, M., Ferdinands, G., Harkema, A., Willemsen, J., Ma, Y., Fang, Q., Hindriks, S., Tummers, L., & Oberski, D. L. (2021). An open source machine learning framework for efficient and transparent systematic reviews. *Nature Machine Intelligence, 3*(2), Article 2. https://doi.org/10.1038/s42256-020-00287-7.

Walkington, C., & Bernacki, M. L. (2014). *Motivating Students by "Personalizing" Learning around Individual Interests: A Consideration of Theory, Design, and Implementation Issues. In Motivational Interventions* (vol. 18, S. 139–176). Emerald Group Publishing Limited. https://doi.org/10.1108/S0749-742320140000018004.

Wang, M.-T., Ye, F., & Degol, J. L. (2017). Who Chooses STEM Careers? Using A Relative Cognitive Strength and Interest Model to Predict Careers in Science, Technology, Engineering, and Mathematics. *Journal of Youth and Adolescence, 46*(8), 1805–1820. https://doi.org/10.1007/s10964-016-0618-8.

Entwurf eines Interessenmodells für die Naturwissenschaften

Claudia von Aufschnaiter, Tino Endres
und Verena Petermann

1 Einleitung

Naturwissenschaftsbezogenes Denken, Handeln und Lernen ist nicht nur durch fachliche und überfachliche kognitive Facetten geprägt, sondern auch durch individuelle Interessen, Bereitschaften, Einstellungen und Überzeugungen (vgl. Fortus et al., 2022; Osborne, 2023). Entsprechende Facetten werden oft zu den nicht-kognitiven (bzw. motivationalen oder affektiven) Facetten von Kompetenz gezählt (Blömeke et al., 2015; Weinert, 2001). In der relativ großen Bandbreite von Konstrukten, die sich auf nicht-kognitive Facetten von Kompetenz beziehen (vgl. auch Laumann et al. in diesem Band, Kap. „Personenmerkmale und das Interesse von Lernenden in den Naturwissenschaften"; Christ et al. in diesem Band, Kap. „Interest goes Identity? Eine Bestandsaufnahme der Relationierungen von Interesse und Identität und deren Potentiale für naturwissenschaftsdidaktische Forschung"; Heinicke & Fühner in diesem Band, Kap. „Emotionen und Interesse"), wird in den Naturwissenschaften insbesondere auf das Interesse als

C. von Aufschnaiter (✉) · V. Petermann
Institut für Didaktik der Physik, Justus-Liebig-Universität Gießen, Gießen, Deutschland
E-Mail: cvaufschnaiter@jlug.de

V. Petermann
E-Mail: verena.petermann@didaktik.physik.uni-giessen.de

T. Endres
Institut für Psychologie, Pädagogische und Entwicklungspsychologie, Albert Ludwig Universität Freiburg, Freiburg, Deutschland
E-Mail: tino.endres@psychologie.uni-freiburg.de

Institut für Erziehungswissenschaft, Educational Technology, Universität Zürich, Zürich, Schweiz

O. Krey et al. (Hrsg.), *Interesse revisited*,
https://doi.org/10.1007/978-3-658-48542-9_5

Konstrukt fokussiert (u. a. Krapp & Prenzel, 2011; Renninger & Hidi, 2011). Interesse weist jedoch auch Schnittstellen zu anderen Konstrukten auf, z. B. zu Neugier (z. B. Donnellan et al., 2022; Schmidt & Rotgans, 2021; Silvia, 2017), Einstellung (z. B. Potvin & Hasni, 2014; Osborne et al., 2003) und Motivation (z. B. Schiefele & Schaffner, 2015; Urhahne & Wijnia, 2023).

Unter Berücksichtigung verbreiteter Definitionen (z. B. Renninger & Hidi, 2011; Su, 2020) lässt sich Interesse als Neigung zu bzw. Vorliebe für bestimmte inhalts- bzw. fachbezogene Gegenstände fassen. Im vorliegenden Beitrag subsumieren wir unter „Gegenstände" Objekte/Lebewesen (z. B. ein Multimeter oder Eisbären), Themen/Sachgebiete (z. B. elektrische Stromkreise oder Organische Chemie), Kontexte/Situation (z. B. elektrische Stromkreise im Alltag vs. im physikalischen Labor) und Tätigkeiten/Aktivitäten (z. B. das Durchführen von Experimenten oder das Berechnen). Gegenstände sind in diesem Sinne „Sachverhalte in der Lebenswelt eines Menschen, über die Wissen erworben und ausgetauscht werden kann" (Krapp, 1992b, S. 305). Aufgrund der Zusammenführung von Person und Gegenstand im Interessenkonstrukt wird in der Interessentheorie oft von der „Person-Gegenstands-Relation" des Interesses gesprochen (vgl. Krapp, 1992b; siehe auch Zügge & Höft in diesem Band, Kap. „Interessentheorien revisited. Ein Überblick gängiger Interessenbegriffe und damit verbundener Beschreibungen der Interessenentwicklung"). Im Kontrast dazu nehmen z. B. Theorien zu Motivation einen inhaltsunspezifischen Fokus ein. Sie beschreiben typischerweise die Vorlieben bzw. Neigungen von Personen zu bestimmten Handlungen (Rheinberg, 1997; Schiefele, 1992), die jedoch nicht an einen spezifischen Gegenstand gebunden sind (z. B. persönliche Leistungszielorientierung, Bardach et al., 2020; vgl. auch Kaplan & Maehr, 2007). Kennzeichnend ist auch, dass Handlungen aus motivationspsychologischer Sicht zur Erreichung eines Zielzustandes aufgenommen werden, während interessengeleitete Aktivitäten eher um ihrer selbst willen, ohne das Anstreben eines bestimmten Ergebnisses, vollzogen werden (vgl. Rheinberg, 1997). In der Schnittstelle beider Konstrukte liegen Handlungen bzw. Tätigkeiten, die für einen inhaltlichen Gegenstand spezifisch sind, z. B. das Experimentieren (Gemeinsamkeiten und Unterschiede von Interesse und Motivation u. a. in Wild & Krapp, 1996; s. a. Krapp, 1993).

Interesse und benachbarte Konstrukte spielen aus drei Gründen für das Lehren und Lernen im Allgemeinen und für die Naturwissenschaften im Besonderen eine zentrale Rolle:

(I) Als *Dispositionen* bilden Interessen sowohl eine Voraussetzung für den Umfang und die Qualität von Einlassprozessen (vgl. z. B. Krapp, 1992a;

Krapp & Prenzel, 2011) als auch eine Zielgröße von Lern- und Bildungsprozessen. Mit Blick auf Voraussetzungen werden sowohl Interesse als auch benachbarte Konstrukte wie Neugier, Einstellung oder Motivation als so etwas wie ein „Antrieb" für die situative Aufnahme von Aktivitäten beschrieben (vgl. z. B. Renninger & Hidi, 2019), oder aber auch modelliert, dass vorliegendes Desinteresse dazu führen kann, dass Auseinandersetzungen mit dem Gegenstand absichtsvoll vermieden werden (Upmeier zu Belzen & Vogt, 2001). Als Zielgröße werden z. B. die durch Lernen entstandene oder weiterentwickelte Bereitschaft und das Zutrauen gefasst, sich mit naturwissenschaftlichen Fragen im Alltag auseinanderzusetzen, sich an der gesellschaftlichen Bearbeitung von naturwissenschaftsbezogenen Herausforderungen zu beteiligen und ein positives Bild von Naturwissenschaften zu kommunizieren (vgl. u. a. Fortus et al., 2022; Osborne, 2023). Hier kann Interessenforschung an das u. a. von Weinert (2001) geprägte Verständnis von Kompetenz anschließen, das neben kognitiven Fähigkeiten und Fertigkeiten auch motivationale und volitionale Bereitschaften beinhaltet (siehe auch Interesse bzw. attitudes als Bestandteil von Scientific Literacy in der Grundlegung von PISA, Bybee et al., 2009, sowie u. a. Schiefele et al., 1979). In diesem Sinne hat Fachunterricht immer den Auftrag, auf das Fach bezogene Interessen auszubilden und mit diesen günstige Lernvoraussetzungen zu schaffen. Gleichzeitig sollte Fachunterricht entstehende und individuell reflektierte Desinteressen zulassen, weil diese Teil der Persönlichkeitsentwicklung durch Bildung sind (vgl. Rabe in diesem Band, Kap. „Interessenförderung als Ziel von naturwissenschaftlichem Unterricht?!").

(II) Als eher *kurzzeitige Prozesse* werden Interesse und benachbarte Konstrukte mit der Intensität und Qualität der situativen Auseinandersetzung mit einem (Lern-)Gegenstand verbunden (z. B. aktualisiertes/situationales Interesse: Krapp, 1992b; Schraw & Lehman, 2001, Motivation: Eccles & Wigfield, 2020). Es wird angenommen, dass im situativen Auseinandersetzungsprozess spezifische Erlebenszustände (z. B. Kompetenz- und Autonomieerleben, Erleben sozialer Eingebundenheit, u. a. Deci & Ryan, 1993, 2000) und Emotionen bzw. Gefühle (Pekrun, 2006; Endres, Eitel et al., 2024) entstehen, die dazu führen können, dass die Bearbeitung aufrechterhalten, intensiviert oder auch beendet wird (vgl. Ainley et al., 2002; Kang et al., 2010; Thomas & Kirby, 2020). Entsprechend beschreibt z. B. Krapp (2002) eine Dynamik des „emerging" und „stabilized situational interest" (s. a. Krapp & Prenzel, 2011). Für den Fachunterricht sind solche eher kurzzeitigen Prozesse insofern relevant, als dass sie Mechanismen beschreiben, auch bei wenig ausgeprägten Interessen (siehe I) – wie sie sich besonders in den Naturwissenschaften manifestieren (vgl. u. a. Schiepe-Tiska et al., 2019) –, die Wahrscheinlichkeit für intensive Auseinandersetzung mit dem Lerngegenstand und damit einhergehend erfolgreiche Lernprozesse zu erhöhen.

(III) Als eher *längerfristig verlaufende Entwicklungsprozesse* modellieren Interessenkonstrukte Mechanismen für den Auf- und Ausbau von Interessen. Hier wird üblicherweise ein mehrstufiger Prozess angenommen, in dem in spezifischer Weise situative Dynamiken (vgl. II) mit längerfristigen Dynamiken verbunden sind (vgl. u. a. Renninger & Hidi, 2011, 2019). Für den Fachunterricht ist die Kenntnis solcher Mechanismen der Entwicklung von Interesse relevant, um gezielt den Auf- und Ausbau von Interessen (I) adressieren zu können – und besser zu verstehen, warum Interessen im Laufe der Schulzeit abnehmen. Die Kenntnis der Entwicklungsprozesse ist gerade für den naturwissenschaftlichen Unterricht besonders zentral, weil sich hier eine besonders ausgeprägte Abnahme der Interessen zeigt (u. a. Habig et al. in diesem Band, Kap. „Empirische Befunde der Interessenforschung der Fächer Biologie, Chemie und Physik im Primar- und Sekundarbereich seit 2012 – Ein systematisches Review"; Hoffmann et al., 1998; Potvin & Hasni, 2014). In ähnlicher Weise wie bereits für kurzfristige Prozesse beschrieben (s. II), könnten sich Wechselwirkungen zwischen den eher langfristigen Entwicklungsprozessen von Interesse und von kognitiven Facetten fachlicher Kompetenz zeigen. Hier könnte sich ein Aufklärungspotenzial für z. B. persistente Lernschwierigkeiten ergeben (z. B. dokumentiert in der Vorstellungsforschung, vgl. z. B. Schecker et al., 2018), die unter Umständen nicht alleine auf kognitive Mechanismen zurückzuführen sind.

Die in (I) bis (III) beschriebenen Aspekte der Betrachtung des Konstrukts Interesse als Zusammenwirken aus Disposition, eher kurzzeitigem, situativen Prozess und längerfristigem Entwicklungsprozess sind auch in einigen Strukturmodellen zum Interesse repräsentiert (vgl. Abb. 1 sowie z. B. Urhahne & Wijnia, 2023). Entsprechende Modelle können z. B. hilfreich sein, um den Forschungsstand und existierende Instrumente einzuordnen, aber auch gegeneinander abzugrenzen, sowie Forschungslücken zu identifizieren (vgl. z. B. Neher-Asylbekov & Wagner, 2023). Im Rahmen des hier vorliegenden Beitrags wird ein Interessenmodell entworfen, das die oben vorgestellten Punkte (I) bis (III) und existierende Modellierungen aufnimmt und idealerweise geeignet ist, um aktuelle theoretische Diskurse, empirische Ergebnisse und zukünftige Herausforderungen der Interessenforschung zu verorten. Das Interessenmodell wird im folgenden Abschnitt zunächst überblicksartig vorgestellt (vgl. Abb. 1) und die einzelnen Elemente des Modells sowie deren Beziehung in ihren möglichen inhaltlichen Auslegungen erläutert. Anschließend werden ausgewählte, strukturell ähnliche Modelle knapp umrissen, die Anregung für das von uns entwickelte Interessenmodell liefern und für weiterführende Forschung gewinnbringend erscheinen. Schon an dieser Stelle sei darauf hingewiesen, dass das entwickelte Interessenmodell einen vorläufigen Charakter hat und explizit angestrebt wird, das Modell in einem breiter aufgestellten Forschungsverbund, der Expertise aus Fachdidaktik, Psychologie und Erziehungswissenschaft aufnimmt, zur Diskussion zu stellen, zu modifizieren und inhaltlich anzureichern. Anliegen des Beitrags ist deshalb vor allem, das Modell so weit zu charakterisieren, dass erkennbar wird, wie die einzelnen Elemente interpretiert und genutzt werden können (eine ausführliche Darstellung des Forschungsstandes zum Konstrukt Interesse und zu benachbarten Konstrukten findet sich u. a. in Zügge & Höft in diesem Band, Kap. „Interessentheorien revisited. Ein Überblick gängiger Interessenbegriffe und damit verbundener Beschreibungen der Interessenentwicklung"). Es wird zudem versucht, spezifische Herausforderungen der Modellarbeit und der an ein Interessenmodell anschließenden empirischen Arbeit zu umreißen. Ein wesentlicher Diskussionspunkt wird darin sein, das Modell zwischen einer generischen Perspektive (vgl. Abb. 1) und einer stark fachlichen, ggf. sogar explizit naturwissenschaftlichen Perspektive zuzuschneiden (entsprechende Diskussionen finden sich auch für andere Modelle, die lehr- und lernrelevante Mechanismen beschreiben, aber einer fachspezifischen Auslegung bedürfen, vgl. z. B. für Modelle zur Unterrichtsqualität Praetorius & Gräsel, 2021).

2 Beschreibung der Elemente des Interessenmodells und ihren Beziehungen

Neben der bereits in Abschnitt 1 entworfenen Definition von Interesse als Antrieb, sich mit bestimmten inhaltlichen Gegenständen zu befassen, nehmen Modelle zum Interesse, aber auch zu benachbarten Konstrukten, die in (I) bis (III) angesprochenen Zusammenhänge oft auf (siehe auch Habig et al. in diesem Band, Kap. „Empirische Befunde der Interessenforschung der Fächer Biologie, Chemie und Physik im Primar- und Sekundarbereich seit 2012 – Ein systematisches Review"; Urhahne & Wijnia, 2023). Als zeitlich eher stabile Elemente (Abb. 1 links: Kasten *Trait*) werden einerseits Interessen als Merkmale von Personen angesehen (Disposition): Personen interessieren sich (nicht) für bestimmte Gegenstände, sie haben (k)ein „individuelles Interesse" (u. a. Krapp, 1992a, b).

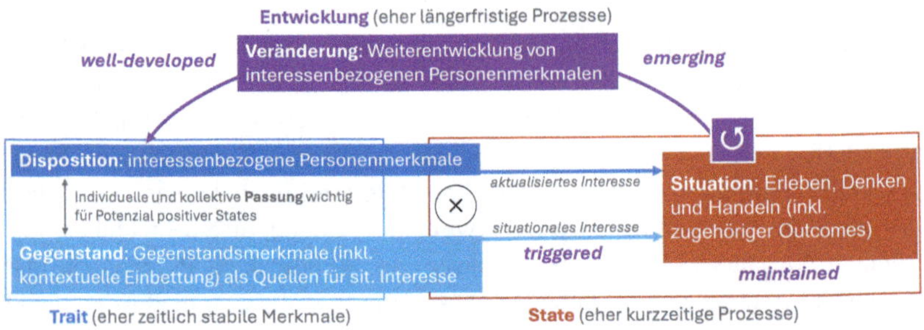

Abb. 1 Entwurfsfassung eines Interessenmodells mit dispositionellen, gegenstandsbezogenen, situationalen und auf Veränderung bezogenen Elementen von Interesse (vgl. Krapp, 1992a, S. 15 für ein ähnliches Modell ohne Entwicklungsprozess). Anmerkung: ⊗kennzeichnet, dass in einer Situation Personen mit bestimmten Dispositionen auf Gegenstände mit bestimmten Merkmalen treffen; ↺kennzeichnet, dass situative Prozesse, die die längerfristige Entwicklung anstoßen, unter Umständen mehrfach durchlaufen werden; die Begriffswahl aktualisiertes und situationales Interesse orientiert sich an der Unterscheidung von Krapp (1992a, b); Begriffswahl triggered, maintained, emerging und well-developed orientiert sich am Entwicklungsmodell von Hidi und Renninger (u. a. 2006).

In diesem Zusammenhang sprechen Upmeier zu Belzen und Vogt (2001, S. 19) von einem „Personen-Gegenstands-Bezug“. Andererseits weisen auch Gegenstände Merkmale auf, die Bezug auf Interessen nehmen. Wenn ein Gegenstand Merkmale aufweist, die zu dokumentierten (kollektiven) oder spezifisch erfassten (individuellen) Interessen passen, ist die Wahrscheinlichkeit erhöht, dass in der Auseinandersetzung mit dem Gegenstand interessengeleitete Handlungen vollzogen werden. Dem Gegenstand kann entsprechend eine „Interessantheit“ (u. a. Krapp, 1992a) zugeordnet werden.

Als zeitlich eher kurzfristiger Prozess (Abb. 1 rechts: Kasten *State*) lässt sich das situative „Aufeinandertreffen“ von Personen und Gegenständen ansehen (in Abb. 1 illustriert durch). Treffen Lernende mit bestimmten Merkmalen auf Gegenstände mit bestimmten Merkmalen, ist anzunehmen, dass sich eine spezifische Wechselwirkung einstellt: eine „Person-Gegenstands-Beziehung“ (Upmeier zu Belzen & Vogt, 2001, S. 19). Je nach Ausprägung des individuellen Interesses werden in der Wechselwirkung tendenziell eher die vorhandenen Interessen aktiviert (Pfad *aktualisiertes Interesse* für hohes individuelles Interesse) oder es ist eher der Gegenstand, der eine interessengeleitete Auseinandersetzung initiiert (Pfad *situationales Interesse* für eher niedriges individuelles Interesse, vgl. Krapp, 1992a, S. 15). Regt primär der Gegenstand die Interessenhandlung an, wird oft von einem „ausgelösten" situationalen Interesse gesprochen (*triggered situational interest*, Hidi & Renninger, 2006). Für den Pfad *aktualisiertes Interesse* kann dagegen angenommen werden, dass individuelle Interessen die Wechselbeziehung deutlich dominieren, Variationen in den Merkmalen des Gegenstandes also eine eher untergeordnete Rolle spielen. Es ist dabei zu bedenken, dass sich die hier dichotom aufgemachten „Pole" der Wechselbeziehung zwischen Person und Gegenstand in der Realität oft nicht eindeutig unterscheiden lassen bzw. sich eine Mischform einstellen wird.

Je nachdem, wie die individuelle Person ihre situative Handlung und deren Erträge (Outcome als Element der Situation in Abb. 1) wahrnimmt und bewertet, bleibt das Interesse am Gegenstand aufrechterhalten (*maintained situational interest*, Hidi & Renninger, 2006) oder verschwindet wieder. In diesem Prozess wird aber nicht nur der Gegenstand eine Rolle spielen, sondern auch weitere situationale Faktoren, wie z. B. die Interaktionsprozesse mit Mitschüler*innen oder Lehrkräften (u. a. Master et al., 2017; Pianta et al., 2012), die unter Umständen moderieren, wie stark das aktualisierte/situationale Interesse ausgeprägt ist. Denkbar ist auch, dass z. B. so etwas wie „Tagesverfassung" der Person ein relevanter Moderator ist (vgl. Pekrun, 2006).

Zuletzt ist die im Interessenmodell abgebildete Annahme, dass das wiederholte Durchlaufen von Situationen (in Abb. 1), in denen sich positiv (oder auch negativ) erlebte Handlungen und Erträge einstellen, in weiteren iterativen Schritten die Veränderung existierender Dispositionen anbahnt (in Abb. 1 als vierstufiger Entwicklungsprozess von *triggered* und *maintained* in Situationen zu *emerging* und *well-developed* als daran anschließender Prozess, u. a. Hidi & Renninger, 2006; Renninger & Hidi, 2011, 2019). Die in situativen Prozessen begonnene Weiterentwicklung kann nicht nur dazu führen, dass (bestehende) Interessen aufgebaut, verändert, erweitert oder auch abgebaut werden, sondern sie kann auch andere kognitive und nicht-kognitive Facetten von Kompetenz betreffen (z. B. Höft et al., 2019).

2.1 Trait: Zeitlich eher stabile Merkmale von Person und Gegenstand

Im vorgeschlagenen Interessenmodell (Abb. 1) wird der Begriff des Traits für solche Elemente genutzt, die insofern eine zeitliche Stabilität aufweisen, als dass sie als wiederkehrende Merkmale grundsätzlich identifizierbar sind, wenn keine (Lern-)Gelegenheit zu deren Veränderung vorliegt. Die Annahme darin ist, dass Personen z. B. an aufeinanderfolgenden Tagen ähnliche Interessen berichten oder aber, dass sich Merkmale von Gegenständen losgelöst von anderen Faktoren objektivierbar bestimmen lassen. Es sei aber bereits an dieser Stelle betont, dass die Annahme eines Traits in gewisser Hinsicht immer eine Arbeitshypothese ist, weil sich in der Realität Stabilität und Variabilität kaum dichotom abgrenzen lassen werden. Führt z. B. bereits das Nachdenken über eigene Interessen zu deren (messbarer) Modifikation, würden sich Traits nicht mehr sinnvoll zuweisen lassen.

Disposition
Es kann angenommen werden, dass Interessen Teil dessen sind, was das relativ stabile „Selbst" einer Person ausmacht (vgl. Krapp, 1992b), was wiederum mehr umfasst als das Interesse. An solche Überlegungen anschlussfähig ist die Annahme, dass verschiedene Dispositionen zusammengenommen die Identität einer Person bilden (z. B. Christ et al. in diesem Band, Kap. „Interest goes Identity? Eine Bestandsaufnahme der Relationierungen von Interesse und Identität und deren Potentiale für naturwissenschaftsdidaktische Forschung"; Rabe & Krey, 2018) oder im Selbstkonzept der Person aufgehen (z. B. Wild et al., 2001).[1] Aus der Perspektive der Kompetenzforschung lässt sich die Gesamtheit der Dispositionen als die zeitlich eher stabilen, aber durch Lernen entwickelbaren, Bestandteile von Kompetenz fassen: „die bei Individuen verfügbaren oder durch sie erlernbaren kognitiven Fähigkeiten und Fertigkeiten, um bestimmte Probleme zu lösen, sowie die damit verbundenen motivationalen, volitionalen und sozialen Bereitschaften und Fähigkeiten [sic!] um die Problemlösungen in variablen Situationen erfolgreich und verantwortungsvoll nutzen zu können" (Weinert, 2001, S. 77 f.; s. a. Ausführungen in Blömeke et al., 2015). Für das Interessenmodell haben wir den Begriff der „Disposition" im Anschluss an die Kompetenzforschung gewählt, die für die Bildungswissenschaften und Fachdidaktiken einen vielfach geteilten Rahmen bildet. Wir beziehen uns im Folgenden immer auf die Facette(n) der Dispositionen, die dem Interesse zugeordnet werden kann/können, betonen aber gleichzeitig, dass es möglicherweise mehr Facetten gibt, die für Interessenhandlungen und Prozesse der Entwicklung von Interesse relevant sein könnten und ggf. in das Modell aufgenommen werden sollten.

[1] Rabe und Krey (2018, S. 204) definieren Identität als „die Vorstellungen und das Wissen von Individuen über sich selbst […], die zumeist mit dem Gefühl der Kontinuität bzw. Stabilität und der Unterscheidbarkeit von anderen einhergehen". Wild et al. (2001, S. 228) definieren Selbstkonzept als „Gedächtnisstruktur, die alle selbstbezogenen Informationen einer Person enthält. Hierunter fällt auch das Wissen über die persönlichen Vorlieben, Einstellungen und Überzeugungen […]".

Interessenbezogene Dispositionen (vgl. Abb. 1 links) werden oft unter dem Begriff des „individuellen Interesses" zusammengefasst (vgl. Krapp, 1992a, b) und üblicherweise über verschiedene Merkmale weiter charakterisiert (Beispiele u. a. in Swarat et al., 2012; siehe auch Zügge & Höft in diesem Band, Kap. „Interessentheorien revisited. Ein Überblick gängiger Interessenbegriffe und damit verbundener Beschreibungen der Interessenentwicklung"). Die typischerweise in der Literatur zu findenden Charakteristika für das individuelle Interesse richten sich entweder auf die Relation zwischen Person und Gegenstand und/oder charakterisieren die individuellen Vorlieben für bestimmte Gegenstände. Während die erste Perspektive eine eher generische Charakterisierung darstellt, manifestiert sich in der zweiten Perspektive eine eher fachspezifische Charakterisierung (vgl. dazu auch Nagy & Etzel in diesem Band, Kap. „Fachinteressen aus der Perspektive der beruflichen Interessentheorie: Anknüpfungspunkte zweier Forschungstraditionen").

Eher generische Charakterisierungen gehen oft davon aus, dass die im individuellen Interessen ausgedrückte Relation durch (bis zu) vier verschiedene Merkmale gekennzeichnet ist (z. B. Krapp & Prenzel, 2011; Schiefele et al., 1993). Darin beschreibt die emotionale Valenz das Vorliegen positiver oder negativer Gefühle in Verbindung mit dem Interessengegenstand. Die *wertbezogene Valenz* ist darauf gerichtet, dass die Auseinandersetzung mit dem Gegenstand als persönlich bedeutsam erlebt wird. Der intrinsische Charakter beschreibt, dass die Auseinandersetzung mit dem Gegenstand selbstbestimmt bzw. aus eigenem Antrieb erfolgt; hier zeigen sich Schnittstellen zu zentralen Merkmalen von Motivationstheorien (z. B. Deci & Ryan, 1993, 2000). Zuletzt verweist der *epistemische Charakter* auf den erwarteten Erkenntnismehrwert, der sich aus der Auseinandersetzung mit dem Gegenstand ergibt. Gerade der epistemische Charakter zeigt deutlichen Überlapp zum Konstrukt der Neugier und wird deshalb z. T. als Merkmal von Interesse kritisch diskutiert: Während angenommen wird, dass sich Neugier stark daraus speist, dass eine Wissenslücke geschlossen werden soll, hat das Interesse einen deutlich weniger „ertragsorientierten" Charakter (Donnellan et al., 2022; vgl. auch Zügge & Höft in diesem Band, Kap. „Interessentheorien revisited. Ein Überblick gängiger Interessenbegriffe und damit verbundener Beschreibungen der Interessenentwicklung").

Im Kontrast zu einer generischen Charakterisierung hat sich die fachdidaktische Charakterisierung von Interessen in den Naturwissenschaften z. B. mit der Erfassung von Interesse in Abhängigkeit von bestimmten fachlichen Themen/Inhalten, den für die Naturwissenschaften relevanten Tätigkeiten/Aktivitäten (z. B. das Experimentieren oder Rechnen) und der Einbettung fachlicher Themen/Inhalte in bestimmte Kontexte/Situationen befasst (z. B. innerfachlich vs.

lebensweltlich, Hoffmann et al., 1998). Auffällig ist dabei einerseits, dass die Angabe von Themen oder Inhalten oft einem bestimmten Fach zugeordnet werden können, also fachspezifisch sind, während die Tätigkeiten oft naturwissenschaftsbezogen modelliert werden, also eine etwas geringere Spezifität aufweisen, aber noch auf eine bestimmte Fächerzone/Domäne bezogen sind. Andererseits fällt auf, dass gerade die fachdidaktische Charakterisierung eine unterschiedliche Körnigkeit aufweist bzw. aufweisen kann. „Körnigkeit“ betrifft die Frage, wie sehr ein übergeordnetes Kennzeichen weiter ausdifferenziert wird. In den Naturwissenschaften kann z. B. das Interesse am Experimentieren danach unterschieden werden, ob es sich um reale oder virtuelle Experimente handelt, und ggf. für virtuelle Experimente, welche Art der virtuellen Realisierung angestrebt wird. Auch die Frage, welche experimentbezogene Handlung vollzogen wird (Fragen stellen, Hypothesen bilden, Daten erheben, Daten auswerten, Schlussfolgerungen bewerten, Ergebnisse kommunizieren), würde das Interesse am Experimentieren feinkörniger zerlegen. Mit seiner Unterteilung in sieben Facetten von naturwissenschaftsbezogenen Tätigkeiten löst das „RIASEC+N-Modell“ in diesem Sinne die Tätigkeiten vielleicht auf so etwas wie einer mittleren Körnigkeit auf (z. B. Dierks et al., 2016; vgl. auch Nagy & Etzel in diesem Band, Kap. „Fachinteressen aus der Perspektive der beruflichen Interessentheorie: Anknüpfungspunkte zweier Forschungstraditionen“): Das Bearbeiten realistischer (Labor-)Experimente (Realistic), das Entwickeln neuer Theorien (Investigative), die Option der sprachlichen und visuellen Bearbeitung (Artistic), die Möglichkeit des Erklärens/Lehrens von Naturwissenschaften (Social), das Management (Enterprising) und das Administrieren (Conventional) von naturwissenschaftlichen Projekten sowie die Netzwerkarbeit (Networking).

Zwischen den beiden Ausprägungen „generisch“ und „fachspezifisch“ finden sich eine Reihe von weiteren Charakterisierungen, in denen die Fächer zwar erkennbar, aber tendenziell leicht austauschbar sind. Dazu gehören z. B. Unterscheidungen zwischen den Interessen an bestimmten Unterrichtsfächern („Fachinteresse“), Berufsfeldern („Berufsinteresse“) oder der Kontrast zwischen Freizeit- und schulbezogenen Interessen („Freizeitinteresse“, u. a. Hoffmann et al., 1998). In der unterschiedlichen Spezifizierung (generisch, stark oder weniger stark fachspezifisch) wird deutlich, dass sich die verschiedenen Zugänge zur Charakterisierung von individuellen Interessen gegenseitig nicht ausschließen bzw. sogar wechselseitig ergänzen. Das gilt sowohl für das wahrscheinliche Zusammenwirken generischer und fachspezifischer Charakterisierungen als auch für die Frage der Körnigkeit der Auflösung innerhalb der jeweiligen Spezifizierung. Es ist z. B. denkbar, dass sich die bisher formulierten generischen

Charakteristika weiter ausdifferenzieren lassen und dies auch für das fachspezifische Charakteristikum der Tätigkeit möglich ist, es gleichzeitig aber wenig zielführend erscheint, eine feinkörnige Unterscheidung von Kontexten vorzunehmen. Auch wenn eine Reihe von Kombinationsmöglichkeiten für Spezifität und Körnigkeit möglich erscheinen, ist gleichzeitig festzuhalten, dass die aktuelle Bandbreite vorliegender Charakterisierungen von individuellen Interessen einen vergleichsweise diffusen Raum aufmacht (vgl. Bernholt & Krey in diesem Band, Kap. „Die Erfassung von Interessen in der empirischen fachdidaktischen Forschung – Ein methodologisches Review"). Uns ist es deshalb auch nicht gelungen, diese Vielfalt in einer uns überzeugenden Weise in unsere Entwurfsfassung des Interessenmodells (Abb. 1) zu integrieren.

Für die Weiterarbeit am Interessenmodell (Abb. 1) lässt sich zunächst festhalten, dass ein substantiiertes Modell zum Konstrukt Interesse erfordern wird, auf der übergeordneten Ebene die Begrifflichkeiten zu klären, unter der Annahme, dass die Konstrukte Kompetenz (mit Dispositionen als zeitlich stabile Bestandteile, vgl. Abb. 2), Identität und Selbstkonzept einen ähnlich umfassenden Charakter haben, sich jedoch in ihren paradigmatischen und disziplinären Grundannahmen unterscheiden. Ein weiterer Fokus der Modellentwicklung sollte dann sein, das relativ breite Konstrukt der Dispositionen weiter zu unterteilen und das Interesse einzuordnen. Hier kann die Unterscheidung zwischen kognitiven und nicht-kognitiven Facetten in Anlehnung an die Kompetenzforschung („vor und nach dem Komma" in der Definition von Weinert, 2001, S. 27 f.; s. a. Differenzierung zwischen „Kognition" und „Affekt-Motivation" in Blömeke et al., 2015, siehe Abb. 2 unten) einen Ausgangspunkt bilden. In diesem Zusammenhang gibt es bereits unterschiedliche Ausdeutungen des Interessenkonstrukts: In einzelnen Interessenmodellierungen wird davon ausgegangen, dass das fachliche Wissen über den Gegenstand Bestandteil des Interesses ist (Hidi & Renninger, 2006), während wir dieses im Einklang mit anderen Modellen als separate Disposition(en) ansehen (Schiefele, 1991). Allerdings ist die Unterscheidung in „kognitive" und „nicht-kognitive" Facetten insofern irreführend, als dass auch die nicht-kognitiven Facetten Kognitionen umfassen, z. B. kann ein Individuum vermittelt über kognitives Nachdenken Auskunft über seine Interessen geben. Gleichzeitig erscheint es hilfreich, die nicht-kognitive Facette nicht alleinig als „affektive" Facette zu beschreiben, da „Affekt" eine hohe Assoziation zu einer impulsartigen Handlung aufweist.

Besonders zentral für die Weiterarbeit erscheint uns, die von uns nur im Anriss dargestellte Charakterisierung des individuellen Interesses in seinen etwas verschachtelten Perspektiven (z. B. Spezifität: generisch – fachspezifisch; Körnigkeit: übergeordnetes Merkmal – Auflösung der Bestandteile dieses Merkmals)

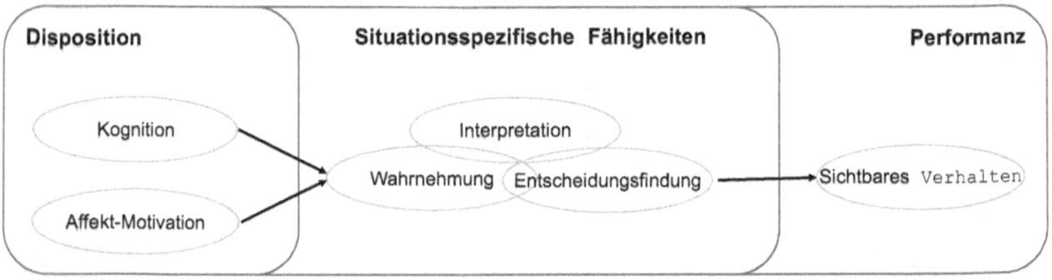

Abb. 2 Kompetenzmodell in Anlehnung an Blömeke et al. (2015, S. 15)

in den Fokus zu nehmen. Dabei stellt sich auch die Frage, wie überhaupt Vorschläge zur Modellierung generiert werden bzw. bisher wurden: Wer entwickelt diese (Fachwissenschaftler*innen, Fachdidaktiker*innen der jeweiligen Fächer, Psycholog*innen, Erziehungswissenschaftler*innen) und wie werden die Vorschläge diskursiv-interdisziplinär verhandelt, um idealerweise so etwas wie einen Gesamtrahmen abzustecken? Es könnte hier hilfreich sein, mit der Unterscheidung „Spezifität" und „Körnigkeit" einen zweidimensionalen Raum aufzumachen und diesen iterativ im interdisziplinären Austausch zu füllen, um einerseits abzustimmen, welche generischen Charakteristika von unterschiedlichen Fächern als relevant angesehen werden, andererseits aber eher fachspezifisch die Spezifika klarer herauszuarbeiten und Vorschläge für Korngrößen zu entwickeln. Mit einem solchen Referenzrahmen – der ggf. auch mehr oder andere als die zwei von uns diskutierten Dimensionen enthält – könnte empirisch auch besser geklärt werden, welche Spezifität und Körnigkeit ein Gegenstand aufweisen darf, damit er aus Sicht des Individuums als der Gegenstand identifiziert wird, auf den sich das individuelle Interesse bezieht. Lernende könnten z. B. kein Interesse an Physik (spezifisch) haben und darin auch nicht an der Mechanik, sehr wohl aber ein Interesse an Bewegungen und Kräften (feinkörnig) – jedoch nur in Verbindung mit sportlichen Aktivitäten (die wiederum unter Umständen darauf verweisen, dass das Interesse gar nicht spezifisch für die Physik ist). Zuletzt ist anzumerken, dass eine der zentralen Referenzen für die Charakterisierung naturwissenschaftsbezogener individueller Interessen, die IPN-Interessenstudie (u. a. Häußler, 1987; Hoffmann et al., 1998), aktuelle gesellschaftliche Entwicklungen nicht aufnimmt. Hier wird eine Herausforderung sein, fachdidaktisch motivierte Charakterisierungen individueller Interessen einerseits in die aktuelle gesellschaftliche und schulische Situation einzupassen (u. a. mit Fokus auf Digitalität von Tätigkeiten/Aktivitäten), andererseits aber auch eine Modellierung zu finden, von der anzunehmen ist, dass sich mit dieser auch in Zukunft ertragreich fachbezogene individuelle Interessen charakterisieren lassen.

Gegenstand

Aufgrund üblicher Definitionen des Interesses als Antrieb einer Person, sich mit einem Gegenstand auseinanderzusetzen, erscheint es zunächst irreführend, Gegenstände in ein Interessenmodell einzuordnen. Es kann argumentiert werden, dass die Bestimmung der „Interessantheit" eines Gegenstandes (Krapp, 1992a) ohne Kenntnis der jeweiligen Individuen, die auf diesen Gegenstand treffen, nicht möglich ist. Das gilt umso mehr, als dass angenommen werden kann, dass es „den" Gegenstand unter Umständen gar nicht gibt, sondern er erst in der individuellen Auseinandersetzung konstruiert wird. Aus der Beobachtersicht gleiche Gegenstände können somit aus der Perspektive von Individuen unterschiedliche Gegenstände bzw. unterschiedliche Ausdeutungen des gleichen Gegenstandes darstellen. Im Kontrast zu diesen Überlegungen kommuniziert Abb. 1 jedoch, dass einem Gegenstand auch losgelöst von bestimmten Individuen eine „Interessantheit" (vgl. Krapp, 1992a, b) als Merkmal zugeordnet werden kann. Die Grundannahme dabei ist, dass Gegenstände, die für viele Individuen empirisch dokumentierte Interessen aufnehmen (kollektive Passung in Abb. 1) ein grundsätzlich höheres Potenzial haben, situativ zu interessengeleiteten Handlungen und positiven Erlebenszuständen zu führen (situationales Interesse auszulösen, vgl. Potvin et al., 2023, S. 102 zu „sources of interest"). Ob Gegenstände dokumentierte Befundlagen zum Interesse aufnehmen – also in diesem Sinne interessant sind –, lässt sich an den Gegenständen auch losgelöst von Individuen festmachen, die sich mit dem Gegenstand auseinandersetzen werden oder sollen. So legen bisher dokumentierte Befundlagen zum Interesse beispielsweise nahe, dass solche Gegenstände eine höhere Interessantheit aufweisen, die experimentnahe Tätigkeiten erlauben (Habig et al. in diesem Band, Kap. „Empirische Befunde der Interessenforschung der Fächer Biologie, Chemie und Physik im Primar- und Sekundarbereich seit 2012 – Ein systematisches Review"; Hoffmann et al., 1998; vgl. auch Guo & Fryer, 2024; Swarat et al., 2012) oder z. B. Bezüge zu Medizin oder Biologie herstellen (Elster, 2007; Hoffmann et al., 1998). Wie auch für Personenmerkmale kann angenommen werden, dass die Interessantheit von Gegenständen zwar zeitlich eher stabil ist (deshalb die Zuordnung zum Kasten Trait in Abb. 1), sich aber auch verändern kann, wenn sich die kollektiven Interessen verändern.

Nicht nur Forschungsergebnisse können Hinweise auf interessenassoziierte Merkmale von Gegenständen liefern, sondern es lassen sich unter Umständen auch theoretische Zuschnitte der Charakterisierung individueller Interessen gleichermaßen auf Gegenstände anwenden. So wäre z. B. denkbar, dass Gegenstände, die Tätigkeiten gemäß dem „RIASEC+N-Modell" (Dierks et al., 2016) zulassen, eine höhere Interessantheit aufweisen. Die Interessantheit von Gegenständen lässt sich prinzipiell auch aus den eher psychologischen Charakteristika des Interesses sowie partiell auch aus den für das State beschriebenen Kennzeichen ableiten (siehe unten): Wie muss ein Gegenstand beschaffen sein, damit die Wahrscheinlichkeit hoch ist, dass er für möglichst viele Individuen einen besonders hohen Wert hat (wertbezogene Valenz), positive Gefühle mit dem Gegenstand assoziiert werden (emotionale Valenz), Freiräume der autonomen Bearbeitung gegeben sind (intrinsischer Charakter, Autonomieerleben) und sich Optionen des Erkenntnismehrwerts ergeben (epistemischer Charakter, Kompetenzerleben)? Zu diesen Fragen lassen sich zwar bestimmende Merkmale von Gegenständen grundsätzlich ableiten, gleichzeitig wird aber deutlich, dass die Beantwortung doch vergleichsweise differenziert einzelne Individuen in den Blick nehmen muss, weil z. B. ein Gegenstand je nach inhaltlichem Vorwissen angemessen herausfordert oder eben über-/unterfordert (individuelle Passung in Abb. 1). Es gibt jedoch Merkmale, die zumindest in der Tendenz kollektive Passung aufweisen, z. B. bestimmte fachliche Anforderungen eines Gegenstandes, die für fast alle Lernenden einer Altersgruppe das Kompetenzerleben eher unwahrscheinlich werden lassen (vgl. auch Csikszentmihalyi & Schiefele, 1993), die für viele Lernende der Altersgruppe einen hohen Neuigkeitswert haben sollten (vgl. Renninger & Hidi, 2011 zur Relevanz der Neuigkeit und Herausforderung von Gegenständen) oder aber die selbstbestimmte Auseinandersetzung erkennbar behindern (fehlendes Autonomieerleben, z. B. bei „Kochbuchanleitungen" für das Experimentieren). Insofern ist die in Abb. 1 aufgemachte und hier diskutierte Unterscheidung zwischen kollektiver und individueller Passung zur Ableitung der Interessantheit von Gegenständen nicht dichotom, sondern stellt einen fließenden Übergang dar.

Eine mögliche Weiterarbeit am Interessenmodell (Abb. 1) könnte sich damit befassen, die Interessantheit von Gegenständen im Übergangsbereich zwischen kollektiver und individueller Passung theoretisch weiter zu bearbeiten. Es könnte dazu hilfreich sein, als Gegenstandsmerkmale die Aufnahme von Befundlagen (kollektive Passung) einerseits und so etwas wie ein „Adaptivitätspotenzial" andererseits zu unterscheiden. „Adaptivitätspotenzial" meint hier, in wieweit der Gegenstand für die Lernenden Optionen der Entfaltung unterschiedlicher Interessen erlaubt, ohne spezifisch auf ganz bestimmte Interessen zugeschnitten zu sein. Der Ansatz eines „Adaptivitätspotenzials" nimmt damit die oben gemachte Überlegung auf, dass Gegenstände immer auch individuell konstruiert sind: Es wird absichtsvoll der Raum möglicher Konstruktionen erweitert. Gegenstände mit einem hohen Adaptivitätspotenzial – also vielfältiger Optionen individueller Konstruktion und damit Herstellung individueller Passung – würden dann eine höhere

Interessantheit aufweisen als solche mit einem niedrigen Adaptivitätspotenzial. Das Adaptivitätspotenzial könnte wiederum horizontale und vertikale Aspekte aufnehmen: Horizontal würde der Gegenstand z. B. in einem Merkmal fixiert sein (z. B. wird das Thema festgelegt), in einem oder mehreren anderen Merkmale(n) aber unterschiedliche Auslegungen erlauben (z. B. in der Tätigkeit: Experimentieren, Recherchieren, Berechnen als beispielhafte Varianz). Vertikal würde der Gegenstand z. B. durch Stufung in den kognitiven Anforderungen Möglichkeiten für Individuen schaffen, ein Niveau zu finden, das dem individuellen Vorwissen und der eigenen Fähigkeiten entspricht, und somit u. a. die Wahrscheinlichkeit für das Erleben von Kompetenz erhöht.

2.2 State: Eher kurzzeitige Prozesse

Die im vorherigen Abschnitt aufgemachte Diskussion individueller Interessen einerseits und der Interessantheit von Gegenständen andererseits ist aus der Perspektive des Interessenmodells (Abb. 1) insofern relevant, als dass die Interessentheorie typischerweise annimmt, dass sich zwei verschiedene Mechanismen im Aufeinandertreffen von Personen und Gegenständen unterscheiden lassen. Dabei können die individuellen Interessen so ausgeprägt sein, dass diese relativ tolerant gegenüber Variationen des zugehörigen Gegenstands sind (z. B. das gleiche naturwissenschaftliche Thema in unterschiedlichen kontextuellen Einkleidungen). Die dann oft gemachte Annahme ist, dass die vorhandenen Interessen im situativen Aufeinandertreffen von Person und Gegenstand aktiviert werden und sich ein *aktualisiertes* Interesse einstellt (vgl. Abb. 1). Insbesondere bei weniger ausgeprägten individuellen Interessen ist es möglich, dass der Gegenstand provoziert, dass sich in einer Situation dennoch interessengeleitete Handlungen einstellen. Hier wird von einem *situationalen* Interesse gesprochen (vgl. Diskussion beider Zustände in Krapp, 1992b).

Wichtig zu betonen ist, dass die Unterscheidung zwischen aktualisiertem und situationalem Interesse aus der Perspektive des Modells und der darin angenommenen Kreuzung von Personen- mit Gegenstandsmerkmalen zwar theoretisch plausibel ist, sich in der Realität aber vermutlich überwiegend eine Mischform einstellen wird, die ggf. nur etwas stärker von individuellen Interessen oder Gegenstandsmerkmalen bestimmt wird. Inwiefern sich in solchen Situationen empirisch überhaupt noch unterscheiden lassen wird, aus welcher Quelle sich das situativ einstellende Interesse speist, erscheint uns gegenwärtig nicht geklärt. Aufgrund der anzunehmenden schlechten empirischen Trennbarkeit der Ursache eines in einer Situation auftretenden Interesses – individuelles Interesse oder

Interessantheit – sprechen wir im Folgenden in allgemeinen Überlegungen zum State vom „situativen Interesse“ und bezeichnen damit das nicht näher bestimmte Konglomerat aus aktualisiertem und situationalem Interesse. Das erscheint auch insofern sinnvoll, als dass gegenwärtige Annahmen zu Merkmalen situativen Interesses und zugehörige Instrumente nicht spezifisch zwischen aktualisiertem und situationalem Interesse zu unterscheiden scheinen.

Das situative Interesse wird üblicherweise als ein relativ kurzzeitiger Zustand beschrieben (u. a. Knogler et al., 2015; Palmer, 2009), wobei „kurzzeitig“ wenige Minuten umfassen kann (v. Aufschnaiter & v. Aufschnaiter, 2001 gehen von Zeitfenstern unterhalb von 10 min aus) oder im Bereich einzelner Schulstunden liegt (vgl. Befragungen zum situativen Interesse, die sich an Schulstunden anschließen, z. B. Tsai et al., 2008). Die unter Umständen sehr schnelle Fluktuation des situativen Interesses mag einerseits ein Hinweis darauf sein, dass sich aus Sicht der Lernenden der Interessengegenstand verändert, was wiederum ein Hinweis darauf ist, dass der Modellierung der Körnigkeit eine zentrale Rolle nicht nur bei den Traits, sondern auch bei den States zukommt. Andererseits kann aus theoretischer Sicht die Dauer des Zeitfensters für eine Situation auch dadurch bestimmt sein, mit welchem Auflösungsgrad das situative Interesse beschrieben wird. Die hier oft getroffene Unterscheidung zwischen einem ausgelösten und einem aufrechterhaltenen Interesse („triggered“ und „maintained“ bei Hidi & Renninger, 2006; „emerging“ und „stabilized“ bei Krapp, 2002; siehe auch Krapp & Prenzel, 2011) beschreibt zwei Prozesse, die dem situativen Interesse zugeordnet werden können. Deren einzelne zeitliche Dauer lässt sich aber nur schwer bestimmen, da diese wiederum empirisch auch von den kognitiven Eigenschaften der Lernenden sowie von den Situationsmerkmalen abhängt (vgl. Endres, Vössing et al., 2024).

In der Literatur findet sich nicht nur die zweistufige Differenzierung zwischen einem ausgelösten und aufrechterhaltenen situativen Interesse, sondern auch die Differenzierung zwischen einem „catch-“ und „hold-“ Prozess (vgl. Mitchell, 1993). Obwohl die unterschiedlichen Begriffe für die beiden Prozesse oft gleichgesetzt werden, und dies sprachlich auch nahe liegt, sehen wir z. T. begriffliche Unterschiede: Die oft angenommene Gleichsetzung zwischen dem ausgelösten situativen Interesse (triggered bzw. emerging) und catch-Prozessen erscheint uns durchaus berechtigt; beide Begriffe beschreiben einen sehr kurzfristigen, stark affektiv geprägten Prozess, der von der Situation dominiert wird und in dem keine Wertkomponente zum Ausdruck kommt. Entsprechend kann der sehr kurzzeitige Prozess des ausgelösten Interesses z. B. durch Gestaltungselemente der Situation angeregt werden (z. B. audiovisuelle Designelemente wie warme Farben, runde Formen oder ein informeller Sprachstil, vgl. Brom et al., 2018; Endres et al.,

2020). Begriffliche Unterschiede sehen wir dagegen zwischen dem aufrechterhaltenem situativem Interesse (maintained bzw. stabilized) und den hold-Prozessen: Für das aufrechterhaltene situative Interesse spielen nicht nur positive Gefühle eine Rolle, sondern es wird dem Gegenstand auch ein persönlicher Wert zugeschrieben (Hidi & Renninger, 2006). „Hold" bei Mitchell (1993) beschreibt hingegen eher das beobachtbare Verhalten, sich weiter mit einem Gegenstand zu beschäftigen. Obwohl also beide Modellierungen (ausgelöst und aufrechterhalten vs. catch und hold) Prozesse beschreiben, die für ein Interessenmodell grundlegend sind, erscheint uns ihre Differenzierung essenziell: Eine Person kann angeregt werden, sich einem Gegenstand zuzuwenden (triggered bzw. emerging oder catch), setzt die Handlung dann aber unter Umständen trotz aufrechterhaltenem (maintained bzw. stabilized) situativem Interesse nicht mehr fort (fehlendes hold), weil z. B. ein anderes Ziel höhere Priorität hat. Alternativ muss das Fortsetzen der Handlung (hold) nicht zwingend bedeuten, dass das situative Interesse noch besteht, es könnten z. B. externale Motive für die Fortsetzung vorliegen. Eine begriffliche Differenzierung kann hier also einen Beitrag leisten, sich den kurzzeitigen Prozessen auch empirisch differenzierter nähern zu können.

Ergänzend dazu, dass das situative Interesse typischerweise entweder über die Stufung ausgelöst/aufrechterhalten und/oder catch/hold modelliert wird (Hidi & Renninger, 2006; Krapp, 2002; Mitchell, 1993), werden unterschiedliche Kennzeichen des situativen Interesses beschrieben (vgl. Überblick Potvin et al., 2023). Neben den bereits gerade angesprochenen Kennzeichen positiver Gefühle und der Wertzuweisung für das aufrechterhaltene situative Interesse werden als Kennzeichen auch das Erleben von Autonomie, Kompetenz und sozialer Eingebundenheit postuliert (Krapp, 1992c; siehe auch Deci & Ryan, 1993, 2000). Diese Erlebenszustände spiegeln z. T. die Charakteristika individueller Interessen wider: Das Erleben von Autonomie geht mit dem intrinsischen Charakter einher und das Erleben von Kompetenz mit dem epistemischen Charakter; die Betonung situativer Wertzuweisung im aufrechterhaltenen Interesse deckt sich mit der wertbezogenen Valenz. Als weiterer, situatives Interesse kennzeichnender Zustand kann das Erleben von Flow gelten, das sich einstellt, wenn Personen vollständig in der aktuellen Tätigkeit aufgehen (vgl. u. a. Csikszentmihalyi, 1990; Csikszentmihalyi & Schiefele, 1993; Shernoff & Csikszentmihalyi, 2009). Darüber hinaus werden, analog zur emotionalen Valenz des individuellen Interesses, immer wieder auch das Vorliegen von Emotionen wie Freude, Spaß oder Überraschung als Kennzeichen beschrieben (z. B. Silvia, 2006; Schiefele, 2009). Verschiedene Arbeiten zeigen, dass zunächst als unterschiedlich angenommene und in Items operationalisierte Kennzeichen des situativen Interesses empirisch eine begrenzte

Anzahl an Faktoren ergeben. Potvin et al. (2023) bestimmten z. B. vier („enjoyment", „value", „attention/sustained work"[2] und „usefulness"), Nieswandt (2007) drei Faktoren („enjoyment", „engagement", „meaning").

Die Weiterarbeit am Interessenmodell (Abb. 1) sollte sich einerseits mit der Frage der begrifflichen Klärung der Beschreibung von kurzzeitigen Prozessen im State befassen (Gemeinsamkeiten und Unterschiede von triggered/maintained, emerging/stabilized, catch/hold). Jede Begriffspaarung umfasst Spezifika, die für eine differenzierte Auflösung der kurzzeitigen Prozesse hilfreich sein könnte. Andererseits scheint theoretische Klärung zu den Kennzeichen des situativen Interesses hilfreich. Hier verweist der erkennbare Überlapp, aber auch die etwas unterschiedliche Profilierung der Kennzeichen darauf, dass sowohl theoretische Weiterarbeit als auch empirische Forschung erforderlich ist. Aus der Perspektive der Fachdidaktiken ist auffällig, dass die Fachspezifität in den theoretischen Überlegungen zum situativen Interesse weitgehend zu fehlen scheint (vgl. Diskussion in Csikszentmihalyi & Schiefele, 1993). Das liegt möglicherweise daran, dass im State-Bereich die Relation zwischen Person und Gegenstand, die sich eher in generischen Kennzeichen ausdrückt, eine deutlich stärkere Rolle spielt als für die Charakterisierung des individuellen Interesses. Hier bietet sich dann aber an, klarer herauszuarbeiten, was in der Situation, in der ausgelöstes und aufrechterhaltendes Interesse entsteht, den Gegenstand aus fachlicher Sicht kennzeichnet. Ansatzpunkte dafür könnten die sechs generischen Merkmale bieten, die Guo und Fryer (2024) als Auslöser von situativem Interesse beschreiben: „utility-value/relevance/meaningfulness", „novelty", „cognitive activation/complexity", „social interaction", „hands-on activity" und „choice". Für die Naturwissenschaften bietet sich hier z. B. an, der Frage nachzugehen, was aus fachlicher Sicht „meaningfulness", „complexity" und „hands-on activity" kennzeichnet. Für letzteres wäre z. B. die Frage, ob jede „hands-on activity" mit situativem Interesse bei vielen Lernenden einhergeht, oder, wie aus Merkmalen der Interessantheit anzunehmen, vor allem solchen Aktivitäten, die auf das Experimentieren gerichtet sind (vgl. Öchsen et al., 2021). Darüber hinaus erscheint es hilfreich, die in der Literatur benannten und z. T. auf der Basis von empirischen Befunden in Faktoren zusammengefassten Kennzeichen von situativem Interesse bereits präskriptiv basierend auf den zugrunde liegenden Theorien in Dimensionen zu organisieren, diese konsequent auf Charakteristika des individuellen Interesses zu beziehen und zu

[2] Hier zeigt sich (erneut) die bereits im Zusammenhang mit der Diskussion um die Differenzierung von „maintained" bzw. „stabilized" vs. „hold" angesprochene Indifferenz zwischen dem situativen Interesse am Gegenstand einerseits (die drei anderen von Potvin et al., 2023 angesprochenen Kennzeichen) und der Aufrechterhaltung der Auseinandersetzung mit dem Gegenstand andererseits, die mit diesem Kennzeichen erfasst wird.

untersuchen, ob sich die Dimensionen als Faktoren empirisch finden und trennen lassen (vgl. Endres, Eitel et al., 2024).

2.3 Entwicklung: Eher längerfristige Prozesse

Auch wenn angenommen werden kann, dass individuelle Interessen zeitlich stabil sind, ist dennoch gleichzeitig davon auszugehen, dass sich im Laufe eines längeren Zeitraums Interessen erstmalig aufbauen bzw. sich vorhandene Interessen verstärken oder auch verringern können (Hidi & Renninger, 2006). Vor dem Hintergrund des für die Sekundarstufe I sehr stabilen Befunds des Interessenabbaus in den Naturwissenschaften (besonders in Chemie und Physik) – sowohl im (quasi) Längsschnitt (u. a. Habig et al. in diesem Band, Kap. „Empirische Befunde der Interessenforschung der Fächer Biologie, Chemie und Physik im Primar- und Sekundarbereich seit 2012 – Ein systematisches Review"; Häußler, 1987; Höft & Bernholt, 2021; Höft et al., 2019; Hoffmann et al., 1998; Potvin & Hasni, 2014) als auch im Kohortenvergleich (z. B. im Kontrast von PISA 2006 zu PISA 2015, Schiepe-Tiska et al., 2019) – kommt der Frage der Entwicklung von Interesse eine hohe Bedeutung zu. Wichtig erscheint uns in diesem Zusammenhang, systematisch zwischen der Beschreibung der Veränderung von individuellen Interessen im zeitlichen Abstand einerseits und der Modellierung der Entwicklungsprozesse andererseits zu unterscheiden. Beides lässt sich begrifflich unter „Entwicklung" oder „Veränderung" fassen, fokussiert aber im ersten Fall auf den Kontrast zeitlich als eher stabil angenommener Dispositionen (eingangs des Kapitels dem Punkt I zugeordnet), im zweiten Fall auf die Beschreibung der Art des Entwicklungsprozesses, der zu einer Veränderung geführt hat (eingangs des Kapitels dem Punkt III zugeordnet).

Entwicklungsprozesse werden in der Interessenforschung häufig als drei- oder vierstufige Dynamik modelliert. Wie bereits beschrieben, bilden Dynamiken innerhalb einer Situation (Abb. 1: triggered und maintained situational interest, Hidi & Renninger, 2006, „emerging" und „stabilized situational" bei Krapp, 2002, bzw. „catch" and „hold" bei Mitchell, 1993) den Ausgangspunkt des Entwicklungsprozesses individueller Interessen. Für die weitere Entwicklung wird davon ausgegangen, dass es ein oder zwei eher langfristige Prozesse gibt, die sich aus der Wiederholung von situativen, kurzzeitigen Prozessen herausbilden: Aufkommendes (*emerging*, Abb. 1) und entwickeltes Interesse (*well developed*, Abb. 1 oder „individual" bei Krapp, 2002; siehe auch Diskussion in Potvin et al., 2023). In unserem Interessenmodell sind wir davon ausgegangen, dass insbesondere die beiden ersten Entwicklungsdynamiken mehrfach und immer wieder durchlaufen werden müssen (in Abb. 1), bis sich stärker stabilisierte Zustände einstellen können (in ähnlicher Weise bei Renninger & Hidi, 2019 beschrieben).

Mit Blick auf die Weiterarbeit am Interessenmodell (Abb. 1) ist zunächst einmal auffällig, dass Motivationstheorien in ähnlicher Weise wie Interessentheorien eine vierstufige Dynamik für den Übergang extrinsischer zu intrinsischer Motivation beschreiben (vgl. Deci & Ryan, 1993; Urhahne & Wijnia, 2023) und somit einen Bezug zum intrinsischen Charakter des Interesses herstellen. Auf den beiden untersten Stufen, „external“ und „introjiziert“, erfolgt die Beschäftigung mit einem Gegenstand primär aufgrund von Anregungen bzw. Forderungen seitens der sozialen und materialen Umgebung. Auf der dritten Stufe der „Identifikation“ beginnt das Individuum, sich die an es herangetragenen Anforderungen zur Auseinandersetzung zu eigen zu machen und ihnen einen Wert zuzuschreiben. Auf der vierten Stufe der „Integration“ macht sich das Individuum die Auseinandersetzung mit dem Gegenstand vollständig zu eigen. Obwohl sich tendenziell die Stufe der Identifikation als zeitlich instabil (situationsabhängig) und die der Integration als zeitlich überdauernd deuten lässt, letzteres also der Veränderung individueller Interessen entsprechen würde, ist in dem für die Motivation beschriebenen vierstufigen Prozess zumindest naheliegender als für die Interessenentwicklung, dass er eine kurzzeitigere Dynamik umfasst und nicht auf die mehrfache Auseinandersetzung mit einem Gegenstand(sbereich) angewiesen sein muss. Hier zeigt sich, dass strukturell ähnliche Überlegungen (wie in Abb. 1 dargestellt, vgl. auch den Überblick in Urhahne & Wijnia, 2023) auf unterschiedlichen Zeitskalen konzeptualisiert sein können, was in der Bezugnahme auf ähnliche Konstrukte bei der Weiterentwicklung eines Interessenkonstrukts mit bedacht werden sollte.

Im Fokus auf zwei verschiedene Prozessdynamiken (Abb. 1: *State* und *Entwicklung*) wird auffällig, dass deren zeitliche Skalierung jenseits von „eher kurzzeitig“ und „eher langfristig“ noch relativ wenig im Blick zu sein scheint. Dazu gehört auch die Frage der empirischen Bestimmung, wann etwas eher auf einen kurzzeitigen, situativen Prozess und wann eher auf einen langfristigen Entwicklungsprozess verweist und wie mit Schwankungen im wiederholten Bericht von Interessen umzugehen ist: Wann wird eine in einem eher engen Zeitfenster erfasste Varianz in der Interessenausprägung dem State (zunächst flüchtig), wann dem Trait (zeitlich stabil) zugeordnet? Insbesondere ist nicht auszuschließen, dass es sich bei verschiedenen Ausprägungen zum gleichen oder ähnlichen Gegenstand um zwei oder mehr stabile, in sich jedoch unterschiedliche bzw. widersprüchliche Zustände im Sinne von „mal so und mal so“ handelt (vgl. Diskussion zur Bereichsspezifität in Wild & Krapp, 1996, S. 105). Eine solcherart „stabile Instabilität“ würde Erkenntnissen der Schülervorstellungsforschung entsprechen, die darauf hindeuten, dass Personen gleichzeitig über fachlich angemessene und unangemessene Vorstellungen verfügen und innerhalb von dispositionsorientierten Messungen selbst zu einem Zeitpunkt mal im Sinne der einen und mal im Sinne der anderen Vorstellung antworten (vgl. Diskussion zum „Status" von Vorstellungen, u. a. in Potvin & Cyr, 2017). Auch diese Fragen verweisen darauf, dass der Modellierung und empirischen Erfassung des Entwicklungsprozesses eine zentrale Rolle zukommt: Verläuft dieser relativ linear oder weist er starke Schwankungen – im Sinne von Fort- und Rückschritten – bei insgesamt nur langsamer Progression auf? Führt er eher dazu, dass sich verschiedene Zustände zu einem Interessengegenstand ausbilden, und falls ja, ist es wirklich der „gleiche" Gegenstand? Gerade für eher langfristige Entwicklungsprozesse ist anzunehmen, dass sich durch die wiederholte kognitive Auseinandersetzung mit dem Gegenstand, der Gegenstand selbst für das Individuum verändert (z. B. feinkörniger gedacht oder durch Integrationsprozesse grobkörniger wird).

Insbesondere die in Entwicklungsprozessen anzunehmende Wechselwirkung zwischen Interessenentwicklung und Entwicklung von Vorstellungen und Erfahrungen zum Gegenstand, in denen sich der Gegenstand selbst verändert bzw. verändern kann, verweist letztendlich auch darauf, dass der Unterscheidung zwischen Interesse als Personenmerkmal und kognitiven Facetten von Kompetenz (z. B. themenbezogene Kenntnisse und Fähigkeiten) eine wichtige Rolle zukommt. Interessenveränderung kann, muss aber nicht, mit der Veränderung kognitiver Kompetenz einhergehen – und andersrum (vgl. auch Höft et al., 2019; Rotgans, & Schmidt, 2017). Es erscheint deshalb sinnvoll, bei der Weiterentwicklung des Interessenmodells systematisch zwischen kognitiven und nicht-kognitiven Facetten von Kompetenz zu unterscheiden und ihre qualitativen Unterschiede zu benennen, um einen empirischen Zugang zu deren Wechselwirkung zu ermöglichen und vorzubereiten.

3 Interessenmodell und damit zusammenhängende theoretische Modelle

Die Weiterarbeit am Interessenmodell profitiert aus unserer Sicht auch von einem Abgleich mit anderen Modellen, die mit Interesse zusammenhängende Prozesse beschreiben. Dabei können sowohl die den Modellen begrifflich zugrunde gelegten Konstrukte als auch die mit den Modellen abgebildeten Wirkmechanismen einen Ansatzpunkt für Weiterentwicklung bieten. Konvergente und inkrementelle Bezüge bestehen sowohl zu verwandten Bereichen als auch zu entfernteren Modellen, was wir an drei Beispielen illustrieren.

Bereits auf den ersten Blick auffällig ist die strukturelle Ähnlichkeit zwischen dem Interessenmodell aus Abb. 1 und dem „situationalen Erwartungs-Mal-Wert-Modell" (SEWM, Eccels & Wigfield, 2020, 2024), das ebenfalls eine Wechselwirkung zwischen Person und Situation (im Sinne eines Gegenstandes) beschreibt. Das SEWM modelliert, wie Individuen aus dem Zusammentreffen von individueller Erfolgserwartung und subjektivem Wert der situationsspezifischen Aufgabe zielbezogene Entscheidungen treffen. Die Erfolgserwartung bezieht sich auf das Vertrauen in die eigene Fähigkeit, eine bestimmte Aufgabe bewältigen zu können. Der subjektive Wert umfasst den intrinsischen Wert der mit der Aufgabe verbundenen Tätigkeit und dem eingeschätzten Nutzen der Tätigkeit für das Erreichen der eigenen Ziele, die Bedeutung für das Selbstbild und die wahrgenommenen Kosten. Diese Faktoren werden durch den situativen Kontext geprägt, zum Beispiel durch soziale Einflüsse und kulturelle Normen. Das SEWM (Eccles & Wigfield, 2024) beschreibt insofern interessengeleitete Handlungen, als dass es modelliert, wie sich ein Individuum situativ für das Einlassen auf etwas entscheidet und diese Entscheidung auch für einen gewissen Zeitraum und mit gewisser Intensität aufrecht erhält (vgl. „triggered/maintained", Hidi & Renninger, 2006 oder „catch/hold" Mitchell, 1993). In dem Versuch, Interessen- und SEW-Modelle aufeinander zu beziehen, könnten sich somit neue Perspektiven auf den State-Bereich unseres Interessenmodells (Abb. 1) ergeben. Wichtig erscheint uns, dass das SEWM zwar grundsätzlich annimmt, dass Personen über zeitlich stabile Ziele verfügen, das Modell selbst aber als ein Prozessmodell aufzufassen ist. Es beschreibt also primär, welche Ziele eine Person in einer Situation konstruiert – eher unabhängig davon, ob der Person diese Ziele im Sinne von Dispositionen zugeschrieben werden können –, und wie sie die Erreichbarkeit der Ziele und die einzusetzenden Kosten bewertet sowie daran anschließend Handlungen (nicht) initiiert. Weil das SEWM primär als Modell für den situativen Prozess etabliert ist, finden sich üblicherweise auch keine (differenzierten) Beschreibungen für Entwicklungsdynamiken.

Neben den Ähnlichkeiten zum SEWM finden sich auch Ähnlichkeiten zwischen unserem Interessenmodell und dem von Blömeke et al. (2015) vorgeschlagenen Kompetenzmodell, die jedoch weniger unmittelbar erkennbar sind. Für das Kompetenzmodell gehen Blömeke et al. (2015) davon aus, dass Kompetenz als ein Kontinuum aus Dispositionen, situativen Wahrnehmungs- und Denkprozessen (situationsspezifische Fähigkeiten in Abb. 2) und Performanz aufzufassen ist (siehe Abb. 2 in Anlehnung an Blömeke et al., 2015, S. 15, vgl. auch Diskussion in Vorholzer & v. Aufschnaiter, 2020). Ähnlich unserem Interessenmodell (Abb. 1) wird zwischen Dispositionen (Traits) und situativen Prozessen (States: situationsspezifische Fähigkeiten und vermutlich auch die Performanz als in

Situationen sichtbares Verhalten) unterschieden. In gewisser Hinsicht bilden im Kompetenzmodell die Dispositionen so etwas wie ein Potenzial für das, was in einer Situation an Fähigkeiten und Performanz sichtbar wird. In ähnlicher Weise lassen sich die interessenbezogenen Dispositionen und ihre Entfaltung als aktualisiertes Interesse fassen: Inwiefern das „Potenzial" von Interessen zum Tragen kommt, wird auch von Merkmalen der Situation und individuellen situationsspezifischen Wahrnehmungs- und Deutungsprozessen abhängen. Diese Ähnlichkeiten zweier für erkennbar unterschiedliche Zwecke gemachter Modelle (auf Interesse gerichtet vs. eher auf kognitive Kompetenz gerichtet) könnten einerseits anregen, die Option eines gemeinsamen Modells zu explorieren (bzw. Interesse als Teil von Kompetenz aufzufassen und für alle drei Bereiche in Abb. 2 auszudifferenzieren). Andererseits könnte sie für die Interessenforschung den Fokus in den States noch etwas stärker auf Prozesse des Wahrnehmens, Interpretierens und Entscheidens richten, die möglicherweise mit Erlebensdynamiken zusammenhängen, aktuell aber wenig beleuchtet werden.

Zuletzt weist unser Interessenmodell auf einer deutlich übergeordneten Ebene Bezüge zu „Angebots-Nutzungs-Modellen (ANM)" auf (u. a. Seidel, 2014; Vieluf et al., 2020, vgl. vereinfachte Darstellung in Abb. 3). Die in unserem Interessenmodell (Abb. 1) in den Traits beschriebenen Dispositionen werden in ANM als die Lernvoraussetzungen gefasst, mit denen Lernende in den Unterricht kommen. Die in unserem Modell ebenfalls den Traits zugeordneten Gegenstände entsprechen in ANM Bestandteilen des Lernangebots, die Gegenstände werden somit in ANM vor allem aus der Perspektive der Situation (des Unterrichts) betrachtet. Die in unserem Interessenmodell beschriebenen States weisen Parallelen zu den in ANM als situative Nutzungsprozesse der Lernenden beschriebenen Prozesse auf; die bei uns modellierte Entwicklung entspricht dem Prozess der Veränderung der Kompetenzen von Lernenden in ANM. Es mag zunächst argumentiert werden, dass ANM für einen anderen Zweck gemacht sind als ein Interessenmodell und damit der Versuch der Herstellung einer Beziehung problematisch ist. ANM adressieren das komplexe Gefüge der Gestaltung und Wirkung von Unterricht als Prozess, der auch von sozialen und politischen Rahmenbedingungen abhängig ist (vgl. Abb. 3). Ein Interessenmodell beschreibt primär die individuelle Person-Gegenstands-Relation und ihre Entwicklung. Gleichzeitig ist das Individuum Teil des sozialen Gefüges in ANM, Angebote sollen individuelle Interessen aufnehmen und Individuen wiederum in ihrer Interessenentwicklung von den Angeboten profitieren. Entsprechend sollte sich ein Modell zum Interesse als Bestandteil von ANM „lesen" lassen und dadurch deutlich werden, dass die Aufnahme und Entwicklung von Interessen durch mehr Faktoren beeinflusst wird, als es ein Modell zum Interesse beschreiben würde. Es bietet sich für Forschung also an,

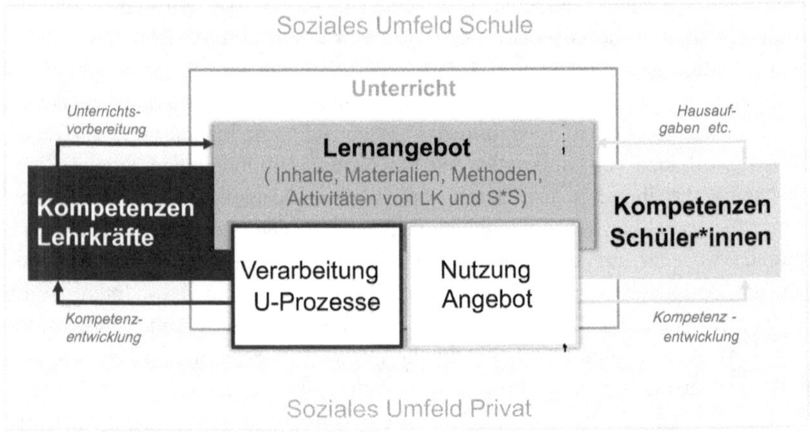

Abb. 3 Vereinfachtes Angebots-Nutzungs-Modell (in Anlehnung an Vieluf et al., 2020, S. 76)

die Anlage von Studien und die Ergebnisse auch aus der Perspektive eines ANM zu betrachten.

4 Schlussbemerkungen

Im Beitrag haben wir ein Interessenmodell entfaltet (Abb. 1), das wir als Ausgangspunkt für weitere theoretische und empirische Arbeit sehen. Das Anliegen ist dabei grundsätzlich nicht neu: Es hat immer wieder Bemühungen gegeben, unterschiedliche Konstrukte, die sich mit Fragen des vorhandenen oder fehlenden „Antriebs" der Auseinandersetzung mit Gegenständen oder der Aufnahme von Handlungen befassen, aufeinander zu beziehen und/oder in einen gemeinsamen Rahmen einzuordnen (u. a. Donnellan et al., 2022; Potvin et al., 2023; Renninger & Hidi, 2011; Urhahne & Wijnia, 2023; Schukajlow et al., 2017, 2023). Entsprechende Arbeiten sind einerseits durch ein theoretisches Erkenntnisinteresse motiviert, sie können z. B. genutzt werden, um Erweiterungsmöglichkeiten für einzelne Konstrukte vor dem Hintergrund des generierten Rahmens zu identifizieren (vgl. exemplarische Diskussion in Urhahne & Wijnia, 2023, S. 45 f.). Andererseits verfolgen sie auch ein empirisches Anliegen, indem z. B. aus der Zusammenführung bzw. Kontrastierung offene Forschungsfragen abgeleitet werden (vgl. Schukajlow et al., 2023). In der Zusammenschau dieser Arbeiten und unseres Modellvorschlags scheinen uns zwei Desiderate naheliegend: Die Notwendigkeit der Arbeit in Forschungsverbünden insbesondere (A) für die Theorieentwicklung sowie (B) für die Ausgestaltung empirischer Zugänge, die der Komplexität eines Interessenmodells Rechnung tragen.

(A) Theorieentwicklung

Bisherige Arbeiten zur Theoriebildung (siehe oben und z. B. Krapp & Prenzel, 2011; Hidi & Renninger, 2006) stellen hilfreiche Ausgangspunkte für vertiefte Klärungen dar, sind aber insofern noch lückenhaft, als dass die Antworten oft in eher kleinen Kollektiven von Autor*innen publiziert und vermutlich auch entstanden sind. Die von uns im Beitrag aufgemachten Herausforderungen der Weiterentwicklung – vor allem das Spannungsfeld „generisch" vs. „fachspezifisch", die Feinkörnigkeit der Modellierung und Operationalisierung, die Frage der zeitlichen Dynamiken der Prozesse „State" und „Entwicklung" – erfordern jedoch aus unserer Sicht die Zusammenarbeit unterschiedlicher Expertisen aus Fachdidaktik, Psychologie und Erziehungswissenschaft, evtl. sogar der jeweiligen Fachwissenschaft. Ein breiter aufgestellter Forschungsverbund hätte in der Theoriearbeit zu dem in Abb. 1 dargestellten Interessenmodell besonderes Potenzial zu vermeiden, in eine „Zahnbürstenproblematik" zu geraten (Renkl, 2023, S. 47), in der einzelne Vertreter*innen spezifischer Konstrukte an ihrem Konstrukt wie an einer eigenen Zahnbürste festhalten. Gleichzeitig würden in solchen Verbünden interpretative Fehlstellen vermutlich eher auffallen; das gilt insbesondere vor dem Hintergrund, dass es sich immer um Modelle handelt, die für einen spezifischen Zweck gemacht sind, in diesem Fall für die Naturwissenschaften. Gerade der Versuch, verschiedene theoretische Modelle zu einem Konstrukt in einem gemeinsamen Rahmen zu integrieren, kann dazu führen, dass die unterschiedlichen Zwecke der jeweiligen Modelle aus dem Blick geraten. Wir haben dazu an verschiedenen Stellen bereits diskutiert, dass trotz der Inhalts- bzw. Fachspezifität des Konstrukts Interesse dieser Zweck des Konstrukts nur vereinzelt sichtbar wird und die Modelle dort oft eher grobkörnig erscheinen. Es ist zwar wünschenswert, durch integrative Prozesse Modelle zu entwickeln, die breitere Anwendung finden (für verschiedene Zwecke nutzbar sind), gleichzeitig sollte aber sichergestellt sein, dass mindestens klar wird, wie der Zusammenhang zwischen eher generischen Modellierungen und fachspezifischen Auslegungen hergestellt werden kann. Hier bieten die Naturwissenschaften einen aus unserer Sicht sehr guten Ansatzpunkt, weil Spezifität sowohl aus der Perspektive der Domäne als auch der einzelnen Fächer betrachtet und kontrastiert werden kann. Zudem ergibt sich in bestimmten Körnigkeiten vermutlich ein

Überlapp zwischen den Fächern oder auch gerade unterschiedliche Auslegungen vermeintlich gleicher Gegenstände (z. B. dessen, was genau „Beobachtung“ als Tätigkeit kennzeichnet). Ein breiter aufgestellter Forschungsverbund ist auch deshalb wichtig, weil Modellierungen üblicherweise vor dem Hintergrund eher grundsätzlicher paradigmatischer Annahmen entstehen, die das Verständnis von Menschen, ihres Verhaltens, ihrer Entwicklung und Lernprozesse sowie der sozialen und materialen Umgebung umfassen (vgl. Zügge & Höft in diesem Band, Kap. „Interessentheorien revisited. Ein Überblick gängiger Interessenbegriffe und damit verbundener Beschreibungen der Interessenentwicklung“). Hier gilt es, bei der Weiterentwicklung des Interessenmodells besonders sorgfältig zu prüfen, ob ein integratives Modell diese Annahmen hinreichend aufnimmt bzw. überhaupt aufnehmen kann.

(B) Empirische Untersuchung der Komplexität von Interesse(nentwicklung)
Das Interessenmodell (Abb. 1) lässt sich auch zur Einordnung von empirischer Forschung nutzen und kann darin einen Überblick über bestehende Zugänge, aber auch blinde Flecken liefern (ähnliche Ansätze z. B. in Neher-Asylbekov & Wagner, 2023). Das Modell deutet dabei darauf hin, dass innerhalb der Konkretisierung des Konstrukts Interesse (und benachbarter Konstrukte) eine Reihe von Wirkmechanismen bedacht und empirisch untersucht werden können und auch bereits wurden (vgl. Habig et al. in diesem Band, Kap. „Empirische Befunde der Interessenforschung der Fächer Biologie, Chemie und Physik im Primar- und Sekundarbereich seit 2012 – Ein systematisches Review“). Auffällig ist, dass in der Mehrzahl der dokumentierten Arbeiten nur Auszüge aus dem in Abb. 1 entworfenen Interessenmodell erfasst werden (z. B. Fokussierung auf die Veränderung von Dispositionen, auf die Wirkung von Kontexten auf Dispositionen oder die Erfassung von situativen Prozessen), dadurch aber das angenommene komplexe Wechselspiel zwischen den unterschiedlichen Entwicklungsdynamiken einerseits sowie zwischen kognitiven und nicht-kognitiven Variablen andererseits aus dem Blick gerät bzw. nur eher rudimentär adressiert wird. Die Komplexität wird zudem dadurch erhöht, dass zwischen generischen und fachspezifischen Perspektiven sowie Auflösungen unterschiedlicher Körnigkeit unterschieden und Wechselwirkungen analysiert werden sollten. Untersuchungen, die sich dieser Komplexität nähern, sind insbesondere relevant, weil sich sonst nicht aufklären lässt, was die dokumentierte und besonders ausgeprägte Abnahme des naturwissenschaftsbezogenen Interesses in der Mittelstufe provoziert bzw. wie der Abnahme substanziell entgegengewirkt werden kann. Entsprechende Forschung würde einen differenzierteren Zugang zum Forschungsgegenstand „Naturwissenschaftsbezogenes Interesse“ benötigen, der durch einzelne, disziplinär verankerte

Arbeitsgruppen nur schwer geleistet werden kann. Gleichzeitig würde ein solcher Zugang in der aktuellen Heterogenität des Forschungsfeldes sowohl von einem gemeinsam getragenen Modell als auch von geteilten Instrumenten profitieren; er würde darüber hinaus quantitative und qualitative methodische Expertise erfordern. Nicht nur aus theoretischer, sondern auch aus empirischer Perspektive lässt sich somit konstatieren, dass substanziierte Interessenforschung unter Umständen in besonderer Weise interdisziplinäre Zusammenarbeit und relativ breit gefächerte Expertise erfordert.

Danksagung Im Kapitel vorgestellte Überlegungen sind auch durch Zusammenarbeit von Psychologie und Fachdidaktik in der DFG Forschungsgruppe *FOR 5254* zum nachhaltigen Lernen geprägt (Projektnummer: 450142163). Wir danken der DFG für die Förderung der Forschungsgruppe und unseres Teilprojektes zum nachhaltigen Konzeptaufbau in der Physik.

Literatur

Ainley, M., Hidi, S., & Berndorff, D. (2002). Interest, learning, and the psychological processes that mediate their relationship. *Journal of Educational Psychology, 94*(3), 545–561. https://doi.org/10.1037/0022-0663.94.3.545.

Aufschnaiter, C. v., & Aufschnaiter, S. v. (2001). Über den Zusammenhang von kognitiver Entwicklung und situativem Erleben beim Bearbeiten physikalischer Aufgaben. In C. Finkbeiner & G. W. Schnaitmann (Hrsg.), *Lehren und Lernen im Kontext empirischer Forschung und Fachdidaktik* (S. 459–478). Auer. https://doi.org/10.1007/s11618-001-0051-x.

Bardach, L., Oczlon, S., Pietschnig, J., & Lüftenegger, M. (2020). Has achievement goal theory been right? A meta analysis of the relation between goal structures and personal achievement goals. *Journal of Educational Psychology, 112*(6), 1197. https://doi.org/10.1037/edu0000419.

Blömeke, S., Gustafsson, J.-E., & Shavelson, R. J. (2015). Beyond dichotomies. Competence viewed as continuum. *Zeitschrift für Psychologie, 223*(1), 3–13. https://doi.org/10.1027/2151-2604/a000194.

Brom, C., Stárková, T., & D'Mello, S. K. (2018). How effective is emotional design? A meta-analysis on facial anthropomorphisms and pleasant colors during multimedia learning. *Educational Research Review, 25,* 100–119. https://doi.org/10.1016/j.edurev.2018.09.004.

Bybee, R., McCrae, B., & Laurie, R. (2009). PISA 2006: An assessment of scientific literacy. *Journal of Research in Science Teaching, 46,* 865–883. https://doi.org/10.1002/tea.20333.

Csikszentmihalyi, M. (1990). *Flow: The psychology of optimal experience.* Harper & Row.

Csikszentmihalyi, M., & Schiefele, U. (1993). Die Qualität des Erlebens und der Prozeß des Lernens. *Zeitschrift für Pädagogik, 39*(2), 207–221. https://doi.org/10.25656/01:11172.

Deci, E. L., & Ryan, R. M. (1993). Die Selbstbestimmungstheorie der Motivation und ihre Bedeutung für die Pädagogik. *Zeitschrift für Pädagogik, 39*(2), 223–238.

Deci, E. L., & Ryan, R. M. (2000). The „what" and „why" of goal pursuits: Human needs and the self-determination of behavior. *Psychological Inquiry, 11*(4), 227–268. https://doi.org/10.1207/S15327965PLI1104_01.

Dierks, P., Höffler, T., Blankenburg, J., Peters, H., & Parchmann, I. (2016). Interest in science: A RIASEC-based analysis of students' interests. *International Journal of Science Education, 38*(2), 238–258. https://doi.org/10.1080/09500693.2016.1138337.

Donnellan, E., Aslan, S., Fastrich, G. M., & Murayama, K. (2022). How are curiosity and interest different? Naïve Bayes classification of people's beliefs. *Educational Psychology Review, 34*(1), 73–105. https://doi.org/10.1007/s10648-021-09622-9.

Eccles, J. S., & Wigfield, A. (2020). From expectancy-value theory to situated expectancy-value theory: A developmental, social cognitive, and sociocultural perspective on motivation. *Contemporary educational psychology, 61,* Article 101859. https://doi.org/10.1016/j.cedpsych.2020.101859.

Eccles, J. S., & Wigfield, A. (2024). The development, testing, and refinement of Eccles, Wigfield, and colleagues' situated expectancy-value model of achievement performance and choice. *Educational Psychology Review, 36*(2), 51. https://doi.org/10.1007/s10648-024-09888-9.

Elster, D. (2007). Interessante und weniger interessante Kontexte für das Lernen von Naturwissenschaften. *Der mathematische und naturwissenschaftliche Unterricht, 60*(4), 243–249.

Endres, T., Eitel, A., Renninger, K. A., Vössing, C., & Renkl, A. (2024). Why narrative frames matter for instructional videos: A value-evoking narrative frame is essential to foster sustained learning with emotional design videos. *Learning & Instruction, 94,* Article 101962. https://doi.org/10.1016/j.learninstruc.2024.101962.

Endres, T., Vössing, C., Renninger, K. A., Eitel, A., & Renkl, A. (2024). Learning contexts shape the effect of emotional design – Facilitating sustained learning in distraction-prone situations. *SSRN*. https://doi.org/10.2139/ssrn.5002709.

Endres, T., Weyreter, S., Renkl, A., & Eitel, A. (2020). When and why does emotional design foster learning? Evidence for situational interest as a mediator of increased persistence. *Journal of Computer Assisted Learning, 36*(4), 514–525. https://doi.org/10.1111/jcal.12418.

Fortus, D., Lin, J., Neumann, K., & Sadler, T. D. (2022). The role of affect in science literacy for all. *International Journal of Science Education, 44*(4), 535–555. https://doi.org/10.1080/09500693.2022.2036384.

Guo, Z., & Fryer, L. K. (2024). What really elicits learners' situational interest in learning activities: A scoping review of six most commonly researched types of situational interest sources in educational settings. *Current Psychology*. https://doi.org/10.1007/s12144-024-07176-x.

Häußler, P. (1987). Measuring students' interest in physics - Design and results of a cross-sectional study in the Federal Republic of Germany. *International Journal of Science Education, 9*(1), 79–92. https://doi.org/10.1080/0950069870090109.

Hidi, S., & Renninger, K. A. (2006). The four-phase model of interest development. *Educational Psychologist, 41*(2), 111–127. https://doi.org/10.1207/s15326985ep4102_4.

Hoffmann, L., Häußler, P., & Lehrke, M. (1998). *Die IPN-Interessenstudie Physik*. IPN.

Höft, L., & Bernholt, S. (2021). Domain-specific and activity-related interests of secondary school students. Longitudinal trajectories and their relations to achievement. *Learning and Individual Differences, 92,* 102089. https://doi.org/10.1016/j.lindif.2021.102089.

Höft, L., Bernholt, S., Blankenburg, J. S., & Winberg, M. (2019). Knowing more about things you care less about: Cross-sectional analysis of the opposing trend and interplay between conceptual understanding and interest in secondary school chemistry. *Journal of Research in Science Teaching, 56*(2), 184–210. https://doi.org/10.1002/tea.21475.

Kang, H., Scharmann, L. C., Kang, S., & Noh, T. (2010). Cognitive conflict and situational interest as factors influencing conceptual change. *International Journal of Environmental and Science Education, 5*(4), 483–405.

Kaplan, A., & Maehr, M. L. (2007). The contributions and prospects of goal orientation theory. *Educational Psychology Review, 19,* 141–184. https://doi.org/10.1007/s10648-006-9012-5.

Knogler, M., Harackiewicz, J. M., Gegenfurtner, A., & Lewalter, D. (2015). How situational is situational interest? Investigating the longitudinal structure of situational interest. *Contemporary Educational Psychology, 43,* 39–50. https://doi.org/10.1016/j.cedpsych.2015.08.004.

Krapp, A. (1992a). Konzepte und Forschungsansätze zur Analyse des Zusammenhangs von Interesse, Lernen und Leistung. In A. Krapp & M. Prenzel (Hrsg.), *Interesse, Lernen, Leistung. Neuere Ansätze der Pädagogisch-Psychologischen Interessenforschung* (S. 9–52). Aschendorff.

Krapp, A. (1992b). Das Interessenkonstrukt. Bestimmungsmerkmale der Interessenhandlung und des individuellen Interesses aus der Sicht einer Person-Gegenstands-Konzeption. In A. Krapp & M. Prenzel (Hrsg.), *Interesse, Lernen, Leistung. Neuere Ansätze der Pädagogisch-Psychologischen Interessenforschung* (S. 297–329). Aschendorff.

Krapp, A. (1992c). Interesse, Lernen und Leistung. *Zeitschrift für Pädagogik,* 38(5), 747–770. https://doi.org/10.25656/01:13977.

Krapp, A. (1993). Die Psychologie der Lernmotivation. Perspektiven der Forschung und Probleme ihrer pädagogischen Rezeption. *Zeitschrift für Pädagogik, 39(2),* 187–206.

Krapp, A. (2002). Structural and dynamic aspects of interest development: Theoretical considerations from an ontogenetic perspective. *Learning and Instruction, 12,* 383–409. https://doi.org/10.1016/S0959-4752(01)00011-1.

Krapp, A., & Prenzel, M. (2011). Research on interest in science: Theories, methods, and findings. *International Journal of Science Education, 33*(1), 27–50. https://doi.org/10.1080/09500693.2010.518645.

Master, A., Butler, L.P., Walton, G.M. (2017). How the subjective relationship between the self, others, and a task drives interest. In P. O'Keefe, & J. Harackiewicz (Hrsg.), *The science of interest* (S. 209–226). Springer. https://doi.org/10.1007/978-3-319-55509-6 4.

Mitchell, M. (1993). Situational interest: Its multifaceted structure in the secondary school mathematics classroom. *Journal of Educational Psychology, 85*(3), 424–436. https://doi.org/10.1037/0022-0663.85.3.424.

Neher-Asylbekov, S., & Wagner, I. (2023). Modelling of interest in out-of-school science learning environments: A systematic literature review. *International Journal of Science Education, 45*(13), 1074–1096. https://doi.org/10.1080/09500693.2023.2185830.

Nieswandt, M. (2007). Student affect and conceptual understanding in learning chemistry. *Journal of Research in Science Teaching, 44*(7), 908–937. https://doi.org/10.1002/tea.20169.

Ochsen, S., Bernholt, S., Bernholt, A., & Parchmann, I. (2021). Eine Mikroanalyse von Chemieunterricht – Einsatz und Perzeption von Triggern für situationales Interesse. *Zeitschrift für Didaktik der Naturwissenschaften, 27*(1), 1–15. https://doi.org/10.1007/s40573-020-00122-x.

Osborne, J. (2023). Science, scientific literacy, and science education. In N. G. Lederman, D. L. Zeidler, & J. S. Lederman (Hrsg.), *Handbook of research on science education* (Volume III, S. 785–816). Routledge. https://doi.org/10.4324/9780367855758.

Osborne, J., Simon, S., & Collins, S. (2003). Attitudes towards science: A review of the literature and its implications. *International Journal of Science Education, 25*(9), 1049–1079. https://doi.org/10.1080/0950069032000032199.

Palmer, D. H. (2009). Student interest generated during an inquiry skills lesson. *Journal of Research in Science Teaching, 46,* 147–165. https://doi.org/10.1002/tea.20263.

Pekrun, R. (2006). The Control-Value Theory of achievement emotions: Assumptions, corollaries, and implications for educational research and practice. *Educational Psychology Review, 18*(4), 315–341. https://doi.org/10.1007/s10648-006-9029-9.

Pianta, R. C., Hamre, B. K., & Allen, J. P. (2012). Teacher-student relationships and engagement: Conceptualizing, measuring, and improving the capacity of classroom interactions. In S. L. Christenson, A. L. Reschly, & C. Wylie (Hrsg.), *Handbook of research on student engagement* (S. 365–386). Springer. https://doi.org/10.1007/978-1-4614-2018-7_17.

Potvin, P., Ayotte-Beaudet, J.-P., Hasni, A., Smith, J., Giamellaro, M., Lin, T.-J., & Tsai, C.-C. (2023). Development and validation of a questionnaire to assess situational interest in a science period: A study in three cultural/linguistic contexts. *Research in Science Education, 53*(1), 99–120. https://doi.org/10.1007/s11165-022-10050-0.

Potvin, P., & Cyr, G. (2017). Toward a durable prevalence of scientific conceptions: Tracking the effects of two interfering misconceptions about buoyancy from preschoolers to science teachers. *Journal of Research in Science Teaching, 54*(9), 1121–1142. https://doi.org/10.1002/tea.21396.

Potvin, P., & Hasni, A. (2014). Interest, motivation and attitude towards science and technology at K-12 levels: A systematic review of 12 years of educational research. *Studies in Science Education, 50*(1), 85–129. https://doi.org/10.1080/03057267.2014.881626.

Praetorius, A. K., & Gräsel, C. (2021). Noch immer auf der Suche nach dem heiligen Gral: Wie generisch oder fachspezifisch sind Dimensionen der Unterrichtsqualität? *Unterrichtswissenschaft, 49,* 167–188. https://doi.org/10.1007/s42010-021-00119-6.

Rabe, T., & Krey, O. (2018). Identitätskonstruktionen von Kindern und Jugendlichen in Bezug auf Physik – Das Identitätskonstrukt als Analyseperspektive für die Physikdidaktik? *Zeitschrift für Didaktik der Naturwissenschaften, 24,* 201–216. https://doi.org/10.1007/s40573-018-0083-x.

Renkl, A. (2023). Lernprozesse und deren Förderung theoretisch verstehen: Von kleinen Fortschritten, von gegenwärtig priorisierten, aber nicht ausreichenden Abhilfen und von einem Wunschzettel. *Unterrichtswissenschaft, 51,* 39–62. https://doi.org/10.1007/s42010-023-00167-0.

Renninger, K. A., & Hidi, S. (2011). Revisiting the conceptualization, measurement, and generation of interest. *Educational Psychologist, 46*(3), 168–184. https://doi.org/10.1080/00461520.2011.587723.

Renninger, K. A., & Hidi, S. E. (2019). Interest development and learning. In K. A. Renninger & S. E. Hidi (Hrsg.), *The Cambridge Handbook of Motivation and Learning* (S. 265–290). Cambridge University Press. https://doi.org/10.1017/9781316823279.013.

Rotgans, J. I., & Schmidt, H. G. (2017). The role of interest in learning: Knowledge acquisition at the intersection of situational and individual interest. In P. O'Keefe, & J. Harackiewicz (Hrsg.), *The science of interest* (S. 69–93). Springer. https://doi.org/10.1007/978-3-319-55509-6_4.

Rheinberg, F. (1997). *Motivation.* Kohlhammer.

Schecker, H., Wilhelm, T., Hopf, M., & Duit, R. (Hrsg.). (2018). *Schülervorstellungen und Physikunterricht.* Ein Lehrbuch für Studium, Referendariat und Unterrichtspraxis: Springer. https://doi.org/10.1007/978-3-662-57270-2_1.

Schiefele, U. (1991). Interest, learning, and motivation. *Educational Psychologist, 26*(3–4), 299–323. https://doi.org/10.1080/00461520.1991.9653136.

Schiefele, U. (1992). Interesse und Qualität des Erlebens im Unterricht. In A. Krapp & M. Prenzel (Hrsg.), *Interesse, Lernen, Leistung. Neuere Ansätze der Pädagogisch-Psychologischen Interessenforschung* (S. 85–121). Aschendorff.

Schiefele, U. (2009). Situational and individual interest. In K. R. Wentzel & A. Wigfield (Hrsg.), *Handbook of motivation at school* (S. 197–222). Routledge.

Schiefele, H., Hausser, K., & Schneider, G. (1979). „Interesse" als Ziel und Weg der Erziehung. Überlegungen zu einem vernachlässigten pädagogischen Konzept. *Zeitschrift für Pädagogik, 25*(1), 1–20.

Schiefele, U., Krapp, A., Wild, K.-P., & Winteler, A. (1993). Der „Fragebogen zum Studieninteresse" (FSI). *Diagnostica, 39*(4), 335–351. https://doi.org/10.1037/t64341-000.

Schiefele, U., & Schaffner, E. (2015). Motivation. In E. Wild & J. Möller (Hrsg.), *Pädagogische Psychologie. Springer-Lehrbuch* (S. 153–175). Springer. https://doi.org/10.1007/978-3-642-41291-2_7.

Schiepe-Tiska, A., Simm, I., & Schmidtner, S. (2019). Motivationale Orientierungen, Selbstbilder und Berufserwartungen in den Naturwissenschaften in PISA 2015. In K. Reiss, C. Sälzer, A. Schiepe-Tiska, E. Klieme, & O. Köller (Hrsg.), *PISA 2015. Eine Studie zwischen Kontinuität und Innovation* (S. 99–132). Waxmann.

Schmidt, H. G., & Rotgans, J. I. (2021). Epistemic curiosity and situational interest: Distant cousins or identical twins? *Educational Psychology Review, 33*(1), 325–352. https://doi.org/10.1007/s10648-020-09539-9.

Schukajlow, S., Rakoczy, K., & Pekrun, R. (2017). Emotions and motivation in mathematics education: Theoretical considerations and empirical contributions. *ZDM – Mathematics Education, 49*(3), 307–322. https://doi.org/10.1007/s11858-017-0864-6.

Schukajlow, S., Rakoczy, K., & Pekrun, R. (2023). Emotions and motivation in mathematics education: Where we are today and where we need to go. *ZDM – Mathematics Education, 55*(2), 249–267. https://doi.org/10.1007/s11858-022-01463-2.

Schraw, G., & Lehman, S. (2001). Situational interest: A review of the literature and directions for future research. *Educational Psychology Review, 13*(1), 23–52. https://doi.org/10.1023/A:1009004801455.

Seidel, T. (2014). Angebots-Nutzungs-Modelle in der Unterrichtspsychologie. Integration von Struktur- und Prozessparadigma. *Zeitschrift für Pädagogik, 60*(6), 850–866. https://doi.org/10.3262/ZP1406850.

Shernoff, D. J., & Csikszentmihalyi, M. (2009). Flow in schools: Cultivating engaged learners and optimal learning environments. In R. Gilman, E. S. Huebner, & M. J. Furlong (Hrsg.), *Handbook of Positive Psychology in Schools* (S. 131–145). Routledge.

Silvia, P. J. (2006). Exploring the psychology of interest. *Oxford University Press*. https://doi.org/10.1093/acprof:oso/9780195158557.001.0001.

Silvia, P. J. (2017). Curiosity. In P. O'Keefe & J. Harackiewicz (Hrsg.), *The science of interest* (S. 97–107). Springer. https://doi.org/10.1007/978-3-319-55509-6_5.

Su, R. (2020). The three faces of interests: An integrative review of interest research in vocational, organizational, and educational psychology. *Journal of Vocational Behavior, 116*, 103240. https://doi.org/10.1016/j.jvb.2018.10.01610.1016/j.jvb.2018.10.016.

Swarat, S., Ortony, A., & Revelle, W. (2012). Activity matters: Understanding student interest in school science. *Journal of Research in Science Teaching, 49*, 515–537. https://doi.org/10.1002/tea.21010.

Thomas, C. L., & Kirby, L. A. J. (2020). Situational interest helps correct misconceptions: An investigation of conceptual change in university students. *Instructional Science, 48*, 223–241. https://doi.org/10.1007/s11251-020-09509-2.

Tsai, Y.-M., Kunter, M., Lüdtke, O., Trautwein, U., & Ryan, R. M. (2008). What makes lessons interesting? The role of situational and individual factors in three school subjects. *Journal of Educational Psychology, 100*(2), 460–472. https://doi.org/10.1037/0022-0663.100.2.460.

Upmeier zu Belzen, A., & Vogt, H. (2001). Interessen und Nicht-Interessen bei Grundschulkindern: Theoretische Basis der Längsschnittstudie PEIG. *Zeitschrift für Didaktik der Biologie (ZDB), 10*(1), 17-31. https://doi.org/10.4119/zdb-1691.

Urhahne, D., & Wijnia, L. (2023). Theories of motivation in education: An integrative Framework. *Educational Psychology Review, 35*(2), 45. https://doi.org/10.1007/s10648-023-09767-9.

Vieluf, S., Praetorius, A.-K., Rakoczy, K., Kleinknecht, M., & Pietsch, M. (2020). Angebots-Nutzungs-Modelle der Wirkweise des Unterrichts. *Zeitschrift für Pädagogik, 66. Beiheft*, 63–80. https://doi.org/10.25656/01:25864.

Vorholzer, A., & Aufschnaiter, C. v. (2020). Dimensionen und Ausprägungen fachinhaltlicher Kompetenz in den Naturwissenschaften – ein Systematisierungsversuch. *Zeitschrift für Didaktik der Naturwissenschaften, 26*, 1–18. https://doi.org/10.1007/s40573-020-001 07-w.

Weinert, F. E. (2001). Vergleichende Leistungsmessungen in Schulen – eine umstrittene Selbstverständlichkeit. In F. E. Weinert (Hrsg.), *Leistungsmessungen in Schulen* (S. 17–31). Beltz.

Wild, E., Hofer, M., & Pekrun, R. (2001). Psychologie des Lernens. In A. Krapp & B. Weidenmann (Hrsg.), *Pädagogische Psychologie. Ein Lehrbuch* (4. Aufl., S. 207–270). Beltz.

Wild, K.-P., & Krapp, A. (1996). Lernmotivation in der kaufmännischen Erstausbildung. *Zeitschrift für Berufs- und Wirtschaftspädagogik, Beiheft, 13*, 90–107.

Personenmerkmale und das Interesse von Lernenden in den Naturwissenschaften

Daniel Laumann, Julia Welberg und Jan Winkelmann

1 Einleitung

Die naturwissenschaftlichen Fächer gelten in der Schule unter Lernenden als eher unbeliebt. In der Sekundarstufe I drückt sich dies insbesondere dadurch aus, dass das Interesse von Lernenden an naturwissenschaftlichen Fächern geringer ist als an anderen Fächern (Fruböse, 2010; Merzyn, 2008; Muckenfuß, 2006). Besonders bemerkenswert erscheint, dass Kinder häufig mit einem natürlichen Interesse an naturwissenschaftlichen Fragen und großer Neugierde vom Primar- in den Sekundarbereich wechseln, dort jedoch über die Jahre zunehmend Interesse verlieren. Entsprechende empirische Befunde finden sich in der Literatur konsistent seit etwa 40 Jahren (Aiken & Aiken, 1969; Master et al., 2021; Osborne et al., 2003). In der Sekundarstufe II erscheint das fehlende Interesse von Lernenden, neben weiteren Gründen (u. a. Laumann et al., 2024), wie der als hoch wahrgenommenen Komplexität, dann bestimmend dafür, dass naturwissenschaftliche Fächer, vor allem Physik und Chemie, deutlich geringere Belegungen aufweisen als vergleichbare Fächer. Dabei ist der Trend über die letzten etwa zehn Jahre

D. Laumann (✉) · J. Welberg
Institut für Didaktik der Physik, Universität Münster, Münster, Deutschland
E-Mail: daniel.laumann@uni-muenster.de

J. Welberg
E-Mail: julia.welberg@uni-muenster.de

J. Winkelmann
Institut für Naturwissenschaften, Abteilung Physik, Pädagogische Hochschule Schwäbisch Gmünd, Schwäbisch Gmünd, Deutschland
E-Mail: jan.winkelmann@ph-gmuend.de

O. Krey et al. (Hrsg.), *Interesse revisited*,
https://doi.org/10.1007/978-3-658-48542-9_6

negativ, sodass immer mehr Schülerinnen und Schüler in der Sekundarstufe II die Fächer Physik und Chemie abwählen (Abb. 1; KMK, 2024).

Warum aber ist es überhaupt notwendig oder wünschenswert, das Interesse von Lernenden an naturwissenschaftlichen Fächern und Inhalten zu fördern? Rabe (in diesem Band, Kap. „Interessenförderung als Ziel von naturwissenschaftlichem Unterricht?!") nennt diesbezüglich zwei übergeordnete Gründe: Interesse als wichtige Voraussetzung für die Vermittlung inhalts- und prozessbezogener Kompetenzen (Prenzel, 1994; Schiefele, 1986) sowie von Scientific Literacy (Gebhard et al., 2017) sowie die Förderung des Interesses von Lernenden selbst als primäres Bildungsziel des naturwissenschaftlichen Unterrichts (Klafki, 1991; Köller et al., 2000). Die negative Befundlage einerseits und die Bedeutung andererseits lassen das Interesse von Lernenden an den Naturwissenschaften seit Jahrzehnten als zentrales Element naturwissenschaftsdidaktischer Forschung erscheinen, wie die große Anzahl an Studien zum Thema zeigt (Potvin & Hasni, 2014b; Habig et al., in diesem Band, Kap. „Empirische Befunde der Interessenforschung der Fächer Biologie, Chemie und Physik im Primar- und Sekundarbereich seit 2012 – Ein systematisches Review"). Die Studien versuchen dabei zunächst Zusammenhänge und Prozesse im Kontext des Interesses von Lernenden an den Naturwissenschaften (immer besser) zu beschreiben und zu verstehen. Weiterhin werden davon ausgehend Maßnahmen zur Förderung von Interesse entwickelt und untersucht, um den genannten Problemen, d. h. insbesondere der negativen Interessenentwicklung über die Sekundarstufe I, starken interpersonellen Interessenunterschieden sowie geringen (und abnehmenden) Belegungen von Leistungskursen, siehe Abb. 1, zu begegnen.

Die Grundlage der empirischen Forschung bilden dabei unterschiedliche Theorien zum Interesse und seiner Entwicklung, siehe auch Zügge und Höft (in diesem Band, Kap. „Interessentheorien revisited. Ein Überblick gängiger Interessenbegriffe und damit verbundener Beschreibungen der Interessenentwicklung") u. a. die Person-Gegenstands-Theorie des Interesses (Krapp, 1992), die das Interesse als ein Phänomen „der Interaktion zwischen der Person und ihrer ‚gegenständlichen' Umwelt" beschreibt (Krapp, 1998, S. 185). Hinsichtlich der Person weisen unterschiedliche Forschende darauf hin, dass Analysen ohne die Berücksichtigung der individuellen Merkmale von Personen ungeeignet erscheinen, um Erkenntnisse über die Ausprägung und die Entwicklung von Interesse zu gewinnen (Schiefer et al., 2018; Wild, 2023). In der naturwissenschaftsdidaktischen Forschung lag der Fokus bislang auf der Entwicklung interessenförderlicher Lerngegenstände bzw. Umfelder. Über den Einfluss

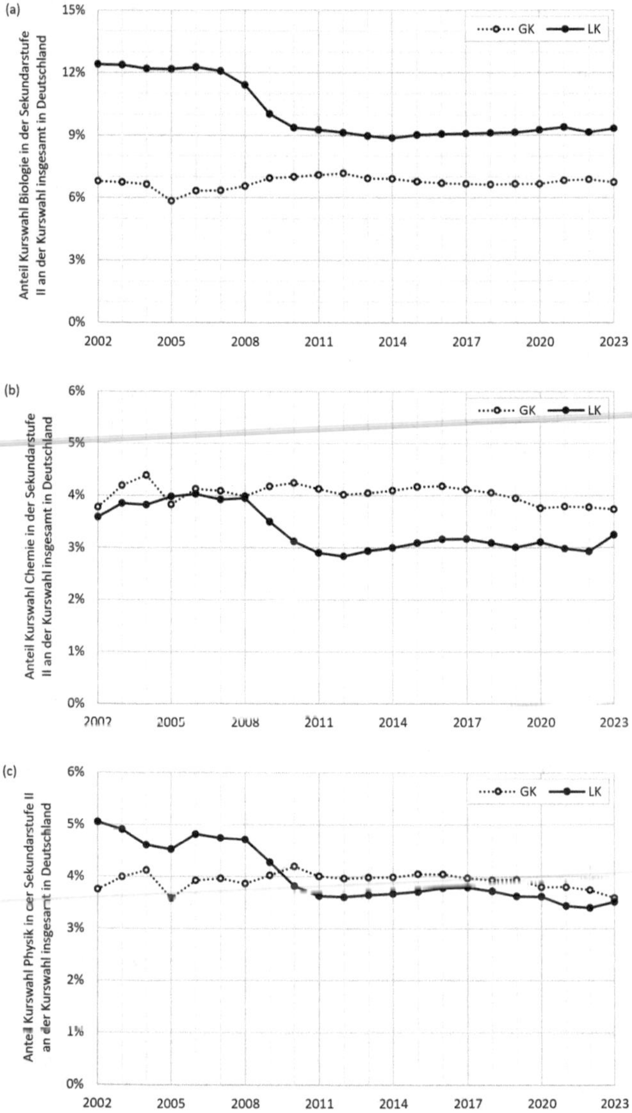

Abb. 1 Anteil belegter Grund- und Leistungskurse in den Fächern (a) Biologie, (b) Chemie und (c) Physik an den Gesamtzahlen belegter Grund- und Leistungskurse in Deutschland (Die Angabe 2023 bezeichnet das Schuljahr 2023/2024. Daten: KMK, 2024)

von Personenmerkmalen[1] der Lernenden auf das Interesse ist dagegen recht wenig bekannt.

Es erscheint somit erforderlich, Personenmerkmale in differenzierter Weise einzubeziehen. Personenmerkmale erscheinen besonders geeignet, um interpersonelle Unterschiede zu analysieren, die sich hinsichtlich Interessenzuständen ergeben. Das wahrscheinlich prominenteste Personenmerkmal bisheriger Forschung zum Interesse von Lernenden in den Naturwissenschaften stellt das Geschlecht (bzw. Gender) dar. Hinsichtlich dieses Differenzierungsmerkmals von Personen liegen zahlreiche zeitlich (mehr oder weniger) konsistente Befunde vor (Potvin & Hasni, 2014a; Habig et al., in diesem Band, Kap. „Empirische Befunde der Interessenforschung der Fächer Biologie, Chemie und Physik im Primar- und Sekundarbereich seit 2012 – Ein systematisches Review“), vor.

Eine Reduktion von Personenmerkmalen auf bestimmte einzelne Merkmale, wie zum Beispiel das Geschlecht, im Zusammenhang mit dem Interesse von Lernenden an den Naturwissenschaften erscheint jedoch deutlich zu eingeschränkt. Vielmehr liegt es nahe, bei Erklärungen interpersoneller Unterschiede von Interessenzuständen und davon ausgehend bei der Entwicklung von Maßnahmen zur individuellen Interessenförderung ein umfassendes Spektrum von Personenmerkmalen einzubeziehen. Weitere (kognitive und nicht-kognitive) Personenmerkmale solcher differenzierterer Spektren zur Beschreibung der Person neben dem Geschlecht (bzw. Gender) finden sich z. B. im Fünf-Faktoren-Modell der Persönlichkeitspsychologie (oder auch „Big Five“; Goldberg, 1981; McCrae & Costa, 2008), in der Ausprägung der Neugierde einer Person (Berlyne, 1954; Litman & Spielberger, 2003) oder auch der Intelligenz (Buxton, 1985; Rindermann, 2007). Jedoch erscheint unklar, inwiefern entsprechende Personenmerkmale über Gender hinaus bislang bereits nennenswert in empirischen Studien zum Interesse von Lernenden an Naturwissenschaften berücksichtigt wurden und welche Erkenntnisse aus vorhandenen Studien für die diversitätssensible Interessenforschung in den Naturwissenschaften abgeleitet werden können. Ein entsprechender Überblick erscheint hilfreich, um bei der Konzeption zukünftiger Studien zum Interessenkonstrukt den Einbezug eines oder mehrerer Personenmerkmale mit Bezug zum aktuellen Forschungsstand berücksichtigen zu können.

[1] Personenmerkmale bezeichnen dabei zeitlich und situativ (eher) stabile Eigenschaften (Steyer et al., 1992), wie die Persönlichkeit oder auch bestimmte Werte.

2 Ziele

Im Beitrag wird analysiert, inwiefern empirische Studien der Naturwissenschaftsdidaktik, der Bildungswissenschaften oder der Lehr-Lernpsychologie zum Interessenkonstrukt bereits diverse Personenmerkmale und damit vielfältige Eigenschaften von Personen einbeziehen. Hierfür fokussiert der vorliegende Beitrag Forschungsarbeiten der Jahre 2004–2023 zum Interesse von Lernenden an Naturwissenschaften allgemein oder einzelnen naturwissenschaftlichen Fächern. Die Analysen sollen helfen, für die berücksichtigten Personenmerkmale den aktuellen Forschungsstand in Form separater systematischer Reviews aufzuarbeiten und Forschungsdesiderata zu beleuchten. Der Beitrag richtet sich damit an die naturwissenschaftsdidaktische Forschungscommunity und soll helfen Personenmerkmale zu identifizieren, die bei der Genese von Forschungsfragen und der Entwicklung empirischer Studien zukünftige Berücksichtigung finden könnten. Hierfür wird die Art und Weise der Berücksichtigung dieser Merkmale in vorhandenen Studien analysiert: Wie theorie- und empiriebasiert erfolgt der Einbezug von Personenmerkmalen in Studien zum Interessenkonstrukt? Wie zentral sind die Analysen zu den Personenmerkmalen und zum Interesse für die Aussagen und Analysen der Studien? Welche Instrumente und Methoden werden zur Erhebung von Personenmerkmalen genutzt? Werden in bisherigen Studien eher nicht-experimentelle, korrelative Analysen durchgeführt oder auch die Wirkungen hinsichtlich der Berücksichtigung von Personenmerkmalen bei der Anwendung spezifischer Maßnahmen zur Interessenförderung (quasi-)experimentell geprüft?

Im Rahmen der Literatur-Reviews sollen sowohl die theoretische als auch die empirische Perspektive durch die Beantwortung folgender Forschungsfragen einbezogen werden.

Eine erste Gruppe von Forschungsfragen adressiert die theoretische und empirische Legitimation der Fragestellungen und Zielsetzungen empirischer Studien der naturwissenschaftsdidaktischen, bildungswissenschaftlichen und lehr-lernpsychologischen Forschung der Jahre 2004 bis 2023 zum Verhältnis ausgewählter Personenmerkmale und dem Interesse:

FF 1.1 Welche theoretischen Argumentationen auf Grundlage bestehender Theorien, Modelle etc. für die Legitimation einer Analyse zum jeweiligen Personenmerkmal sowie dem Interesse von Lernenden finden sich in den Studien?

FF 1.2 Welche Argumentationen auf Grundlage empirischer Vorarbeiten für die Legitimation einer Analyse zum jeweiligen Personenmerkmal sowie dem Interesse von Lernenden finden sich in den Studien?

FF 1.3 Werden die jeweiligen Personenmerkmale in den Analysen der Studien als primärer Fokus der Forschungsfragen berücksichtigt oder erscheinen sie von nachrangiger Bedeutung für die Studie?

Eine zweite Gruppe von Forschungsfragen widmet sich den empirischen Befunden für dieselben Personenmerkmale unter Berücksichtigung der bereits genannten Rahmenbedingungen:

FF 2.1 Welche Methoden und Instrumente wurden in den Studien zur Erfassung des Personenmerkmals genutzt?
FF 2.2 Welche Art des Interesses und welcher Interessengegenstand wurde in den Studien einbezogen?
FF 2.3 Welche Ergebnisse zum jeweiligen Personenmerkmal und dem Interesse von Lernenden an den Naturwissenschaften finden sich in den Studien?

3 Methode

Die nachfolgenden methodischen Ausführungen erläutern die Vorgehensweise zur Auswahl von Personenmerkmalen (Abschn. 3.1) sowie die nachfolgende Durchführung separater systematischer Reviews für jedes identifizierte Personenmerkmal (Abschn. 3.2).

3.1 Auswahl von Personenmerkmalen

Es wird der Anspruch erhoben, Personenmerkmale zu identifizieren, die für die naturwissenschaftsdidaktische Forschung eine gewisse Relevanz besitzen und für diese von Interesse sind bzw. zukünftig von Interesse sein könnten. Dazu erfolgt die Auswahl in zwei Schritten, die nachfolgend erläutert werden sollen. An dieser Stelle sei darauf hingewiesen, dass die Auswahl der Personenmerkmale zwar nach einem bestimmten Verfahren erfolgte, dabei jedoch subjektive Entscheidungen in der Auswahl getroffen werden mussten, sodass die Auswahl nicht mit einem Anspruch auf Vollständigkeit erfolgte. (Davon abzugrenzen ist, dass dieser Anspruch für die unter Abschn. 3.2 durchgeführten systematischen Reviews, nach erfolgter Auswahl der Personenmerkmale, durchaus Gültigkeit besitzt.)

In einem ersten Schritt wurden die durch Habig et al. (in diesem Band, Kap. „Empirische Befunde der Interessenforschung der Fächer Biologie, Chemie und Physik im Primar- und Sekundarbereich seit 2012 – Ein systematisches Review“) identifizierten insgesamt 255 Studien der Jahre 2012 bis 2023 zum

Interesse von Lernenden an den Naturwissenschaften auf den Einbezug von Personenmerkmalen geprüft. Dabei konnten zunächst 375 Bezüge zu Personenmerkmalen identifiziert werden, die sich zu insgesamt 64 zunächst als unterschiedlich wahrgenommenen Personenmerkmalen zuordnen ließen. Für diese wurde weiterhin geklärt, ob das Personenmerkmal jeweils grundsätzlich (a) einen zeitlich und situativ stabilen Zustand einer Person kennzeichnet und dieses (b) allgemeinen Charakter aufweist, d. h. auch unabhängig von einem Bezug zu Naturwissenschaften beschrieben werden kann. Einzelne Personenmerkmale wurden in einem weiteren Analyseschritt zusammengefasst. Auch wurden individuelle Interessenausprägungen, die aufgrund der Stabilität in gewisser Weise selbst als Personenmerkmal interpretiert werden könnten, wie das Berufsinteresse, ausgeschlossen (vgl. Nagy & Etzel, in diesem Band, Kap. „Fachinteressen aus der Perspektive der beruflichen Interessentheorie: Anknüpfungspunkte zweier Forschungstraditionen"). Auf diese Weise konnten folgende Personenmerkmale identifiziert werden (in alphabetischer Reihenfolge):

- Courage
- Gender
- Grundbedürfnisse
- Identität
- Intelligenz
- Kreativität
- Kritische Denkweise
- Neugierde
- Persönlichkeit
- Race
- Religion
- Selbstkonzept
- Werte

In einem zweiten Schritt wurden zwei Personenmerkmale ausgeschlossen (Race, Religion), die als unüblich für den deutschsprachigen Forschungsraum erscheinen. Zudem wurden drei Personenmerkmale ausgeschlossen (Gender, Identität, Selbstkonzept), die in gewissem Umfang bereits in anderen Kapiteln des Werks berücksichtigt werden (Gender, Selbstkonzept: Habig et al., in diesem Band, Kap. „Empirische Befunde der Interessenforschung der Fächer Biologie, Chemie und Physik im Primar- und Sekundarbereich seit 2012 – Ein systematisches Review"; Identität: Christ et al., in diesem Band, Kap. „Interest goes Identity? Eine Bestandsaufnahme der Relationierungen von Interesse und Identität und deren Potentiale für naturwissenschaftsdidaktische Forschung"). Für die übrigen Personenmerkmale wurden bis einschließlich der Vorauswahl, siehe Abb. 2, systematische Reviews durchgeführt. Dabei zeigte sich, dass für weitere vier Personenmerkmale (Courage, Grundbedürfnisse, Kreativität, kritische Denkweise) die Berücksichtigung in den jeweiligen Studien als zeitlich und situativ stabiles Personenmerkmal nicht gegeben ist oder jeweils ausschließlich Zusammenhänge zu Berufs- und Karriereinteressen beschrieben werden.

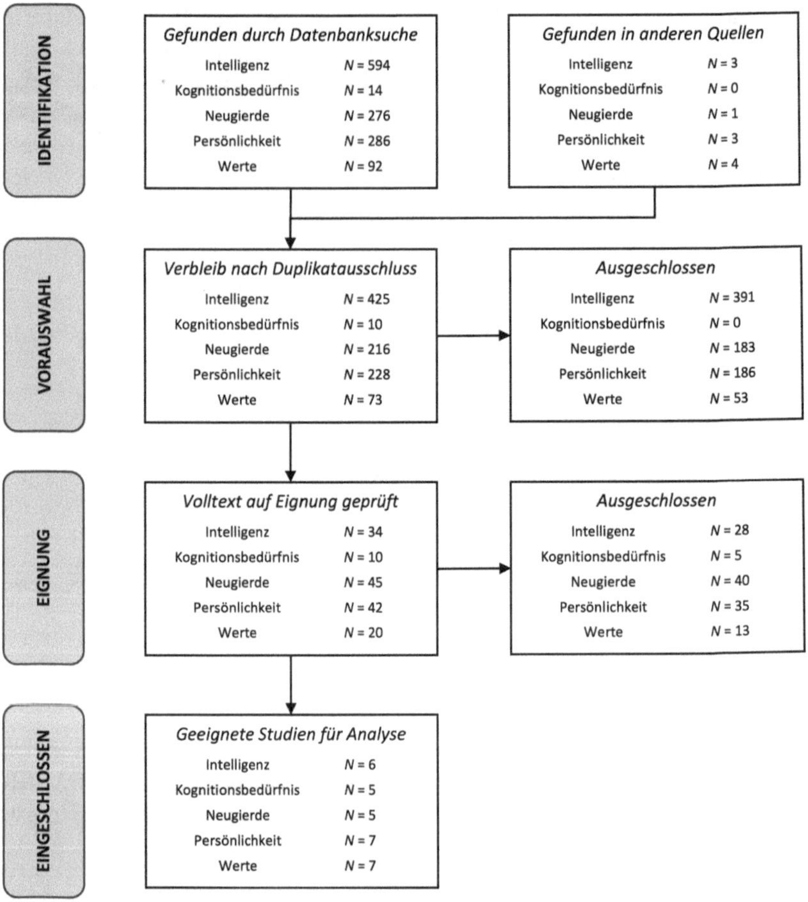

Abb. 2 Flussdiagramm gemäß der PRISMA-Empfehlungen für systematische Reviews (Ziegler et al., 2011)

Weiterhin fanden sich in einigen Studien der Vorauswahl der Reviews Bezüge zu einem bis dahin noch nicht berücksichtigten Personenmerkmal, dem Kognitionsbedürfnis von Lernenden. Nach Prüfung der vorgenannten inhaltlichen Kriterien wurde entschieden, dieses Personenmerkmal ebenfalls im Rahmen dieses Beitrags zu analysieren. Damit ergab sich folgende, wie bereits erläutert nicht vollständige und gewissermaßen subjektive Auswahl von Personenmerkmalen: Intelligenz, Kognitionsbedürfnis, Neugierde, Persönlichkeit, Werte.

3.2 Vorgehensweise bei der Durchführung der systematischen Reviews

Für die systematischen Reviews zu den fünf genannten Personenmerkmalen wurden zunächst formale und inhaltliche Kriterien festgelegt, die für jedes der identifizierten Personenmerkmale in gleicher Weise berücksichtigt wurden.

Hinsichtlich formaler Kriterien wurde aufgrund der Erwartung, dass bestimmte Personenmerkmale möglicherweise nur in bestimmten Zeiten und insgesamt wenig in Studien berücksichtigt wurden, der vergleichsweise umfangreiche Zeitraum von 2004 bis 2023 als Veröffentlichungsjahr der einbezogenen Literatur festgelegt. Weiterhin wurden nur originale Arbeiten in deutscher und englischer Sprache berücksichtigt, die in wissenschaftlichen Zeitschriften mit Peer-Review-Verfahren veröffentlicht wurden, um sicherzustellen, dass die zu analysierenden Studien bereits grundlegenden wissenschaftlichen Qualitätskriterien genügen.

Hinsichtlich inhaltlicher Merkmale wurden Studien einbezogenen, die mit Bezug zu den Fächern Biologie, Chemie oder Physik, den Naturwissenschaften allgemein bzw. MINT (engl. „STEM") durchgeführt wurden und sich mit dem Interesse von Lernenden an naturwissenschaftlichen Inhalten, Tätigkeiten, Fächern oder anderen spezifischen Elementen befassen. Studien, die ausschließlich im Zusammenhang mit der Mathematik, Informatik oder Technik stehen, wurden nicht einbezogen. Ebenso wurden keine Studien berücksichtigt, die das Interesse an einem naturwissenschaftlichen Beruf oder einer Karriere in den Naturwissenschaften fokussieren, da diese Ausprägungen von Interesse bei Nagy und Etzel (in diesem Band, Kap. „Fachinteressen aus der Perspektive der beruflichen Interessentheorie: Anknüpfungspunkte zweier Forschungstraditionen") gesondert diskutiert werden. Hinsichtlich des Alters der Lernenden wurden Studien ausgewählt, bei denen Lernende im Primar- und Sekundarbereich oder als Studierende an Universitäten und Colleges etc. verortet sind. Unabhängig vom Alter wurden sowohl Studien in formalen Bildungssettings als auch an außerschulischen Lernorten berücksichtigt.

Mithilfe dieser Kriterien wurden Suchstrings für die Datenbanken Scopus und Web of Science, siehe Anhang. entwickelt, die eine systematische Literatursuchen ermöglichten. Die Auswahl der Kriterien erfolgte dabei ähnlich wie in den Beiträgen von Bernholt und Krey (in diesem Band, Kap. „Die Erfassung von Interessen in der empirischen fachdidaktischen Forschung – Ein methodologisches Review“) sowie Habig et al. (in diesem Band, Kap. „Empirische Befunde der Interessenforschung der Fächer Biologie, Chemie und Physik im Primar- und Sekundarbereich seit 2012 – Ein systematisches Review“).

Darüber hinaus wurden jeweils spezifische Operatoren als Teil der Suchstrings definiert, die eine zielgerichtete Suche nach bestimmten Personenmerkmalen ermöglichen sollten. Dabei wurden zunächst für das jeweilige Personenmerkmal in allgemeiner, häufig psychologischer, Literatur zentrale Begrifflichkeiten zur unterschiedlichen Bezeichnung des Personenmerkmals identifiziert. Teilweise wurden auch bestimmte Theorien zum Personenmerkmal explizit einbezogen (oder ausgeschlossen), um den jeweils vorgesehenen Fokus zu erhalten. Für jedes Personenmerkmal findet sich die Angabe der spezifischen Suchoperatoren als Teil der allgemeinen Suchstrings in Tab. A.1.

Nach Festlegung der Suchstrings wurden die Suchergebnisse der beiden Datenbanken Scopus und Web of Science zunächst auf Duplikate geprüft und, ergänzt um (wenige) weitere Funde aus z. B. Referenzlisten (wie Habig et al., in diesem Band, Kap. „Empirische Befunde der Interessenforschung der Fächer Biologie, Chemie und Physik im Primar- und Sekundarbereich seit 2012 – Ein systematisches Review“), zu einer Gesamtliste zusammengeführt (Identifikation). In dieser Gesamtliste wurden sämtliche Titel und Abstracts auf Passung zu den genannten Kriterien geprüft, sodass bereits zahlreiche Studien ausgeschlossen wurden (Vorauswahl). Bei fehlender Passung zu den oben genannten Kriterien wurden die jeweiligen Studien nicht in die Analysen einbezogen. Der Prozess der Literatursuche samt der Anzahl ein- oder ausgeschlossener Studien ist in Abb. 2 dokumentiert.

4 Ergebnisse

Die nachfolgenden Literatur-Reviews beziehen sich auf die Personenmerkmale der Intelligenz (siehe Abschn. 4.1), des Kognitionsbedürfnisses (siehe Abschn. 4.2), der Neugierde (siehe Abschn. 4.3), der Persönlichkeit (siehe Abschn. 4.4) sowie der Werte von Personen (siehe Abschn. 4.5). Zum Einstieg erfolgt jeweils eine Darstellung zentraler Aspekte des Personenmerkmals

(Definition, Begriffsklärung, Bezüge zum Interesse). Die Ergebnisse der Reviews hinsichtlich beider Forschungsfragen-Blöcke werden separat und orientiert an den zuvor genannten Leitfragen, dargestellt. Als Abschluss der Teilkapitel findet eine auf das Personenmerkmal bezogene Diskussion statt.

4.1 Intelligenz

Die Intelligenz einer Person beschreibt als Personenmerkmal deren Fähigkeit zu denken und stellt ein Konzept dar, das bereits in den frühen 1900er Jahren beschrieben wurde (Buxton, 1985). Die Abgrenzung des Begriffs der Intelligenz vom Begriff der kognitiven Fähigkeiten ist in der Literatur nicht immer eindeutig. So werden bei Rindermann (2007) kognitive Fähigkeiten eher als basale Funktionen wie Aufmerksamkeit, Gedächtnis oder Konzentration verstanden, während Intelligenz komplexere Fähigkeiten wie Problemlösen oder das Erkennen abstrakter Strukturen umfasst. In anderen Quellen, wie bei Kuhl et al. (2022) unter Bezugnahme auf Tröster (2019), wird Intelligenz hingegen als ein Sammelbegriff für verschiedene kognitive Fähigkeiten beschrieben, zu denen unter anderem verbales Verständnis, räumliches Vorstellungsvermögen und Merkfähigkeit gehören.

Weiterhin wird häufig zwischen fluider und kristalliner Intelligenz (vgl. Horn & Cattell, 1966) unterschieden. Die fluide Intelligenz bezieht sich dabei auf grundlegende Denkprozesse, die unabhängig von Erfahrungen sind, während die kristalline Intelligenz die Anwendung von erworbenem Wissen umfasst (Händel, 2021).

Bereits allgemeine theoretische Argumente lassen es plausibel erscheinen, die Intelligenz von Personen in Analysen zum Interesse einzubeziehen. Solche Argumente beziehen sich u. a. auf die „Theory of Intelligence-as-Process, Personality, Interests, and Intelligence-as-Knowledge“ (PPIK-Theorie; Ackerman, 1996), die sich mit der intellektuellen Entwicklung von Erwachsenen befasst und dabei das Zusammenspiel von Intelligenz, Interesse und Persönlichkeit einbezieht. Die Theorie unterscheidet zwischen inhaltsfreien allgemeinen kognitiven Fähigkeiten im Sinne von Intelligenz (in der oben erstgenannten Beschreibung), inhaltsbezogenen Kenntnissen sowie Interesse und Persönlichkeitsmerkmalen. Dabei werden insbesondere Gründe für inhaltsspezifische Kenntnisse und Kompetenzen abgeleitet und auf Entwicklungsprozesse sowie den Einfluss von Intelligenz, Interesse und Persönlichkeit zurückgeführt. Die Theorie geht dabei von einem wechselseitigen Verhältnis von inhaltsbezogenen Kenntnissen und Interesse aus. Da die inhaltsbezogenen Kenntnisse wiederum durch die Intelligenz bedingt werden, existiert im Sinne der Theorie auch ein (indirekter) Zusammenhang zwischen Intelligenz und Interesse (vermittelt über das Erlangen inhaltsbezogener Kenntnisse und Kompetenzen).

Die Frage, ob Intelligenz ein zeitlich und situativ stabiles Personenmerkmal darstellt, ist ein Thema, das seit Jahrzehnten in der Psychologie diskutiert wird. Eine Annahme, die bereits bei Piaget (1972) zu finden ist, besagt, dass Intelligenz ein zeitlich sehr stabiles Konstrukt darstellt, das sich über die kindliche Entwicklung nur langsam ändert. Diese Annahme findet auch empirische Unterstützung in Studien, die eine hohe zeitliche Stabilität von Intelligenz über das Alter von Personen nachweisen konnten (Deary et al., 2000). Hinsichtlich der Stabilität über Situationen hinweg wird angenommen, dass die mittlere Intelligenz bei Messungen durchaus abhängig vom sozialen und kulturellen Kontext erscheint (Ceci, 1996). Jedoch wurden Intelligenztests entwickelt, die unterschiedliche Aspekte berücksichtigen, wie zum Beispiel verbale, numerische oder figurale Aufgaben, um situationsübergreifende Angaben zu ermöglichen. Empirische Untersuchungen zeigen auch, dass Intelligenz über Domänen hinweg hochkonsistent erscheint (Carroll, 1993). Insgesamt lassen diese Ergebnisse darauf schließen, dass Intelligenz trotz der Abhängigkeit vom sozialen und kulturellen Kontext tatsächlich als zeitlich und situativ stabiles Personenmerkmal beschrieben werden kann (vgl. auch Horn, 1972).

In den nachfolgend analysierten Studien finden sich von den genannten Ansätzen zur Beschreibung von Intelligenz folgende Ansätze wieder: 1) Die Beschreibung von Intelligenz als Sammelbegriff einzelner kognitiver Fähigkeiten. 2) Die Beschreibung von Intelligenz mit den Bestandteilen der fluiden und kristallinen Intelligenz. Welche Annahme den Studien zugrunde liegt, drückt sich insbesondere durch die in Abschn. 4.1.2. beschriebenen Erhebungsinstrumente aus.

4.1.1 Legitimation (FF1)

Die insgesamt sechs in das Review einbezogenen Studien nennen zur Legitimation der Untersuchung von Zusammenhängen zwischen kognitiven Fähigkeiten und dem Interesse von Lernenden an und in den Naturwissenschaften überwiegend keine theoretischen Argumente. So finden sich in fünf der sechs Studien (1, 2, 3, 4, 5, 6) keine entsprechenden Hinweise. Lediglich in einer Studie (5) wird die bereits genannte PPIK-Theorie (Ackerman, 1996) als gemeinsamer Rahmen genannt und genutzt, um die Ziele der Studie zu legitimieren.

Eine empirische Legitimation ist bei den vorliegenden Studien häufiger berücksichtigt. Während diese in drei Studien (2, 3, 4) eher kurz, aber durchaus zielgerichtet erscheint, wird der gemeinsame empirische Rahmen und entsprechende Vorarbeiten in einer Studie (6) sehr umfangreich und mit vielen Details, die den aktuellen Forschungsstand umfassend abbilden, dargestellt. In zwei der Studien (1, 5) finden sich neben fehlenden theoretischen Argumenten auch keine empirischen Argumente für die Legitimation der gemeinsamen Analyse von kognitiven Fähigkeiten und dem Interesse.

Dabei ist zu berücksichtigen, dass eben diese Analysen, d. h. Fragestellungen, die sich explizit mit dem Verhältnis von kognitiven Fähigkeiten und dem Interesse (beim Lernen in den Naturwissenschaften), nur bei zwei Studien (3, 6) den primären Fokus der Studie darstellen. Dem gegenüber stehen zwei Studien (4, 5), bei denen der Einfluss der Intelligenz oder des Interesses auf andere Konstrukte analysiert wird, wobei durch ergänzende Analysen, die von der Studie nicht primär fokussiert werden, auch Zusammenhänge von kognitiven Fähigkeiten und Interesse einbezogen werden. Wiederum in zwei Studien (1, 2) werden kognitive Fähigkeiten und Interesse als Kovariaten in die Analyse anderer Fragestellungen einbezogen, wobei in den Ergebnissen wiederum Zusammenhänge eben dieser Kovariaten berichtet werden.

4.1.2 Befunde (FF2)

Die Erfassung der kognitiven Fähigkeiten in den analysierten Studien erfolgt in unterschiedlicher Art und Weise. So wird in zwei Studien (4, 5) die fluide Intelligenz von Lernenden mit einem Fokus auf figuralen Aspekten erfasst, wobei jeweils der Berliner Test zur Erfassung fluider und kristalliner Intelligenz für die 8. bis 10. Jahrgangsstufe (BEFKI 8–10; Wilhelm et al., 2014) genutzt wird. In ebenfalls zwei Studien (1, 6) wird die kristalline Intelligenz der Lernenden mit einem Schwerpunkt auf der verbalen Intelligenz erfasst. Dafür werden jeweils Subskalen unterschiedlicher Tests, konkret des „Kaufmann Brief Intelligence Tests" (KBIT-2; Kaufman & Kaufman, 2004; 1, 6) und des Picture Vocabulary Test (PVT; Gershon et al., 2014; 1) genutzt. In drei Studien (1, 2, 3) werden zudem die kognitiven Fähigkeiten der Lernenden mit kognitiven Fähigkeitstests erhoben. Dazu wurden die Revision des Kognitiven Fähigkeits-Tests (KFT 4–12 + R; Heller & Perleth, 2000; 3) die „Shipley-2 Vocabulary and Block Patterns Scales" (Shipley-2; Shipley et al., 2009; 2) sowie die „Wechsler Intelligence Scale for Children" (WISC-V; Wechsler, 2014; 1) genutzt.

Hinsichtlich der Art des Interesses liegt ein klarer Fokus auf dem individuellen Interesse, da dieses in fünf von sechs Studien (1, 2, 4, 5, 6) berücksichtigt wird. Das individuelle Interesse bezieht sich dabei in drei Studien (1, 4, 5, 6) auf Themen und Inhalte spezifischer naturwissenschaftlicher Fächer (Biologie,

Chemie und Physik) sowie in einer Studie (2) auf die Naturwissenschaften ohne Spezifikation der Disziplin.

In den Analysen von vier Studien (1, 4, 5, 6) finden sich Korrelationen zwischen den hier relevanten Konstrukten. Die Ergebnisse zeigen in zwei Studien (4, 5) separat für die drei Naturwissenschaften jeweils schwach positive Korrelationen mit der fluiden Intelligenz der Lernenden. Die Ergebnisse für die Korrelation zwischen dem Interesse und der kristallinen Intelligenz erscheinen indifferent, da sie in einer Studie (6) für das Interesse an Themen und Inhalten der Naturwissenschaften insgesamt keinen signifikanten Zusammenhang ausweisen und in einer anderen Studie (1) zum Interesse an Kontexten einer biologischen Thematik auf Grundlage zweier unterschiedlicher Tests einen mittleren negativen Zusammenhang aufzeigen. Für die kognitiven Fähigkeiten allgemein findet sich in einer Studie (1) eine statistisch nicht signifikante Korrelation mit dem Interesse.

In zwei Studien (1, 3) werden die kognitiven Fähigkeiten bzw. die Intelligenz in multiplen linearen Regressionen berücksichtigt. Dabei finden sich in einer Studie (3) bei Analysen zum Einfluss vielfältiger Konstrukte (innerhalb eines Modells) auf das situationale Interesse von Lernenden in einem Science Center Outreach Lab statistisch signifikante positive Einflüsse der kognitiven Fähigkeiten. In einer anderen Studie (1) zeigen sich jedoch sowohl für allgemeine kognitive Fähigkeiten wie auch für kristalline Intelligenz (erfasst durch verbale Aspekte) keine statistisch signifikanten Einflüsse.

Neben Korrelations- und Regressionsanalysen werden die kognitiven Fähigkeiten auch dadurch berücksichtigt, dass eine Studie (2) diese bei Analysen zu Interessenprofilen als statistisch signifikante Kovariate einbezieht.

4.1.3 Diskussion

Obwohl die Intelligenz von Lernenden in insgesamt sechs Studien zum Interesse in den Naturwissenschaften berücksichtigt wird, liegt der primäre Fokus nur in wenigen Arbeiten tatsächlich auf der Analyse dieses Personenmerkmals. Lediglich zwei Studien konzentrieren sich explizit auf die Untersuchung der Intelligenz von Lernenden oder ihren kognitiven Fähigkeiten einerseits sowie ihrem Interesse an naturwissenschaftlichen Themen andererseits. Hinsichtlich der Legitimation (FF1) ist zu konstatieren, dass Forschungsfragen und Ziele nur wenig durch empirische Ergebnisse oder theoretische Überlegungen untermauert werden, obwohl geeignete theoretische Rahmenkonzepte zu existieren scheinen. Es bleibt unklar, warum diese Konzepte nicht stärker zur Unterstützung der eigenen Forschung herangezogen wurden.

Die Analyse der Befunde (FF2) zeigt zum einen, dass die Studien zur Messung von Intelligenz und kognitiven Fähigkeiten standardisierte und umfangreich erprobte Instrumente nutzen. Hingegen liefern die Analysen zum Zusammenhang zwischen Intelligenz bzw. kognitiven Fähigkeiten und Interesse ein differenzierteres Bild. Sowohl Korrelations- als auch Regressionsanalysen weisen auf eine Vielzahl unterschiedlicher Beziehungen hin. Allerdings lassen die Gesamtbefunde erkennen, dass wahrscheinlich nur schwache positive Zusammenhänge zwischen Intelligenz und Interesse von Lernenden in den Naturwissenschaften bestehen. Darüber hinaus zeigen umfassende Analysen, die weitere Prädiktoren des Interesses einbeziehen, dass die Intelligenz bei Berücksichtigung verschiedener Einflüsse oft keinen statistisch signifikanten Einfluss auf das Interesse ausübt.

4.2 Kognitionsbedürfnis

Das Konzept des Kognitionsbedürfnisses (engl. „need for cognition) beschreibt das Bedürfnis, das Personen verspüren, sich intensiv mit komplexen Denkaufgaben auseinanderzusetzen und dies sogar als angenehm zu empfinden (Cacioppo & Petty, 1982). Die aktuelle Definition basiert nicht direkt auf der ersten Einführung des Begriffes durch Cohen et al. (1955). Stattdessen baut sie auf der Arbeit von Cacioppo und Petty (Cacioppo & Petty, 1982; Cacioppo et al., 1984) auf, welche die Forschung zu diesem Thema wesentlich geprägt haben – sowohl was die Definition angeht als auch hinsichtlich der Entwicklung geeigneter Messinstrumentarien.

Aus den Mitte der 1980er Jahre entstandenen prägenden Arbeiten geht auch die für diese Review relevante Einschätzung hervor, dass es sich beim Kognitionsbedürfnis, um „eine intrinsische, relativ stabile, d. h. situationsunabhängige Motivation bzw. einen kognitiven Persönlichkeitszug" (Pechtl, 2009, S. 5) und damit ein zeitlich und situativ stabiles Personenmerkmal handelt.

Hinsichtlich anderer Personenmerkmale finden sich in der Literatur insbesondere empirische Bezüge zu kognitiven Fähigkeiten (Fleischhauer et al., 2010) oder der Offenheit für Erfahrungen oder der Gewissenhaftigkeit als Persönlichkeitsdimensionen des Fünf-Faktor-Modells (Big Five; Fleischhauer et al., 2010; Mussel, 2010; Sadowski & Cogburn, 1997). Auch zur Neugierde (Mussel, 2010) oder dem Interesse (allgemein ohne Bezug zum Lernen in den Naturwissenschaften; Fleischhauer et al., 2010) finden sich empirische Zusammenhänge. Neben dieser empirischen Argumentation finden sich auch theoretische Begründungen, die Bezüge zwischen Interesse und Kognitionsbedürfnis nahelegen, wie nachfolgend ausgeführt.

4.2.1 Legitimation (FF1)

Die fünf in das Review einbezogenen Studien legitimieren die Analyse des Interesses von Lernenden an den Naturwissenschaften mit Bezug zum Kognitionsbedürfnis in unterschiedlichem Ausmaß durch theoretische Argumente. Bei zwei Studien (8, 11) finden sich besonders klare und ausführlich geschilderte theoretische Begründungen, die jeweils das Kognitionsbedürfnis sowie das Interesse innerhalb einer gemeinsamen theoretischen Strukturierung erfassen und wechselseitige Bezüge aufzeigen: Dies ist einmal die „Theory of Intelligence-as-Process, Personality, Interests, and Intelligence-as-Knowledge“ (PPIK-Theorie; Ackerman, 1996; 8) sowie das „Cognitive Reconstruction of Knowledge Model (CRKM; Dole & Sinatra, 1998; 11). Nähere Ausführungen zur PPIK-Theorie finden sich bereits unter Abschn. 4.1. Den in der Theorie dargestellten Zusammenhang des Kognitionsbedürfnisses und des Interesses sehen Stumm und Ackerman (2013) dadurch begründet, dass das Kognitionsbedürfnis einen wichtigen „investment trait“ beim Übergang von allgemeiner Intelligenz zu fachspezifischen Kenntnissen darstellt. Da für diese fachspezifischen Kenntnisse wiederum ein wechselseitiger Zusammenhang zum Interesse angenommen wird, ergibt sich der theoretischen Argumentation nach auch ein indirekter Zusammenhang von Kognitionsbedürfnis und Interesse. Das CRKM wiederum beschreibt Interesse und Kognitionsbedürfnis als potentiell relevante Merkmale von Lernenden (neben Vorwissen) in Konzeptwechselprozessen, die u. a. und gemeinsam mitentscheidend dafür sind, ob und wie ausgeprägt ein Konzeptwechsel erfolgt (Dole & Sinatra, 1998). In einer weiteren Studie (9) finden sich ebenfalls theoretische Argumentationen, inwiefern die Untersuchung des Bezugs des Kognitionsbedürfnisses und des Interesses sinnvoll erscheint, wobei die Argumente jedoch eher allgemein und nicht tiefgehend erscheinen. Es wird mit Bezug zu Iran-Nejad (1987) ausgesagt, dass Interesse durch intellektuelle Aktivität von Individuen erzeugt wird, die wiederum als Teilfacette das Kognitionsbedürfnis mit einbezieht. In den zwei übrigen Studien (7, 10) werden theoretische Legitimationen für das Zusammenspiel aus Kognitionsbedürfnis und Interesse nicht ausgeführt, sondern lediglich Argumente genannt, die eines der beiden Konstrukte auf ein jeweils für die Studie weiteres zentrales Konstrukt beziehen (7: Umgang mit Texten; 10: szientistische Überzeugungen).

Auch hinsichtlich der empirischen Legitimation auf Grundlage bestehender Studien findet sich in einer Studie (10) kein Bezug zwischen dem Kognitionsbedürfnis und dem Interesse, da lediglich Zusammenhänge zu weiteren Konstrukten genannt werden. Während in zwei Studien (7, 9) eher wenige, aber durchaus überzeugende Vorbefunde genannt werden, wird für die Studien (8, 11), bei denen bereits die theoretische Rahmung entsprechend erläutert wurde, auch am umfangreichsten zusätzlich mithilfe vorheriger empirischer Befunde für die Sinnhaftigkeit der Studie argumentiert.

Bei der Einschätzung des Umfangs der Legitimation ist zu berücksichtigen, dass insgesamt drei der fünf Studien (7, 8, 9) sich primär mit Analysen zum Kognitionsbedürfnis und dem Interesse beschäftigen. In den beiden weiteren Studien (10, 11) erscheinen Untersuchungen zum Verhältnis zwischen dem Kognitionsbedürfnis und dem Interesse der Lernenden lediglich als ergänzende Analyse und werden durch die jeweilige Studie nicht primär fokussiert.

4.2.2 Befunde (FF2)

Die analysierten Studien zum Kognitionsbedürfnis bedienen sich unterschiedlicher Instrumente zur Erfassung des Konstrukts, die jedoch bei genauerer Analyse alle auf dasselbe Instrument zurückgehen. Dieses zentrale Instrument zur Erfassung des Kognitionsbedürfnisses scheint die 18 Items umfassende gekürzte NFC-Skala (Cacioppo et al., 1984) darzustellen, die bei zwei Studien (9, 11) direkt genutzt wird. In drei weiteren Studien (7, 8, 10) werden folgende Adaptionen des Instruments eingesetzt: Eine Studie (7) nutzt die norwegische Adaption der Subskala Rationalität des „Rational-Experiential Inventory" (REI; Pacini & Epstein, 1999), dessen Ursprung die genannte NFC-Skala nach Cacioppo et al. (1984) bildet. Eine weitere Studie (10) erfasst das Kognitionsbedürfnis mittels 12 deutschsprachiger Items, die von Bless et al. (1991) entwickelt wurden und die Adaption der genannten NFC-Skala bilden. Zudem wurden bei einer Studie (8) aufgrund der Anwendung im Rahmen einer Studie mit Kindern die 14 Items umfassende NFC-KIDS-Skala nach Preckel und Strobel (2017) genutzt, ebenfalls eine Adaption der NFC-Skala nach Cacioppo et al. (1984). Weder in den Instrumenten zur Erfassung des Kognitionsbedürfnisses noch in den nachfolgend beschriebenen Analysen wurden aktuellere Hinweise auf die Multidimensionalität des Konstrukts (Lord & Putrevu, 2006) berücksichtigt.

Das Kognitionsbedürfnis wird in zwei der fünf Studien (8, 10) ausschließlich mit Blick auf das individuelle Interesse von Lernenden analysiert. Dabei wird in jeweils einer Studie das Interesse an Themen und Inhalten der Physik (10) sowie den Naturwissenschaften insgesamt (8) erhoben. Eine weitere Studie (9) analysiert dem gegenüber ausschließlich das situationale Interesse von Lernenden an Lernaufgaben und -materialien. In den zwei übrigen Studien werden sowohl Daten für das individuelle Interesse der Lernenden als auch für das situationale Interesse erhoben (7, 11).

Vier Studien (7, 8, 10, 11) untersuchen Korrelationen zwischen dem Kognitionsbedürfnis sowie dem Interesse. Für das individuelle Interesse und das Kognitionsbedürfnis finden sich dabei in den Studien mittlere positive (11) oder sogar starke positive Korrelationen (7, 8). Lediglich eine Studie weist eine schwache negative Korrelation aus (10). Für das situationale Interesse finden sich in zwei Studien schwache positive Korrelationen zum Interesse (7, 11).

Das Kognitionsbedürfnis wird zudem in zwei Studien (7, 11) zur Vorhersage von Interesse mittels (multipler) linearer Regressionen einbezogen, wobei sich ein heterogenes Bild ergibt. Während in einer Studie (7) für das individuelle Interesse ein Einfluss des Kognitionsbedürfnisses auf das Interesse bestimmt werden konnte, findet sich in der anderen Studie kein signifikanter Einfluss (11). Für das situationale Interesse liegt in keiner der zwei Studien ein signifikanter Einfluss durch das Kognitionsbedürfnis vor (7, 11). Die Ergebnisse deuten somit an, dass bei Berücksichtigung verschiedener Personenmerkmale als Teil einer einzigen Analyse (Regression) das Kognitionsbedürfnis teilweise durch einflussreiche(re) Konstrukte überlagert wird, wie z. B. durch den Zusammenhang zwischen situationalem und individuellem Interesse (11).

In einer weiteren Studie wird das Kognitionsbedürfnis als unabhängige Variable einbezogen (9). Dabei wurde untersucht, wie sich das Interesse an unterschiedlichen Arten der Präsentation von Grafiken (zur Vermittlung naturwissenschaftlicher Inhalte), z. B. als Animation oder in statischer Form, zwischen Personen mit geringem und hohem Kognitionsbedürfnis unterscheidet. Die Ergebnisse zeigen hier, dass die Gruppe mit höherem Kognitionsbedürfnis insgesamt ein leicht höheres Interesse an der Vermittlung durch Grafiken unabhängig von der Präsentationsform zeigte, was konsistent zu den Ergebnissen der Korrelations- und Regressionsanalyse erscheint.

4.2.3 Diskussion

Das Kognitionsbedürfnis stellt ein durch die Arbeiten von Cacioppo und Petty (1982) klar umrissenes und theoretisch strukturiert beschriebenes Personenmerkmal dar und beschreibt die Neigung eines Menschen, Informationen aufzunehmen und zu verarbeiten, was in Lernprozessen eine entscheidende Rolle spielen kann. Im Rahmen des systematischen Reviews konnten fünf Studien identifiziert werden, die sich speziell mit dem Kognitionsbedürfnis von Lernenden sowie deren Interesse in den Naturwissenschaften auseinandersetzen.

Eine Betrachtung der Ergebnisse zur Legitimation (FF1) der Forschungsdesigns zeigt, dass jene Studien, die sich explizit mit dem Kognitionsbedürfnis und Interesse von Lernenden auseinandersetzen und dabei nach Zusammenhängen oder Unterschieden suchen, sich durch eine stringente theoretische und empirische Argumentation auszeichnen. Hierbei greifen die Autorinnen und Autoren auf etablierte theoretische Modelle zurück und stützen sich auf umfangreiche empirische Vorstudien. Anders erscheint dies bei Studien, die sich nur am Rande mit dem Kognitionsbedürfnis und Interesse befassen und stattdessen die Beziehungen dieser Konstrukte zu einer dritten Variablen untersuchen, da bei diesen Studien sowohl theoretische als auch empirische Legitimationsansätze fehlen, was die Aussagekraft der Ergebnisse einschränkt.

Die Analyse der Studien zum Kognitionsbedürfnis liefert einige interessante Erkenntnisse (FF2). Zunächst zeigt sich, dass die NFC-Skala ein weit verbreitetes und etabliertes Forschungsinstrument darstellt, welches häufig verwendet wird, um das Kognitionsbedürfnis zu messen. Die Skala wurde für bestimmte Kontexte und Stichproben angepasst, was ihre Flexibilität und Verwendbarkeit unterstreicht. Insbesondere erscheint die einheitliche Grundlage der Erfassung des Kognitionsbedürfnisses auch hilfreich, da sie Vergleiche einzelner Befunde zwischen Studien valider erscheinen lässt.

Die Korrelationsanalysen legen nahe, dass zwischen dem Kognitionsbedürfnis und dem Interesse positive Zusammenhänge bestehen. Dabei sind die Beziehungen zum individuellen Interesse tendenziell stärker als zum situativen Interesse. Eine einzige Studie, die sich speziell mit dem Interesse an Physik befasst, bildet jedoch eine Ausnahme und zeigt eine negative Korrelation. Interessant ist, dass die Ergebnisse der Regressionsanalysen, ähnlich wie bei der Intelligenz, aber noch stärker, darauf schließen lassen, dass das Kognitionsbedürfnis bei Berücksichtigung mehrerer Prädiktoren für das Interesse keinen signifikanten Einfluss ausübt. Stattdessen treten andere Konstrukte dominant hervor.

4.3 (Erkenntnisbezogene) Neugierde

Neugierde wird allgemein definiert als der Drang (engl. „desire“) nach neuem Wissen, neuen Sinneserfahrungen, die zu forschendem Verhalten motivieren (Berlyne, 1954; Litman & Spielberger, 2003). Nach Berlyne (1954) kann man weiter in wahrnehmungsbezogene (engl. „perceptual“) und erkenntnisbezogene (engl. „epistemic“) Neugierde unterscheiden. Erkenntnisbezogene Neugierde unterscheidet sich von wahrnehmungsbezogener Neugier dadurch, dass ihre Befriedigung die Erweiterung des eigenen Wissens und intellektuelle Weiterentwicklung in Lernkontexten erfordert (Post & van der Walma Molen, 2018; Schmitt & Lahroodi, 2008).

Weiterhin lässt sich feststellen, dass obwohl Neugierde im Allgemeinen häufig auch als kurzer emotionaler Zustand und damit als zeitlich und situativ veränderlich beschrieben wird (Arnone et al., 2011; Schmitt & Lahroodi, 2008), gerade die hier fokussierte erkenntnisbezogene Neugierde ein zeitlich und situativ stabiles Personenmerkmal darstellt (Litman & Spielberger, 2003).

Für Zusammenhängen zwischen Neugier und Interesse finden sich theoretische Argumente u. a. bei Pekrun (2019) oder Hidi und Renninger (2019), wobei insbesondere auch die Abgrenzung beider Konstrukte relevant erscheint, siehe Zügge und Höft (in diesem Band, Kap. „Interessentheorien revisited. Ein Überblick gängiger Interessenbegriffe und damit verbundener Beschreibungen der Interessenentwicklung").

4.3.1 Legitimation (FF1)

Die fünf in das Review einbezogenen Studien legitimieren den Einbezug von Neugierde als zeitlich und situativ stabiles Personenmerkmal sehr unterschiedlich. In zwei Studien (12, 13) findet sich eine theoretische und empirische Legitimation der Zielsetzung der Studie mit Blick auf das Personenmerkmal Neugierde. So legitimiert eine Studie (12) den Einbezug von Neugierde über theoretische Argumentationen unter Berücksichtigung der Arbeit von Arnone et al. (2011) und empirische Bezüge zu Anstrengung und Leistung nach Stumm et al. (2011). Sie führt dazu aus, dass laut Arnone et al. (2011) Neugierde ein Bedürfnis oder Verlangen nach neuen Erfahrungen und oder Informationen ist, das einen Auslöser, eine Reaktion auf diesen Auslöser und eine Auflösung des Verlangens umfasst. Diese Auflösung kann befriedigend oder unbefriedigend sein, wobei eine befriedigende Auflösung neues Lernen, Interesse und Engagement initiieren kann. Diese Auflösung kann erneute Neugierde hervorrufen. Eine weitere Studie (13) beschreibt Interesse und Neugierde als repräsentative Motivationsfaktoren für erfolgreiches Lernen und legitimiert es auf theoretischer Basis, ebenfalls unter der Bezugnahme auf Arnone et al. (2011), aber auch unter Berücksichtigung von Grossnickle (2016) sowie Hidi und Renninger (2006). Dabei wird explizit ausgeführt, dass sowohl Interesse als auch Neugierde als stabiles Personenmerkmal oder als zeitlich veränderliches Merkmal aufgefasst werden können. In Bezug auf die stabilen Merkmale wird argumentiert, dass Neugierde und Interesse entscheidende Rollen für eine aktive Beteiligung am aktiven Lernen sowohl innerhalb des Klassenzimmers als auch außerhalb haben. Weiter führt diese Studie in einem separaten Unterkapitel die Bedeutsamkeit des Konstruktes Neugierde in naturwissenschaftlichem Unterricht aus. Dem gegenüber findet sich in zwei Studien (14, 16) nur eine oberflächliche theoretische Argumentation über die Definition des Konstruktes Neugierde. Eine dieser Studien (14) legitimiert den Einbezug der Neugierde jedoch ausführlicher auf Grundlage von empirischen Vorarbeiten. In einer Studie (15) findet sich keine theoretische Legitimation, diese Studie untersucht Neugierde allerdings auch nur als Teilfacette eines anderen Konstruktes.

In den untersuchten Studien steht der Zusammenhang zwischen Neugierde und Interesse meist nicht explizit im primären Fokus der Forschungsfragen, sondern wurde als Kovariate einbezogen.

4.3.2 Befunde (FF2)

Die Studien bedienen sich größtenteils ähnlicher Instrumente zur Erfassung des Konstruktes. Drei Studien (12, 13, 14) beziehen sich auf die Skala von Litman und Spielberger (2003) zur „Epistemic Curiosity" und nutzen unterschiedliche Adaptionen für die jeweilige Zielgruppe. Eine weitere Studie (16) nutzt ebenfalls die Operationalisierung als „Epistemic Curiosity", bedient sich allerdings einer kindgerechten Adaption dieser Skala (Piotrowski et al., 2014). Im Gegensatz zu den zuvor beschriebenen Studien, nutzt eine Studie (15) zur Operationalisierung von Neugierde eine Subskala des „Typical Intellectual Engagement" Fragebogens (TIE; Wilhelm et al., 2003).

Neugierde wird in allen untersuchten Studien in Bezug auf individuelles Interesse der Lernenden untersucht. Als Interessengegenstand finden sich das Interesse der Lernenden an Physik (12), Naturwissenschaften und Mathematik (15) sowie Naturwissenschaften allgemein (16), und das Interesse an naturwissenschaftlichen Phänomenen (13) oder Tätigkeiten (14).

Insgesamt vier Studien (13, 14, 15, 16) berichten Korrelationen zwischen der jeweiligen erhobenen Interessenvariable und Neugierde. In zwei Studien (15, 16) werden schwach positive Korrelationen, in einer Studie (14) mittlere positive Korrelationen und in einer weiteren Studie (13) starke positive Korrelationen zwischen Neugierde und Interesse berichtet.

Darüber hinaus bezieht eine Studie (16) die Neugierde in eine hierarchische Regressionsanalyse mit dem Interesse als abhängiger Variable ein. Die Hinzunahme der Neugierde als Prädiktor führt zu einer Varianzaufklärung von $R^2 = 8\ \%$, jedoch im Rahmen eines nicht signifikanten Modells. Eine Studie (12) bezieht Neugierde als statistische signifikante Kovariate in eine ANCOVA mit dem Interesse als abhängiger Variable ein.

4.3.3 Diskussion

Die Ergebnisse von Forschungsfrage 1 zeigen, dass sich vier von fünf Studien auf einen ähnlichen theoretischen Hintergrund und die Operationalisierung der Neugierde als „Epistemic Curiosity" und auf eine Skala von Litman und Spielberger (2003) bzw. Adaptionen hiervon beziehen. Dieses Instrument und seine theoretische Verortung erscheinen als Ausgangspunkt für weitere Arbeiten nutzbar. Die verbliebene Studie (15) operationalisiert Neugierde lediglich als Facette eines anderen Konstruktes. Die Ergebnisse von Forschungsfrage 2 zeigen, dass bisher ausschließlich Zusammenhänge zwischen Neugierde und individuellem Interesse untersucht wurden. Dabei wurden meist Korrelationen zwischen Neugierde und Interesse berichtet oder Neugierde als statistisch signifikante Kovariate miteinbezogen. Insgesamt zeigen sich in allen betrachteten Studien Zusammenhänge zwischen Interesse und Neugierde, was bei der engen Verwandtschaft und wie bereits beschrieben teilweise synonymen Verwendung der Konstrukte nicht verwunderlich ist. Überraschenderweise sind bei zwei Studien die Effekte nur als gering einzustufen, hier ist jedoch anzumerken, dass bei diesen Studien einerseits Neugierde nur als Teilfacette eines anderen Konstruktes (15) betrachtet wurde oder die Erhebung der Neugierde durch eine Befragung von Eltern und Erziehungsberechtigten stattfand (16). Beide Studien bedienen sich somit anderer Erhebungsformen, was ggf. als Ursache für diese geringeren Effekte anzuführen ist und die Vergleichbarkeit der Effektgrößen zwischen den Studien einschränkt.

4.4 Persönlichkeit

Das Fünf-Faktoren-Modell stellt einen äußerst verbreiteten und mittlerweile etablierten Ansatz zur Beschreibung der Persönlichkeit von Personen dar. Es umfasst insgesamt fünf Dimensionen der Persönlichkeit, welche als grundlegende Charaktereigenschaften gelten können (Rauthmann, 2022; vgl. Tab. 1). Aufgrund der ersten Buchstaben dieser Eigenschaften wird dieses Modell gelegentlich auch als OCEAN-Modell bezeichnet. Darüber hinaus sind die genannten Merkmale unter dem Namen „Big Five“ der Persönlichkeitspsychologie bekannt geworden.

Ein Überblick über die Entwicklung der Big Five bzw. des Fünf-Faktoren-Modells finden sich bei Rauthmann (2022). Besonders relevant erscheint, dass die beiden Begrifflichkeiten jeweils (a) auf unterschiedlichen Ansätzen basieren ausgehend von denen (b) in ihrer Art durchaus verschiedene Erhebungsinstrumente entwickelt wurden. So steht der Zusammenhang der Big Five insbesondere im Zusammenhang mit dem lexikalischen Ansatz (Goldberg, 1981) sowie mit dem „Big Five Inventory“ (BFI; Benet-Martínez & John, 1998) als Erhebungsinstrument, während das Fünf-Faktoren-Modell auf eine hierarchische Beschreibung von Persönlichkeitsfaktoren zurückgeht (McCrae & Costa, 2008) und typischerweise durch das „NEO-Persönlichkeitsinventar“, welches sowohl in seiner originalen englischen (NEO-PI-R: Costa et al., 2001; Kurzfassung NEO-FFI: Costa & McCrae, 1992) als auch in einer deutschen Fassung verfügbar ist (Ostendorf & Angleitner, 2004; Kurzfassung: Borkenau & Ostendorf, 1993), erhoben wird.

Tab. 1 Persönlichkeitsmerkmale des Fünf-Faktoren-Modell bzw. Big Five (der Persönlichkeitspsychologie) in Anlehnung an die Items des BFI (Benet-Martínez & John, 1998)

Kürzel	Faktor (engl.)	Faktor (dt.)	Neg. Ausprägung	Pos. Ausprägung
O	Openness to experience	Offenheit für Erfahrungen	Konservativ, vorsichtig	Einfallsreich, neugierig
C	Conscientiousness	Gewissenhaftigkeit	Unorganisiert, faul	Gründlich, effektiv
E	Extraversion	Extraversion	Zurückhaltend, ruhig, gehemmt	Kommunikativ, gesellig
A	Agreeableness	Verträglichkeit	Distanziert, streitlustig	Rücksichtsvoll, freundlich
N	Neuroticism	Neurotizismus	Entspannt, unaufgeregt	Angespannt, gestresst

Die Bezeichnung der Persönlichkeitsmerkmale des Fünf-Faktoren-Modells als „Personality Traits“ im Englischen legt den Gedanken nah, dass es sich hierbei tatsächlich um ein zeitlich und situativ stabiles Personenmerkmal handeln könnte. Diese Vermutung wird durch die Tatsache unterstützt, dass für die Big Five keine situativen oder kontextabhängigen Einflüsse angenommen werden (Borghuis et al., 2017). Allerdings sollte die Annahme zeitlicher Konsistenz mit Vorsicht interpretiert werden, da Studien zeigen konnten, dass die Persönlichkeit insbesondere während der Kindheit, Jugend und jungen Erwachsenenjahre entwicklungsbedingt Veränderungen unterliegt (Specht et al., 2011).

Ein alternatives Konzept zur Erfassung von Persönlichkeitsdimensionen stellt das HEXACO-Modell dar, welches eng mit dem bekannten Fünf-Faktoren-Modell verwandt ist (K. Lee & Ashton, 2012). Im Gegensatz zum Fünf-Faktoren-Modell umfasst das HEXACO-Modell jedoch insgesamt sechs Dimensionen der Persönlichkeit. Vier dieser Dimensionen entsprechen denen des Fünf-Faktoren-Modells: Verträglichkeit (engl. „agreeableness“ A), Gewissenhaftigkeit (engl. „conscientiousness“ – C), Extraversion (engl. „extraversion“ – X) und Offenheit für Erfahrungen (engl. „openness to experience“ – O) werden auch hier berücksichtigt. Allerdings wird die fünfte Dimension, welche im Fünf-Faktoren-Modell als Neurotizismus bezeichnet wird, im HEXACO-Modell unter dem Begriff Emotionalität (engl. „emotionality“ – E) gefasst.

Darüber hinaus enthält das HEXACO-Modell noch eine zusätzliche Dimension, nämlich jene der Ehrlichkeit-Bescheidenheit (engl. „honesty-humility“ – H).

Obwohl sich die genauen Beschreibungen einzelner Dimensionen zwischen beiden Modellen leicht unterscheiden können, bietet das HEXACO-Modell eine interessante Ergänzung bzw. Alternative für aktuelle Forschungsarbeiten auf dem Gebiet der Persönlichkeitspsychologie.

Für die Analysen der Forschungsfragen wird sowohl Literatur zum Fünf-Faktoren-Modell (Big Five) als auch zum HEXACO-Modell einbezogen.

4.4.1 Legitimation (FF1)

Die insgesamt sieben in das Review einbezogenen Studien legitimieren den Einbezug der Persönlichkeitsdimensionen nur teilweise theoretisch. So finden sich in drei Studien (17, 20, 23) keinerlei theoretische Bezüge zwischen der Persönlichkeit sowie dem Interesse und in zwei Studien (19, 21) lediglich sehr oberflächliche Argumente, die die Bedeutung der Person und des „Selbst" in Interessentheorien hervorheben, ohne dabei jedoch spezifisch Bezüge zu nennen, die das Fünf-Faktoren-Modell oder die Big Five einbeziehen. Eine weitere Studie (18) leitet den Bezug aus „Gottfredson's Theory of ‚Circumscription and Compromise'" (Gottfredson, 1996) ab, die jedoch ebenfalls keinen direkten Bezug zu den hier genannten Persönlichkeitsmodellen und -theorien aufweist. Lediglich eine Studie (22) ist bezüglich der theoretischen Fundierung und Legitimation hervorzuheben. In dieser wird dabei sogar nicht nur theoretisch legitimiert und argumentiert, sondern explizit zur Theoriebildung beigetragen, da das so genannte „Conscientiousness × Interesse Compensation (CONIC) Model" die Gewissenhaftigkeit als Persönlichkeitsdimensionen einbezieht und sich der Frage widmet, inwiefern Gewissenhaftigkeit und Interesse einzeln oder gemeinsam bei möglicherweise wechselseitiger Kompensation akademische Anstrengungen (engl. „academic effort") und akademische Leistungen (engl. „academic achievement") beeinflussen. Auch beim CONIC-Modell ist zu berücksichtigen, dass im Fokus des Modells nicht Erkenntnisse über den Einfluss von Gewissenhaftigkeit auf Interesse (oder umgekehrt) liegen, sondern der Zusammenhang beider auf akademische Leistungen analysiert wird. Insofern sind hier durchaus auch relevante Aussagen zum Zusammenspiel beider Konstrukte zu erwarten, die jedoch vor dem genannten eigentlichen Anspruch des Modells einzuordnen sind.

Die Legitimation der jeweiligen Studie zum Einbezug der Persönlichkeit erfolgt mit Bezug zu empirischen Vorarbeiten in sechs von sieben Studien (17, 18, 19, 21, 22, 23) ausführlich und detailliert. Lediglich in einer Studie (20) erscheint die Legitimation durch andere empirische Befunde nur randständig.

Bei Einschätzung des Umfangs der Legitimation ist zudem zu berücksichtigen, dass insgesamt fünf der sieben Studien (17, 19, 21, 22, 23) sich primär mit Analysen zu Persönlichkeitsdimensionen und dem Interesse beschäftigen und hier einen zentralen Fokus der Studie verorten. Lediglich in einer Studie (18) wird der Einfluss der Persönlichkeit oder des Interesses auf ein anderes Konstrukt (szientistische Überzeugungen) hin analysiert, wobei in einer ergänzenden Analyse, die nicht im primären Forschungsinteresse der Studie liegt, auch Zusammenhänge zwischen Persönlichkeit und Interesse einbezogen werden. In einer Studie (20) werden die Persönlichkeit und das Interesse als Kovariaten in die Analyse anderer Fragestellungen einbezogen, wobei in den Ergebnissen jedoch auch Zusammenhänge eben dieser Kovariaten berichtet werden.

4.4.2 Befunde (FF2)

Von etwa der Hälfte der analysierten Studien (19, 20, 21) wird mit teilweise leichten Variationen das „NEO-Persönlichkeitsinventar" in seiner revidierten Fassung (NEO-PI-R, siehe oben) bzw. der Kurzfassung (NEO-FFI, siehe oben; 19 nur Subskala Gewissenhaftigkeit; 20 nur Subskala Offenheit für Erfahrungen; 21) genutzt. Neben diesem Instrument findet sich jeweils eine Studie für das „Big Five Inventory" (BFI – nur Subskala Gewissenhaftigkeit; Benet-Martínez & John, 1998; 22), den „International Personality Item Pool Big Five Factor Markers" (IPIP BFFM; Pettersson & Turkheimer, 2010; 18), den „10 Items Big-Five Questionnaire" (BFQ10; Rammstedt et al., 2014; 23) sowie die „Big Five Aspects Scale" (BFAS – nur Subskala Offenheit für Erfahrungen; DeYoung et al., 2007; 17). Die Breite der genutzten Instrumente unterstreicht einerseits die Popularität der fünf Persönlichkeitsmerkmale, die sich in leicht variierender Form in allen Instrumenten finden, aber deutet auch an, dass die den Instrumenten zugrunde liegenden Annahmen und Beschreibungen gewisse Varianzen beinhalten. Zudem wird ein bevorzugter Einbezug der Dimensionen Offenheit für Erfahrungen sowie Gewissenhaftigkeit ersichtlich. Keine der Studien bezieht das HEXACO-Modell und entsprechende Instrumente ein.

Während drei der berücksichtigten Studien (17, 19, 21) die Persönlichkeit der Lernenden im Hinblick auf das situationale Interesse der Lernenden analysieren, beziehen sich die Analysen in vier Studien (18, 20, 22, 23) auf das individuelle Interesse der Lernenden. Die Studien zum situationalen Interesse erhoben dabei jeweils in einem Fall das Interesse beim Lernen an einem außerschulischen Biologie-Workshop (21) und in einem Science Center (17) sowie das Interesse bei der Beschäftigung mit (historischen) wissenschaftlichen Entdeckungen der Naturwissenschaften (19). Bezüglich des individuellen Interesses erheben die Studien ein vielfältiges Interessenspektrum im Zusammenhang mit den Naturwissenschaften: Interesse an einem Spektrum unterschiedlicher individueller Interessenfacetten im Zusammenhang mit den Naturwissenschaften (18)

Freizeitinteresse an der Beschäftigung mit Science (23) sowie jeweils separat das Interesse an Themen und Inhalten der Biologie (22) und der Physik (20).

Die Analysen von vier Studien (17, 20, 22, 23) untersuchen Korrelationen zwischen einer oder mehrerer der Persönlichkeitsdimensionen sowie dem Interesse. Hinsichtlich der Offenheit für Erfahrungen finden sich in zwei Studien (17, 23) schwache bis mittlere positive Korrelationen mit dem Interesse und in einer Studie (20) keine signifikante Korrelation. Hinsichtlich der Gewissenhaftigkeit finden sich in einer Studie (22) schwache bis mittlere positive Korrelationen mit dem Interesse und in einer Studie (23) keine signifikante Korrelation. Es liegen für die Extraversion (23), für die Verträglichkeit (239) sowie für den Neurotizismus (23) jeweils eine Studie ohne statistisch signifikante Korrelationen vor.

Die Persönlichkeitsdimensionen werden zudem in drei Studien (17, 19, 22) im Rahmen (multipler) linearer Regressionen zur Vorhersage von Interesse im Zusammenhang mit dem Lernen in den Naturwissenschaften einbezogen. Die Ergebnisse dieser Analysen bestätigen die Erkenntnisse der Korrelationsanalysen insofern, dass für sämtliche statistisch signifikanten Korrelationen auch signifikante Einflüsse auf das Interesse vorliegen, wenn zusätzlichen zu den Persönlichkeitsdimensionen auch weitere Konstrukte, wie Gender oder das Alter, in multiplen Regressionen einbezogen werden. Auch in diesen Analysen liegen die umfassendsten Befunde für die Dimensionen Offenheit für Erfahrungen sowie Gewissenhaftigkeit vor.

In besonderer Tiefe widmet sich eine Studie (22) der Dimension Gewissenhaftigkeit, die analysiert, inwiefern die Gewissenhaftigkeit und das Interesse von Lernenden wechselseitig Kompensationseffekte mit Bezug zu akademischen Anstrengungen (engl. „academic effort“) und akademischen Leistungen (engl. „academic achievement“) aufweisen. Die diesbezüglich berechneten Strukturmodelle unterstreichend die Annahmen des CONIC-Modells und weisen für die Biologie (als untersuchtem Fach der Naturwissenschaften) nach, dass sowohl die Berücksichtigung die bestmögliche Vorhersage akademischer Anstrengungen und Leistungen mittels eines Modelles erfolgt, dass sowohl Gewissenhaftigkeit und Interesse als auch die Interaktion beider Konstrukte einbezieht und somit in der Tat gewisse Kompensationseffekte nahelegt.

Neben Korrelations- und Regressionsanalysen werden die Persönlichkeitsdimensionen ansonsten in folgender Hinsicht berücksichtigt. Eine Studie (18) fasst die fünf Persönlichkeitsdimensionen analytisch zu einem Persönlichkeitswert zusammen, der bei Analysen zu Interessenprofilen als statistisch signifikante Kovariate einbezogen wird. Eine andere Studie (21) untersucht in einer qualitativen Studie, inwiefern bestimmte Unterrichtselemente (Gruppenarbeit, digitale

Technologien, Autonomieerleben) das situationale Interesse von Lernenden triggern und welche Bezüge zu bestimmten Persönlichkeitsdimensionen bestehen.

4.4.3 Diskussion

Bei der Analyse der Legitimation der Studien (FF1), die sich mit der Persönlichkeit von Lernenden und ihrem Interesse an Naturwissenschaften befassen, fallen deutliche Unterschiede in der Art und Weise der Argumentation auf. Fast alle Studien, die die Persönlichkeit gemeinsam mit dem Interesse untersuchen, führen umfangreiche empirische Vorarbeiten an, um ihre Forschungsfragestellung zu legitimieren. Demgegenüber stehen jedoch nur vereinzelt theoretische Argumentationen. Dieser Befund wirft die Frage auf, ob die eher explorative Grundlage des Fünf-Faktoren-Modells und der Big Five sich in den weniger starken theoretischen Argumentationen widerspiegelt. Möglicherweise mangelt es an einer klaren theoretischen Orientierung, die die Forschung in diesem Bereich leiten könnte. Jedoch lässt die vorhandene theoretische Argumentation zum CONIC-Modell Hoffnung, dass mit zunehmender Bedeutung von Studien zu Persönlichkeit und Interesse auch entsprechende Theorien entwicklungsfähig sind (auch wenn, wie unter Abschn. 4.4.1 erläutert, wechselseitige Zusammenhänge zwischen Gewissenhaftigkeit und Interesse nicht im Fokus des Modells stehen, sondern jeweils mit Blick auf akademische Leistung beschrieben werden). Es erscheint also möglich, dass sich im Laufe der Zeit ein stabileres theoretisches Gerüst entwickelt, das die Forschung in diesem Bereich unterstützt. Ein interessantes Detail ist außerdem, dass das HEXACO-Modell in keinem Fall als Grundlage für die Studien genutzt wird. Es bleibt abzuwarten, ob sich dies in Zukunft ändern wird und ob das HEXACO-Modell eine größere Rolle in der Forschung zu Persönlichkeit und Interesse spielen wird.

Die Ergebnisse der Analyse (FF2) zeigen, dass es für die Persönlichkeit von Lernenden zahlreiche Instrumente gibt, die erprobt und in der Forschungscommunity verbreitet sind. Diese Instrumente werden insbesondere eingesetzt, um gerichtete und ungerichtete Zusammenhänge zwischen Persönlichkeitsdimensionen und dem Interesse von Lernenden zu analysieren. Insbesondere in Studien, die sich mit dem Interesse in den Naturwissenschaften befassen, werden zwei Dimensionen der Big Five bevorzugt: die Offenheit für Erfahrungen und die Gewissenhaftigkeit. Die Korrelationsanalysen deuten auf schwach positive Zusammenhänge zwischen diesen beiden Dimensionen und dem Interesse hin. Auch die Regressionsanalysen bestätigen diese Ergebnisse. Für die übrigen Dimensionen der Big Five liegen bei separater Betrachtung der Dimensionen keine signifikanten Befunde vor. Somit scheinen die Offenheit für Erfahrungen und die Gewissenhaftigkeit die wichtigsten Persönlichkeitsdimensionen zu sein, die mit dem Interesse von Lernenden in den Naturwissenschaften assoziiert sind.

Darüber hinaus sei erwähnt, dass für das CONIC-Modell umfangreiche empirische Analysen in den betrachteten Studien durchgeführt wurden. Dies spricht für die Bedeutung dieses Modells in der Forschung zu Persönlichkeit und Interesse.

4.5 Werte

In der pädagogischen Psychologie sowie in den naturwissenschaftlichen Fachdidaktiken werden Werte häufig im Sinne der Wertzuschreibung einer Person zu einem gegebenen Lerngegenstand (z. B. eine kontextualisierte Modellierungsaufgabe) oder zu naturwissenschaftlichen Disziplinen im Allgemeinen (z. B. Physik) verstanden.

Hierfür werden theoretische Bezüge von Werten zum Interesse genutzt. Nach dem Vier-Phasen-Modell der Interessenentwicklung (Hidi & Renninger, 2006) zeichnet sich das individuelle Interesse durch Wissens- und Wertkomponenten aus. Auch in der „Person-Objekt-Theorie des Interesses“ (Krapp, 2005), wird das individuelle Interesse sowohl durch ein hochdifferenziertes Wissen als auch das zentrale Kriterium der damit eng verbundenen „value-oriented and emotional components“ Krapp, 2000, S. 112) beschrieben. In der Erwartungs-Wert Theorie nach Eccles und Wigfield (2002) und Eccles (2005) wird mit dem „Task Value” ein starker Bezug zu spezifischen Situationen hergestellt. Lernende werden in Studien zum Beispiel um eine Bewertung der empfundenen Nützlichkeit einer Aufgabe gebeten – dieser „Utility Value” stellt eine prominent genutzte Subdimension des Task Values dar und beschreibt weniger persönliche Wertüberzeugungen als vielmehr eine Wertzuschreibung in einer sehr konkreten Situation und wird von uns daher nicht als ein zeitlich und situativ eher stabiles Personenmerkmal verstanden. Darüber hinaus erscheint die Wertzuschreibung nach Eccles als starker Prädiktor für das Interesse an bestimmten Berufen (Eccles, 2009; Wang & Eccles, 2013).

Um etwa in der Person-Objekt-Theorie nach Krapp (2005) die Person adäquat beschreiben zu können und ihr gezeigtes (Des-)Interesse an einem Lerngegenstand ggf. auch erklären zu können, erscheint es uns begründet, den fachdidaktischen Forschungsfokus nicht zu stark allein auf Wertzuschreibungen zu legen, sondern in diesem Kapitel auch eine Theorie aus der Persönlichkeitspsychologie vorzustellen. Die dort beschriebenen persönlichen Werte (engl. „personal values“), drücken aus, was einem Menschen wichtig ist und motivieren das Handeln einer Person.

Jeder Mensch hat zahlreiche Werte, denen er sich verpflichtet fühlt und die sein Verhalten beeinflussen (Maio, 2010). Unter den verschiedenen diskutierten Wertemodellen wird in der Literatur häufig die Theorie der menschlichen Grundwerte von Schwartz zitiert. Schwartz (1992, 2012) knüpft an frühere Konzeptionen an und expliziert – in der nach ihm benannten „Schwartz Theorie menschlicher Werte“ – sechs Hauptmerkmale, die für sämtliche Werte gültig seien. Werte sind demnach 1) Überzeugungen (beliefs) über 2) wünschenswerte Ziele und Verhaltensweisen, die 3) über spezifische Situationen hinausgehen, 4) die als Standards und Kriterien die Auswahl oder Bewertung von Handlungen, Strategien, Menschen und Ereignissen bestimmen und 5) nach relativer Bedeutung zueinander geordnet werden können. Schließlich sei 6) die relative Bedeutsamkeit mehrerer Werte – also ein Kompromiss zwischen relevanten und konkurrierenden Werten – handlungsleitend. Das dritte Merkmal liefert einen Hinweis darauf, dass es sich bei persönlichen Werten um zeitlich und situativ stabile Personenmerkmale handelt. Auch das fünfte Merkmal deutet in diese Richtung, indem es eine Hierarchisierung oder Priorisierung verschiedener Werte beschreibt, die eine Person charakterisieren und damit persönliche Werte von gesellschaftlichen Normen und persönlichen Einstellungen abgrenzt, die sich üblicherweise auf spezifische Handlungen, Gegenstände oder Situationen beziehen. Die Auswirkungen von Werten auf alltägliche Entscheidungen sind nach Schwartz (2012) selten bewusst. Werte treten ins Bewusstsein, wenn die Handlungen oder Urteile, die man in Betracht zieht, widersprüchliche Auswirkungen auf verschiedene Werte haben, die man schätzt.

In der „Schwartz Theorie menschlicher Werte" wurden insgesamt zehn grundlegende Werte identifiziert und zueinander in Beziehung gesetzt (Schwartz, 1992). Die sechs oben genannten Merkmale gelten dabei für alle denkbaren Werte. Was einzelne Werte voneinander unterscheide, seien die von ihnen zum Ausdruck gebrachten (Handlungs-)Ziele oder Motivationen. Werte sind demnach „die im sozialen Miteinander wünschenswerten Konzepte, mit denen diese Ziele gedanklich dargestellt werden, und das Vokabular, mit dem sie in der sozialen Interaktion ausgedrückt werden“ (Schwartz, 2012, S. 4). In Tab. 2 werden die zehn grundlegenden Werte mitsamt ihrem zugrunde liegenden Ziel, das sie zum Ausdruck bringen, zusammengefasst. In einer Ausschärfung der Theorie konnten Schwartz et al. (2012) zeigen, dass sich einige dieser Werte noch differenzierter ausgestalten lassen – zu dann insgesamt 19 Werten. Um ein konkreteres Verständnis der jeweiligen Werte zu vermitteln, sind Elemente, die zur Erhebung dieses Werts mithilfe des „Schwartz Value Survey“ (SVS; Schwartz, 1992) verwendet werden, in der dritten Spalte notiert.

Tab. 2 Zehn grundlegende Werte menschlicher Handlungsziele (Schwartz, 2012)

Grundlegender Wert (engl./dt.)	Zugrunde liegendes (Handlungs-)Ziel bzw. Motivation	Elemente, die im Erhebungsinstrument SVS genutzt werden
Self-direction/ Selbstausrichtung	Selbständiges Denken und Handeln; Auswählen, Gestalten, Erforschen	Kreativität, Freiheit, eigene Ziele wählen, neugierig, unabhängig
Stimulation/ Stimulation	Aufregung, Neuartigkeit und Herausforderung im Leben	Ein abwechslungsreiches Leben, ein aufregendes Leben, kühn
Hedonism/ Hedonismus	Vergnügen oder sinnliche Befriedigung für sich selbst	Vergnügen, das Leben genießen, selbstverliebt
Achievement/ Leistung	Persönlicher Erfolg durch Demonstration von Kompetenz nach sozialen Normen	Ehrgeizig, erfolgreich, fähig, einflussreich
Power/Macht	Sozialer Status und Prestige, Kontrolle oder Dominanz über Menschen und Ressourcen	Autorität, Wohlstand, soziale Macht
Security/Sicherheit	Sicherheit, Harmonie und Stabilität der Gesellschaft, der Beziehungen und des Selbst	Soziale Ordnung, Sicherheit der Familie, nationale Sicherheit, Sauberkeit, Erwiderung von Gefälligkeiten
Conformity/ Konformität	Beherrschung von Handlungen, Neigungen und Impulsen, die andere verärgern oder schädigen und gegen soziale Erwartungen oder Normen verstoßen könnten	Gehorsam, Selbstdisziplin, Höflichkeit, Ehrerbietung gegenüber Eltern und Älteren
Tradition/Tradition	Respekt, Engagement und Akzeptanz der Bräuche und Ideen, die die eigene Kultur oder Religion bietet	Respekt vor der Tradition, bescheiden, fromm, meinen Anteil am Leben akzeptierend

(Fortsetzung)

Tab. 2 (Fortsetzung)

Grundlegender Wert (engl./dt.)	Zugrunde liegendes (Handlungs-)Ziel bzw. Motivation	Elemente, die im Erhebungsinstrument SVS genutzt werden
Benevolence/ Wohlwollen	Erhaltung und Verbesserung des Wohlergehens derjenigen, mit denen man in häufigem persönlichem Kontakt steht (die „In-Group“)	Hilfsbereit, ehrlich, vergebend, verantwortungsbewusst, loyal, wahre Freundschaft, reife Liebe
Universalism/ Universalismus	Verständnis, Wertschätzung, Toleranz und Schutz für das Wohlergehen aller Menschen und für die Natur	Weltoffenheit, soziale Gerechtigkeit, Gleichheit, Welt in Frieden, Welt der Schönheit, Einheit mit der Natur, Weisheit, Umweltschutz

Neben der Identifikation dieser grundlegenden Werte bietet Schwartz (2012) in seiner Theorie auch eine strukturelle Beschreibung der dynamischen Beziehungen zwischen diesen Werten an. Grundlage dieser Struktur ist die Feststellung, dass Handlungen, die einen beliebigen Wert verfolgen, Konsequenzen haben, die mit einigen Werten in Konflikt stehen, mit anderen aber im Einklang sind. In der Folge schlägt er eine zirkulare Anordnung der Werte vor, wobei gegenüberliegende Werte einander widersprechen. Gleichzeitig sei die kreisförmige Anordnung der Werte als ein Kontinuum zu verstehen. Je näher zwei Werte in einer der beiden Richtungen des Kreises beieinander liegen, desto ähnlicher sind ihre zugrunde liegenden Ziele; je weiter sie voneinander entfernt sind, desto gegensätzlicher sind ihre Ziele. Schwartz (2012) betont, dass die Vorstellung einer zirkulären Werte- und Zielstruktur eine wichtige Auswirkung auf die Beziehungen von Werten zu anderen Variablen mit sich bringe: sie impliziert, dass die Gesamtheit der zehn bzw. 19 Werte zu jeder anderen Variablen (z. B. dem Interesse) in einer integrierten Weise in Beziehung steht. Zur Erhebung der zehn grundlegenden Werte wurden verschiedene Messinstrumente entwickelt und erfolgreich verwendet (Döring et al., 2010; J. A. Lee et al., 2008; Oishi et al., 1998; Schwartz, 1992; Schwartz et al., 2001).

Abschließend sei auf die „Goal Congruity Theory“ nach Diekman et al. (2010) verwiesen, die einen Ansatz verfolgt, der gewissermaßen zwischen der Erwartungs-Wert Theorie von Eccles und der Schwartz-Theorie steht. Um den prädiktiven Charakter von Wertzuschreibungen im Sinne der Erwartungs-Wert Theorie zu erklären, beschreiben Diekman et al. (2010) zwei Hauptziele, die

Menschen verfolgten, wenn sie sich für oder gegen eine berufliche Karriere im MINT-Bereich entscheiden. Diese Ziele nennen sie – unter Bezugnahme auf Bakan (1966) – „agentic“ und „communal“ Goals. Beim erstgenannten Ziel liegt der Fokus auf der eigenen Leistung und dem Erreichen eines Status, beim zeitgenannnten liegt der Fokus auf Gemeinschaftlichkeit und dem Arbeiten für- und miteinander. Für die Operationalisierung dieser beiden Ziele greifen die Autoren implizit auf die Schwartz-Theorie zurück.

4.5.1 Legitimation (FF1)

Bei sechs der sieben in das Review einbezogenen Studien (24, 26, 27, 28, 29, 30) findet sich eine ausführliche theoretische Legitimation der jeweiligen Zielsetzung und Forschungsfragen zu Werten und Interesse. Dies lässt sich insbesondere darauf zurückführen, dass Werten in zahlreichen Theorien zum Interesse eine entscheidende Bedeutung zugewiesen wird. So argumentieren drei Studien (28, 29, 30) mit dem Erwartungs-mal-Wert-Modell nach Eccles et al. (1983) und beziehen dabei neben dem Nutzen (utility value) auch weitere Wertaspekte, wie persönliche Werte ein. Als persönliche Werte werden zum Beispiel „altruistic values“ untersucht (29), jedoch über die Erwartungs-Wert Theorie von Eccles hinaus nicht weiter theoretisch fundiert – wenngleich eine Zuordnung zur Schwartz-Theorie möglich wäre (dort engl. „benevolence“ oder „universalism“). Entsprechend der Beschreibung des Zusammenhangs von Interesse und persönlichen Werten des vorangegangenen Abschn. 4.5 werden in zwei Studien (24, 26) Wertaspekte im Zusammenhang mit dem Vier-Phasen-Modell der Interessenentwicklung (Hidi & Renninger, 2006) sowie der Person-Gegenstands-Theorie des Interesses (Krapp, 2005) angeführt. Ergänzend dazu findet sich in einer Studie (30) ein theoretischer Bezug zur „Goal Congruity Theory“ (Diekman et al., 2010). Die Annahme lautet hier: Sprechen Lernende den Naturwissenschaften „communal“ Goals zu, sollte sich bei ihnen ein höheres Interesse an Naturwissenschaften zeigen. In einer stark qualitativ ausgerichteten Studie (27) finden sich Bezüge zu unterschiedlichen Systemtheorien (z. B. Broderick, 1993), in denen der Fokus nicht auf das einzelne Kind und dessen Interessen gelegt wird, sondern verschiedene Systeme, wie die Familie oder eine Schulklasse, betrachtet werden. Die Annahme lautet hier, dass sich die Mitglieder einer solchen Gruppe gegenseitig in ihren Interessen beeinflussen. Lediglich in einer Studie (25) findet sich keine explizite theoretische Legitimation.

Auch hinsichtlich empirischer Vorbefunde erscheinen die Studien die jeweiligen Forschungsfragen umfangreich zu legitimieren, da sämtliche Studien entsprechende empirische Befunde nennen. Zudem lässt sich aussagen, dass in sämtlichen im Review berücksichtigten Studien die Analyse von Bezügen zwischen Werten sowie dem Interesse jeweils den zentralen Fokus der Studie darstellten und primär durch die Forschungsfragen fokussiert wurden.

4.5.2 Befunde (FF2)

Die berücksichtigten Studien nutzen unterschiedliche Instrumente und Ansätze zur Erfassung von Werten. In drei Studien (24, 25, 26) werten die persönlichen Werteinschätzungen gegenüber den Naturwissenschaften (24, 26) bzw. dem naturwissenschaftlichen Thema einer Ausstellung (25) erfasst. Dabei beziehen sich zwei Studien (24, 26) auf die Items aus PISA-Studien (OECD, 2006) und eine Studie nutzt selbst entwickelte Items ohne direkten Bezug zu einem bestehenden Instrument (25). Ähnlich dazu finden sich in zwei Studien (24, 25) generelle Werteinschätzungen gegenüber den Naturwissenschaften bzw. wiederum gegenüber dem Thema der genannten Ausstellung, die erneut durch Items aus PISA-Studien (OECD, 2006; 24) bzw. selbstentwickelte Items (25) erfasst werden. Wiederum in drei Studien (27, 28, 29) werden altruistische Werte, familiäre Werte sowie die Werteinschätzung von Geld (und weiteren ökonomischen) analysiert (28, 29), die jedoch jeweils mit selbst entwickelten Items erfasst werden bzw. im Rahmen einer qualitativen Studie durch Interviews (27). In einer Studie (30) finden sich erfasste Werte als grundlegende Überzeugungen hinsichtlich sozialer Einflussmöglichkeiten, die über selbstentwickelte Items erfasst wurde, die mit Bezug zur „Communal Value Scale" (Pöhlmann, 2001; basierend auf Bakan, 1966) entwickelt wurden.

In sämtlichen Studien des Reviews werden individuelle Werte analysiert. Diese beziehen sich in vier Studien (24, 25, 26, 28) auf das generelle Interesse am Lernen in den Naturwissenschaften, die Freude (engl. „enjoyment") daran und das Interesse an Themen und Inhalten der Naturwissenschaften. In einer Studie wird das Interesse an einer Karriere in den Naturwissenschaften als Gegenstand des Interesses genannt (29). Obwohl dieses nicht im Fokus des Reviews liegt, wurde die Studie dennoch einbezogen, da sich sämtliche Aufgaben ausschließlich auf typische Tätigkeiten der Naturwissenschaften beziehen und das Interesse an diesen Tätigkeiten – nicht das Interesse daran die Tätigkeiten zukünftig selbst auszuführen – erfasst wird. Eine Studie (30) bezieht sich eher auf eine Art Sachinteresse und dabei auf die Diversität von Pflanzen. Die einzige qualitative Studie (27) untersucht die frühe naturwissenschaftsbezogene Interessenentwicklung und damit ebenfalls ein Interesse an Themen und Inhalten der Naturwissenschaften als Gegenstand. Ergänzend dazu wird in einer Studie (25) auch das situationale Interesse, dort am Thema einer Ausstellung zu einer naturwissenschaftlichen Thematik erhoben.

Die Analysen von vier Studien (24, 28, 29, 30) untersuchen Korrelationen von Werten und dem individuellen Interesse. In einer Studie (29) werden verschiedene Wertdimensionen hinsichtlich möglicher Genderunterschiede analysiert. Dabei finden sich bei Jungen für die Korrelation zwischen dem individuellen Interesse an Tätigkeiten der Naturwissenschaften sowie altruistischen Werten, monetären Werten, familiären Werte und Werten mit Bezug auf Macht schwache bis mittlere Effekte. Für Mädchen erscheinen all diese Korrelationen jedoch statistisch nicht signifikant. In einer weiteren Studie (28) zu diesen Werten werden Korrelationen mit dem individuellen Interesse, hier an Themen und Inhalten der Naturwissenschaften analysiert. Dort finden sich jedoch lediglich für altruistische Werte und das Interesse entsprechend schwach positive Korrelationen. Sämtliche weiteren Zusammenhänge erscheinen in den Analysen jedoch statistisch nicht signifikant. Etwas genereller finden sich in einer Studie (30) stark positive Korrelationen zwischen grundlegenden Werten hinsichtlich sozialer Einflussmöglichkeiten und dem Interesse an den Naturwissenschaften. Zudem werden in einer Studie (24) äußerst umfangreich Korrelationen zwischen dem Interesse und persönlichen sowie generellen Wertzuweisungen gegenüber den Naturwissenschaften genannt, die aufgrund des Umfangs an dieser Stelle nicht vollständig wiedergegeben werden können. Insgesamt deuten die Ergebnisse jedoch an, dass persönliche Werte gegenüber den Naturwissenschaften (mittlere bis starke Effekte) etwas mehr als generelle Wertzuweisungen gegenüber den Naturwissenschaften (schwache bis mittlere Effekte) positiv mit einem generellen Interesse an den Naturwissenschaften korrelieren.

In drei Studien des Reviews (24, 25, 26) werden Werte in multiplen Regressionen gemeinsam mit dem Interesse einbezogen. Dabei werden in einer Studie (24), zudem für verschiedene Länder, Modelle zur Konstitution des Interesses an den Naturwissenschaften analysiert und dabei u. a. die Einflüsse von Werten einbezogen. Aufgrund der komplexen und umfangreichen Ergebnisse erscheint eine Darstellung an dieser Stelle nicht möglich, jedoch lässt sich zusammenfassend aussagen, dass in sämtlichen Modellen die Werte gegenüber den Naturwissenschaften einen bedeutsamen Einfluss auf das Interesse an den Naturwissenschaften besitzen. Eine zweite Studie (26) zeigt, dass in einem umfassenden Pfadmodell sowohl für Jungen als auch für Mädchen Einflüsse persönlicher Werte auf die Freude (engl. „enjoyment") an den Naturwissenschaften signifikant erscheinen, während das generelle Interesse keinen signifikanten Einfluss besitzt. Die dritte Studie (25) zeigt, dass die persönlichen und generellen Werte, die Personen gegenüber einem naturwissenschaftlichen Thema mitbringen, das Interesse an diesem Thema vorhersagen, wobei hier die Einflüsse der generellen Werte gegenüber den persönlichen Werten stärker erscheinen.

In zwei Studien (27, 29) finden sich zudem Befunde, die aus anderen als den zuvor genannten Analysemethoden hervorgehen. So werden in einer Studie (29) zwei Maßnahmen zur Förderung des Interesses von Mädchen an einer naturwissenschaftlichen Karriere analysiert, wobei Wissenschaftlerinnen ihre persönlichen Erfahrungen schilderten und dabei in einer Gruppe persönliche Werte nicht spezifisch erläutert wurden, während in der anderen Gruppe ein besonderer Fokus auf der Erläuterung persönlicher Werte lag. Die Ergebnisse zeigten jedoch, dass das Interesse an naturwissenschaftlichen Tätigkeiten in beiden Gruppen, d. h. unabhängig von der Nennung persönlicher Werte, gleich beurteilt wurde. In einer qualitativen Studie (27) wurde die frühkindliche Entwicklung von Interesse an den Naturwissenschaften zusammen mit der Entwicklung von Interesse an den Naturwissenschaften innerhalb der Familie analysiert. Die Ergebnisse, die aus dieser Analyse hervorgingen, hoben drei wichtige Faktoren hervor, die nach den Überlegungen der Teilnehmenden die Interessenentwicklung auf Familienebene beeinflussen und zu denen u. a. die familiären Werte zählten.

4.5.3 Diskussion

Die Passung zwischen diesbezüglich erwartbarer Theoriehintergründe – auch in Anbetracht des gewählten Suchstrings – und der Theorie, wie sie in den Studien des Reviews berichtet wird, erscheint überraschend gering. Die im Review analysierten Studien weisen zwar allesamt eine theoretische Fundierung auf. Diese liegt jedoch überwiegend in Bezügen zu Interessenkonstrukten begründet. Zwar existiert eine – in der Psychologie breit rezipierte – theoretische Modellierung persönlicher Werte, doch wird diese in der Forschung zu MINT-Interessen kaum genutzt. Dort, wo eine theoretische Legitimierung persönlicher Werte erfolgte, fand sie überwiegend mit Bezügen zur Erwartungs-Wert Theorie (Eccles et al., 1983) bzw. einmal im Rahmen der Goal-Congruity Theory (Diekman et al., 2010) statt – es erfolgte also durch Lernende eine Zuschreibung, im Sinne von „die Naturwissenschaften verfolgen ein gesellschaftlich wertvolles Ziel“ oder „ich empfinde Naturwissenschaften als nützlich“. Wenn darüber hinaus eine Verortung persönlicher Werte vor einem theoretischen Hintergrund vorgenommen wurde, wurden nicht die erwartbaren Frameworks genutzt. Und das, obwohl eine Anknüpfung an derartige Konzeptionen durchaus möglich erscheint, zum Beispiel ähneln „altruistic values“ stark den Werten „benevolence“ und „universalism“ bei Schwartz (2012). Darüber hinaus stehen verschiedene, etablierte Messinstrumente zur Erhebung persönlicher Werte zur Verfügung – die in den analysierten Studien jedoch nicht genutzt wurden (einen umfassenderen Überblick als es dieses Kapitel darzustellen vermag, bieten z. B. Hanel et al., 2018).

Hinsichtlich der gefundenen Zusammenhänge zwischen persönlichen Werten und dem Interesse an Naturwissenschaften fällt auf, dass dann ein hoher Zusammenhang berichtet wird, wenn der Fokus auf Wertzuschreibungen gegenüber den Naturwissenschaften lag. Wenig überraschend erscheinen Schülerinnen und Schüler stärker an Naturwissenschaften interessiert zu sein, wenn sie diesen einen persönlichen oder gesellschaftlichen Wert – in Sinne einer Nützlichkeit – beimessen. Derartige Wertzuschreibung bleiben häufig unscharf („Naturwissenschaften sind mir wichtig.“) und rekurrieren in den berichteten Studien selten auf Theorien grundlegender menschlicher Werte, die das eigene Handeln motivieren und eine solche Wertzuschreibung erklären könnten. Die Autorinnen und Autoren regen an, für zukünftige Studien das Theoriespektrum, das bislang stark auf die pädagogische Psychologie fokussiert, zum Beispiel um die beschriebene Schwartz-Theorie zu erweitern und sich damit auch Ansätzen aus der Persönlichkeitspsychologie zu bedienen.

5 Fazit und Ausblick

Sowohl die theoretische Grundlage der Person-Gegenstands-Theorie (Krapp, 2005) oder das Vier-Phasen-Modell der Interessenentwicklung (Hidi & Renninger, 2006), als auch empirische Ansätze legen nahe, dass es notwendig und erstrebenswert erscheint, dem Spektrum an Diversität zwischen Personen in der interessenbezogenen naturwissenschaftsdidaktischen Forschung gerecht zu werden. Der Einbezug vielfältiger Personenmerkmale in empirische Forschung und die Entwicklung von Förderkonzepten zum Interesse von Lernenden an den Naturwissenschaften kann helfen, differenzierte Aussagen abzuleiten und Maßnahmen individuell passender zu gestalten.

Um dem Spektrum an Diversität zwischen Personen in der interessenbezogenen naturwissenschaftsdidaktischen Forschung gerecht zu werden, erscheint ein strukturierter und theoretisch abgesicherter Einschluss verschiedener Personenmerkmale zielführend. Im vorliegenden Beitrag, wurden für fünf ausgewählte Personenmerkmale (Intelligenz, Kognitionsbedürfnis, Neugierde, Persönlichkeit, Werte von Personen) systematische Reviews durchgeführt, die analysieren, wie 1) bisher in empirischen Studien die gemeinsame Analyse bestimmter Personenmerkmale und des Interesses legitimiert wird und 2) welche Befunde die Studien erbringen konnten. Den ausgewählten Personenmerkmalen ist jeweils gemein, dass diese innerhalb der Person verortet sind, d. h. nicht primär durch die Umwelt determiniert werden, wie z. B. der sozioökonomische Hintergrund, und nicht direkt mit Naturwissenschaften in Bezug stehen, wie z. B. das naturwissenschaftsbezogene Selbstkonzept. Der Beitrag bemüht sich somit darum relevante Personenmerkmale zu identifizieren und zu analysieren, die bei der Genese von Forschungsfragen und der Entwicklung empirischer Studien in der naturwissenschaftsdidaktischen Forschung zum Interessenkonstrukt von Relevanz sein könnten.

Hinsichtlich 1) der Legitimation erscheint grundsätzlich eine theoretische Begründung eines Zusammenhangs zwischen Personenmerkmalen und dem Interesse möglich. Gleichzeitig weisen viele der untersuchten Studien eine eher oberflächliche theoretische Fundierung auf. Gerade für zukünftige Forschungsarbeiten in der Naturwissenschaftsdidaktik sollte dieses Desiderat berücksichtigt und auf eine verstärkte Theoriebegründung Wert gelegt werden. Insbesondere erscheinen diejenigen Studien, die Bezüge zwischen dem jeweiligen Personenmerkmal und dem Interesse als primäres Forschungsinteresse fokussieren, überzeugend. Dazu scheint es für einige Personenmerkmale, wie die Persönlichkeit im Sinne des Fünf-Faktoren-Modells oder der Big Five, zahlreiche Vorbefunde zu geben, die angeführt werden, während entsprechende Befunde aus allgemeinen Studien oder Studien anderer Fachrichtungen für andere Personenmerkmale, wie Neugierde, nicht genannt werden.

Hinsichtlich 2) der Befunde finden sich zahlreiche Hinweise auf Zusammenhänge zwischen den Personenmerkmalen und dem Interesse als eher schwache bis mittlere Effekte, die jedoch vielfach bei Berücksichtigung unterschiedlicher Prädiktoren für das Interesse statistisch nicht mehr signifikant sind. Eine Ausnahme stellen dabei vor allem die Offenheit für Erfahrungen sowie die Gewissenhaftigkeit als Persönlichkeitsdimensionen des Fünf-Faktoren-Modells dar, deren Einfluss auf das Interesse sich auch in Konkurrenz zu anderen Prädiktoren in Analysen nachweisen ließ. Der Beitrag deutet darüber hinaus auch an, dass bisherige Studien bei der Berücksichtigung von Personenmerkmalen vielfach korrelativ arbeiten und weniger in (quasi-)experimenteller Form Einflüsse von (multiplen) Personenmerkmalen auf Interesse und dessen Entwicklung oder auch die Wirksamkeit von Maßnahmen zur Interessenförderung einbeziehen.

Ein Blick auf die Literatur der systematischen Reviews insgesamt zeigt, dass in fünf der 25 unterschiedlichen Studien zu den ausgewählten Personenmerkmalen bereits mehrere Personenmerkmale einbezogen wurden. Dies deutet daraufhin, dass teilweise bereits ein Bewusstsein für die Bedeutung der Berücksichtigung der Diversität von Personen mit Blick auf das Interesse von Lernenden existiert. Weiterhin zeigte sich bei der Auswahl der Studien für die Reviews, dass in zahlreichen Studien Personenmerkmale insbesondere mit Blick auf das Karriere- und

Berufsinteresse analysiert werden. Diese Studien wurden aufgrund der gesonderten Berücksichtigung von Berufsinteressen bei Nagy und Etzel (in diesem Band, Kap. „Fachinteressen aus der Perspektive der beruflichen Interessentheorie: Anknüpfungspunkte zweier Forschungstraditionen") nicht in die hier dargestellten Reviews einbezogen.

Es sollte berücksichtigt werden, dass die hier ausgewählten Personenmerkmale eine exemplarische Auswahl darstellen und sicher auch weitere Personenmerkmale, zum Beispiel die Kreativität oder Emotionen, siehe Heinicke und Führer (in diesem Band, Kap. „Emotionen und Interesse"), zu berücksichtigen sind. Auch die Neigungen zu empathisierender oder systematisierender Denkweise könnten als weitere Personenmerkmale für Studien zum Interesse an Naturwissenschaften von Interesse sein, wurden im festgelegten Zeitraum jedoch bislang nur mit Fokus auf die Wahl von Studiengängen oder die Motivation, Naturwissenschaften zu lernen, untersucht (z. B. Zeyer, 2018). Neuere Studien mit Schülerinnen und Schülern deuten auf positive Zusammenhänge zwischen der Neigung zu einer systematisierenden Denkweise und dem Interesse an MINT-Fächern hin (Welberg et al., 2024; Welberg et al., 2025).

Der Beitrag zeigt mit seinen Reviews, dass in naturwissenschaftsdidaktischer Forschung weitere Personenmerkmale, neben z. B. Gender, vielversprechend zur Beschreibung und Aufklärung von Interessenzuständen und -entwicklungen erscheinen. Der Einbezug eines breiteren Spektrums von Personenmerkmalen bietet nicht nur die Möglichkeit deskriptive Zusammenhänge zwischen Interesse und Personenmerkmalen für Mittelwertanalysen über große Personengruppen zu beschreiben, sondern Interessen individueller Personen valider beschreiben und detaillierter aufklären zu können. Dies eröffnet auch eine spannende und relevante Perspektive für die erfolgreiche Gestaltung individueller Fördermaßnahmen.

Besonders in Längsschnittstudien, die traditionell in der Interessenforschung von großer Bedeutung sind, siehe von Aufschnaiter et al. (in diesem Band, Kap. „Entwurf eines Interessenmodells für die Naturwissenschaften") ist eine umfassende Kontrolle bzw. Kenntnis von Randbedingungen auf mit Blick auf die untersuchten Personen und deren Merkmale erforderlich. Dabei deuten die Ergebnisse des Reviews an, dass insbesondere die gemeinsame Erfassung mehrerer Personenmerkmale sinnvoll ist, um Merkmale wechselseitig abgleichen zu können und besonders einflussreiche Prädiktoren zu identifizieren. Dies unterstreicht die Relevanz der Berücksichtigung von Personenmerkmalskombinationen im Vergleich zu einzelnen Personenmerkmalen bei der Aufklärung von Interesse. Neben einer umfassenderen Kenntnis der Person in naturwissenschaftsdidaktischen Studien ist der Einbezug weiterer Merkmale auch erforderlich um anschlussfähig an angrenzende Disziplinen, wie den Bildungswissenschaften oder der Psychologie, zu sein.

Literatur der inkludierten Arbeiten

Intelligenz

1. Danovitch, J. H., Mills, C. M., Sands, K. R., & Williams, A. J. (2021). Mind the gap: How incomplete explanations influence children's interest and learning behaviors. *Cognitive Psychology, 130,* 101421. https://doi.org/10.1016/j.cogpsych.2021.101421.
2. Ferguson, S. L., & Hull, D. M. (2019). Exploring Science Career Interest: Latent Profile Analysis of High School Occupational Preferences for Science. *Journal of Career Development, 46*(5), 583–598. https://doi.org/10.1177/0894845318783873.
3. Itzek-Greulich, H., & Vollmer, C. (2017). Emotional and motivational outcomes of lab work in the secondary intermediate track: The contribution of a science center outreach lab. *Journal of Research in Science Teaching, 54*(1), 3–28. https://doi.org/10.1002/tea.21334.
4. Jansen, M., Lüdtke, O., & Schroeders, U. (2016). Evidence for a positive relation between interest and achievement: Examining between-person and within-person variation in five domains. *Contemporary Educational Psychology, 46,* 116–127. https://doi.org/10.1016/j.cedpsych.2016.05.004.
5. Schroeders, U., Schipolowski, S., & Böhme, K. (2015). Typical intellectual engagement and achievement in math and the sciences in secondary education. *Learning and Individual Differences, 43,* 31–38. https://doi.org/10.1016/j.lindif.2015.08.030.
6. Williams, A. J., Danovitch, J. H., & Mills, C. M. (2021). Exploring Sources of Individual Differences in Children's Interest in Science. *Mind, Brain, and Education, 15*(1), 67–76. https://doi.org/10.1111/mbe.12263.

Kognitionsbedürfnis

7. Bråten, I., Anmarkrud, Ø., Brandmo, C., & Strømsø, H. I. (2014). Developing and testing a model of direct and indirect relationships between individual differences, processing, and multiple-text comprehension. *Learning and Instruction, 30,* 9–24. https://doi.org/10.1016/j.learninstruc.2013.11.002.

8. Keller, U., Strobel, A., Martin, R., & Preckel, F. (2019). Domain-Specificity of Need for Cognition Among High School Students. *European Journal of Psychological Assessment, 35*(5), 607–616. https://doi.org/10.1027/1015-5759/a000437.
9. Kim, S., Yoon, M., Whang, S.-M., Tversky, B., & Morrison, J. B. (2007). The effect of animation on comprehension and interest. *Journal of Computer Assisted Learning, 23*(3), 260–270. https://doi.org/10.1111/j.1365-2729.2006.00219.x.
10. Korte, S., Berger, R., Imwalle, C., & Hänze, M. (2017). Entwicklung und erste Validierung eines Fragebogens zur Erfassung von Szientismus. *Diagnostica, 63*(1), 42–54. https://doi.org/10.1026/0012-1924/a000163.
11. Thomas, C. L., & Kirby, L. A. J. (2020). Situational interest helps correct misconceptions: An investigation of conceptual change in university students. *Instructional Science, 48*(3), 223–241. https://doi.org/10.1007/s11251-020-09509-2.

Neugierde

12. Hochberg, K., Kuhn, J., & Müller, A. (2018). Using Smartphones as Experimental Tools – Effects on Interest, Curiosity, and Learning in Physics Education. *Journal of Science Education and Technology, 27*(5), 385–403. https://doi.org/10.1007/s10956-018-9731-7.
13. Kang, J., & Kim, J. (2023). Exploring the predictiveness of curiosity and interest in science learning in and after class. *Journal of Research in Science Teaching, 61*(8), 1821–1857. https://doi.org/10.1002/tea.21920.
14. Schiefer, J., Golle, J., Tibus, M., Herbein, E., Gindele, V., Trautwein, U., & Oschatz, K. (2020). Effects of an extracurricular science intervention on elementary school children's epistemic beliefs: A randomized controlled trial. *British Journal of Educational Psychology, 90*(2), 382–402. https://doi.org/10.1111/bjep.12301.
15. Schroeders, U., Schipolowski, S., & Böhme, K. (2015). Typical intellectual engagement and achievement in math and the sciences in secondary education. *Learning and Individual Differences, 43,* 31–38. https://doi.org/10.1016/j.lindif.2015.08.030.
16. Williams, A. J., Danovitch, J. H., & Mills, C. M. (2021). Exploring Sources of Individual Differences in Children's Interest in Science. *Mind, Brain, and Education, 15*(1), 67–76. https://doi.org/10.1111/mbe.12263.

Persönlichkeit

17. Fayn, K., Silvia, P. J., MacCann, C., & Tiliopoulos, N. (2017). Interested in Different Things or in Different Ways? *Journal of Individual Differences, 38*(4), 265–273. https://doi.org/10.1027/1614-0001/a000243.
18. Ferguson, S. L., & Hull, D. M. (2019). Exploring Science Career Interest: Latent Profile Analysis of High School Occupational Preferences for Science. *Journal of Career Development, 46*(5), 583–598. https://doi.org/10.1177/0894845318783873.
19. Itzek-Greulich, H., & Vollmer, C. (2017). Emotional and motivational outcomes of lab work in the secondary intermediate track: The contribution of a science center outreach lab. *Journal of Research in Science Teaching, 54*(1), 3–28. https://doi.org/10.1002/tea.21334.
20. Korte, S., Berger, R., Imwalle, C., & Hänze, M. (2017). Entwicklung und erste Validierung eines Fragebogens zur Erfassung von Szientismus. *Diagnostica, 63*(1), 42–54. https://doi.org/10.1026/0012-1924/a000163.
21. Renninger, K. A., Bachrach, J. E., & Hidi, S. E. (2019). Triggering and maintaining interest in early phases of interest development. *Learning, Culture and Social Interaction, 23,* 100260. https://doi.org/10.1016/j.lcsi.2018.11.007.
22. Song, J., Gaspard, H., Nagengast, B., & Trautwein, U. (2020). The Conscientiousness × Interest Compensation (CONIC) model: Generalizability across domains, outcomes, and predictors. *Journal of educational psychology, 112*(2), 271–287. https://doi.org/10.1037/edu0000379.
23. Tommasi, M., Petricca, P., Cozzolino, G., & Casadio, C. (2021). Attitudes towards scientific knowledge: social dispositions and personality traits. *Synthese, 199*(1–2), 119–139. https://doi.org/10.1007/s11229-020-02632-0.

Werte

24. Ainley, M., & Ainley, J. (2011). A Cultural Perspective on the Structure of Student Interest in Science. *International Journal of Science Education, 33*(1), 51–71. https://doi.org/10.1080/09500693.2010.518640.
25. Franse, R. K., Sachisthal, M. S. M., & Raijmakers, M. E. J. (2023). Presenting wicked problems in a science museum: A methodology to study interest from a dynamic perspective. *Frontiers in Psychology, 14,* 1113019. https://doi.org/10.3389/fpsyg.2023.1113019.
26. Kang, J., Hense, J., Scheersoi, A., & Keinonen, T. (2019). Gender study on the relationships between science interest and future career perspectives.

International *Journal of Science Education, 41*(1), 80–101. https://doi.org/10.1080/09500693.2018.1534021.
27. Pattison, S., Ramos Montañez, S., & Svarovsky, G. (2022). Family values, parent roles, and life challenges: Parent reflections on the factors shaping long-term interest development for young children and their families participating in an early childhood engineering program. *Science Education, 106*(6), 1568–1604. https://doi.org/10.1002/sce.21763.
28. Wang, M.-T., Ye, F., & Degol, J. L. (2017). Who Chooses STEM Careers? Using A Relative Cognitive Strength and Interest Model to Predict Careers in Science, Technology, Engineering, and Mathematics. *Journal of Youth and Adolescence, 46*(8), 1805–1820. https://doi.org/10.1007/s10964-016-0618-8.
29. Weisgram, E. S., & Bigler, R. S. (2006). Girls and science careers: The role of altruistic values and attitudes about scientific tasks. *Journal of Applied Developmental Psychology, 27*(4), 326–348. https://doi.org/10.1016/j.appdev.2006.04.004.
30. Zambrano, J., Lee, G. A., Leal, C. C., & Thoman, D. B. (2020). Highlighting Prosocial Affordances of Science in Textbooks to Promote Science Interest. *CBE Life Sciences Education, 19*(3), ar24. https://doi.org/10.1187/cbe.19-09-0176.

A. Anhang

Suchstrings

Scopus:
TITLE-ABS-KEY (interest) AND TITLE-ABS-KEY („stem" OR science OR chemistry OR physics OR biology) AND SUBJAREA (psyc OR soci OR arts) AND TITLE-ABS-KEY (****SPEZIFISCHE OPERATOREN NACH PERSONEN-MERKMAL, SIEHE UNTEN****) AND LANGUAGE (english OR german) AND PUBYEAR > 2003 AND PUBYEAR < 2024 AND DOCTYPE (ar OR re) AND NOT INDEX (medline) AND NOT TITLE (medical OR medicine OR clinical OR health OR tourism OR politics OR sociology OR preservice OR pre-service OR inservice OR in-service OR adult* OR homeless OR major* OR polit* OR sociol* OR teacher*) AND (EXCLUDE (SUBJAREA, „ENGI") OR EXCLUDE (SUBJAREA, „COMP") OR EXCLUDE (SUBJAREA, „BUSI") OR EXCLUDE (SUBJAREA, „ECON") OR EXCLUDE (SUBJAREA, „MATH")).

Web of Science:
TS = (interest) AND TS = („stem“ OR science OR chemistry OR physics OR biology) AND SU = (psych* OR soc* OR educ* OR human*) AND TS = (****SPEZIFISCHE SUCHBEGRIFFE NACH PERSONENMERKMAL, SIEHE UNTEN****) AND LA = (English or German) AND PY = (2004–2023) AND DT = (Article OR Review) NOT TI = (medical OR medicine OR clinical OR health OR tourism OR politics OR sociology OR preservice OR pre-service OR inservice OR in-service OR adult* OR homeless OR major* OR polit* OR sociol* OR teacher*) NOT SU = (engi* OR comp* or busi* or econ* or math*).

Dabei wurden je nach Personenmerkmal folgende ergänzende spezifische Suchbegriffe jeweils in identischer Form für beide Datenbanken einbezogen, siehe Tab. A.1.

Tab. A.1 Personenmerkmalsspezifische Ergänzungen der allgemeinen Suchstrings

Personenmerkmal	Spezifische Suchbegriffe
Intelligenz (Abschn. 4.1)	„intelligence“ OR „iq“ OR „memory capacity“ OR „cognitive capacity“ OR „cognitive ability“
Kognitionsbedürfnis (Abschn. 4.2)	„need for cognition“
Neugierde (Abschn. 4.3)	„curiosity“
Persönlichkeit (Abschn. 4.4)	„big five“ OR „big five model“ OR „big 5“ OR „big 5 model“ OR „personality traits“ OR „ocean model“ OR „five factor model“ OR „five-factor model“ OR „HEXACO“ OR „openness“ OR „conscientiousness“ OR „extraversion“ OR „agreeableness“ OR „neuroticism“
Werte (Abschn. 4.4)	„human values“ OR „human value“ OR „personal values“ OR „personal value“ OR „schwartz“ OR „Rokeach“ OR „altruistic values“ OR „altruistic value“ OR „family values“ OR „family value“ OR „general values“ OR „general value“

Literatur

Ackerman, P. L. (1996). A theory of adult intellectual development: Process, personality, interests, and knowledge. *Intelligence, 22*(2), 227–257. https://doi.org/10.1016/S0160-2896(96)90016-1.

Aiken, L. R., & Aiken, D. R. (1969). Recent research on attitudes concerning science. *Science Education, 53*(4), 295–305. https://doi.org/10.1002/sce.3730530405.

Arnone, M. P., Small, R. V., Chauncey, S. A., & McKenna, H. P. (2011). Curiosity, interest and engagement in technology-pervasive learning environments: A new research agenda. *Educational Technology Research and Development, 59*(2), 181–198. https://doi.org/10.1007/s11423-011-9190-9.

Bakan, D. (1966). *The duality of human existence: An essay on psychology and religion.* Rand McNally.

Benet-Martínez, V., & John, O. P. (1998). Los Cinco Grandes across cultures and ethnic groups: Multitrait-multimethod analyses of the Big Five in Spanish and English. *Journal of Personality and Social Psychology, 75*(3), 729–750. https://doi.org/10.1037/0022-3514.75.3.729.

Berlyne, D. E. (1954). A theory of human curiosity. *British Journal of Psychology (London, England: 1953), 45*(3), 180–191. https://doi.org/10.1111/j.2044-8295.1954.tb01243.x.

Bless, H., Fellhauer, R. F., Bohner, G. & Schwarz, N. (1991). *Need for cognition: Eine Skala zur Erfassung von Engagement und Freude bei Denkaufgaben: ZUMA-Arbeitsbericht 1991/06*. Zentrum für Umfragen, Methoden und Analysen. https://www.ssoar.info/ssoar/handle/document/6889. Zugegriffen: 12. März 2025.

Borghuis, J., Denissen, J. J. A., Oberski, D., Sijtsma, K., Meeus, W. H. J., Branje, S., Koot, H. M., & Bleidorn, W. (2017). Big Five personality stability, change, and codevelopment across adolescence and early adulthood. *Journal of Personality and Social Psychology, 113*(4), 641–657. https://doi.org/10.1037/pspp0000138.

Borkenau, P., & Ostendorf, F. (1993). *NEO-Fünf-Faktoren Inventar (NEO-FFI) nach Costa und McCrae.* Hogrefe.

Broderick, C. B. (1993). *Understanding family process: Basics of family systems theory.* Sage Publications, Inc.

Buxton, C. E. (Hrsg.). (1985). *Influences in Psychology: Points of View in the Modern History of Psychology.* (1. print). Academic Press.

Cacioppo, J. T., & Petty, R. E. (1982). The need for cognition. *Journal of Personality and Social Psychology, 42*(1), 116–131. https://doi.org/10.1037/0022-3514.42.1.116.

Cacioppo, J. T., Petty, R. E., & Kao, C. F. (1984). The efficient assessment of need for cognition. *Journal of Personality Assessment, 48*(3), 306–307. https://doi.org/10.1207/s15327752jpa4803_13.

Carroll, J. B. (1993). Human cognitive abilities: A survey of factor-analytic studies. *Cambridge University Press.* https://doi.org/10.1017/CBO9780511571312.

Ceci, S. J. (1996). *On Intelligence … More or Less: A Biological Treatise on Intellectual Development*. Harvard University Press.

Cohen, A. R., Stotland, E., & Wolfe, D. M. (1955). An experimental investigation of need for cognition. *The Journal of Abnormal and Social Psychology, 51*(2), 291–294. https://doi.org/10.1037/h0042761.

Costa, P. T. & McCrae, R. R. (1992). *Revised NEO Personality Inventory (NEO-PI-R) and NEO Five-Factor Inventory (NEO-FFI) professional manual.* Psychological Assessment Resources.

Costa, P. T., Terracciano, A., & McCrae, R. R. (2001). Gender differences in personality traits across cultures: Robust and surprising findings. *Journal of Personality and Social Psychology, 81*(2), 322–331. https://doi.org/10.1037/0022-3514.81.2.322.

Deary, I. J., Whalley, L. J., Lemmon, H., Crawford, J., & Starr, J. M. (2000). The Stability of Individual Differences in Mental Ability from Childhood to Old Age: Follow-up of the 1932 Scottish Mental Survey. *Intelligence, 28*(1), 49–55. https://doi.org/10.1016/S0160-2896(99)00031-8.

DeYoung, C. G., Quilty, L. C., & Peterson, J. B. (2007). Between facets and domains: 10 aspects of the Big Five. *Journal of Personality and Social Psychology, 93*(5), 880–896. https://doi.org/10.1037/0022-3514.93.5.880.

Diekman, A. B., Brown, E. R., Johnston, A. M., & Clark, E. K. (2010). Seeking congruity between goals and roles: A new look at why women opt out of science, technology, engineering, and mathematics careers. *Psychological science, 21*(8), 1051–1057. https://doi.org/10.1177/0956797610377342.

Dole, J. A., & Sinatra, G. M. (1998). Reconceptualizing change in the cognitive construction of knowledge. *Educational Psychologist, 33,* 109–128.

Döring, A. K., Blauensteiner, A., Aryus, K., Drögekamp, L., & Bilsky, W. (2010). Assessing values at an early age: The Picture-Based Value Survey for Children (PBVS-C). *Journal of Personality Assessment, 92*(5), 439–448. https://doi.org/10.1080/00223891.2010.497423.

Eccles, J. S. (2005). Subjective Task Value and the Eccles et al. Model of Achievement-Related Choices. In *Handbook of competence and motivation* (S. 105–121). Guilford Publications.

Eccles, J. S. (2009). Who Am I and What Am I Going to Do With My Life? Personal and Collective Identities as Motivators of Action. *Educational Psychologist, 44*(2), 78–89. https://doi.org/10.1080/00461520902832368.

Eccles, J. S., Adler, T. F., Futterman, R., Goff, S. B., Kaczala, C. M., Meece, J. L., & Midgley, C. (1983). Expectancies, Values, and Academic Behaviors. In J. T. Spence (Hrsg.), *Achievement and achievement motives: Psychological and sociological approaches* (S. 75–146). W.H. Freeman.

Eccles, J. S., & Wigfield, A. (2002). Motivational Beliefs, Values, and Goals. *Annual Review of Psychology, 53*(1), 109–132. https://doi.org/10.1146/annurev.psych.53.100901.135153.

Fleischhauer, M., Enge, S., Brocke, B., Ullrich, J., & Strobel, A. (2010). Same or different? Clarifying the relationship of need for cognition to personality and intelligence. *Personality and Social Psychology Bulletin, 36*(1), 82–96. https://doi.org/10.1177/0146167209351886.

Fruböse, C. (2010). Der ungeliebte Physikunterricht. Ein Blick in die Fachliteratur und einige Anmerkungen aus der Praxis. *Der mathematische und naturwissenschaftliche Unterricht, 63*(7), 388–392.

Gebhard, U., Höttecke, D. & Rehm, M. (2017). *Pädagogik der Naturwissenschaften: Ein Studienbuch. Lehrbuch.* Springer VS.

Gershon, R. C., Cook, K. F., Mungas, D., Manly, J. J., Slotkin, J., Beaumont, J. L., & Weintraub, S. (2014). Language measures of the NIH Toolbox Cognition Battery. *Journal of the International Neuropsychological Society: JINS, 20*(6), 642–651. https://doi.org/10.1017/S1355617714000411.

Goldberg, L. R. (1981). Language and Individual Differences: The Search for Universals in Personality Lexicons. In L. Wheeler (Hrsg.), *Review of Personality and Social Psychology: 2* (S. 141–165). Sage.

Gottfredson, L. S. (1996). Gottfredson's Theory of Circumscription, Compromise, and Self-Creation. In D. Brown (Hrsg.), *Career choice and development* (3rd ed., S. 85–148). Jossey-Bass.

Grossnickle, E. M. (2016). Disentangling Curiosity: Dimensionality, Definitions, and Distinctions from Interest in Educational Contexts. *Educational Psychology Review, 28*(1), 23–60. https://doi.org/10.1007/s10648-014-9294-y.

Händel, M. (2021). *Intelligenz, kristalline und fluide*. Dorsch Lexikon der Psychologie. https://dorsch.hogrefe.com/stichwort/intelligenz-kristalline-und-fluide. Zugegriffen: 12. März 2025.

Hanel, P. H. P., Litzellachner, L. F., & Maio, G. R. (2018). An Empirical Comparison of Human Value Models. *Frontiers in Psychology, 9,* 1643. https://doi.org/10.3389/fpsyg.2018.01643.

Heller, K. A. & Perleth, C. (2000). *Kognitiver Fähigkeitstest für 4. bis 12. Klassen, Revision: KFT 4–12+ R*. Hogrefe.

Hidi, S. E., & Renninger, K. A. (2006). The Four-Phase Model of Interest Development. *Educational Psychologist, 41*(2), 111–127. https://doi.org/10.1207/s15326985ep4102_4.

Hidi, S. E., & Renninger, K. A. (2019). Interest Development and Its Relation to Curiosity: Needed Neuroscientific Research. *Educational Psychology Review, 31*(4), 833–852. https://doi.org/10.1007/s10648-019-09491-3.

Horn, J. L. (1972). STATE, TRAIT AND CHANGE DIMENSIONS OF INTELLIGENCE. *British Journal of Educational Psychology, 42*(2), 159–185. https://doi.org/10.1111/j.2044-8279.1972.tb00709.x.

Horn, J. L., & Cattell, R. B. (1966). Refinement and test of the theory of fluid and crystallized general intelligences. *Journal of Educational Psychology, 57*(5), 253–270. https://doi.org/10.1037/h0023816.

Iran-Nejad, A. (1987). Cognitive and affective causes of interest and liking. *Journal of Educational Psychology, 79*(2), 120–130. https://doi.org/10.1037/0022-0663.79.2.120.

Kaufman, A. S. & Kaufman, N. L. (2004). *Kaufman Brief Intelligence Test: Second Edition (KBIT-2)*. Pearson. https://doi.org/10.1037/t27706-000.

Klafki, W. (1991). *Neue Studien zur Bildungstheorie und Didaktik: Zeitgemäße Allgemeinbildung und kritisch-konstruktive Didaktik. Studium Paedagogik*. Beltz.

KMK (Sekretariat der Ständigen Konferenz der Kultusminister der Länder in der Bundesrepublik Deutschland). (2024). *Belegte Kurse in der gymnasialen Oberstufe der allgemeinbildenden Gymnasien und Integrierten Gesamtschulen*. https://www.kmk.org/de/dokumentation-statistik/statistik/weitere-bildungsstatistiken-links.html. Zugegriffen: 12. März 2025.

Köller, O., Baumert, J., & Schnabel, K. (2000). Zum Zusammenspiel von schulischem Interesse und Lernen im Fach Mathematik: Längsschnittanalysen in den Sekundarstufen I und II. In U. Schiefele & K.-P. Wild (Hrsg.), *Interesse und Lernmotivation : Untersuchungen zu Entwicklung, Förderung und Wirkung: Untersuchungen zu Entwicklung, Förderung und Wirkung* (S. 163–181). Waxmann.

Krapp, A. (1992). Das Interessenskonstrukt. Bestimmungsmerkmale der Interessenhandlung und des individuellen Interesses aus der Sicht einer Person-Gegenstands-Konzeption. In A. Krapp & M. Prenzel (Hrsg.), *Arbeiten zur sozialwissenschaftlichen Psychologie: Bd. 26. Interesse, Lernen, Leistung: Neuere Ansätze der pädagogisch-psychologischen Interessenforschung* (S. 297–329). Aschendorff.

Krapp, A. (1998). Entwicklung und Förderung von Interessen im Unterricht. *Psychologie in Erziehung und Unterricht, 44,* 185–201.

Krapp, A. (2000). Interest and Human Development During Adolescence: An Educational-Psychological Approach. In J. Heckhausen (Hrsg.), *Motivational Psychology of Human Development – Developing Motivation and Motivating Development* (Bd. 131, S. 109–128). Elsevier. https://doi.org/10.1016/S0166-4115(00)80008-4.

Krapp, A. (2005). Basic needs and the development of interest and intrinsic motivational orientations. *Learning and Instruction, 15*(5), 381–395. https://doi.org/10.1016/j.learninstruc.2005.07.007.

Kuhl, J., Wittich, C. & Schulze, S. (2022). Intelligenz – Konstrukt und Diagnostik. In M. Gebhardt, D. Scheer & M. Schurig (Hrsg.), *Handbuch der sonderpädagogischen Diagnostik. Grundlagen und Konzepte der Statusdiagnostik, Prozessdiagnostik und Förderplanung* (S. 131–146). Universität Regensburg.

Laumann, D., Welberg, J., & Heinicke, S. (2024). Physik studieren oder nicht? Welche Faktoren beeinflussen die Wahl eines Physikstudiums? *Physik Journal, 11,* 30–33.

Lee, J. A., Soutar, G., & Louviere, J. (2008). The best-worst scaling approach: An alternative to Schwartz's Values Survey. *Journal of Personality Assessment, 90*(4), 335–347. https://doi.org/10.1080/00223890802107925.

Lee, K. & Ashton, M. C. (2012). *The H factor of personality: Why some people are manipulative, self-entitled, materialistic, and exploitive – and why it matters for everyone.* Wilfrid Laurier University Press.

Litman, J. A., & Spielberger, C. D. (2003). Measuring epistemic curiosity and its diversive and specific components. *Journal of Personality Assessment, 80*(1), 75–86. https://doi.org/10.1207/S15327752JPA8001_16.

Lord, K. R., & Putrevu, S. (2006). Exploring the dimensionality of the need for cognition scale. *Psychology & Marketing, 23*(1), 11–34. https://doi.org/10.1002/mar.20108.

Maio, G. R. (2010). Mental Representations of Social Values. In M. Zanna (Hrsg.), *Advances in experimental social psychology* (Bd. 42, S. 1–43). Academic Press. https://doi.org/10.1016/S0065-2601(10)42001-8.

Master, A., Meltzoff, A. N. & Cheryan, S. (2021). Gender stereotypes about interests start early and cause gender disparities in computer science and engineering. *Proceedings of the National Academy of Sciences of the United States of America, 118*(48). https://doi.org/10.1073/pnas.2100030118.

McCrae, R. R. & Costa, P. T. (2008). The Five-Factor Theory of personality. In O. P. John, R. W. Robins, & L. A. Pervin (Hrsg.), *Handbook of Personality: Theory and Research* (3. Aufl., S. 159–181). Guilford Press.

Merzyn, G. (2008). *Naturwissenschaften, Mathematik, Technik – immer unbeliebter? Die Konkurrenz von Schulfächern um das Interesse der Jugend im Spiegel vielfältiger Untersuchungen.* Schneider Hohengehren.

Muckenfuß, H. (2006). *Lernen im sinnstiftenden Kontext: Entwurf einer zeitgemäßen Didaktik des Physikunterrichts* (1. Aufl., 2. Dr.). Cornelsen.

Mussel, P. (2010). Epistemic curiosity and related constructs: Lacking evidence of discriminant validity. *Personality and Individual Differences, 49*(5), 506–510. https://doi.org/10.1016/j.paid.2010.05.014.

OECD. (2006). *Evolution of student interest in science and technology studies: Policy report*. OECD Global Science Forum.

Oishi, S., Schimmack, U., Diener, E., & Suh, E. M. (1998). The Measurement of Values and Individualism-Collectivism. *Personality & Social Psychology Bulletin, 24*(11), 1177–1189. https://doi.org/10.1177/01461672982411005.

Osborne, J., Simon, S., & Collins, S. (2003). Attitudes towards science: A review of the literature and its implications. *International Journal of Science Education, 25*(9), 1049–1079. https://doi.org/10.1080/0950069032000032199.

Ostendorf, F. & Angleitner, A. (2004). *NEO-PI-R. NEO-Persönlichkeitsinventar nach Costa und McCrae.: Revidierte Fassung*. Hogrefe.

Pacini, R., & Epstein, S. (1999). The relation of rational and experiential information processing styles to personality, basic beliefs, and the ratio-bias phenomenon. *Journal of Personality and Social Psychology, 76*(6), 972–987. https://doi.org/10.1037/0022-3514.76.6.972.

Page, M. J., McKenzie, J. E., Bossuyt, P. M., Boutron, I., Hoffmann, T. C., Mulrow, C. D., Shamseer, L., Tetzlaff, J. M., Akl, E. A., Brennan, S. E., Chou, R., Glanville, J., Grimshaw, J. M., Hróbjartsson, A., Lalu, M. M., Li, T., Loder, E. W., Mayo-Wilson, E., McDonald, S., … Moher, D. (2021). The PRISMA 2020 statement: An updated guideline for reporting systematic reviews. *Systematic Reviews, 10*(1), 89. https://doi.org/10.1186/s13643-021-01626-4

Pechtl, H. (2009). *Anmerkungen zur Operationalisierung und Messung des Konstrukts „need for cognition": Wirtschaftswissenschaftliche Diskussionspapiere (05/09)*. https://rsf.uni-greifswald.de/storages/uni-greifswald/fakultaet/rsf/forschung/diskussionspapiere/Arbeitsberichte_2009/05-2009.pdf. Zugegriffen: 12. März 2025.

Pekrun, R. (2019). The Murky Distinction Between Curiosity and Interest: State of the Art and Future Prospects. *Educational Psychology Review, 31*(4), 905–914. https://doi.org/10.1007/s10648-019-09512-1.

Pettersson, E., & Turkheimer, E. (2010). Item Selection, Evaluation, and Simple Structure in Personality Data. *Journal of Research in Personality, 44*(4), 407–420. https://doi.org/10.1016/j.jrp.2010.03.002.

Piaget, J. (1972). Intellectual Evolution from Adolescence to Adulthood. *Human Development, 15*(1), 1–12. https://doi.org/10.1159/000271225.

Piotrowski, J. T., Litman, J. A., & Valkenburg, P. (2014). Measuring Epistemic Curiosity in Young Children. *Infant and Child Development, 23*(5), 542–553. https://doi.org/10.1002/icd.1847.

Pöhlmann, K. (2001). Agency- and communion-orientation in life goals: Impacts on goal pursuit strategies and psychological well-being. In P. Schmuck & K. M. Sheldon (Hrsg.), *Life Goals and Well-Being: Towards a Positive Psychology of Human Striving* (S. 68–84). Hogrefe & Huber.

Post, T., & van der Walma Molen, J. H. (2018). Do children express curiosity at school? Exploring children's experiences of curiosity inside and outside the school context. *Learning, Culture and Social Interaction, 18*, 60–71. https://doi.org/10.1016/j.lcsi.2018.03.005.

Potvin, P., & Hasni, A. (2014a). Analysis of the Decline in Interest Towards School Science and Technology from Grades 5 Through 11. *Journal of Science Education and Technology, 23*(6), 784–802. https://doi.org/10.1007/s10956-014-9512-x.

Potvin, P., & Hasni, A. (2014b). Interest, motivation and attitude towards science and technology at K-12 levels: A systematic review of 12 years of educational research. *Studies in Science Education, 50*(1), 85–129. https://doi.org/10.1080/03057267.2014.881626.

Preckel, F. & Strobel, A. (2017). *Need for Cognition – Kinderskala: Eine Skala zur Erfassung der kognitiven Motivation bei Grundschulkindern (NFC-KIDS).* Hogrefe.

Prenzel, M. (1994). Mit Interesse in das dritte Jahrtausend! Paedagogische Ueberlegungen. In N. Seibert (Hrsg.), *Bildung und Erziehung an der Schwelle zum dritten Jahrtausend* (S. 1314–1339). Pims.

Rammstedt, B., Kemper, C. J., Klein, M. C., Beierlein, C. & Kovaleva, A. (2014). *Big Five Inventory (BFI-10): Zusammenstellung sozialwissenschaftlicher Items und Skalen (ZIS).* https://doi.org/10.6102/zis76.

Rauthmann, J. F. (2022). *Fünf-Faktoren-Modell.* Dorsch Lexikon der Psychologie. https://dorsch.hogrefe.com/stichwort/fuenf-faktoren-modell. Zugegriffen: 12. März 2025.

Rindermann, H. (2007). Intelligenz, kognitive Fähigkeiten, Humankapital und Rationalität auf verschiedene Ebenen. *Psychologische Rundschau, 58*(2), 137–145. https://doi.org/10.1026/0033-3042.58.2.137.

Sadowski, C. J., & Cogburn, H. E. (1997). Need for Cognition in the Big-Five Factor Structure. *The Journal of Psychology, 131*(3), 307–312. https://doi.org/10.1080/00223989709603517.

Schiefele, H. (1986). Interesse. Neue Antworten auf ein altes Problem. Vorab-Onlinepublikation. https://doi.org/10.25656/01:14382.

Schiefer, I. M., Becker, S., & Artelt, C. (2018). Empirische Arbeit: Eine personenzentrierte Betrachtung der Entwicklung des Fachinteresses Deutsch, Mathematik und Englisch von Jahrgangsstufe 4 bis 11. *Psychologie in Erziehung und Unterricht, 65*(2), 141. https://doi.org/10.2378/PEU2017.art24d.

Schmitt, F. F., & Lahroodi, R. (2008). THE EPISTEMIC VALUE OF CURIOSITY. *Educational Theory, 58*(2), 125–148. https://doi.org/10.1111/j.1741-5446.2008.00281.x.

Schwartz, S. H. (1992). Universals in the Content and Structure of Values: Theoretical Advances and Empirical Tests in 20 Countries. In M. Zanna (Hrsg.), *Advances in Experimental Social Psychology. Advances in Experimental Social Psychology Volume 25* (Bd. 25, S. 1–65). Elsevier. https://doi.org/10.1016/S0065-2601(08)60281-6.

Schwartz, S. H. (2012). An Overview of the Schwartz Theory of Basic Values. *Online Readings in Psychology and Culture, 2*(1). https://doi.org/10.9707/2307-0919.1116.

Schwartz, S. H., Cieciuch, J., Vecchione, M., Davidov, E., Fischer, R., Beierlein, C., Ramos, A., Verkasalo, M., Lönnqvist, J.-E., Demirutku, K., Dirilen-Gumus, O., & Konty, M. (2012). Refining the theory of basic individual values. *Journal of Personality and Social Psychology, 103*(4), 663–688. https://doi.org/10.1037/a0029393.

Schwartz, S. H., Melech, G., Lehmann, A., Burgess, S., Harris, M., & Owens, V. (2001). Extending the Cross-Cultural Validity of the Theory of Basic Human Values with a Different Method of Measurement. *Journal of Cross-Cultural Psychology, 32*(5), 519–542. https://doi.org/10.1177/0022022101032005001.

Shipley, W. C., Gruber, C. P., Martin, T. A. & Klein, A. M. (2009). *Shipley-2 manual.* Western Psychological Services.

Specht, J., Egloff, B., & Schmukle, S. C. (2011). Stability and change of personality across the life course: The impact of age and major life events on mean-level and rank-order stability of the Big Five. *Journal of Personality and Social Psychology, 101*(4), 862–882. https://doi.org/10.1037/a0024950.

Steyer, R., Ferring, D., & Schmitt, M. J. (1992). States and traits in psychological assessment. *European Journal of Psychological Assessment, 8*(2), 79–98.

von Stumm, S., Hell, B., & Chamorro-Premuzic, T. (2011). The Hungry Mind: Intellectual Curiosity Is the Third Pillar of Academic Performance. *Perspectives on psychological science : A journal of the Association for Psychological Science, 6*(6), 574–588. https://doi.org/10.1177/1745691611421204.

von Stumm, S., & Ackerman, P. L. (2013). Investment and intellect: A review and meta-analysis. *Psychological bulletin, 139*(4), 841–869. https://doi.org/10.1037/a0030746.

Tröster, H. (2019). *Diagnostik in schulischen Handlungsfeldern: Methoden, Konzepte, praktische Ansätze* (1. Aufl.). Kohlhammer: Verlag W.

Wang, M.-T., & Eccles, J. S. (2013). School context, achievement motivation, and academic engagement: A longitudinal study of school engagement using a multidimensional perspective. *Learning and Instruction, 28,* 12–23. https://doi.org/10.1016/j.learninstruc.2013.04.002.

Wechsler, D. (2014). *Wechsler Intelligence Scale for Children-Fifth Edition technical and interpretive manual: (WISC-V).* NCS Pearson.

Welberg, J., Laumann, D. & Heinicke, S. (2024). Measuring Empathizing and Systemizing in Children and Adolescents. *European Journal of Psychological Assessment,* Artikel 1015–5759/a000843. Vorab-Onlinepublikation. https://doi.org/10.1027/1015-5759/a000843.

Welberg, J., Schneider, A.-K., Laumann, D. & Heinicke, S. (2025). Zusammenhang zwischen Gender, empathisierender sowie systematisierender Denkweise und dem Fachinteresse sowie der Kurswahl in der Sekundarstufe II von Lernenden im Fach Physik. *Zeitschrift für Didaktik der Naturwissenschaften, 31*(1). https://doi.org/10.1007/s40573-024-00176-1.

Wild, S. (2023). Trajectories of subject-interests development and influence factors in higher education. *Current Psychology, 42*(15), 12879–12895. https://doi.org/10.1007/s12144-021-02691-7.

Wilhelm, O., Schroeders, U. & Schipolowski, S. (2014). *Berliner Test zur Erfassung fluider und kristalliner Intelligenz für die 8. bis 10. Jahrgangsstufe (BEFKI 8–10).* Hogrefe.

Wilhelm, O., Schulze, R., Schmiedek, F. & Süß, H.-M. (2003). Interindividuelle Unterschiede im typischen intellektuellen Engagement. *Diagnostica, 49*(2), 49–60. https://doi.org/10.1026//0012-1924.49.2.49.

Zeyer, A. (2018). Gender, complexity, and science for all: Systemizing and its impact on motivation to learn science for different science subjects. *Journal of Research in Science Teaching, 55*(2), 147–171. https://doi.org/10.1002/tea.21413.

Ziegler, A., Antes, G., & König, I. (2011). Bevorzugte Report Items für systematische Übersichten und Meta-Analysen: Das PRISMA-Statement. *DMW – Deutsche Medizinische Wochenschrift, 136*(08), e9–e15.

Interest goes Identity? Eine Bestandsaufnahme der Relationierungen von Interesse und Identität und deren Potentiale für naturwissenschaftsdidaktische Forschung

Lisa-Marie Christ, Andrea M. Schmid, Laura Arndt, Cornelia Borchert, Dorothee Brovelli, Olaf Krey, Thorid Rabe, Markus Rehm, Francisca Schultz, Matthias Wilde und Thomas Zügge

1 Einleitung

Die Positionierung von jungen Menschen zu Naturwissenschaften, insbesondere die aktive Hinwendung anhand von Wahlentscheidungen und Karrierewegen ist von gesellschaftlicher und individueller Bedeutung (vgl. Rabe in diesem Band, Kap. „Interessenförderung als Ziel von naturwissenschaftlichem Unterricht?!").

L.-M. Christ (✉) · O. Krey
Didaktik der Physik, Universität Augsburg, Augsburg, Deutschland
E-Mail: lisamarie.christ@physik.uni-augsburg.de

O. Krey
E-Mail: olaf.krey@physik.uni-augsburg.de

A. M. Schmid · D. Brovelli
Fachdidaktiken Physik und Technik, Pädagogische Hochschule Luzern, Luzern, Schweiz
E-Mail: andrea.schmid3@phlu.ch

D. Brovelli
E-Mail: dorothee.brovelli@phlu.ch

L. Arndt · M. Rehm
Fachbereich Chemie, Pädagogische Hochschule Heidelberg, Heidelberg, Deutschland
E-Mail: arndt@forscherstation.info

O. Krey et al. (Hrsg.), *Interesse revisited*,
https://doi.org/10.1007/978-3-658-48542-9_7

Spätestens seit der IPN-Interessenstudie (Hoffmann et al., 1998) ist bekannt, dass diese Hinwendung zur Physik im Laufe des Physikunterrichts in Deutschland nicht gut gelingt. Im Mittel ist ein für Jungen und Mädchen unterschiedlicher Fachinteressenabfall über die Sekundarstufe I hinweg zu beobachten. Auch die Studie The Relevance of Science Education (ROSE) bestätigt/aktualisiert diese Befunde. Als Reaktion auf die im internationalen Vergleich nur durchschnittlichen deutschen PISA-Ergebnisse (Programme for International Student Assessment) für die Naturwissenschaften in den 2000er Jahren wurden verstärkt Forschungsprogramme (z. B. Chemie im Kontext [ChiK] oder Physik im Kontext [PiKo]) und Förderprogramme (insbesondere für außerschulische Lernorte) initiiert, die eine Interessenförderung als zentrales Ziel verfolgten. Die Maßnahmen zur Interessenförderung im MINT-Bereich sind vielfältig. An dem durch die IPN-Interessenstudie beschriebenen Bild hat sich aber kaum etwas verändert.

Warum ist das so? Welchen blinden Fleck hat die fachdidaktische Forschung bzw. haben die darauf basierenden Interventionsansätze? Unser Verdacht lautet: In der naturwissenschaftsdidaktischen Forschung kommt es systematisch zu einer Überschätzung der Bedeutung des Interessenkonstrukts, weil man sich von vornherein auf den naturwissenschaftsbezogenen Teil der Proband:innenpersönlichkeiten beschränkt, was intra- und interpersonale Verflechtungen und Spannungsverhältnisse ausblendet, obwohl diese letztlich handlungswirksam werden und z. B. Wahlentscheidungen wesentlich beeinflussen. Pointiert formuliert: Wenn es das Ziel ist, Individuen in ihrer sozialen Einbettung,

M. Rehm
E-Mail: rehm@ph-heidelberg.de

C. Borchert · F. Schultz
Didaktik der Chemie, Universität Bielefeld, Bielefeld, Deutschland
E-Mail: cornelia.borchert@uni-bielefeld.de

F. Schultz
E-Mail: francisca.schultz@uni-bielefeld.de

T. Rabe
Didaktik der Physik, Martin-Luther-Universität Halle-Wittenberg, Halle/Saale, Deutschland
E-Mail: thorid.rabe@physik.uni-halle.de

M. Wilde
Biologiedidaktik, Universität Bielefeld, Bielefeld, Deutschland
E-Mail: matthias.wilde@uni-bielefeld.de

T. Zügge
Fachdidaktik der Physik, Universität Greifswald, Greifswald, Deutschland
E-Mail: zuegge@physik.uni-greifswald.de

ihrem (Nicht-)Handeln in naturwissenschaftlichen Räumen zu verstehen, greift naturwissenschaftsdidaktische Forschung basierend auf dem Interessenkonstrukt regelmäßig zu kurz.

Die hier beitragenden Autor:innen eint der Gedanke, dass eine Erweiterung der Forschungsansätze durch den Begriff der Identität hilfreiche Perspektiven eröffnen könnte. Mit den PISA-Erhebungen 2025 soll nun zum ersten Mal im Rahmen einer PISA-Erhebung das Konstrukt Identität im Bereich der Naturwissenschaften erhoben werden. Für die PISA-Studie wird das Konstrukt in den Dimensionen naturwissenschaftliches Kapital, Einstellungen zu Naturwissenschaft und Umwelt konzipiert.

Hat damit das in den naturwissenschaftlichen Fachdidaktiken über lange Zeit zentrale und häufig genutzte Interessenkonstrukt ausgedient und wird durch das neue Trend-Konstrukt Identität abgelöst? Jedenfalls hat dieses in den vergangenen Dekaden international an Bedeutung gewonnen, wenn es darum geht, zu erfassen, wie sich Menschen den Naturwissenschaften zu- oder von ihnen abwenden, sich als Teil von oder als außenstehend zu Naturwissenschaften erleben. Ist also das, was für die Fachdidaktiken früher das Interessenkonstrukt war, heute das Identitätskonstrukt?[1] Selbstverständlich wird eine Antwort differenzierter ausfallen müssen, als die Frage suggeriert. Der folgende Beitrag greift jedoch zumindest die Richtung dieses Einstiegsimpulses auf, indem er der Frage nach dem Verhältnis der beiden genannten Konstrukte nachgeht. Ziel ist es, neben einer Aufschlüsselung der gegenseitigen Bezüge auch auszuleuchten, welche Tragfähigkeit und Relevanz die Konstrukte Interesse und Identität für die Naturwissenschaftsdidaktiken besitzen bzw. zukünftig besitzen können. Was kann also das jeweilige Konstrukt in und für fachdidaktische Forschung leisten, was nicht? Inwiefern sind die beiden Konstrukte aufeinander zu beziehen oder systematisch zu trennen? Dabei liegt hinter diesen Fragestellungen das grundsätzliche Ziel, die Prozesse der Zu- und Abwendung von den Naturwissenschaften möglichst gut beschreiben und ggf. beeinflussen zu können.

[1] Dass dieser Gedanke eine Prüfung Wert ist, zeigen auch Publikationszahlen. Sucht man in der Datenbank Web of Science nach Publikationen, die im Titel die Worte student, science und identity beinhalten, so erhält man 3 Treffer für den Zeitraum 1985–2004. Im Zeitraum 2005–2024 ergeben sich 129 Treffer. Ersetzt man im Suchstring identity durch interest ergeben sich 30 bzw. 238 Treffer. Insgesamt stützt dies die überproportionale Zunahme der Verwendung des Identitätsbegriffes und legitimiert den Wunsch nach einer Prüfung der inhaltlichen Substanz dieser vermeintlichen Modeerscheinung.

In einer ersten Annäherung (für eine differenzierte Betrachtung vgl. Zügge & Höft in diesem Band, Kap. „Interessentheorien revisited. Ein Überblick gängiger Interessenbegriffe und damit verbundener Beschreibungen der Interessenentwicklung") kann Interesse als eine persönlich bedeutsame und damit herausgehobene Beziehung zu einem Gegenstand gefasst werden (Krapp, 1992; Prenzel et al., 1986; Schiefele, 1986). Naturwissenschaftliche Interessen beziehen sich demnach auf für das jeweilige Individuum bedeutsame naturwissenschaftliche Gegenstände, wie beispielsweise naturwissenschaftliche Aktivitäten (z. B. Experimentieren) oder naturwissenschaftliche Inhalte (z. B. Genetik). Innerhalb der Naturwissenschaftsdidaktiken werden die naturwissenschaftlichen Gegenstände meist fachspezifisch betrachtet.

Ein erster Zugang zum Konstrukt Identität lässt sich über das Alltagsverständnis des Begriffs und die darauf hindeutende Frage(n) „Wer bin ich bzw. wer will ich sein?" (z. B. Zirfas, 2010, S. 9; Straub, 2019, S. 40 f.) erschließen. Zunächst lenkt das Konstrukt Identität den Blick auf eine Person als Ganze mit ihren (vermeintlichen) Charakteristika und (typischen) Verhaltensweisen. Gleichzeitig impliziert die Doppelstruktur der Frage, dass Identität prozesshaft und situativ konstruiert wird. In diese Konstruktion von Identität geht sowohl das Wissen bzw. Bild zur eigenen Person ein als auch Vorstellungen, die in Interaktionen mit anderen hervorgebracht werden (Morf, 2023; Shanahan, 2009). Das Identitätskonstrukt verweist somit sowohl auf (sozial-)psychologische als auch soziologische theoretische Rahmungen. Auf eine vertieftere Betrachtung des Konstrukts Identität, auch in Bezug auf seine Operationalisierung und Anwendungsbereiche in den Naturwissenschaftsdidaktiken, wird an dieser Stelle noch verzichtet (vgl. Abschn. 2 in diesem Beitrag).

Die differenzierte Betrachtung der gegenseitigen Bezugnahmen und unterstellten Wirkungszusammenhänge erscheint uns also gewinnbringend für die theoretische und empirische Ausrichtung naturwissenschaftsdidaktischer Forschung zu sein. Dass sie auch notwendig ist, wird mit Blick auf die Rahmenkonzeption für PISA 2025 deutlich. Dort wird einerseits darauf verwiesen, dass die Ausprägung eines naturwissenschaftlichen Identitätsgefühls den Grad des Interesses beeinflussen wird. Es wird demnach eine Wirkrichtung von Identität auf Interessen unterstellt: „their sense of scientific identity, attitudes or disposition towards science will determine their level of interest, sustain their engagement, and will motivate them to take action (Osborne et al., 2003; Moote et al., 2020)" (OECD, 2023). Gleichzeitig werden jedoch (neben weiteren Dimensionen) mit den folgenden beiden Aspekten auch Ausprägungen von Interesse als Teil von Identität benannt, nämlich „die Entwicklung von Interesse an naturwissenschaftlichen Phänomenen und den damit verbundenen Modellen und Erklärungen; das Interesse der Schüler:innen an einer naturwissenschaftlichen Karriere oder einem naturwissenschaftlichen Studium" (OECD, 2023). Naturwissenschaftliche Phänomene und damit verbundene Modelle und Erklärungen einerseits und naturwissenschaftliche Bildungswege andererseits, dienen hier also als (sehr verschiedene) Gegenstände in der (herausgehobenen) Person-Gegenstandsrelation, als welche Interesse allgemein definiert wird.

Aus unserer Sicht stellt das Aufgreifen des Identitätskonstrukts eine konstruktive Erweiterung der Perspektive gegenüber einer alleinigen Erhebung des Interesses dar. Allerdings werden in der PISA-Rahmenkonzeption sowohl Interesse als auch Identität als allein dem Individuum zurechenbare Konstrukte behandelt. Darin deutet sich eine spezifische Lagerung des theoretischen Zugangs im Bereich der Persönlichkeitspsychologie an, die von sozialpsychologischen und soziologischen Aspekten weitgehend absieht, obwohl die Bedeutung des Umfeldes für die Entwicklung von Interessen und Identitäten theoretisch in beiden Perspektiven angelegt ist.

Die bis hier angedeuteten Unschärfen verlangen zunächst nach einer theoretischen Klärung des Verhältnisses der Konstrukte Interesse und Identität, für die wir mit diesem Beitrag einen ersten Aufschlag leisten möchten. Empirische Forschungsbefunde zu Interesse und Identität klammern wir an dieser Stelle bewusst aus. Auch nehmen wir keine Differenzierung nach schulischen und außerschulischen Kontexten von Interessen- und oder Identitätsbildung vor, weil diese Unterscheidung der theoretischen Relationierung der Konstrukte selbst nachgelagert erscheint.

2 Die Relation von Interesse und Identität – eine theoretische Heranführung

Im Folgenden werden zwei Analyserichtungen gewählt, um dem Verhältnis zwischen beiden Konstrukten nachzugehen. Zunächst wird in Abschn. 2.1 ausgehend vom Interessenkonstrukt herausgearbeitet, ob und in welcher Weise in etablierten naturwissenschaftsdidaktischen Interessentheorien Bezüge zu Identitätskonstrukten (implizit) hergestellt wurden bzw. sich heute explizieren lassen. Während im Beitrag von Zügge und Höft (in diesem Band, Kap. „Interessentheorien revisited. Ein Überblick gängiger Interessenbegriffe und damit verbundener Beschreibungen der Interessenentwicklung") ausführlich auf die (zum Teil historischen) Definitionen des Begriffs Interesse eingegangen wird, er also in seinen verschiedenen Lesarten verhandelt wird, fokussiert der nachfolgende Abschnitt bewusst auf die Relation zwischen Interesse und Identität.

Im nachfolgenden Abschn. 2.2 wird dann die Gegenrichtung eingeschlagen und ausgehend vom Identitätskonstrukt dessen Bezüge zu und auf Interesse herausgearbeitet. Da die Konzeptualisierung von Identität in fachdidaktischen Kontexten typischerweise im Spektrum von stark individualpsychologischen bis hin zu soziologischen Rahmentheorien vorgenommen wird, werden exemplarisch vier Auffassungen/Modelle von Identität als Ausgangspunkte gewählt. Die Identitätsmodelle und ihre Rahmentheorien werden in den Abschn. 2.2.1, 2.2.2, 2.2.3 und 2.2.4 jeweils zunächst in aller Kürze skizziert, sodass dann die Beziehung zum Interessenkonstrukt herausgearbeitet werden kann und abschließend jeweils methodische Implikationen dargestellt werden.

Der letzte Abschnitt des Beitrags versucht sich an einer Systematisierung der verschiedenen Interessen-Identität-Bezüge. Daraus werden mögliche Potentiale und Implikationen für Forschungszugänge in den Naturwissenschaften abgeleitet, die sich auf eines der beiden oder beide Konstrukte gemeinsam beziehen.

2.1 Von Interesse zu Identität

Vor dem Hintergrund der recht umfangreichen fachdidaktischen Forschungsaktivitäten und ihrer Ergebnisse zu naturwissenschaftlichen Interessen von Lernenden kann leicht der Eindruck entstehen, dass ein neues Konstrukt Identität eine Modererscheinung darstellt, die zu dem etablierten Interessenbegriff und seiner Forschungstradition in Konkurrenz steht. Wie sich zeigen wird, hält dieser Eindruck einer Prüfung der konzeptionellen Grundlagen der Interessenforschung nicht stand; er speist sich aber möglicherweise aus einer verkürzten Rezeption dieser Grundlagen im Rahmen empirischer Forschungsprojekte. Der folgende Abschnitt versteht sich als Versuch, das Feld aus Sicht der Interessenforschung zu sondieren. Zu diesem Zweck werden exemplarisch Veröffentlichungen (nicht nur) aus der naturwissenschaftsdidaktischen Interessenforschung herangezogen.

Die Herausgabe des Sammelbandes „Interesse – Lernen – Leistung" (Krapp & Prenzel, 1992) markiert einen oft zitierten Start- und Bezugspunkt der aktuellen Interessenforschung.[2] Darin formuliert Krapp bereits: „Insofern steht das Interesse direkt oder indirekt in Verbindung zum Selbstkonzept und zur eigenen Identität" (Krapp, 1992, S. 322).[3]

[2] Einhundert Jahre zuvor hat James 1892 mit seiner Unterscheidung zwischen Me- und I-Self eine wesentliche Grundlage für den Identitätsbegriff gelegt (James, 1983).

[3] In diesem Zitat unterscheidet Krapp (1992) augenscheinlich zwischen Identität und Selbstkonzept. Vor allem in Arbeiten aus dem Umkreis der Person-Gegenstands-Konzeption des

Die Diskussion um die Beziehung zwischen Interessen und Identität einer Person ist zu diesem Zeitpunkt bereits dynamisch im Gange. Wenige Jahre zuvor schreiben Prenzel et al.: „Die Person gewinnt Identität über ihren Bezug zum Interessengegenstand" (1986, S. 167), ein paar Jahre später dann Fivush: „Defining oneself as female or male sets a developmental process in motion that has wide-reaching implications for the ways in which one [...] develops particular interests and abilities" (1998, S. 58). Die Zitate stehen hier exemplarisch für komplementäre Wirkungszusammenhänge zwischen Interessen und Identität(en).

Bei Krapp (1992) wird auf die gegenseitige Wechselwirkung von Interessen- und Persönlichkeitsentwicklung auf dem Umweg des Begriffs der Identitätsrelevanz – als Beziehung zwischen Interessengegenstand und Innerem Kern der Persönlichkeit (mit Verweis auf Deci & Ryan, 1985 s. u.) - nur einmal eingegangen. In den folgenden Jahren wird die Parallelität von Identitäts- und Interessenentwicklung stärker und stärker betont (z. B. in Krapp et al., 1998; Krapp & Prenzel, 2011). In den Vordergrund treten dabei Konzeptionen selbstaktionaler und sozial-kulturell eingebundener Identität, z. B. im Sinne Harters (1999, 2006), die unter anderem von Renninger (2009) oder Renninger et al. (2019) zitiert wird, oder Fends (1991, 1994), den Krapp zitiert (1998, 1999, 2002b, 2007) und rezensiert (Krapp, 1996).

Diese Konzeptualisierung der Identitätsentwicklung[4] als selbstaktionale Leistung des Individuums in seinem sozialen und kulturellen Kontext ist an zentraler

---

Interesses (engl. Person-Object-Theory of Interest, POI) wurde wiederholt das Selbstkonzept (neben der Identität) im Rahmen der Interessenentwicklung genannt. Teilweise geschah dies, a) ohne zwischen Selbstkonzept und Identität zu unterscheiden (Krapp et al., 1998; Krapp, 2002b), b) mit Unterscheidung, aber ohne Erläuterung der Unterschiede (Krapp, 1998, 2002a, b) oder c) mit einer eher vagen Differenzierung der Wirkmechanismen wie z. B. bei Prenzel, Krapp und Schiefele: „Das Selbstkonzept der Person wird durch den Gegenstand geprägt. Die Person gewinnt Identität über ihren Bezug zum Interessengegenstand" (1986 S. 167). Häufiger aber wurde in der Beschreibung der Interdependenz von Interessen- und Persönlichkeitsentwicklung lediglich auf die Identität verwiesen.

[4] Die Identität eines Individuums bildet sich u. a. durch externale Attribuierungen und wird entsprechend maßgeblich durch soziale Erfahrungen beeinflusst. Insbesondere wird sie aktiv konstruiert durch die subjektive Bewertung des Erlebten und die Integration in die eigene Identität (Brandtstädter, 2001; Erikson, 1970; Fend, 1991). Aktuell wahrgenommene Identität(en) des Individuums stellen das Ergebnis subjektiver Konstruktionsprozesse dar. Dabei kann die Identität als bestehend aus einem Nucleus und Satelliten (vgl. Goffman, 1963) beschrieben werden, d. h. ein zentraler, relativ stabiler Bereich der Identität neben einem eher fluiden, sich einem Kontext anpassenden Bereich angenommen werden (Deci & Ryan, 1991; Goffman, 1963; Krappmann, 1971). Je nach Situation und Kontext werden unterschiedliche Aspekte der gleichen Person salient (s. u.). Die gemachten (sozialen) Erfahrungen wirken im Reflexionsprozess identitätskonstituierend.

Stelle in die Entwicklung des Interessenkonstrukts im deutschsprachigen Raum eingeflossen: Wenn Krapp etwa auf das Modell der Entwicklungsaufgaben von Havighurst verweist (Havighurst, 1948; Krapp, 2002b, S. 393), thematisiert er die Wechselwirkung zwischen inneren und kontextuellen Angeboten für die Persönlichkeitsentwicklung und die Selbsttätigkeit des Individuums bei der Auswahl und Gestaltung derselben (ebd. S. 400). In der – vor allem für das POI-Framework konstitutiven – Selbstbestimmungstheorie der Motivation (häufig: Deci & Ryan, 1985) wird diese Beziehung auf ähnliche Weise beschrieben: Sowohl angeborene Bedürfnisse (basic needs) wie auch ihre Realisierungsoptionen im sozialen Raum wirken entwicklungs- und interessenlenkend. Auch dort wird postuliert, dass Individuen aktiv solche Umgebungen aufsuchen, in denen sie ihre Grundbedürfnisse (v. a. nach sozialer Eingebundenheit) befriedigen können und die ihnen die Aufnahme identitätskongruenter Handlungen ermöglichen (Deci & Ryan, 1991). In einer Neuauflage[5] formulieren Ryan und Deci (2018) bzw. Ryan (2023):

„We propose that (1) people develop identities in an attempt to satisfy their needs for relatedness, competence, and autonomy and (2) the degree to which they experience need satisfaction while forming identities has a strong influence on both the content of those identities and the way they are anchored in the people's psyches" (Ryan & Deci, 2018, S. 385; vgl. Ryan, 2023).[6]

Diese Perspektiven zeigen exemplarisch, in welcher Beziehung Identität und Interesse zueinanderstehen können. Mögliche Wirkbeschreibungen lassen sich in folgende Gruppen einteilen: 1) Interessen sind Antriebe der Identitätsentwicklung oder, umgekehrt, 2) die Identitätsentwicklung moderiert die Interessengenese oder 3) integrierende Beschreibung von Identitäts- und Interessenentwicklung. Für alle drei Lesarten gibt es gute Argumente.

So vermutet Renninger, die Annäherung an und das Vertraut machen mit einem potenziellen Interessengegenstand (etwa den Naturwissenschaften) sei

---

[5] Mit Blick auf die erwähnte Grundtendenz eher die Identität als das Selbstkonzept als Einfluss auf die Interessenentwicklung anzunehmen soll die folgende Beobachtung als weiterer Indikator dienen: In besagter Neuauflage verwenden Ryan und Deci den Begriff Selbstkonzept deutlich seltener als den Begriff Identität (9 zu 132-mal).

[6] Vor diesem Hintergrund lässt sich ggf. als Parallele zwischen Theorien zur Interessen- und Identitätsentwicklung feststellen, dass aktuelle Zustände und überdauernde Dispositionen unterschieden werden. Innerhalb der Interessenforschung verweist beispielsweise der Begriff „situationales Interesse" auf einen aktuellen Zustand (Hidi & Renninger, 2006; Krapp, 1992), ebenso die Begriffe „catch" und „hold" (Mitchell, 1993), die den Beginn einer Interessenentwicklung charakterisieren. Auf das Vorhandensein eines vorläufigen Identitätsaspektes verweisen beispielsweise die Begriffe „identity performances" (Archer et al., 2022) oder „agency" (Carlone 2022).

im Sinne von Wirkbeschreibung 1 (Interesse als Antrieb der Identitätsentwicklung) als Ausgangspunkt geeignet, eine Identität als Wissenschaftler:in zu entwickeln (2009, S. 114); der Lernprozess generiere also Interesse, welches wiederum zum Nährboden der Identitätsentwicklung werde. Ähnlich hatte es schon Schiefele vermutet: Die Wahl von Interessengegenständen sei persönlichkeitsbestimmend (nicht persönlichkeitsbestimmt), manche Menschen seien gar „von ihren Interessen gezeichnet" (Schiefele, 1986, S. 157).[7]

Nur scheinbar neutral hinsichtlich der Wirkhierarchie von Interesse und Identität stellen Hannover und Vogt fest, Interessen (Hannover, 1998, S. 105) und Nicht-Interessen (Vogt, 2007, S. 15 f.) seien identitätsrelevant. In den weiteren Kontexten ihrer Beiträge äußern aber beide Autor:innen die Annahme, die Identitätsentwicklung steuere die Interessenentstehung (oder -auflösung) (im Sinne von Wirkbeschreibung 2). Dabei wird besonders die Geschlechtsidentifikation häufig als Moderator der Interessenentwicklung dargestellt (Fivush, 1998; Hannover, 1998; Kessels, 2015; Kessels & Hannover, 2002, 2004; Krapp, 1998, 2002a; Todt & Schreiber, 1998) und die Kongruenz zwischen Interessen und aspirierter (Geschlechts-)Rolle als ein zentraler Wirkmechanismus angenommen (Krapp, 1998; Krapp et al., 1998); schon 1992 formuliert Krapp: „Über Art und Richtung der Interessen definiert sich die Person und zeigt nach außen, für wen sie sich hält" (Krapp, 1992, S. 322). In diesem Sinne wirkt die im Entstehen begriffene Identität als ursächlicher Motor oder auch Filter für die Interessenentwicklung.

Jenseits dieser beiden Wirkbeschreibungen ist aber auch eine integrierende Beschreibung des Prozesses möglich (Wirkbeschreibung 3): Bereits die Auswahl möglicher Rollen ist inspiriert von der Begegnung mit angebotenen Gegenständen und Kontexten, an denen sich diese manifestieren können. Im weiteren Verlauf wirken die aufgenommenen Interessen als Eckpfeiler der in Formung begriffenen Identität, diese aber auch als Konsolidierungsinstanz für die (Re-)Organisation des eigenen Interessenprofils (Hidi et al., 2004; Krapp, 1992, 2002a). Diese wechselseitige Bedeutung von Interessenprofil und Identität haben Priniski et al. (2018) über Relevanzzuschreibungen in einen theoretisch schlüssigen Rahmen gebettet. Der dahinter stehende, die Identität erst definieren helfende und dann stabilisierende Mechanismus kann entsprechend konstruktiv von der Schule aufgenommen werden (Fend, 1991, 1994; Prenzel et al., 1986; Zügge, 2022).

Gleichzeitig gehört zur Interessenentwicklung im Kontext Schule aber auch die durch die Entwicklung der Identität gesteuerte Neuorganisation und Aufgabe

[7] Bei Krapp findet sich nur einmal die Notiz, er gehe davon aus, Interessen wirkten als Generatoren von Entwicklungsaufgaben (Krapp et al., 1998, S. 462).

nicht passender Interessen (z. B. Krapp & Prenzel, 2011). Beispielhaft: Eine Person hat sich zwar in der ersten Auseinandersetzung mit einem Gegenstand befasst und die damit verbundene Tätigkeit positiv erlebt – also eigentlich gute Voraussetzungen für eine darauf aufbauende Interessengenese erfahren, erlebt aber in der anschließenden Reflexion der Tätigkeit, dass diese dem Abgleich mit der eigenen (aspirierten) Identität, vielleicht auch mit einer gelebten Gruppenidentität, nicht standhält. Die Wiederholung der Beschäftigung mit dem Gegenstand ist dann erschwert oder gar verhindert. Die Identität kann im Verlauf der Interessengenese also als interne Kontrollinstanz wirken. Die Identität fungiert gewissermaßen als Wächter der integrierten Persönlichkeit und damit auch der Interessengenese.

Es sollte deutlich geworden sein, dass bereits in den theoretischen Arbeiten der Interessenforschung der Bezug auf den Identitätsbegriff konzeptionell angelegt ist. Entstehung, Wirkung und Relevanz von Interessen lassen sich auch aus Sicht des Interessenkonstrukts nur eingebettet in eine Identität betrachten und verstehen. Vielleicht ist diese Perspektive in den Hintergrund getreten, da in vielen Forschungsprojekten Interessen erhoben und beschrieben wurden, ein konsequenter Rückbezug auf die zugrunde liegende Theorie nur selten erfolgt ist und neuere Untersuchungen ihre Forschungsbemühungen überwiegend durch empirische Vorarbeiten oder nur einen oberflächlichen Theoriebezug legitimieren.

2.2 Von Identität zu Interesse

Aus den Ausführungen in Abschn. 2.1 wird deutlich, dass in den theoretischen Zugängen zum Interessenbegriff bislang kein Konsens hervorgebracht wurde, wie sich Interesse und Identität zueinander verhalten, wobei die Wirkbeschreibungen (1) und (2) jeweils als eine Priorisierung bzw. Hierarchisierung gedeutet werden könnten. Auch klingt an, dass der Interessenbegriff deutlich enger auf das Individuum fokussiert und damit soziale Aspekte ausgeblendet bleiben, während im Identitätsbegriff neben dem Individuum in unterschiedlichem Ausmaß auch dessen soziale Einbettung in gesellschaftliche Zusammenhänge anklingt.

Nach Ausleuchtung des Feldes ausgehend vom Interessenkonstrukt wird nun die Analyserichtung umgedreht und vom Identitätsbegriff ausgegangen. Diesem könnte man allerdings – wie beispielsweise auch dem belief-Begriff – vorwerfen, als sogenannter umbrella-term zwar weit aufgespannt zu sein, aber gerade deshalb zwischen verschiedenen, jeweils zu konkretisierenden Definitionen zu changieren.

Nachfolgend werden aus diesem Grund vier unterschiedliche prototypische Zugänge zum Identitätsbegriff, die für die Fachdidaktiken relevant sind, exemplarisch herausgegriffen und hinsichtlich ihrer Bezugnahmen auf das Interessenkonstrukt beleuchtet. Die Abfolge – das sei vorab schon preisgegeben – beginnt bei einer stark individualpsychologischen Verortung des Identitätskonstrukts und endet mit einer soziologisch geprägten Auffassung (vgl. Abb. 1). Mit dieser Abfolge ändert sich auch, wie sich zeigen wird, der Explikationsgrad, mit dem Interesse als Bezugskonstrukt für Identitäten thematisch wird.

Im Anschluss an eine kurze Skizze des jeweiligen Identitätskonstrukts und seiner theoretischen Rahmung wird in jedem der folgenden Abschnitte der Frage nachgegangen, ob und in welchem Umfang sich Bezüge zwischen/ in den jeweiligen Identitätsmodellen und/ auf Interesse finden lassen. Außerdem wird thematisiert, welche methodischen und methodologischen Konsequenzen sich daraus für die empirische Aufschließung von Identität respektive Interesse ergeben.

Dabei adressieren die ausgewählten Modelle durch ihre Exemplarität unterschiedliche Aspekte. Während Modell 1 (vgl. Abschn. 2.2.1) vor allem international weit verbreitet ist, wurde Modell 2 (vgl. Abschn. 2.2.2) insbesondere für den deutschsprachigen Raum vorgeschlagen. Modell 3 (vgl. Abschn. 2.2.3)

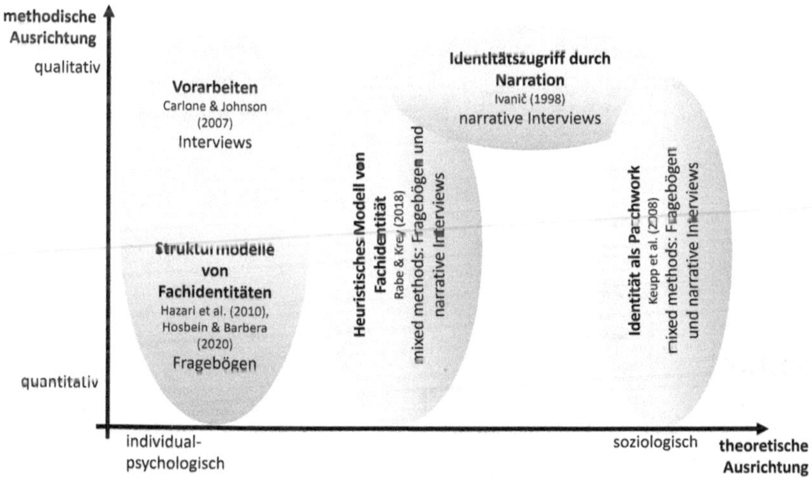

Abb. 1 Übersicht und Verortung der ausgewählten Identitätsmodelle hinsichtlich ihrer theoretischen und methodischen Ausrichtung. (Quelle: eigene Abbildung)

stellt den theoretischen Rahmen für zahlreiche qualitative Studien dar, die auf die sprachliche Konstituierung von Identitäten fokussieren. Als ein in der Fachdidaktik bisher nur eingeschränkt rezipiertes Modell ist Modell 4 (vgl. Abschn. 2.2.4.) deutlich soziologisch gelagert und weist damit über die individualpsychologische Perspektive hinaus.

2.2.1 Strukturmodelle von Fachidentitäten: von Carlone und Johnson (2007) zu Hazari et al. (2010) und Hosbein und Barbera (2020a, b)

In der internationalen Forschung breit rezipiert sind die Modelle der Physik-Identität (physics identity) nach Hazari et al. (2010) bzw. der Chemie-Identität (chemistry identity) nach Hosbein und Barbera (2020b), die der psychometrischen Erfassung fachbezogener Identitäten bei Schüler:innen bzw. Studierenden dienen.

Forschungsgeschichtlich beziehen sie sich auf das Modell der naturwissenschaftlichen Identität (science identity), das von Carlone und Johnson (2007) in einer qualitativen und ethnographischen Untersuchung mit naturwissenschaftlich erfolgreichen women of color entwickelt wurde, um die Komplexität von Identitäten beschreibbar zu machen (vgl. Abb. 2, links).

Die science identity stellt eine Teilidentität dar, die in naturwissenschaftlichen Kontexten aktiviert wird und steht mit weiteren Teilidentitäten in Verbindung (s. Abb. 2, links). Gee (2000) folgend, der Identität als „[b]eing recognized as a certain 'kind of person,'[sic] in a given context" (S. 99) definiert, wird angenommen, dass science identity in Prozessen der Wahrnehmung von Anerkennung durch andere und sich selbst hergestellt wird. Dabei wird es im Sinne der Reproduktion sozialer Ungleichheit (z. B. durch Stereotype über naturwissenschaftliche

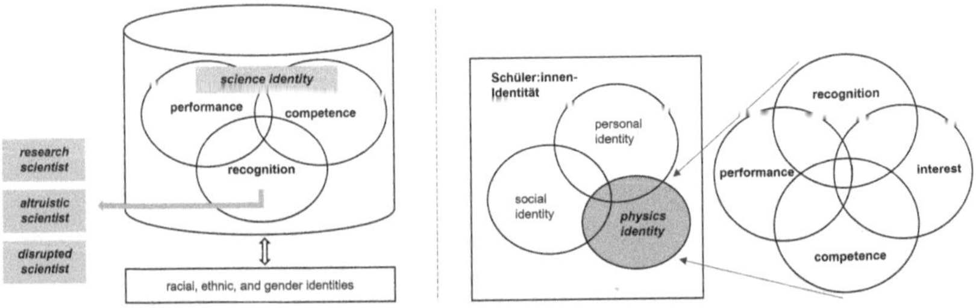

Abb. 2 Konzeptualisierung einer science identity (links) und physics identity (rechts). (Quelle: eigene Abbildung, in Anlehnung an Carlone & Johnson, 2007, S. 1191 (links) und Hazari et al., 2010, S. 982 (rechts))

Personen) zahlreichen Personen erschwert oder sogar unmöglich gemacht, eine science identity für sich in Anspruch zu nehmen (Carlone & Johnson, 2007). Da science identity situativ konstruiert wird, wird sie auch als veränderlich angenommen. Die sich festigende Identität strukturiert zunehmend die Handlungen und Werte einer Person im Sinne einer Habitualisierung. Sie wird somit erst mit der Zeit stabiler, ist jedoch nicht determiniert oder unveränderlich (Carlone & Johnson, 2007).

Das Identitätsmodell von Carlone und Johnson stellt das Ergebnis einer biographischen Interviewstudie dar und dient der Zusammenfassung und Kommunikation der Forschungsergebnisse. Es basiert auf drei Dimensionen, die sich als strukturgebend für science identity erwiesen haben: competence (Kompetenz) als das Verständnis naturwissenschaftlicher Fachinhalte, performance (Performanz) als das Ausführen naturwissenschaftlicher Praktiken und recognition als Anerkennung als science person durch sich selbst und andere (Carlone & Johnson, 2007, S. 1191, s. auch Abb. 2, links). Hauptsächlich mithilfe der Dimension recognition beschreiben die Autorinnen drei Typen in ihrem Sample: research scientist, altruistic scientist und disrupted scientist. Die etablierten Wissenschaftlerinnen, die Carlone und Johnson (2007) interviewten, zeigten alle ein gefestigtes Interesse an Naturwissenschaften, weshalb Interesse auch kein Unterscheidungskriterium in ihrer Typenbildung darstellt.

Die Bezugnahme auf Carlone und Johnson in den Modellen der physics identity und chemistry identity ist sehr oberflächlich und verkürzend. Die instrumentell zur Datenreduktion bei der Ergebnisdarstellung und -kommunikation genutzten Analysedimensionen von Carlone und Johnson werden von Hazari et al. (2010) aufgegriffen, jetzt aber substanziell re-interpretiert und damit als Bestandteile eines Strukturmodells von Identität ausgelegt, in dem Interesse als ein weiteres Subkonstrukt einer physics identity ergänzt wird. Sie legen damit die Grundlage für eine psychometrische Erfassung einer physics identity. Hazari et al., (2010, S. 989) nutzen zur Erfassung der Identitätskomponenten Fragebogenerhebungen, in denen sogenannte Identitäts-Indikator-Items (z. B. „Do you see yourself as a science person?") verwendet werden. Competence und performance werden über „belief in ability" (Hazari et al., 2010, S. 982) ähnlich einer Selbstwirksamkeitserwartung konzipiert. Die Dimensionen competence und performance werden in der empirischen Analyse zusammengefasst, nachdem performance über Noten und competence über Fähigkeitsselbsteinschätzungen erhoben wurden. Interesse wird als Sachinteresse mit den drei Facetten Interesse an Physik, Interesse an naturwissenschaftlichen Tätigkeiten und Arbeitsweisen sowie Interesse an naturwissenschaftlichen Freizeitaktivitäten erhoben (Hazari et al., 2010). Auch im Identitätsmodell von Hazari et al. (2010) ist die Bedeutung des Umfeldes angelegt, die sich in der Konzeptualisierung der physics identity als Teilidentität niederschlagen und in der Verwobenheit der Teilkomponenten von Identität sichtbar werden (vgl. Abb. 2, rechts). In der konkreten Erhebung des Konstrukts wird dieser Aspekt der theoretischen Rahmung allerdings nicht berücksichtigt.

Hosbein und Barbera knüpfen an die Konzeptualisierung der physics identity an und definieren chemistry identity „as being recognized as a 'chemistry person' in a chemistry context.“ (Hosbein & Barbera, 2020b, S. 852). Auf der Basis der social cognitive theory werden bei Hosbein und Barbera (2020a) die Subkonstrukte competence und performance zu mastery experience (eigene Erfolgserlebnisse) zusammengefasst und recognition in vicarious experiences (stellvertretende Erfahrungen) und verbal persuasion (verbale Ermutigung) aufgeteilt. Interesse wird unter Bezugnahme auf Hidi und Renninger (2006) als situationales Interesse gefasst und mit einer emotionalen und wertbezogenen Komponente (Schiefele, 1991) operationalisiert. In einer qualitativen Vorstudie fanden Hosbein und Barbera (2020a) einen weiteren Bereich der Identitätsaushandlung, der sich umschreiben lässt als „chemistry takes a certain kind of person“ (S. 381). Sie interpretieren dies als das Konstrukt mindset (s. Dweck, 2013), wobei unter mindset die Überzeugung verstanden wird, dass Intelligenz veränderlich (growth) bzw. unveränderlich (fixed) ist. Eine Überprüfung, inwiefern mindset gesichert als Teil der chemistry identity angesehen werden kann, ist in Arbeit (Santos et al., 2022). Mithilfe von Strukturgleichungsmodellen (vgl. Abb. 3, rechts) werden die Zusammenhänge zwischen den Subkonstrukten der chemistry identity quantitativ untersucht, wobei Hosbein und Barbera (2020b, S. 864) die Komponenten der science identity durch die jeweiligen Subkonstrukte der chemistry identity ersetzen. Identität wird über ein Indikator-Item abgebildet und die Identitätskomponenten als Faktoren angesehen. Die pragmatische Entscheidung, Identität über ein einzelnes Item zu erfassen, kommt zwar der verwendeten Definition nach Gee (2000) nahe, ist jedoch insofern bemerkenswert, als die Einfachheit dieses Ansatzes der Komplexität und Multidimensionalität des Identitätsbegriffes gegenüber, wenn nicht sogar entgegensteht.

Im Vergleich zum science identity Modell (Carlone & Johnson, 2007) erfolgt bei Hazari et al. sowie bei Hosbein und Barbera im Hinblick auf die sozialen Strukturen eine starke Informationsreduktion. Die im science identity Modell eingeführten Dimensionen dienen zur Reduktion der reichhaltigen Interviewdaten. Sie werden in den physics und chemistry identity Modellen als Identität generierend gedeutet und dienen der Legitimation und theoretischen Fundierung quantitativer Erhebungen. In Anbetracht der Komplexität von Identität wäre es sinnvoll qualitative Forschungszugänge weiterzuverfolgen, um die möglichen

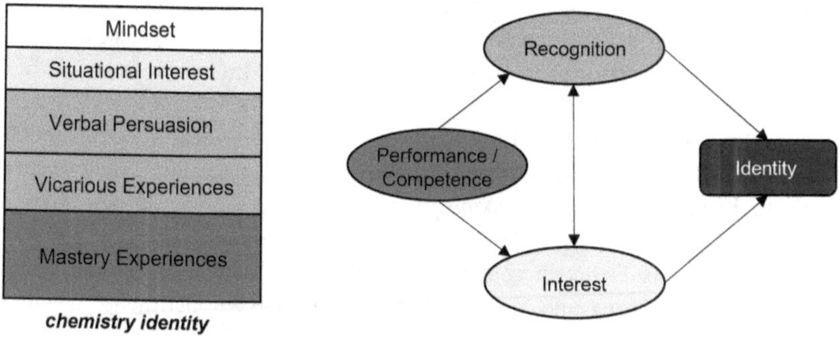

Abb. 3 Übersicht zu den Konstrukten der chemistry identity (links) sowie zu den Zusammenhängen zwischen den Konstrukten der science identity (rechts). (Quelle: eigene Abbildung, in Anlehnung an Hosbein & Barbera, 2020b, S. 853, 854)

Facetten von (Teil-)Identitäten zu erfassen und die Relevanz der sozialen Strukturen einbeziehen zu können. Nichtsdestoweniger wird das soziale Umfeld indirekt durch die Sicht des Individuums einbezogen. Zusätzlich kommt dem Interesse in den Modellen eine hohe Bedeutung für die Identität und ihre Entwicklung zu.

Die drei Modelle werden in der Literatur häufig als theoretischer Anknüpfungspunkt verwendet. So dient z. B. die Arbeit von Carlone und Johnson (2007) in der PISA-Studie 2025 als eine Referenz für das dort neu eingeführte Konstrukt der science identity. Auch das Modell von Hazari et al. (2010) wird in weiteren empirischen Arbeiten verwendet:

1. Quantitative Studien zum Zusammenhang von science identity mit weiteren Konstrukten, die häufig mit Strukturgleichungsmodellen (s. Abb. 3 für das Wirkmodell) modelliert werden (z. B. epistemic cognition, Ulu & Yerdelen-Damar, 2024; funds of knowledge, Verdín et al., 2024). In differenzierter Betrachtung wird zudem die Gültigkeit für Subgruppen bereits bekannter Populationen überprüft (Hazari et al., 2020). Vermehrt werden auch Zusammenhänge weiterer Konstrukte mit der science identity untersucht und andere statistische Zugänge zu den Daten gewählt (z. B. Bayes-Statistik, Tschisgale et al., 2024, s. Kubsch et al., 2021).
2. Qualitative Studien, in denen das Modell zur inhaltsanalytischen Kategorisierung qualitativer Daten genutzt wird (z. B. Identitätskonstruktion in Instagram-Posts zu #WomenInSTEM, Steinke et al., 2024; zur Identität in der Informatik, Lee, 2024 oder zu Diskurs-Konstruktionen von Maskulinität

in den MINT-Fächern, Cian & Dou, 2024). In Studien, in denen die Identitätskonstruktionen qualitativ untersucht werden, ist Interesse oft bedeutsamer als Kompetenz und Performanz (z. B. Steinke et al., 2024; Cian & Dou, 2024).

Wie in der fachdidaktischen Forschung zur naturwissenschaftlichen Identität üblich (Shanahan, 2009; Johansson & Larsson, 2022) und durch die psychometrische Erhebung als Selbstauskunft angelegt, liegt der Fokus in den physics und chemistry identity Modellen auf dem Individuum und weniger auf den sozialen Strukturen. Dennoch gelingt es mit diesen Modellen, Strukturen systemischer Benachteiligung und Verhinderung von naturwissenschaftlicher Identität aufzuzeigen (Hazari et al., 2022).

2.2.2 Heuristisches Modell von Fachidentität: Rabe und Krey (2018)

Das heuristische Modell, das Rabe und Krey (2018) vorschlagen, adressiert das Desiderat der Fachdidaktik Physik, Bildungswegentscheidungen bei der Studien- und Berufswahl zum Fach Physik aus der Perspektive von Identitätsaushandlungen zu untersuchen. Während naturwissenschaftsdidaktische Studien im deutschsprachigen Raum bisher zwar einzelne Aspekte von Identität, wie z. B. Interesse, in den Fokus nehmen, fehlt eine holistischere Betrachtung – im Gegensatz zu internationalen Forschungsanstrengungen – weitgehend. Das Modell stellt den Versuch dar, einerseits Anschlussfähigkeit zu traditionellen Konstrukten fachdidaktischer Forschung wie Interesse oder Selbstkonzept herzustellen, andererseits aber bisherige Forschungszugänge zu erweitern, indem sowohl die Prozessualität von Identitätsaushandlungen als auch deren sozialer Charakter in den Blick genommen werden. Damit geht einher, eher quantitativ gelagerte methodische Zugänge um qualitative Ansätze zu ergänzen.

Auf einer breiten Literaturrecherche basierend, wird ein Modell zur Identität bzw. Identitätsarbeit entworfen, das individualpsychologische und sozialpsychologische bzw. soziologische Rahmungen verbindet. Dabei knüpfen die Autor:innen an das Modell für naturwissenschaftliche Identität (science identity) von Carlone und Johnson (2007) sowie Hazari et al. (2010) an und erweitern es u. a. in Richtung von mixed-method-Ansätzen. Hier wird die mehr oder weniger zeitlich parallele und auf ähnlichen theoretischen Grundannahmen basierende Entwicklung des Modells mit dem Modell von Hosbein und Barbera (2020b) (Abschn. 2.2.1) deutlich. Dies spiegelt sich in einem geschachtelten Aufbau des Modells wider (vgl. Abb. 4). Im inneren Rahmen werden persönlichkeitspsychologische Konstrukte wie Ein- und Vorstellungen, (individuelles) Interesse mit Tätigkeiten und Inhalten, (fähigkeitsbezogenes) Selbstkonzept und (domänenspezifische) Selbstwirksamkeitserwartungen verortet, die eher einem quantitativ-empirischen Paradigma zugeordnet werden. Die Autor:innen schlagen vor, diese Konstrukte „als Indikatoren für bestimmte Ausprägungen der Identitäten von Personen aufzufassen [...]. Allerdings bleibt [...] die Frage bestehen, inwiefern Identitätsarbeit dadurch in ihrer Prozesshaftigkeit und ihrem Aushandlungscharakter angemessen erfasst werden kann" (Rabe & Krey, 2018, S. 207). Der äußere Rahmen des Modells verweist daher zusätzlich auf die soziologische Perspektive der Identitätsarbeit, die eher mit qualitativ-empirischen Forschungszugängen zu erfassen ist (vgl. Abb. 4).

Der Aufbau spiegelt wider, dass Identität einerseits mit den persönlichkeitspsychologischen Konstrukten eine hohe Stabilität aufweist, in der Aushandlung andererseits aber Veränderungen bzw. Entwicklungen erfahren kann (Marcia, 1980; Shanahan, 2009).

Das Konstrukt Interesse wird in diesem Identitätsmodell explizit aufgegriffen und dabei in der Personen-Objekt-Theorie (Hidi & Renninger, 2006; Krapp & Prenzel, 2011) verortet. Es werden ungerichtete Zusammenhänge mit weiteren individualpsychologischen und im Modell berücksichtigten Konstrukten, nämlich Ein- und Vorstellungen sowie Selbstkonzept und Selbstwirksamkeitserwartungen,

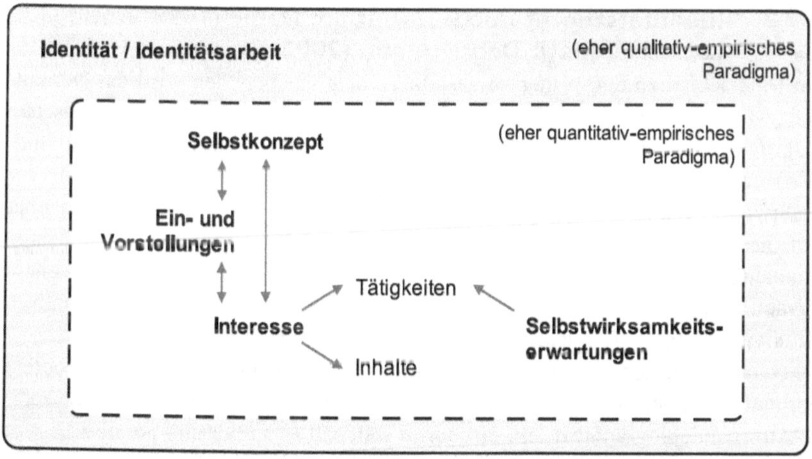

Abb. 4 Heuristisches Identitätsmodell für die Physikdidaktik. (Quelle: Rabe & Krey, 2018, S. 206)

postuliert. Das Interessenkonstrukt wird lediglich in die beiden Subdimensionen Interesse an physikalischen Inhalten und Interesse an physikbezogenen Tätigkeiten/Handlungen (Häussler & Hoffmann, 1995; Hoffmann et al., 1997) differenziert. Obwohl keine Spezifizierung oder Unterscheidung in aktualisiertes, individuelles oder situationales Interesse vorgenommen wird, ist das Modell beispielsweise entlang des Vier-Phasen-Modells zur Entwicklung von Interesse nach Hidi und Renninger (2006) mit Interessenvalenzen nach Krapp und Prenzel (2011) erweiterbar. Für einen forschungsbasierten Zugang müssen die einzelnen Konstrukte mit domänenspezifischen Aspekten konkretisiert werden, z. B. Selbstkonzept als Fähigkeitsselbstkonzept für das Fach Physik oder Interesse – Inhalt als Sachinteresse für Physik.

Das Modell von Rabe und Krey (2018) legt forschungsmethodisch die Verschränkung von quantitativen und qualitativen Methoden (im Sinne von mixed-method-designs) nahe. Qualitative Studien können die Prozesshaftigkeit von (impliziter) Identitätsarbeit und deren komplexen Aushandlungscharakter unter anderem bei Bildungswegentscheidungen zugänglich machen. Die Analyse von Persönlichkeitsmerkmalen und soziodemografischen Daten auf quantitativer Ebene ermöglicht z. B. Informationen über das aktuelle Selbst einer Person zu erhalten. Aufgegriffen und in Teilen validiert wurde das Modell im Rahmen der Dissertation Authentische Kontexte für MINT-Lernumgebungen (Schmid, 2023).

2.2.3 Identitätszugriff durch Narration: Ivanič (1998) und Lucius-Hoene & Deppermann (2002)

Im Unterschied zu den bisher vorgestellten Identitätsmodellen wird das Verhältnis zwischen Identität und Interesse in diesem Kapitel durch den methodischen Zugriff auf Identität durch sprachliche Äußerungen (schriftlich oder mündlich) evaluiert. Die nachfolgenden Ausführungen sind dabei nicht primär auf naturwissenschaftliche oder (außer)schulische Kontexte gerichtet, können aber auf diese übertragen werden. Dabei ist zu berücksichtigen, dass Identitätsaushandlungen mit dem Relevanzsystem der Erzählenden in Verbindung stehen. Erzählungen, z. B. zu Naturwissenschaften, ziehen somit nicht automatisch naturwissenschaftliche Identitätsaushandlungen nach sich.

Ivanič nutzt, beeinflusst durch ihre Arbeit als adult literacy tutor im Kontext des autobiographisch orientierten akademischen Schreibens, die vier Analyseperspektiven autobiographical self, discoursal self, self as author und possibilities for self-hood in the socio-cultural and institutional context, um Identitätsaushandlungen zu untersuchen (Ivanič, 1998, S. 23–29). Sie greift dabei auf schriftliche Narrationen ihrer Proband:innen zurück und lässt sich damit dem Ansatz der narrativen Identität zuordnen, in dem der Prozess des schriftlichen oder mündlichen Erzählens mit Identitätsaushandlungen verknüpft wird. Im Vordergrund steht dabei das Erzählen von Selbsterlebtem als alltägliche Handlung der gegenseitigen Verständigung, in der Identität als soziale und konstruktive Leistung aus der aktuellen Kommunikationssituation und unter Rückgriff auf autobiographische Erfahrungen und Erlebnisse dar- und hergestellt wird (Lucius-Hoene, 2000, S. 3; Lucius-Hoene & Deppermann, 2002, S. 20–21). Sprache und Erzählen werden dabei in einer doppelten Funktion als Medium genutzt (Lucius-Hoene & Deppermann, 2002, S. 56): Identität wird einerseits dargestellt, indem sie inhaltlich und zum Teil explizit im Erzählten zum Ausdruck gebracht wird oder erzählerisch durch bestimmte Eigenschaften, Motive und Handlungsweisen der Personen deutlich wird. Andererseits wird Identität im Erzählprozess selbst hergestellt. Da das Erzählen auf Zuhörende ausgerichtet ist, geben selbstreflexive Momente, Elemente mit Begründungscharakter oder Rechtfertigungen im Erzählen Anlässe zu Identitätsaushandlungen. Dieses sozialkonstruktivistische Verständnis von Identität zeichnet auch das Identitätsverständnis Ivaničs aus, das auf diskursive Aushandlungsprozesse ausgerichtet ist und in den im Schreiben ausgedrückten und verarbeiteten Lebenserfahrungen der Studierenden, sogenannter „crucial moments in discourse“ (Ivanič, 1998, S. 5), nachvollzogen werden kann. Die im Erzählen konstruierte Identität wird durch sprachliche Handlungen sozial verortet und verhandelt, im autobiographischen Erzählen mittels Selbst- und Fremdpositionierung in den normativen und moralischen Strukturen des gesellschaftlichen Umfelds (Ivanič, 1998, S. 32; Lucius-Hoene & Deppermann, 2002, S. 61–62). (Autobiographisches) Erzählen als sprach- und situationsgebundener Prozess, in dem auch verschiedene zeitliche Ebenen und unterschiedliche Perspektiven auf das Erlebte miteinbezogen werden, lässt sich somit als situierte und interaktive Arbeit an Identität verstehen (Burgess & Ivanič, 2010; Lucius-Hoene & Deppermann, 2002, S. 56). Dieser qualitative und vorwiegend in den Sozialwissenschaften verankerte Zugriff auf Identität durch Sprache ist auch für die Erforschung von Bildungswegentscheidungen im Kontext von Naturwissenschaften möglich (z. B. Rabe & Kressdorf, 2022).

Während der Zugriff Ivaničs auf Identität durch Schreiben fokussiert, lässt er sich durch das verbindende Element Sprache auch auf mündliches Erzählen anwenden. Dabei ist zu berücksichtigen, dass im mündlichen Erzählen stärker unbewusste, implizite Aspekte von Identitätsaushandlungen auftreten, da mündliches Erzählen im Vergleich zum Schreiben schneller und situationsgebundener abläuft. Über die Struktur der Identität einer Person wird von Ivanič keine Aussage getroffen, vielmehr handelt es sich um ein Identitätszugriffsmodell, das sich auch als auf die Rekonstruktion von Identität(en) im Kontext von

Naturwissenschaften übertragbar erweist (vgl. Christ et al., im Druck). Im Identitätszugriffsmodell werden mit der Perspektive des *autobiographical self* den Personen bewusste Erfahrungen, Erlebnisse und Interessen beleuchtet, die die Person zu der Person haben werden lassen, die sie nun ist. Dabei bilden nicht einzelne Erlebnisse und Erfahrungen eine Person ab, bedeutsam ist vielmehr, wie eine Person diese präsentiert und sich zu ihnen positioniert (Ivanič, 1998, S. 24). Die Analyseperspektive autobiographical self fokussiert somit eher auf die retrospektive Darstellung und Einordnung autobiographischer Erfahrungen. Die Identitätsaushandlungen des Individuums werden durch eine inhaltsanalytische und teilweise rekonstruktive Analyse des Erzählten zugänglich. Gleichzeitig beeinflussen auch sprachliche Zeichen und Symbole das Wie einer Erzählung und vermitteln so dem:der Kommunikationspartner:in einen Eindruck der Person. Dieser Eindruck steht in der Perspektive *discoursal self* im Vordergrund und ist häufig facettenreich, teils widersprüchlich und an die jeweilige Kommunikationssituation gebunden (Ivanič, 1998, S. 25). Zusätzlich deutet die im Erzählten verwendete Sprache, z. B. eine bestimmte Wortwahl, auf den sozialen Kontext hin und ist mit Werten, Überzeugungen und Positionierungen des sozialen Umfelds verknüpft. Die Perspektive des discoursal self stellt eine Ergänzung zur Perspektive des autobiographical self dar, indem auch unbewusste Aspekte von Identitätsaushandlungen in den Blick genommen werden, die erst durch die Rekonstruktion des Erzählten vollständiger zugänglich werden.

Inwiefern im Erzählten eine Präsenz als Autor:in vermittelt wird, wird in der Analyseperspektive *self as author* erfasst. Es geht darum, in welchem Ausmaß Autorität über das Erzählte durch die sprachliche Gestaltung hergestellt wird (Ivanič, 1998, S. 26–27). Das Ausmaß der Präsenz als Autor:in deutet darauf hin, wie wirkmächtig sich eine Person fühlt, um beispielsweise eigene Positionen, Meinungen und Überzeugungen zu vertreten und steht mit dem eigenen Selbstwertgefühl, der Selbstwirksamkeit und Expertiseüberzeugung in Verbindung. Im self as author werden zum Teil den Personen bewusste Aspekte von Identität durch Sprache verdeutlicht, andererseits ist die interpretative, rekonstruktive und hermeneutische Herangehensweise eine Möglichkeit, um Zugriff auf unbewusste Identitätsaushandlungen zu erhalten.

Diese drei vorwiegend auf das jeweilige Individuum bezogenen Perspektiven sind vor den *possibilities for self-hood in the socio-cultural and institutional context* zu sehen, in denen strukturelle, gesellschaftliche und institutionelle Möglichkeiten und Handlungsräume Berücksichtigung finden, in denen sich Personen bewegen und entfalten (können) (Ivanič, 1998, S. 27–28), weshalb diese Perspektive in Abb. 5 die anderen drei Perspektiven rahmt. Diese überwiegend soziologisch orientierte Perspektive verdeutlicht die Eingebundenheit von Individuen in ein soziales Umfeld und berücksichtigt zum Beispiel familiäre Strukturen, Erziehung und Bildung. Die Möglichkeiten und Handlungsräume, die mit dem jeweiligen sozialen Umfeld einhergehen, werden in den Narrationen sichtbar und ermöglichen im Umkehrschluss die Rekonstruktion des sozialen Umfelds. Prototypische soziale Identitäten als possibilities for self-hood werden so zu individuenbezogenen Identitäten in Beziehung gesetzt (vgl. Shanahan, 2009). Die Stärke des Modells liegt in dessen mehrperspektivischem Ansatz, in dem die einzelnen Perspektiven als (methodische) Analysebrillen zur Rekonstruktion von Identitätsaushandlungen und von Identität verstanden werden. Das komplexe Wirken unterschiedlicher Mechanismen, die im Konstrukt Identität gebündelt werden, wird nur in der gemeinsamen Betrachtung aus den verschiedenen Perspektiven heraus bzw. unter Berücksichtigung sich ergänzender methodischer Brillen nachvollziehbar.

Im Modell Ivaničs wird das Verhältnis zwischen Identität und Interesse selbst nicht konkretisiert. Allerdings sind Interessen als Ressourcen für das Gewordensein im autobiographical self bedeutsam und werden von Ivanič überwiegend als Themen, für die sich Menschen interessieren gefasst (Ivanič, 1998, S. 182) und können daher als individuelles bzw. stabiles Interesse verstanden werden. Diese Sichtweise des Begriffs Interesse deutet darauf hin, dass Interessen als bewusste Aspekte von Identitätsaushandlungen im autobiographical self verankert sind und damit sowohl als Ausdruck von Identität als auch als Hinweis auf Identität interpretiert werden können. Gleichzeitig wird im Modell der Fokus darauf gerichtet, dass individuelle Erfahrungen, Erlebnisse und Interessen in den Möglichkeits-

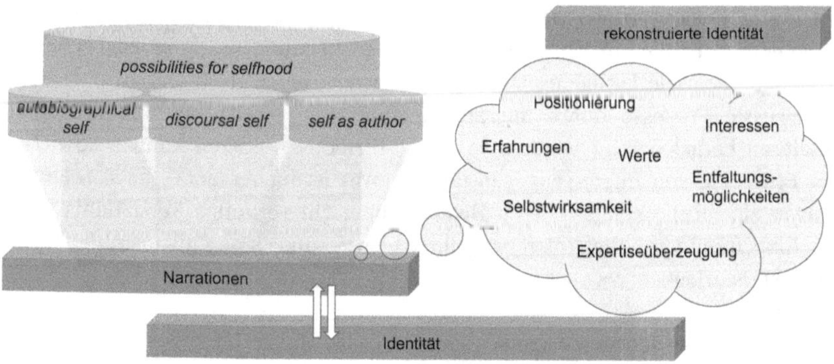

Abb. 5 Analyseperspektiven auf Identitätsaushandlungen basierend auf dem Ansatz der *writer identity* von Ivanič (1998). (Quelle: eigene Abbildung)

und Handlungsräumen des sozialen Umfelds (vgl. possibilities for self-hood) entwickelt wurden und damit Personen innerhalb ihres sozialen Umfelds verortet werden. Folglich sind Interessen weder individuell noch frei wählbar, sondern immer sozial geprägt, da sie in Abhängigkeit vom sozialen Kontext und den darin geltenden Werten, Normen und Ansichten entstehen. Für die naturwissenschaftsdidaktische Forschung rücken aus dieser Perspektive beispielsweise für Schüler:innen relevante soziale Kontext wie Schule, Fachunterricht sowie significant others (z. B. Familie und Peers), in denen sich Interessen entwickeln (können), in den Blick.

Die Betrachtung von Identitätsaushandlungen in Narrationen, u. a. aus soziologischer Perspektive, geht auch mit einer Verschiebung des Blickwinkels auf Interesse einher, in dem Sinne, dass der Interessenbegriff als herausgehobene Beziehung zwischen Person und Gegenstand um die Frage nach dem sozialen Umfeld, in dem diese Relation für das Individuum bedeutsam wird, erweitert wird. Konkret kann es beispielsweise im Kontext der Naturwissenschaftsdidaktiken um die folgenden Fragen gehen:

- Inwiefern wird das Interesse an Naturwissenschaften durch das soziale Umfeld (z. B. konkret durch significant others wie Eltern, Lehrkräfte und Peers) beeinflusst und geprägt?
- Inwiefern sind naturwissenschaftliche Interessen Reproduktionen von im sozialen Umfeld vorhandenen Stereotypen?

Diese Betrachtung, in der der soziale Kontext als unbewusster Mechanismus auf Interesse und die Interessengenese wirkt, erfordert andere methodische Zugänge als die in den Naturwissenschaftsdidaktiken verbreitete quantitative Erhebung. Orientiert man sich am Konzept der narrativen Identität, so eignen sich qualitative Methoden wie leitfadengestützte und narrativ angelegte Interviews, da auch unbewusste Prozesse durch interpretative, hermeneutische und rekonstruktive Analysen berücksichtigt werden. In mixed-methods-Ansätzen können so neben der Erfassung von Interessengegenständen (Was ist interessant?), auch folgende Fragen eine Rolle spielen, deren Beantwortung ein vertieftes Verständnis z. B. der Einbettung spezieller Interessen, ihrer Genese und ihres ggf. instrumentellen Charakters erlauben:

- Wie und in welchem Zusammenhang wird das eigene Interesse präsentiert?
- In welcher Art und Weise wird über das eigene Interesse gesprochen?
- Warum wird über Interesse gerade so gesprochen?

Der hier vorgestellte sprachbasierte und methodische Zugriff auf Identitätsaushandlungen kann im Hinblick auf die Zu- und Abwendung zu bzw. von Naturwissenschaften darauf verweisen, Interessen nicht kontextunabhängig, d. h. ohne deren Einbettung in soziale Kontexte, zu untersuchen.

2.2.4 Identität als Patchwork: Keupp et al. (2008)

Das Identitätsmodell Identität als Patchwork von Keupp et al. (2008) untersucht die Bildung und den Wandel von Identitäten in spätmodernen Gesellschaften. Es basiert auf Erkenntnissen der Sozialpsychologie und Soziologie und zeigt, wie Individuen ihre Identität in einer sich ständig verändernden Welt gestalten. Keupp et al. (2008) beschreibt das *Konzept der Teilidentitäten*, bei dem Individuen verschiedene Identitätsaspekte, wie Geschlechts- oder Berufsidentität, reflektieren. Diese Teilidentitäten zeigen die Vielseitigkeit des individuellen Handelns und werden vom Individuum zu einem sinnhaften Gesamtrahmen verknüpft. Naturwissenschaftliche Identität sowie domänenspezifische Identitäten können als eine solche Teilidentität gedacht werden (vgl. Abschn. 2.2.1 und 2.2.2). Wenn eine Teilidentität dominant wird, beeinflusst sie die Gesamtidentität des Subjekts. Die nachfolgenden Ausführungen adressieren im Schwerpunkt nicht die Naturwissenschaften bzw. deren Fachdidaktik, können aber auf diese übertragen werden. Dies wird zum Ende des Kapitels hin nochmals verdeutlicht.

Identität wird als dynamisches und vielschichtiges Konstrukt beschrieben. Das Modell betrachtet Identität als „Patchwork" aus verschiedenen „Flicken", die aus unterschiedlichen Lebensbereichen und Erfahrungen stammen. Die Herausforderung besteht darin, diese Vielfalt zu einer kohärenten Identität zu integrieren. Höfer und Straus (1998), Höfer (2000) und Keupp et al. (2008) thematisieren konzeptionelle und empirische Erkenntnisse zur Identitätsarbeit. Identitätsbildung wird als kontinuierlicher, konstruktiver Prozess in Handlungssituationen verstanden. Subjekte stellen sich nicht permanent die klassischen Identitätsfragen: „Wer bin ich?" bzw. „Wer möchte ich sein?", sondern arbeiten in konkreten Situationen an ihrer Identität. Handlungssituationen sind in gesellschaftliche Rahmenbedingungen eingebettet, die durch Autonomiespielräume und die Freiheit der Wahl geprägt sind. In diesen Teilbereichen (z. B. Arbeit, Familie, Freizeit) erleben Personen Ambivalenzen und Spannungen. Selbstwahrnehmungen und Selbstthematisierungen finden in Handlungssituationen statt, die von außen nicht immer klar zugeordnet werden können. So kann beispielsweise eine Chemielehrerin bei der Rückgabe einer Klassenarbeit nicht wissen, wie eine Schülerin diese Situation erlebt. Eine Person kann eine Situation auf verschiedenen Ebenen erfahren wie zum Beispiel:

- kognitiv/epistemisch: „Chemie interessiert mich nicht.“ (Individualität)
- emotional: „Die schlechte Note berührt mich nicht.“ (Individualität)
- sozial: „Ich bin kein Streber und anerkannt.“ (Gruppenzugehörigkeit)
- produktorientiert: „Das Chemiezeug hat so und so keinen Sinn.“ (Sachbezug)

Diese verschiedenen Erfahrungsmodi verschmelzen zu einem Gesamteindruck, der die Erinnerung dominiert. In der alltäglichen Identitätsarbeit werden diese episodic memories zu Identitätsperspektiven gebündelt, sodass das Individuum unterschiedliche Teilidentitäten entwickelt. Je nachdem, unter welcher Perspektive eine Person eine Situation wahrnimmt, greift sie auf entsprechende Teilidentitäten zurück und entwickelt diese weiter.

Das Anforderungsprofil in einer Handlungssituation bestimmt die Perspektive des Subjekts und löst eine implizite Selbstthematisierung aus. Darüber hinaus hängt die Wahrnehmung und Beurteilung von Situationen von der Differenzierungsbreite der Teilidentitäten (z. B. Arbeit, Familie, Freizeit), der Lebensphase (Schüler:in, Rentner:in, …), der sozialen und gesellschaftlichen Umgebung (regionale Gegebenheiten, Optionsräume, …) und den subjektiven Entscheidungen (Welche Perspektive lasse ich zu?) ab. In spätmodernen Lebenszusammenhängen, in denen Traditionen an Integrationsmacht verlieren, haben Subjekte mehr Freiheiten bei der Gestaltung ihrer Identität. Der Individualisierungsprozess erfordert jedoch permanente Entscheidungen hinsichtlich der Perspektiven, die man übernimmt und wie man sie ausgestaltet. Je nach Grad der Autonomiespielräume bleibt die Teilnehmer:inperspektive mal bewusster, mal weniger bewusst subjektiv eingefärbt.

Das Modell von Keupp et al. (2008) beinhaltet letztlich die Herstellung einer kohärenten Identität durch das Zusammennähen der Teilidentitäten (Flicken) zu einem kohärenten Patchwork (Flickenteppich) einerseits, und andererseits das Herausbilden einer dominanten Teilidentität sowie eines Identitätsgefühls. Diese identitätsbildenden Prozesse laufen im Modell auf der Ebene der Meta-Identität ab (vgl. Abb. 6). Auf dieser Ebene findet Identitätsarbeit als konstruktiver Prozess statt, der zur eigenen kohärenten Identität führt. Je nach Lebensphase werden die Teilidentitäten dominant oder verblassen. So wird die Teilidentität Familie für werdende Eltern wahrscheinlich dominant, die Teilidentität Arbeit für Berufseinsteiger:innen und die Teilidentität Gesundheit im Rentenalter etc. Bestimmte Teilidentitäten bieten in bestimmten Lebensphasen mehr Sicherheit als andere und führen in der entsprechenden Lebensphase zu einem sogenannten Identitätsprojekt (z. B. Berufswunsch). Neben dem Dominantwerden einer bestimmten Teilidentität bildet sich auch ein Identitätsgefühl heraus. Dieses Identitätsgefühl setzt sich zusammen aus dem Selbstgefühl (der positiven oder negativen

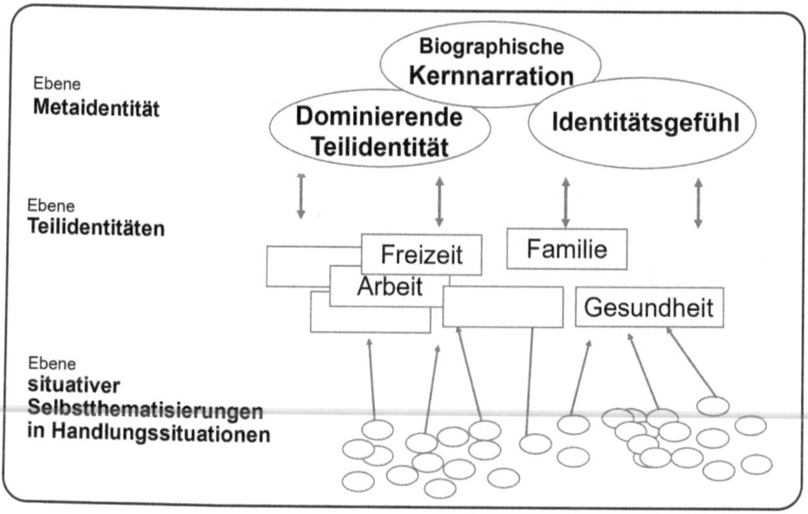

Abb. 6 Identitätsmodell „Identität als Patchwork" von Keupp et al. (2008). (Quelle: eigene Abbildung, in Anlehnung an Keupp et al., 2008, S. 218, Konstruktionen der Identität)

Selbsteinschätzung) sowie dem Kohärenzgefühl. Ein starkes Kohärenzgefühl, bestehend aus Sinnhaftigkeit, Verstehbarkeit und Handhabbarkeit, trägt nicht nur zur Gesundheit – der Begriff Kohärenzgefühl stammt ursprünglich aus der Theorie der Salutogenese (Antonovsky, 1997) -, sondern auch zur erfolgreichen Identitätsarbeit bei, indem es den Umgang mit Herausforderungen erleichtert und die Entwicklung einer stabilen Identität fördert.

Keupp et al. (2008) greifen den Interessenbegriff in ihrem Identitätsmodell Identität als Patchwork nicht explizit auf. Gleichzeitig lassen sich anhand der Person-Gegenstand-Theorie des Interesses (Krapp, 2001; Krapp & Prenzel, 2011) die beiden Arten situationales und individuelles Interesse mit dem Modell verbinden. Situationales Interesse kann auf der Ebene der Handlungssituation angesiedelt werden. Hier findet die entsprechende Selbstthematisierung in der jeweiligen Situation statt. Durch Bündelung identitätsrelevanter Perspektiven bzw. Identitätsperspektiven können sich im konstruktiven Prozess der Identitätsarbeit Teilidentitäten herausbilden. Wird eine solche Teilidentität dominant, entsteht individuelles Interesse.

Für beide Arten des Interesses sind drei Komponenten (Krapp, 2001) in Bezug auf die Beziehung der Person zum Interessengegenstand von wesentlicher Bedeutung, die im Modell von Keupp et al. (2008) auf der Ebene der Handlungssituation angesiedelt werden und sich auf der Ebene der Teilidentität verdichten:

- Epistemische Komponente: Auf der Handlungsebene bezieht sich dies auf das spezifische Wissen und die kognitive Auseinandersetzung mit einem Thema. Auf der Ebene der Teilidentität verdichtet sich dieses Wissen zu einem wesentlichen Bestandteil des Selbstkonzepts und der langfristigen kognitiven Ausrichtung der Person.
- Wertbezogene Komponente: In der Handlungssituation manifestiert sich dies in der subjektiven Bedeutung und Motivation, die eine Person dazu veranlasst, sich mit einem bestimmten Gegenstand zu beschäftigen. Auf der Ebene der Teilidentität wird dieser Wert zu einem integralen Bestandteil der persönlichen Werte und Überzeugungen.
- Emotionale Komponente: In der Handlungssituation zeigt sich dies in den positiven Gefühlen und der Freude, die mit der Auseinandersetzung mit dem Gegenstand verbunden sind. Auf der Ebene der Teilidentität werden diese positiven Emotionen zu einem stabilen emotionalen Bezugspunkt und tragen zur emotionalen Stabilität und Zufriedenheit bei.

Die emotionale und wertbezogene Komponente kann zudem auf der Metaebene verortet werden. Insgesamt verdeutlicht die Zusammenführung der Modelle von Krapp (2001; Krapp & Prenzel, 2011) und Keupp et al. (2008), wie die drei Komponenten des Interesses in verschiedenen Kontexten und auf unterschiedlichen Ebenen wirken und sich zu einem kohärenten und stabilen Teil der persönlichen Identität entwickeln können.

Das Modell von Keupp et al. (2008) nimmt sich der aktuellen Lebensumstände an. Keupp stützte im Rahmen eines Sonderforschungsbereichs das Modell durch qualitative Befunde der empirischen Sozialforschung (Keupp, 2019). In ähnlicher Weise könnten fachdidaktische Studien angelegt werden, die der Frage der Bildung von beruflichen Teilidentitäten und deren Dominanz nachgehen, entsprechende Kontexte beleuchten und/oder aus naturwissenschaftlichen Unterrichtssettings deren Wirksamkeit auf die Ausbildung von Teilidentitäten, zum Beispiel einer naturwissenschaftlichen Identität, untersuchen. Einen möglichen Bezug von Keupp et al. (2008) zur Berufsidentität für Lehramtsstudierende in den Naturwissenschaften zeigen Brovelli et al. (2011) auf.

3 Konklusion und Ausblick: Implikationen für die naturwissenschaftsdidaktische Forschung

In den hier vorgestellten Identitätsmodellen werden Interessen sehr unterschiedlich berücksichtigt (vgl. Abb. 7). Einen Sonderfall stellen dabei die Arbeiten von Carlone und Johnson (2007) dar, in deren Auswertungen und der finalen Typenbildung Interessen an den Naturwissenschaften aufgrund der Stichprobe (etablierte Naturwissenschaftlerinnen) erwartbar keine differenzierende Rolle spielen. In den weiteren Modellen ist der Explikationsgrad, mit dem Interessen thematisiert werden, unterschiedlich ausgeprägt. In den Modellen von Hazari et al. (2010) und Hosbein und Barbera (2020b) sind Interessen an den Naturwissenschaften jeweils als ein operationalisierter Faktor (von insgesamt 3 bzw. 4 Faktoren) konstituierender Bestandteil einer Physik- bzw. Chemieidentität. Damit kommt dem Interesse eine relativ große Bedeutung innerhalb der Modellierung von Fach-Identität zu. Allerdings entsteht dieser Eindruck hoher Relevanz aufgrund der isolierten Betrachtung der jeweiligen Fachidentität, die damit als aktiviert vorausgesetzt wird. Im Rahmen des heuristischen Arbeitsmodells nach Rabe und Krey (2018) ist diese Bedeutung bereits abgeschwächt, da mit dem Verweis auf weitere individualpsychologische Konstrukte und vor allem durch die Berücksichtigung des kontextabhängigen (sozialen) Umfelds der Person eine Abnahme der relativen Bedeutung von Interessen, insbesondere von Interessen an den Naturwissenschaften, einhergeht. Im Rahmen von Ivaničs analytischem Zugriffsmodell auf Identität (1998) werden Interessen als ein Aspekt neben anderen im Rahmen der autobiographischen Perspektive explizit thematisiert. Die weiteren Analyseperspektiven sind jedoch so reichhaltig, dass die relative Bedeutung (naturwissenschaftlicher) Interessen für die Rekonstruktion einer Identität auf der expliziten Ebene sehr gering ausfällt. Erwähnenswert ist, dass durch die Perspektive possibilities for selfhood auch soziale Bedingungen einer Interessenausbildung oder -verhinderung in den Blick genommen werden können. Im stark soziologisch geprägten Modell von Keupp et al. (2008) schließlich finden Interessen gar keine explizite Erwähnung. Individuelle Interessen lassen sich aber auf Ebene der Teilidentitäten verorten.

Aus diesen Beobachtungen speist sich die eingangs formulierte Vermutung, dass bisherige theoretische und empirische Zugriffe fachdidaktischer Forschung auf das Interesse an den Naturwissenschaften dessen Relevanz für die Ausbildung von Berufswünschen und damit verbundenen Wahlentscheidungen systematisch überschätzen. Ursächlich ist dafür der eng gesetzte Referenzrahmen (man könnte auch von einem Tunnelblick sprechen) mit dem auf den Bereich Naturwissenschaften fokussiert wird, während andere Referenzbereiche von vornherein

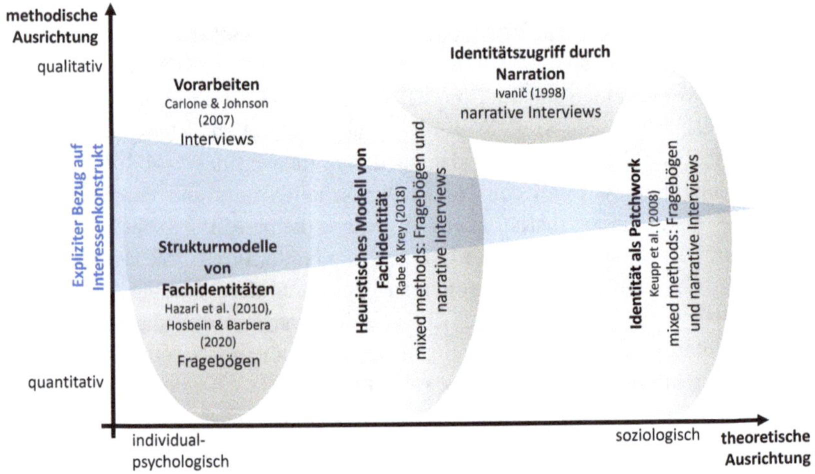

Abb. 7 Relationierungen von Interesse und Identität in den ausgewählten Modellen. (Quelle: eigene Abbildung)

abgedunkelt oder ausgeblendet bleiben. Im Sinne Keupps kommt es ggf. zu einer Überschätzung der naturwissenschaftlichen Teilidentität durch das Ausblenden des Zusammenspiels der verschiedenen Teilidentitäten. Eine solche Über- oder Unterschätzungsgefahr besteht auf verschiedenen Abstraktionsebenen sowohl für die Relation zwischen einer naturwissenschaftlichen Identität und anderen Teilidentitäten (wie beispielsweise Genderidentität oder Schüler:in-Identität), als auch für das Zusammenspiel von Physik-, Biologie und Chemieidentität einerseits und einer allgemeineren Naturwissenschaftsidentität andererseits.

Die Betrachtung der exemplarisch ausgewählten Identitätsmodelle erhärtet den Eindruck, dass mit der Bezugnahme auf den Identitätsbegriffs eine Erweiterung des Theorierahmens der klassischen Interessenforschung einhergeht, die für das Beschreiben und Nachvollziehen von Hin- und Abwendungsprozessen von den Naturwissenschaften vielversprechend ist. Unstrittig ist, dass Identität der theoretisch umfassendere Begriff ist, Interessen also als Aspekt von Identität interpretiert werden können. Die Wechselwirkung zwischen Identität(en) (im Ganzen) und (ggf. speziellen) Interessen ist dabei grundsätzlich bidirektional zu denken, wobei je nach Kontext bzw. Erkenntnisinteresse von Forschungsprojekten eine der Wirkbeschreibungen in den Vordergrund treten kann (vgl. Abb. 8). Während Interessen und die bei Interessenhandlungen genutzten Erfahrungsräume und sozialen

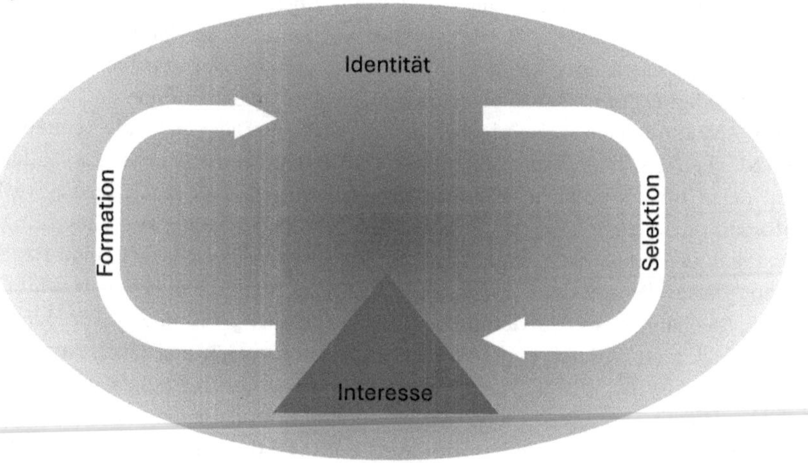

Abb. 8 Bidirektionaler Zusammenhang zwischen Interesse und Identität. (Quelle: eigene Abbildung)

Interaktionen einerseits identitätsbildend sind (Formationsprozesse in Abb. 8), können andererseits verfolgte Interessen auch Merkmal und Ausdruck der Identität einer Person sein und passend zu ihr, ihrem sozialen Umfeld und weiteren Rahmenbedingungen ausgewählt werden (Selektions- und Zuwendungsprozesse in Abb. 8).

Um Missverständnisse zu vermeiden sei betont, dass unseres Erachtens beide Konstrukte, Identität und Interesse, (auch weiterhin) relevante Bezugspunkte für Forschung in den Naturwissenschaftsdidaktiken sein können und sollen. Zu bedenken ist dabei jedoch immer, dass Interesse grundsätzlich auf Identität verweist und ein mit der Eingrenzung des Untersuchungsgegenstandes verbundenes weitgehendes Ausblenden der Identitätsperspektive ggf. zu einer Überschätzung des untersuchten Gegenstandes führen kann.

Auch innerhalb der Interessenforschung besteht durchaus Konsens darüber, dass Interessenentwicklung nicht abgelöst von Identitätsentwicklung gedacht werden kann. In der Zusammenschau der hier vorgestellten Identitätsmodelle stellt sich jedoch heraus, dass diese in sehr unterschiedlichem Maße den Anspruch verfolgen und in der Lage sind, eine solche Entwicklung von Interessen (in Relation zu Identität) nachzuzeichnen. Während die Modelle von Hazari et al. (2010) und Hosbein und Barbera (2020b) als explizite Strukturmodelle prädestiniert sind, Momentaufnahmen von naturwissenschaftlichen Teilidentitäten zu erfassen, machen sie Entwicklungen (empirisch) kaum zugänglich. Zwar ist eine mehrfache Erhebung der Identität einer Person (im Sinne dieser Modelle) natürlich denkbar, Aussagen über Entwicklungsanlässe, -gründe oder -mechanismen sind jedoch lediglich in einem hypothetischen Sinne möglich. Carlone und Johnson (2007) hätten anhand ihres reichhaltigen qualitativen Datenmaterials vermutlich die Möglichkeit, Interessen (auch neben dem Interesse an Naturwissenschaften) und deren unterschiedliche Fluidität herauszuarbeiten, ihre Analyseperspektive erfordert dies jedoch nicht. Im Rahmen des Modells von Rabe und Krey (2018) lässt sich der Frage nach Entwicklungen von Interessen nachgehen, eine Explikation dieser Perspektive liegt jedoch nicht vor. Keupp schließlich beschreibt einen Mechanismus (Aktivierung von Teilidentitäten, Ausbildung von Identitätsprojekten etc.), durch den sich Identitätsveränderungen und (auch wenn das bei ihm unerwähnt bleibt) Interessenentwicklungen nachvollziehen lassen. Vor diesem Hintergrund kann die bei Keupp durch die Modellierung von Teilidentitäten im Vordergrund stehende soziologische Perspektive eine Bereicherung bzw. Erweiterung der fachdidaktischen Forschung zum Interesse an Naturwissenschaften darstellen. Die explizite Berücksichtigung von Teilidentitäten kann helfen, den blinden Fleck der fachdidaktischen Forschung zu verkleinern oder – positiv formuliert – das Sichtfeld zu erweitern und so zugrunde liegende Mechanismen der Interessenentwicklung besser zu verstehen. Interesse sollte also stärker als bisher als Teil von Identitätsaushandlungen, die in unterschiedlichen Kontexten stattfindet, und damit auch als sozial gerahmt beforscht werden.

Der durch den Identitätsbegriff aufgespannte Theorierahmen erlaubt insgesamt einen holistisch(er)en Zugriff auf das Verhältnis zwischen einer Person und z. B. den Naturwissenschaften. In diesem Rahmen werden verschiedene (psychologische) Konstrukte als untereinander vernetzt und (je nach Identitätsmodell mehr oder weniger) als in sozialen Interaktionen hervorgebracht betrachtet. Dies eröffnet potenziell die Möglichkeit, insbesondere die vermutlich sehr unterschiedlichen Zu- oder Abwendungsmodi von Personen zu Naturwissenschaften der empirischen Forschung zugänglich zu machen. Allerdings kann es dabei dazu kommen, dass der spezifische Gegenstandsbereich Naturwissenschaften nur randständig (mit)verhandelt bzw. erfasst wird, weil sich andere Aspekte der Identitätsaushandlungen (Gender- oder Familienidentitäten) als subjektiv relevanter erweisen.[8]

[8] In diesem Zusammenhang sei die Idee erwähnt, dass es für die (Fach-)Didaktik hilfreich sein kann, jene Kontexte und Interessengegenstände zu identifizieren, in denen die Identitätsentwicklung Heranwachsender salient wird. Die Beobachtung, dass auch aktuell bearbeitete Entwicklungsaufgaben nicht über alle Kontexte hinweg als relevant wahrgenommen werden (Priniski et al., 2018) legt es außerdem nahe nach Umgebungen zu suchen, in denen

Das Interessenkonstrukt wiederum kann einen kleinen Bereich von Identität gut ausleuchten und theoretisch ausgeschärft in den Blick nehmen. Aus fachdidaktischer Sicht ist das Ausleuchten dieses Bereiches besonders naheliegend, da mit der Person-Gegenstands-Relation eben das Fach oder Aspekte davon bereits zentral gestellt sind.

Letztlich entscheidet das konkrete Erkenntnisinteresse über die Priorisierung und Angemessenheit der Interessen- bzw. Identitätsperspektive zur Fundierung der jeweiligen Forschung. Auf methodologischer Ebene folgt daraus eine ggf. nicht auflösbare Spannung zwischen einer Relevanzsetzung, die wie größtenteils in der bisherigen Interessenforschung aufgrund eines (fachlich) spezifischen Forschungsinteresses vorgegeben wird, und einer Relevanzsetzung, die durch die Befragten selbst vorgenommen werden kann und soll. Dies spiegelt sich methodisch in der expliziten Aufforderung zur Positionierung gegenüber den Naturwissenschaften (durch Items oder gezielte (Interview-)Fragen) wider, die mit der Möglichkeit einer eigenen Relevanzsetzung (durch mehr oder weniger intensives oder auch ausbleibendes) Thematisieren der Naturwissenschaften in autobiographischen oder narrativen Interviews mit geringer Themenlenkung kontrastiert. Anders formuliert: Fachdidaktische Untersuchungen tendieren dazu, die Relevanz eines domänenspezifischen Interesses normativ vorauszusetzen (vgl. Rabe in diesem Band, Kap. „Interessenförderung als Ziel von naturwissenschaftlichem Unterricht?!"), ohne sich der Angemessenheit dieses Vorgehens empirisch zu vergewissern. Die ausschließliche Erfassung von Interessen im Sinne von Ankreuzpositionierungen zu Aussagen (Items) ist mit dem oben dargestellten Problem einer ggf. durch die Forscher:innen überschätzten Relevanz des Interesses an Naturwissenschaften verknüpft. Der Komplexität der Lebenswirklichkeit des Individuums, seiner sozialen und systemischen Einbettung können Fragebogenerhebungen immer nur sehr eingeschränkt gerecht werden. Insofern ist eine Ausweitung des methodischen Repertoires auf qualitative Methoden bzw. die Kombination von qualitativen und quantitativen Studien im Sinne von mixed-method-designs höchst wünschenswert. (vgl. Bernholt &

---

die Interessenentwicklung (weitgehend) unabhängig von der Identitätsentwicklung gefördert werden kann. Neben etablierten Ansätzen wie beispielsweise dem monoedukativen Naturwissenschaftsunterricht, könnten digitale Räume mit ihren von vielen Identitätszuschreibungen befreiten, virtuellen Welten und Avataren hier ggf. hilfreich sein. Langfristiges Ziel jeder Intervention und jeder Individualentwicklung sollte es aber sein, eine Kongruenz von Identität und Interessenprofil auszubilden. Wie diese Kongruenz ggf. ausgebildet wird oder wie ihre Ausbildung unterstützt werden kann, ist weitgehend unerforscht, jedenfalls sind uns weder Konzepte noch Forschungsergebnisse bekannt.

Krey in diesem Band, Kap. „Die Erfassung von Interessen in der empirischen fachdidaktischen Forschung – Ein methodologisches Review").

Theorieentwicklung und empirische Forschung zu den Fragen, welche Lesart des Identitätsbegriffs in der Interessenforschung zu referenzieren ist oder welche Wirkmechanismen angenommen werden sollten, und damit auch eine Klärung, ob und wie Unterricht diese Mechanismen aufnehmen kann und soll, stellen im derzeitigen Diskurs Desiderate dar. Angesichts dieses wenig belastbaren Theoriefundaments bzw. der Vielfalt an konzeptuellen Zugängen erscheint eine theoretisch klare und damit methodologisch abgesicherte Forschung im Bereich der Naturwissenschaftsdidaktik umso mehr als Herausforderung.

Die zunehmende Verwendung des Identitätsbegriffs in der naturwissenschaftsdidaktischen Forschung lässt sich zusammenfassend nicht (nur) als Modeerscheinung deuten. Vielmehr gibt es reichlich Anlass dazu, den Theorierahmen für die Erforschung von Positionierungen Jugendlicher gegenüber den Naturwissenschaften zu erweitern. Das verdeutlicht ein Blick auf die trotz jahrelanger Förderung naturwissenschaftlichen Interesses (auch unter Aufwendung erheblicher finanzieller Mittel) weitgehend unveränderte und weiterhin unbefriedigende Situation des Fachkräfte- und Nachwuchsmangels in den naturwissenschaftlichen Bereichen. Der Rekurs auf den Identitätsbegriff und auf korrespondierende Theorien der Struktur und Entwicklung von Identität bietet hier einen vielversprechenden Ansatz. Insofern ist auch das Aufgreifen des Identitätsbegriffes in der PISA-Konzeption grundsätzlich zu begrüßen (OECD, 2023). Dass, wie anfangs dargestellt, (auch) in der PISA-Konzeption die Beziehung und Wirkrichtung zwischen Identität und Interessen einer Person vage bleibt, spiegelt den Forschungsstand wider. Diese theoretische und empirische Leerstelle zeigt der vorliegende Beitrag als Problem auf, ohne das Problem bereits lösen zu können.

Literatur

Antonovsky, A. (1997). *Salutogenese. Zur Entmystifizierung der Gesundheit.* DGVT.

Archer, L., Godec, S., & Moote, J. (2022). "My Love for It Just Wasn't Enough to Get Me Through": A Longitudinal Case Study of Factors Supporting and Denying Black Britisch Working-Class Young Women's Science Identities and Trajectories. In H. T. Holmegaard & L. Archer (Hrsg.), *Science Identities: Theory, method and research* (S. 23–45). Springer. https://doi.org/10.1007/978-3-031-17642-5.

Brandtstädter, J. (2001). *Entwicklung, Intentionalität, Handeln.* Kohlhammer.

Brovelli, D., Kauertz, A., Rehm, M., & Wilhelm, M. (2011). Professionelle Kompetenz und Berufsidentität in integrierten und disziplinären Lehramtsstudiengängen der Naturwissenschaften. *Zeitschrift für Didaktik der Naturwissenschaften, 17*(15), 57–87. https://doi.org/10.25656/01:31698.

Burgess, A., & Ivanič, R. (2010). Writing and Being Written: Issues of Identity Across Timescales. *Written Communication, 27*(2), 228–255. https://doi.org/10.1177/0741088310363447.

Carlone, H. B. (2022). Understanding and Conceptualizing the Field of Science Identity Research. In H. T. Holmegaard & L. Archer (Hrsg.), *Science Identities: Theory, method and research* (S. 3–20). Springer. https://doi.org/10.1007/978-3-031-17642-5.

Carlone, H. B. & Johnson, A. (2007). Understanding the Science Experiences of Successful Woman of Color: Science Identity as an Analytic Lens. *Journal of Research in Science Teaching, 44*(8), 1187–1218. https://doi.org/10.1002/tea.20237.

Christ, L.-M., Krey, O., Bub, F., & Rabe, T. (im Druck). Identität und Anfangsunterricht Physik – ein qualitativer Zugang. In H. van Vorst (Hrsg.), *Lernen, lehren und forschen im Schülerlabor*. Gesellschaft für Didaktik der Chemie und Physik. Jahrestagung in Bochum 2024.

Cian, H. & Dou, R. (2024). Masculinized discourses of STEM interest, performance, and competence that shape university STEM students' recognition of a "STEM person". *Journal of Research in Science Teaching, 61*(5), 1062–1092. https://doi.org/10.1002/tea.21937.

Deci, E. L., & Ryan, R. M. (1985). *Intrinsic Motivation and Self-Determination in Human Behavior*. Springer US. https://doi.org/10.1007/978-1-4899-2271-7.

Deci, E., & Ryan, R. (1991). A Motivational Approach to Self: Integration in Personality. *Nebraska Symposium on Motivation, 38*, 237–288.

Dweck, C. S. (2013). *Self-theories: Their role in motivation, personality, and development*. Psychology Press.

Erikson, E. H. (1970). *Jugend und Krise*. Klett.

Fend, H. (1991). *Identitätsentwicklung in der Adoleszenz*. Lebensentwürfe, Selbstfindung und Weltaneignung: Hogrefe.

Fend, H. (1994). *Entwicklungspsychologie der Adoleszenz in der Moderne. 3: Die Entdeckung des Selbst und die Verarbeitung der Pubertät*. Huber.

Fivush, R. (1998). Interest, Gender and personal narrative: How children construct self-understanding. In L. Hoffmann, A. Krapp, K. A. Renninger, & J. Baumert (Hrsg.), *Interest and learning: Proceedings of the Seeon Conference on Interest and Gender* (S. 58–73). IPN.

Gee, J. P. (2000). Chapter 3: Identity as an Analytic Lens for Research in Education. *Review of research in education, 25*(1), 99–125. https://doi.org/10.3102/0091732X025001099.

Goffman, E. (1963). *Stigma: Über Techniken der Bewältigung beschädigter Identität*. Suhrkamp.

Hannover, B. (1998). The Development of Self-Concept and Interests. In L. Hoffmann, A. Krapp, K. A. Renninger, & J. Baumert (Hrsg.), *Interest and learning: Proceedings of the Seeon Conference on Interest and Gender* (S. 105–125). IPN.

Harter, S. (1999). *The Construction of the Self: A Developmental Perspective*. Guilford.

Harter, S. (2006). The Self. In N. Eisenberg, W. Damon, & R. M. Lerner, *Handbook of child psychology: Social, emotional, and personality development* (6 Aufl., S. 505–570). John Wiley & Sons, Inc.

Häussler, P., & Hoffmann, L. (1995). Physikunterricht – an den Interessen von Mädchen und Jungen orientiert. *Unterrichtswissenschaft, 23*(2), 107–126.

Havighurst, R. J. (1948). *Developmental tasks and education*. University of Chicago.

Hazari, Z., Chari, D., Potvin, G., & Brewe, E. (2020). The context dependence of physics identity: Examining the role of performance/competence, recognition, interest, and sense of belonging for lower and upper female physics undergraduates. *Journal of Research in Science Teaching, 57*(10), 1583–1607. https://doi.org/10.1002/tea.21644.

Hazari, Z., Dou, R., Sonnert, G., & Sadler, P. M. (2022). Examining the relationship between informal science experiences and physics identity: Unrealized possibilities. *Physical Review Physics Education Research, 18*(1), Artikel 010107. https://doi.org/10.1103/PhysRevPhysEducRes.18.010107.

Hazari, Z., Sonnert, G., Sadler, P. M., & Shanahan, M.-C. (2010). Connecting high school physics experiences, outcome expectations, physics identity, and physics career choice: A gender study. *Journal of Research in Science Teaching, 47*(8), 978–1003. https://doi.org/10.1002/tea.20363.

Hidi, S. & Renninger, K. A. (2006). The Four-Phase Model of Interest Development. *Educational Psychologist, 41*(2), 111–127. https://doi.org/10.1207/s15326985ep4102_4.

Hidi, S., Renninger, K. A., & Krapp, A. (2004). Interest, a Motivational Variable That Combines Affective and Cognitive Functioning. In D. Y. Dai & R. J. Sternberg (Hrsg.), *Motivation, Emotion, And Cognition: Integrative Perspectives on Intellectual Functioning and Development* (S. 103–130). Routledge. https://doi.org/10.4324/9781410610515-11.

Höfer, R. (2000). *Jugend, Gesundheit und Identität*. Leske + Budrich.

Höfer, R., & Straus, F. (1998). Entwicklungslinien alltäglicher Identitätsarbeit. In H. Keupp & R. Höfer (Hrsg.), *Identitätsarbeit heute* (S. 270–307). Suhrkamp.

Hoffmann, L., Häußler, P., & Peters-Haft, S. (1997). *An den Interessen von Jungen und Mädchen orientierter Physikunterricht*. IPN.

Hoffmann, L., Häußler, P., & Lehrke, M. (1998). *Die IPN-Interessenstudie Physik*. Institut für die Pädagogik der Naturwissenschaften.

Hosbein, K. N., & Barbera, J. (2020a). Alignment of theoretically grounded constructs for the measurement of science and chemistry identity. *Chemistry Education Research and Practice, 21*(1), 371–386. https://doi.org/10.1039/C9RP00193J.

Hosbein, K. N., & Barbera, J. (2020b). Development and evaluation of novel science and chemistry identity measures. *Chemistry Education Research and Practice, 21*(3), 852–877. https://doi.org/10.1039/c9rp00223e.

Ivanič, R. (1998). Writing and Identity. *The discoursal construction of identity in academic writing*. John Benjamins. https://doi.org/10.1075/swll.5.

James, W. (1983). *The principles of psychology* (Unabridged and unaltered republication of the Edition 1890, 1–2). Dover.

Johansson, A., & Larsson, J. (2022). Identity Perspectives in Research on University Physics Education: What Is the Problem Represented to Be? In H. T. Holmegaard & L. Archer (Hrsg.), *Science Identities* (S. 163–184). Springer International Publishing.

Kessels, U. (2015). Zur Kompatibilität von Geschlechtsidentität, MINT-Fächern und schulischem Engagement: Warum wählen Mädchen seltener Physik und machen häufiger Abitur als Jungen? In S. Bernholt (Hrsg.), *Heterogenität und Diversität – Vielfalt der Voraussetzungen im naturwissenschaftlichen Unterricht* (S. 19–30). Jahrestagung in Bremen 2014. IPN.

Kessels, U., & Hannover, B. (2002). Die Bedeutung von Stereotypen über Schulfächer auf die Berufswahlabsichten. In B. Spinath (Hrsg.), *Pädagogische Psychologie unter gewandelten gesellschaftlichen Bedingungen: Dokumentation des 5. Dortmunder Symposions für Pädagogische Psychologie* (S. 53–68). Kovač.

Kessels, U., & Hannover, B. (2004). Entwicklung schulischer Interessen als Identitätsregulation. In J. Doll & M. Prenzel (Hrsg.), *Bildungsqualität von Schule: Lehrerprofessionalisierung, Unterrichtsentwicklung und Schülerförderung als Strategien der Qualitätsverbesserung* (S. 398–412). Waxmann.

Keupp, H., Ahbe, Th., Gmür, W., Höfer, R., Kraus, W., Mitzscherlich, B., & Straus, F. (2008). *Identitätskonstruktionen: Das Patchwork der Identitäten in der Spätmoderne* (4. Aufl.). Rowohlt.

Keupp, H. (2019). Individualisierte Identitätsarbeit in spätmodernen Gesellschaften: Riskante Chancen zwischen Selbstsorge und Zonen der Verwundbarkeit. In U. Deppe (Hrsg.), *Die Arbeit am Selbst* (S. 41–65). https://doi.org/10.1007/978-3-658-23580-2_3.

Krapp, A. (1992). Das Interessenskonstrukt. Bestimmungsmerkmale der Interessenhandlung und des individuellen Interesses aus der Sicht einer Person-Gegenstands-Konzeption. In A. Krapp & M. Prenzel (Hrsg.), *Interesse, Lernen, Leistung: Neuere Ansätze der pädagogisch – Psychologischen Interessenforschung* (S. 297–329). Aschendorff.

Krapp, A. (1996). Helmut Fend: Die Entdeckung des Selbst und die Verarbeitung der Pubertät [Rezension]. *Zeitschrift für Pädagogik, 42*(1), 129–132. http://nbn-resolving.de/urn:nbn:de:0111-pedocs-111263.

Krapp, A. (1998). Entwicklung und Förderung von Interessen im Unterricht. *Psychologie in Erziehung und Unterricht, 45*, 186–203.

Krapp, A. (1999). Intrinsische Lernmotivation und Interesse. Forschungsansätze und konzeptuelle Überlegungen. *Zeitschrift für Pädagogik, 45*(3), 387–406. https://www.pedocs.de/volltexte/2012/5958/.

Krapp, A. (2001). Wie berechtigt ist die permanente Kritik an den vermeintlichen Unzulänglichkeiten der Pädagogischen Psychologie? *Zeitschrift für Pädagogische Psychologie, 14*(3), 71–73.

Krapp, A. (2002a). An educational-psychological theory of interest and its relation to SDT. In E. L. Deci & R. M. Ryan (Hrsg.), *The handbook of self-determination research* (S. 405–427).

Krapp, A. (2002b). Structural and dynamic aspects of interest development: Theoretical considerations from an ontogenetic perspective. *Learning and Instruction, 12*(4), 383–409. https://doi.org/10.1016/S0959-4752(01)00011-1.

Krapp, A. (2007). An educational–psychological conceptualisation of interest. *International Journal for Educational and Vocational Guidance, 7*(1), 5–21. https://doi.org/10.1007/s10775-007-9113-9.

Krapp, A., & Prenzel, M. (2011). Research on Interest in Science: Theories, methods, and findings. *International Journal of Science Education, 33*(1), 27–50. https://doi.org/10.1080/09500693.2010.518645.

Krapp, A., & Prenzel, M. (Hrsg.). (1992). *Interesse, Lernen, Leistung: Neuere Ansätze der pädagogisch-psychologischen Interessenforschung*. Aschendorff.

Krapp, A., Renninger, K., & Hoffmann, L. (Hrsg.) (1998). Some Thoughts About The Development Of A Unifying Framework For The Study Of Individual Interest. In *Interest And Learning: Proceedings Of The Seeon Conference On Interest And Gender* (S. 455–468). IPN.

Krappmann, L. (1971). *Soziologische Dimensionen der Identität: Strukturelle Bedingungen für die Teilnahme an Interaktionsprozessen*. Klett-Cotta.

Kubsch, M., Stamer, I., Steiner, M., Neumann, K., & Parchmann, I. (2021). Beyond p-values: Using Bayesian Data Analysis in Science Education Research. *Practical Assessment, Research, and Evaluation, 26*(4), 1–18. https://doi.org/10.7275/vzpw-ng13.

Lee, S. Y. (2024). *Identity Development of Women of Colour in Computer Science Degree Programs: An Intersectional Analysis*. McGill University Montreal. https://escholarship.mcgill.ca/concern/theses/x346d9611.

Lucius-Hoene, G. (2000). Konstruktion und Rekonstruktion narrativer Identität. Forum Qualitative Sozialforschung/Forum: *Qualitative Social Research, 1*(2), Art. 18. https://www.qualitative-research.net/index.php/fqs/article/view/1087/2378.

Lucius-Hoene, G., & Deppermann, A. (2002). *Rekonstruktion narrativer Identität. Ein Arbeitsbuch zur Analyse narrativer Interviews*. Springer Fachmedien.

Marcia, J. E. (1980). Identity in adolescence. *Handbook of Adolescent Psychology, 9*(11), 159–187.

Mitchell, M. (1993). Situational interest: Its multifaceted structure in the secondary school mathematics classroom. *Journal of Educational Psychology, 85*(3), 424–436. https://doi.org/10.1037/0022-0663.85.3.424.

Moote, J., Archer, L., DeWitt, J., & MacLeod, E. (2020). Science capital or STEM capital? Exploring relationships between science capital and technology, engineering, and maths aspirations and attitudes among young people aged 17/18. *Journal of Research in Science Teaching, 57*(8), 1228–1249.

Morf, C. C. (2023). Das Selbst. In J. Ullrich, W. Stroebe, & M. Hewstone (Hrsg.), *Sozialpsychologie* (S. 147–192). Springer.

OECD (2023). *PISA 2025 Rahmenkonzeption Naturwissenschaften*. https://pisa-framework.oecd.org/science-2025/deu_deu/#:~:Text=das%20Interesse%20der%20Sch%C3%BCler%3Ainnen,Schule%20etwas%20%C3%BCber%20Naturwissenschaften%20lernen. Zugegriffen: 22. Aug. 2024.

Osborne, J., Simon, S., & Collins, S. (2003). Attitudes towards science: A review of the literature and its implications. *International Journal of Science Education, 25*(9), 1049–1079. https://doi.org/10.1080/0950069032000032199.

Prenzel, M., Krapp, A., & Schiefele, H. (1986). Grundzüge einer pädagogischen Interessentheorie. *Zeitschrift für Pädagogik, 32,* 163–173.

Priniski, S. J., Hecht, C. A., & Harackiewicz, J. M. (2018). Making Learning Personally Meaningful: A New Framework for Relevance Research. *The Journal of Experimental Education, 86*(1), 11–29. https://doi.org/10.1080/00220973.2017.1380589.

Rabe, T., & Kressdorf, F. (2022). Young Women´s Identity Work in Relation to Physics at the Transition from School to Further Educational Pathways. In H. T. Holmegaard & L. Archer (Hrsg.), *Science Identities. Theory, method and research.* (S. 67–94). Springer.

Rabe, T., & Krey, O. (2018). Identitätskonstruktionen von Kindern und Jugendlichen in Bezug auf Physik – Das Identitätskonstrukt als Analyseperspektive für die Physikdidaktik? *Zeitschrift für Didaktik der Naturwissenschaften, 24*(1), 201–216. https://doi.org/10.1007/s40573-018-0083-x.

Renninger, K. A. (2009). Interest and Identity Development in Instruction: An Inductive Model. *Educational Psychologist, 44*(2), 105–118. https://doi.org/10.1080/00461520902832392.

Renninger, K. A., Bachrach, J. E., & Hidi, S. (2019). Triggering and maintaining interest in early phases of interest development. *Learning, Culture and Social Interaction,* 23, 100260. https://doi.org/10.1016/j.lcsi.2018.11.007.

Ryan, R. M. (Hrsg.) (2023). *The Oxford Handbook of Self-Determination Theory.* Oxford University. https://doi.org/10.1093/oxfordhb/9780197600047.001.0001.

Ryan, R. M., & Deci, E. L. (2018). *Self-Determination Theory: Basic Psychological Needs in Motivation, Development, and Wellness.* Guilford.

Santos, D. L.; Barbera, J., & Mooring, S. R. (2022). Development of the Chemistry Mindset Instrument (CheMI) for use with introductory undergraduate chemistry students. *Chemistry Education Research and Practice, 23*(3), 742–757. https://doi.org/10.1039/D2RP00102K.

Schiefele U. (1991). Interest, Learning, and Motivation, *Educational Psychology, 26*(3-4), 299–323.

Schiefele, H. (1986). *Interesse. Neue Antworten auf ein altes Problem.* https://doi.org/10.25656/01:14382.

Schmid, A. M. (2023). *Authentische Kontexte für MINT-Lernumgebungen: Eine zweiteilige Interventionsstudie in den Fachdidaktiken Physik und Technik. Dissertation.* Logos. https://doi.org/10.30819/5605.

Shanahan, M.-C. (2009). Identity in science learning: exploring the attention given to agency and structure in studies of identity. *Studies in Science Education, 45*(1), 43–64. https://doi.org/10.1080/03057260802681847.

Steinke, J., Coletti, A., & Gilbert, C. (2024). #WomenInSTEM: Exploring self-presentation of identity on Instagram. *Journal of Science Communication, 23*(1), Artikel A03. https://doi.org/10.22323/2.23010203.

Straub, J. (2019). Identitäts-Bildung und die Offenheit der Person. *heiEDUCATION Journal. Transdisziplinäre Studien zur Lehrerbildung, 3,* 37–62.

Todt, E., & Schreiber, S. (1998). Development of Interests. In K. A. Renninger, L. Hoffmann, & A. Krapp (Hrsg.), *Interest and Learning* (S. 25–40). IPN.

Tschisgale, P. L., Steegh, A., Petersen, S., Kubsch, M., Wulff, P., & Neumann, K. (2024). Are science competitions meeting their intentions? a case study on affective and cognitive predictors of success in the Physics Olympiad. *Disciplinary and Interdisciplinary Science Education Research, 6*(10), 1–18. https://doi.org/10.1186/s43031-024-00102-y.

Ulu, Y., & Yerdelen-Damar, S. (2024). Metacognition and epistemic cognition in physics are related to physics identity through the mediation of physics self-efficacy. *Physical Review Physics Education Research, 20*(1), Artikel 010130. https://doi.org/10.1103/PhysRevPhysEducRes.20.010130.

Verdín, D., Smith, J. M., & Lucena, J. C. (2024). First-generation college students' funds of knowledge support the development of an engineering role identity. *Journal of Engineering Education, 113*(2), 383–406. https://doi.org/10.1002/jee.20591.

Vogt, H. (2007). Theorie des Interesses und des Nicht-Interesses. In D. Krüger & H. Vogt (Hrsg.), *Theorien in der biologiedidaktischen Forschung: Ein Handbuch für Lehramtsstudenten und Doktoranden* (S. 9–20). Springer. https://doi.org/10.1007/978-3-540-68166-3_2.

Zirfas, J. (2010). Identität in der Moderne. Eine Einleitung. In B. Jörissen & J. Zirfas (Hrsg.), *Schlüsselwerke der Identitätsforschung* (S. 9–17). VS.

Zügge, T. (2022). *Innere Kontexte: Entwicklungssensible Ergänzung des naturwissenschaftsdidaktischen Kontextbegriffs*. Springer. https://doi.org/10.1007/978-3-658-36784-8.

Emotionen und Interesse

Susanne Heinicke und Larissa Führer

1 Einführung

Interesse wird in der psychologischen Forschung als komplexes, mehrdimensionales Konstrukt angesehen (Todt, 1978). Die verschiedenen Perspektiven auf den Begriff des Interesses werden in diesem Band ausführlich diskutiert (Zügge & Höft, in diesem Band, Kap. „Interessentheorien revisited. Ein Überblick gängiger Interessenbegriffe und damit verbundener Beschreibungen der Interessenentwicklung"). In diesem Beitrag soll ein besonderes Augenmerk auf die Rolle von Emotionen bei der Interessenentwicklung gelegt werden. Dazu wird auch der aktuelle Kenntnisstand der (kognitiven) Neurowissenschaften miteinbezogen.

Grundsätzlich stellt Interesse eine Form der Aufmerksamkeit dar, die selektiv auf bestimmte Reize gerichtet ist und die Verarbeitung dieser Reize priorisiert. Den in diesem Band (Zügge & Höft, in diesem Band, Kap. „Interessentheorien revisited. Ein Überblick gängiger Interessenbegriffe und damit verbundener Beschreibungen der Interessenentwicklung") vorgestellten Interessentheorien ist dabei die grundsätzliche Betrachtung einer herausgehobenen Beziehung zwischen einem Individuum und einem Objekt oder einer Aktivität (Person-Gegenstands-Beziehung, Krapp, 1992; Prenzel et al., 1986; H. Schiefele et al., 1983) und eine

S. Heinicke (✉)
Didaktik der Physik, Universität Münster, Münster, Deutschland
E-Mail: susanne.heinicke@uni-muenster.de

L. Führer
Didaktik der Physik, Universität Münster, Münster, Deutschland
E-Mail: larissa.fuehner@uni-muenster.de

O. Krey et al. (Hrsg.), *Interesse revisited*,
https://doi.org/10.1007/978-3-658-48542-9_8

dadurch inhärente spezifische Objektbezogenheit gemein sowie eine Charakterisierung von Interesse durch eine Kombination von kognitiven und affektiven Prozessen. Interesse involviert entsprechend kognitive Prozesse wie Aufmerksamkeit, Denken und Problemlösen, ist in emotionalen Prozesse mit positiven Emotionen wie Freude verbunden, kann ebenso aber auch negative Emotionen enthalten, und integriert motivationale Prozesse, indem eine Person Zeit und Ressourcen in die Erkundung und Aneignung von Wissen und Erfahrungen investiert. Wird ein Gegenstand als interessant bewertet, so fördert dies die Verarbeitung der damit verbundenen Informationen und führt zu einer Vertiefung des Interesses. Zügge und Höft (in diesem Band, Kap. „Interessentheorien revisited. Ein Überblick gängiger Interessenbegriffe und damit verbundener Beschreibungen der Interessenentwicklung") stellen ebenfalls heraus, dass sich unterscheiden lässt in die Betrachtung der statischen Struktur des Interesses anhand aktueller und langfristiger *Interessenkonstrukte* und der Beschreibungen der *Interessenentwicklung* über einen längeren Zeitraum.

Ziel dieses Beitrags ist es, die Rolle von Emotionen in der Interessenentstehung, ihrer Herausbildung und Festigung näher zu beleuchten, die zu langfristigen Interessenkonstrukten führen können und daraus Schlussfolgerungen für den (naturwissenschaftlichen) Unterricht zu ziehen.

Mit Rückbezug auf die von Zügge und Höft (in diesem Band, Kap. „Interessentheorien revisited. Ein Überblick gängiger Interessenbegriffe und damit verbundener Beschreibungen der Interessenentwicklung") vorgestellten Interessentheorien findet zunächst eine begriffliche Klärung der wichtigen weiteren Konstrukte statt, die für eine adäquate Beschreibung des Zusammenhangs von Interesse und Emotionen relevant sind. In einem weiteren Schritt werden die neurophysiologischen Grundlagen und Erläuterungen zu Emotionen fokussiert, um anschließend den Zusammenhang von Emotion und Interesse zu beschreiben. Dies geschieht mit Blick auf Schule bzw. Unterricht, sodass im Anschluss an die Begriffsklärung aus den Vorüberlegungen abgeleitete Ideen für die (naturwissenschaftsbezogene) Unterrichtspraxis vorgestellt werden.

2 Auswahl zentraler Theorien zu Interesse und Emotionen

Im Folgenden werden die ausgewählten Theorien, die für den Zusammenhang zwischen Interesse und Emotionen von Bedeutung sind, in Kürze beschrieben und anschließend vor dem Hintergrund theoretischer Überlegungen zum Begriff der Emotionen verortet. Zentrale Theorien sind die Person-Gegenstands-Theorie von Krapp (2002a), das Vier-Phasen-Modell von Hidi und Renniger (2006) sowie die Flow-Theorie von Csikszentmihalyi (2010, 2014).

2.1 Interessentheorie nach Krapp: Situationales und individuelles Interesse

Die Person-Gegenstands-Theorie des Interesses (POI, Krapp, 2002a, b) stellt eine theoretische Rahmenkonzeption dar, die auf der Basis von Interaktionen zwischen Personen und Gegenständen die Entstehung und Entwicklung von Interessen beschreibt. Interesse lässt sich demzufolge als eine relationale Eigenschaft zwischen Person und Gegenstand fassen, wobei der Gegenstand nicht auf realweltliche Objekte beschränkt ist, sondern auch als Thema, Aktivität, Fragestellung, Kontext usw. konstituiert sein kann (siehe hierzu Zügge & Höft, in diesem Band, Kap. „Interessentheorien revisited. Ein Überblick gängiger Interessenbegriffe und damit verbundener Beschreibungen der Interessenentwicklung"). Das vom jeweiligen Gegenstand ausgehende „Angebot" (Gibson, 1977) wird dabei von einer Person als situationsspezifischer Impulse individuell wahrgenommen und konstruiert (vgl. etwa Knogler, 2017; Rauthmann et al., 2015). In seinem „funktionalen Modell der Interessengenese" verweist Krapp (1992) auf zwei Ebenen der Informationsverarbeitung: eine bewusst-reflexive und eine nur z. T. bewusste oder gar unbewusste emotionale Ebene.

Die POI schließt an die Selbstbestimmungstheorie der Motivation (Deci & Ryan, 1993) an, indem sie auf die Bedeutung der Erfüllung psychologischer Grundbedürfnisse (Autonomie, Kompetenz und soziale Eingebundenheit) für die Entwicklung von Interesse verweist. Diese Aspekte sind ausführlich im ersten Kapitel dieses Bandes dargelegt, daher soll der Fokus im Folgenden auf die emotionalen Aspekte dieser Interessendimensionen gelegt werden. Grundsätzlich unterscheidet Krapp in seinen Ausführungen zwischen zwei Interessendimensionen: dem situationalen Interesse und dem individuellen Interesse.

Situationales Interesse stellt nach Krapp (2000) einen transitorischen psychologischen Zustand dar, der neben kognitiven Komponenten durch eine emotionale Involviertheit gekennzeichnet ist. In diesem Stadium dominiert der affektive Anteil, sodass das situationale Interesse teilweise als Emotion konzeptualisiert wird (siehe Abschn. 2.3.4). Jedoch erfordert die Aufrechterhaltung und weitere Entwicklung von Interesse ein Zusammenspiel aus Affekt und Kognition.

Eine differenzierte Betrachtung des situationalen Interesses führt auf die Unterscheidung zwischen einer catch- und einer hold-Komponente, wobei erstere die emotionale Lenkung der Aufmerksamkeit und letztere die kognitiv-rationale

Identifikation der Lerngelegenheit beschreibt. Verschiedene Faktoren wie Neuartigkeit, Komplexität und Überraschung können die catch-Komponente aktivieren und somit das situationale Interesse initiieren.

Neben dem situationalen Interesse ist ein weiterer Bestandteil der Interessentheorie von Krapp das **individuelle Interesse**. Langfristiges, individuelles Interesse entsteht nach Krapp (2000) nur dann, wenn eine Person den Interessengegenstand als persönlich bedeutsam bewertet und die Interessenhandlung insgesamt als emotional positiv erlebt, bzw. wenn die Gegenstandsabbildung als relativ dauerhafte mit emotionalen und wertbezogenen Valenzen verknüpfte Struktur im Langzeitgedächtnis einer Person besteht (Krapp, 1992, 2002b). Dabei ist die Ablage der Erfahrungen im Langzeitgedächtnis unmittelbar an die erlebten Emotionen geknüpft (siehe Abschn. 3). Das individuelle Interesse wird entsprechend als eine stabile Disposition gegenüber einem Gegenstand definiert, die über Zeit und Kontexte hinweg besteht (Harackiewicz & Knogler, 2017; Krapp, 1992, 2002b).

In den Ausführungen zur Krapp'schen Interessentheorie wird deutlich, dass Krapp in seinen Beschreibungen sowohl des situationalen als auch des individuellen Interesses emotionale bzw. affektive Komponenten beschreibt und sich eine komplexe Verzahnung von Interesse und Emotionen andeutet.

2.2 Vier-Phasen-Modell nach Hidi und Renninger: Entwicklung von Interesse und Bedeutung von Emotionen

Neben den Ausführungen von Krapp gibt es ein weiteres zentrales Modell in der Interessenforschung, in welchem emotionale Aspekte elementar Berücksichtigung finden. Das Vier-Phasen-Modell von Hidi und Renninger (2006) beschreibt die Interessenentwicklung anhand vier aufeinanderfolgender Phasen und unterscheidet ebenfalls situationales und individuelles Interesse voneinander. In Anlehnung an Mitchell (1993) wird das situationale Interesse, wie es auch bei Krapp der Fall ist, in eine catch- und eine hold-Phase und die Entwicklung des individuellen Interesses in die Phase der Entwicklung bzw. der Stabilisierung einer Prädisposition unterteilt. Die Phasen sind sequenziell und kumulativ, d. h. dass jede Phase auf der vorherigen Phase aufbaut:

1. **Triggered Situational Interest (Phase I)**: Eine erste Reaktion auf ein Objekt oder Thema, die durch positive oder negative Emotionen gekennzeichnet ist.

In dieser Phase ist das Interesse einer Person noch nicht spezifisch oder ausgereift. Es kann sich um allgemeine Neugier oder gelegentliche Faszination handeln.

2. **Maintained Situational Interest (Phase II)**: Eine fortgesetzte Auseinandersetzung mit dem Objekt oder Thema, die durch fokussierte Aufmerksamkeit und positive Emotionen gekennzeichnet ist. Hier beginnt die Person, sich aktiv mit einem Thema auseinanderzusetzen. Sie sucht gezielt Informationen und zeigt ein verstärktes Engagement, was auf eine wachsende Motivation hinweist.
3. **Emerging Individual Interest (Phase III)**: Die Entwicklung einer Prädisposition, die durch wiederholte Auseinandersetzung mit dem Objekt oder Thema gekennzeichnet und durch positive Emotionen, Wertschätzung und vorhandenes Wissen geprägt ist. In dieser Phase hat die Person ein tiefes, nachhaltiges Interesse an einem bestimmten Thema entwickelt. Sie investiert Zeit und Energie in das Lernen.
4. **Well-developed Individual Interest (Phase IV)**: Eine stabile Prädisposition, die durch eine tiefe Auseinandersetzung mit dem Objekt oder Thema gekennzeichnet ist und durch positive Emotionen, Wertschätzung und ausgeprägtes Wissen geprägt ist. Dies ist die höchste Stufe des Interesses, in der das Interesse stabil bleibt und über einen langen Zeitraum anhält. Die Person identifiziert sich oft stark mit dem Thema und zeigt eine tiefere Verbindung dazu.

Für das Vier-Phasen-Modell kann festgehalten werden, dass in der ersten Phase (catch) des situationalen Interesses sowohl negative als auch positive Emotionen zur Interessenentwicklung beitragen, während die Konsolidierungsprozesse der darauffolgenden Stufen von positiven Emotionen getragen werden. Die vierte Stufe erscheint im 4-Phasen-Modell in gewissem Sinne emanzipiert von den Interessenentwicklung tragenden positiven Emotionen. Hidi und Renninger (2006) beschreiben die emotionalen Valenzen der vier Stufen als:

1. **Catch/triggered situational interest**: kann das Empfinden sowohl positiver als auch negativer Emotionen involvieren
2. **Hold/maintained situational interest**: involviert das Empfinden vor allem positiver Emotionen
3. **Emerging individual interest**: involviert das Empfinden positiver Emotionen
4. **Well-developed individual interest**: involviert Selbstregulation, um Vorgehensweisen zu überprüfen und Antworten zu suchen

In der ersten Phase ist eine generelle emotionale Erregung konstitutiv für die erste Entstehung von (situationalem) Interesse, wobei in geringer Ausprägung auch negative Emotionen wie Angst, Ekel oder Wut konstitutiv wirken können, sodass sich das Individuum dem Gegenstand aufmerksam zuwendet. In der vierten Phase des entwickelten individuellen Interesses ist das Individuum wiederum in der Lage, auch negative Emotionen beispielsweise ausgelöst durch Fehlschläge oder Frustrationen zu regulieren. Diesem Modell folgend spielen Emotionen in positiver Valenz eine wesentliche Rolle in der Interessenkonsolidierung der Phasen zwei und drei. Eine Begründung hierfür lässt sich ggf. in der neurowissenschaftlichen Beschreibung des Gedächtniskonsolidierung finden, deren Grundlagen in Abschnitt vier diskutiert werden. Anhand der Flow Theorie lässt sich hierzu die Einschränkung anmerken, dass auch bei einem vertieften Interesse negative Emotionen für eine von der Theorie beschriebene intensive Auseinandersetzung mit dem Gegenstand ein Hindernis darstellen.

2.3 Flow-Theorie von Csikszentmihalyi: Zusammenspiel von Interesse und Emotionen

Die Flow-Theory (Csikszentmihalyi, 2010, 2014) beschreibt einen optimalen Erfahrungszustand, in dem eine Person vollkommen absorbiert ist und ihre Fähigkeiten maximal nutzt. Dies wird durch eine perfekte Balance zwischen Herausforderung und Fähigkeit ermöglicht, wobei Emotionen und Interesse eine entscheidende Rolle bei der Regulierung des Prozesses spielen: Positive Emotionen und intrinsisches Interesse begünstigen den Flow-Zustand, während negative Emotionen (z. B. Angst und Langeweile) und extrinsische Motivation (z. B. Belohnung und Anerkennung) sich eher hindernd auswirken. Als wesentliche Merkmale eines Flow-Zustandes nennt Csikszentmihalyi einen optimalen Schwierigkeitsgrad (herausfordernd, aber machbar), Zielklarheit, sofortiges Feedback, Konzentration auf die Aufgabe und Autonomie (Selbstbestimmung von Aufgabe und Zeitpunkt). Somit zeigen sich in Bezug auf die Aspekte des Kompetenzerlebens und der Autonomie Parallelen zur Selbstbestimmungstheorie von Deci und Ryan (1993). Ein Vergleich zum Vier-Phasen-Modell legt nahe, dass negative Emotionen bei stabilisiertem individuellem Interesse auftreten, selbstregulativ moderiert und kognitiv eingeordnet werden können, dass allerdings eine vertiefte Auseinandersetzung mit dem Gegenstand im Sinne eines Flow-Erlebens nicht im Zusammenhang mit negativen Emotionen auftritt.

Insgesamt wird deutlich, dass in den vorgestellten Ansätzen die Relevanz der emotionalen Komponenten zum Ausdruck kommt. Dabei können positive wie negative Emotionen in Bezug auf das anfängliche situationale Interesse in Phase I von Bedeutung sein, für die Stabilisierung eines situativen und individuellen Interesses und die Entwicklung eines Flow Erlebens sind allerdings positive Emotionen notwendig, während negative die Interessenentwicklung behindern können. Um dies näher zu betrachten, wird im Folgenden ein Einblick auf das umfassende Konstrukt Emotionen gegeben.

3 Emotionen und die Herausforderungen ihrer (wissenschaftlichen) Beschreibung

Emotionen spielen für das menschliche Leben eine zentrale Rolle. Sie beeinflussen lebensrelevante Bereiche wie zwischenmenschliche Beziehungen, unsere Entscheidungsfindungen, die Speicherung von Erinnerungen und vieles mehr. Grundsätzlich können Emotionen als psychophysische Reaktionsmuster beschrieben werden, die auf einer komplexen Bewertung einer Reizsituation beruhen (Goschke & Dreisbach, 2010). Auf physiologischer Ebene gehen Emotionen mit der Aktivierung des Nervensystems einher und drücken sich in spezifischer Mimik und Körperhaltung aus (ebd.). Über die Definition von Emotionen besteht in der wissenschaftlichen Literatur allerdings wenig Einigkeit. So argumentierten beispielsweise English und English (1958), dass Emotion aufgrund widersprüchlicher Theorien nahezu unmöglich zu definieren sei. Fantino (1973) bemängelte, dass emotionales Verhalten nicht mit der gleichen Gründlichkeit wie andere psychologische Bereiche untersucht wurde, was teilweise auf die Schwierigkeiten bei der Definition von Emotionen zurückzuführen sei. Young (1973) hob hervor, dass Emotionen komplex sind und aus vielen Blickwinkeln analysiert werden können, was eine vollständige Erklärung nahezu unmöglich mache. Er betonte die Notwendigkeit, emotionale Ereignisse in unterschiedlichen systematischen Kontexten stückweise zu untersuchen.

Kleinginna Jr. und Kleinginna (1981) unternahmen daher den Versuch einer Kategorisierung der verschiedenen Definitionen von Emotionen im wissenschaftlichen Diskurs anhand von 92 wissenschaftlichen Artikeln und 9 skeptischen Aussagen. Sie stellten 11 Kategorien auf, die sich auf unterschiedliche emotionale Phänomene oder theoretische Schwerpunkte konzentrierten (ebd., S. 354):

- zwei traditionelle Erfahrungsbereiche: Affekt (affective) und Kognition (cognitiv)

- drei physische Kategorien: externe emotionale Reize (external emotional stimuli), physiologische Mechanismen (physiological) und emotional-expressives Verhalten (emotional/expressive behaviour)
- Definitionen, die disruptive (disruptive) oder adaptive (adaptive) Effekte betonen;
- Definitionen, die die multidimensionale Natur emotionaler Phänomene hervorheben (multiaspect),
- solche, die Emotion von anderen Prozessen abgrenzen (restrictive), oder den Zusammenhang zwischen Emotion und Motivation (motivational) betonen
- sowie die Kategorie der skeptischen oder abwertenden Aussagen über den Nutzen des Emotionsbegriffs (skeptical)

Vor dem Hintergrund der Vielzahl und damit einhergehenden Uneinigkeit bzw. Unschärfe formulieren Eder und Brosch (2017) aktueller eine provisorische Arbeitsdefinition, in der möglichst viele Forschungsansätze der Emotionspsychologie integriert werden und die gleichzeitig spezifisch genug ist, sodass eine Abgrenzung zu verwandten Konzepten wie bspw. Stimmung oder Motivation gelingt: „Eine Emotion ist eine auf ein bestimmtes Objekt ausgerichtete affektive Reaktion, die mit zeitlich befristeten Veränderungen des Erlebens und Verhaltens einhergeht." (ebd., S. 188).

In Abgrenzung zur Stimmung definieren sie außerdem, Emotion sei kein diffuser positiver oder negativer Gefühlszustand ohne Bezugsobjekt und in Abgrenzung zu einer emotionalen Disposition (Temperament) keine zeitüberdauernde Persönlichkeitseigenschaft (Eder & Brosch, 2017, S. 188). Der Unterschied zur Motivation liegt in den Bezugsobjekten, welches bei Motivation immer in der Zukunft läge, während das Bezugsobjekt von Emotionen auch in der Vergangenheit liegen könne (z. B. Freude über einen Erfolg im vergangenen Jahr). Sind die Bezugsobjekte Ereignisse, die eintreten könnten, dienen Emotionen als Motivatoren (ebd.).

3.1 Hauptkomponenten von Emotionen

Den unterschiedlichen Modellen zur Klassifizierung und Strukturierung von Emotionen liegt die geteilte Annahme zugrunde, dass Emotionen dynamisch sind und sich kontinuierlich verändern. Wissenschaftlicher Konsens besteht außerdem darüber, dass Emotionen aus fünf *Hauptkomponenten* bestehen (Eder & Brosch, 2017, S. 189).

a) **Subjektives Erleben (subjective experience)**: Eine der zentralsten Komponenten von Emotionen ist ihre Subjektivität. Jeder Mensch besitzt individuelle Empfindungen und Bewusstseinszustände, die als Grundlage für die emotionale Wahrnehmung dienen. Emotionen werden als persönliche Erlebnisse wahrgenommen, die von Situation zu Situation variieren können.
b) **Kognitive Komponente**: Emotionale Zustände beeinflussen erheblich die Zugänglichkeit von Informationen im Gedächtnis. Während Emotionen kognitive Funktionen beeinflussen, können kognitive Vorgänge auch das emotionale Erleben einer Situation modifizieren (Eder & Brosch, 2017, S. 189). So kann ein Erfolg in einer Klausur verschiedene Emotionen wie Stolz, Dankbarkeit oder Erleichterung hervorrufen (Brosch et al., 2010).
c) **Physiologische Komponente/Reaktion (physiological response)**: Emotionale Reaktionen gehen mit Veränderungen im autonomen Nervensystem einher, die zu Änderungen von Herzschlag, Atemrhythmus, Hautleitwert und anderen physiologischen Parametern führen. Diese körperlichen Reaktionen bereiten den Organismus darauf vor, effizient auf Herausforderungen zu reagieren. Dabei spielt das komplexe Zusammenspiel verschiedener Hirnregionen und des zentralen Nervensystems eine entscheidende Rolle.
d) **Expressives Verhalten (expressive behavior)**: Menschen drücken Emotionen nonverbal durch Gesichtsausdrücke, Gestikulation, Tonfall, Sprachwahl usw. aus. Diese expressiven Merkmale sind (zumindest im Fall von Primäremotionen, s. u.) universell und meist unabhängig von kulturell geprägten Traditionen (Ekman, 1993, zur diesbezüglichen Unterscheidung von primären und sekundären Emotionen s. u.), wenngleich die expressive Komponente allerdings auch stark von soziokulturellen „Benimmregeln" beeinflusst wird (Eder & Brosch, 2017, S. 190).
e) **Motivationale Komponente:** Frijda (1986) betont, dass Emotionen bestimmte Motivationen und Handlungsoptionen hervorbringen. Wie Eder und Brosch (2017) formulieren: „Emotionen als motivationalen Verhaltensstrategien werden nicht konkrete Verhaltensweisen, sondern abstrakte Mittel-Zweck-Relationen (Vermeidung, Attacke, Vergeltung etc.) zugeordnet, die in einer konkreten Situation mit sehr unterschiedlichen Bewegungen umgesetzt werden können" (ebd., S. 190).

Diese fünf Komponenten kollaborieren und beeinflussen sich gegenseitig, um die gesamte emotionale Erfahrung zu formen. Von dem Komponentenmodell wird angenommen, dass eine Reaktionskohärenz zwischen den einzelnen Komponenten besteht und das Ausmaß der emotionalen Reaktion auf den verschiedenen

Ebenen statistisch miteinander korreliert, sodass eine intensivere subjektive Empfindung eine stärkere körperliche Reaktion (und umgekehrt) hervorbringt (Eder & Brosch, 2017, S. 191).

3.2 Kategorisierungen von Emotionen

Mit dem Anspruch Emotionen wissenschaftlich zu untersuchen, zeigt sich vor allem in Bezug auf die subjektive Komponente von Emotionen die Notwendigkeit eines wissenschaftlichen Kategorisierungssystems. Die Kategorisierung von Emotionen stellt eine zentrale Fragestellung innerhalb der Emotionsforschung dar. Dabei sind zwei Ansätze zur Kategorisierung wesentlich: dimensionale Ansätze (Suche nach primären Dimensionen des emotionalen Erlebens) und diskrete Ansätze (Suche nach primären Emotionen, aus deren Kombination wiederum weitere Emotionen abgleitet werden können; Eder & Brosch, 2017, S. 192). Ziel ist es mit diesen Modellen die Komplexität und Vielfalt menschlicher Emotionen zu analysieren. Im Folgenden wird näher auf die dimensionale und die diskrete Klassifizierung eingegangen, da diese mit Blick auf den Zusammenhang von Interesse und Emotionen besonders relevant sind.

3.2.1 Dimensionale Kategorisierung und Valenz von Emotionen

Der dimensionale Ansatz betrachtet Emotionen als Punkte in einem multidimensionalen Raum. Diese Perspektive erlaubt es, emotionale Zustände durch kontinuierliche Variablen zu beschreiben und die Übergänge zwischen verschiedenen emotionalen Erfahrungen abzubilden. Ein prominentes Modell der kontinuierlichen Betrachtung von Emotionen ist das zweidimensionale Modell, das die Emotionen entlang der zwei Hauptdimensionen Valenz und Erregung darstellt. Dabei beschreibt die Erregung das Aktivierungsniveau oder die Intensität der Emotion, welches von niedrig (z. B. Entspannung) bis hoch (z. B. Aufregung) reicht. im Folgenden wird vor allem die Bedeutung der Valenz näher betrachtet. Mit Blick auf soziale Normen und Erwartungen ist die Valenz von Emotionen ein grundlegendes Kategorisierungsmerkmal und spielt eine zentrale Rolle in der Psychologie und Neurowissenschaft. Sie beschreibt die Ausprägung der jeweiligen Emotion in positiv und negativ – oder auch angenehm und unangenehm: Emotionen mit positiver Valenz sind solche, die angenehme Gefühle hervorrufen und oft mit Belohnung, Zufriedenheit oder Freude verbunden sind. Emotionen mit negativer Valenz sind unangenehm und oft mit Bedrohungen oder Verlusten verbunden (Charland, 2005). Eder und Brosch (2017) verweisen als zentrale Beispiele dimensionaler Modelle auf das Circumplexmodell von Russel (1980) sowie das Modell von Watson und Tellegen (1985). In Abbildung 1 sind beide Modelle in Anlehnung an Eder und Brosch (2017) grafisch zusammenfassend dargestellt. Zentrale Bausteine des Circumplexmodells von Russel (1980) ist die zweiachsige Unterscheidung von Valenz und Erregung. Während Erregung über die Pole *ruhig* und *erregt* oder *low arousal* und *high arousal* dargestellt wird, verhält sich Valenz in einer Dimensionierung von *unangenehm* zu *angenehm*. Die Valenz von Emotionen hat wichtige Auswirkungen auf das Verhalten, die Entscheidungsfindung und das Lernen. Emotionen mit angenehmer Valenz können Motivation und Engagement fördern, während unangenehme Emotionen oft Schutzmechanismen aktivieren oder als Warnsignal fungieren. Dabei ist ggf. zu beachten, dass die Valenz von Emotionen auch kulturell und individuell (siehe subjektives Erleben) variieren kann und ihr entsprechend eine gewisse Kontextabhängigkeit inhärent ist (Scherer, 2002). Charakterisierend für das Modell von Russel (1980) ist eine kreisförmige Anordnung (siehe Abb. 1). Kritisiert wurde vor allem, dass niedrige Erregungszustände wie *ruhig* oder *entspannt* nicht als emotionale Zustände durchgehen dürften (Eder & Brosch, 2017, S. 194). Das Modell von Watson und Tellegen (1985) knüpft hier an und verorten Emotionen vor allem im Sektor mit hohen Aktivierungen. Sie berufen sich außerdem auf eine Klassifizierung von positiven und negativen Aktivierungszuständen (siehe Abb. 1: PA und NA; ebd.).

3.2.2 Diskreter Ansatz: Primäre und sekundäre Emotionen

Im Gegensatz zu den dimensionalen Klassifizierungen steht der diskrete Ansatz, der Emotionen in klar abgegrenzte Kategorien einteilt, wie beispielsweise Freude, Traurigkeit oder Angst. Grundlage dieses Ansatzes ist die Annahme, dass es universelle, grundlegende Emotionen gibt, die kulturübergreifend sind. In diskreten Ansätzen wird zwischen primären und sekundären Emotionen unterschieden.

Primäre Emotionen sind grundlegende, universelle Emotionen (Basisemotionen), die oft spontan und unmittelbar auf bestimmte Reize reagieren, sich nicht auf andere Gefühle reduzieren lassen und eine Basis für weitere (sekundäre Emotionen) bilden. Primäre Emotionen sind ein evolutionspsychologisch verstandener Mechanismus. Sie treten in allen Kulturen gleichermaßen auf, werden von Menschen interkulturell allgemein verstanden und sind unabhängig von Alter, Geschlecht oder Sozialisation (Eder & Brosch, 2017, S. 194). Diese Emotionen sind meist einfach, unverfälscht und haben klare physiologische Begleiterscheinungen, d. h. kulturübergreifende mimische Ausdrucksformen. Nach Ekman (1992, s.a. Eder & Brosch, 2017, S. 192) ist eine Emotion eine Basisemotion, wenn sie

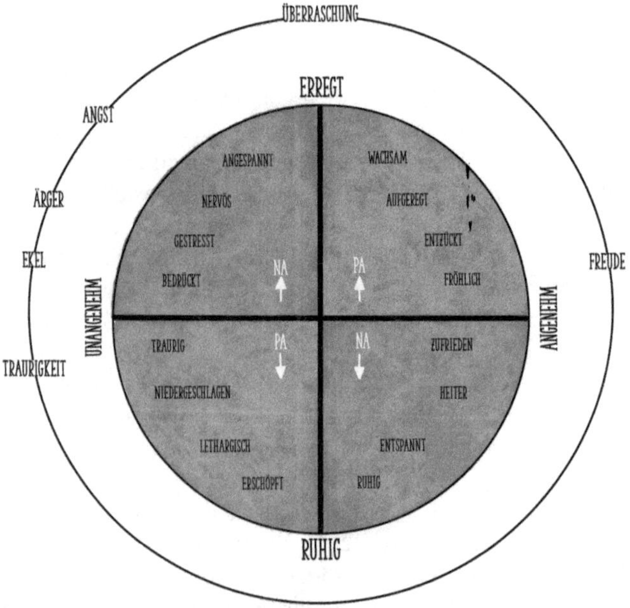

Abb. 1 Beispielhaftes Modell nach Watson und Tellegen (1985) mit angenehmen und unangenehmen Valenzen und Ausprägungen des Aktivierungsniveaus als unabhängige Konstituenten des emotionalen Erlebens in Kombination mit dem Circumplexmodell von Russel (1980; s.a. Eder & Brosch, 2017, S. 194)

1. eine angeborene Basis hat (z. B. auch bei Primaten auftritt),
2. bei allen Menschen unter ähnlichen Umständen auftritt (z. B. Trauer nach einem persönlichen Verlust),
3. einen unverwechselbaren Ausdruck im Verhalten hat (z. B. spezifischer Gesichtsausdruck),
4. distinkte physiologische Veränderungen auslöst (z. B. Anstieg der Herzfrequenz und Ausschütten von Adrenalin bei Furcht/Angst),
5. ein kohärentes Reaktionsmuster besitzt (z. B. Lächeln/Lachen und körperliche Entspannung bei einem inneren Gefühl des Glücks als Ausdruck der Emotion Freude) und
6. automatisch (d. h. schnell und ungewollt, wie beispielsweise ein Verziehen des Gesichts bei Ekel) ausgelöst wird.

Auf Basis empirischer Studien identifiziert Ekman (2004) sieben Basisemotionen: Freude, Traurigkeit, Ekel, Überraschung, Furcht, Wut und Verachtung. Ihre Vollständigkeit wird u. a. aufgrund einer hohen empirischen Varianz, der Unipolarität ihrer Formulierung und einer mangelnden neurophysiologischen Entsprechung wissenschaftlichen angezweifelt, sodass in der Literatur auch andere Kategorien verhandelt werden. Nach Eder und Brosch (2017) enthalten fast allen Listen von Basisemotionen übereinstimmend Angst/Furcht, Ärger, Traurigkeit und Freude. Dornes (1995) zählt hingegen neun Basisemotionen: Anstelle von Wut und Verachtung berücksichtigt er die Emotionen Ärger, Scham, Schuld und Interesse-Neugier. Aufgrund dieser Varianz in der Anzahl und Benennung von Basisemotionen ist ihr Konstrukt nicht unumstritten. Die Varianz liegt auch in einer mangelnden Einigkeit über notwendige und hinreichende Kriterien der Klassifizierung von Basisemotionen begründet (Ortony & Turner, 1990).

Sekundäre Emotionen sind komplexer als primäre und resultieren nach Plutchik (1980) aus der Verarbeitung und Reflexion primärer Emotionen (s.a. Eder & Brosch, 2017, S. 193). Sie sind häufig kulturell beeinflusst und können durch persönliche Erfahrungen und soziale Kontexte geprägt sein. Sekundäre Emotionen können Mischungen aus primären Emotionen sein und sind oft das Ergebnis von Gedanken, Bewertungen oder Interpretationen von Ereignissen. Beispiele hierfür sind Stolz, Neid, Enttäuschung oder Eifersucht.

Laut Damasio (1999) werden die komplexen kognitiven Prozesse der Hervorbringung von Sekundäremotionen durch den Einbezug sogenannter "somatischer Marker" unterstützt. Somatische Marker sind Körperzustände, die mit bestimmten früheren Erfahrungen und Entscheidungen assoziiert sind. Sie dienen als eine Art emotionale Gedächtnisspur, die bei zukünftigen Entscheidungen eine Rolle spielt, indem sie die kognitive Verarbeitung mit emotionalen Erinnerungen und körperlichen Signalen unterstützen. Der Prozess läuft oft unbewusst ab und hilft dabei, schnelle, aber dennoch informierte Entscheidungen zu treffen, indem er das Spektrum an Optionen eingrenzt, die bei der kognitiven Bewertung hervorgehoben oder abgeschwächt werden. Diese emotionalen Erinnerungen werden in Hirnregionen wie dem orbitofrontalen Cortex verarbeitet, der eine Schlüsselrolle bei der Integration von emotionalen Signalen und kognitiven Prozessen spielt.

Die Sekundäremotionen werden daher hauptsächlich in höheren Hirnregionen wie dem Präfrontalcortex und dem Temporalcortex verarbeitet (Plutchik, 1980). Der Präfrontalcortex spielt dabei eine entscheidende Rolle bei der Verarbeitung dieser komplexen emotionalen Zustände, da er an der Bewertung und Regulation von Emotionen beteiligt ist (Damasio, 1999; Rolls, 2015). Kritik an der Klassifizierung von Sekundäremotionen bezieht sich v. a. auf ihren bislang wenig überzeugende empirische Nachweisbarkeit (s.a. Reisenzein, 1995).

3.2.3 Vergleich von primären und sekundären Emotionen

Der Hauptunterschied von primären und sekundären Emotionen liegt in ihrer Komplexität und Entstehung. Primäre Emotionen sind schnell und automatisch, während sekundäre Emotionen eine bewusste kognitive Verarbeitung erfordern und vielschichtiger sind. Primäre Emotionen sind universell und kulturunabhängig, wohingegen sekundäre Emotionen stark von kulturellen Normen und persönlichen Erfahrungen beeinflusst werden. So deuten entwicklungspsychologische Studien bei Kindern darauf hin, dass primäre Emotionen wie Angst oder Freude früh im Leben auftreten, während Sekundäremotionen, die komplexere soziale und moralische Bewertungen erfordern, typischerweise später in der Kindheit entstehen. Diese Beobachtung unterstützt die Vorstellung, dass Sekundäremotionen auf kognitiver Entwicklung und sozialem Lernen basieren (Lewis, 2000). Kulturvergleichende Studien zeigen außerdem, dass der Ausdruck sekundärer Emotionen im Gegensatz zu dem der primären stark von kulturellen Normen und Werten beeinflusst ist. Zum Beispiel kann die Art und Weise, wie Scham oder Stolz ausgedrückt werden, erheblich zwischen Kulturen variieren, was darauf hinweist, dass diese Emotionen nicht nur biologisch, sondern auch kulturell konstruiert sind (Mesquita & Frijda, 1992).

Die Unterschiede zwischen primären und sekundären Emotionen werden auch in der neurologischen Verarbeitung sichtbar: Primäre Emotionen werden hauptsächlich in der Amygdala verarbeitet, während sekundäre Emotionen höhere Hirnregionen wie den Präfrontalcortex betreffen, was durch neue bildgebende Techniken bestätigt wird (Ochsner & Gross, 2005).

Im hier betrachteten Zusammenhang erscheint dies u. a. dadurch erheblich, dass die Amygdala neben der Verarbeitung **primärer Emotionen** auch für die für die Steuerung oder Hinderung höherer kognitiver Prozesse bedeutsam ist (s. Abschn. 3.6), sodass das Auftreten primärer Emotionen Konsequenzen für die kognitive Leistungsfähigkeit hat. Die Aktivität der Amygdala kann so die Funktion des präfrontalen Cortexes, der für höhere kognitive Funktionen wie Entscheidungsfindung, Problemlösung und Emotionsregulation verantwortlich ist, modulieren, hemmen oder stören. Dies kann v. a. in Form von Aufmerksamkeitslenkung, einer Umverteilung kognitiver Ressourcen, einer Beeinträchtigung der Arbeitsgedächtnisfunktion oder einer kognitiven Verzerrung der Wahrnehmung und Verarbeitung geschehen. Bekannte Beispiele im Zusammenhang mit negativen primären Emotionen hierfür sind Prüfungs-, Konflikt- und Gefahrsituationen. Aber auch positiv konnotierte Primäremotionen wie Freude und Überraschung können kognitive Funktionen modulieren und beispielsweise zu einer Unterschätzung von Gefahren und Risiken oder einer verminderten Detailgenauigkeit führen. Auf der anderen Seite können sie ebenso einen positiven

Einfluss auf die kognitive Leistungsfähigkeit nehmen, indem sie die Aufmerksamkeitsspanne erweitern („Broaden-and-Build"-Theorie von Fredrickson, 1998), die kognitive Flexibilität erhöhen und durch die Freisetzung von Neurotransmittern wie Dopamin die Gedächtnisleistung verstärken.

Bezüglich der **sekundären Emotionen** könnten Ochsner und Gross (2005) in bildgebenden Verfahren zeigen, dass in höheren Hirnregionen, wie v. a. dem präfrontalen Cortex, eine erhöhte Aktivität bei der kognitiven Bearbeitung emotionaler Stimuli (reappraisal) auftritt. Diese Verarbeitung kann sowohl zu einer Verstärkung als auch zu einer Abschwächung der emotionalen Reaktion führen, indem die Bedeutung einer Situation neu bewertet wird. Diese Form der kognitiven Kontrolle unterscheidet sich entsprechend von der direkten, automatischen Reaktion auf emotionale Stimuli der Primäremotionen und ihrer hauptsächlichen Verarbeitung in subcortikalen Strukturen wie der Amygdala (s. u.).

3.3 Emotionen im schulischen Kontext: Die Kontroll-Wert-Theorie

Angesichts dieser bedeutenden Rolle von Emotionen auf die Leistungsfähigkeit in höheren kognitiven Prozessen erscheint es naheliegend, das Zusammenspiel von Emotionen und Lernen innerhalb des schulischen Umfelds zu betrachten. In Bildungseinrichtungen sind Prüfungen und Leistungssituationen allgegenwärtig und gleichzeitig wird die „Freude am Lernen" als eine wesentliche Voraussetzung für den Lernerfolg diskutiert. Dabei unterstützt unter anderem die o.g. Flow-Theorie von Csikszentmihalyi (2014) die Vorstellung, dass positive emotionale Zustände wie Freude die Lernbereitschaft und -fähigkeit fördern. Pekrun (2022) führt in diesem Zusammenhang den Begriff der „Leistungsgefühle" ein, zu denen Emotionen wie Freude, Hoffnung, Stolz, Angst und Scham zählen.

Pekruns Kontroll-Wert-Theorie bietet hier ein fundiertes Modell, um die Entstehung und Wirkung von Leistungsgefühlen zu verstehen. Die Theorie identifiziert zwei zentrale Faktoren für die Entstehung akademischer Emotionen: Kontrollüberzeugungen und Wertüberzeugungen.

- Kontrollüberzeugungen betreffen die Wahrnehmung der Lernenden, dass sie Kontrolle über ihre Leistungen und deren Ergebnisse haben.
- Wertüberzeugungen beziehen sich darauf, wie bedeutend oder wertvoll die Lernenden eine Aufgabe erachten.

Diese beiden Faktoren beeinflussen, welche Emotionen im schulischen Kontext entstehen und wie diese Emotionen auf die Lernmotivation und die akademische Leistung wirken.

Pekrun betont, dass das Verständnis und das Management von Leistungsgefühlen entscheidend sind, um effektive Lernprozesse zu fördern. Insbesondere positive Leistungsgefühle wie Freude am Lernen, Hoffnung auf Erfolg und Stolz können die Vorstellungskraft für Ziele und Herausforderungen erweitern, zu kreativen Problemlösungen anregen, die Selbstregulierung fördern und das Selbstwertgefühl sowie die Resilienz stärken. Ebenso können negative Emotionen wie Wut, Angst oder Scham die kognitiven Prozesse und Leistungen hemmen, aber in bestimmten Kontexten auch nützlich sein, indem sie zur kritischen Reflexion und Motivation zur Verbesserung anregen, ähnlich wie es sich im Vier-Phasen-Modell von Hidi und Renninger (2006) zeigt (s. Abschn. 2.2). Die Kontroll-Wert-Theorie beschreibt, wie Leistungsgefühle aus der Interaktion von Kontrolle und Wert entstehen und sich sowohl in primären als auch in sekundären Dimensionen manifestieren können, abhängig von der Unmittelbarkeit und Komplexität der emotionalen Reaktion. Sie hebt dabei entsprechend in Übereinstimmung mit den obigen Ausführungen hervor, dass emotionale Reaktionen nicht nur die Motivation beeinflussen, sondern auch die kognitive Leistungsfähigkeit und das Wohlbefinden der Lernenden. Dadurch unterstreicht die Theorie die Bedeutung emotionaler Faktoren im Lernprozess und die Notwendigkeit, sowohl die kognitiven als auch die emotionalen Aspekte des Lernens in Bildungsstrategien zu integrieren.

Frenzel und Stephens (2017, S. 38) betonen die zentrale Annahme von Pekruns Ansatz: Die subjektive Kontrolle über lern- und leistungsbezogene Aktivitäten sowie deren Ergebnisse, und der Wert dieser Aktivitäten und Ergebnisse sind entscheidend für die Entstehung von Leistungsemotionen. Dabei bezieht sich die Kontrolle auf die Wahrnehmung, inwieweit eine Person die Möglichkeit hat, das Ergebnis einer Aufgabe oder eine bestimmte Situation zu beeinflussen. Wenn Lernende glauben, dass sie die Kontrolle über ihre Lernprozesse haben (also die Aufgabe erfolgreich bewältigen können), sind sie eher zuversichtlich und positiv eingestellt.

Der Wert bezieht sich auf die subjektive Bedeutung, die eine Person einer Aufgabe beimisst. Wenn eine Aufgabe als wertvoll oder bedeutungsvoll angesehen wird (z. B. weil sie mit persönlichen Zielen oder Interessen übereinstimmt), ist die Wahrscheinlichkeit größer, dass positive Emotionen wie Freude oder Stolz entstehen. Pekrun hält fest, dass Emotionen im Zusammenhang mit der Wahrnehmung von Kontrolle und Wert auftreten. So entstehen beispielsweise Emotionen wie Freude oder Stolz, wenn die Personen sowohl eine gewisse Kontrolle über die Aufgabe haben als auch deren Wert erkennen. Demgegenüber entstehen negative Gefühle (Angst, Frustration), wenn die Lernenden keine Kontrolle über die Aufgabe empfinden oder sie ihnen wertlos vorkommt.

3.4 Epistemische Emotionen

Im Kontext von Interesse und Emotionen ist außerdem ein Blick auf sogenannte „epistemische Emotionen“ hilfreich. Der Begriff „epistemische Emotionen" beschreibt jene Emotionen, die durch die kognitiven Charakteristiken einer Aufgabe und die kognitive Informationsverarbeitung hervorgerufen werden (Pekrun et al., 2017). Epistemische Emotionen treten demnach immer im Zusammenhang mit Wissen auf, u. a. bei der Aneignung und Verarbeitung von Wissen (Pekrun, 2006) und beziehen sich auf die wissensgenerierenden Qualitäten kognitiver Aufgaben und Aktivitäten (Brun et al., 2008). Die Schwierigkeit der Lernaufgabe und der Lerninhalt haben indirekten Einfluss auf das Erleben epistemischer Emotionen (Graesser & D'Mello, 2012). Unerwartete Informationen, komplexes Lernmaterial, kognitive Inkongruität und Verständnisschwierigkeiten im Lernprozess unterstützen das Erleben epistemischer Emotionen (Arguel et al., 2018; D'Mello et al., 2014). Beispiele für typische epistemische Emotionen sind: Überraschung, Neugier, Verwirrung, Frustration oder Langeweile und Freude, wenn das Problem gelöst werden kann (Pekrun & Stephens, 2012).

Litman (2005) beschreibt die „epistemic curiosity“ als eine Komponente epistemischer Emotionen. Epistemische Neugier (epistemic curiosity) ist ein Konzept, das in der Psychologie und Pädagogik verwendet wird, um die Motivation und das Interesse von Personen an Wissen und Lernen zu beschreiben. Laut Litman (2008) bezieht sich epistemische Neugier auf die Tendenz, neue Informationen und Wissen zu suchen, um Unbekanntes zu erkunden und Unsicherheiten zu reduzieren. Epistemische Neugier ist also die Neugier auf Wissen und Verständnis selbst, im Gegensatz zu anderen Formen der Neugier, die eher auf Unterhaltung oder Spaß ausgerichtet sind.

3.5 Das Zusammenspiel von Interesse und Emotionen: eine erste Annäherung

Vor dem Hintergrund der vielfältigen Betrachtungen und Modelle innerhalb der Forschung zu Emotionen und ihrer Relevanz in Bildungsprozessen und mit Blick auf die obigen Ausführungen zum Interessenbegriff (s. Abschn. 2.1) und die allgemeinen psychologischen Grundlagen, wird deutlich, dass Emotionen keinesfalls als isolierte Phänomene, sondern als integrale Bestandteile eines komplexen Systems verstanden werden sollten, das kognitive, affektive und motivationale Aspekte miteinander verbindet. Bei diesen Betrachtungen ist zu betonen, dass positive (Leistungs-)Emotionen eine herausgehobene Rolle spielen und Emotionen wie Freude am Lernen, Hoffnung auf Erfolg oder Stolz auf die eigenen Leistungen maßgeblich das Lernen, die Entwicklung und die Leistung beeinflussen (Pekrun, 2022). Der diskutierte Zusammenhang zwischen Kontrolle und Wert innerhalb der Kontroll-Wert-Theorie verdeutlicht, dass die subjektive Kontrolle über lern- und leistungsbezogene Aktivitäten sowie deren Bewertung ausschlaggebend für die Entstehung von Emotionen ist. Diese Faktoren beeinflussen, ob und wie Emotionen im schulischen Kontext das Verhalten und die Motivation der Lernenden leiten.

Weiterhin zeigt sich, dass das situative Interesse, wie es in der POI und auch im Vier-Phasen-Modell postuliert wird, eine affektive Valenz hat, die auf Emotionen wie Neugier oder Freude zurückzuführen ist. Teils wird angenommen, dass in dieser Phase der affektive Anteil so sehr überwiegt, dass situationales Interesse insgesamt mitunter als eigenständige Emotion konzeptualisiert werden könnte (Schiefele, 2009; Silvia, 2005). Dies lässt sich an die Zuordnung von Dornes (s. o.) anknüpfen, der Interesse-Neugier als eine primäre Emotion rahmt, indem sie ein grundlegendes menschliches Bedürfnis nach Neuigkeit und Exploration darstellt. Ebenso kann situationales Interesse als entstehend aus einer Kombination von primären Emotionen wie Neugier, Freude oder Frustration aufgefasst werden. Demzufolge wäre Interesse den Sekundäremotionen zuzuschreiben, die durch die Integration von Primäremotionen entsteht (vgl. Plutchik, 1980). Dieser zweiten Auffassung folgend erscheint es wesentlich festzuhalten, dass situationales Interesse nicht nur von positiven, sondern auch von negativ konnotierten Emotionen begleitet werden und zu vertieftem situationsunabhängigem Interesse führen kann (Hidi, 2006; Hidi & Harackiewicz, 2000; Hidi & Renninger, 2019; Laukenmann et al., 2000; Swarat et al., 2012).

Silvia (2008) unterscheidet weiterhin zwischen der „Interessiertheit" und einem individuellen „Interesse". Er beschreibt „Interessiertheit" als primäre Emotion, da sie mit physiologischen Veränderungen, die für Emotionen prototypisch sind, einhergeht. Hierzu zählen Änderungen des Gesichtsausdrucks und der Stimmlage (physiologische Komponente). Außerdem könne die Interessiertheit, im Sinne von perzipierten Gefühlen und physiologischen Veränderungen, über die gesamte Lebensspanne eines Menschen auftreten.

Den beschriebenen Theorien zufolge ist für die Aufrechterhaltung und Entwicklung von (individuellem) Interesse hingegen neben den emotionsbezogenen

Prozessen auch eine kognitive Reflexion und Bewertung notwendig (Hidi & Renninger, 2006; Krapp, 1992), wodurch das individuelle Interesse nicht als primäre oder sekundäre Emotion kategorisiert werden kann. Vielmehr gehen Krapp und Prenzel (2011) davon aus, dass das individuelle Interesse situativ und bewusst-rational Emotionen und Handlungen steuert.

4 Neurowissenschaftliche Grundlagen der Verarbeitung von Emotionen

Die obigen Ausführungen verdeutlichen, dass die Entstehung von Emotionen auf komplexen Prozessen beruht, an denen verschiedene Gehirnbereiche und Neurotransmitter beteiligt sind. Die Neurophysiologie betrachtet Emotionen als Phänomene, die auf biochemischen und elektrischen Signalen basieren, welche u. a. im limbischen System im Gehirn generiert werden. Das limbische System ist ein komplexes Netzwerk von Gehirnstrukturen, zu dem u. a. die Amygdala, der Hippocampus, der Hypothalamus, der Gyrus cinguli und weitere Bereiche des Gehirns gehören (Eder & Brosch, 2017, S. 230). Diese Strukturen sind für die Integration von Informationen und neben höheren Hirnregionen wie dem präfrontalen Cortex auch für die Regulation von Emotionen zuständig und spielen eine zentrale Rolle bei der Verarbeitung von Emotionen, Gedächtnis und Verhalten (Eder & Brosch, 2017, S. 245). Die Amygdala beispielsweise ist entscheidend für die emotionale Bewertung und Angstreaktionen, während der Hippocampus eng mit der Bildung und dem Abruf von Gedächtnisinhalten verknüpft ist. Zudem sind Neurotransmitter wie Serotonin, Dopamin und Noradrenalin wesentlich an der Emotionsregulation beteiligt. Entsprechend sind diese Strukturen auch für die Entwicklung von Interesse von zentraler Bedeutung. Emotionen beeinflussen die Motivation und Aufmerksamkeit, die wiederum wichtige Faktoren für das situationale und individuelle Interesse darstellen. Individuelles Interesse kann durch Erfahrungen im Langzeitgedächtnis konsolidiert werden, bei denen Emotionen eine bedeutende Rolle spielen.

4.1 Überblick über zentrale, an der Entstehung und Verarbeitung von Emotionen beteiligte Gehirnareale

An der Entstehung und Verarbeitung von Emotionen sind vor allem die Gehirnbereiche Thalamus, Amygdala, Hippocampus, Hypothalamus und Insula beteiligt (siehe Abb. 2). Aus Sicht der Interessenforschung sind hierbei die Prozesse der Gedächtniskonsolidierung in Bezug auf die Verknüpfung von Erlebnissen mit Emotionen von Interesse, wofür vor allem die ersten drei (Thalamus, Amygdala und Hippocampus) genannten bedeutsam sind. Daher werden ihre Beiträge im Folgenden betrachtet. Dabei ist zu beachten, dass die neurophysiologischen Grundlagen bei der Entwicklung von Interessen noch nicht vollständig verstanden sind und weitere Forschung erforderlich ist, um die zugrunde liegenden Mechanismen tiefgehend zu verstehen.

Thalamus – Steuerung der sensorischen Informationsflüsse: Der Thalamus ist eine zentrale Struktur des Zwischenhirns und fungiert als „Tor" für sensorische Informationen. Er empfängt sensorische Informationen von den Sinnesorganen (Rezeptorfunktion), filtert sie und entscheidet, welche davon erhalten, d. h. aktiv wahrgenommen (Filterfunktion) und weitergeleitet werden (Weiterleitungsfunktion), wobei die bewusste Wahrnehmung der Informationen erst im Cortex erfolgt. Die Filterfunktion des Thalamus ließe sich in Zusammenhang mit dem sensorischen Gedächtnis im Mehrspeichermodell von Atkinson und Shiffrin (1968) bringen, indem er reguliert, welche Sinneswahrnehmungen überhaupt an die Speicherstrukturen weitergeleitet werden. Die Weiterleitung der sensorischen Informationen erfolgt vom Thalamus zum einen als weiterzuverarbeitende Informationen an den Cortex, zum anderen zur Weiterverarbeitung an die Amygdala, insbesondere bei emotionalen und bedrohlichen Stimuli.

Amygdala – Steuerung der emotionalen Reaktion: Die Amygdala ist eine zentrale Struktur des limbischen Systems im Temporallappen des Gehirns und spielt eine wesentliche Rolle bei der emotionalen Verarbeitung. Die Amygdala ist maßgeblich an der Bewertung und Interpretation sensorischer Informationen beteiligt und ordnet diesen unterschiedliche emotionale Werte bezüglich Valenz und Intensität zu. Sie ist demnach maßgeblich an der Bewertung und Interpretation von Umweltreizen beteiligt und beeinflusst so die emotionale Reaktion auf verschiedene Stimuli. Die Amygdala erfüllt mehrere Hauptfunktionen:

1. Die Amygdala spielt eine zentrale Rolle in der **Bewertung eintreffender sensorischer Informationen** hinsichtlich ihrer emotionalen Relevanz. Dabei werden insbesondere negative Emotionen wie Angst, Wut, Ekel oder Trauer priorisiert, aber auch positive Emotionen verarbeitet. Sie besitzt vor allem die Fähigkeit, Bedrohungen schnell zu erkennen (Initiierung von „Flight-or-Fight-Reaktionen"). Die Amygdala sendet Signale zurück an den Thalamus, um die emotionale Reaktion zu modulieren.
2. Im Zusammenspiel mit dem Hippocampus spielt die Amygdala eine entscheidende Rolle bei der **Integration emotionaler Erinnerungen** und assoziativen

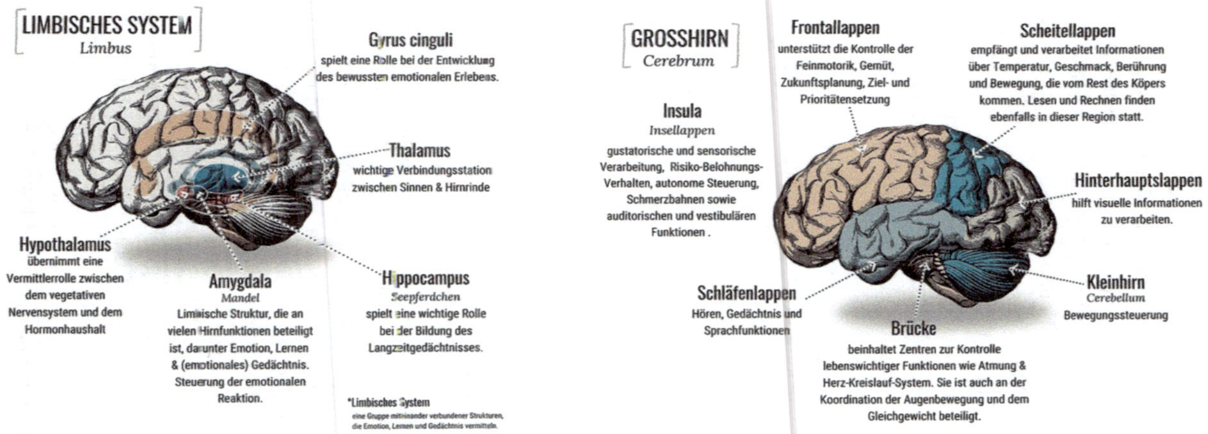

Abb. 2 Übersicht über die zentralen neurophysiologischen Bestandteile des Gehirns

Lernerfahrungen. Dies ermöglicht die Bildung langfristiger Gedächtnisspuren, indem Ereignisse mit Emotionen verknüpft und im Langzeitgedächtnis (Cortex) gespeichert werden. Ein Erinnern solcher Ereignisse ruft gleichzeitig die assoziierten Emotionen im Gedächtnis wach. Besonders relevant ist dies im Kontext der Verbindung von Emotionen und Interesse, wobei eine Tendenz besteht, sich an negative Erlebnisse detaillierter zu erinnern („negativity bias", Baumeister et al. (2001)) beschrieben. Eine fMRT-gestützte Studie von Bierbrauer et al. (2021) weist darauf hin, dass die Amygdala bei der Verarbeitung von Erinnerungen, die mit negativen Emotionen verknüpft sind, eine erhöhte Aktivität zeigt. Diese Erkenntnisse deuten darauf hin, dass negative Emotionen weniger stark kognitiv gefiltert werden, was sie während der Erinnerungsverarbeitung besonders intensiv und detailliert erscheinen lässt. Dies könnte erklären, warum negative Erfahrungen oft klarer und intensiver abgerufen werden können, während positive Erlebnisse, die durch den Hippocampus stärker gefiltert werden, auf andere Weise verarbeitet und erinnert werden.

3. Die Amygdala koordiniert Reaktionen des autonomen (vegetativen) Nervensystems und beeinflusst so körperliche Prozesse wie Herzschlag, Blutdruck und Atmung in Reaktion auf emotionale Zustände. Hierfür leitet sie auch Informationen an den Hypothalamus und den Locus Coeruleus weiter, der für die Freisetzung von Noradrenalin zuständig ist (s. u.), was zu einer erhöhten Wachsamkeit führt.

Hippocampus – Steuerung der Gedächtnisbildung: Der Hippocampus spielt eine Schlüsselrolle bei der Bildung neuer Erinnerungen durch die Übertragung vom Kurz- ins Langzeitgedächtnis. Er verarbeitet neue Informationen, ruft bestehende Gedächtnisinhalte auf und integriert neue Inhalte, einschließlich solcher, die mit emotionalen Erfahrungen verbunden sind. Dabei interagiert der Hippocampus eng mit der Amygdala, speziell bei der Verarbeitung emotionaler Erfahrungen. Die Amygdala kann hierzu den Hippocampus aktivieren, um Erinnerungen zu kodifizieren und zu speichern (McGaugh, 2004). Der Hippocampus verarbeitet daraufhin die Information und integriert sie in bereits existierende Erinnerungen, was zu einer Konsolidierung der emotionalen Erfahrung in das Langzeitgedächtnis führt (Squire, 1992). Durch diese Kooperation können emotionale Erfahrungen effektiv in das Langzeitgedächtnis übertragen werden, was eine wichtige Voraussetzung für die Bildung von emotionalen Erinnerungen ist (Phelps, 2006). Zusätzlich modulieren die Amygdala und der Hippocampus gemeinsam die Intensität und die Art der emotionalen Antwort, was für die Regulierung von Emotionen essenziell ist (Ledoux, 1994).

4.2 Weitere beteiligte Systeme und Bereiche

Der **Cortex** ist die äußerste Schicht des Großhirns. Er ist somit nicht Teil des limbischen Systems. Er ist an zahlreichen kognitiven Funktionen beteiligt, beispielsweise dem Wissenserwerb (Lernen und Speichern von neuen Informationen), dem Gedächtnis (Abrufen und Verwendung von gespeicherten Informationen), der Sprache (Verständnis und Produktion von sprachlicher Kommunikation) und dem Bewusstsein (Fähigkeit, subjektiv zu erleben und sich seiner Umgebung bewusst zu sein). Für die Verarbeitung und Regulation von Emotionen ist insbesondere der präfontale Cortex von Bedeutung. Seine Funktionen umfassen:

- die Bewertung von Emotionen (evaluiert emotionsrelevante Stimuli und bestimmt ihre Bedeutung und Intensität, unterstützt die Entscheidungsfindung)
- die Emotionserkenntnis (erkennt und identifiziert Emotionen bei sich selbst und bei anderen Menschen, fördert die Empathieentwicklung)
- die Emotionsregulation (moduliert die Intensität und Dauer von Emotionen, durch Beeinflussung subortikaler Strukturen wie der Amygdala und dem Hypothalamus)
- das Emotionale Lernen (lernt aus Erfahrungen und assoziiert bestimmte Situationen oder Stimuli mit bestimmten Emotionen, Anpassung von emotionalen Reaktionen)
- die Selbstkontrolle (Kontrolle emotionaler Impulse und Handlungsplanung entsprechend unseren Werte und Normen)

Die oben genannten Hirnregionen des limbischen Systems, vor allem Amygdala und Hypothalamus, regulieren und aktivieren in komplexen Prozessen das **sympathische (SNS) und das parasympathische Nervensystem (PNS)**, die beide Teile des autonomen Nervensystems sind. Das SNS reguliert Funktionen wie Herzrate, Blutdruck, Atmung und Verdauung. In Stresssituationen kann das SNS den o.g. „Flight-or-Fight"-Modus veranlassen, bei der der Körper auf Stress reagiert, indem er Adrenalin freisetzt und die Herzrate erhöht. Das PSN hingegen ist für Funktionen wie Entspannung, Ruhe und Erholung verantwortlich.

Des Weiteren unterstützen Hirnareale wie die **Basalganglien** und der **Gyrus cinguli** bei der Bewertung emotionaler Zustände und der Regulation motorischer und körperlicher Reaktionen. Die Basalganglien sind hauptsächlich mit der Kontrolle von Bewegungen assoziiert, während der Gyrus cinguli bei emotionalen und kognitiven Prozessen beteiligt ist.

4.3 Aktivierungszustände der Amygdala

Insgesamt werden durch das Zusammenspiel der verschiedenen Gehirnbereiche äußere Reize zu kognitiven Informationen und zu Emotionen weiterverarbeitet und miteinander verknüpft im Langzeitgedächtnis gespeichert. Folglich sind unsere informationsbezogenen Erfahrungen assoziiert mit Emotionen. Beim Wiederabruf aus dem Langzeitgedächtnis durch Erinnern oder durch das Erleben einer ähnlichen Situation werden auch die Emotionen wieder abgerufen. Da die Amygdala maßgeblich für die Erzeugung und Regulation von Emotionen zuständig (Šimić et al., 2021) und wesentlich an der Regulierung von autonomen Funktionen beteiligt ist, spielt sie eine bedeutende Rolle in emotionalem Lernen und Gedächtnis. Die Zuordnung emotionaler Werte kann zu einer gesteigerten Motivation beitragen, bestimmte Aktivitäten zu verfolgen oder zu vermeiden (Šimić et al., 2021). Dabei ist (in Bezug auf die Entwicklung von Interesse) u. a. wesentlich, welcher Valenz und Stärke die Emotionen sind, d. h. wie stark primär beteiligte Gehirnareale wie die Amygdala aktiviert werden. Man kann dabei in vier Aktivierungszustände unterteilen:

- **Unteraktivierung**: Eine zu wenig aktivierte Amygdala kann apathisch und unmotiviert machen, was die Entwicklung von Interesse behindern kann.
- **Geringe Aktivierung**: Eine gering aktivierte Amygdala kann helfen, ruhig und gelassen zu bleiben, wodurch das Potential steigt, komplexere Probleme innovativ zu lösen und kritisch oder kreativ zu denken. Dadurch wird außerdem das Langzeit-Lernen unterstützt, da eine gering aktivierte Amygdala ermöglicht, Informationen langsam und systematisch zu verarbeiten und zu speichern.
- **Erhöhte Aktivierung**: Eine stärker aktivierte Amygdala kann motivieren, neue Dinge zu erkunden, sich zu fokussieren und Risiken einzugehen. Dies kann besonders nützlich sein, wenn eine Person sich in einer neuen oder unbekannten Umgebung befinden. Sie kann die Aufmerksamkeit auf bestimmte Aspekte und Details in der Umgebung lenken und so die Wahrnehmung unterstützen. Eine stärker aktivierte Amygdala kann ebenfalls beim Lernen helfen, indem sie ermöglicht, wichtige Informationen zu speichern und abzurufen.
- **Überaktivierung**: Eine zu stark aktivierte Amygdala kann zu Angst, Panik und Stress führen, was die Entwicklung von Interesse behindern kann und die systematische Speicherung von Informationen im Langzeitgedächtnis durchkreuzt.

Da bei der Entwicklung von Interesse höhere kognitive Prozesse von entscheidender Bedeutung sind (Krapp & Prenzel, 2011), scheint eine moderate

Amygdala-Aktivität am besten geeignet, um diese Entwicklung zu fördern. Sowohl eine zu starke als auch eine zu schwache Aktivität können hemmende Auswirkungen auf das Interesse haben, wobei interpersonelle Unterschiede und Kontextabhängigkeit zu berücksichtigen sind.

4.4 Gedächtnis und Emotionen

In Bezug auf die Entwicklung von Interesse bzw. Interessiertheit erscheint es hilfreich zu betrachten, welche Rolle Emotionen bei der Gedächtniskonsolidierung spielen, da u. a. die höheren Phasen des Vier-Phasen-Modells, bzw. der Übergang von situationalem zu individuellem Interesse gerade solche Prozesse (das Abspeichern von emotionsbasierten Erfahrungen) involvieren.

Laut Šimić et al. (2021) beeinflussen Emotionen maßgeblich das Lernen und die Gedächtnisbildung. Die Amygdala ist hierbei zentral, da sie emotionale Konditionierung ermöglicht. und Erinnerungen, insbesondere solche mit starken affektiven Erlebnissen (ebd.), verankert. Werden (kognitive) Informationen aus dem Langzeitgedächtnis abgerufen, gilt dies ebenso für die mit ihnen assoziierten Emotionen. Dies gilt insbesondere für **Erinnerungen mit starken emotionalen Konnotationen**. Emotionale Belohnungen verstärken interessengeleitete Aktivitäten, fördern das Lernen und sichern Informationen im Gedächtnis (ebd.).

Hierbei tragen neben den emotionalen und kognitiven Erfahrungen, die in direktem Zusammenhang mit dem aktuellen Gegenstand stehen, auch solche zur Entwicklung von Interessen bei, die insgesamt aus einem **geteilten Erlebenskontext** stammen, der auch die (Lern-)Atmosphäre, die Stimmung in der sozialen Gruppe und ggf. weitere individuelle Emotionen umfassen kann. Dies lässt sich u. a. damit begründen, dass laut der Hebb'schen Regel (Hebb, 1949/2002) zur Entstehung neuronaler Netzwerke die synaptische Verbindung zwischen Neuronen, die gleichzeitig eine Anregung erfahren, verstärkt werden („Fire together, wire together“) (Hebb, 1949/2002).

Laut der Theorie des stimmungsabhängigen Gedächtnisses (Mood-Depended Memory, MDM, Bower, 1981; Faul & LaBar, 2023) spielen Emotionen eine wesentliche Rolle als kontextuelle Hinweise für das episodische Gedächtnis. Demnach führt die Assoziation von Erinnerungen an Ereignisse mit einem bestimmten emotionalen Zustand dazu, **dass diese Ereignisse besser erinnert werden können**, wenn sich die Person erneut in einem ähnlichen emotionalen Zustand befindet. Affektive Erlebnisse, die entweder durch vorübergehende emotionale Reaktionen oder längerfristige Stimmungszustände geprägt sind, können zu stimmungskongruentem Gedächtnis (Mood-Congruent Memory, MCM) führen.

Emotionen veranlassen den Abruf von gespeicherten Erinnerungen, die mit ähnlichen Emotionen assoziiert sind. Als Stimmungskongruenz(-effekt) bezeichnet man den Befund, „dass Gedächtnisinhalte, die hinsichtlich ihrer Valenz mit den momentanen Emotionen übereinstimmen, besser erinnert werden als Inhalte, die mit den momentanen Emotionen nicht übereinstimmen oder als neutrale Inhalte“ (Brandstätter et al., 2013, vgl. auch Blaney, 1986). Allen et al. (2008) heben hervor, dass emotionale Kontexte in der Literatur zum episodischen Gedächtnis lange vernachlässigt wurden, obwohl sie entscheidend für die Kodierung und den Abruf von Erinnerungen sind. Dies wird durch Belege für die Beteiligung der Amygdala und Bereiche des präfrontalen Kortexes an diesen Prozessen untermauert.

Emotionen verstärken die Zugänglichkeit und den Detailreichtum der Erinnerung. Erinnerungen, die mit starken Emotionen assoziiert sind, können auch über einen langen Zeitraum detailreich erinnert werden. Eine Studie von Atucha et al. (2017) deutet daraufhin, dass dies mit einer erhöhten Konzentration des Botenstoffs Noradrenalin zusammenhängt. Die Ausschüttung von Noradrenalin wird v. a. von Amygdala, Hypothalamus, Präfrontalem Cortex oder Insula veranlasst und sorgt vermutlich dafür, dass diese Erinnerungen neben ihrer Speicherung im Cortex weiterhin mit dem Hippocampus assoziiert bleiben. Lässt diese Assoziierung nach, nimmt auch das Detailreichtum der Erinnerung ab.

Ein weiterer Aspekt in Bezug auf die Gedächtnisbildung ist die **Lenkung der Aufmerksamkeit**. Šimić et al. (2021) betonen, dass Emotionen maßgeblich beeinflussen, worauf wir unsere Aufmerksamkeit richten. Interessante Reize, die emotional positiv bewertet werden, ziehen unsere Aufmerksamkeit eher an (ebd.). Die Fähigkeit der Amygdala, Reize emotional zu bewerten, hilft dabei, die Aufmerksamkeitsressourcen effizient auf interessante und potenziell vorteilhafte Informationen oder Erfahrungen zu lenken, sodass Emotionen indirekt die Auswahl der potenziell zu erinnernden Gedächtnisbausteine beeinflussen.

Zusammenfassend werden emotionale und kognitive Erfahrungen assoziiert im Langzeitgedächtnis abgespeichert, wodurch den Emotionen eine Bedeutung bei der Auswahl und Art der Speicherung und zukünftigen Zugänglichkeit zukommt. Davon ausgehend lässt sich nun diskutieren, welche Aussagen sich über den Einfluss von Emotionen auf die Interessenentwicklung und die resultierenden Implikationen für Forschung und Unterricht formulieren lassen.

5 Zusammenhang zwischen Emotionen und Interesse unter unterrichtlicher Perspektive

Auf Basis der vorherigen Ausführungen kann festgehalten werden, dass Emotionen eng mit motivationalen Prozessen verknüpft sind und positive Emotionen wie Freude oder Neugier das Interesse an neuen Erfahrungen, Lernen und der Informationssuche fördern können (Šimić et al., (2021). Emotionen stellen somit einen zentralen Mechanismus dar, durch den Interesse initiiert und aufrechterhalten wird und sind essenziell für die Entwicklung von Interesse (ebd.). Nachdem in den vorherigen Kapiteln eine generelle Betrachtung unterschiedlicher Interessendimensionen sowie des wissenschaftlichen Blicks auf Emotionen stattgefunden hat, werden im Folgenden beide Perspektiven vor dem Hintergrund einer unterrichtlichen Perspektive anhand von vier Aussagen (Fazit 1 bis Fazit 4) zusammenfassend diskutiert.

Fazit 1: Emotionen können bei zu starker Ausprägung (Arousal) die kognitive Verarbeitung generell hindern und so die Entwicklung von Interesse hemmen
Dieses Fazit wird durch zwei Argumente gestützt. Die obigen Ausführungen zeigen, dass Interesse und Emotionen in einem direkten und komplexen Zusammenhang zueinanderstehen. Es wurde deutlich, dass Emotionen **Auslöser und Katalysatoren** für Interesse sein können. Aus neurophysiologischer Sicht ist dabei insbesondere der Erregungszustand der Amygdala für die Ausbildung von Interesse relevant. Die Amygdala muss gerade so angeregt bzw. erregt sein, dass das parasympathische Nervensystem aufmerksam aber nicht übersteuert bzw. überreizt oder untererregt ist. Eine übermäßige Erregung der Amygdala kann die Kapazität des Arbeitsgedächtnisses überfordern, da (zu) viele Reize (Emotionen) verarbeitet werden, sodass nur wenig Kapazität im Arbeitsgedächtnis für kognitive Verarbeitungsprozesse übrigbleibt. Eine Untererregung führt hingegen zu einem Mangel an kognitiver Engagement.

Implikationen für den Unterricht/Fragen an die Fachdidaktik: Für die Förderung von Interesse im Unterricht ist somit entscheidend, ein emotional ausgeglichenes Lernumfeld zu schaffen. Lehrkräfte sollten eine moderate Erregung der Amygdala unterstützen, um eine optimale Balance zwischen emotionaler Anregung und kognitiver Verarbeitung sicherzustellen. Dies kann durch eine angenehme Unterrichtsatmosphäre mit abwechslungsreichen und interaktiven Lernmethoden erreicht werden. Ein weiterer wichtiger Aspekt ist in diesem Zusammenhang die Bedeutung von Pausen und Reflexionsphasen, die vor allem bei einer Amygdala in der Übererregung maßgeblich sind. Der bewusste Einsatz von Pausen kann eine Übererregung vermeiden und die kognitive Verarbeitung unterstützen. Solche Ansätze könnten dazu beitragen, nicht nur emotionale Barrieren abzubauen, sondern auch langfristiges Interesse und Motivation bei den Lernenden zu fördern. So können Emotionen als Auslöser und Katalysatoren für Interesse unterrichtlich genutzt werden.

Fazit 2: Die bewusste Gestaltung des Lernkontextes und der sozialen Umgebung kann die emotionale Anregung in Lernkontexten positiv beeinflussen
Sowohl in Bezug zur Interessenforschung als auch zur Emotionsforschung wird immer wieder auf eine sogenannte „Kontextabhängigkeit" verwiesen. Der Kontext kann in diesem Fall aus zwei Perspektiven heraus verstanden werden. Zum einen als eine Art „lernbezogener Kontext" und zum anderen im Sinne einer sozialen Umgebung. Beide Facetten bieten Möglichkeiten, die emotionale Anregung der Lernenden positiv zu beeinflussen. In den Naturwissenschaftsdidaktiken stellt kontextorientierter Unterricht einen etablierten Ansatz dar, dem geringen Interesse von Lernenden zu begegnen (Hüfner & Abels, 2023; Taasoobshirazi & Carr, 2008). Ein sinnvoll ausgewählter Kontext kann die Lernenden dabei anregen sich mit einem Fachinhalt auseinanderzusetzen und mit Blick auf die neurowissenschaftlichen Grundlagen unterstützen, die Amygdala der Lernenden in einen gewollten Anregungszustand zu bringen.

Die zweite Perspektive in Bezug auf die beschriebene Kontextabhängigkeit ist eine soziale Dimension. Nicht nur der Lernkontext auf fachlicher Ebene, sondern auch der Kontext, der beschreibt, in welchen sozialen Situationen die Schülerinnen und Schüler lernen, ist relevant. Emotionen spielen in sozialen Kontexten eine entscheidende Rolle (Šimić et al., 2021). Dabei kann Interesse an anderen Menschen oder sozialen Situationen durch emotionale Signale wie Empathie oder soziale Neugier verstärkt werden. Die emotionale Bewertung durch die Amygdala hilft, soziale Reize zu verarbeiten und das soziale Interesse zu schärfen. Die Gestaltung einer lernförderlichen sozialen Umgebung schließt an die Selbstbestimmungstheorie von Deci und Ryan (1993) und dem Bedürfnis nach sozialer Eingebundenheit an. Es liegt die Vermutung nahe, dass eine sichere Umgebung, z. B. eine soziale Gruppe, in der wir uns wohl fühlen, sich ebenfalls gering aktivierend auf die Amygdala auswirken kann, wodurch die Entwicklung von Interesse erleichtert wird. Fühlen wir uns in einem sozialen Kontext isoliert bzw. stark ausgegrenzt, kann dies zu einer Übererregung der Amygdala führen und die Entwicklung von Interesse wiederum behindert werden.

Implikationen für den Unterricht/Fragen an die Fachdidaktik: Für die Praxis im Unterricht bedeutet dies, dass Lehrkräfte nicht nur den Inhalt, sondern auch den lernbezogenen Kontext und die soziale Umgebung bewusst gestalten müssen, um ein positives Lernklima und eine moderate Aktivierung zu fördern. Der Einsatz relevanter und ansprechender Kontexte kann das Interesse der Schülerinnen und Schüler wecken, während eine unterstützende soziale Umgebung die Amygdala beruhigen und negative Emotionen wie Stress und Sorge minimieren kann.

Im Diskurs um die Interessenförderlichkeit von Emotionen zeigt sich in den obigen Ausführungen, dass vor allem positive Emotionen genannt werden. Die emotionale Komponente impliziert, dass die Ausführung eines Interesses typischerweise mit einer Dominanz positiver Affekte und Qualitätserlebnisse assoziiert ist. Diese positiven emotionalen Erfahrungen und Assoziationsmuster werden im Gedächtnissystem konsolidiert. Mit Blick auf den Erregungszustand der Amygdala und das Vier-Phasen-Modell ist nicht nur wichtig, welche Faktoren es gibt, die die Anregung der Amygdala beeinflussen (der Lerngegenstand selbst, die soziale Situation), sondern es ist außerdem interessant, in welchen Phasen der Interessenbildung, welche Valenz der Emotionen/ Grund der Erregung sinnvoll ist. Nachdem in Fazit 1 und 2 somit thematisiert wurde, dass eine moderate Anregung der Amygdala wünschenswert ist und welche Aspekte dies unterstützen, stellt sich in Fazit 3 die Frage, inwiefern die Valenz der hervorgebrachten Emotionen berücksichtigt werden kann. Dazu gilt es zunächst herauszufinden, welche Emotionen überhaupt im Naturwissenschaftsunterricht auftreten. Beauchamp und Parkinson (2008) stellten in ihrer Studie unter Lernenden der weiterführenden Schulen heraus, Physik, Chemie und Mathematik seien im Laufe der Schuljahre bei den Lernenden mit einem Rückgang an positiven und einem Anstieg an negativen Emotionen wie Angst, Stress, Nervosität und Sorge verbunden. Biologie und Geographie hingegen assoziierten die Befragten durchgehend mit positiven Emotionen. Dávila-Acedo et al. (2016) stellten in einer ähnlichen Studie außerdem heraus, dass neben der Sorge die Langeweile die beiden dominierenden negativen Gefühle für die Lernenden waren, was sich negativ auf ihr Interesse auswirkte. In einer Studie zu Lernprozessen unter Lernenden der Jahrgangsstufe 8 kamen Laukenmann et al. (2003) zu dem Schluss, dass positive Emotionen vor allem in den Anfangsphasen der Lernphase eine wichtige Rolle spielten und ebenso wie das Interesse weniger auf den Lerngegenstand als auf erfolgreiche Lernprozessschritte bezogen sind. Demzufolge ist es entscheidend, die emotionale Valenz in den verschiedenen Phasen der Interessenentwicklung gezielt zu adressieren, um die Anregung der Amygdala bewusst zu steuern. Hieraus resultiert Fazit 3.

Fazit 3: Im Verlaufe der Interessenentwicklung spielt die Valenz der Emotionen eine sensible Rolle, die gezielt berücksichtigt werden sollte

Mit Rückbezug auf das Vier-Phasen-Modell sowie die neurophysiologischen Grundlagen wird deutlich, dass in den unterschiedlichen Phasen der Interessenentwicklung die Valenz von Emotionen unterschiedlich gewichtet wird. Während in der ersten Phase des Vier-Phasen-Modells (triggert situational interest) das Auftreten von Emotionen sowohl mit positiven als auch negativen Valenzen beschrieben wird, zeigt sich, dass vor allem Phase 2 (maintained situational interest) und Phase 3 (emerging individual interest) eine umsichtige Begleitung mit positiven Emotionen benötigen. Es liegt die Vermutung nahe, dass in der vierten Phase negative Emotionen einen deutlich geringeren Einfluss auf die emotionale Facette der Ablage im Langzeitgedächtnis haben, da die Erfahrungen in Phase 2 und 3 ausreichend mit positiven Emotionen im Langzeitgedächtnis abgelegt worden sind, sodass das individuelle Interesse auch bei zeitweise negativen emotionalen Erfahrungen genügend stabilisiert wird. Die Anregung der Amygdala kann somit in Phase 1 der Interessenbildung nach dem Vier-Phasen-Modell auch negativen Emotionen entspringen, solange in den Phasen 2 und 3 die abgelegten Erinnerungen vornehmlich mit positiven Emotionen verknüpft wird.

Dies ist darauf zurückzuführen, dass wie oben beschrieben das Speichern von Erfahrungen stets emotionsgebunden ist und Personen nicht nur kognitive Erinnerungen abspeichern, sondern diese im Langzeitgedächtnis mit den assoziierten emotionalen Zuständen abgespeichert werden. Das Erinnern an diese Erfahrungen umfasst so ebenfalls das Abrufen emotionaler Erinnerungen. Wenn die Lernenden sich somit an einen bestimmten Lerngegenstand erinnern, geschieht dies in Kombination mit der damals empfundenen Emotion.

Implikationen für den Unterricht/Fragen an die Fachdidaktik: Für den Unterricht bedeutet das, dass in der ersten Begegnung mit dem Lerngegenstand positive und auch negative Emotionen in Form von Ekel und Wut zulässig sind, wenn in Phase 2 und 3 eine Begleitung positiver Emotionen folgt. So werden Erfahrungen, die sich in Richtung einer persönlichen Disposition entwickeln (individuelles Interesse) mit positiven Emotionen konnotiert. Weiterhin beeinflussen die Emotionen wie beschrieben die Gedächtnisbildung. Informationen, die mit starken Emotionen verbunden sind, werden eher erinnert und könnten das Interesse an verwandten Themen fördern.

Für die Förderung von Interesse ist folglich im Unterricht zu beachten, dass die Lernenden emotional positiv gelagerte Erfahrungen sammeln können bzw. in Bezug auf den potenziellen Interessengegenstand (Lerngegenstand) und die Lernumgebung Emotionen angenehmer Valenz hervorgerufen werden.

Fazit 4: Stabiles, individuelles Interesse entwickelt sich in der Regel über lange Zeiträume. Interessefördernde Maßnahmen müssen dies in den Blick nehmen

Aktuelle Unterrichtskonzeptionen zur Interessenentwicklung berücksichtigen bislang vor allem die erste und zweite Phase des Vier-Phasen-Modells. Beispielsweise findet eine ganze Forschungsbewegung zu geeigneten Kontexten und einem kontextbasierten bzw. kontextorientierten Unterricht statt. Es liegt die Vermutung nahe, dass, um die Entwicklung eines langfristigen individuellen Interesses zu beforschen, Phase zwei und drei der Interessenentwicklung mehr in den Fokus genommen werden sollten.

Implikationen für den Unterricht/Fragen an die Fachdidaktik: In fachdidaktischen Debatten über die Förderung von Interesse ist es von zentraler Bedeutung, die emotionale Dimension nicht nur zu berücksichtigen, sondern sie verstärkt in den Mittelpunkt zu rücken. Angesichts der Erkenntnis, dass Physik bei vielen Lernenden häufig mit negativen Emotionen assoziiert wird, erscheint es folgerichtig, dass unter diesen Bedingungen eine Entwicklung von Interesse kaum stattfinden kann, auch wenn gelegentlich ansprechende Kontexte präsentiert werden. Um das Interesse der Schülerinnen und Schüler an Physik nachhaltig zu fördern, sollte daher das emotionale Wohlbefinden im Physikunterricht einen wesentlichen Schwerpunkt bilden. Positive Lernerfahrungen sind eine Schlüsselvoraussetzung für die Ausbildung von Interesse.

6 Zusammenfassung

In dem vorgestellten Beitrag wird deutlich, dass Interesse nicht losgelöst von Emotionen betrachtet werden sollte, sondern Emotionen ein wichtiger Bestandteil in der Ausbildung von situationalem und individuellem Interesse nach Krapp (1992) oder auch dem Four-Phase-Modell nach Hidi und Renninger (2006) darstellen. Dabei können negativen Emotionen in frühen Phasen der Interessenentwicklung eine gewisse Rolle spielen, positive Emotionen tragen aber entscheidend zur Konsolidierung von Interesse bei.

Emotionen beeinflussen, wie kognitive, affektive und motivationale Prozesse im Lernprozess integriert werden. Die neurophysiologischen Grundlagen zeigen, wie Hirnregionen wie die Amygdala in der Verarbeitung von Emotionen und deren Verknüpfung mit Gedächtnisprozessen eingebunden sind. Eine ausgewogene Aktivierung der Amygdala spielt eine Schlüsselrolle bei der Entwicklung von Interesse, wobei eine moderate Aktivierung das nachhaltige Lernen erleichtert und sowohl zu niedrige als auch zu hohe Aktivierungslevel hinderlich sein können.

Die Ergebnisse legen nahe, dass Lehrkräfte und Bildungseinrichtungen emotionale Aspekte in die Unterrichtsplanung integrieren sollten, um ein unterstützendes Lernumfeld zu schaffen, die Lernmotivation zu steigern und die Interessenentwicklung positiv zu unterstützen. Solche Lernumgebungen sollten sowohl eine positive emotionale Atmosphäre fördern als auch kognitive Herausforderungen bieten. Zudem konstituieren die soziale Umgebung und der Kontext des Lernens wichtige Einflussfaktoren auf die emotionale und Interessenentwicklung der Lernenden.

Im unterrichtlichen Kontext heißt dies zusammenfassend, dass ein an den Interessen der Lernenden orientierter Unterricht unbedingt auch emotionale Aspekte berücksichtigen sollte. Dabei ist das Ziel vor allem positive Emotionen in der (ersten) Begegnung mit dem Lerngegenstand zu ermöglichen und ebenso negative Emotionen zu vermeiden bzw. reflektierend zu begleiten.

Literatur

Allen, P.; Kaut , K. P., & Lord, R. R. (2008). Emotion and episodic memory. In E. Dere, A. Easton, L. Nadel & J P. Huston, *Handbook of Behavioral Neuroscience* (18, S. 115–132). Elsevier. https://doi.org/10.1016/S1569-7339(08)00208-7.

Arguel, A., Lockyer, L., Kennedy, G., Lodge, J. M., & Pachman, M. (2018). Seeking optimal confusion: Areview on epistemic emotion management in interactive digital learning environments. *Interactive Learning Environments, 26,* 1–11.

Atkinson, R. C., & Shiffrin, R. M. (1968). Human memory: A proposed system and its control processes. In K. W. Spence & J. T. Spence (Hrsg.). *The psychology of learning and motivation* (vol. 2, S. 89–195). Academic Press.

Atucha, E., Vukojevic, V., Fornari, R. V., Ronzoni, G., Demougin, P., Peter, F., Atsak, P., Coolen, M. W., Papassotiropoulos, A., McGaugh, J. L., de Quervain, D.J.-F., & Roozendaal, B. (2017). Noradrenergic activation of the basolateral amygdala maintains hippocampus-dependent accuracy of remote memory. *Proceedings of the National Academy of Science, 34*(114), 9176–9181.

Baumeister, R. F., Bratslavsky, E., Finkenauer, C., & Vohs, K. D. (2001). Bad is stronger than good. *Review of General Psychology, 5*(4), 323–370.

Beauchamp, G., & Parkinson, J. (2008). Pupils' attitudes towards school science as they transfer from an ICT-rich primary school to a secondary school with fewer ICT resources: Does ICT matter? *Education and Information Technologies, 13*(2), 103–118.

Bierbrauer, A., Fellner, M.-C., Heinen, R., Wolf, O. T., & Axmacher, N. (2021). The memory trace of a stressful episode. *Current Biology, 31,* 1–10. https://doi.org/10.1016/j.cub.2021.09.044.

Blaney, P. H. (1986). Affect and memory: A review. *Psychological Bulletin, 99*(2), 229–246.

Bower, G. H. (1981). Mood and memory. *American Psychologist, 36*(2), 129–148.

Brandstätter, V., Schüler, J., Puca, R.M., & Lozo, L. (2013). *Motivation und Emotion: Allgemeine Psychologie für Bachelor*. Springer.

Brosch, T., Pourtois, G. & Sander, D. (2010). The perception and categorisation of emotional stimuli: A review. *Cognition and Emotion, 24*(3), 377–400.

Brun, G., Doguoglu, U., & Kuenzle, D. (2008). *Epistemology and emotions.* Ashgate.

Charland, L. C. (2005). The Heat of Emotion: Valence and the Demarcation Problem. *Journal of Consciousness Studies, 12,* 82–102.

Csikszentmihalyi, M. (2010). *Das Flow-Erlebnis. Jenseits von Angst und Langeweile: Im Tun aufgehen.* Klett-Cotta: Stuttgart.

Csikszentmihalyi, M. (2014). *Flow and the Foundations of Positive Psychology – the Collected Works of Mihaly Csikszentmihalyi.* Springer.

D'Mello, S. K., Lehman, B., Pekrun, R., & Graesser, A. C. (2014). Confusion can be beneficial for learning. *Learning and Instruction, 29,* 153–170.

Damasio, A. R. (1999). *The Feeling of What Happens: Body and Emotion in the Making of Consciousness.* Harcourt Brace.

Dávila-Acedo, A., Borrachero, A. B., Canada, F., & Sánchez-Mártin, J. (2016). Evolution of Emotion in Learning Physics and Chemistry in Secondary Education. In E. Harvey (Hrsg.), *Secondary Education* (S. 115–127). Nova publishers.

Deci, E. L., & Ryan, R. M. (1993). Die Selbstbestimmungstheorie der Motivation und ihre Bedeutung für die Pädagogik. *Zeitschrift für Pädagogik, 39*(2), 223–238.

Dornes, M. (1995). Gedanken zur frühen Entwicklung und ihre Bedeutung für die Neurosenpsychologie. *Forum der Psychoanalyse, 11,* 27–49.

Eder, A. B., & Brosch, T. (2017). Emotion. In J. Müsseler & M. Rieger (Hrsg.), *Allgemeine Psychologie* (S. 221–268). Springer.

Ekman, P. (2004). Emotions Revealed: *Recognizing Faces and Feelings to Improve Communication and Emotional Life.* Henry Holt and Company.

Ekman, P. (1993). Facial expression and emotion. *American Psychologist, 48*(4), 384–392.

Ekman, P. (1992). An argument for basic emotions. *Cognition and Emotion, 6*(3–4), 169–200.

English, H. B., & English, A. C. (1958). *A comprehensive dictionary of psychological and psychoanalytic terms: A guide to usage.* McKay.

Fantino, E. (1973): Emotion. In J. A. Nevin (Hrsg.), *The Study of Behavior. Learning, Motivation, Emotion, and Instinct* (S.280–320). Scott, Foresman and Company.

Faul, L., & LaBar, K. S. (2023). Mood-congruent memory revisited. *Psychological Review, 130*(6), 1421–1456. https://doi.org/10.1037/rev0000394.

Fredrickson, B. L. (1998). What good are positive emotions? *Review of General Psychology, 2*(3), 300–319. https://doi.org/10.1037/1089-2680.2.3.300.

Frenzel, A. C. & Stephens, E. J. (2017). Emotionen. In T. Götz (Hrsg.): *Emotion, Motivation und selbstreguliertes Lernen* (S. 15–77). UTB.

Frijda, N. H. (1986). *The Emotions.* Cambridge University Press.

Gibson, J. J. (1977). The theory of affordances. In R. Shaw & J. Bransford (Hrsg.), *Perceiving, acting, and knowing: Toward an ecological psychology* (S. 67–82). Erlbaum.

Goschke, T., & Dreisbach, G. (2010). Kognitiv-affektive Neurowissenschaft: Emotionale Modulation des Denkens, Erinnerns und Handelns. In U. Wittchen & J. Hoyer (Hrsg.), *Klinische Psychologie und Psychotherapie* (2. Aufl.). Springer.

Graesser, A. C., & D'Mello, S. K. (2012). Emotions during the learning of difficult material. *Psychology of Learning and Motivation, 57,* 183–225.

Harackiewicz, J. M., & Knogler, M. (2017). Interest: Theory and application. In A. J. Elliot, C. S. Dweck, & D. S. Yeager (Hrsg.), *Handbook of competence and motivation: Theory and application* (2. Aufl., S. 334–352). The Guilford Press.

Hebb D. (1949/2002). *The Organization of Behavior*. Wiley.

Hidi, S. (2006). Interest: A unique motivational variable. *Educational Research Review, 1*(2), 69–82.

Hidi, S., & Harackiewicz, J. M. (2000). Motivating the Academically Unmotivated: A Critical Issue for the 21st Century. *Review of Educational Research, 70*(2), 151–179.

Hidi, S., & Renninger, K. A. (2006). The Four-Phase Model of Interest Development. *Educational Psychologist, 41*(2), 111–127.

Hidi, S., & Renninger, K. A. (2019). Interest Development and Its Relation to Curiosity: Needed Neuroscientific Research. *Educational Psychology Review, 31*(4), 833–852.

Hüfner, S. & Abels, S. (2023). Adaptive Planung kontextorientierten Naturwissenschaftsunterrichts. *PFLB – PraxisForschungLehrer*innenBildung, 6*(2), 43–62. https://doi.org/10.11576/pflb-6790.

Kleinginna, P. R., & Kleinginna, A. M. (1981). A categorized list of motivation definitions, with a suggestion for a consensual definition. *Motivation and Emotion, 5,* 263–291.

Knogler, M. (2017). Situational Interest: A Proposal to Enhance Conceptual Clarity. In P. A. O'Keefe & J. M. Harackiewicz (Hrsg.), *The Science of Interest* (S. 109–124). Springer.

Krapp, A. (1992): Das Interessenkonstrukt: Bestimmungsmerkmale der Interessenhandlung und des individuellen Interesses aus der Sicht einer Person-Gegenstands-Konzeption. In A. Krapp & M. Prenzel (Hrsg.), *Interesse, Lernen, Leistung* (S. 297–329). Waxmann.

Krapp, A. (2000). Interest and Human Development During Adolescence: An Educational-Psychological Approach. *Advances in Psychology, 131,* 109–128.

Krapp, A. (2002a). An educational-psychological theory of interest and its relation to SDT. The handbook of self-determination research. In E. L. Deci & R. M. Ryan (Hrsg.), *Handbook of self-determination research* (S. 405–427). University of Rochester Press.

Krapp, A. (2002b). Structural and dynamic aspects of interest development: Theoretical considerations from an ontogenetic perspective. *Learning and Instruction, 12*(4), 383–409.

Krapp, A., & Prenzel, M. (2011). Research on Interest in Science: Theories, Methods and Findings. *International Journal of Science Education, 33,* 27–50.

Laukenmann, M., Bleicher, M., Fuß, S., Gläser-Zikuda, M., Mayring, P., & von Rhöneck, C. (2000). Eine Untersuchung zum Einfluss emotionaler Faktoren auf das Lernen im Physikunterricht. *Zeitschrift für Didaktik der Naturwissenschaften, 6,* 139–155.

Laukenmann, M., Bleicher, M., Fuß, S., & Gläser-Zikuda, M. (2003). An investigation of the influence of emotional factors on learning in physics instruction. *International Journal of Science Education, 25*(4), 489–507.

LeDoux, J. E. (1994, August). The amygdala: Contributions to fear and stress. *Seminars in Neuroscience, 6,* 231–237. Academic Press.

Lewis, M. (2000). The emergence of human emotions. In M. Lewis, J. M. Haviland-Jones, & L. F. Barrett (Hrsg.), *Handbook of emotions* (S. 304–319). The Guilford Press.

Litman, J. A. (2005). The role of interest and deprivation factors in the Epistemic Curiosity Scale. *Journal of Personality and Social Psychology, 89*(2), 158–173.

Litman, J. (2008). Interest and deprivation factors of epistemic curiosity. Personality and Individual Differences. *Personality and Individual Differences, 44*(7), 1585–1595.

Mesquita, B., & Frijda, N. (1992). Cultural Variations in Emotions: A Review. *Psychological Bulletin, 112,* 179–204. https://doi.org/10.1037/0033-2909.112.2.179.

McGaugh, J. L. (2004). The amygdala modulates the consolidation of memories of emotionally arousing experiences. *Annual Review of Neuroscience, 27,* 1–28.

Mitchell, M. (1993). Situational interest: Its multifaceted structure in the secondary school mathematics classroom. *Journal of Educational Psychology, 85*(3), 424–436.

Ochsner, K. N., & Gross, J. J. (2005). The cognitive control of emotion. *Trends in Cognitive Science, 9*(5), 242–249.

Ortony, A., & Turner, T. J. (1990). What's basic about basic emotions? *Psychological Review, 97*(3), 315–331.

Pekrun, R. (2006). The control-value theory of achievement emotions: Assumptions, corollaries, and implications for educational research and practice. *Educational Psychology Review, 18*(4), 315–341.

Pekrun, R. (2022). Achievement emotions. In K.-A. Allen, M. J. Furlong, D. Vella-Brodrick, & S. M. Suldo (Hrsg.), Handbook of positive psychology in schools: Supporting process and practice (3. Aufl., S. 319–334). Routledge.

Pekrun, R., & Stephens, E. J. (2012). Academic emotions. In K. R. Harris, S. Graham, T. Urdan, S. Graham, J. M. Royer, & M. Zeidner (Hrsg.), *APA educational psychology handbook* (2. Aufl., S. 3–31). American Psychological Association.

Pekrun, R., Vogl, E., Muis, K. R., & Sinatra, G. M. (2017). Measuring emotions during epistemic activities: The epistemically-related emotion scales. *Cognition and Emotion, 31*(6), 1268–1276.

Phelps, E. A. (2006). Emotion and cognition: Insights from studies of the human amygdala. *Annual Review of Psychology, 57,* 27–53.

Prenzel, M., Krapp, A., & Schiefele, H. (1986). Grundzüge einer pädagogischen Interessentheorie. *Zeitschrift für Pädagogik, 32,* 163–173.

Plutchik, R. (1980). *Emotion: A Psychoevolutionary Synthesis.* Harper & Row.

Rauthmann, J., Sherman, R., & Funder, D. (2015). New Horizons in Research on Psychological Situations and Environments. *Rejoinder to the target article and 29 commentaries. European Journal of Personality, 29,* 382–432.

Reisenzein, R. (1995). On Appraisals as Causes of Emotions. *Psychological Inquiry, 6,* 233–237. https://doi.org/10.1207/s15327965pli0603_10.

Rolls, E. T. (2015). *Emotion and Decision Making Explained.* Oxford University Press.

Russell, J. A. (1980). A circumplex model of affect. *Journal of Personality and Social Psychology, 39*(6), 1161–1178.

Scherer, K. (2002). Emotion. In W.Stroebe, K. Jonas, & M. Hewstone (Hrsg). *Sozialpsychologie.* Springer.

Schiefele, H., Prenzel, M., Krapp, A., Heiland, A., & Kasten, H. (1983) *Zur Konzeption einer pädagogischen Theorie des Interesses. Arbeiten zur Empirischen Pädagogik und Pädagogischen Psychologie, Gelbe Reihe Nr. 6.* Universität der Bundeswehr.

Schiefele, U. (2009). Situational and individual interest. In K. R. Wenzel & A. Wigfield (Hrsg.), *Handbook of motivation at school* (S. 197–222). Routledge/Taylor & Francis Group.

Silvia, P. J. (2005). What is interesting? Exploring the appraisal structure of interest. *Emotion, 5*(1), 89–102.

Silvia, P. J. (2008). Interest – The Curious Emotion. *Current Directions in Psychological Science, 17*(1), 57–60.

Šimić, G., Tkalčić, M., Vukić, V., Mulc, D., Španić, E., Šagud, M., Olucha-Bordonau, F. E., Vukšić, M., & Hof, P. R. (2021). Understanding Emotions: Origins and Roles of the Amygdala. *Biomolecules, 11*(6), 823. https://doi.org/10.3390/biom11060823.

Squire, L. R. (1992). Memory and the hippocampus: A synthesis from findings with rats, monkeys, and humans. *Psychological Review, 99*(2), 195–231.

Swarat, S., Ortony, A., & Revelle, W. (2012). Activity matters: Understanding student interest in school science. *Journal of Research in Science Teaching, 49*(4), 515–537.

Taasoobshirazi, G., & Carr, M. (2008). A review and critique of context-based physics instruction and assessment. *Educational Research Review, 3,* 155–167.

Todt, E. (1978). *Das Interesse*. Bern: Huber.

Watson, D., & Tellegen, A. (1985). Toward a consensual structure of mood. *Psychological Bulletin, 98*(2), 219–235.

Young, P. T. (1973): *Emotion in Man and Animal: Its Nature and Relation to Attitude and Motive.* Wiley.

Fachinteressen aus der Perspektive der beruflichen Interessentheorie: Anknüpfungspunkte zweier Forschungstraditionen

Gabriel Nagy und Julian M. Etzel

Fachinteressen aus der Perspektive der beruflichen Interessentheorie: Anknüpfungspunkte zweier Forschungstraditionen
Die Forschung zum naturwissenschaftlichen Fachinteresse ist spätestens seit den 1980er Jahren fester Bestandteil der Lehr-Lernforschung (vgl. Hidi, 1990). Traditionell ist dieser Forschungsstrang eng mit Fragen des fachlichen Lernens (z. B. Dewey, 1913) sowie des schulischen (Fach-)Wahlverhaltens (z. B. Eccles, 1983; Köller et al., 2001) verbunden. Um Einblicke in motivationale Aspekte (schul-)fachspezifischer Lehr-Lernprozesse zu ermöglichen, stützt sich die Forschung weitgehend auf Selbstberichtsinstrumente (vgl. Bernholt & Krey in diesem Band, Kap. „Die Erfassung von Interessen in der empirischen fachdidaktischen Forschung – Ein methodologisches Review“).

Seit einigen Jahren werden naturwissenschaftliche Bildungsprozesse entlang der Übergangsschwellen untersucht, die für die berufliche Entwicklung von der Schule in den Beruf charakteristisch sind (z. B. Blotnicky et al., 2018; Kim & Beier, 2020). Sie konzentrieren sich nicht mehr ausschließlich auf die schulische Bildung, sondern erstrecken sich auch auf nachschulische Bildungsphasen. Diese Ausweitung ist nicht zuletzt auf den vielfach attestierten Fachkräftemangel

G. Nagy (✉)
Pädagogisch-Psychologische Methoden und Datenwissenschaften, IPN Kiel, Kiel, Deutschland
E-Mail: nagy@leibniz-ipn.de

J. M. Etzel
Charlotte Fresenius Hochschule – University of Psychology, Hamburg, Deutschland
E-Mail: julian.etzel@charlotte-fresenius-uni.de

O. Krey et al. (Hrsg.), *Interesse revisited*,
https://doi.org/10.1007/978-3-658-48542-9_9

in den mathematischen, informatischen, naturwissenschaftlichen und technischen Berufen (Xue & Larson, 2015) und die vergleichsweise hohen Abbruchquoten in den entsprechenden Studiengängen und Ausbildungszweigen zurückzuführen (Heublein et al., 2022). Dementsprechend rücken die nachschulischen Bildungsphasen, die traditionell Gegenstand anderer sozial- und verhaltenswissenschaftlicher Disziplinen sind, zunehmend in den Fokus der pädagogisch-psychologischen Forschung. Hervorzuheben ist die Berufspsychologie, die sich u. a. mit Fragen der beruflichen Entwicklung im Lebenslauf beschäftigt (Super, 1992) und auf eine lange Tradition der beruflichen Interessenforschung zurückblickt (Strong, 1927a). Dementsprechend greift die Forschung zur naturwissenschaftlichen Bildung auf unterschiedliche Interessenkonstrukte zurück, die eng mit dem Fachgebiet der Forschenden und den betrachteten Bildungsabschnitten verbunden sind. Diese Situation bietet die Chance, Verbindungen zwischen verschiedenen Forschungsrichtungen zu untersuchen und die Integration von Forschungstraditionen voranzutreiben (vgl. Su, 2020).

Der vorliegende Beitrag konzentriert sich auf die Überlappung der Konstruktbereiche (schul-)fachlicher und beruflicher Interessen. Dazu wird auf die Kerndimensionen des beruflichen Interessenkonstrukts Bezug genommen, die systematisch strukturierte und zeitlich relativ stabile individuelle Vorlieben und Abneigungen gegenüber berufsrelevanten Tätigkeiten repräsentieren (vgl. Prediger, 1982). Diese Kerndimensionen lassen sich auf der Basis verschiedener beruflicher Interesseninventare identifizieren (vgl. Etzel et al., 2023), sodass sie eine vielversprechende Grundlage für die Untersuchung der Schnittstelle zwischen den Konstruktbereichen bieten.

1 Interessen in der pädagogisch-psychologischen und beruflichen Forschung

Die Interessenforschung blickt auf eine lange Tradition zurück (Baldwin, 1897; Dewey, 1913; James, 1890), wobei sich die meisten Arbeiten bis Mitte der 1980er Jahre auf den Bereich der beruflichen Interessen konzentrierten (z. B. Holland, 1959). In der pädagogisch-psychologischen Forschung erfuhr der Interessenbegriff erst in den 1980er Jahren verstärkte Aufmerksamkeit (z. B. Krapp et al., 1992; Prenzel et al., 1986; Schiefele, 1978), da zuvor kein befriedigender Konsens über die Abgrenzung des Interessenbegriffs von anderen motivationalen Merkmalen erzielt wurde (Krapp & Prenzel, 2011). Obwohl bereits in den Anfängen der Interessenforschung die Entwicklung einer übergreifenden Theorie gefordert wurde (Allport, 1946), sind die Forschungstraditionen nach wie vor voneinander getrennt und weisen nur sporadische Anknüpfungspunkte zueinander auf (z. B. Wille et al., 2020). Diese Situation besteht trotz der Versuche, die in den verschiedenen Disziplinen vorherrschenden Interessenkonstrukte zu integrieren (vgl. Krapp et al., 1998; Su, 2020), weitgehend unverändert fort.

In diesem Abschnitt werden gängige Ansätze der Interessenmessung in der pädagogisch-psychologischen und der beruflichen Forschung entlang zentraler Aspekte verglichen (Renninger & Hidi, 2011; Zügge & Höft in diesem Band, Kap. „Interessentheorien revisited. Ein Überblick gängiger Interessenbegriffe und damit verbundener Beschreibungen der Interessenentwicklung"). Dazu gehören 1) der Gegenstandsbezug des Interesses, 2) die Differenzierung des Interesses hinsichtlich kognitiver und affektiver Aspekte, 3) Annahmen über optimale Interessenkonstellationen, 4) Ansätze zur Inventarisierung von Interessen sowie 5) Interessenstrukturmodelle.

1.1 Gegenstandsbezug des Interesses

Alle gängigen Interessendefinitionen zeichnen sich durch ihren Gegenstandsbezug aus (vgl. Zügge & Höft in diesem Band, Kap. „Interessentheorien revisited. Ein Überblick gängiger Interessenbegriffe und damit verbundener Beschreibungen der Interessenentwicklung"). Im Falle der pädagogisch-psychologischen Forschung sind die Gegenstände des Interesses Tätigkeiten, die für (Schul-)Fächer charakteristisch sind (Zügge & Höft in diesem Band, Kap. „Interessentheorien revisited. Ein Überblick gängiger Interessenbegriffe und damit verbundener Beschreibungen der Interessenentwicklung"), während es sich bei beruflichen Interessen um Tätigkeiten handelt, die für bestimmte Berufsfelder charakteristisch sind (Holland et al., 1994; Su et al., 2019; Tracey, 2002). Hier stehen Tätigkeiten im Mittelpunkt, deren Bedeutung sich zwischen Berufsgruppen unterscheidet (Bergmann & Eder, 2005; z. B. „mit Werkzeugen arbeiten" ist charakteristisch für handwerkliche Berufe, nicht aber für soziale Berufe). Dieser Aspekt wird in der erziehungswissenschaftlichen Forschung nicht abgefragt, ergibt sich aber aus den betrachteten Schulfächern.

Tätigkeiten oder Interessengegenstände, die für einzelne Berufe charakteristisch sind, müssen nicht notwendigerweise einen Bezug zu (allgemeinbildenden) Schulfächern aufweisen (z. B. „einen Bus steuern"). Umgekehrt gilt dies nicht, da es für alle schulfachspezifischen Tätigkeiten (z. B. „mathematische Probleme lösen") auch Berufe gibt, in denen diese Tätigkeiten eine wichtige Rolle spielen (z. B. Elektrotechnik). Dieser Argumentation folgend umfasst der Raum berufsrelevanter Interessenobjekte (schul-)fachbezogene Tätigkeiten. Für das Interessenkonstrukt gilt diese inklusive Beziehung allerdings nur dann, wenn fachspezifische und berufliche Interessen hinsichtlich ihrer kognitiven und affektiven Ausgestaltung ähnlich definiert werden.

1.2 Kognitive und affektive Aspekte des Interesses

Die kognitive und affektive Ausgestaltung des Interesses hat in der pädagogisch-psychologischen Forschung viel Aufmerksamkeit erfahren. Dabei wird unterschieden, inwieweit das emotionale Erleben von Interessenhandlungen (z. B. Ainley, 2007) oder die Bewertung bzw. Valenz eines Interessengegenstandes (z. B. Eccles, 1983) im Vordergrund stehen. Emotionales Erleben ist ein affektiver Aspekt, während Bewertungen und Valenzen mehr oder weniger kognitiv oder affektiv gefärbt sein können. So können Interessenobjekte rational im Sinne eines Kosten-Nutzen-Kalküls bewertet werden (Utility Value; Eccles, 1983) oder eher affektiv im Sinne des intrinsischen Wertes der Interessenhandlung selbst (Intrinsic Value; Eccles, 1983). Der durch die Arbeiten von Jacquelynne S. Eccles (1983) geprägte Begriff des intrinsischen Wertes eines Interessengegenstandes kommt dem intuitiven Verständnis von Interesse am nächsten. Instrumente zur Erfassung der intrinsischen Komponenten (z. B. Eccles et al., 2005) setzen weitgehend auf die Abfrage von Gegenstands- und Tätigkeitsvalenzen (z. B. „Ich mag Mathematik“).

Das emotionale Erleben von Interessenhandlungen gilt als situativ, da es im Sinne einer momentanen individuellen Reaktion im Rahmen einer Person-Objekt-Interaktion verstanden werden kann (Schiefele, 2009). Bewertungen und Valenzen hingegen können aus wiederholten situativen Interessenerfahrungen resultieren (Krapp, 2000; Schiefele, 2009; Su, 2020) und darüber hinaus relativ zeitstabile Einstellungen und Werthaltungen widerspiegeln (Su, 2020). Bewertungen und Valenzen gelten daher als stärker individuell geprägt (Schiefele, 2009).

In der beruflichen Interessenforschung wird die Trennung des Interessenkonstrukts in kognitive und affektive Aspekte kaum diskutiert. In den Anfängen der beruflichen Interessenforschung wurde der Begriff *Interesse* ohne tiefere theoretische Auseinandersetzung verwendet (Strong, 1927b). Seither basieren berufliche Interesseninventare auf dem umgangssprachlichen Verständnis des Interesses und setzen häufig auf die Abfrage von Tätigkeitsvalenzen (Activity Interests; Tracey, 2002). Dementsprechend sind die Items vieler beruflicher Interesseninventare sehr ähnlich zu Items zur Messung intrinsischer Fachinteressen

(z. B. Eccles et al., 2005). In diesem Sinne zielen typische berufliche Interesseninventare auf den individuellen Aspekt des Interesses ab (Schiefele, 2009). Während in der pädagogisch-psychologischen Forschung die Erfassung intrinsischer fachlicher Interessen in allen uns bekannten empirischen Studien auf die Valenz eines den Befragten bekannten Tätigkeitsfeldes abstellt, enthalten berufliche Interesseninventare auch Items, die auf Tätigkeiten abzielen, die außerhalb des Erfahrungsbereichs vieler Personen liegen (z. B. Bergmann & Eder, 2005). Berufliche Interessen gelten daher als besonders wertbezogene und veränderungsresistente Aspekte der Persönlichkeit (Holland, 1997; Dawis, 1991; Sagiv, 2002; Stoll et al., 2020).

1.3 Optimale Interessenkonstellationen

Mit dem Begriff der optimalen Interessenkonstellationen beziehen wir uns auf Vorstellungen über vorteilhafte oder wünschenswerte Ausprägungen des Interesses an verschiedenen Interessengegenständen. Optimale Interessenkonstellationen bezeichnen somit auch normative Vorstellungen über wünschenswerte Zielzustände der Interessenentwicklung (vgl. Rabe in diesem Band, Kap. „Interessenförderung als Ziel von naturwissenschaftlichem Unterricht?!"). Diese Vorstellungen unterscheiden sich je nach Disziplin. In der pädagogisch-psychologischen Forschung werden Interessen im Zusammenhang mit fachlichem Lernen gedacht (Hidi & Renninger, 2006; Schiefele et al., 1992). Ein hohes Interesse an einem Fach kann demnach je nach inhaltlicher Ausgestaltung (siehe oben) ein positives Erleben der Person-Objekt-Interaktion, eine positive intrinsische Valenz des Interessenobjekts und eine positive Nutzenbewertung des Interessenobjekts bedeuten. Hohe Interessenausprägungen erhöhen demnach die Häufigkeit, die Intensität und den Lernertrag von Person-Objekt-Interaktionen (Su, 2020). Aus dieser Perspektive sind hohe Interessen an und in allen Fächern grundsätzlich wünschenswert.

Anders gestaltet sich die Frage nach der optimalen Interessenkonstellation im Falle der beruflichen Interessen, die im Allgemeinen als Teil der individuellen Persönlichkeit betrachtet werden (z. B. Holland, 1997). Als solche helfen sie dem Individuum, seine soziale und berufliche Rolle zu finden und im Laufe seines Lebens zu festigen (Super, 1992). So zielte die frühe Forschung zu Berufsinteressen darauf ab, jungen Menschen bei der Berufswahl zu helfen (Strong, 1927b). Ausgangspunkt war die Beobachtung, dass Angehörige einer Berufsgruppe, die mit ihrer beruflichen Situation zufrieden sind, ähnliche Interessenkonstellationen aufweisen. Daraus wurde gefolgert, dass die Wahl eines

Berufs, der dem eigenen Interessenprofil entspricht, die berufliche Zufriedenheit fördert. Diese als (Interessen-)Kongruenzhypothese (Holland, 1997) bekannte Annahme ist bis heute ein zentraler Aspekt der beruflichen Interessenforschung. Die Kongruenzhypothese impliziert, dass es keine allgemeingültige optimale Interessenkonstellation gibt, sondern dass diese vom jeweiligen Umfeld abhängt. Bereits vor Beginn der individuellen beruflichen Spezialisierung gelten konstant hohe Interessen als nicht adaptiv. Im Kontext der beruflichen Entwicklung wird Interessen eine handlungsleitende (Orientierungs-)Funktion zugeschrieben, die sich aus dem Motiv der Herstellung von Interessenkongruenz speist (Holland, 1997). Durchgehend hohe Interessen bieten kaum Orientierung, da sie nicht mit den heterogeneren beruflichen Tätigkeitsprofilen in Einklang gebracht werden können.

1.4 Inventarisierung von Interessen

Unter Inventarisierung verstehen wir die Aggregation gegenstandsspezifischer Interessen zu breiteren Maßen. Die Organisation von Interessenbereichen ist ein wichtiges Thema in der beruflichen Interessenforschung (z. B. Holland, 1959), spielt aber in der pädagogisch-psychologischen Forschung eine untergeordnete Rolle. Die pädagogisch-psychologische Forschung konzentriert sich auf eine vergleichsweise überschaubare Menge von Interessenbereichen (z. B. Schulfächer), sodass eine Aggregation von Interessenskalen nicht notwendig erscheint (vgl. aber Care & Naylor, 1984). Dies gilt umso mehr, als hier das Lernen und Interesse in einem Fach im Vordergrund steht (z. B. Köller et al., 2001) und nur selten eine fächerübergreifende Vergleichsperspektive eingenommen wird (siehe aber Nagy et al., 2006; Nagy et al., 2008).

Berufliche Interessen umfassen alle prinzipiell berufsrelevanten Tätigkeiten (siehe oben), sodass entsprechende Forschungsfragen und Anwendungen kaum ohne eine Bündelung in Interessenskalen auskommen. In den Anfängen der berufsbezogenen Interessenforschung basierte die Bündelung von Items auf sogenannten „Occupational Scales“ (z. B. Prince, 1998), die den Grad der Kongruenz eines individuellen Interessenprofils zu spezifischen Berufen abbilden. Die Bildung solcher Skalen ist aufwendig und ressourcenintensiv, da sie für jeden Beruf einzeln gebildet werden und unabhängig erhobene Referenzprofile benötigen. An die Stelle von Occupational Scales sind daher Maße getreten, die auf gebündelten Tätigkeitsinteressen basieren (z. B. technische Tätigkeiten) und flexibel einsetzbar sind. Interessenskalen sollen eine Reduktion der Datenkomplexität bei gleichzeitigem Erhalt des wesentlichen Informationsgehalts gewährleisten.

In der Literatur wurden verschiedene Taxonomien beruflicher Interessen vorgeschlagen, von denen das RIASEC-Modell von John L. Holland (1997) besonders einflussreich ist (siehe unten).

Interessentaxonomien haben unseres Erachtens eine andere Bedeutung als beispielsweise Persönlichkeitstraits, die im Sinne von Dimensionen verstanden werden können, entlang derer Individuen sich selbst und andere beschreiben (Hassabis et al., 2014). Interessentaxonomien sind pragmatische Segmentierungen des Interessenraums, die, solange sie mit einem geringen Informationsverlust einhergehen, in gewisser Weise arbiträr gebildet werden können. Ein Argument für die inhaltliche Beliebigkeit der in einer Taxonomie benannten Interessenkategorien sind Befunde, wonach die sogenannten Kerndimensionen beruflicher Interessen auf Basis unterschiedlicher Taxonomien erfasst werden können (Etzel et al., 2023; Tracey & Rounds, 1993).

1.5 Interessenstrukturen

In der beruflichen Interessenforschung gibt es eine lange Tradition der Strukturmodellierung beruflicher Interessen (z. B. Meir, 1973; Roe, 1956). Solche Modelle ermöglichen die Erfassung von Valenzen auf einem höheren Abstraktionsniveau (Prediger, 1982) und geben Hinweise auf dominante Strukturierungsmerkmale individueller Interessenprofile (Holland, 1997). In der beruflichen Interessenforschung haben sich insbesondere räumliche Strukturmodelle etabliert, die im Sinne bipolarer Kerndimensionen interpretiert werden können. Dabei haben sich die von Dale J. Prediger (1982) vorgeschlagenen Dimensionen durchgesetzt, die ursprünglich auf der Basis der RIASEC-Taxonomie von Holland (1997) entwickelt wurden (siehe unten).

Diese Dimensionen bilden zum einen individuelle Unterschiede in den Interessenschwerpunkten (d. h. den Tätigkeitsbereichen, die von einer Person mit der höchsten Valenz belegt werden) ab (Nagy et al., 2009) und sind zum anderen in der Lage, Zusammenhänge zwischen beruflichen Interessenskalen und Aspekten des individuellen Verhaltens (z. B. berufsbezogene Wahlentscheidungen) und Erlebens (z. B. Zufriedenheit) abzubilden (Nagy et al., 2019). Insgesamt liefert die Forschung zu den Kerndimensionen beruflicher Interessen Hinweise darauf, dass Individuen ihre Interessenprofile systematisch strukturieren, sodass die Zusammenhänge der Interessenskalen mit anderen Aspekten des Verhaltens und Erlebens weitgehend auf Zusammenhänge mit den Kerndimensionen reduziert werden können (siehe unten).

2 Die Interessentaxonomie von Holland und die Kerndimensionen von Prediger

Die zuvor erläuterten Gemeinsamkeiten und Unterschiede zwischen den Konstruktbereichen beziehen sich nicht auf eine konkrete Taxonomie beruflicher Interessen und der entsprechenden Theorie. Aus diesem Grund geben wir in diesem Abschnitt einen Überblick über zentrale Aspekte der Berufswahltheorie von Holland (1959, 1997), die bis heute als die wichtigste Theorie beruflicher Interessen gilt. Dabei konzentrieren wir uns auf die bereits in den frühen Arbeiten von Holland (1959) entwickelte RIASEC-Taxonomie und die daraus später abgeleiteten Kerndimensionen beruflicher Interessen (Etzel et al., 2023; Prediger, 1982). Im Kern postuliert die Berufswahltheorie (Holland, 1997), dass die Maximierung der Interessenkongruenz das grundlegende Motiv berufsbezogener Wahlentscheidungen darstellt und der Grad der erreichten Kongruenz ein zentraler Faktor ist, der den individuellen Erfolg (insbesondere Zufriedenheit, Stabilität und Leistung) bedingt.

2.1 Die RIASEC-Taxonomie beruflicher Interessen

Hollands Theorie ist vor allem wegen der von ihm vorgeschlagenen Taxonomie beruflicher Interessen bekannt, die eine umfassende und zugleich ökonomische Beschreibung von Personen und beruflichen Umfeldern ermöglicht. Die RIASEC-Taxonomie benennt sechs Tätigkeitsdomänen, die sich wie folgt beschreiben lassen (vgl. Bergmann & Eder, 2005). Die Domäne *Realistisch* (R) umfasst praktisch-technische Tätigkeiten, bei denen physische Objekte im Mittelpunkt stehen (z. B. Maschinen, Werkstoffe, technische Geräte etc.). Der Bereich *Investigative* (I) umfasst intellektuelle, forschende und analytische Tätigkeiten, die im Wesentlichen auf das Verstehen von Phänomenen und die Entwicklung von Lösungen ausgerichtet sind. Die Kategorie *Artistic* (A) umfasst künstlerische, kreative und expressive Tätigkeiten wie Literatur, Design, Schauspiel und Musik. Die Domäne *Social* (S) bezieht sich auf Tätigkeiten, die durch intensive und unterstützende menschliche Kontakte gekennzeichnet sind (z. B. pädagogische und pflegerische Tätigkeiten). Die Tätigkeitsklasse *Enterprising* (E) umfasst Tätigkeiten, die auf das Lenken, Beeinflussen und Führen von Menschen ausgerichtet sind. Der Bereich *Conventional* (C) schließlich ist durch strukturierte, regelbasierte und ordnungsorientierte Tätigkeiten gekennzeichnet.

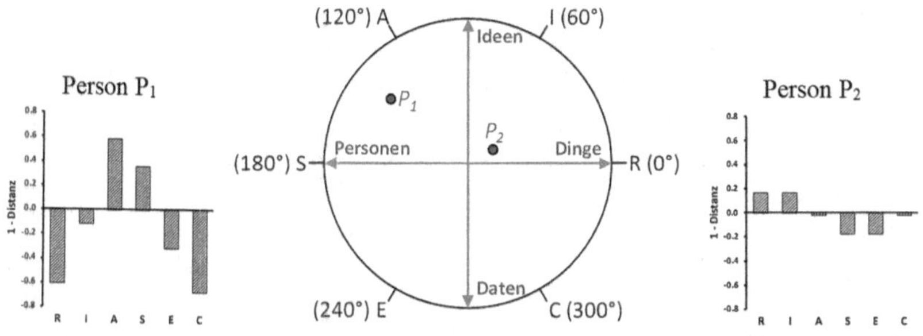

Abb. 1 *Mittlere Abbildung*: Graphische Darstellung der postulierten RIASEC-Ähnlichkeitsstruktur und der von Prediger definierten Achsen. Die Darstellung nimmt Bezug auf eine Circumplex-Darstellung in der den RIASEC-Domänen Winkel auf einem Kreisumfang zugeordnet sind. Die Teilabbildung stellt zudem die Achsenwerte zweier Personen P_1 und P_2 dar. *Äußere Teilabbildungen*: Nähe (1 – Euklidische Distanz) der Personenpositionen zu den Positionen der RIASEC-Domänen. *Anmerkung*: R = Realistic, I = Investigative, A = Artistic, S = Social, E = Enterprising, C = Conventional

Bereits vor der Entwicklung des RIASEC-Modells wurde in zahlreichen Arbeiten darauf hingewiesen, dass die auf der Basis gängiger Interessentaxonomien erfassten Interessenprofile systematisch strukturiert sind und sich auf wenige Kerndimensionen reduzieren lassen (z. B. Roe, 1956; Meir, 1973). Dieser Sachverhalt steht im Zusammenhang mit der von Holland (1997) formulierten Calculus-Hypothese, die auch als Hexagon-Modell und RIASEC-Circumplex bezeichnet wird. Die Calculus-Hypothese postuliert eine Ähnlichkeitsstruktur der RIASEC-Domänen, die in Abb. 1 dargestellt ist. Der Abstand zwischen zwei Domänen ist umgekehrt proportional zu ihrer psychologischen Ähnlichkeit. So können stark korrelierte ähnliche Domänen (z. B. R und I; R und C) und schwach oder negativ korrelierte gegensätzliche Domänen (z. B. R und S) definiert werden. Die Calculus-Hypothese impliziert ein prototypisches Korrelationsmuster, bei dem die Höhe der Korrelationen umgekehrt proportional zu den Distanzen zwischen den RIASEC-Domänen in Abb. 1 ist und das als Circumplex-Korrelationsmuster bekannt ist (Browne, 1992; Tracey, 2000).

2.2 Die Kerndimensionen beruflicher Interessen

Eine wichtige Erweiterung erfuhr das Hexagon-Modell durch die Arbeit von Prediger (1982). Der Autor schlug ein einflussreiches Koordinatensystem für die zweidimensionale Ähnlichkeitsstruktur vor, dessen Achsen einen interpretativen Anker für die im Konstruktbereich repräsentierten bipolaren Aktivitätspräferenzen liefern (für eine alternative Interpretation siehe Hogan, 1982). Konkret schlug Prediger (1982) die Achsen Dinge-Personen (DP) und Daten-Ideen (DI) vor (Abb. 1). Demnach können die RIASEC-Bereiche als Kombination der durch die Achsen repräsentierten Gegensätze verstanden werden (z. B. I als Kompositum von *Dingen* und *Ideen* und E als Kombination von *Personen* und *Daten*).

Die in Abb. 1 dargestellten Achsen implizieren systematisch strukturierte individuelle Interessenkonfigurationen. Konkret können Personen Achsenwerte zugeordnet werden, die zentrale Merkmale individueller Interessenkonfigurationen kodieren (Nagy et al., 2009). Abb. 1 veranschaulicht dies anhand zweier fiktiver Personen, P1 und P2, die anhand ihrer Werte auf den Achsen DP und DI im Koordinatenraum verortet wurden. Die Abstände der Personenpositionen zu den Positionen der Interessendomänen sind umgekehrt proportional zu den RIASEC-Interessenausprägungen. Die Person P1 liegt am nächsten zur Interessendomäne A und gleichzeitig am weitesten von Domäne C entfernt. Dementsprechend ist für P1 eine hohe Ausprägung der Interessen in A, eine geringere Ausprägung in S und I sowie eine sehr geringe Ausprägung der Interessen in C zu erwarten. Im Gegensatz dazu zeichnet sich Person P2 durch ein eher flaches Interessenprofil aus, da ihre Position nahe dem Koordinatenursprung durch nahezu konstante Abstände zu allen RIASEC-Domänen gekennzeichnet ist.

Dieses Beispiel verdeutlicht, dass die Achsen individuelle Konfigurationen beruflicher Interessen repräsentieren (Nagy et al., 2009). Die Prediger-Achsen sind nicht sensitiv für Unterschiede in den Interessenniveaus. Verschiedene empirische Arbeiten weisen jedoch darauf hin, dass fast ausschließlich die durch die DP- und DI-Achsen ausgedrückten Konfigurationen einen Erklärungswert für das Wahlverhalten und das Erleben und Verhalten in Umwelten haben (Junkuhn & Nagy, 2022; Nagy, 2006; Prediger, 1998). Die dargestellten Befunde lassen den Schluss zu, dass es sich bei den Achsen um Kerndimensionen des Konstruktbereichs beruflicher Interessen handelt (vgl. Etzel et al., 2023).

Die DP- und DI-Achsen lassen sich auf der Basis anderer, dem RIASEC-Modell verwandter Taxonomien identifizieren (vgl. Etzel et al., 2016; Etzel & Nagy, 2019; Holtrop et al., 2015). Darüber hinaus gibt es empirische Evidenz dafür, dass die Kerndimensionen beruflicher Interessen auch in Instrumenten enthalten sind, die in ihrer Konzeption keinen Bezug auf die zirkuläre Anordnung der Interessengebiete nehmen. In einer Studie von Julian M. Etzel et al. (2023) wurden die Basic Interest Scales des von Rong Su et al. (2019) entwickelten Instruments CABIN auf die Achsen DP und DI projiziert. Diese Achsen wurden auf der Grundlage eines gut validierten Instruments zur Erfassung beruflicher Interessen mit Circumplex-Eigenschaften [dem sogenannten Personal Globe Inventory (PGI); Tracey, 2002] definiert. Die Basic Interest Scales können gemäß ihrer Definition dem Konstruktbereich der beruflichen Interessen zugeordnet werden. In 38 von 41 Fällen waren sie signifikant mit den Kerndimensionen von Prediger (1982) assoziiert. Viele der Basic Interest Scales wiesen jedoch, u. a. aufgrund ihres sehr spezifischen Charakters, schwächere Zusammenhänge mit den Kerndimensionen auf.

Eine Reihe empirischer Arbeiten untermauert die Bedeutung der Kerndimensionen für das Verständnis des Konstruktbereichs beruflicher Interessen. Konkret konnte gezeigt werden, dass Zusammenhänge zwischen beruflichen Interessenskalen und anderen Merkmalen wie Fachnoten (Etzel & Nagy, 2019), akademischen Selbstkonzepten (Etzel et al., 2021), berufsbezogenen Wahlentscheidungen (Nagy, 2006; Nagy et al., 2012; Volodina et al., 2015) und Persönlichkeitsmerkmalen (Etzel et al., 2024) weitgehend auf deren Zusammenhänge mit den Kerndimensionen zurückgeführt werden können. Ebenso haben sich die Kerndimensionen als geeignet erwiesen, um Effekte der Interessenkongruenz zu modellieren (Junkuhn & Nagy, 2022; Nagy, 2006) und Ähnlichkeiten zwischen Interessenprofilen innerhalb von Kernfamilien abzubilden (Etzel et al., 2019). Dementsprechend sehen einige Autoren diese Kerndimensionen als das zentrale Merkmal des Konstruktbereichs beruflicher Interessen an und betrachten die RIASEC-Taxonomie als eine von vielen möglichen und bis zu einem gewissen Grad willkürlichen Einteilungen des Interessenraums (z. B. Tracey & Rounds, 1995).

3 Intrinsische Fachinteressen im Konstruktraum beruflicher Interessen

Wie in den vorangegangenen Abschnitten erläutert, sind intrinsische Fachinteressen hinsichtlich ihrer affektiven und kognitiven Spezifika ähnlich definiert wie berufliche Interessen. Auch die Sensitivität beider Interessenbereiche gegenüber situativen und individuellen Einflüssen (Schiefele, 2009) erscheint konzeptionell vergleichbar. Die Verwandtschaft der beiden Interessenspezifikationen ist zudem durch die inklusive Beziehung schulisch und beruflich relevanter Aktivitäten gegeben. Es ist daher davon auszugehen, dass intrinsische Fachinteressen im Sinne von Eccles (1983; Eccles et al., 2005) in dem weiter gefassten Konstruktraum beruflicher Interessen enthalten sind.

Empirische Argumente für die Plausibilität dieser Sichtweise lassen sich aus konvergenten und diskriminanten Zusammenhängen von Skalen intrinsischer Fachinteressen mit Skalen beruflicher Interessen ableiten. Eine Arbeit, die entsprechende Zusammenhänge eher am Rande berichtet, stammt von Eike Wille et al. (2020). Die Autoren berichten mittelstarke Zusammenhänge zwischen Fachinteressen in Mathematik und Englisch (erste Fremdsprache) mit RIASEC-Interessen ($r = -,22$ bis ,37). Die empirischen Zusammenhänge entsprachen den Erwartungen. Das Interesse an Mathematik zeigte mittelstarke positive Zusammenhänge mit realistischen (R) und investigativen (I) Interessen, etwas schwächere positive Zusammenhänge mit konventionellen (C) Interessen und war negativ mit sozialen (S) Interessen korreliert. Im Gegensatz dazu korrelierte das Interesse an Englisch am stärksten mit künstlerischen Interessen (A) und am schwächsten mit R. Trotz des plausiblen Korrelationsmusters ist es schwierig zu entscheiden, inwieweit die Fachinteressen dem Interessenraum beruflicher Interessen zugeordnet werden können, da keine Korrelationen gefunden wurden, die auf (annähernd) äquivalente Skalen hindeuten.

Versteht man die Kategorien einer Interessentaxonomie als Segmente oder Ausschnitte des beruflichen Interessenraums, so ist das Befundmuster von Wille et al. (2020) wenig überraschend. Die weit gefassten RIASEC-Skalen sollten bestenfalls moderate Zusammenhänge mit den meisten enger gefassten Interessenbereichen aufweisen, auch wenn diese berufliche Interessenbereiche markieren. Der Grund dafür ist, dass RIASEC-Skalen Interessenbereiche abbilden, die besonders gut zwischen Berufen diskriminieren (Holland, 1997). Dementsprechend können andere berufliche Interessenbereiche, die thematisch zwischen verschiedenen RIASEC-Bereichen liegen und weniger stark zwischen Berufen diskriminieren, Zusammenhänge aufweisen, die den Ergebnissen von Wille et al. (2020) entsprechen.

Vor diesem Hintergrund stellt sich weniger die Frage nach der Stärke konvergenter Korrelationen von Fachinteressenskalen mit ausgewählten RIASEC-Bereichen, sondern vielmehr nach der Stärke von Korrelationen zwischen vergleichbar konstruierten Fach- und Berufsinteressenskalen (z. B. Skalen, die auf explizit berufsrelevanten mathematischen Tätigkeiten basieren). Uns sind jedoch keine Datensätze bekannt, die eine solche Konstellation von Variablen enthalten. Ebenso stellt die von Wille et al. (2020) verwendete TOSCA-Studie (Trautwein et al., 2010) einen der wenigen Datensätze dar, in dem intrinsische Fachinteressen sensu Eccles (1983) und RIASEC-Skalen vorliegen.

3.1 Projektionen auf Kerndimensionen beruflicher Interessen

In diesem Beitrag ergänzen wir die inhaltlichen Argumente für eine inklusive Relation zwischen beruflichen und fachlichen Interessen durch empirische Befunde. Aufgrund der begrenzten Datenlage kombinieren wir zwei Datensätze und analysieren sie mithilfe von Interessenstrukturmodellen, die die zentralen Dimensionen von Prediger (1982) beinhalten. Als Referenzwerte werden die Ergebnisse von Etzel et al. (2023) herangezogen. In dieser Studie wurde der Interessencircumplex (vgl. Abb. 1) anhand einer alternativen beruflichen Interessentaxonomie (Tracey, 2002) bestimmt, die wie das RIASEC-Modell die Kerndimensionen von Prediger (1982) berücksichtigt (Etzel et al., 2016). Der Datensatz enthält auch enger gefasste berufliche Interessenskalen des CABIN-Instruments (Su et al., 2019), die auf den Interessencircumplex projiziert wurden, um deren inhaltliche Spezifität und Sensitivität abzuleiten (siehe unten). Zentral sind zwei Skalen, die inhaltlich den Fachinteressen Mathematik und Englisch nahestehen, nämlich *Mathematics & Statistics* und *Humanities & Foreign Language.*

Die Ergebnisse von Etzel et al. (2023) sind in Abb. 2 für drei ausgewählte CABIN-Skalen dargestellt, wobei die Positionen der Skalen das Muster und die Stärke ihres Zusammenhangs mit den Achsen und deren Indikatoren wiedergeben. Die Stärke des Zusammenhangs wird als *Inhaltssensitivität* bezeichnet und entspricht dem Abstand der Skala vom Koordinatenursprung (Nagy et al., 2019). Das Muster des Zusammenhangs spiegelt sich in der Ausrichtung der Position wider (von 0° bei 15 Uhr bis 360°) und wird als *Inhaltsspezifität* (Nagy et al., 2019) bezeichnet. Wie Abb. 2 zeigt, wiesen die CABIN-Skalen im Vergleich zu den Circumplex-Indikatoren eine geringere Inhaltssensitivität auf, da sie näher am Zentrum des Koordinatensystems lagen. Hier erwies sich der Bereich *Protective Service* als wenig sensitiv gegenüber den Kerndimensionen, während die Bereiche *Mathematics & Statistics* und *Humanities & Foreign Language* eine höhere Inhaltssensitivität aufwiesen. Die CABIN-Skalen spiegelten die in den Kerndimensionen kodierten Tätigkeitsinhalte in plausibler Weise wider: Die Inhaltsspezifität von *Mathematics & Statistics* (4.4°) lag nahe am Pol *Dinge* der DP-Achse (0°), während die Inhaltsspezifität von *Humanities & Foreign Language* (118.2°) als eine

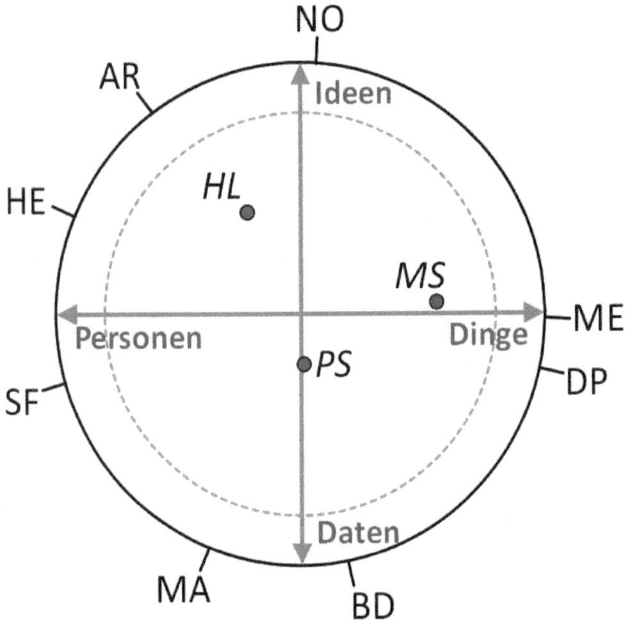

Abb. 2 Projektion der CABIN-Skalen auf den durch den Personal Globe Inventory definierten Interessencircumplex aus Etzel et al. (2023). Der Radius der inneren Kreisstruktur repräsentiert die durchschnittliche Kommunalität (d. h. Inhaltssensitivität) der Indikatoren des Circumplex. *Anmerkung*: MS = Mathematics & Statistics, HL = Humanities & Foreign Language, PS = Protective Service, ME = Mechanical, NO = Nature/Outdoors, AR = Artistic, HE = Helping, SF = Social Facilitating, MA = Managing, BD = Business Detail, DP = Data Processing

Kombination der Pole *Ideen* und *Personen* der ID- und DP-Achse erschien, da sie etwa in der Mitte zwischen diesen Polen (90° und 180°) lag.[1]

Von besonderer Relevanz für die vorliegende Arbeit sind die beiden CABIN-Skalen *Mathematics & Statistics* und *Humanities & Foreign Language*. Aufgrund ihrer thematischen Nähe zu den Fachinteressen Mathematik und Englisch (erste Fremdsprache) ist zu erwarten, dass, sofern die intrinsischen Fachinteressen im Konstruktraum der Fachinteressen liegen, beide Interessenkonzepte ähnliche

[1] Details zu den statistischen Auswertungen werden im Abschn. „4.3 Statistische Analysen" berichtet. Leserinnen und Leser, die sich auf die empirischen Ergebnismuster konzentrieren möchten, können diesen Teil überspringen.

Positionen auf dem Interessencircumplex einnehmen. Die Positionen der Fachinteressen auf dem Interessencircumplex werden auf Basis des TOSCA-Datensatzes (vgl. Wille et al., 2020) ermittelt und mit den Ergebnissen von Etzel et al., (2023; Abb. 2) verglichen. Einen Befund, wonach berufliche und fachliche Interessenspezifikationen ähnliche Positionen einnehmen, werten wir als empirisches Argument für den vermuteten inklusiven Zusammenhang der Konstruktbereiche. Eine perfekte Übereinstimmung der Positionen erscheint nicht plausibel, da der Interessencircumplex auf Basis unterschiedlicher Instrumente ermittelt wird und die inhaltliche Übereinstimmung der Fachinteressen- und CABIN-Skalen nicht perfekt ist. So werden in den CABIN-Skalen „sehr ähnliche" Tätigkeitsbereiche zusammengefasst und die Fachinteressenskalen enthalten neben Items zu Tätigkeitsvalenzen auch Items zum Unterricht und zum Interaktionserleben.

3.2 Konkretisierung der Fragestellungen

Die Umsetzung der oben skizzierten Analysestrategie basiert auf latenten Variablenmodellen für den Circumplex (Browne, 1992; Nagy et al., 2009) und deren Erweiterung um Korrelate des Circumplex (Nagy et al., 2019). In der Studie von Etzel et al. (2023) wurden die Daten bereits mit entsprechenden Modellen ausgewertet, sodass in diesem Beitrag auf die von den Autoren berichteten Ergebnisse zurückgegriffen wird. Die entsprechenden Modelle werden jedoch auf die Daten der TOSCA-Studie angewendet. Die Interpretation der modellbasierten latenten Zusammenhänge ist an zwei zentrale Voraussetzungen geknüpft.

Fragestellung 1. Erstens muss eine zufriedenstellende Anpassungsgüte des latenten Circumplex-Modells vorliegen. Mit anderen Worten, es soll untersucht werden, inwieweit das Korrelationsmuster der beruflichen Interessenskalen untereinander mit der Korrelationsstruktur eines Circumplex kompatibel ist. Die Anpassung der Daten kann mithilfe von Goodness-of-Fit-Indizes bewertet werden, die aus dem Strukturgleichungsbereich bekannt sind (Tracey, 2000). Der RIASEC-Circumplex wurde bereits in der ersten Kohorte der TOSCA-Studie empirisch validiert (Nagy et al., 2010), eine erneute Überprüfung in der hier verwendeten zweiten TOSCA-Kohorte steht jedoch noch aus.

Fragestellung 2. Sofern eine zufriedenstellende Datenanpassung festgestellt wird, muss im zweiten Schritt eine ausreichende Kompatibilität der Kovariaten (hier: Fachinteressen) mit dem Circumplex vorliegen. Dies bedeutet, dass die Zusammenhänge der Kovariaten mit den RIASEC-Skalen weitgehend auf deren Zusammenhänge mit den Kerndimensionen zurückgeführt werden können. Da Etzel et al. (2023) positive Ergebnisse für die CABIN-Skalen gefunden haben, gehen wir davon aus, dass wir dieses Befundmuster für die Fachinteressenskalen und die RIASEC-Skalen replizieren können.

Fragestellung 3. Soweit diese Voraussetzungen erfüllt sind, können drittens die Positionen der Fachinteressenskalen auf dem Interessencircumplex mit denen der entsprechenden CABIN-Skalen hinsichtlich ihrer Inhaltssensitivität und -spezifität verglichen werden. Wie bereits erwähnt, erwarten wir ähnliche, aber nicht notwendigerweise identische Positionen. Konkret gehen wir davon aus, dass die von Etzel et al. (2023) ermittelten Positionen nahe, aber nicht notwendigerweise innerhalb der 95 % Konfidenzbereiche der neu ermittelten Positionen der Fachinteressenskalen liegen.

4 Methode

4.1 Stichprobe

Die Daten stammen aus der Studie „Transformation des Sekundarschulsystems und akademische Karrieren“ (TOSCA; Trautwein et al., 2010). Die TOSCA-Studie basiert auf einer großen Stichprobe von Gymnasiastinnen und Gymnasiasten, die in ihrem letzten Schuljahr befragt wurden. Wir haben die Daten des ersten Messzeitpunktes der zweiten Kohorte herangezogen (Frühjahr 2006). Die TOSCA-Studie wurde vom Kultusministerium Baden-Württemberg forschungsethisch und datenschutzrechtlich genehmigt.

Die Ausgangsstichprobe umfasste $N = 4984$ Gymnasiastinnen und Gymnasiasten. Davon bearbeiteten aufgrund des rotierten Erhebungsdesigns 50 % (d. h. $N = 2490$) eine Fragebogenversion, die sowohl Items zu beruflichen als auch zu fachlichen Interessen enthielt. Die Zuordnung zu den Fragebogenformen erfolgte randomisiert, sodass keine Verzerrungen durch die Fokussierung auf die zweite Teilstichprobe zu erwarten sind (Enders, 2022). Die Stichprobengröße reduzierte sich auf $N = 2055$, da wir uns auf Personen konzentrierten, die beide Instrumente bearbeitet haben.

4.2 Variablen

Berufliche Interessen. Diese Variablen wurden gemäß der RIASEC-Taxonomie mittels des revidierten allgemeinen Interessen-Struktur-Tests (AIST-R; Bergmann & Eder, 2005) erhoben. Der AIST-R besteht aus einer Liste mit 60 berufsbezogenen Tätigkeiten, die hinsichtlich des Interesses auf einer fünfstufigen

Likert-Skala bewertet werden (von „interessiert mich gar nicht“ bis „interessiert mich sehr“). In Anlehnung an Gabriel Nagy (2006) sowie Nagy et al. (2010) haben wir drei Items aus der Skalenbildung ausgeschlossen, die einen gemeinsamen Faktor bilden und keinen der sechs RIASEC-Bereiche eindeutig zugeordnet werden können. Die so gebildeten Skalen wiesen eine hervorragende interne Konsistenz auf (α = ,85 bis ,90).

Intrinsische Fachinteressen. Diese Merkmale wurden mittels Items erhoben, die auf der Erwartungs-Wert-Theorie (Wigfield & Eccles, 2000) beruhen. Im Gegensatz zu den von Wille et al. (2020) verwendeten Maßen, die Items zum intrinsischen Wert und Zielerreichungswert kombiniert haben, haben wir bewusst nur die Items zu den intrinsischen Interessen verwendet. Dabei haben wir auch Items aus der Skalenbildung ausgeschlossen, die sich explizit auf den Unterricht bezogen (z. B. „Ich freue mich auf die Englisch Stunden“) und haben nur die explizit auf die Fachinhalte bezogenen Aussagen herangezogen (z. B. „Englisch zu verstehen und zu sprechen, macht mir einfach großen Spaß“). Für das Fach Mathematik waren insgesamt drei passende Items verfügbar, während für Englisch fünf Items vorlagen. Trotz der relativ geringen Itemzahlen, wiesen die so gebildeten Skalen gute interne Konsistenzen auf (jeweils α = ,85 für Mathematik und Englisch).

4.3 Statistische Analysen

Latente Circumplex Modellierung. Die Auswertungen basieren auf dem CFM (Nagy et al., 2009) und dessen Erweiterung (CFM-E; Nagy et al., 2019). Das CFM ist eine vereinfachte Form des Circumplex-Modells von Browne (1992), dass sich gut für eine geringe Zahl von Indikatorvariablen eignet. Das Modell lässt sich als dreidimensionale konfirmatorische Faktorenanalyse im Strukturgleichungsframework parametrisieren. Das CFM besagt, dass die Korrelation zweier Indikatoren eines Circumplex, *j* und *k* mittels einer Consinusfunktion ihres trennenden Winkels darstellen lässt:

$$\rho_{jk} = h_j\left[\beta_0^2 + \beta_1^2\cos(\theta_j - \theta_k)\right]h_k, \tag{1}$$

wobei ρ_{jk} die modellimplizite Korrelation der Indikatorvariablen j und k darstellt, θ_j und θ_k die Winkelpositionen der Variablen sind und h_j und h_k die Kommunalitäten ausweisen. Die Parameter β_0^2 und β_1^2 definieren das Niveau (β_0^2) und die Differenziertheit (Amplitude; β_1^2) der Korrelationsfunktion. Die Parameterwerte stehen in einer gegenläufigen Beziehung zueinander ($\beta_1^2 = 1 - \beta_0^2$).

Die Beziehung des CFM zur Faktorenanalyse wird nach der Umstellung der Gl. 1 anhand des Additionstheorems ersichtlich:

$$\rho_{jk} = h_j\left[\beta_0^2 + \cos(\theta_j)\beta_1^2\cos(\theta_k) + \sin(\theta_j)\beta_1^2\sin(\theta_k)\right]h_k, \tag{2}$$

Gl. 2 entspricht einer faktorenanalytischen Korrelationsstruktur mit drei orthogonalen Dimensionen (Nagy et al., 2009). Der erste Faktor hat eine Varianz von β_0^2 und Einheitsladungen. Er kann somit als Niveaufaktor (η_L) verstanden werden. Der zweite und der dritte Faktor haben gleiche Varianzen (β_1^2) und jeweils Ladungen, die trigonometrische Funktionen (Cosinus und Sinus) der Winkel der Indikatorvariablen sind. Somit lassen sich diese Faktoren als die Kerndimensionen des Circumplex verstehen. Im Falle des RIASEC-Circumplex votieren wir für eine Rotation der entsprechenden Faktoren, sodass diese im Sinne der Dinge-Personen (η_{DP}) und der Ideen-Daten (η_{ID}) Achsen interpretiert werden können. Zu diesem Zweck nutzen wir eine Identifikationsrestriktion, die auf der Maximierung der Übereinstimmung der zu schätzenden Winkel mit den theoretisch postulierten Winkeln basiert (Etzel et al., 2021).[2]

Zusammenhänge externer Variablen mit dem latenten Circumplex. Die Zusammenhänge der Fachinteresseskalen mit den RIASEC-Interessen wurden mittels des erweiterten CFM, dem CFM-E, dargestellt (Nagy et al., 2019). In diesem Modell wird die Korrelation eines Circumplex-Indikators j und einer Variablen q, die nicht explizit in den Circumplex eingebunden ist, dargestellt als

$$\rho_{jq} = h_j\left[\gamma_{0,q}\beta_0^2 + \gamma_{1,q}\beta_1^2\cos(\theta_j - \delta_q)\right] + \sqrt{1 - h_j^2}\psi_{jq}. \tag{3}$$

Der erste Teil der Gl. 3 beschreibt die Beziehung von q mit der latenten Interessenstruktur. Der Koeffizient $\gamma_{0,q}$ repräsentiert die Beziehung mit dem Niveaufaktor, während die Parameter $\gamma_{1,q}$ ($\gamma_1 \geq 0$) und δ_q ($0° \leq \delta \leq 360°$) die Assoziationen mit den Kerndimensionen des Circumplex beschreiben. δ_q steht für die Inhaltsspezifität und $\gamma_{1,q}$ für die relative Inhaltssensitivität von q (relativ zur Differenzierung β_1^2 des Circumplex). Nagy et al. (2019) haben die Bestimmung von Konfidenzintervallen und Konfidenzellipsen entwickelt, die wir in diesem Beitrag nutzen.

---

[2] Die konkrete Identifikationsrestriktion entspricht $0 = \sum_{j=1}^{J} \sin(\theta_j - \tilde{\theta}_j)$, wobei $\tilde{\theta}_j$ der vordefinierte Zielwinkel des Indikators j ist. Im Falle des RIASEC-Circumplex entsprechen die Zielwinkel 0°, 60°, …, 300°.

Der zweite Teil der Gleichung repräsentiert den Teil des Zusammenhangs von q mit j, der nicht auf die latente Struktur zurückgeführt werden kann. Dieser Term ist eine Funktion der Kommunalität von j und seiner Residualkorrelation mit q (ψ_{jq}). Die Schätzung der Parameter der Gl. 3 setzt zusätzliche Identifikationsrestriktionen voraus, die sicherstellen, dass die Stärke der Residualkorrelationen minimal ist. Nagy et al. (2019) haben entsprechende Restriktionen vorgeschlagen, die sich im Falle des einfacheren CFM-E entsprechend des Vorschlags von Nagy et al. (2017) umsetzen lassen.

Zur Evaluierung der residualen Abhängigkeiten einer Variable q wurde der Root Mean Square Error of Circumplex Alignment (RMSECA; Etzel et al., 2021) vorgeschlagen.[3] Da dieser Index analog zum SRMR (Jöreskog & Sörbom, 1993; siehe unten) definiert ist, gilt ein Betrag von $\text{RMSECA}_q \leq ,08$ als Indiz für eine akzeptable Passung. Bei höheren Beträgen wird von einer Interpretation latenter Zusammenhänge abgeraten.

Modellschätzung und Modellevaluation. Das CFM und CFM-E können im Strukturgleichungsframework mittels der Maximum Likelihood Methode geschätzt werden. Wir verwenden das Programm Mplus 8,8 (Muthén & Muthén, 1998). Damit lässt sich die Güte der Datenanpassung aufgrund konventioneller Goodness-of-Fit-Indices beschreiben (Hu & Bentler, 1999). Zur Evaluierung des CFM verwenden wir die typischen Indices, nämlich 1) den χ^2-Test der statischen Signifikanz der Diskrepanz zwischen modellreproduzierten und beobachteten Zusammenhängen, 2) den Root Mean Square Error of Approximation (RMSEA; Browne & Cudeck, 1992), der im Sinne eines Effektstärkemaßes der Abweichung der Anpassungsgüte interpretiert werden kann, 3) den Standardized Root Mean Residual (SRMR; Bentler, 1995), der ein standardisiertes Maß der Anpassungsresiduen ist, sowie den Comparative Fit Index (CFI; Bentler, 1990), der die durch das postulierte Modell relativ zu einem Nullmodell erzielte Verbesserung der Datenanpassung angibt. Da der χ^2-Anpassungstests in großen Stichproben sehr sensitiv für triviale Abweichungen ist, sowie besonders stark bei für empirische Daten typische Verstößen gegenüber Verteilungsannahmen anschlägt (Powell & Schafer, 2001), basiert die Modellbewertung in erster Linie auf dem RMSEA (Werte unter ,05 gelten als gut und unter ,08 als akzeptabel), SRMR (Werte unter ,08 sind akzeptabel) und CFI (Werte größer als ,90 akzeptabel). Das CFM-E basiert auf einem exakt identifizierten Erweiterungsteil (Gl. 3) und resultiert somit in der gleichen χ^2- und RMSEA-Statistik wie das CFM (Nagy et al., 2017, 2019).

[3] Der Index berechnet sich gemäß $RMSECA_q = \sqrt{\frac{1}{J}\sum_{j=1}^{J}\left(1-\hat{h}_j^2\right)\hat{\psi}_{jq}^2}$, wobei die Hütchen geschätzte Parameter ausweisen.

Von einer Interpretation des SRMR und des CFI wird aufgrund der saturierten Erweiterung abgeraten.

5 Ergebnisse

Der erste Teilabschnitt des Ergebnisteils widmet sich der Untersuchung der Circumplex-Struktur der AIST-R Skalen. Diese Strukturhypothese wurde in der ersten TOSCA-Kohorte gestützt (Nagy, 2006; Nagy et al., 2010). In Übereinstimmung mit den Ergebnissen der ersten Kohorte erwarten wir eine Quasi-Circumplex-Struktur (Guttman, 1954), was bedeutet, dass die beobachteten Korrelationen zwischen den Interessenskalen mit einer räumlichen Anordnung vereinbar sind, bei der die Abstände zwischen den Interessensdomänen nicht gleichmäßig über den Umfang des Kreises verteilt sind (z. B. R und I liegen näher beieinander als I und A). Im Zweiten Teilabschnitt fokussieren wir auf die Beziehung der intrinsischen Fachinteressen in Mathematik und Englisch mit den Kerndimensionen des beruflichen Interessencircumplex. Hierzu wird die Passung der Fachinteressen zur beruflichen Interessenstruktur mittels des RMSECA-Index untersucht (siehe oben). Insofern eine akzeptable Entsprechung besteht, werden die Assoziationen der Fachinteressenskalen mit den Kerndimensionen des Interessencircumplex betrachtet. Besonders wichtig ist hier die Stärke (Inhaltssensitivität) und Art (Inhaltsspezifität) der Beziehung der Fachinteressen mit dem latenten beruflichen Interessencircumplex.

5.1 Struktur beruflicher Interessen

Tab. 1 stellt die Korrelationen zwischen den AIST-R-Skalen und der Fachinteressenskalen dar. Die Korrelationsmuster der beruflichen Interessenskalen untereinander lässt eine Entsprechung zum prototypischen Korrelationsmuster eines Circumplex erkennen (Tracey, 2000), wobei nicht von einer gleichabständigen Struktur ausgegangen werden kann (z. B. schwache Korrelation zwischen I und A). Dieser Eindruck wurde durch das CFM gestützt, das eine gute Passung auf die vorliegenden Daten aufwies [$\chi^2(df = 3) = 25.95$, $p < ,001$; RMSEA = ,061 (90 % CI = ,041, ,083); CFI = ,992; SRMR = ,020]. Weitere Modellrestriktionen, wie gleichabständige Domänenpositionen [$\Delta\chi^2(\Delta df = 5) = 318{,}61$, $p < ,001$] und konstante Skalenkommunalitäten [$\Delta\chi^2(\Delta df = 5) = 125{,}29$, $p < ,001$] erwiesen sich jedoch als nicht mit den Daten vereinbar und wurden verworfen.

Tab. 1 Korrelationsmatrix der analysierten Variablen (Standardabweichungen in Klammern)

	R	I	A	S	E	C	IM	IE
R	(0,814)							
I	,508	(0,869)						
A	,009	,114	(0,873)					
S	−,078	,002	,440	(0,885)				
E	,076	,080	,309	,535	(0,819)			
C	,336	,248	,094	,211	,561	(0,721)		
IM	,275	,350	−,186	−,057	−,015	,203	(0,820)	
IE	−,056	,016	,341	,161	,222	,132	−0,154	(0,701)

Anmerkung. R = Realistic, I = Investigative, A = Artistic, S = Social, E = Enterprising, C = Conventional, IM = intrinsisches Mathematikinteresse, IE = intrinsisches Englischinteresse

Die Ergebnisse des CFM sind in Tab. 2 zusammengefasst. Die Position der Interessendomäne I wies die stärkste Abweichung zum theoretischen Modell auf. Die Abfolge der RIASEC-Domänen entsprach dennoch den theoretischen Vorgaben und ließ insgesamt eine gute Entsprechung zur theoretischen Struktur erkennen (mittlerer Cosinus der Winkelabweichungen von ,91). Eine gemeinsame Darstellung der empirisch ermittelten und idealen RIASEC-Positionen findet sich in Abb. 3.

Ein weiterer Befund ist, dass etwas mehr als die Hälfte der auf die übergeordneten Faktoren zurückführbaren Variabilität der Interessendomänen auf die

Tab. 2 Zentrale Parameterschätzungen des Cosinus-Funktions-Modells (CFM)

	$\tilde{\theta}$	$\hat{\theta}$	(*SE*)	$\cos(\hat{\theta} - \tilde{\theta})$	$\hat{h}$
R	0°	355,1°	(2,2°)	,99	,76
I	60°	11,2°	(3,6°)	,66	,68
A	120°	141,3°	(3,4°)	,93	,63
S	180°	173,3°	(2,8°)	,99	,76
E	240°	226,0°	(2,5°)	,97	,88
C	300°	275,2°	(2,1°)	,91	,78

Anmerkung. $\tilde{\theta}$ = idealer Winkel, $\hat{\theta}$ = geschätzter Winkel, $\hat{h}$ = geschätzte Kommunalität, R = Realistic, I = Investigative, A = Artistic, S = Social, E = Enterprising, C = Conventional

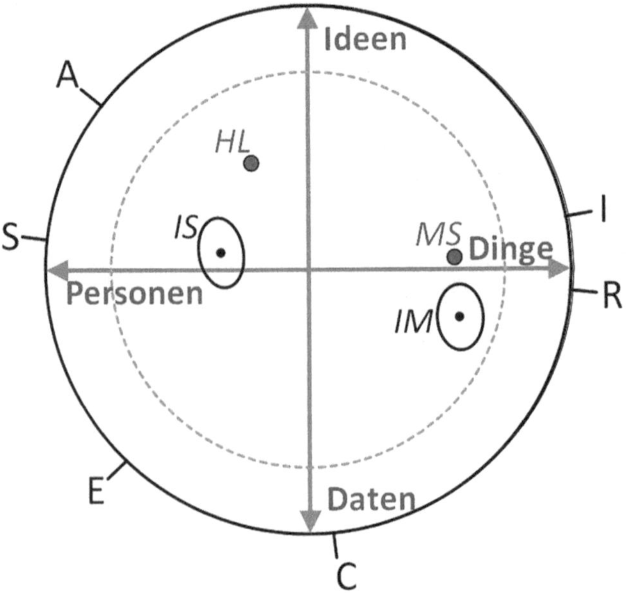

Abb. 3 Projektion des intrinsischen Mathematikinteresse (IM) und des intrinsischen Englischinteresse (IS) auf den durch den AIST-R definierten Interessencircumplex inklusive 95 % Konfidenzellipsen. Die Darstellung beinhaltet die Lokationen der passenden CABIN-Skalen als Vergleichswerte (Etzel et al., 2023). *Anmerkung.* MS = Mathematics & Statistics, HL = Humanities & Foreign Language, R = Realistic, I = Investigative, A = Artistic, S = Social, E = Enterprising, C = Conventional

Kerndimensionen zurück ging ($\hat{\beta}_1^2 = ,52$, $SE = ,02$, $p < ,001$). Die Kommunalitäten der Indikatorvariablen erstreckten sich auf einen Wertebereich von $\hat{h} = ,63$ (A) bis $\hat{h} = ,88$ (E) (Tab. 2) und indizierten, dass die Interessenskalen einen nennenswerten Anteil uniquer Variabilität aufwiesen, der nicht auf das Interessenniveau und die Kerndimensionen zurückzuführen war.

Insgesamt lässt sich festhalten, dass die RIASEC-Skalen am Ende der Sekundarstufe II die schwache Strukturhypothese (d. h. eine Quasi-Circumplex-Struktur; Guttman, 1954) von Holland (1997) stützten (vgl. Nagy et al., 2010). Ein wichtiger Befund ist weiterhin, dass alle Skalenwerte sensitiv für die Kerndimensionen des Konstruktbereichs beruflicher Interessen sind. Jedoch bleibt auch festzustellen, dass ein nennenswerter Varianzanteil individuelle Unterschiede im Profilniveau repräsentiert.

5.2 Verortung von Fachinteressen im Circumplex beruflicher Interessen

Tab. 1 stellt auch die Korrelationen der Fachinteressenskalen mit den RIASEC-Variablen dar. Das Korrelationsmuster ähnelt demjenigen von Wille et al. (2020), weicht aber aufgrund der unterschiedlich gebildeten Skalenwerte leicht davon ab. Das intrinsische Fachinteresse in Mathematik weist ein akzentuiertes Korrelationsmuster auf, das sowohl positive (R, I und C) als auch negative Zusammenhänge (A) beinhaltete. Für das sprachliche Fachinteresse wurden ebenso differenzierte Korrelationen ermittelt, die jedoch nur positive (A, S, E und C) und Korrelationen nahe Null (R und I) umfassen. Augenscheinlich passen die Korrelationsmuster beider intrinsischen Interessenskalen zum Interessencircumplex, da sich positive und negative Korrelationen auf jeweils im Strukturmodell benachbarte RIASEC-Bereich konzentrieren. Diese Passung gepaart mit dem vergleichsweise differenzierten Korrelationsmuster legt nahe, dass die Fachinteressen an Mathematik und Englisch mit den Kerndimensionen des Konstruktbereichs beruflicher Interessen assoziiert sind.

In der Tat stützte ein erweitertes CFM-E die zuvor beschriebenen Beobachtungen. So wiesen die Fachinteressen eine akzeptable Passung zum beruflichen Interessencircumplex auf (RMSECA = ,068 und ,073 für Mathematik und Englisch). Die Passung ist in Abb. 4 veranschaulicht, die die beobachteten Korrelationsprofile und die aufgrund des Circumplex reproduzierten Korrelationen darstellt. Insgesamt fällt auf, dass das Korrelationsprofil des Englischinteresse etwas schlechter als dasjenige des Mathematikinteresse reproduziert wurde. Die stärkste Abweichung lag für den Bereich A vor, was nahelegt, dass A und Englischinteressen mehr gemeinsam haben, als durch die übergeordneten Faktoren abgebildet wird. Dieses Ergebnis ist wenig überraschend, da die Domäne A ein Kompositum aus sprachlichen, gestalterischen und musikalischen Inhalten ist.

Beide intrinsischen Interesseskalen waren statistisch signifikant mit den Niveaufaktor assoziiert, wobei die Zusammenhänge vom Betrag her ähnlich ausfielen ($\hat{\gamma}_{0,Mat}$ = ,27, SE = ,045, p < ,001; $\hat{\gamma}_{0,Eng}$ = ,31, SE = ,040, p < ,001) und sich nicht statistisch signifikant voneinander unterschieden [Wald-χ^2(df = 1) = 0,40, p – ,521]. Wichtiger ist, dass beide intrinsischen Interessenskalen statistisch signifikante Inhaltssensitivitäten aufwiesen und somit mit den Kerndimensionen des Konstruktbereichs beruflicher Interessen assoziiert waren [$\hat{\gamma}_{1,Mat}$ = ,60 (95 % CI = ,51, ,69); $\hat{\gamma}_{1,Eng}$ = ,34 (95 % CI = .25, ,43)]. Das intrinsische Interesse an Mathematik war stärker als das Englischinteresse mit den Kerndimensionen assoziiert [Wald-χ^2(df = 1 = 31,5, p < ,001]. Hinsichtlich der Inhaltsspezifität zeigte sich, dass das Interesse an Mathematik inhaltlich nahe an R lokalisiert

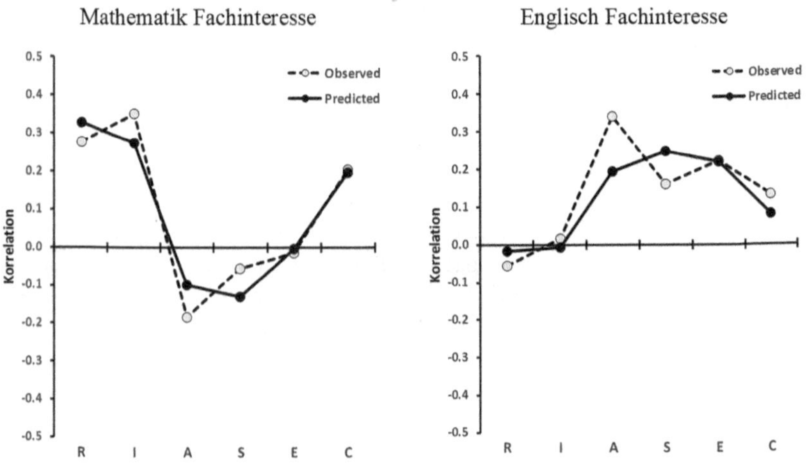

Abb. 4 Beobachtete (Observed) und aufgrund der latenten Zusammenhänge vorhergesagte (Predicted) Korrelationsmuster der intrinsischen Mathematik- und Englischinteressen. *Anmerkung*. R = Realistic, I = Investigative, A = Artistic, S = Social, E = Enterprising, C = Conventional

war [$\hat{\delta}_{Mat}$ = 342,1° (95 % CI = 330,9°, 354,0°)], während das Englischinteresse eine nahezu entgegengesetzte Position nahe an S einnahm [$\hat{\delta}_{Eng}$ = 169,1°, (95 % CI = 149,3°, 192,0°)]. Diese Unterschiede fielen erwartungsgemäß statistisch signifikant aus [Wald-$\chi^2(df = 1) = 433{,}6$, $p < {,}001$].

Die Zusammenhänge der Fachinteressen mit den beruflichen Kerndimensionen sind in Abb. 3 als Projektionen auf dem Interessencircumplex dargestellt. Diese Darstellung beinhaltet zwei Kreisstrukturen, nämlich einen äußeren Einheitskreis und einen inneren Kreis (gestrichelte Linie) dessen Radius der mittleren Kommunalität der RIASEC-Indikatoren entspricht (Tab. 2). Wie aus Abb. 3 hervorgeht, kommt die Inhaltssensitivität des intrinsischen Mathematikinteresse relativ nahe an die durchschnittliche Kommunalität der RIASEC-Skalen heran, erreicht diese jedoch nicht ganz. Das war für die Englischinteressen nicht der Fall, da deren Distanz zum Ursprung des beruflichen Interessencircumplex nicht die durchschnittliche Kommunalität der RIASEC-Skalen erreichte.

Abb. 3 beinhaltet auch die von Etzel et al. (2023) ermittelten Positionen für die CABIN-Referenzskalen. Der Vergleich der zwischen den in der aktuellen Studie ermittelten Positionen der intrinsischen Fachinteresseskalen und den Positionen der CABIN-Skalen zeigt, dass die Inhaltssensitivitäten der mathematikbezogenen

Skalen nahezu identisch ausfielen und die Sensitivitäten der auf Fremdsprachen bezogenen Skalen eine hohe Ähnlichkeit aufweisen. Obgleich sich die Inhaltsspezifitäten leicht voneinander unterscheiden, ist dieser Unterschied aufgrund der etwas heterogeneren Inhalte der CABIN-Skalen plausibel.

6 Diskussion

In diesem Beitrag wurde die Überschneidung zwischen den Konstruktbereichen der Fachinteressen und der beruflichen Interessen untersucht. Ausgehend von typischen Interessendefinitionen und Interessenfragebögen wurde der Schluss gezogen, dass die in der pädagogisch-psychologischen Forschung häufig betrachteten intrinsischen Fachinteressen sensu Eccles (1983) konzeptionell weitgehend identisch sind mit den in der Berufsforschung vorherrschenden beruflichen Interessen, die auf der Abfrage von Tätigkeitsvalenzen beruhen (Bergmann & Eder, 2005; Holland, 1997; Tracey, 2002). Die Tatsache, dass für einzelne Schulfächer zentrale Tätigkeiten auch für bestimmte Berufsfelder relevant sind, legt zudem nahe, dass intrinsische Fachinteressen im Konstruktraum beruflicher Interessen enthalten sind. Diese Sichtweise wurde durch die vorgestellten empirischen Ergebnisse gestützt, die sich auf einen Vergleich der Zusammenhänge intrinsischer Fachinteressen in den Fächern Mathematik und Englisch mit den Kerndimensionen beruflicher Interessen (Etzel et al., 2024; Prediger, 1982) mit entsprechenden Zusammenhängen inhaltlich ähnlich definierter beruflicher Interessenskalen (Etzel et al., 2023) stützten. Der Fokus der Untersuchung wurde bewusst auf die Kerndimensionen gelegt, da diese anhand verschiedener Interessentaxonomien und -inventare identifiziert werden können (vgl. Etzel et al., 2023; Tracey & Rounds, 1995).

Insgesamt legen unsere Befunde nahe, dass am Ende der Sekundarstufe II die Fachinteressen in Mathematik und Englisch fast genauso im Konstruktraum beruflicher Interessen verortet sind, wie vergleichbar homogen gefasste berufliche Interessenskalen (*Mathematics & Statistics* und *Humanities & Foreign Languages*). Die dargestellten Ergebnisse legen nahe, dass die untersuchten Fachinteressen systematisch mit den in den Kerndimensionen kodierten grundlegenden individuellen Vorlieben und Abneigungen gegenüber berufsrelevanten Tätigkeiten zusammenhängen. Dabei scheinen die Inhaltssensitivitäten und Inhaltsspezifitäten intrinsischer Fachinteressen denen ähnlich formulierter beruflicher Interessen zu entsprechen (CABIN-Skalen *Mathematics & Statistics* und *Humanities & Foreign Language*; Etzel et al., 2023). Die in den empirischen Vergleichen ermittelten Unterschiede in den Verortungen waren nicht so groß, dass sie nicht durch (leicht) unterschiedliche Akzentuierungen in der Messung der fachlichen und beruflichen Interessen erklärt werden könnten. Somit lassen sich aus statistischer Sicht keine stichhaltigen Argumente gegen eine Übertragung der Kerndimensionen des Konstruktbereichs beruflicher Interessen auf den Bereich intrinsischer Fachinteressen anführen.

6.1 Theoretische und praktische Implikationen

Die berufliche Interessenforschung legt nahe, dass sich die prototypische zirkuläre Interessenstruktur im Jugendalter etabliert (vgl. Tracey & Ward, 1998). Es lässt sich beobachten, dass die Herausbildung der Interessenstruktur und damit der Kerndimensionen beruflicher Interessen in der Altersphase erfolgt, in der eine substanzielle Stabilisierung der individuellen Interessenprofile einsetzt (vgl. Low et al., 2005). Die am Ende der Sekundarstufe II erhobenen beruflichen Interessen und deren Kerndimensionen können somit als relativ stabil angesehen werden. Diese Sichtweise wird durch Befunde zur längsschnittlichen Robustheit von Interessenprofilen gegenüber schulischen und beruflichen Sozialisationserfahrungen gestützt (vgl. Etzel & Nagy, 2021; Nagy & Husemann, 2010).

In diesem Zusammenhang ist u. E. zu berücksichtigen, dass berufliche Interessen häufig über Valenzbewertungen von Tätigkeiten ermittelt werden, mit denen ein Großteil der Befragten kaum in Berührung gekommen ist. Es ist daher davon auszugehen, dass die Kerndimensionen beruflicher Interessen mit Einstellungen zusammenhängen, die nicht notwendigerweise auf Tätigkeitserfahrungen beruhen. Unsere Befunde, dass das Interesse an Mathematik eine hohe Sensitivität gegenüber den Kerndimensionen aufweist, können dahingehend interpretiert werden, dass das von einer Person geäußerte Interesse an Mathematik, ähnlich wie berufliche Interessenmaße, in hohem Maße eine allgemeine und zeitstabile Einstellungsstruktur widerspiegelt. Diese Schlussfolgerung lässt sich vermutlich auch auf sprachliche Interessen übertragen, wobei die Abhängigkeit von den Kerndimensionen schwächer ausfallen könnte. Aufgrund der erläuterten inklusiven Beziehung zwischen (schul-)fachbezogenen und berufsbezogenen Tätigkeiten gehen wir davon aus, dass sich naturwissenschaftliche Fachinteressen als mindestens ebenso abhängig von den zeitstabilen Kerndimensionen beruflicher Interessen erweisen werden. Dies gilt umso mehr, als viele für den naturwissenschaftlichen Bereich charakteristische Tätigkeiten (z. B. Experimente durchführen) nahe am Dinge-Pol der Dinge-Personen-Achse (Nagy et al., 2010; Prediger, 1982) liegen und sich daher als gute Marker für die entsprechende Kerndimension erweisen sollten.

Die Abhängigkeit gegenüber zeitlich stabilen Einflüssen deutet auf eine Begrenzung des Veränderungspotenzials von Fachinteressen hin. Unsere Ergebnisse lassen beispielsweise vermuten, dass die Förderung des intrinsischen Interesses an Mathematik bei Schülerinnen und Schülern mit extremen Ausprägungen auf der Dinge-Personen-Achse in Richtung des Pols *Personen* (vgl. Abb. 1) schwierig ist. Es ist davon auszugehen, dass dies auch für die naturwissenschaftlichen Fachinteressen gilt, die einerseits stark positiv mit dem Mathematikinteresse korrelieren und andererseits besonders sensitiv gegenüber der Dinge-Personen-Achse sein dürften. Eine nachhaltige und langfristige Förderung mathematisch-naturwissenschaftlicher Interessen erfordert aus dieser Perspektive eine Neujustierung der in den Kerndimensionen zum Ausdruck gebrachten Einstellungen und Werthaltungen. Inwieweit dies am Ende der Sekundarstufe I oder in der Sekundarstufe II überhaupt möglich ist, kann durchaus kontrovers diskutiert werden. Unsere Befunde legen daher eine eher skeptische Einschätzung der langfristigen Wirksamkeit schulischer und außerschulischer Maßnahmen zur Förderung der Attraktivität von MINT-Berufen nahe (vgl. auch Wodzinski et al. in diesem Band, Kap. „Interessenförderung im Physik- und Chemieunterricht - Eine Bestandsaufnahme").

6.2 Zukünftige Forschung

Unsere empirischen Ergebnisse stützen die Sichtweise, dass intrinsische Fachinteressen im Konstruktraum der mittels Tätigkeitsvalenzen gemessenen beruflichen Interessen enthalten sind. Mit anderen Worten: Berufliche Interessen und intrinsische Fachinteressen, die mit typischen Selbstauskunftsfragebögen erhoben werden, unterscheiden sich weniger als allgemein angenommen bzw. suggeriert wird (vgl. Renninger & Hidi, 2011, 2019). Bei der Auswertung wurde darauf geachtet, dass die Items möglichst vergleichbar formuliert sind. Dazu wurden Items ausgeschlossen, die einen direkten Bezug zum schulischen Fachunterricht aufweisen. In zukünftigen Forschungsarbeiten sollte der für das Interesse relevante Aspekt des Unterrichtsbezugs näher untersucht werden. In diesem Zusammenhang ist von Interesse, inwieweit sich eine Erhöhung des Unterrichtsbezugs der Messung auf die Zusammenhänge der Fachinteressenskalen mit den von uns betrachteten Kerndimensionen auswirkt. Aufgrund der geringen Anzahl entsprechender Items waren diese Analysen mit den vorliegenden Daten nicht durchführbar.

Aus Sicht der pädagogisch-psychologischen Forschung stellt sich die Frage, inwieweit der Bezug zum Unterrichtserleben ein wertvoller Teil des Konstrukts der Fachinteressen ist, dessen Wegfall einen relevanten Informationsverlust bedeuten könnte. Inwieweit dies der Fall ist, ist unseres Erachtens eine empirische Frage, die jedoch nur anhand genau definierter Kriterien beantwortet werden kann. Wir vermuten, dass der Unterrichtsbezug von fachlichen Interessenskalen keinen Mehrwert für die Vorhersage von Outcomes hat, die mit einem Kontextwechsel verbunden sind (z. B. Studienfachwahl, Zufriedenheit und Leistung in nachfolgenden Bildungsabschnitten etc.). Demgegenüber gehen wir davon aus, dass er mit dem Erleben und Verhalten innerhalb eines relativ gleichbleibenden Kontexts assoziiert ist.

Schließlich ist zu berücksichtigen, dass unsere Ergebnisse einen stark approximativen Charakter haben. Die Auswertungen basieren auf Projektionen von Interessenskalen auf die Kerndimensionen des Konstruktbereichs beruflicher Interessen, die unabhängig voneinander in zwei verschiedenen Stichproben mit unterschiedlichen Interesseninventaren erhoben wurden. Eine Replikation der Analysen in einer gemeinsamen Stichprobe mit gemeinsamen, besser aufeinander abgestimmten Instrumenten erscheint daher geboten. Wir sind zuversichtlich, dass diese Analysen unsere Ergebnisse weitgehend replizieren würden, da bekannt ist, dass die Achsen DP und ID zwischen den Instrumenten vergleichbar sind (Etzel et al., 2016).

Literatur

Ainley, M. (2007). Being and feeling interested. In *Emotion in Education* (S. 147–163). Elsevier. https://doi.org/10.1016/B978-012372545-5/50010-1.

Allport, G. W. (1946). Effect: A secondary principle of learning. *Psychological Review, 53*, 335–347. https://doi.org/10.1037/h0059295.

Baldwin, J. M. (1897). The psychology of social organization. *Psychology Review, 4(5)*, 482–515. https://doi.org/10.1037/h0072331.

Bentler, P. M. (1990). Comparative fit indexes in structural models. *Psychological Bulletin, 107*(2), 238–246. https://doi.org/10.1037/0033-2909.107.2.238.

Bentler, P. M. (1995). *EQS 5 Structural Equations Program manual.* Multivariate Software, Inc.

Bergmann, C., & Eder, F. (2005). *Allgemeiner Interessen-Struktur-Test mit Umwelt-Struktur-Test – Revision [General Interest Structure Test and Environmental Structure Test – Revision].* Beltz.

Blotnicky, K. A., Franz-Odendaal, T., French, F., & Joy, P. (2018). A study of the correlation between STEM career knowledge, mathematics self-efficacy, career interests, and career activities on the likelihood of pursuing a STEM career among middle school students. *International journal of STEM education, 5,* 1-15. https://doi.org/10.1186/s40594-018-0118-3.

Browne, M. W. (1992). Circumplex models for correlation matrices. *Psychometrika, 57*(4), 469–497. https://doi.org/10.1007/BF02294416.
Browne, M. W., & Cudeck, R. (1992). Alternative ways of assessing model fit. *Sociological Methods & Research, 21*(2), 230–258. https://doi.org/10.1177/0049124192021002005.
Care, E., & Naylor, F. (1984). The factor structure of expressed preferences for school subjects. *Australian Journal of Education, 28*(2), 145-153. https://doi.org/10.1177/000494418402800205.
Dawis, R. V. (1991). Vocational interests, values, and preferences. In M. D. Dunnette & L. M. Hough (Eds.), *Handbook of industrial and organizational psychology* (2nd ed., S. 833–871). Consulting Psychologists Press.
Dewey, J. (1913). *Interest and effort in education.* Cambridge, MA: Riverside Press.Suns
Eccles, J. S. (1983). Expectancies, values, and academic behaviors. In *Achievement and achievement motives* (S. 75–146). W. H. Freeman.
Eccles, J. S., O'Neill, S. A., & Wigfield, A. (2005). Ability self-perceptions and subjective task values in adolescents and children. In *What do children need to flourish: Conceptualizing and measuring indicators of positive development* (S. 237–249). Springer Science + Business Media. https://doi.org/10.1007/0-387-23823-9_15.
Enders, C. K. (2022). *Applied missing data analysis.* Guilford Publications.
Etzel, J. M., Holland, J., & Nagy, G. (2021). The internal and external validity of the latent vocational interest circumplex: Structure, relationships with self-concepts, and robustness against item-order effects. *Journal of Vocational Behavior, 124,* 1–17. https://doi.org/10.1016/j.jvb.2020.103520.
Etzel, J. M., Krey, L., & Nagy, G. (2023). We've come full circle: The universality of People-Things and Data-Ideas as core dimensions of vocational interests. *Journal of Vocational Behavior, 145,* 103897. https://doi.org/10.1016/j.jvb.2023.103897.
Etzel, J. M., Lüdtke, O., Wagner, J., & Nagy, G. (2019). Similarity of vocational interest profiles within families: A person-centered approach for examining associations between circumplex profiles. *Journal of Personality, 87*(3), 593–606. https://doi.org/10.1111/jopy.12418.
Etzel, J. M., & Nagy, G. (2019). Evaluation of the dimensions of the spherical model of vocational interests in the long and short version of the Personal Globe Inventory. *Journal of Vocational Behavior, 112,* 1–16. https://doi.org/10.1016/j.jvb.2019.01.003.
Etzel, J. M., & Nagy, G. (2021). Stability and change in vocational interest profiles and interest congruence over the course of vocational education and training. *European Journal of Personality, 35*(4), 534–556. https://doi.org/10.1177/08902070211014015.
Etzel, J. M., Nagy, G., & Tracey, T. J. G. (2016). The spherical model of vocational interests in Germany. *Journal of Career Assessment, 24*(4), 701–717. https://doi.org/10.1177/1069072715616122.
Etzel, J. M., Wille, B., Fruyt, F. D., & Nagy, G. (2024). *Revisiting the relationship between personality traits and vocational interests from a profile-based perspective: Research synthesis and new applications.* OSF. https://doi.org/10.31234/osf.io/sm6j9.
Guttman, L. (1954). A new approach to factor analysis: The radex. In P. F. Lazarsfeld (Hrsg.), *Mathematical thinking in the social sciences* (S. 258–348). Columbia University Press.
Hassabis, D., Spreng, R. N., Rusu, A. A., Robbins, C. A., Mar, R. A., & Schacter, D. L. (2014). Imagine all the people: how the brain creates and uses personality models to predict behavior. *Cerebral Cortex, 24(8),* 1979-1987. https://doi.org/10.1093/cercor/bht042.

Heublein, U., Hutzsch, C., & Schmelzer, R. (2022). Die Entwicklung der Studienabbruchquoten in Deutschland. *DZHW Brief*. https://doi.org/10.34878/2022.05.DZHW_BRIEF.
Hidi, S. (1990). Interest and its contribution as a mental resource for learning. *Review of Educational Research, 60(4),* 549-571. https://doi.org/10.3102/00346543060004549.
Hidi, S., & Renninger, K. A. (2006). The Four-Phase Model of interest development. *Educational Psychologist, 41*(2), 111–127. https://doi.org/10.1207/s15326985ep4102_4.
Hogan, R. (1982). A socioanalytic theory of personality. In *Nebraska symposium on motivation.* University of Nebraska Press.
Holland, J. L. (1959). A theory of vocational choice. *Journal of Counseling Psychology, 6*(1), 35–45. https://doi.org/10.1037/h0040767.
Holland, J. L. (1997). *Making vocational choices: A theory of vocational personalities and work environments* (3. Aufl.). Psychological Assessment Resources.
Holland, J. L., Fritzsche, B. A., & Powell, A. B. (1994). *The self-directed-search technical manual.* Psychological Assessment Resources.
Holtrop, D., Born, M. Ph., & de Vries, R. E. (2015). Relating the spherical representation of vocational interests to the HEXACO personality model. *Journal of Vocational Behavior, 89,* 10–20. https://doi.org/10.1016/j.jvb.2015.04.003.
Hu, L., & Bentler, P. M. (1999). Cutoff criteria for fit indexes in covariance structure analysis: Conventional criteria versus new alternatives. *Structural Equation Modeling: A Multidisciplinary Journal, 6*(1), 1–55. https://doi.org/10.1080/10705519909540118.
James, W. (1890). *The principles of psychology.* London: Macmillan.
Jöreskog, K. G., & Sörbom, D. (1993). *LISREL 8: Structural equation modeling with the SIMPLIS command language.* Scientific Software International; Lawrence Erlbaum Associates, Inc.
Junkuhn, B., & Nagy, G. (2022). Die Bedeutung der Interessenkongruenz für die Schulzufriedenheit in der beruflichen Oberstufe. *Zeitschrift für Erziehungswissenschaft, 25*(3), 659–686. https://doi.org/10.1007/s11618-022-01067-2.
Kim, M. H., & Beier, M. E. (2020). The college-to-career transition in STEM: An eleven-year longitudinal study of perceived and objective vocational interest fit. *Journal of Vocational Behavior, 123,* 103506. https://doi.org/10.1016/j.jvb.2020.103506.
Köller, O., Baumert, J., & Schnabel, K. (2001). Does interest matter? The relationship between academic interest and achievement in mathematics. *Journal for research in mathematics education, 32*(5), 448-470. https://doi.org/10.2307/749801.
Krapp, A. (2000). Individuelle Interessen als Bedingung lebenslangen Lernens. In F. Achtenhagen & W. Lempert (Hrsg.), *Lebenslanges Lernen im Beruf – Seine Grundlegung im Kindes- und Jugendalter: Band 3. Psychologische Theorie, Empirie und Therapie* (S. 54–75). VS Verlag für Sozialwissenschaften. https://doi.org/10.1007/978-3-663-11200-6_5.
Krapp, A., Hidi, S., & Renninger, K. A. (1992). Interest, learning and development. In K. A. Renninger, S. Hidi, & A. Krapp (Eds.), *The role of interest in learning and development* (S. 3–25). Hillsdale, NJ: Erlbaum.
Krapp, A., & Prenzel, M. (2011). Research on interest in science: Theories, methods, and findings. *International Journal of Science Education, 33*(1), 27–50. https://doi.org/10.1080/09500693.2010.518645.

Krapp, A., Renninger, K., & Hoffmann, L. (1998). Some thoughts about the development of a unifying framework for the study of individual interest. *Interest and Learning: Proceedings of the Seeon Conference on Interest and Gender,* 455–468.

Low, K. S. D., Yoon, M., Roberts, B. W., & Rounds, J. (2005). The stability of vocational interests from early adolescence to middle adulthood: A quantitative review of longitudinal studies. *Psychological Bulletin, 131*(5), 713–737. https://doi.org/10.1037/0033-2909.131.5.713.

Meir, E. I. (1973). The structure of occupations by interests – A smallest space analysis. *Journal of Vocational Behavior, 3*(1), 21-31. https://doi.org/10.1016/0001-8791(73)90041-9.

Muthén, B. O., & Muthén, L. K. (1998). *Mplus user's guide.* (8. Aufl.). Muthén & Muthén.

Nagy, G. (2006). *Berufliche Interessen, kognitive und fachgebundene Kompetenzen: Ihre Bedeutung für die Studienfachwahl und die Bewährung im Studium.* Freie Universität Berlin. https://doi.org/10.17169/REFUBIUM-14210.

Nagy, G., Brunner, M., Lüdtke, O., & Greiff, S. (2017). Extension procedures for confirmatory factor analysis. *The Journal of Experimental Education, 85*(4), 574–596. https://doi.org/10.1080/00220973.2016.1260524.

Nagy, G., Etzel, J. M., & Lüdtke, O. (2019). Integrating covariates into circumplex structures: An extension procedure for Browne's circular stochastic process model. *Multivariate Behavioral Research, 54*(3), 404–428. https://doi.org/10.1080/00273171.2018.1534678.

Nagy, G., Garrett, J., Trautwein, U, Cortina, K. S., Baumert, J., & Eccles, J. (2008). Gendered high school course selection as a precursor of gendered occupational careers: The mediating role of self-concept and intrinsic value. In H.M.G. Watt & J.S. Eccles (Hrsg.), *Explaining gendered occupational outcomes: Examining individual and social explanations through school and beyond* (S. 115–143). Washington DC: APA books.

Nagy, G., & Husemann, N. (2010). Berufliche Interessen vor und nach dem Übergang in die gymnasiale Oberstufe. In W. Bos, E. Klieme, & O. Köller (Hrsg.), *Schulische Lerngelegenheiten und Kompetenzentwicklung. Festschrift für Jürgen Baumert.* (S. 59–84). Waxmann.

Nagy, G., Marsh, H. W., Lüdtke, O., & Trautwein, U. (2009). Representing the circles in our minds: Confirmatory factor analysis of circumplex structures and profiles. In T. Teo & M. S. Khine (Hrsg.), *Structural equation modeling in educational research: Concepts and applications* (S. 287–315). Sense Publishers.

Nagy, G., Trautwein, U., Baumert, J., Köller, O., & Garrett, J. (2006). Gender and course selection in upper secondary education: Effects of academic self-concept and intrinsic value. *Educational Research and Evaluation, 12*(4), 323-345. https://doi.org/10.1080/13803610600765687.

Nagy, G., Trautwein, U., & Lüdtke, O. (2010). The structure of vocational interests in Germany: Different methodologies, different conclusions. *Journal of Vocational Behavior, 76*(2), 153–169. https://doi.org/10.1016/j.jvb.2007.07.002.

Nagy, G., Trautwein, U., & Maaz, K. (2012). Fähigkeits-und Interessenprofile am Ende der Sekundarstufe I: Struktur, Spezifikation und der Zusammenhang mit Gymnasialzweigwahlen. *Zeitschrift für Pädagogische Psychologie, 26(2),* 79-99. https://doi.org/10.1024/1010-0652/a000063.

Powell, D. A., & Schafer, W. D. (2001). The robustness of the likelihood ratio chi-square test for structural equation models: A meta-analysis. *Journal of Educational and Behavioral Statistics, 26*(1), 105–132. https://doi.org/10.3102/10769986026001105.

Prediger, D. J. (1982). Dimensions underlying Holland's hexagon: Missing link between interests and occupations? *Journal of Vocational Behavior, 21*(3), 259–287. https://doi.org/10.1016/0001-8791(82)90036-7.

Prediger, D. J. (1998). Is interest profile level relevant to career counseling? *Journal of Counseling Psychology, 45*(2), 204–211. https://doi.org/10.1037/0022-0167.45.2.204.

Prenzel, M., Krapp, A., & Schiefele, H. (1986). Grundzüge einer pädagogischen Interessentheorie. *Zeitschrift für Pädagogik, 32*(2), 163–173. https://doi.org/10.25656/01:14383.

Prince, J. R. (1998). Interpreting the Strong interest inventory: A case study. *The Career Development Quarterly. 46(4),* 339–346. https://doi.org/10.1002/j.2161-0045.1998.tb00708.x.

Renninger, K. A., & Hidi, S. (2011). Revisiting the conceptualization, measurement, and generation of interest. *Educational Psychologist, 46*(3), 168-184. https://doi.org/10.1080/00461520.2011.587723.

Renninger, K. A., & Hidi, S. E. (2019). Interest development and learning. In *The Cambridge handbook of motivation and learning* (S. 265–290). Cambridge University Press. https://doi.org/10.1017/9781316823279.013.

Roe, A. (1956). *The psychology of occupations.* John Wiley & Sons, Inc.. https://doi.org/10.1037/13192-000.

Sagiv, L. (2002). Vocational interests and basic values. *Journal of Career Assessment, 10*(2), 233-257. https://doi.org/10.1177/1069072702010002.

Schiefele, H. (1978). *Lernmotivation und motivlernen* (2. Aufl.). München: Ehrenwirth.

Schiefele, U. (2009). Situational and individual interest. In *Handbook of motivation at school* (S. 197–222). Routledge/Taylor & Francis Group. https://doi.org/10.4324/9780203879498.

Schiefele, U., Krapp, A., & Winteler, A. (1992). Interest as a predictor of academic achievement: A meta-analysis of research. In *The role of interest in learning and development* (S. 183–212). Lawrence Erlbaum Associates, Inc.

Stoll, G., Einarsdóttir, S., Song, Q. C., Ondish, P., Sun, J. J., & Rounds, J. (2020). The roles of personality traits and vocational interests in explaining what people want out of life. *Journal of Research in Personality, 86,* 103939. https://doi.org/10.1016/j.jrp.2020.103939.

Strong, E. K., Jr. (1927a). Vocational guidance of executives. *Journal of Applied Psychology, 11*(5), 331–347. https://doi.org/10.1037/h0075674.

Strong, E. K., Jr. (1927b). *Vocational interest blank.* Stanford University Press.

Su, R. (2020). The three faces of interests: An integrative review of interest research in vocational, organizational, and educational psychology. *Journal of Vocational Behavior, 116,* 103240. https://doi.org/10.1016/j.jvb.2018.10.016.

Su, R., Tay, L., Liao, H.-Y., Zhang, Q., & Rounds, J. (2019). Toward a dimensional model of vocational interests. *Journal of Applied Psychology, 104*(5), 690–714. https://doi.org/10.1037/apl0000373.

Super, D. E. (1992). Toward a comprehensive theory of career development. In D. H. Montross & C. J. Shinkman (Eds.), *Career development: Theory and practice* (pp. 35–64). Charles C Thomas, Publisher.

Tracey, T. J. G. (2000). Analysis of circumplex models. In H. E. A. Tinsley & S. D. Brown (Hrsg.), *Handbook of applied multivariate statistics and mathematical modeling* (S. 641–664). Academic Press.

Tracey, T. J. G. (2002). Personal Globe Inventory: Measurement of the spherical model of interests and competence beliefs. *Journal of Vocational Behavior, 60*(1), 113–172. https://doi.org/10.1006/jvbe.2001.1817.

Tracey, T. J. G., & Rounds, J. (1993). Evaluating Holland's and Gati's vocational-interest models: A structural meta-analysis. *Psychological Bulletin, 113,* 229–246. https://doi.org/10.1037/0033-2909.113.2.229.

Tracey, T. J. G., & Rounds, J. (1995). The arbitrary nature of Holland's RIASEC types: A concentric-circles structure. *Journal of Counseling Psychology, 42*(4), 431–439. https://doi.org/10.1016/j.jvb.2012.10.001.

Tracey, T. J., & Ward, C. C. (1998). The structure of children's interests and competence perceptions. *Journal of Counseling Psychology, 45*(3), 290. https://doi.org/10.1037/0022-0167.45.3.290.

Trautwein, U., Neumann, M., Nagy, G., Lüdtke, O., & Maaz, K. (2010). *Schulleistungen von Abiturienten: Die neu geordnete gymnasiale Oberstufe auf dem Prüfstand*. VS Verlag für Sozialwissenschaften.

Volodina, A., Nagy, G., & Retelsdorf, J. (2015). Berufliche Interessen und der Übergang in die gymnasiale Profiloberstufe: Ihre Struktur und Vorhersagekraft für das individuelle Wahlverhalten. *Zeitschrift für Pädagogische Psychologie, 29*(2), 89–100. https://doi.org/10.1024/1010-0652/a000154.

Wigfield, A., & Eccles, J. S. (2000). Expectancy–value theory of achievement motivation. *Contemporary Educational Psychology, 25*(1), 68–81. https://doi.org/10.1006/ceps.1999.1015.

Wille, E., Stoll, G., Gfrörer, T., Cambria, J., Nagengast, B., & Trautwein, U. (2020). It takes two: Expectancy-value constructs and vocational interests jointly predict STEM major choices. *Contemporary Educational Psychology, 61,* 101858. https://doi.org/10.1016/j.cedpsych.2020.101858.

Xue, Y., & Larson, R. (2015). STEM crisis or STEM surplus? Yes and yes. *Monthly Labor Review*. https://doi.org/10.21916/mlr.2015.14.

Interessenförderung im Physik- und Chemieunterricht – Eine Bestandsaufnahme

Sarah Zöchling, Laura Pletschacher, Christian Maurer, Roland Berger, Kerstin Lindmaier, Sabine Fechner und Rita Wodzinski

Das geringe Interesse von Schüler:innen an den Unterrichtsfächern Physik und Chemie bestimmt häufig die öffentliche Diskussion über den naturwissenschaftlichen Unterricht. Studien zeigen ein stark sinkendes Interesse an beiden Fächern im Verlauf der Sekundarstufe I (Potvin & Hasni, 2014a). Zusätzlich gibt es aber auch Hinweise darauf, dass sich das Interesse an naturwissenschaftlichen Themen vom Interesse an den Unterrichtsfächern unterscheidet und insgesamt höher ist (Awisati & González-Sancho, 2016; Häußler et al., 1998; Mang et al., 2019).

S. Zöchling
Institut für Forschung, Entwicklung und Evaluation, PH Bern, Bern, Schweiz
E-Mail: sarah.zoechling@phbern.ch

L. Pletschacher
Fachdidaktik Physik, Universität Regensburg, Regensburg, Deutschland
E-Mail: laura.pletschacher@physik.uni-regensburg.de

C. Maurer
Didaktik der Physik, Universität Regensburg, Regensburg, Deutschland
E-Mail: christian.maurer@ur.de

R. Berger
Didaktik der Physik, Universität Osnabrück, Osnabrück, Deutschland
E-Mail: roberger@uni-osnabrueck.de

K. Lindmaier
Abteilung für MINT Didaktik, Johannes Kepler Universität Linz, Linz, Österreich
E-Mail: kerstin.lindmaier@jku.at

O. Krey et al. (Hrsg.), *Interesse revisited*,
https://doi.org/10.1007/978-3-658-48542-9_10

Die Altersspanne von Jugendlichen zwischen 10 und 14 Jahren wird als besonders relevant für die spätere Ausbildung von Interessen angesehen (Osborne et al., 2003). Daher ist die Frage, wie der Unterricht im Fach Physik und Chemie interessanter gestaltet werden kann, hochrelevant und Gegenstand fachdidaktischer Forschung und Entwicklung.

Interessenförderung wird im Physik- und Chemieunterricht einerseits als notwendige Voraussetzung für eine naturwissenschaftliche Grundbildung im Angesicht gesellschaftlicher Herausforderungen angesehen (siehe Scientific Literacy; Schiepe-Tiska et al., 2016; Rabe, in diesem Band, Kap. „Interessenförderung als Ziel von naturwissenschaftlichem Unterricht?!"), andererseits aber auch als Maßnahme, um dem Fachkräftemangel im Bereich der Technik und Naturwissenschaften zu begegnen (Anger et al., 2022). Darüber hinaus kann Interessenförderung im Unterricht auch als Mittel zur Umsetzung von Chancengleichheit bei zunehmend diversen Lerngruppen dienen (Avraamidou, 2022).

Untersuchungen kommen zu dem Ergebnis, dass vor allem eine Einbettung von fachlichen Inhalten in persönliche oder gesellschaftliche Zusammenhänge das situationale Interesse von Lernenden steigern kann (Bennett et al., 2007; Dalehefte, 2006; Fechner, 2009). Einen Einblick in die Wirkungen von Maßnahmen können Ergebnisse aus dem deutschlandweiten Projekt „Chemie im Kontext" liefern (Dalehefte, 2006). Hier wurden Schüler:innen danach befragt, welche Aspekte der Unterrichtsgestaltung Einfluss auf ihr Interesse haben. Es zeigte sich, dass sich vor allem eine kontextbasierte Gestaltung des Unterrichts positiv auf das Interesse auswirkt. Andere Maßnahmen wie die Methodenvielfalt zeigten entgegen der Erwartung in dieser Studie keine messbaren Auswirkungen.

Der vorliegende Beitrag gibt einen Überblick darüber, welche Empfehlungen sich für die Gestaltung interessenfördernden Unterrichts aus fachdidaktischen Studien ableiten lassen. Er umfasst Studien mit Blick auf den Physik- und Chemieunterricht, da die beiden Fächer hinsichtlich der Interessenausprägungen und der Strukturen des Faches große Ähnlichkeiten aufweisen. Wir stützen uns in der Regel auf Studien aus Deutschland und Österreich, da beide Länder sich in der Fächerstruktur mit drei naturwissenschaftlichen Fächern von der in anderen Ländern unterscheidet. Nach einer knappen Einführung in die

S. Fechner
Didaktik der Chemie, Universität Paderborn, Paderborn, Deutschland
E-Mail: sabine.fechner@uni-paderborn.de

R. Wodzinski (✉)
Didaktik der Physik, Universität Kassel, Kassel, Deutschland
E-Mail: wodzinski@physik.uni-kassel.de

zugrunde liegenden Interessenkonstrukte und -theorien (Abschn. 1) gehen wir zunächst darauf ein, welche Kontexte (Abschn. 2) und welche Tätigkeiten (Abschn. 3) für Schüler:innen besonders interessant sind und auf Basis des theoretischen und empirischen Hintergrunds zur Gestaltung interessefördernden Unterrichts empfohlen werden können. Abschließend werden weitere Ebenen der Unterrichtsplanung und -gestaltung und deren Einfluss auf das Interesse in den Blick genommen, insbesondere Unterrichtsmethoden (Abschn. 4) und die Strukturierung von Unterricht (Abschn. 5).

1 Theoretische Grundlagen – Was ist Interesse und wie entwickelt es sich?

In der Interessenforschung haben sich verschiedene theoretische Modelle bewährt, um Ausprägungen von Interesse zu beschreiben (siehe Zügge & Höft, in diesem Band, Kap. „Interessentheorien revisited. Ein Überblick gängiger Interessenbegriffe und damit verbundener Beschreibungen der Interessenentwicklung“). Für die Evaluation der Wirkung von Unterricht sind hierbei diejenigen Modelle besonders relevant, die eine Differenzierung von situationalen (unterrichtsbezogenen) bzw. individuellen Ausprägungen fokussieren und diese in Zusammenhang zueinander setzen. Im Rahmen solcher Modelle kann die Wirkung von Unterrichtsmerkmalen auf die Interessenentwicklung von Lernenden mit unterschiedlichen Voraussetzungen beschrieben werden. Der Fokus liegt dabei meist auf der Förderung des situationalen Interesses durch unterrichtliche Maßnahmen mit der Idee, auf diese Weise die Entwicklung individuellen Interesses zu fördern.

Die Person-Gegenstands-Theorie des Interesses (Krapp, 1998; Krapp & Prenzel, 1992) ist eine in der Chemie- und Physikdidaktik gut etablierte Interessentheorie, die die Beziehung zwischen einer Person und einem Interessengegenstand beschreibt. Der Begriff „Gegenstand des Interesses“ bezieht sich auf einen Ausschnitt der kognitiv repräsentierten Umgebung im Unterricht (Krapp & Prenzel, 2011). Bei der Untersuchung des Interesses von Schüler:innen im Unterricht können für Fachdidaktiker:innen mehrere Gegenstände des Interesses relevant sein, z. B. das Interesse an einer Disziplin, einem Unterrichtsfach, einem Fachinhalt, einem Kontext oder einer Tätigkeit. Eine am Leibniz-Institut für die Pädagogik der Naturwissenschaften und Mathematik (IPN) in den 80er Jahren durchgeführte Interessenstudie (Hoffmann et al., 1998, kurz IPN-Studie), kann hier als maßgebend für die Theoriebildung angesehen werden. Im Rahmen einer Delphi-Studie wurden drei unterschiedliche Dimensionen des Sachinteresses definiert, die auch in aktuelleren Studien (Swarat et al., 2012) aufgegriffen werden und die Lernsituationen definieren: 1) der Inhalt (z. B. Auftriebskraft, Säure-Base), 2) der genutzte Kontext (z. B. Schwimmen, Reinigungsmittel) und 3) die eigentliche Tätigkeit (z. B. ein Experiment durchführen). Neben dem Sachinteresse wird in der Interessenforschung auch das Fachinteresse betrachtet, das allgemeiner das Interesse am Fach beschreibt. Zur Kategorisierung von Tätigkeiten wird häufig auf das ursprünglich von Holland (1997) vorgeschlagene RIASEC-Modell zurückgegriffen, das verschiedene berufsbezogene Tätigkeiten unterscheidet. Das RIASEC-Modell wurde für den naturwissenschaftlichen Unterricht durch eine Facette erweitert (RIASEC + N; Dierks et al., 2014). Die daraus abgeleiteten Konstrukte ermöglichen es, das Interesse an naturwissenschafts- und berufsbezogenen Tätigkeiten, die wiederum als Methoden in den Unterricht integrierbar sind, zu konkretisieren (siehe Abschn. 4).

Während individuelles Interesse ein länger überdauerndes und relativ stabiles Persönlichkeitsmerkmal bezeichnet, meint situationales Interesse das durch die interessante Gestaltung einer Lernsituation hervorgerufene Interesse. Sowohl individuelle als auch situationale Interessen lassen sich als mehrdimensionale Konstrukte beschreiben, die vor allem durch emotionale, wertbezogene und kognitiv-epistemische Valenzüberzeugungen definiert sind (Krapp & Prenzel, 2011; Schiefele, 2009). Während sich die emotionale Komponente dabei unter anderem auf die individuell empfundenen Gefühle beim Umgang mit einem Interessengegenstand bezieht, umfasst die wertbezogene Komponente die subjektive Bedeutsamkeit, die eine Person einem Interessengegenstand zuschreibt. Die kognitiv-epistemische Komponente umfasst den Wunsch, einen Gegenstand besser zu verstehen, mehr darüber zu lernen oder zu wissen.

Wie sich situationales Interesse zu individuellem Interesse entwickeln kann, wird im 4-Phasen-Modell der Interessenentwicklung von Hidi und Renninger (2006) beschrieben. Dabei werden dem situationalen (sI) und dem individuellen Interesse (iI) jeweils zwei Phasen zugeordnet: Zunächst kann Interesse in einer Situation ausgelöst werden (*triggered* sI) und danach durch geeignete Maßnahmen aufrechterhalten (*maintained* sI) werden (siehe auch *catch* und *hold* bei Mitchell, 1993). Dadurch kann sich individuelles Interesse (iI) entwickeln, wobei davon ausgegangen wird, dass einer Phase des entstehenden Interesses (*emerging* iI, dritte Phase) eine Phase des stabileren und gut entwickelten Interesses (*well-developed* iI, vierte Phase) folgt.

Betrachtet man Überblicksartikel zur Interessenausprägung und -entwicklung im naturwissenschaftlichen Unterricht (z. B. Potvin & Hasni, 2014b), so spielen neben dem Interessenkonstrukt auch Motivationstheorien eine Rolle. Insbesondere die Selbstbestimmungstheorie der Motivation von Deci und Ryan

(1993, 2000) wird mit ihrer Beschreibung der drei grundlegenden psychologischen Bedürfnisse (Erleben von Autonomie, Kompetenz und sozialer Eingebundenheit) als Voraussetzung für die Entwicklung intrinsischer Motivation und somit einer potenziell interessenförderlichen Lernumgebung einbezogen (vgl. Zügge & Höft, in diesem Band, Kap. „Interessentheorien revisited. Ein Überblick gängiger Interessenbegriffe und damit verbundener Beschreibungen der Interessenentwicklung"). Nach Krapp und Ryan (2002) gibt es zahlreiche Befunde, die die Bedeutung der grundlegenden psychologischen Bedürfnisse für das Auftreten intrinsischer Motivation sowie die Entstehung und Aufrechterhaltung situationaler und individueller Interessen empirisch belegen.

Im Folgenden meint Interessenförderung in unterrichtlichen Zusammenhängen die Förderung des situationalen Interesses durch die bewusste Gestaltung von Unterricht. Zunächst gehen wir der Frage nach, wie sich das situationale Interesse durch die Gestaltung von Lernsituationen (z. B. durch die Wahl von spezifischen Kontexten oder interessanten Tätigkeiten) fördern lässt. Danach nehmen wir die Phasierung von Unterricht in den Blick. Ausprägungen des individuellen Interesses werden betrachtet, wenn sie mit Zuständen oder Entwicklungen des situationalen Interesses in Zusammenhang gebracht werden können oder für die Gestaltung von Unterricht als Voraussetzung relevant sind.

2 Förderung des Interesses durch Kontexte

2.1 Kontexte und ihre Bedeutung für den Unterricht

Der Begriff Kontext ist in den Fachdidaktiken nicht einheitlich definiert. Nach Parchmann und Kuhn (2018) wird der Begriff Kontext häufig auf die thematische Einbettung einer Lernsituation (z. B. die Verknüpfung einer Lernsituation mit gesellschaftlich oder persönlich relevanten Themen) bezogen, aber auch auf die Lernumgebung (z. B. der Klassenraum oder das Museum als Kontext). In diesem Beitrag wird der Begriff Kontext ausschließlich in der erstgenannten Bedeutung verwendet. Kontexte können lebensweltliche Situationen oder Anwendungen sein, für die der jeweilige Inhalt bedeutsam ist (Hoffmann et al., 1998; Nawrath, 2010). Der Begriff Kontext kann sich aber auch auf die „storyline" einer Lernaktivität (Mestre, 2002) beziehen, also die Geschichte oder Handlung, die einer Lernsituation zugrunde gelegt wird. Dies steht im Einklang mit der PISA-Studie 2006, in der Kontexte als „Lebenssituationen, die Naturwissenschaft und Technik beinhalten [life situations that involve science and technology]" (S. 25) definiert werden (OECD, 2006). Zum Beispiel kann der Inhalt ‚Wirkung von Röntgenstrahlung' im Physikunterricht in eine Vielzahl von Themenbereichen wie Medizin (z. B. Röntgenbilder zur Diagnose), Gesundheit (z. B. Bestrahlung von Lebensmitteln zur Konservierung) oder Technik (z. B. Flughafensicherheit) eingebettet werden.

Die Bedeutung von Kontexten zur Interessenförderung wurde in verschiedenen Studien wie der bereits erwähnten IPN-Studie (Hoffmann et al., 1998) aufgezeigt. Ein zentrales Ergebnis, das sowohl in der IPN-Studie, aber auch in der aktuelleren Studie „Relevance of Science Education" (ROSE, Sjøberg & Schreiner, 2012) sowie der PISA-Studie 2015 (OECD, 2016; Reiss et al., 2016) unabhängig voneinander gewonnen wurde, ist, dass der jeweilige Kontext und weniger der Inhaltsbereich als ausschlaggebend für das Sachinteresse der Schüler:innen angenommen werden kann.

In der deutschsprachigen chemie- und physikdidaktischen Forschung haben sich im Folgenden zwei unterschiedliche Herangehensweisen etabliert, um die Interessantheit von Kontexten zu untersuchen. Die eine Forschungsrichtung richtet den Blick auf unterschiedlich interessante Themenbereiche, während die andere themenunabhängige Merkmale von Kontexten fokussiert. Die Interessantheit von Themenbereichen wird vor allem in der physikdidaktischen Forschung untersucht sowie in Studien, die das Interesse an verschiedenen Naturwissenschaften gemeinsam erforschen (z. B. ROSE und PISA). Die Untersuchung themenunabhängiger Merkmale interessanter Kontexte findet man überwiegend in der Chemiedidaktik. Im Folgenden betrachten wir zunächst den Forschungsstand zu interessanten Themenbereichen, die als Kontexte eingesetzt werden können, um fachliche Inhalte einzubetten (Abschn. 2.2), und widmen uns danach dem Forschungsstand zu themenunabhängigen Merkmalen von Kontexten (Abschn. 2.3). Danach behandeln wir den Themenbereich „Nachhaltige Entwicklung" als aktuelles Beispiel, um der Frage nachzugehen, inwiefern er als Kontext geeignet sein könnte. Abschließend werden Unterrichtskonzeptionen vorgestellt, die sich an für Schüler:innen interessanten Kontexten orientieren.

2.2 Interessenförderung durch Themenbereiche

Als Themenbereiche können im Chemie- und Physikunterricht entweder die lehrplanbezogenen Inhaltsbereiche (z. B. Mechanik, Säure-Base-Chemie) oder entsprechende Anwendungsbereiche (Kontexte) bezeichnet werden. Im Rahmen der IPN-Studie konnten für den Physikunterricht auf dieser Unterscheidungsgrundlage Aussagen darüber getroffen werden, welche Themenbereiche im Unterricht für welche Lernenden auf Interesse stoßen und welche als Kontexte nutzbar gemacht werden können (Häußler et al., 1996, 1998; Hoffmann et al.,

1998). Die Ergebnisse haben entsprechend Eingang in Lehrbücher für angehende Physiklehrkräfte gefunden (Mikelskis, 2006; Hopf et al., 2011). Auf der Grundlage der Analyse ergaben sich Cluster (Interessentypen) von Schüler:innen, die A) Interesse an Physik und ihren Inhalten als formalisierte Wissenschaft, B) Interesse an technischen Anwendungen von Physik in Beruf und Alltag und C) Interesse an Themen mit gesellschaftlichen Bezügen zeigten. Aktuellere Ergebnisse auf der Grundlage einer Neuauswertung der Daten (Langeheine et al., 2001; Rost et al., 1999; Sievers, 1999) bzw. einer Replikation zum Inhaltsbereich Mechanik und einer Erweiterung auf den Inhaltsbereich Teilchenphysik (Zöchling, 2023) bestätigten vor allem die Unterscheidung zweier Typen (siehe Abb. 1), die sich als inhaltsbezogen (analog zu Typ A der IPN-Studie) und kontextbezogen (genauer: anwendungs- und gesellschaftsbezogen) charakterisieren lassen (eine Kombination aus den Typen B und C der IPN-Studie). Dabei hat sich herausgestellt, dass es auch Lernende gibt, die je nach Inhaltsbereich eher dem einen oder dem anderen Typ zugeordnet werden können. Wichtig ist hervorzuheben, dass Schüler:innen, die grundsätzlich an fachinhaltsbezogenen Themen Interesse zeigen (inhaltsbezogener Typ) auch an anwendungs- und gesellschaftsbezogenen Themen interessiert sind. Quantitativ betrachtet gehört jedoch die Mehrheit der Befragten dem kontextbezogenen Typ an (ca. 70 %).

Bezogen auf das individuelle Interesse zeigen Studien für den Chemieunterricht, dass die Interessenförderung durch Kontexte insbesondere dann gelingt, wenn die Inhaltsbereiche, die in Kontexte eingebettet werden, für die Lernenden weniger interessant sind. So hat sich z. B. gezeigt, dass die Interessantheit des Inhaltsbereiches „Wasser“ mit hoher persönlicher Relevanz durch die Einbettung in den Kontext Gewässer kaum verändert wird, während der Inhaltsbereich „Salze als Ionenverbindungen“ mit geringerer persönlicher Relevanz durch die Einbettung in den gleichen Kontext als deutlich interessanter wahrgenommen wird als ohne den Kontext (Kölbach & Sumfleth, 2013).

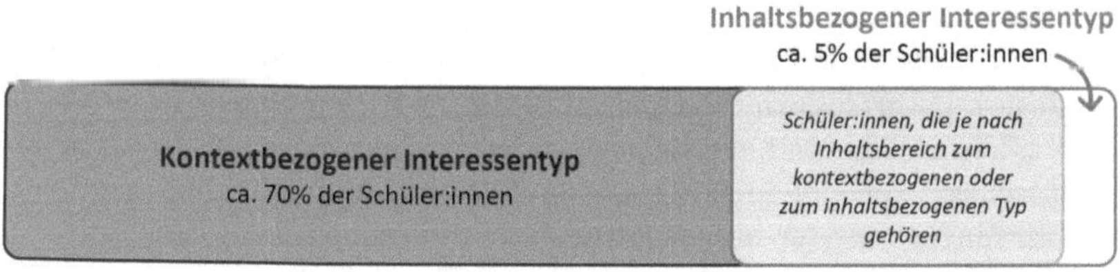

Abb. 1 Interessentypen in Physik nach Zöchling (2023)

Für die Interessenförderung ist vor allem der kontextorientierte Interessentyp bedeutsam, da sich die große Mehrheit aller Schüler:innen diesem Typ zuordnen lassen. Betrachtet man diese Kontexte konkreter, so lassen sich im Abgleich mit anderen Studien (z. B. ROSE & PISA) Kategorien bilden, die besonders interessante Anwendungsbereiche widerspiegeln. Hierbei können angelehnt an die PISA-Studie 2015 (Schiepe-Tiska et al., 2016) Bezugsbereiche (persönlich, gesellschaftlich und global) genutzt werden, um besonders interessante Kontexte zu kategorisieren. Anbei werden beispielhaft Kontexte aus verschiedenen Studien aufgeführt, die sich mit Bezug auf die Fächer Chemie und Physik als besonders interessant herausgestellt haben:

(1) Persönliche Relevanz:
Bezug zum eigenen Körper (IPN; Hoffmann et al., 1998); „Gesundheit und Jugend" (engl. *young body*) (ROSE; Elster, 2007; Schreiner & Sjøberg, 2004); „Schädigungen des Körpers" und „Körperfunktionen" (ROSE; Holstermann & Bögeholz, 2007)

(2) Gesellschaftliche und globale Relevanz ("socio-scientific issues"):
Mensch und Umwelt: „Nachhaltigkeit", „Treibhauseffekt", „Ozonschicht", „Energie sparen und effizient nutzen" (ROSE; Holstermann & Bögeholz, 2007); „Verkehrssicherheit und Unfälle" (van Vorst, 2013; Zöchling, 2023); „Waffenschmuggel" (Zöchling, 2023); „Krankheit und Epidemien" (ROSE; Holstermann & Bögeholz, 2007; PISA 2015; Reiss et al., 2016; Zöchling, 2023)

(3) Naturphänomene, Erde und Weltraum:
Naturphänomene: z. B. „Regenbogen", „Himmelblau" (ROSE; Holstermann & Bögeholz, 2007); „Himmelsfarben", „Entstehung von Wolken und Niederschlägen" (Muckenfuß, 1995); Weltall: „Urknall" (Zöchling, 2023); „Möglichkeit außerirdischen Lebens" (ROSE; Sjøberg & Schreiner, 2012); „Sterne" (ROSE; Holstermann & Bögeholz, 2007); „Universum und seine Geschichte" (PISA 2016; OECD, 2016)

In vielen Studien wurden außerdem weitere Variablen erhoben, die dazu dienen können, einen Zusammenhang zwischen individuellen Lernvoraussetzungen und der Entwicklung von Interesse zu beschreiben. Sie geben somit Hinweise für eine Gestaltung von Unterricht für spezifische Lerngruppen mit ähnlichen Lernvoraussetzungen oder für differenziertes Unterrichten in heterogenen Gruppen. Beispielhaft werden hier das Geschlecht, das fachspezifische Selbstkonzept und das individuelle Interesse als relevante Prädiktoren näher ausgeführt.

Geschlecht: In vielen Studien wird der Zusammenhang von Geschlecht[1] und Interesse untersucht. Auch in der IPN-Studie (Hoffmann et al., 1998) war ein wichtiger und viel beachteter Fokus die Untersuchung von Unterschieden im Interesse von Jungen und Mädchen. Dabei zeigte sich der Befund, dass das Interesse von Mädchen in vielen Themengebieten geringer ist als das Interesse der Jungen, dass jedoch Kontexte, die für Mädchen interessant sind, in der Regel auch bei Jungen auf Interesse stoßen. Auch die PISA-Studie (OECD, 2016) kommt zu dem Ergebnis, dass Jungen mehr an Physik und Chemie („Bewegung und Kräfte“, „Energie und ihre Umwandlung“) interessiert sind, während sich Mädchen eher für Gesundheitsthemen („Wie die Wissenschaft uns helfen kann, Krankheiten vorzubeugen“) interessieren, sodass eine Unterscheidung in Jungen- und Mädchen-Themen suggeriert wird. In Abb. 2 ist jedoch zu erkennen, dass die vermeintlichen Mädchen-Themen für Jungen sogar noch interessanter sind als die vermeintlichen Jungen-Themen.

Weiterhin verweisen einige Studien darauf, dass zahlreiche Themen für Schülerinnen und Schüler gleichermaßen interessant sind, z. B. „das Universum und seine Geschichte“ (Holstermann & Bögeholz, 2007; OECD, 2016), „die Möglichkeit von Leben außerhalb der Erde“ (Sjøberg & Schreiner, 2012), und „der menschliche Körper“ (Hoffmann et al., 1998; Holstermann & Bögeholz, 2007). So schlussfolgern Jenkins und Nelson (2005) für die ROSE-Studie: „Although the distribution of interests among boys and girls is very different, it is important to acknowledge that a high level of interest in a given topic by one gender does not necessarily mean that the same topic is of no interest to the other“ (S. 50).

Als Hauptursache für die Unterschiede bzgl. Interesse (und Leistungen) von Jungen und Mädchen im Physikunterricht werden vor allem gesellschaftlich relativ fest verankerte Geschlechtsstereotype angesehen, nach denen Weiblichkeit und Interesse an der Physik als unvereinbar gelten. Besonders in der Pubertät, in der Jungen und Mädchen ihre Geschlechtsidentität aufbauen, führt das Image der Physik als männliches Fach dazu, dass Mädchen sich von der Physik abwenden (Hannover & Kessels, 2004). Kessels (2015) konnte ergänzend dazu zeigen, dass das auf gesellschaftlichen Stereotypen beruhende Bild von Physik als männlicher Disziplin auch über unbewusste Assoziationen Einfluss nimmt. Neuere Studien zum *Physics Identity*-Modell ergaben zudem, dass das Interesse an Physik mit der Selbstwahrnehmung als Physik-Person und der wahrgenommenen Anerkennung als Physik-Person durch andere in Zusammenhang steht (Kalender et al.,

---

[1] Im vorliegenden Beitrag wird das Geschlecht (in Übereinstimmung mit der Operationalisierung von Geschlecht durch Lindqvist et al. (2021)) als eine Komponente von Gender betrachtet.

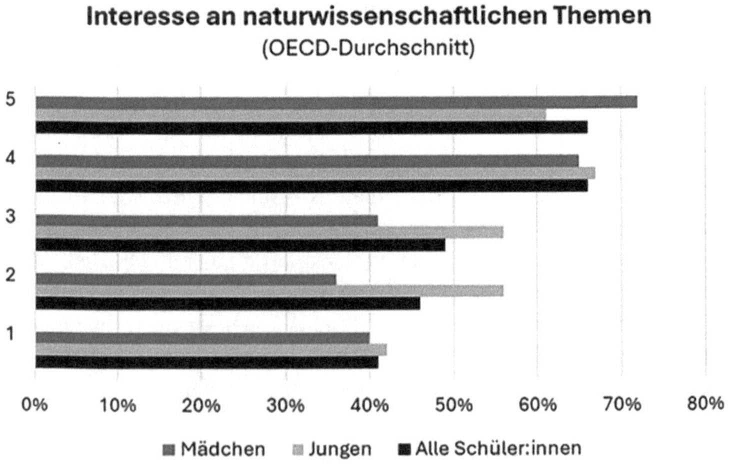

Prozentsatz der Schüler:innen, die laut eigenen Angaben an folgenden Themen *„eher interessiert"* oder *„sehr interessiert"* sind:

(1) Lebensräume (Ökosysteme, Nachhaltigkeit)
(2) Bewegung und Kräfte (z.B. Geschwindigkeit, Reibung, Magnetismus und Schwerkraft)
(3) Energie und ihre Umwandlung (z.B. Konservierung, chemische Reaktionen)
(4) Das Universum und seine Geschichte
(5) Wie die Naturwissenschaften uns helfen können, Krankheiten zu verhindern

Abb. 2 Interesse an Themen in der PISA-Studie (vgl. OECD, 2016, S. 126)

2019a, b; vgl. Christ et al., in diesem Band, Kap. „Interest goes Identity? Eine Bestandsaufnahme der Relationierungen von Interesse und Identität und deren Potentiale für naturwissenschaftsdidaktische Forschung").

Fachbezogenes Selbstkonzept: In vielen korrelativen Studien wird der Zusammenhang von fachbezogenem Selbstkonzept und Interesse aufgegriffen. Das fachbezogene Selbstkonzept beschreibt die Wahrnehmung der eigenen Person bezüglich eines bestimmten Fachs, wie z. B. Physik. Es umfasst die Selbsteinschätzung der eigenen Kompetenzen (Fähigkeitsselbstkonzept) in einem Fach (Marsh, 1990) und wird stark vom sozialen Vergleich beeinflusst (Bong & Clark, 1999). Die meisten Studien stimmen darin überein, dass es einen positiven Zusammenhang zwischen dem Fähigkeitsselbstkonzept der Schüler:innen und dem Interesse an Naturwissenschaften gibt (Buccheri et al., 2011; Dierks et al., 2016; DeWitt & Archer, 2015; Hoffmann et al., 1998; Kalender et al., 2019b).

Betrachtet man die Studien zur Typenbildung im deutschsprachigen Raum (s. o.), so ist auffällig, dass unter den Schüler:innen, die dem inhaltsbezogenen Typ angehören, Jungen überrepräsentiert sind. Gleichzeitig zeichnen sich Schüler:innen dieses Typs auch durch ein höheres Selbstkonzept im Vergleich zu Schüler:innen des kontextorientierten Typs aus (z. B. Inhaltsbereich Teilchenphysik; Zöchling, 2023). Dies gibt einen Hinweis darauf, dass nicht nur das Geschlecht, sondern auch das Selbstkonzept einen Ansatzpunkt zur Unterscheidung von Lernenden im Hinblick auf die Interessenförderung bietet. In Zeiten der Diversifizierung des Gender-Begriffs sollten Studien zukünftig weniger die Geschlechtszugehörigkeit und stärker das Selbstkonzept in den Blick nehmen, um differenzierte Maßnahmen zur Förderung des Interesses zu entwickeln und zu untersuchen.

Individuelles Interesse: Einige Studien gehen der Frage nach, wie das individuelle Interesse die Bereitschaft der Lernenden bestimmt, sich mit einem Kontext zu befassen. In einer Studie von van Vorst und Aydogmus (2021) sollten Schüler:innen aus sechs verschiedenen kontextbasierten Lernmaterialien für das Fach Chemie wählen. Es zeigte sich ein Zusammenhang zwischen den Wahlmotiven und dem individuellen chemiebezogenen Interesse der Lernenden. Schüler:innen mit hohem individuellen Interesse begründeten ihre Kontextwahl vor allem mit Interesse und Neugier am Thema, während für Lernende mit niedrigem individuellen Interesse der persönliche Bezug des Kontextes ein ausschlaggebendes Kriterium für ihre Kontextwahl war.

Zur Bedeutung individueller Lernvoraussetzungen (z. B. individuelles Interesse, Selbstkonzept, Fachwissen) bei der Kontextwahl ist ergänzend auch die Studie von Güth und van Vorst (2024) interessant, in der gezeigt werden konnte, dass die Zuordnung der Schüler:innen zu Kontexten auf der Basis der individuellen Lernvoraussetzungen (z. B. Fachwissen, Selbstkonzept) durch ein Machine Learning-Modell zu höherem situationalen Interesse in einer darauf folgenden Lernsituation führte als die eigene Wahl eines Kontextes.

In Bezug auf die verschiedenen Ausprägungen von Interesse, z. B. im 4 Phasen-Modell, bleibt auf der Grundlage der Interessenstudien jedoch offen, inwiefern das ausgelöste Interesse in einer Lernsituation aufrecht erhalten bleibt. Hierüber geben Studien Auskunft, die sich vertiefter mit Merkmalen von Kontexten auseinandergesetzt haben.

2.3 Interessenförderung durch Merkmale von Kontexten

Die Ausführungen im Abschn. 2.2. gingen der Frage nach, in welche thematischen Kontexte ein Inhalt eingebettet werden kann, um das Interesse von Schüler:innen zu fördern. Darüber hinaus lässt sich aber auch fragen, welche themenunabhängigen Merkmale Kontexte aufweisen, die als interessant gelten.

Nach van Vorst et al. (2015) wird häufig von Kontexten gefordert, dass sie bestimmte Merkmale wie Authentizität, einen Alltagsbezug oder Aktualität besitzen sollen. Es wird dann davon ausgegangen, dass die jeweilige Lernsituation für die Zielgruppe relevant wird. Van Vorst et al. entwickelten darauf aufbauend ein Bezugssystem von Kontextmerkmalen (vgl. Abb. 3), die das Zusammenspiel zwischen Lernvoraussetzungen und Aufgabenkontext differenziert beschreiben.

Als Kontextmerkmale, die die Interaktion zwischen Schüler:innen und dem Kontext bestimmen, werden im vorgestellten Modell vordergründig die Merkmale **Authentizität** und **Bekanntheit** theoretisch beschrieben und aufgrund weiterer Studien empirisch untermauert.

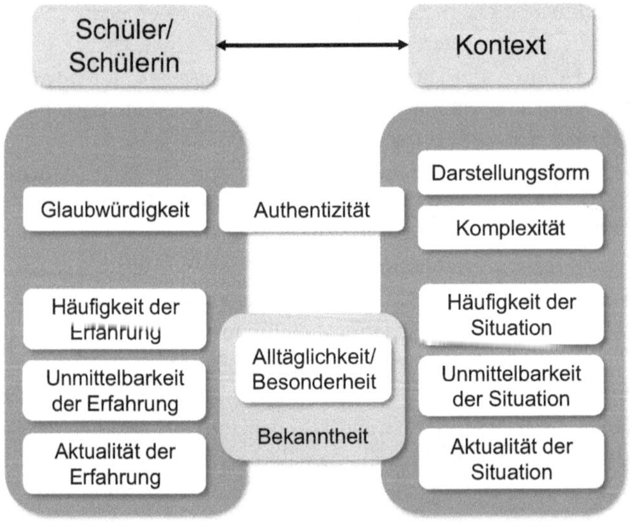

Abb. 3 Bezugssystem von Kontextmerkmalen nach van Vorst et al., (2015, S. 32)

Im Rahmen der theoretischen Modellierung wird für eine **Authentizität** der Lernsituation eine hohe Glaubwürdigkeit bei den Lernenden erwartet, die durch bestimmte Merkmale in der Strukturierung der kontextualisierten Aufgabe (z. B. Art der Darstellung) beeinflusst werden kann. Es wird davon ausgegangen, dass ein authentischer Kontext zudem eine hohe Komplexität besitzt, welche in der verwendeten Informationsdichte zum Ausdruck kommt.

Die Bekanntheit eines Kontextes beschreibt den Grad der Vertrautheit mit diesem Kontext und kann durch Alltäglichkeit oder Besonderheit charakterisiert werden. Während ein alltäglicher Kontext die Schüler:innen ständig umgibt, ist ein besonderer Kontext nur selten Teil der Alltagswelt der Schüler:innen, kann aber z. B. als spektakuläres Ereignis über die Medien vermittelt werden. Die Besonderheit und die Alltäglichkeit sind daher als gegensätzliche Kategorien zu verstehen. Zusätzlich spielen die Merkmale Häufigkeit, Unmittelbarkeit und Aktualität des Kontextes sowohl aufseiten der Schüler:innen (bezogen auf die individuelle Erfahrung) als auch aufseiten des Kontextes (bezogen auf die tatsächliche Ausprägung) eine Rolle. Aussagen zur Beeinflussung des situationalen Interesses durch Kontextmerkmale lassen sich aktuell allerdings nur sehr vorläufig formulieren, da bisherige Studien uneinheitliche Ergebnisse aufweisen. So hat sich z. B. gezeigt, dass bei einer Befragung zu situationalem Interesse an Kontexten, der kein realer Lernanlass folgte (van Vorst et al., 2018), besondere Kontexte im Vergleich zu alltäglichen Kontexten als interessanter eingeschätzt wurden. Dies steht im Einklang mit Ergebnissen zu Themenbereichen als Kontexten (siehe Abschn. 2.2), bei denen Schüler:innen an Kontexten mit Alltagsbezug weniger Interesse zeigen als an besonderen Kontexten (z. B. Teilchenphysik interessanter im Kontext „Urknall" als im Kontext „Digitalkamera"; Zöchling, 2023). Hingegen zeigen Ergebnisse von Habig und Kolleg:innen (2018), dass Schüler:innen beim Lernen mit Kontexten alltagsbezogene Kontexte im Vergleich zu besonderen Kontexten als bedeutsamer für ihr Leben einschätzen, nachdem sie eine Aufgabe, die in dem jeweiligen Kontext eingebettet war, tatsächlich bearbeitet hatten.

Einigkeit besteht jedoch darin, dass individuelle Lernvoraussetzungen entscheidend beeinflussen, inwiefern Kontextmerkmale bei der Interessenentwicklung wirksam werden (Habig et al., 2018; van Vorst & Aydogmus, 2021). Mit Blick auf die Unterschiede hinsichtlich der Kontextmerkmale Alltäglichkeit und Besonderheit konnten Habig und Kolleg:innen (2018) zeigen, dass Lernende mit geringem Fach- und Sachinteresse sowie geringem Vorwissen die emotionale Valenz bei alltäglichen Kontexten höher bewerten als bei besonderen Kontexten, während Lernende mit hohen Fach- und Sachinteresse sowie hohem Vorwissen die emotionale Valenz bei besonderen Kontexten höher bewerten als bei alltäglichen Kontexten. Im Allgemeinen sinkt sowohl die wertbezogene Valenz des Interesses als auch die emotionale Valenz, wenn derselbe Kontext in drei aufeinanderfolgenden Lernaufgaben verwendet wird, unabhängig davon, ob in alltäglichen oder besonderen Kontexten gelernt wurde. Interessant dabei ist, dass sowohl die emotionale als auch die wertbezogene Valenz stärker sinken, wenn in besonderen Kontexten gelernt wird (Habig et al., 2018). Dies könnte einen Hinweis darauf geben, dass besondere Kontexte (z. B. Naturphänomene, Erde und Weltraum; Abschn. 2.2) insbesondere in der Lage sind, Interesse auszulösen (*catch*-Komponente), während alltägliche aufgrund ihrer empfundenen Relevanz situationales Interesse zu einem höheren Maße aufrechterhalten (*hold*-Komponente).

2.4 Nachhaltige Entwicklung als Kontext

Der Themenbereich der nachhaltigen Entwicklung erscheint vor dem Hintergrund der Ausführungen im Abschn. 2.2 in vielerlei Hinsicht als besonders geeigneter Kontext, da Fragen der globalen Entwicklung für junge Menschen in Deutschland einen immer größer werdenden Stellenwert einnehmen (Kress, 2022; Umweltbundesamt, 2023). Auch Lehrkräfte schätzen das Interesse der Schüler:innen an Themen mit Bezug zur nachhaltigen Entwicklung höher ein als das Interesse an anderen Themen (Rieß & Mischo, 2008). Zudem wurde für viele Themen mit Bezug zur nachhaltigen Entwicklung nachgewiesen, dass sie für Schüler und Schülerinnen gleichermaßen interessant sind (siehe Abschn. 2.2). Als Beispiele seien „Bedrohungen für Mensch und Natur", „Gesundheitsfragen", „die Umwelt im Allgemeinen" und „erneuerbare Energien" (Elster, 2007; Holstermann & Bögeholz, 2007; Merzyn, 2008; Sjøberg & Schreiner, 2019) genannt.

Auch in Bezug auf die Ausführungen im Abschn. 2.3 bieten nachhaltigkeitsbezogene Kontexte ein hohes Potenzial, um themenunabhängige Merkmale wie Authentizität, Aktualität oder Besonderheit zu erfüllen.

Die Beschäftigung mit Themen der nachhaltigen Entwicklung kann zentraler Baustein im Rahmen des Konzepts der Bildung für nachhaltige Entwicklung (BNE) sein (KMK, 2024). Allerdings meint BNE mehr als lediglich die Bereicherung oder Veränderung der Unterrichtsinhalte durch Nachhaltigkeitsthemen. So wird in den gängigen BNE-Konzepten (Schreiber & Siege, 2016; de Haan, 2008) vor allem die Förderung von Handlungskompetenzen deutlicher betont als im traditionellen Unterricht. Dies hat eine stärker partizipative Unterrichtsgestaltung zur Folge, die wiederum möglicherweise zusätzlich Einfluss auf die Interessenentwicklung nimmt.

Unabhängig davon scheint es sinnvoll, einen Blick auf nachhaltige Entwicklung als Kontext zu werfen, da die Nutzung dieses Kontextes mit dem Ziel der Förderung des Interesses möglicherweise Lehrkräften einen Zugang zu einer (bildungspolitisch geforderten) Bildung für nachhaltige Entwicklung (siehe KMK, 2024) eröffnet. Ursache für eine Distanz gegenüber Nachhaltigkeitsthemen von Seiten der Lehrkräfte sind unter anderem der Respekt der Lehrkräfte vor der komplexen Thematik, fehlende fachliche Sicherheit und fehlende fachdidaktische Kompetenzen, um die Komplexität der Themen adressatengerecht aufzubereiten (Breitenmoser & Keller-Schneider, 2024; forsa, 2023; Rieß & Mischo, 2008).

Basierend auf den referierten Studien in Abschn. 2.2 und 2.3 kann vermutet werden, dass Themen mit Bezug zur nachhaltigen Entwicklung als Kontext zu einer Interessensteigerung der Schüler:innen führen. Diese Vermutung gilt es zu prüfen, da Studien hierzu nicht bekannt sind. Außerdem ist zu beachten, dass Themen der Nachhaltigkeit in der Regel mit besonderen Emotionen einhergehen, die durch das Konstrukt des Interesses womöglich nicht ausreichend erfasst werden. Es sollte deshalb überprüft werden, ob es im Bereich der nachhaltigen Entwicklung mit anderen Konstrukten ergänzt werden muss. Aktuell wird beispielsweise angestrebt, das überholte Konzept der Betroffenheit (Rammstedt, 1981; Büser, 1983) einer Revision zu unterziehen, um es zu aktualisieren und für diesen spezifischen Zweck nutzbar zu machen (Pletschacher & Rincke, im Druck). Auch andere Ansätze mit emotionalen Akzenten sind hier denkbar und bieten Potential. Als Beispiele seien innere Konflikte, Empathie und Ängste genannt.

Insgesamt sind tiefergehende Studien zur interessenfördernden Wirkung von Kontexten mit Bezug zu nachhaltiger Entwicklung nicht bekannt und als Desiderat zu sehen. Dabei stellt sich insbesondere die Frage, wie Gefühle von Ohnmacht und Angst, die mit Themen nachhaltiger Entwicklung häufig verknüpft sind, das Fähigkeitsselbstkonzept und das Interesse beeinflussen. Inwieweit die Verknüpfung von Themen (mit Bezug zu nachhaltiger Entwicklung) mit Handlungskompetenzen im Sinne von Bildung für nachhaltige Entwicklung das Interesse von Schüler:innen beeinflusst, ist ebenfalls noch unklar.

2.5 Interessenförderung durch kontextorientierte Unterrichtskonzeptionen

In den vorangegangenen Abschnitten wurde der Forschungsstand in Bezug auf die Interessenförderung durch Einbettung von Inhalten in interessante Kontexte (Abschn. 2.2), und in Bezug auf die Bedeutung themenunabhängiger Merkmale von Kontexten für das Interesse (Abschn. 2.3) betrachtet. Im Folgenden nehmen wir umfangreichere Unterrichtskonzeptionen in den Blick, die sich an interessefördernden Kontexten ausrichten.

Um die Wirkung von kontextorientiertem Unterricht zu evaluieren, wurde aufbauend auf der IPN-Studie ein Curriculum für die gesamte Jahrgangsstufe 7 entwickelt, das in besonderer Weise interessenfördernde Kontexte nutzt (Hoffmann et al., 1997). In Studien zeigte sich damals wider Erwarten, dass das neue Curriculum allein keinen signifikanten Einfluss auf den Interessenrückgang im Verlauf eines Schuljahres hatte. Nur in Verknüpfung mit verschiedenen weiteren Maßnahmen (Sensibilisierung der Lehrkräfte, Unterricht in monoedukativen Halbklassen) konnte das Interesse von Jungen und Mädchen maßgeblich beeinflusst werden (Häußler & Hoffmann, 1998; Hoffmann et al., 1997). Ab den 2000er Jahren wurde daher bei der Implementation von Unterrichteinheiten im Rahmen der Kontext-Projekte (u. a. „Chemie im Kontext“; ChiK) eine Implementationsstrategie gewählt, die verschiedene Perspektiven im Rahmen von multiprofessionellen Lerngemeinschaften in die Entwicklung einbezog (Fey et al., 2004).

Im Hinblick auf kontextorientierten Physikunterricht unterscheidet Nawrath (2010) den fachsystematischen (kontextorientierten) und den kontextstrukturierten bzw. kontextbasierten Unterricht. Bei Unterrichtskonzeptionen nach dem fachsystematischen (kontextorientierten) Ansatz stehen die physikalischen Inhalte im Vordergrund. Der Fokus liegt darauf, ein fachliches Konzept einzuführen. Dieses wird durch die Einbettung in Kontexte illustriert und unterstützt. Der Kontext wird dann meist in einer Motivations- oder Anwendungsphase genutzt. Der kontextstrukturierte Ansatz geht hingegen von einer Fragestellung oder einem Problem auf der Ebene des Kontextes aus. Wissen über den Kontext wird in gleichem Maße angestrebt wie das in den Kontext eingebettete Fachwissen. Vereinfacht gesagt unterscheidet Nawrath (2010) also in „Lernen mit Kontext“ (fachsystematisches, kontextorientiertes Vorgehen) und „Lernen über den Kontext“ (kontextstrukturiertes Vorgehen).

Im Folgenden werden exemplarisch einige Konzeptionen aus dem deutschsprachigen Raum aufgeführt, für die Studien zur Wirkung auf das Interesse vorliegen, und den Kategorien nach Nawrath zugeordnet.

Fachsystematische (kontextorientierte) Unterrichtskonzepte:
Im Unterrichtskonzept zur zweidimensionalen Mechanik für die Sekundarstufe I (Spatz et al., 2020) werden physikalische Inhalte vielfältig mit Kontexten wie Fußball oder Verkehrssituationen verknüpft. Auch auf fachlicher Ebene unterscheidet

sich das Konzept vom traditionellen Mechanikunterricht. Die Geschwindigkeitsänderung wird beispielsweise mittels Vektorpfeilen dargestellt und als „Zusatzgeschwindigkeit" bezeichnet. In Bezug auf das konzeptionelle Verständnis war das Konzept gegenüber herkömmlichem Unterricht überlegen, jedoch konnte kein Effekt auf Interesse und Selbstkonzept festgestellt werden.

Das Frankfurter-/Grazer-Unterrichtskonzept zur Optik in der Sekundarstufe I (Haagen-Schützenhöfer & Wilhelm, 2021) stellt die Sender-Strahlungs-Empfänger-Vorstellung vom Sehen ins Zentrum. Menschliche sowie tierische Augen, aber auch einfache optische Phänomene bei Mond und Sonne werden hier als Kontexte herangezogen. Im Rahmen eines Projektes wurden digitale Materialien zu den fachlichen Inhalten dieses Konzeptes erstellt, um den Einsatz als „Flipped-Classroom" zu ermöglichen (Lutz et al., 2021a). So entstand eine interaktive Website[2], mit der sich Schüler:innen vor dem Unterricht bereits Lerninhalte aneignen sollten (Lutz et al., 2021a). Eine Evaluation mit ca. 300 Schüler:innen der 8. Klasse in bayerischen Gymnasien ergab, dass die Bereitschaft zum Anschauen der Videos mit der Zeit abnahm. Eine solche Abnahme wurde auch in Bezug auf das situationale Interesse beobachtet (Lutz et al., 2021b).

Kontextstrukturierte Unterrichtskonzepte:
Das sogenannte EKo („E-Lehre im Kontext")-Projekt (Dopatka et al., 2021) zur Elektrizitätslehre nutzt Kontexte wie z. B. den Defibrillator oder den Zitteraal, um daran Fachkonzepte zu entwickeln. In Evaluationsstudien zeigte sich eine Zunahme des Sach- und Fachinteresses. Auch Lehrkräfte, die das Material erprobten, nahmen eine Interessensteigerung wahr (Dopatka, 2022). Das Konzept „E-Lehre mit Potential (EPo)" (Burde, 2018; Burde & Wilhelm, 2021) baut auf dem elektrischen Potential auf, um ein besseres Verständnis von Spannung und Stromstärke zu ermöglichen. Der Zusammenschluss der beiden Projekte zu „EPo-Eko" (Burde et al., 2023)[3] soll die wichtigsten Aspekte beider Projekte, nämlich Kontextstrukturierung und das elektrische Potenzial als fachlichen Kern miteinander verbinden.

In „Physikunterricht im Kontext von Medizin und Biologie" stellt Colicchia (2002) Unterrichtskonzepte vor, bei denen z. B. Drehmoment, Hebelwirkung und Schwerpunkt anhand von verschiedenen Tierkiefern und dem menschlichen Arm untersucht werden. Ein weiteres Beispiel ist das Unterrichten von Hydrostatik und

[2] Phy.tet – Optik (2024). Online verfügbar unter https://tetfolio.fu-berlin.de/web/1763588, Zugegriffen: 29.04.2024.

[3] E-Lehre mit Potential und Kontext (2024). Online verfügbar unter https://www.einfache-elehre.de/epo-eko.php, Zugegriffen: 12.08.2024.

Hydrodynamik über den menschlichen Blutkreislauf oder das Erläutern des Luftdrucks im Zusammenhang mit verschiedenen Atemtechniken (ebd.). Linsen und optische Instrumente werden über den Kontext „Fehlsichtigkeit" mit Bezug zum eigenen Körper erklärt. Es zeigte sich für die Treatmentgruppe eine deutliche Steigerung des Fachinteresses. Auch das allgemeine Sachinteresse an der Physik nahm zu.

Die interessenfördernde Wirkung kontextstrukturierten Unterrichts deckt sich mit den Ergebnissen einer Studie von Nawrath (2010). Im Zuge des sog. *piko-OL-Projektes* begleitete er drei Lehrer:innengruppen bei der Entwicklung und Erprobung kontextstrukturierter Unterrichtskonzepte und evaluierte diese anschließend durch Interviews. Die Lehrkräfte berichteten von einem positiven Effekt auf das Interesse der Schüler:innen.

Für den Chemieunterricht wurden Unterrichtsansätze im Rahmen von „Chemie im Kontext" (ChiK) veröffentlicht (u. a. Huntemann et al., 1999; Parchmann & Ralle, 2016; Parchmann et al., 2000) oder Materialien als Ideenfindung für die Unterrichtsplanung verfügbar gemacht (Demuth, 2006; Demuth et al., 2008). International können diese dem *context-based learning* (kontextbasierter Unterricht) zugeordnet werden, für das ein systematischer Review einen eindeutigen Vorteil gegenüber traditionellem Unterricht in Bezug auf motivationale Variablen im Unterricht und auch die Einstellung gegenüber den Naturwissenschaften (*attitudes*) gezeigt hat (Bennett et al., 2007).

3 Förderung des Interesses durch Tätigkeiten

Dierks et al. (2014) schlagen zur Kategorisierung von Tätigkeiten das „RIASEC + N-Modell" vor. Es basiert auf dem „RIASEC-Modell", das von Holland (1997) zur Kategorisierung von beruflichen Interessen entwickelt wurde. Im RIASEC + N-Modell werden naturwissenschaftliche Tätigkeiten in sieben Kategorien unterteilt, wie in Tab. 1 aufgeführt. Bei der Untersuchung des Interesses von Schüler:innen an Tätigkeiten werden in manchen Studien auch andere Lernumgebungen als die Schule spezifiziert, wie zum Beispiel formale außerschulische Lernorte (z. B. Science Center) oder Berufswelt.

In der IPN-Studie erwiesen sich die Tätigkeiten im Vergleich zu Kontexten als weniger bedeutsam für das Sachinteresse im Fach Physik. Es zeigte sich aber, dass Schüler:innen der Sekundarstufe I besonders an praktischen Tätigkeiten („hands-on") interessiert sind (Hoffmann et al., 1998), was im Einklang mit den Ergebnissen der RIASEC + N-Studien (Blankenburg et al., 2016; Dierks

Tab. 1 RIASEC + N Interessendimensionen für Tätigkeiten (vgl. Blankenburg et al., 2016; Dierks et al., 2016)

Interessendimension	Beschreibung	Beispiel
Realistisch (R) *realistic*	praktische, handwerkliche Tätigkeit	ein Experiment nach einer Anleitung durchführen
Investigativ (I) *Investigative*	analytische, forschende Tätigkeit	ein Experiment planen
Künstlerisch (A) *Artistic*	kreative oder künstlerische Tätigkeit	einen Versuchsaufbau zeichnen
Sozial (S) *Social*	unterstützende Tätigkeit	Mitschüler:innen bei der Aufgabenbearbeitung unterstützen
Unternehmerisch (E) *Enterprising*	leitende Tätigkeit	eine Arbeitsgruppe leiten
Konventionell (C) *Conventional*	nachahmende Tätigkeit	Informationen suchen
Vernetzend (N) *Networking*	austauschende und vernetzende Tätigkeit	Peer-to-peer Wissensaustausch

et al., 2016) und weiterer internationaler Studien (z. B. Swarat et al., 2012) steht. Zusätzlich gibt es eine Tendenz, dass Tätigkeiten der Evaluation und Diskussion für Schüler:innen grundsätzlich interessant sind und die Interessantheit für Mädchen mit zunehmender Klassenstufe sogar noch zunimmt (Hoffmann et al., 1998).

Blankenburg et al. (2016) konzentrierten sich in ihrer Studie auf deutsche Sechstklässler:innen (N = 474) und verglichen deren Interesse an unterrichtlichen Tätigkeiten zu drei verschiedenen Inhalt-Kontext-Kombinationen. Insbesondere wurde der physikalische Inhalt „Auftrieb" im Kontext „Schwimmen und Sinken von Objekten wie Schiffen", der chemische Inhalt „Verbrennung" im Kontext „Kerzen" und der biologische Inhalt „Flora und Ökosystem" in den Kontext „Pflanzen" gesetzt. In allen drei Inhalts-Kontext-Kombinationen erwiesen sich die realistischen und investigativen Tätigkeiten am interessantesten, während die sozialen und unternehmerischen Tätigkeiten am wenigsten interessant waren. Darüber hinaus zeigten Schüler:innen, die ein höheres Interesse an einer bestimmten Tätigkeiten angaben, auch ein höheres Interesse an allen Aufgaben, bei denen diese Tätigkeit ausgeführt werden musste (Blankenburg et al., 2016). Es gab keinen geschlechtsbezogenen Unterschied im Interesse gemittelt über alle Tätigkeiten, weder in der physikalischen noch in der chemischen Inhalts-Kontext-Kombination. Allerdings zeigten Mädchen ein höheres Interesse an künstlerischen Aufgaben (in den physikalischen und chemischen Inhalts-Kontext-Kombinationen) als Jungen. Jungen hingegen zeigten ein höheres Interesse an sozialen Aufgaben (in der physikalischen Inhalts-Kontext-Kombination) als Mädchen. Blankenburg et al. (2016) führen dies auf das höhere naturwissenschaftliche Selbstkonzept der Jungen zurück.

Dierks et al. (2016) untersuchten das Interesse deutscher Schüler:innen der Klassenstufen 8 bis 12 (N = 247) an verschiedenen Tätigkeiten in drei verschiedenen Lernumgebungen, nämlich Schule, formale außerschulische Lernorte (z. B. *Science Center*) und Beruf. Soziale und vernetzende Tätigkeiten wurden in allen drei Lernumgebungen am interessantesten eingeschätzt, während künstlerische Tätigkeiten am wenigsten interessant waren. Schüler:innen mit hohem Selbstkonzept oder hohem individuellem Interesse waren an allen Tätigkeiten und Umgebungen mehr interessiert als ihre Mitschüler:innen (Dierks et al., 2016). Darüber hinaus zeigten leistungsstarke Schüler:innen ein höheres Interesse an allen Tätigkeiten (Dierks et al., 2016).

Hinsichtlich korrelativer Zusammenhänge zwischen dem Interesse und der Leistung konnten Höft und Bernholt (2019) zeigen, dass das Interesse an Tätigkeiten, die potenziell mit einem hohen Grad der kognitiven Aktivierung verknüpft sind (*investigative*, *networking*) oder die Kommunikation von Wissen beinhalten (*social*, *enterprising* und *networking*) einen substanziellen Zusammenhang mit dem Konzeptverständnis aufweisen. Die Längsschnittstudie ergab außerdem, dass dieser Zusammenhang bei wiederholter Messung des individuellen Interesses über die Zeit (9.–11. Klasse) stärker wurde. Somit zeigten Schüler:innen der 11. Klasse den höchsten Zusammenhang zwischen Interesse an kognitiv aktivierenden Tätigkeiten und ihrem Konzeptverständnis. Außerdem konnte gezeigt werden, dass das Interesse an „*hands-on*“ Tätigkeiten (*realistic*) einen gleichbleibenden Zusammenhang mit dem Konzeptverständnis über die Zeit aufwies und das Interesse an *artistic* und *conventional* Tätigkeiten nicht bedeutsam mit dem Konzeptverständnis zusammenhing.

4 Interessenförderung durch Unterrichtsmethoden

Aus der differenzierten Betrachtung von Interesse an Inhalten, Kontexten und Tätigkeiten ergibt sich die Frage, inwiefern die Gestaltung des Unterrichts in bestimmten Situationen das Interesse der Schüler:innen wecken (triggern) kann. Ochsen et al. (2021) identifizierten daher in ihrer Beobachtungsstudie sog.

„Interessentrigger" im Chemieunterricht, indem sie in regelmäßigem Abstand das situationale Interesse der Schüler:innen an der unmittelbar vorangegangenen Unterrichtsphase erhoben. Diese Phasen wurden anhand einer qualitativen Analyse mit Bezug auf die Merkmale des Interessentriggers bestimmt. Hierbei ergaben sich Hinweise, dass der Einsatz von Kontexten insbesondere in der ersten Phase einer Unterrichtsstunde interesseweckend sein kann. Im weiteren Verlauf bezogen sich Interessenmaxima hauptsächlich auf praktische Erarbeitungsphasen, für die ein hoher positiver Zusammenhang mit dem situationalen Interesse gefunden wurde (Ochsen et al., 2022). Somit sollten neben inhaltlichen Bezügen vor allem die methodische Umsetzung von schüleraktivierenden Phasen der praktischen Erarbeitung – insbesondere beim Experimentieren – näher betrachtet werden.

4.1 Interessenförderung durch Schülerexperimente

Für den Physik- und Chemieunterricht spielt das Experimentieren sowohl als Tätigkeit als auch als schüleraktivierende Unterrichtsmethode eine besondere Rolle. Eine Förderung des Interesses durch selbstständiges Experimentieren wird erwartet, da das selbstständige Aufbauen und Durchführen von Experimenten von Schüler:innen als beliebteste Tätigkeiten im Unterricht benannt wird (Merzyn, 2008). Entsprechend zeigen auch die Ergebnisse von Walpuski und Hauk (2017), dass Experimente mit einem hohen Anteil an eigener Aktivität (z. B. beim Planen und Auswerten) als interessanter wahrgenommen werden als Experimente mit rezeptartiger Anleitung. Aufgrund der Vielfalt experimenteller Tätigkeiten sowie der Wechselwirkung mit der Häufigkeit, der Offenheit, dem kognitiven Anspruch und der Einbettung experimenteller Tätigkeiten in den Unterricht sind verallgemeinerbare Aussagen zum Zusammenhang zwischen Experimentierform und Interesse jedoch schwierig.

In einer Studie von Winkelmann und Erb (2018) wurde Unterricht zur Optik in drei verschiedenen Varianten des Einsatzes von Experimenten durchgeführt. In einer Variante (A) wurde der Unterricht mit Demonstrationsexperimenten durchgeführt, in einer zweiten Variante (B) wurden Schülerexperimente mit klaren Anweisungen und in der dritten Gruppe (C) offenere Schülerexperimente durchgeführt. In der Studie wurde auch der bevorzugte Unterrichtsstil der Lehrpersonen erhoben. Das Interesse war in Gruppe A zwar tendenziell etwas geringer als in den anderen beiden Varianten. Der Unterschied war aber nicht signifikant. Interessant ist, dass sich signifikante Unterschiede dann zeigen, wenn der bevorzugte Unterrichtsstil der Lehrperson in der Analyse berücksichtigt wird. Dabei zeigte sich, dass Unterricht mit Schülerexperimenten dann das (situationale) Interesse fördert, wenn diese Form des Unterrichts auch von der Lehrkraft bevorzugt wurde.

Betrachtet man die Studie aus der Perspektive interessenfördernder Tätigkeiten (siehe Abschn. 3), lassen sich die drei Varianten den Tätigkeitsdimensionen im RIASEC + N-Modell zuordnen. Dabei kann man (B) der realistischen Dimension zuordnen, während (A) eher konventionellen Charakter und (C) eher investigativen Charakter zu haben scheint. Dass das (situationale) Interesse in der Studie von Winkelmann und Erb (2018) bei Demonstrationsexperimenten (Variante A) geringer ist, steht im Einklang mit dem nachgewiesenen geringeren Interesse an konventionellen Tätigkeiten.

4.2 Interessenförderung durch kooperative Lernformen

Die Erfahrung in der Schulpraxis zeigt, dass das soziale Gefüge in einer Lerngruppe die Interessenentwicklung wesentlich beeinflussen kann. Insbesondere die frühen Stadien der Entwicklung einer auf Selbstbestimmung beruhenden Motivation sowie die Annäherung an neue Interessengegenstände beruhen zu einem wesentlichen Teil auf dem Bedürfnis nach sozialer Eingebundenheit (Krapp & Ryan, 2002). Aber auch das Erleben von Kompetenz und Autonomie können durch Kooperation unterstützt werden. Eine Förderung dieser drei grundlegenden psychologischen Bedürfnisse („basic needs“) können demnach die Entstehung und Aufrechterhaltung situationaler und individueller Interessen unterstützen.

Um dies zu illustrieren, nehmen wir im Folgenden das „Gruppenpuzzle“ (Aronson et al., 1978) als eine relativ weit verbreitete Form des kooperativen Unterrichts exemplarisch in den Blick. Kooperativer Unterricht im engeren Sinne ist nach Huber (2000) durch drei Merkmale gekennzeichnet, nämlich 1) ein gewisser Spielraum für selbstständige Entscheidungen der Schüler:innen, 2) eine wechselseitige Verantwortlichkeit für das Lernen aller Gruppenmitglieder („positive Interdependenz“), sowie 3) die individuelle Verantwortlichkeit der einzelnen Gruppenmitglieder für die Gruppenleistung. Diese Bedingungen sind im Gruppenpuzzle erfüllt.

Beim Gruppenpuzzle wird das zu behandelnde Thema in verschiedene Teilthemen aufgeteilt. In den sogenannten „Expert:innengruppen“ arbeiten sich die Schüler:innen in jeweils ein Teilthema ein und werden auf diesem Gebiet gewissermaßen zu Expert:innen. Anschließend werden „Stammgruppen“ so gebildet, dass zu jedem Teilthema (mindestens) eine Expertin bzw. ein Experte vertreten ist. Sie erläutern den übrigen Gruppenmitgliedern reihum ihr jeweiliges

Expert:innenthema, sodass sich das gesamte Thema gewissermaßen wie bei einem Puzzle für alle erschließt.

Im Gruppenpuzzle besteht demnach positive Interdependenz durch wechselseitige Ressourcen-Abhängigkeit. Jeder Schüler und jede Schülerin kann sich in seinem/ihrem Teilgebiet als kompetenter Experte oder Expertin fühlen. Gleichzeitig ist die Expert:innenrolle mit einer individuellen Verantwortlichkeit für das Lernen der anderen Gruppenmitglieder verbunden. Die Struktur des Gruppenpuzzles begünstigt in besonderer Weise die Befriedigung der grundlegenden psychologischen Bedürfnisse nach Erleben von Autonomie, Kompetenz und sozialer Eingebundenheit, die nach Krapp (1998) die Entwicklung von Interesse fördern können und in der Selbstbestimmungstheorie der Motivation als Voraussetzungen für intrinsische Motivation angesehen werden (Deci & Ryan, 1993, 2000; siehe Abschn. 1).

Um die Wirkung des Gruppenpuzzles in dieser Hinsicht zu prüfen, verglichen Berger und Hänze (2004) das Gruppenpuzzle mit direkter Instruktion („Frontalunterricht") in den beiden Kontexten „Rasterelektronenmikroskop" und „Mikrowellenofen". Sie fanden (aggregiert über die beiden Kontexte) wie erwartet Vorteile des Gruppenpuzzles hinsichtlich der drei grundlegenden Bedürfnisse nach Autonomieerleben, sozialer Eingebundenheit und Kompetenzerleben, sowie der intrinsischen Motivation.

Das Erleben von Kompetenz wird durch die Rolle der Expert:innen bei der Vermittlung ihrer Teilthemen in der Stammgruppe begünstigt. In Bezug auf das Kompetenzerleben zeigte sich darüber hinaus ein Interaktionseffekt: Schülerinnen nahmen sich im Gruppenpuzzle als vergleichbar kompetent wie Schüler wahr, während sie sich in der direkten Instruktion als deutlich weniger kompetent erlebten. Das Gruppenpuzzle kann also in dieser Hinsicht die „Schere" zwischen Schülerinnen und Schülern schließen. Inwieweit dies auch auf Schüler:innen mit unterschiedlichem Fähigkeitsselbstkonzept zutrifft, wäre zu prüfen (vgl. Abschn. 2.2). Entsprechend der Selbstbestimmungstheorie der Motivation erwiesen sich das Kompetenzerleben sowie das Autonomieerleben (nicht aber die soziale Eingebundenheit) als Mediatoren zwischen der Unterrichtsmethode und der intrinsischen Motivation (Hänze & Berger, 2007).

In einer weiteren Studie verglichen Berger und Hänze (2009) das Gruppenpuzzle mit dem Lernzirkel. Hier bearbeiten die Schüler:innen in Gruppen Arbeitsaufträge an verschiedenen „Stationen". Aufgrund der fehlenden wechselseitigen Verantwortlichkeit für das Lernen der anderen Gruppenmitglieder entspricht der Lernzirkel nicht einer kooperativen Unterrichtsform im engeren Sinne nach Huber (2000). Wieder erwies sich das Gruppenpuzzle hinsichtlich des Kompetenzerlebens als vorteilhafter. Allerdings wurde der Lernzirkel von den Schüler:innen (bei vergleichbarer sozialer Eingebundenheit) als autonomer erlebt. Durch den geringeren Strukturierungsgrad des Lernzirkels im Vergleich zum Gruppenpuzzle – und damit weniger Vorgaben für die einzelnen Schüler:innen – wird das Erleben von Autonomie offensichtlich besser unterstützt als im Gruppenpuzzle. Eine Pfadanalyse zeigt dementsprechend, dass sich die genannten Vorteile und Nachteile der beiden kooperativen Unterrichtsmethoden im Hinblick auf intrinsische Motivation aufheben.

Zusammenfassend kann festgehalten werden, dass das Gruppenpuzzle als beispielhafte Form des kooperativen Unterrichts durch Förderung der grundlegenden psychologischen Bedürfnisse und der intrinsischen Motivation die Entwicklung von Interesse begünstigen kann. Empirisch gesicherte Befunde zur positiven Wirkung des Gruppenpuzzles auf intrinsische Motivation und insbesondere Hinweise auf die günstige Entwicklung des Interesses von Schüler:innen sind allerdings immer noch rar (Vives et al., 2024). Auch in Bezug auf das kooperative Lernen im Allgemeinen gibt es wenige einschlägige Überblicksstudien, die kooperatives Lernen im Hinblick auf die Förderung der intrinsischen Motivation, und damit einer wichtigen Voraussetzung der Interessenentwicklung untersucht haben. Brown (2021) kommt in seinem Überblicksartikel zu dem Schluss, dass kooperatives Lernen intrinsische Motivation fördern kann, wenn es angemessen implementiert wird.

Betrachtet man kooperative Lernformen, insbesondere das Gruppenpuzzle, mit Blick auf die Tätigkeitsdimensionen im RIASEC + N-Modell (siehe Abschn. 3), so verbindet das Gruppenpuzzle investigative, soziale, vernetzende und unternehmerische Tätigkeiten, die vor allem für Schüler:innen ab Klassenstufe 8 nachweislich interessant sind (Dierks et al., 2016). Dass das Gruppenpuzzle in den Studien von Hänze und Berger (2007) und Berger und Hänze (2009) von den Schüler:innen als interessant empfunden wurde, ist somit auch aus Perspektive naturwissenschaftlicher Tätigkeiten plausibel.

5 Interessenförderung durch Strukturierung von Unterricht

In den vorangegangenen Abschnitten dieses Kapitels wurde der Einfluss von spezifischen unterrichtlichen Themen, Kontexten, Tätigkeiten und Methoden auf das Interesse beleuchtet. Bei der konkreten Ausgestaltung von Unterricht, bzw. einer Unterrichtseinheit werden mehrere dieser Einzelfaktoren gleichzeitig berücksichtigt und kombiniert. Für die konkrete Ausgestaltung stehen unterschiedliche

Vorgaben zur Strukturierung von Unterricht zur Verfügung wie z. B. die Strukturvorgaben des *problem-based learnings*, des *project-based learnings* oder des *inquiry learnings*, welche ein erfahrungsbasiertes Lernen anhand einer gewählten Ausgangssituation (siehe Abschn. 2.1 und 2.2) und zusätzlich die Integration von spezifischen Tätigkeiten (siehe Abschn. 3) ermöglichen sollen (Gijbels et al., 2005; Kanter & Konstantopoulos, 2010; National Research Council, 2000). Insbesondere mit der Verwendung der Strukturvorgabe des *Inquiry Learnings* zur Unterrichtsplanung wird in der Literatur immer wieder die Hoffnung verbunden, neben dem fachlichen Lernen auch affektive Komponenten wie das Interesse der Lernenden positiv zu beeinflussen (Bybee et al., 2006; LaForce et al., 2017; Lavonen et al., 2021; Potvin & Hasni, 2014b). Eine diesbezügliche empirische Überprüfung wird dabei durch die häufig konfundierten Variablen bei entsprechenden Untersuchungen erschwert, da bei einer vollständigen Umsetzung eines *Inquiry Learning* Ansatzes gleichzeitig mehrere das (situationale) Interesse möglicherweise betreffende Variablen (z. B. Kontexte, Tätigkeiten, Methoden) spezifisch ausgestaltet werden müssen. In diesem Kapitel wird trotz dieser Einschränkung versucht, einen systematischen Blick auf den Einfluss von Strukturvorgaben auf das Interesse und damit verbundene Merkmale wie die Motivation zu ermöglichen. In der bereits erwähnten Studie von Ochsen et al. (2022) erwies sich in Anlehnung an die Unterrichtsqualitätsmerkmale nach Helmke et al. (2012) eine hohe Strukturierung der Phasen als Interessentrigger, während eine hohe Steuerung durch die Lehrkraft (hohes Klassenmanagement) negativ mit dem situationalem Interesse zusammenhängt.

5.1 Begriffliche Klärung

Der Begriff der „Strukturierung" beinhaltet verschiedene Bedeutungsfacetten, die zwischen verschiedenen Autoren differieren. Lipowsky (2009, S. 83) zum Beispiel unterscheidet drei Facetten:

- Didaktische Strukturierung (durch inhaltliche Aufbereitung des Unterrichts in Teilschritte, Phasierung des Unterrichtsablaufs)
- Strukturierung auf der Verhaltensebene (z. B. durch Steuerung des Verhaltens der Lernenden im Klassenzimmer)
- Kognitionspsychologische Strukturierung (z. B. durch Methoden zur Vernetzung oder Zielorientierung wie Advanced Organizer)

Im Folgenden soll vor allem die Facette der didaktischen Strukturierung und der Einfluss unterschiedlicher Strukturvorgaben auf das Interesse in den Blick genommen werden. Der Begriff der Strukturvorgabe beschreibt dabei konzeptionelle Modelle zur Strukturierung von Unterricht, die Art, Abfolge und Verbindung funktional unterschiedlicher Phasen vorgeben (Maurer, 2016). Beispiele für Strukturvorgaben sind *direct instruction*, *inquiry-based teaching*, *problem-based learning* oder die Basismodelltheorie.

5.2 Der Einfluss verschiedener Strukturvorgaben auf das Interesse/Grundbedürfnisse

Die Strukturvorgaben des *problem-based learnings*, des *project-based learnings* und des *inquiry learnings* weisen einen vergleichsweise direkten Bezug zu den in den vorangehenden Abschnitten aufgelisteten Ansätzen der Interessenförderung auf (Kontextorientierung, praktische und forschende Tätigkeiten, Arbeit in Gruppen). Die empirischen Befunde zum Einfluss auf das Interesse sind für die drei Strukturvorgaben ähnlich und erlauben daher eine zusammenfassende Betrachtung.

Potvin und Hasni (2014b) fassen in einem Artikel systematisch die Ergebnisse von 228 wissenschaftlichen Artikeln aus dem Bereich *Science and Technology* zu Einflussvariablen auf Interesse, Motivation und Einstellungen zusammen. 17 der einbezogenen Artikel befassten sich dabei mit Auswirkungen von *inquiry-based-* oder *problem-based*-Ansätzen. Als Fazit ihrer Auswertung formulierten Potvin und Hasni: „We believe that a rather strong impression that emerges from this review is that most 'inquiry-based' or 'problem-based' interventions have positive effects on students' I/M/A." (2014b, S. 103; Anmerkung: I/M/A bezeichnet Interesse/Motivation/Einstellung bzw. *attitude*). Diese grundsätzlich positive Zuschreibung findet sich auch in anderen Artikeln in ähnlicher Form für das *problem-based learning*, das *project-based learning* als auch das *inquiry learning* wieder (Bybee et al., 2006; LaForce et al., 2017; Lavonen et al., 2021). Eine genauere Differenzierung dieses positiven Einflusses auf Interesse, Motivation oder andere Einstellungen fällt dabei allerdings schwer, weil diese Begriffe in den gelisteten Studien selten trennscharf oder ausdifferenziert (z. B. situationales vs. individuelles Interesse) verwendet wurden. Einzelne Aspekte schränken dabei die Belastbarkeit dieses grundlegend positiven Befundes etwas ein. Die in die Auswertungen einbezogenen Studien zeigten nur überwiegend und nicht einheitlich positive Einflüsse. So konnten Potvin und Hasni (2014b) bei elf von 17 verwendeten Studien Vorteile für *inquiry-based* oder *problem-based* Ansätze finden, zudem wiesen nur fünf dieser 17 Studien eine Kontrollgruppe auf. Auch die Variablenkontrolle war nicht in allen Studien überzeugend, mit der Konsequenz, dass der berichtete positive Einfluss nicht eindeutig auf die Art der Strukturierung zurückzuführen ist. Zwei Artikel (LaForce et al., 2017, Lavonen et al., 2021) führten in ihrer Interpretation die empirisch erhaltenen positiven Einflüsse eher auf die in der jeweiligen Intervention verwendeten Sachinhalte als auf die eingesetzten Strukturvorgaben zurück. Lavonen et al., (2021, S. 2588) formulierten diesbezüglich: „This is in line with findings of Krajcik und Blumenfeld (2006, p. 318), indicating that inquiry-based or project-based curricula support the development of situational interest if it includes real and meaningful topics that are important to students". Die Ursache des positiven Effekts wird hier also beim Gegenstand des Unterrichts gesehen und nicht bei der durch die Verwendung einer spezifischen Strukturvorgabe verursachten Phasierung des Unterrichts.

Der Einfluss des *inquiry teachings* auf das Interesse scheint dabei zudem vom Grad der Lenkung durch die Lehrperson abzuhängen. Dies berichten sowohl Jiang und McComas (2015) als auch Kang und Keinonen (2018). Beide Forschendengruppen haben die im Zuge von PISA 2006 erhobenen Daten ausgewertet, kommen mit leicht unterschiedlichen Analyseverfahren aber auf komplementäre Ergebnisse. Jiang und McComas (2015) berichten, dass je weniger lehrergelenkt (bzw. je offener) die eingesetzte Variante des *inquiry teachings* war, desto höher war das Interesse an *Science*. Kang und Keinonen (2018) hingegen finden in ihren Analysen einen positiven Effekt einer eher lehrergelenkten Form des *inquiry teachings* und wiederum keinen Einfluss einer eher offenen Form dieser Strukturvorgabe auf das individuelle Interesse der Lernenden. Eine weitere Variation des Effekts eines *inquiry*-Ansatzes auf das Interesse konnten Liu et al. (2022) in ihrer Studie identifizieren, indem sie die Reihenfolge einzelner Abfolgen innerhalb des *inquiry*-Prozesses vertauschten. So entstanden zwei leicht unterschiedliche *inquiry*-basierende Phasierungen von *Science*-Unterricht. Diese unterschiedliche Phasierung hatte in der Studie von Liu et al. (2022) einen signifikanten Einfluss auf das gemessene situationale Interesse, nicht jedoch auf das ebenfalls erhobene individuelle Interesse. Damit scheint die Art der Strukturierung zumindest in dieser Studie einen Einfluss auf das situationale Interesse zu haben.

Zusammenfassend kann somit für die in diesem Abschnitt untersuchten drei Strukturvorgaben kein eindeutiges Fazit gezogen werden. Zwar überwiegen in den betrachteten Artikeln Befunde zu einer positiven Wirkung von *inquiry-*, *project-* oder *problem-based* Ansätzen auf das Interesse, die Motivation oder andere Einstellungen zu Science-Unterricht, allerdings ist die Aussagekraft der für diese

Befunde relevanten Studien teilweise eingeschränkt. Zudem werden die gefundenen Zusammenhänge in einzelnen Studien auch auf andere Aspekte als die verwendete Strukturvorgabe zurückgeführt. Eine Orientierung an den Vorgaben z. B. des *inquiry learnings* bei der Unterrichtsplanung führt also nicht automatisch zu einer Steigerung des situationalen Interesses der Lernenden, obwohl das *inquiry learning* mehrere das Interesse fördernde Gestaltungsmerkmale aufweist oder zumindest aufweisen könnte.

Für die Strukturvorgabe der *direct instruction* ist die Forschungslage zum Einfluss auf das Interesse und die grundlegenden Bedürfnisse diffus und nicht belastbar (vgl. Adams & Engelmann, 1996; Carnine, 2000). Auch Studien zum Einfluss der Basismodelltheorie nach Oser et al. (1997) zeigen wenn, dann eher kleine, oft unsystematische Zusammenhänge auf das Interesse und die grundlegenden Bedürfnisse (Maurer, 2016; Wackermann, 2008; Zander et al., 2013).

Insgesamt überwiegen leicht positive Wirkungszuschreibungen zwischen gezielter Strukturierung und situationalem Interesse. Offenbar hat die Strukturierung einen Einfluss auf die wahrgenommene kognitive Belastung (Unger, im Druck), und diese weist wiederum einen Zusammenhang zum situationalen Interesse auf (Harbach, 2013; Unger, im Druck). Verschiedene Facetten des Interesses und auch die Ebene der grundlegenden Bedürfnisse scheinen also insgesamt nicht, nur in geringem Maße, oder nur indirekt durch die gezielte Verwendung von Strukturvorgaben für das Lernangebot beeinflusst zu sein.

6 Fazit und Diskussion

Im Beitrag wurden verschiedene mögliche Ansatzpunkte zur Förderung des (situationalen) Interesses betrachtet und Studienergebnisse zu deren Wirkungen zusammengestellt. Die Zusammenschau bestätigt die Komplexität der Thematik der Interessenförderung im Unterricht. Als ein zentrales Ergebnis wird deutlich, dass die Einbettung der Unterrichtsinhalte in für Lernende relevante Kontexte ein entscheidender Schlüssel zur Förderung des situationalen Interesses darstellt (Abschn. 2), zusätzlich aber vor allem praktische Erarbeitungsphasen generell interessengenerierend sind (Ochsen et al., 2020). Die genaue Wirkung der Stellschrauben zur Interessenförderung ist in Studien hier weniger deutlich erschließbar, da unterrichtsbezogene Variablen oft miteinander verschränkt sind.

In Bezug auf die Ziele der Interessenförderung (siehe Einleitung) kann die betrachtete Zusammenstellung genutzt werden, um Empfehlungen für den Unterricht zu formulieren. So nehmen gesellschaftliche Kontexte mit Bezug zu einer nachhaltigen Entwicklung im Sinne einer *Scientific Literacy* zukünftig an Bedeutung zu. Bei der Auswahl kann zurückgegriffen werden auf den bereits als interessenfördernd evaluierten Themenbereich „Mensch und Umwelt", der eine große Schnittmenge mit Nachhaltigkeitsthemen besitzt (Abschn. 2.2). Gleichzeitig stellt sich hier die Frage nach den zu betrachtenden Variablen, die neben Interesse auch negative Emotionen wie Angst oder Betroffenheit berücksichtigen und in Beziehung zueinander setzen sollten.

Interesse an Berufen im MINT-Bereich kann durch gezielte (außer)unterrichtliche Interventionen im Bereich der naturwissenschafts- und berufsbezogenen Tätigkeiten (Abschn. 3) in den Blick genommen werden. Interessenprofile (Dierks et al., 2014) ermöglichen hier eine fokussierte Entwicklung von Angeboten für spezifische Adressatengruppen.

Generell gilt es, bei der Auswahl von Lernsituationen auf ein chancengerechtes Angebot im Unterricht zu achten. Im Chemie- und Physikunterricht betrifft dies nach wie vor die Berücksichtigung der Interessen von Mädchen, z. B. bei der Auswahl von Kontexten, aber auch bei der Umsetzung von Tätigkeiten im Unterricht, ohne auf diese Weise Stereotype zu verstärken. Dies kommt letztlich allen Schüler:innen zugute, da Kontexte und Tätigkeiten, die für Mädchen interessant sind, in der Regel auch bei Jungen auf Interesse stoßen. Im Angesicht der Diversifizierung des Geschlechter-Begriffs sollte in Studien zukünftig weniger das Geschlecht, als vielmehr das fachbezogene Selbstkonzept der Schüler:innen in den Vordergrund rücken, um Lernende mit unterschiedlichen Lernvoraussetzungen zu unterscheiden.

Aber auch die Frage, was denn Interessenförderung im Unterricht konkret meint, muss präzisiert werden. So zeigen die zitierten Studien, dass es einen Unterschied macht, ob Schüler:innen eine hypothetische Lernaufgabe bewerten oder sie die Aufgabe selbst bearbeiten, ob sie am Anfang eines Lernprozesses oder währenddessen befragt werden. Es scheint in Bezug auf die Situation einen Unterschied zwischen dem Auslösen (*catch*) und Aufrechterhalten (*hold*) des Interesses zu geben mit den jeweiligen Konsequenzen für die Unterrichtsgestaltung. Auch die Frage, wie sich die Förderung von situationalem Interesse auf die Förderung individuellen Interesses auswirkt, bleibt weitgehend offen. Hier ergibt sich ein Bedarf an Interventions- oder Beobachtungsstudien, die individuelle Voraussetzungen und situationale Variablen erheben und miteinander in Beziehung setzen (Knogler et al., 2015).

Die Förderung des situationalen Interesses ist aus Sicht von Lehrkräften auch mit der Hoffnung verknüpft, eine vertiefte kognitive Auseinandersetzung mit den Unterrichtsinhalten anzuregen und auf diese Weise den Lernerfolg zu steigern. Unter welchen Bedingungen dies gelingt, wurde im Beitrag nicht thematisiert.

Ausgegangen werden kann von einem Zusammenhang zwischen aufrechterhaltenem situationalem Interesse und Lernerfolg. Es sei jedoch erwähnt, dass umgekehrt auch eine Steigerung der Unterrichtsqualität mit Blick auf den Lernerfolg zu einer Steigerung des situationalen oder individuellen Interesse beitragen kann (Ochsen et al., 2022; Steidtmann, 2023).

Literatur

Adams, G., & Engelmann, S. (1996). *Research on direct instruction: 25 years beyond DISTAR*. Educational Achievement Systems.

Anger, C., Betz, J., Kohlisch, E., & Plünnecke, A. (2022). *MINT-Herbstreport 2022 – MINT sichert Zukunft: Gutachten für BDA, Gesamtmetall und MINT Zukunft schaffen.* https://www.iwkoeln.de/fileadmin/user_upload/Studien/Gutachten/PDF/2022/MINT-Herbstreport_2022.pdf. Zugegriffen: 13. März 2025.

Aronson, E., Blaney, N., Stephan, C., Sikes, J., & Snapp, M. (1978). *The jigsaw classroom.* Beverly Hills, CA: Sage.

Avraamidou, L. (2022). Identities in/out of physics and the politics of recognition. *Journal of Research in Science Teaching, 59*(1), 58–94. https://doi.org/10.1002/tea.21721.

Awisati, F., & Gonzalez-Sancho, C. (2016). *PISA 2015 Ergebnisse: Exzellenz und Chancengerechtigkeit in der Bildung. PISA 2015 Ergebnisse / OECD: Band 1.* wbv.

Bennett, J., Lubben, F., & Hogarth, S. (2007). Bringing science to life: A synthesis of the research evidence on the effects of context-based and STS approaches to science teaching. *Science Education, 91*(3), 347–370.

Berger, R., & Hänze, M. (2004). Das Gruppenpuzzle im Physikunterricht der Sekundarstufe II – Einfluss auf Motivation, Lernen und Leistung. *Zeitschrift für Didaktik der Naturwissenschaften, 20*(10), 205–219.

Berger, R., & Hänze, M. (2009). Comparison of two small group learning methods in 12th grade physics classes focusing on intrinsic motivation and academic performance. *International Journal of Science Education, 31,* 1511–1527.

Blankenburg, J. S., Höffler, T. N., & Parchmann, I. (2016). Fostering today what is needed tomorrow: Investigating students' interest in science. *Science Education, 100*(2), 364–391. https://doi.org/10.1002/sce.21204.

Bong, M., & Clark, R. E. (1999). Comparison between self-concept and self-efficacy in academic motivation research. *Educational Psychologist, 34*(3), 139–153. https://doi.org/10.1207/s15326985ep3403_1.

Breitenmoser, P., & Keller-Schneider, M. (2024). „Ich möchte mir nicht die Finger daran verbrennen". *Progress in Science Education* (PriSE), *7*(1), 6–25. https://doi.org/10.25321/PRISE.2024.1447.

Brown, C. L. (2021). Literature review: Effect of cooperative learning on intrinsic motivation. *International Journal of Research and Scientific Innovation, 8*(7), 1–7.

Buccheri, G., Gürber, N. A., & Brühwiler, C. (2011). The impact of gender on interest in science topics and the choice of scientific and technical vocations. *International Journal of Science Education, 33*(1), 159–178. https://doi.org/10.1080/09500693.2010.518643.

Burde, J.-P. (2018). *Konzeption und Evaluation eines Unterrichtskonzepts zu einfachen Stromkreisen auf Basis des Elektronengasmodells. Studien zum Physik- und Chemielernen: Bd. 259*. Logos. https://doi.org/10.30819/4726.

Burde, J.-P., & Wilhelm, T. (2021). Vom Luftdruck zur Spannung: Ein an Schülervorstellungen orientiertes Unterrichtskonzept zu einfachen Stromkreisen. *MNU Journal, 74*(1). https://ub01.uni-tuebingen.de/xmlui/handle/10900/124158. Zugegriffen: 13. März 2025.

Burde, J.-P., Gottschlich, B., Dopatka, L., Spatz, V., & Wilhelm, T. (2023). Elektrizitätslehre mit Potenzial und Kontexten: Ein interessenförderndes Unterrichtskonzept für die Sekundarstufe I zu einfachen Stromkreisen. *Unterricht Physik, 34*(195/196), 88–91. https://elibrary.utb.de/doi/pdf/10.5555/up-195%2b196-2023_19. Zugegriffen: 13. März 2025.

Büser, G. (1983). *Betroffenheit – Dimension einer Fachdidaktik Erziehungswissenschaft*. Frankfurt a. M., Haag + Herchen.

Bybee, R., Taylor, J. A., Gardner, A., Scotter, P. V., Carlson, J., Westbrook, A., & Landes, N. (2006). *The BSCS 5E Instructional Model: Origins and effectiveness*. Colorado Springs, CO: BSCS.

Carnine, D. (2000). *Why education experts resist effective practices (and what it would take to make education more like medicine)*. Thomas B. Fordham Foundation.

Colicchia, G. (2002). *Physikunterricht im Kontext von Medizin und Biologie: Entwicklung und Erprobung von Unterrichtseinheiten zur Steigerung des Interesses und für den fachübergreifenden Physikunterricht*. München. https://edoc.ub.uni-muenchen.de/archive/00000274/.

Dalehefte, I. M. (2006). *Unterrichtsskripts – ein multikriterialer Ansatz: Eine Videostudie zum Zusammenspiel von Mustern unterrichtlicher Aktivitäten, Zielorientierung und prozessorientierter Lernbegleitung*. https://nbn-resolving.org/urn:nbn:de:gbv:8-diss-26628. Zugegriffen: 13. März 2025.

de Haan, G. (2008). Gestaltungskompetenz als Kompetenzkonzept der Bildung für nachhaltige Entwicklung. In I. Bormann & G. de Haan (Hrsg.), *Kompetenzen der Bildung für nachhaltige Entwicklung*. VS Verlag für Sozialwissenschaften.

Deci, E. L., & Ryan, R. M. (1993). Die Selbstbestimmungstheorie der Motivation und ihre Bedeutung für die Pädagogik. *Zeitschrift für Pädagogik, 39*(2), 223–238.

Deci, E. L., & Ryan, R. M. (2000). The „what" and „why" of goal pursuits: Human needs and the self-determination of behavior. *Psychological Inquiry, 11*(4), 227–268.

Demuth, R. (2006). *Chemie im Kontext – Sekundarstufe II*. Cornelsen.

Demuth, R., Parchmann, I., & Ralle, B. (Hrsg.). (2008). *Chemie im Kontext – Sekundarstufe I*. Themenheft-Reihe. Cornelsen.

DeWitt, J., & Archer, L. (2015). Who aspires to a science career? A comparison of survey responses from primary and secondary school students. *International Journal of Science Education,* 37(13), 2170–2192. https://doi.org/10.1080/09500693.2015.1071899.

Dierks, P. O., Höffler, T. N., Blankenburg, J. S., Peters, H., & Parchmann, I. (2016). Interest in science: a RIASEC-based analysis of students' interests. *International Journal of Science Education, 38*(2), 238–258. https://doi.org/10.1080/09500693.2016.1138337.

Dierks, P. O., Höffler, T. N., & Parchmann, I. (2014). Profiling interest of students in science: Learning in school and beyond. *Research in Science & Technological Education, 32*(2), 97–114.

Dopatka, L. (2022). *Konzeption und Evaluation eines kontextstrukturierten Unterrichtskonzeptes für den Anfangs-Elektrizitätslehreunterricht*. Logos-Verlag.

Dopatka, L., Spatz, V., Haagen-Schützenhöfer, C., Schubatzky, T., Burde, J-P., & Wilhelm, T. (2021). Kontextstrukturierte Unterrichtsmaterialien zur Elektrizitätslehre. Entwicklung einer Unterrichtsreihe für die Sekundarstufe I. *MNU-Journal, 74*(1), S. 11–15.

Elster, D. (2007). Interessante und weniger interessante Kontexte für das Lernen mit Naturwissenschaften. *MNU, 60*(4), 243–249.

Fechner, S. (2009). *Effects of context-oriented learning on student interest and achievement in chemistry education*. Logos-Verlag.

Fey, A., Gräsel, C., Puhl, T., & Parchmann, I. (2004). Implementation einer kontextorientierten Unterrichtskonzeption für den Chemieunterricht. *Unterrichtswissenschaft, 33*(3), 238–256.

forsa. (2023). Die Schule aus Sicht der Schulleiterinnen und Schulleiter. Ergebnisse einer bundesweiten repräsentativen Befragung. *Gesellschaft für Sozialforschung und statistische Analysen mbH (forsa.),* Berlin. Verfügbar 8. Februar 2025 unter https://deutscher-schulleitungskongress.de/wp-content/uploads/2023/11/2023-11-21_VOe-Nov_Bericht_Deutschland.pdf. Zugegriffen: 13. März 2025.

Gijbels, D., Dochy, F., den Bossche, P. V., & Segers, M. (2005). Effects of problem-based learning: A meta-analysis from the angle of assessment. *Review of Educational Research, 75,* 27–61. https://doi.org/10.3102/00346543075001027.

Güth, F., & van Vorst, H. (2024). To choose or not to choose? Effects of choice in authentic context-based learning environments. *European Journal of Psychology of Education, 39*(4), 3403–3433. https://doi.org/10.1007/s10212-024-00798-6.

Haagen-Schützenhöfer, C., & Wilhelm, T. (2021). Unterrichtskonzeptionen zur Geometrischen Optik. In T. Wilhelm, H. Schecker, M. Hopf, R. Berger, J.-P. Burde, C. Haagen-Schützenhöfer, D. Höttecke, P. Labudde, R. Müller, & E. Starauschek (Hrsg.), *Lehrbuch. Unterrichtskonzeptionen für den Physikunterricht: Ein Lehrbuch für Studium, Referendariat und Unterrichtspraxis* (S. 17–49). Springer Spektrum. https://www.springerprofessional.de/unterrichtskonzeptionen-zur-geometrischen-optik/19820730. Zugegriffen: 13. März 2025.

Habig, S., van Vorst, H., & Sumfleth, E. (2018). Merkmale kontextualisierter Lernaufgaben und ihre Wirkung auf das situationale Interesse und die Lernleistung von Schülerinnen und Schülern. *Zeitschrift für Didaktik der Naturwissenschaften, 24*(1), 99–114. https://doi.org/10.1007/s40573-018-0077-8.

Hannover, B., & Kessels, U. (2004). Self-to-prototype matching as a strategy for making academic choices. Why high school students do not like math and science. *Learning and Instruction, 14*(1), 51–67 https://doi.org/10.1016/j.learninstruc.2003.10.002.

Hänze, M., & Berger, R. (2007). Cooperative learning, motivational effects and student characteristics: An experimental study comparing cooperative learning and direct instruction in 12th grade physics classes. *Learning and Instruction, 17,* 29–41.

Harbach, A. (2013). *Problemorientierung und Vernetzung in kontextbasierten Lernaufgaben.* Logos Verlag.

Häußler, P., & Hoffmann, L. (1998). Chancengleichheit für Mädchen im Physikunterricht-Ergebnisse eines erweiterten BLK-Modellversuchs. *Zeitschrift für Didaktik der Naturwissenschaften, 4*(1), 51–67.

Häußler, P., Hoffmann, L., Langeheine, R., Rost, J., & Sievers, K. (1996). Qualitative Unterschiede im Interesse an Physik und Konsequenzen für den Unterricht. *Zeitschrift für Didaktik der Naturwissenschaften,* 57–69.

Häußler, P., Hoffmann, L., Langeheine, R., Rost, J., & Sievers, K. (1998). A typology of students' interest in physics and the distribution of gender and age within each type. *International Journal of Science Education, 20*(2), 223–238.

Helmke, A., Helmke, T., Lenske, G., Pham, G., Praetorius, A.-K., Schrader, F.-W., & Ade-Thurow, M. (2012). *Unterrichtsdiagnostik – Voraussetzung für die Verbesserung der Unterrichtsqualität*. In S. Huber (Hrsg.), *Jahrbuch Schulleitung 2012. Befunde und Impulse zu den Handlungsfeldern des Schulmanagements* (S. 133–144). Link.

Hidi, S., & Renninger, K. A. (2006). The four-phase model of interest development. *Educational Psychologist, 41*(2), 111–127.

Hoffmann, L., Häußler, P., & Peters-Haft, S. (1997). *An den Interessen von Mädchen und Jungen orientierter Physikunterricht*. IPN.

Hoffmann, L., Häußler, P., & Lehrke, M. (1998). *IPN-Interessenstudie Physik*. IPN-Verlag.

Höft, L., & Bernholt, S. (2019). Longitudinal couplings between interest and conceptual understanding in secondary school chemistry: an activity-based perspective. *International Journal of Science Education, 41*(5), 607–627. https://doi.org/10.1080/09500693.2019.1571650.

Holland, J. L. (1997). *Making vocational choices: A theory of vocational personalities and work environments* (3rd ed.). Psychological Assessment Resources, Inc.

Holstermann, N., & Bögeholz, S. (2007). Interesse von Jungen und Mädchen an naturwissenschaftlichen Themen am Ende der Sekundarstufe I: Gender- Specific Interests of Adolescent Learners in Science Topics. *Zeitschrift für Didaktik der Naturwissenschaften, 13,* 71–86. https://doi.org/10.25656/01:31607.

Hopf, M., Schecker, H., & Wiesner, H. (2011). Physikdidaktik kompakt. Aulis.

Huber, G. L. (2000). Lernen in kooperativen Arrangements. In R. Duit & C. von Rhöneck (Hrsg.), Ergebnisse fachdidaktischer und psychologischer Lehr-Lern-Forschung. *IPN Report Nr., 169,* 55–76.

Huntemann, H., Paschmann, A., Parchmann, I., & Ralle, B. (1999). Chemie im Kontext – ein neues Konzept für den Chemieunterricht des 11. Jahrgangs. *CHEMKON, 4*(6), 191-196.

Jenkins, E. W., & Nelson, N. W. (2005). Important but not for me: Students' attitudes towards secondary school science in England. *Research in Science & Technological Education, 23*(1), 41.

Jiang, F., & McComas, W. F. (2015). The effects of inquiry teaching on student science achievement and attitudes: Evidence from propensity score analysis of PISA data. *International Journal of Science Education, 37*(3), 554–576. https://doi.org/10.1080/09500693.2014.1000426.

Kalender, Z. Y., Marshman, E., Schunn, C. D., Nokes-Malach, T. J., & Singh, C. (2019a). Gendered patterns in the construction of physics identity from motivational factors. *Physical Review Physics Education Research, 15*(2). https://doi.org/10.1103/PhysRevPhysEducRes.15.020119.

Kalender, Z. Y., Marshman, E., Schunn, C. D., Nokes-Malach, T. J., & Singh, C. (2019b). Why female science, technology, engineering, and mathematics majors do not identify with physics: They do not think others see them that way. *Physical Review Physics Education Research, 15*(2). https://doi.org/10.1103/PhysRevPhysEducRes.15.020148.

Kang, J., & Keinonen, T. (2018) The effect of student-centered approaches on students' interest and achievement in science: Relevant topic-based, open and guided inquiry-based, and discussion-based approaches. *Research in Science Education, 48,* 865–885. https://doi.org/10.1007/s11165-016-9590-2.

Kanter, D. E., & Konstantopoulos, S. (2010). The impact of a project-based science curriculum on minority student achievement, attitudes, and careers: The effects of teacher content and pedagogical content knowledge and inquiry-based practices. *Science Education, 94,* 855-887. https://doi.org/10.1002/sce.20391.

Kessels, U. (2015). Bridging the gap by enhancing the fit: How stereotypes about STEM clash with Stereotypes about girls. *International Journal of Gender, Science and Technology, 7*(2), 280–296.

KMK (2024). Empfehlung der Kultusministerkonferenz zur Bildung für nachhaltige Entwicklung in der Schule (Beschluss der Kultusministerkonferenz vom 13.06.2024 https://www.kmk.org/fileadmin/Dateien/veroeffentlichungen_beschluesse/2024/2024_06_13-BNE-Empfehlung.pdf. Zugegriffen: 13. März 2025.

Knogler, M., Harackiewicz, J. M., Gegenfurtner, A., & Lewalter, D. (2015). How situational is situational interest? Investigating the longitudinal structure of situational interest. *Contemporary Educational Psychology, 43,* 39–50. https://doi.org/10.1016/j.cedpsych.2015.08.004.

Kölbach, E., & Sumfleth, E. (2013). Analyse von Kontexteffekten beim Lernen mit Lösungsbeispielen im Fach Chemie. *Zeitschrift für Didaktik der Naturwissenschaften, 19,* 159–188.

Krajcik, J., & Blumenfeld, P. (2006). 19. Project-Based Learning. In *The Cambridge Handbook of the Learning Sciences* (S. 317–333). Cambridge University Press. https://doi.org/10.1017/CBO9780511816833.020.

Krapp, A. (1998). Entwicklung und Förderung von Interessen im Unterricht. *Psychologie in Erziehung und Unterricht, 44*(3), 185–201. https://www.researchgate.net/publication/262601721_Entwicklung_und_Forderung_von_Interessen_im_Unterricht. Zugegriffen: 13. März 2025.

Krapp, A., & Prenzel, M. (1992). *Interesse, Lernen, Leistung: Neuere Ansätze der pädagogisch-psychologischen Interessenforschung.* Aschendorff.

Krapp, A., & Prenzel, M. (2011). Research on interest in science: Theories, methods, and findings. *International Journal of Science Education, 33*(1), 27–50. https://doi.org/10.1080/09500693.2010.518645.

Krapp, A., & Ryan, R. M. (2002). Selbstwirksamkeit und Lernmotivation. In M. Jerusalem & D. Hopf (Hrsg.), *Zeitschrift für Pädagogik, 44, Beiheft: Selbstwirksamkeit und Motivationsprozesse in Bildungsinstitutionen* (S. 54–82). https://doi.org/10.25656/01:3931.

Kress, D. (2022). *Greenpeace Nachhaltigkeitsbarometer 2021 – Wir sind bereit und wollen endlich eine nachhaltige Zukunft!* https://www.greenpeace.de/publikationen/20220513_GP_Nachhaltigkeitsbarometer_0.pdf. Zugegriffen: 13. März 2025.

LaForce, M., Noble E., & Blackwell C. (2017). Problem-Based Learning (PBL) and student interest in STEM Careers: The roles of motivation and ability beliefs. *Education Sciences, 7*(4), 92. https://doi.org/10.3390/educsci7040092.

Langeheine, R., Häußler, P., Hoffmann, L., Rost, J., & Sievers, K. (2001). Strukturelle Veränderungen des Physikinteresses von der 7. zur 9. Jahrgangsstufe. *Zeitschrift für Entwicklungspsychologie und Pädagogische Psychologie, 33*(1), 20–29. https://doi.org/10.1026//0049-8637.33.1.20.

Lavonen J., Ávalos B., Upadyaya K., Araneda S., Juuti K., Cumsille P., Inkinen J., & Salmela-Aro K. (2021). Upper secondary students' situational interest in physics learning in Finland and Chile. *International Journal of Science Education, 43*(16), 2577-2596, https://doi.org/10.1080/09500693.2021.1978011.

Lindqvist, A., Sendén, M. G., & Renström, E. A. (2021). What is gender, anyway: a review of the options for operationalising gender. *Psychology & Sexuality, 12*(4), 332–344. https://doi.org/10.1080/19419899.2020.1729844.

Lipowsky, F. (2009). Unterricht (S. 73–101). In E. Wild & J. Möller (Hrsg.), *Pädagogische Psychologie*. Springer Verlag.

Liu Y., He W., & Zhao L. (2022). Effects of Inquiry Learning with different task orders on fifth graders' individual and situational interest and concept achievement in Science Education. *Journal of Baltic Science Education. 21*(5), 849–861. https://doi.org/10.33225/jbse/22.21.849.

Lutz, W., Haase, S., Burde, J.-P., Wilhelm, T., & Trefzger, T. (2021a). Ein interaktiver Lehrgang zur geometrischen Optik auf tet.folio. In *PhyDid B, Didaktik der Physik, Beiträge zur DPG-Frühjahrstagung* (2021, S. 11). Online verfügbar unter https://ojs.dpg-physik.de/index.php/phydid-b/article/view/1145/1232.. Zugegriffen: 13. März 2025.

Lutz, W., Haase, S., Burde, J.-P., Wilhelm, T., & Trefzger, T. (2021b). Erste empirische Ergebnisse zum Einsatz digitaler Materialien im Flipped Classroom zur E-Lehre und Optik. In S. Habig & H. van Vorst (Hrsg.), *Unsicherheit als Element von naturwissenschaftsbezogenen Bildungsprozessen* (S. 260–263). Jahrestagung der Gesellschaft für Didaktik der Chemie und Physik.

Mang, J., Ustjanzew, N., Leßke, I., & Reiss, K. (2019). *PISA 2015 Skalenhandbuch. Dokumentation der Erhebungsinstrumente* In J. Mang, N. Ustjanzew, I. Leßke, & K. Reiss (Hrsg.). Waxmann. https://doi.org/10.25656/01:17449.

Marsh, H. W. (1990). The structure of academic self-concept: The Marsh/Shavelson model. *Journal of Educational Psychology, 82*(4), 623–636. https://doi.org/10.1037//0022-0663.82.4.623.

Maurer, C. (2016). *Strukturierung von Lehr-Lern-Sequenzen. Dissertation, Universität Regensburg*. Logos Verlag. https://doi.org/10.5283/epub.33741.

Merzyn, G. (2008). *Naturwissenschaften, Mathematik, Technik – immer unbeliebter? Die Konkurrenz von Schulfächern um das Interesse der Jugend im Spiegel vielfältiger Untersuchungen*. Schneider Verlag.

Mestre, J. P. (2002). Probing adults' conceptual understanding and transfer of learning via problem posing. *Journal of Applied Developmental Psychology, 23*(1), 9–50. https://doi.org/10.1016/S0193-3973(01)00101-0.

Mikelskis, H. (Hrsg.) (2006). *Physikdidaktik. Praxishandbuch für die Sekundarstufe I und II*. Cornelsen Skriptor.

Mitchell, M. (1993). Situational interest: Its multifaceted structure in the secondary school mathematics classroom. *Journal of Educational Psychology, 85*(3), 424–436.

Muckenfuß, H. (1995). *Lernen im sinnstiftenden Kontext: Entwurf einer zeitgemäßen Didaktik des Physikunterrichts*. Cornelsen.

National Research Council (NRC). (2000). *Inquiry and the National Science Education Standards: A guide for teaching and learning*. In S. Olson & S. Loucks-Horsley (Hrsg.). The National Academies Press. https://nap.nationalacademies.org/read/9596/chapter/1. Zugegriffen: 13. März 2025.

Nawrath, D. (2010). *Kontextorientierung: Rekonstruktion einer fachdidaktischen Konzeption für den Physikunterricht. Beiträge zur Didaktischen Rekonstruktion: Bd. 29.* Didaktisches Zentrum. https://oops.uni-oldenburg.de/1018/1/Nawrath_Kontextorientierung.pdf.

Ochsen, S., Bernholt, S., Bernholt, A., & Parchmann, I. (2020). Eine Mikroanalyse von Chemieunterricht – Einsatz und Perzeption von Triggern für situationales Interesse. *Zeitschrift für Didaktik der Naturwissenschaften, 27*(1), 1–15. https://doi.org/10.1007/s40573-020-00122-x.

Ochsen, S., Bernholt, S., Bernholt, A., & Parchmann, I. (2022). Chemie finde ich eigentlich interessant, aber manchmal auch nicht – Zusammenhänge zwischen Merkmalen des Chemieunterrichts und dem situationalen Interesse von Lernenden. *Unterrichtswissenschaft, 50*(3), 425–451. https://doi.org/10.1007/s42010-021-00133-8.

OECD. (2006). *Assessing scientific, reading and mathematical literacy: A framework for PISA 2006*. OECD Publishing. https://www.oecd.org/en/publications/assessing-scientific-reading-and-mathematical-literacy_9789264026407-en.html. Zugegriffen: 13. März 2025.

OECD. (2016). *PISA 2015 Results (volume I): Excellence and equity in education. PISA*. OECD Publishing. https://www.oecd.org/en/publications/pisa-2015-results-volume-i_9789264266490-en.html. Zugegriffen: 13. März 2025.

Osborne, J. F., Collins, S., Ratcliffe, M., Millar, R., & Duschl, R. (2003). What "ideas-about-science" should be taught in school science? A Delphi study of the expert community. *Journal of Research in Science Teaching, 40*(7), 692–720.

Oser, F., Patry, J.-L., Elsässer, T., Sarasin, S., & Wagner, B. (1997). *Choreographien unterrichtlichen Lernens*. In F. Oser (Hrsg.). Pädagogisches Institut der Universität Freiburg.

Parchmann, I., & Kuhn, J. (2018). Lernen im Kontext. In D. Krüger, I. Parchmann, & H. Schecker (Hrsg.), *Theorien in der naturwissenschaftsdidaktischen Forschung* (S. 193–208). Springer.

Parchmann, I., & Ralle, B. (2016). Chemie im Kontext: Lernen von und in sinnstiftenden Zusammenhängen. *PdN – Chemie in der Schule, 65*(5), 14–18.

Parchmann, I., Ralle, B., & Demuth, R. (2000). Chemie im Kontext – Eine Konzeption zum Aufbau und zur Aktivierung fachsystematischer Strukturen in lebensweltlichen Kontexten. *MNU, 53*(3), 132–136.

Pletschacher, L., & Rincke, K. (2025, im Druck). Interesse und Betroffenheit der Schüler*innen an und von nachhaltiger Entwicklung als Kontext. In H. van Vorst (Hrsg.), *Lernen, lehren und forschen im Schülerlabor*. Gesellschaft für Didaktik der Chemie und Physik, Jahrestagung 2024, Bd 45.

Potvin, P., & Hasni, A. (2014a). Analysis of the decline in interest towards school science and technology from grades 5 through 11. *Journal of Science Education and Technology, 23,* 784–802.

Potvin, P., & Hasni, A. (2014b). Interest, motivation and attitude towards science and technology at K-12 levels: A systematic review of 12 years of educational research. *Studies in science education, 50*(1), 85–129.

Rammstedt, O. (1981). Betroffenheit – was heißt das? In H.-D. Klingemann & M. Kaase, *Politische Psychologie* (S. 452–463). Westdeutscher Verlag GmbH.

Reiss, K., Sälzer, C., Schiepe-Tiska, A., Klieme, E., & Köller, O. (Hrsg.). (2016). *PISA 2015. Eine Studie zwischen Kontinuität und Innovation.* Waxmann. https://doi.org/10.25656/01:14020.

Rieß, W., & Mischo, C. (2008). *Evaluationsbericht „Bildung für nachhaltige Entwicklung (BNE) an weiterführenden Schulen in Baden-Württemberg". Maßnahme Lfd. 15 im Aktionsplan Baden-Württemberg.* https://www.researchgate.net/publication/278619237_Evaluationsbericht_Bildung_fur_nachhaltige_Entwicklung_BNE_an_weiterfuhrenden_Schulen_in_Baden-Wurttemberg_Massnahme_Lfd_15_im_Aktionsplan_Baden-Wurttemberg. Zugegriffen: 13. März 2025.

Rost, J., Sievers, K., Häußler, P., Hoffmann, L., & Langeheine, R. (1999). Struktur und Veränderung des Interesses an Physik bei Schülern der 6. bis 10. Klassenstufe. *Zeitschrift für Entwicklungspsychologie und Pädagogische Psychologie, 31*(1), 18–31. https://doi.org/10.1026//0049-8637.31.1.18.

Schiefele, U. (2009). Situational and individual interest. In K. R. Wentzel & A. Wigfield (Eds.), *Handbook of motivation at school* (pp. 197-222). Routledge.

Schiepe-Tiska, A., Rönnebeck, S., Schöps, K., Neumann, K., Schmidtner, S., Parchmann, I., & Prenzel, M. (2016). Naturwissenschaftliche Kompetenzen in PISA 2015 – Ergebnisse des internationalen Vergleichs mit einem modifiziertem Testansatz. In K. Reiss, C. Sälzer, A. Schiepe-Tiska, E. Klieme & O. Köller (Hrsg.), *PISA 2015. Eine Studie zwischen Kontinuität und Innovation* (S. 45–98). Waxmann.

Schreiber, J.-R., & Siege, H. (2016). *Orientierungsrahmen für den Lernbereich Globale Entwicklung im Rahmen einer Bildung für nachhaltige Entwicklung.* Engagement Global gGmbH. Unter https://www.kmk.org/fileadmin/veroeffentlichungen_beschluesse/2015/2015_06_00-Orientierungsrahmen-Globale-Entwicklung.pdf. Zugegriffen: 13. März 2025.

Schreiner, C., & Sjøberg, S. (2004). *Sowing the seeds of ROSE – Background, rationale, questionnaire development and data collection for ROSE (The Relevance of Science Education) – a comparative study of students' views of science and science education.* University of Oslo.

Sievers, K. (1999). *Struktur und Veränderung von Physikinteressen bei Jugendlichen.* IPN.

Sjøberg, S., & Schreiner, C. (2012). Results and Perspectives from the Rose Project: Attitudinal aspects of young people and science in a comparative perspective. In D. Jorde & J. Dillon (Hrsg.), *Cultural perspectives in science education: Bd. 5. Science education research and practice in Europe: Retrospective and prospective* (Bd. 5, S. 203–236). Sense Publ. https://doi.org/10.1007/978-94-6091-900-8_9.

Sjøberg, S., & Schreiner, C. (2019). *The ROSE project (The Relevance of Science Education). Western youth and science.* ROSE Final Report, Part 2. University of Oslo. unter https://www.researchgate.net/publication/336253209_ROSE_The_Relevance_of_Science_Education_Final_Report_part_2_Western_youth_and_science. Zugegriffen: 13. März 2025.

Spatz, V., Hopf, M., Wilhelm, T., Waltner, C., & Wiesner, H. (2020). Introduction to Newtonian mechanics via two-dimensional dynamics – The effects of a newly developed content structure on German middle school students. *European Journal of Science and Mathematics Education, 8*(2), 76–91. https://doi.org/10.30935/scimath/9548.

Steidtmann, L. (2023). *Förderung des Interesses an Physik durch Unterrichtsqualität in der unteren Sekundarstufe.* Kiel https://nbn-resolving.org/urn:nbn:de:gbv:8:3-2024-00086-4. Zugegriffen: 13. März 2025.

Swarat, S., Ortony, A., & Revelle, W. (2012). Activity matters: Understanding student interest in school science. *Journal of Research in Science Teaching, 49*(4), 515–537. https://doi.org/10.1002/tea.21010.

Unger, P. (2025, im Druck). Konzeptaufbau hinführend oder rückführend? Wirkung unterschiedlich strukturierter Verknüpfungen des Vorwissens. In H. van Vorst (Hrsg.), *Lernen, lehren und forschen im Schülerlabor*. Gesellschaft für Didaktik der Chemie und Physik, Jahrestagung 2024, Bd. 45.

Umweltbundesamt (2023). *Umweltbewusstsein in Deutschland 2022: Ergebnisse einer repräsentativen Bevölkerungsumfrage,* Bundesministerium für Umwelt Naturschutz (BMUV) https://www.umweltbundesamt.de/publikationen/umweltbewusstsein-in-deutschland-2022. Zugegriffen: 13. März 2025.

van Vorst, H. (2013). *Kontextmerkmale und ihr Einfluss Auf das Schülerinteresse Im Fach Chemie*. Studien Zum Physik- und Chemielernen: Logos Verlag Berlin.

van Vorst, H., & Aydogmus, H. (2021). One context fits all? – Analysing students' context choice and their reasons for choosing a context-based task in chemistry education. *International Journal of Science Education, 43*(8), 1250–1272. https://doi.org/10.1080/09500693.2021.1908640.

van Vorst, H., Dorschu, A., Fechner, S., Kauertz, A., Krabbe, H., & Sumfleth, E. (2015). Charakterisierung und Strukturierung von Kontexten im naturwissenschaftlichen Unterricht – Vorschlag einer theoretischen Modellierung. *Zeitschrift für Didaktik der Naturwissenschaften, 21*(1), 29–39. https://doi.org/10.1007/s40573-014-0021-5.

van Vorst, H., Fechner, S., & Sumfleth, E. (2018). Unterscheidung von Kontexten für den Chemieunterricht. *Zeitschrift für Didaktik der Naturwissenschaften, 24*(1), 167–181. https://doi.org/10.1007/s40573-018-0081-z.

Vives, E., Poletti, C., Robert, A., Butera, F., Huguet, P., & Régner, I. (2024). Learning with Jigsaw: A systematic review gathering all the pieces of the puzzle more than 40 years later. *Review of Educational Research*. https://doi.org/10.3102/00346543241230064.

Wackermann, R. (2008). *Überprüfung der Wirksamkeit eines Basismodell-Trainings für Physiklehrer*. Logos Verlag Berlin GmbH.

Walpuski, M., & Hauck, A. (2017). Experimente und Lernerfolg. Wie können Experimentierphasen optimiert werden, um Interesse und Lernerfolg der Schülerinnen und Schüler zu erhöhen? *Unterricht Chemie, 158*, 8–13.

Winkelmann, J., & Erb, R. (2018). Der Einfluss von Schüler- und Demonstrationsexperimenten auf den Lernzuwachs in Physik. *PhyDid A - Physik und Didaktik in Schule und Hochschule, 17*(1), 21–33.

Zander, S., Krabbe, H., & Fischer, H. E. (2013). Lernzuwächse in Mechanik im Rahmen der Lehrerfortbildung „Sequenzierung von Lernprozessen". In S. Bernholt (Hrsg.), *Inquiry-based Learning -Forschendes Lernen* (S. 503–505). Gesellschaft für Didaktik der Chemie und Physik, Jahrestagung in Hannover 2012. IPN.

Zöchling, S. (2023). *Students' types of interest in physics revisited.* Dissertation. Universität Wien. https://doi.org/10.25365/thesis.74729.

Interessenförderung im Schülerlabor: Ein multiperspektivischer und kritischer Blick auf Zugänge und Rahmungen der Forschung

Verena Petermann

1 Einleitung

Naturwissenschaftsbezogenes Interesse ist ein zentrales Ziel naturwissenschaftlicher Bildung und stellt beispielsweise neben naturwissenschaftlichen Fähigkeiten eine wichtige Facette naturwissenschaftlicher Kompetenz dar (z. B. Fortus et al., 2022; Karstoff et al., 2023; Osborne, 2023; Rabe in diesem Band, Kap. „Interessenförderung als Ziel von naturwissenschaftlichem Unterricht?!"). Nicht zuletzt ist die Entwicklung von Interessen auch ein wichtiger Teil der persönlichen Identitätsentwicklung; in ihnen drückt sich aus, wer eine Person ist oder sein möchte (z. B. Christ et al. in diesem Band, Kap. „Interest goes Identity? Eine Bestandsaufnahme der Relationierungen von Interesse und Identität und deren Potentiale für naturwissenschaftsdidaktische Forschung"; Rabe in diesem Band, Kap. „Interessenförderung als Ziel von naturwissenschaftlichem Unterricht?!"). Um Interessen gezielt zu fördern, stellt der naturwissenschaftliche Unterricht einen wichtigen Ausgangspunkt dar (siehe Zöchling et al. in diesem Band, Kap. „Interessenförderung im Physik- und Chemieunterricht - Eine Bestandsaufnahme"). Gleichzeitig nehmen auch außerschulische MINT-Angebote, mindestens vor dem Hintergrund schwindender Interessen an Naturwissenschaften – sowohl über Jahrgangsstufen (z. B. Überblick in Habig et al. in diesem Band, Kap. „Empirische Befunde der Interessenforschung der Fächer Biologie, Chemie und Physik im Primar- und Sekundarbereich seit 2012 – Ein systematisches Review"; Krapp & Prenzel, 2011; Potvin & Hasni, 2014) als auch

V. Petermann (✉)
Institut für Didaktik der Physik, Justus-Liebig-Universität Gießen, Gießen, Deutschland
E-Mail: verena.petermann@didaktik.physik.uni-giessen.de

O. Krey et al. (Hrsg.), *Interesse revisited*,
https://doi.org/10.1007/978-3-658-48542-9_11

über Kohorten hinweg (Schiepe-Tiska et al., 2016) –, eine wichtige Rolle bei der Interessenförderung durch zusätzliche Gelegenheiten für positive Gegenstandserfahrungen ein (z. B. Eshach, 2007). In diesem Kapitel wird der außerschulische MINT-Lernort *Schülerlabor* differenziert beleuchtet, indem ein Überblick über die motivationale Wirkung von Schülerlaboren aus unterschiedlichen Perspektiven fokussiert auf das naturwissenschaftsbezogene Interesse gegeben wird. In Ergänzung zu bereits existierenden Überblicken über zentrale Ergebnisse (Itzek-Greulich, 2020; Lewalter, 2020; Tillmann & Wegner, 2021; s. a. zu außerschulischen MINT-Lernorten i. A. Neher-Asylbekov & Wagner, 2023a, b; Nickolaus et al., 2018) werden in diesem Kapitel besonders die bisher genutzten Forschungszugänge sowie damit verbundene Herausforderungen und bestehende Lücken beleuchtet. Somit werden wichtige Anknüpfungspunkte für zukünftige Schülerlaborforschung im Bereich der Interessenförderung herausgearbeitet.

2 Schülerlabore und ihre Potenziale für die Interessenförderung

Schülerlabore bieten in Ergänzung zur Schule und weiteren außerschulischen MINT-Lernorten (z. B. Science Center, Science Museen, Schülerforschungszentren, Lehr-Lern-Labore) wichtige Möglichkeiten zur Begegnung mit naturwissenschaftsbezogenen Gegenständen (z. B. Eshach, 2007). Bei diesen Laborbesuchen handelt es sich typischerweise um ein halb- bzw. ganztägiges Angebot für Schüler:innen zu einem bestimmten naturwissenschaftlichen Thema, welches außerhalb des regulären Schulbetriebs stattfindet und sich schwerpunktmäßig durch eigenständiges Ausprobieren und Experimentieren auszeichnet (Haupt et al., 2013; Priemer & Lewalter, 2009). Im Vergleich zu anderen außerschulischen MINT-Lernorten sind Schülerlabore darauf ausgerichtet, ganze Schulklassen als Adressaten zu fördern, während das zum Beispiel in Science Centern oft nur für ergänzende Workshops gilt, Schülerforschungszentren explizit auf Begabtenförderung abzielen und Lehr-Lern-Labore primär auf die Förderung angehender Lehrkräfte ausgerichtet sind (Brüning et al., 2019; Haupt et al., 2013; Schwarzer & Itzek-Greulich, 2015). Darüber hinaus weisen Schülerlabore meist eine erkennbare Anbindung an naturwissenschaftliche Bildungsvorgaben auf, während diese beispielsweise in Science Centern und Museen durch deren Konzeption für die breite Öffentlichkeit nicht direkt gegeben sein muss (Haupt et al., 2013; Schwarzer & Itzek-Greulich, 2015). Im Vergleich zur Schule zeichnen sich Schülerlabore durch das Experimentieren mit in Schule zum Teil nicht vorhandener Ausstattung und der für die Lernenden neuen, abwechslungsreichen und wissenschaftlich authentischen Umgebung aus (Braund & Reiss, 2006; Haupt et al., 2013; Schwarzer & Itzek-Greulich, 2015; Sommer et al., 2018). Insgesamt erfüllen die Eigenschaften von Schülerlaboren typische Erwartungen von Schüler:innen und Lehrkräften an außerschulische MINT-Lernorte (Garner & Eilks, 2015; Kisiel, 2005; Schmidt et al., 2011). Dadurch liegen vermutlich erste gute Ausgangsbedingungen für eine Kooperation zwischen Schule und Schülerlabor vor, welche von zentraler Bedeutung für die Wirksamkeit außerschulischer Angebote ist (Behrendt & Franklin, 2014; DeWitt & Storksdieck, 2008).

Die Förderung naturwissenschaftsbezogenen Interesses ist – beispielsweise neben dem Verständnis von Naturwissenschaften – ein klares Ziel von Schülerlaboren im naturwissenschaftlichen Bereich (Haupt et al., 2013; Priemer & Lewalter, 2009). Interessen können dabei als Neigung zu bzw. Vorliebe für bestimmte *inhaltsbezogene* Gegenstände wie zum Beispiel bestimmte Themen und Kontexte ausgedeutet werden; dies wird konzeptuell oft als Personen-Gegenstands-Beziehung gerahmt (z. B. Krapp, 1992a, 1992b; s. a. von Aufschnaiter et al. in diesem Band, Kap. „Entwurf eines Interessenmodells für die Naturwissenschaften"; Zügge & Höft in diesem Band, Kap. „Interessentheorien revisited. Ein Überblick gängiger Interessenbegriffe und damit verbundener Beschreibungen der Interessenentwicklung"). Diese Rahmung wird auch im Folgenden genutzt, um einen kritischen Blick auf Zugänge der Forschung zur Interessenförderung im Schülerlabor aus unterschiedlichen Perspektiven zu werfen. Hierfür werden die Perspektiven der in den Studien vorgenommenen Ausdeutung des Gegenstandes (Abschn. 3) sowie der Konstrukte *Desinteresse* und *Abneigung* als negative Personen-Gegenstands-Beziehung in Erweiterung zum Interesse eingenommen (Abschn. 4). Ergänzend wird basierend auf einer vereinfachten Angebots-Nutzungs-Überlegung (z. B. Seidel, 2014; Vieluf et al., 2020) der Stand der Forschung aus der Perspektive von Interesse als Ergebnis, im Prozess und als Voraussetzung (Abschn. 5) unter Berücksichtigung verschiedener Gestaltungsmerkmale des Angebots in Schülerlaboren beleuchtet (Abschn. 6). Hierbei werden in den Abschnitten jeweils zugehörige theoretische Annahmen kurz skizziert, um diese anschließend auf den Stand der Forschung zur Interessenförderung in Schülerlaboren übertragen zu können. An dieser Stelle sei darauf verwiesen, dass sich eine ausführlichere Darstellung und Diskussion dieser Annahmen in verschiedenen Kapiteln dieses Bandes (z. B. von Aufschnaiter et al. in diesem Band, Kap. „Entwurf eines Interessenmodells für die Naturwissenschaften"; Zügge & Höft in diesem Band, Kap. „Interessentheorien revisited. Ein Überblick gängiger Interessenbegriffe und damit verbundener Beschreibungen der Interessenentwicklung"), aber auch anderen Überblicksartikeln findet (z. B. Krapp & Prenzel, 2011; Potvin & Hasni, 2014).

3 Überblick aus einer Gegenstandsperspektive des Interesses

Klarer Bestandteil des Leitbilds von Schülerlaboren im naturwissenschaftlichen Bereich ist die Förderung von naturwissenschaftsbezogenen Interessen (Haupt et al., 2013; Priemer & Lewalter, 2009); was genau jedoch der Gegenstand ist, der bzgl. der Personen-Gegenstands-Beziehung in den Blick genommen wird, fällt in verschiedenen Studien der Schülerlaborforschung sehr unterschiedlich aus. So wird beispielsweise das Interesse an Naturwissenschaften aus der Perspektive von *Sachgebieten* (Sachinteresse; z. B. in Brandt et al., 2008), *Unterrichtsfächern* (Fachinteresse; z. B. in Engeln, 2004), *Berufsfeldern* (Karriereinteresse, z. B. in Mokhonko et al., 2014) und *Freizeitbeschäftigungen* (Freizeitinteresse; z. B. in Frach, 2018) untersucht. Darüber hinaus finden sich in den einzelnen Fokussierungen unterschiedliche Auflösungsgrade, in dem das jeweilige Interesse *domänenübergreifend* (d. h. in Bezug auf Naturwissenschaften; z. B. in Glowinski & Bayrhuber, 2011), *domänenspezifisch* (d. h. spezifisch für Biologie, Chemie, Physik; z. B. in Mokhonko et al., 2014) und *inhaltsspezifisch* untersucht (z. B. für spezifische Themenfelder in Zimmermann, 2019) sowie darin vereinzelt auch gleiche Inhalte in verschiedenen *kontextuellen Einkleidungen* berücksichtigt werden (z. B. historisch vs. theoretisch, in Brandt et al., 2008). Losgelöst von einer konkreten Domäne oder einem konkreten Inhalt wird manchmal auch das Interesse an naturwissenschaftsbezogenen *Tätigkeiten* wie zum Beispiel an dem in Schülerlaboren häufig umgesetzten Experimentieren (z. B. in Frach, 2018; Streller, 2016) oder basierend auf dem RIASEC + N-Modell (Dierks et al., 2016) an verschiedenen Forschungsaktivitäten untersucht (z. B. in Schäfer & Habig, 2024).

Insgesamt gibt es in der Schülerlaborforschung eine große Bandbreite an Ausdeutungen des Gegenstands, was mindestens in Teilen erklärt, warum sich (auch) in dem abgegrenzten Bereich von Schülerlaboren als Lerngelegenheiten keine Instrumente zur Erfassung des Interesses etabliert haben. Darüber hinaus lässt sich in dieser Bandbreite an Zugängen zur gegenstandsspezifischen Erfassung von Interesse nicht immer eindeutig zuordnen, welcher Bezugspunkt und welcher Auflösungsgrad in bestimmten Studien angelegt wird. In zugehörigen Publikationen wird zum Teil nur eher allgemein von Interesse gesprochen; eine Rekonstruktion des theoretischen Zuschnitts ist basierend auf der Dokumentation der eingesetzten Instrumente nur bedingt möglich, da oft nur einzelne Itembeispiele berichtet werden. In der Gesamtsicht scheint der Schwerpunkt auf dem Sachinteresse und einer domänenspezifischen Auflösung zu liegen (siehe Überblick in Tillmann & Wegner, 2021), einige Studien nutzen sogar mehrere Bezugspunkte und Auflösungsgrade (z. B. Sach- und Fachinteresse in Engeln,

2004; Sachinteresse an Naturwissenschaften und am Experimentieren in Pawek, 2009). Alles in allem werden überwiegend Zuschnitte gewählt, die auch in der Interessenforschung allgemein etabliert sind (Bernholt & Krey in diesem Band, Kap. „Die Erfassung von Interessen in der empirischen fachdidaktischen Forschung – Ein methodologisches Review"; von Aufschnaiter et al. in diesem Band, Kap. „Entwurf eines Interessenmodells für die Naturwissenschaften").

Welche konkrete Rahmung des Interessengegenstandes herangezogen wird, ist insofern von zentraler Bedeutung, da sich bei Schülerlaborbesuchen als in der Regel auf einen Schultag begrenzte außerschulische Aktivität klar die Frage stellt, auf welcher Bezugsebene sich überhaupt Veränderungen im Interesse einstellen. Hier könnte zielführend sein, die Erfassung des Interesses möglichst nah an den Gegenstand heranzurücken, zu dem das spezifische Schülerlabor konkrete Gegenstandserfahrungen ermöglicht. Dies gilt dabei sowohl für die inhaltliche als auch für die methodische Ausgestaltung des Besuchs, denn ein Schülerlaborbesuch hat in der Regel einen klaren inhaltlichen Schwerpunkt (Thema, Kontext) und bietet aus methodischer Sicht umfassende Experimentiermöglichkeiten (Tätigkeit) mit unterschiedlicher Nähe zu realen Forschungsprozessen. Vor diesem Hintergrund ist besonders auffällig, dass nur selten das jeweilige Thema, der adressierte Kontext oder die für das Labor spezifische Tätigkeit im Fokus der Erhebung sind (Ausnahmen z. B. in Schäfer & Habig, 2024; Zimmermann, 2019). Genau dies sind aber gegebenenfalls die relevanten Bezugsebenen, auf denen erwartbar oder zumindest intendiert wäre, dass sich durch den Schülerlaborbesuch nachhaltige Veränderungen einstellen. Solche an das jeweilige Labor besser adaptierte Erhebungen sind auch deswegen von Bedeutung, da sich die Interessen von Schüler:innen generell zwischen verschiedenen naturwissenschaftlichen Themen, Kontexten und Tätigkeiten unterscheiden (siehe Überblick in Habig et al. in diesem Band, Kap. „Empirische Befunde der Interessenforschung der Fächer Biologie, Chemie und Physik im Primar- und Sekundarbereich seit 2012 – Ein systematisches Review"; Potvin & Hasni, 2014); diese graduellen Unterschiede sich also in einer eher breiten Erfassung aber möglicherweise nivellieren. Auch wenn eine an ein Schülerlabor adaptierte Erhebung klar hilft, die spezifische Wirkung des Schülerlabors besser zu erfassen, ist hierbei wichtig zu bedenken, dass dies gleichzeitig aber zunächst mit schlechterer Vergleichbarkeit der Befundlagen sowohl zwischen Schülerlaboren als auch zwischen Schülerlaboren und schulischen Settings einhergehen kann. Dies gilt vermutlich mehr für Zuschnitte, die auf die Inhalte als auf die Aktivitäten innerhalb eines Schülerlabors abzielen.

4 Überblick aus der Perspektive der Konstrukte *Desinteresse* und *Abneigung* in Ergänzung zu Interesse

Interesse bezeichnet im Allgemeinen eine positive Beziehung zwischen Person und Gegenstand, die sich durch bis zu vier Merkmale kennzeichnet (z. B. Krapp & Prenzel, 2011; Schiefele et al., 1993): Die Auseinandersetzung mit einem Interessengegenstand löst positive Emotionen aus (*emotionale Valenz*), wird als persönlich bedeutsam erlebt (*wertbezogene Valenz*), erfolgt selbstbestimmt (*intrinsischer Charakter*) und führt zu einem Erkenntnismehrwert (*epistemischer Charakter*). Ein solcher Zuschnitt suggeriert, dass Interesse entweder nicht vorhanden (Ausprägung Null auf den jeweiligen Merkmalen) oder positiv ausgeprägt ist. Wichtig erscheint aber auch, dass es dezidiert negative bzw. ablehnende Einschätzungen – also Ausprägungen kleiner als ein Nullwert – geben kann. Entsprechend werden in einigen Forschungszusammenhängen Konstrukte wie *Desinteresse* und *Abneigung* modelliert, in denen negative Emotionen oder die (bewusste) Vermeidung der Auseinandersetzung mit einem Interessengegenstand zum Ausdruck kommen (Upmeier zu Belzen & Vogt, 2001). In der Schülerlaborforschung wird klar auf das Interesse als positive Beziehung zum Gegenstand fokussiert, wenngleich nicht immer gut erkennbar ist, an welchen Merkmalen genau die jeweils genutzte Operationalisierung ansetzt (Hinweise auf die Operationalisierung entlang dieser Merkmale finden sich z. B. in Guderian et al., 2006; Mokhonko et al., 2014; Schüttler et al., 2021). Im Zuge der Recherche für diesen Buchbeitrag konnte keine Studie ausgemacht werden, die sich explizit auf die Konstrukte *Desinteresse* und *Abneigung* im Kontext von Schülerlaborbesuchen stützt. In Ansätzen sind solche Überlegungen in Studien erkennbar, die inhaltlich verwandte negative Emotionen wie Ärger erfassen (Itzek-Greulich & Vollmer, 2017; s. a. Überblick in Neher-Asylbekov & Wagner, 2023a). Der erweiterte Fokus auf eine negative Beziehung zum Gegenstand könnte die Schülerlaborforschung vorantreiben, da – vor dem Hintergrund, dass Chemie und Physik häufig mit eher negativen Emotionen verbunden werden (vgl. Hoffmann et al., 1998) – insbesondere interessant ist, ob Schülerlaborbesuche Veränderungen in solchen Abneigungen bewirken können. So wäre es beispielsweise möglich, dass sich durch einen Schülerlaborbesuch zwar keine nachhaltigen positiven Veränderungen im Interesse einstellen, dafür aber Abneigungen langfristig ein Stück weit abgebaut werden können (Hinweise zur Verbesserung des Images von Chemie und Physik in Weßnigk, 2013).

5 Überblick aus der Perspektive des Interesses als Ergebnis, im Prozess und als Voraussetzung

Im Schülerlabor spielen Interessen rekurrierend auf Modelle zur Interessenentwicklung (z. B. Hidi & Renninger, 2006; Krapp, 1992b) und auf Angebots-Nutzungs-Modelle (z. B. Seidel, 2014; Vieluf et al., 2020) aus dreierlei Hinsicht eine zentrale Rolle (Abb. 1; s. a. Unterscheidung in Dispositionen vs. Prozesse in von Aufschnaiter et al. in diesem Band, Kap. „Entwurf eines Interessenmodells für die Naturwissenschaften" bzw. in Produkt vs. Prozess in Bernholt & Krey in diesem Band, Kap. „Die Erfassung von Interessen in der empirischen fachdidaktischen Forschung – Ein methodologisches Review"):

1. Interessen im Sinne der Entwicklung einer zeitlich überdauernden Beziehung zu einem Interessengegenstand sind ein wichtiges *Ergebnis* von Schülerlaborbesuchen (z. B. *emerging* und *well-developed individual interest* bei Hidi & Renninger, 2006; *individuelles Interesse* bei Krapp, 1992a, 1992b). Das nach einem Schülerlaborbesuch vorhandene Interesse wird daher als zentrale abhängige Variable untersucht (Lewalter, 2020).
2. Im situationsspezifischen *Prozess* während des Schülerlaborbesuchs ist Interesse mit der kognitiven Auseinandersetzung eines Angebots im Schülerlabor verknüpft (z. B. *triggered* und *maintained situational interest* bei Hidi & Renninger, 2006; *situationales Interesse* bei Krapp, 1992a, 1992b). So ist die Befriedigung der Grundbedürfnisse nach Kompetenzerleben, Autonomieerleben und sozialer Eingebundenheit bzw. das Entstehen positiver Gefühle und Emotionen entscheidend für die Aufrechterhaltung oder Intensivierung der Beschäftigung mit einem Angebot bzw. einem Interessengegenstand (z. B. Deci & Ryan, 2000). Daher wird das Interesse im Prozess während eines

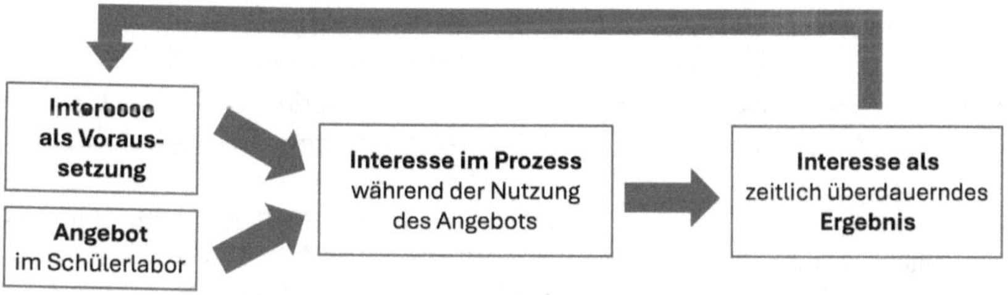

Abb. 1 Interesse als Voraussetzung, im Prozess und als Ergebnis als Strukturierungshilfe für einen Überblick über die Schülerlaborforschung

Schülerlaborbesuchs als weitere wichtige abhängige Variable in den Blick genommen (vgl. Lewalter, 2020).

3. Die Interessen von Schüler:innen, die sie bereits vor dem Schülerbesuch entwickelt haben, sind zentrale *Voraussetzungen*, die die Wahrscheinlichkeit dafür erhöhen, ob und wie intensiv sich Schüler:innen auf ein Angebot im Schülerlabor einlassen (z. B. Interesse als potenzieller „Antrieb“ für Auseinandersetzung in Renninger & Hidi, 2019; Abneigung als potenzielle „Vermeidung“ der Auseinandersetzung in Upmeier zu Belzen & Vogt, 2001). Das Ausgangsinteresse vor dem Besuch wird daher auch als wichtige unabhängige Variable in der Schülerlaborforschung berücksichtigt (Lewalter, 2020).

Abb. 1 illustriert die unterschiedlichen Rollen des Interesses im Schülerlabor, die zur Strukturierung des Stands der Forschung in diesem Kapitel genutzt werden. Wichtig zu betonen ist, dass die skizzierten Zusammenhänge deutlich komplexer ausfallen als es Abb. 1 suggeriert. So ist beispielsweise das Interesse eins von vielen Konstrukten, welches als Voraussetzung, im Prozess und als Ergebnis von Schülerlaborbesuchen von Bedeutung ist. In empirischen Untersuchungen zur Wirkung von Schülerlaboren werden auch kognitive und/oder andere motivationale Variablen, wie zum Beispiel das Selbstkonzept, erfasst (siehe Überblick in Nickolaus et al., 2018; Tillmann & Wegner, 2021). Solche Variablen werden in diesem Kapitel nicht fokussiert und sind daher nicht in Abb. 1 berücksichtigt. Außerdem liegt Angebots-Nutzungs-Modellen beispielsweise klar die Annahme zugrunde, dass das Angebot unter anderem durch die Voraussetzungen der Erstellenden des Angebots beeinflusst wird (z. B. Seidel, 2014; Vieluf et al., 2020). Diese Annahme gilt auch für die Angebote in Schülerlaboren. Jedoch werden die Kompetenzen der Betreuenden in der Mehrheit der Studien bislang ausgeklammert (Ausnahme in Simon, 2019) und sind daher auch nicht explizit in Abb. 1 enthalten. Die hier vorgenommene Vereinfachung und Verkürzung der angenommenen Wirkzusammenhänge soll der Strukturierung des Stands der Forschung dienen, welcher im Folgenden entlang des Zuschnitts Ergebnis – Prozess – Voraussetzung erfolgt und anschließend auf Gestaltungsmerkmale des Angebots in Schülerlaboren eingeht. Ein deutlich differenzierterer Entwurf eines Modells zum Konstrukt *Interesse* in den Naturwissenschaften findet sich in einem anderen Kapitel dieses Bandes (von Aufschnaiter et al. in diesem Band, Kap. „Entwurf eines Interessenmodells für die Naturwissenschaften“).

Mögliche Veränderungen im Interesse als *Ergebnis* eines Laborbesuchs (Abb. 1, rechts) werden überwiegend in quantitativen Studien untersucht, indem das Interesse zu mehreren Messzeitpunkten mit Fragebögen erfasst und zum Teil mit Gruppen kontrastiert wird, die in der gleichen Zeit am Regelunterricht teilnehmen (siehe Überblick in Tillmann & Wegner, 2021). Dabei werden unterschiedliche Zeitskalen herangezogen, in denen eine kurzzeitige Wirkung basierend auf einer Erhebung des Interesses im möglichst direkten Anschluss an ein Schülerlaborbesuch (z. B. in Engeln, 2004) und/oder eine nachhaltige Wirkung basierend auf einer Erhebung mehrere Wochen nach einem Schülerlaborbesuch untersucht werden (z. B. in Brandt et al., 2008). Diese Studien zeigen wiederholt, dass sich das Interesse durch den Besuch kurzzeitig positiv verändert, die Effekte aber tendenziell schwach und wenig nachhaltig sind (z. B. Brandt et al., 2008; Mokhonko et al., 2014; siehe Überblick in Lewalter, 2020; Neher-Asylbekov & Wagner, 2023b; Nickolaus et al., 2018; Tillmann & Wegner, 2021). Selbst bei Mehrfachbesuchen scheint jeder Besuch erneut das Interesse kurzzeitig zu entfachen (Guderian et al., 2006). Darüber hinaus deutet sich an, dass durch einen Schülerlaborbesuch zumindest kurzzeitig die typischen Unterschiede im naturwissenschaftsbezogenen Interesse zwischen Jungen und Mädchen (siehe Überblick in Habig et al. in diesem Band, Kap. „Empirische Befunde der Interessenforschung der Fächer Biologie, Chemie und Physik im Primar- und Sekundarbereich seit 2012 – Ein systematisches Review"; Potvin & Hasni, 2014) verringert und teils sogar nivelliert werden können (z. B. Itzek-Greulich & Vollmer, 2017; Mokhonko et al., 2014; Pawek, 2009; Woithe et al., 2022; s. a. Überblick in Neher-Asylbekov & Wagner, 2023a).

Auch wenn deutlichere Effekte auf das Interesse von Schüler:innen natürlich wünschenswert wären, ist bislang weitgehend offen, ob für die in einem Schülerlabor eher kurze Interventionszeit überhaupt eine große Wirkung auf das Interesse als Ergebnis erwartbar ist (siehe Diskussion in Nickolaus et al., 2018). Dies gilt insbesondere vor dem Hintergrund, dass naturwissenschaftsbezogene Interessen über die Schullaufbahn abnehmen (z. B. Überblick in Habig et al. in diesem Band, Kap. „Empirische Befunde der Interessenforschung der Fächer Biologie, Chemie und Physik im Primar- und Sekundarbereich seit 2012 – Ein systematisches Review"; Krapp & Prenzel, 2011; Potvin & Hasni, 2014). Zwar ist eine solche Abnahme durch die mit zunehmendem Alter erfolgende Interessendifferenzierung erwartbar, fällt insbesondere aber in Chemie und Physik besonders deutlich aus (z. B. Hoffmann et al., 1998). Somit könnte bereits das Verzögern dieser Abnahme als ein Erfolg eines Schülerlaborbesuchs angesehen werden (siehe z. B. Diskussion in Brandt et al., 2008; Potvin & Hasni, 2014). Trotzdem braucht es zur Beurteilung realistisch erwartbarer Nachhaltigkeit von durch Schülerlabore induzierten Veränderungen im Interesse einen klareren Bezugspunkt, der aufgrund weniger Langzeitstudien zur generellen Interessenentwicklung bislang empirisch eher unterbestimmt ist (Bernholt & Krey in diesem Band, Kap. „Die Erfassung von Interessen in der empirischen fachdidaktischen Forschung – Ein methodologisches Review"; Potvin & Hasni, 2014).

Dem Interesse im *Prozess* (Abb. 1, mittig) nähert sich die Schülerlaborforschung fast ausschließlich mit Fragebögen, in denen das situative Interesse direkt im Anschluss an den Besuch erhoben wird (z. B. in Glowinski & Bayrhuber, 2011; Priemer et al., 2018; Schüttler et al., 2021). Hierbei zeigt sich, dass die Angebote in den Schülerlaboren typischerweise als interessant erlebt werden (siehe Überblick in Neher-Asylbekov & Wagner, 2023b; Nickolaus et al., 2018), die verschiedenen Erlebensqualitäten aber möglicherweise eine unterschiedlich große Rolle spielen. Beispielsweise deutet sich in der Studie von Glowinski und Bayrhuber (2011) an, dass abhängig vom Ausgangsinteresse das Kompetenzerleben und die soziale Eingebundenheit wichtige Faktoren für das im Prozess von den Lernenden angegebene Interesse sind, das Autonomieerleben aber – obwohl der eigentätige Zugang ein typisches Gestaltungsmerkmal von Schülerlaboren ist – eine weniger relevante Größe zu sein scheint. Bei diesen Ergebnissen ist zu bedenken, dass solche Selbsteinschätzungen von Schüler:innen im Anschluss an den Schülerlaborbesuch nicht für das situative Erleben während des gesamten Besuchs aussagekräftig sein müssen; Arbeiten zur Dynamik von Erlebenszuständen in anderen Settings deuten zum Teil deutliche Schwankungen an (Knogler et al., 2015; von Aufschnaiter & von Aufschnaiter, 2001). Es wären deshalb Methoden zur Erfassung des Interesses im Prozess *während* des Schülerlaborbesuchs wichtig. Möglich ist beispielsweise, das Erleben mittels Fragebögen nach bestimmten Aufgaben bzw. Phasen des Besuchs (z. B. nach theoretischem und praktischem Teil in Itzek-Greulich & Vollmer, 2017; nach bestimmten Aktivitäten in Schäfer & Habig, 2024; s. a. die *Experience-Sampling Method* in Csikszentmihalyi & Larson, 1987) oder in Kombination mit Videoaufzeichnungen des Bearbeitungsprozesses zu erfassen (z. B. in von Aufschnaiter et al., 2020). Eine mehr auf die real ablaufenden Prozesse *während* des Besuchs fokussierte Analyse kann einen wichtigen Beitrag dazu leisten, Gründe für das Ausbleiben einer nachhaltigen Wirkung von Schülerlaboren zu rekonstruieren. Denkbar ist beispielsweise, dass die Aufgaben zwar sinnvoll bearbeitet und die Abwechslung zur Schule thematisiert wird, sich in der Bearbeitung aber kein bzw. selten Kompetenzerleben einstellt. Weder kognitiv noch motivational ist dann zwingend von einem nachhaltigen Effekt auszugehen (vgl. Deci & Ryan, 2000; Krapp & Prenzel, 2011; Hidi & Renninger, 2006). Diese Überlegungen unterstreichen zudem, dass die Untersuchung des Interesses im Prozess auch zur Aufklärung der kognitiven Wirkung von Schülerlaboren beitragen kann.

Die Betrachtung des Interesses als *Voraussetzung* (Abb. 1, links oben) ist in der Regel kein eigenständiger Untersuchungsgegenstand, sondern ist in Studien zum Interesse im Prozess und/oder als Ergebnis miteingeschlossen, in denen der erste Messzeitpunkt zum Erfassen des Interesses oft vor dem Schülerlaborbesuch oder zu dessen Beginn liegt. Hierbei sind die Ausgangsinteressen häufig eine zentrale Voraussetzung, die beispielsweise neben dem Vorwissen zum Thema des Besuchs oder dem domänenspezifischen Selbstkonzept bei der Untersuchung der Wirkung von Schülerlaboren berücksichtigt werden (z. B. in Itzek-Greulich & Vollmer, 2017; Molz et al., 2022; Woithe et al., 2022). Entsprechende Studien zeigen, dass das Interesse als Ergebnis nach einem Schülerlaborbesuch klar mit dem Ausgangsinteresse korreliert. Im Kontrast dazu spielen für das im Prozess von den Lernenden benannte Interesse nicht nur die Ausgangsinteressen, sondern auch die Gestaltung des Besuchs eine zentrale Rolle (z. B. Itzek-Greulich & Vollmer, 2017; Molz et al., 2022; Woithe et al., 2022; s. a. Überblick in Nickolaus et al., 2018).

6 Überblick aus der Perspektive der Gestaltung des Angebots in Schülerlaboren

Innerhalb der Schülerlaborforschung wird der Einfluss unterschiedlicher Gestaltungsmerkmale des Besuchs auf die Interessenförderung untersucht (Abb. 1., links unten; siehe Überblick in Neher-Asylbekov & Wagner, 2023a; Tillmann & Wegner, 2021). Hierzu gehören beispielsweise Merkmale wie der Grad der wissenschaftlichen Authentizität, welcher ein besonderes Charakteristikum von Schülerlaboren ist (z. B. in Finger et al., 2022; Schüttler et al., 2021). Das Konstrukt der Authentizität wird dabei unterschiedlich ausdifferenziert. Während frühe Studien dies als eindimensionales Konstrukt operationalisierten (Engeln, 2004; Glowinski & Bayrhuber, 2011; Pawek, 2009; Damerau, 2012), werden in aktuelleren Studien mehrere Dimensionen zum Beispiel im Hinblick auf die Authentizität des Ortes, der Vermittelnden und des Materials unterschieden (Finger et al., 2022; Schüttler et al., 2021; Sommer et al., 2018, s. a. zu linguistischen oder erziehungswissenschaftlichen Schülerlaboren z. B. Betz et al., 2016; Nachtigall et al., 2018, Nachtigall & Rummel, 2021). Hierbei scheint die subjektiv wahrgenommene Authentizität einen positiven Effekt auf das Interesse von Schüler:innen zu haben (Engeln, 2004; Glowinski & Bayrhuber, 2011; Pawek, 2009; Damerau, 2012; Schüttler et al., 2021).

Vor dem Hintergrund des Interesses als Voraussetzung ist in Studien der Schülerlaborforschung auffällig, dass in der Beschreibung der konkreten Gestaltung des Schülerlaborbesuchs häufig wenig darauf eingegangen wird, wie das Angebot auf mögliche Ausgangsinteressen von Schüler:innen bezogen ist. Natürlich ist die Herstellung von Passung zu den individuellen Interessen der jeweiligen Schüler:innen dadurch erschwert, dass dies im Vorfeld des Besuchs Abstimmung erfordern würde. Trotzdem wäre eine an den vielfach dokumentierten Interessen von Schüler:innen orientierte Gestaltung im Sinne der Erhöhung der potenziellen Passung möglich und ist unter Umständen auch gegeben. So zeichnen sich Schülerlaborbesuche aus methodischer Perspektive besonders durch experimentbezogene Tätigkeiten aus, die typischerweise auf das Interesse von Schüler:innen stoßen (siehe Überblick in Habig et al. in diesem Band, Kap. „Empirische Befunde der Interessenforschung der Fächer Biologie, Chemie und Physik im Primar- und Sekundarbereich seit 2012 – Ein systematisches Review"; Potvin & Hasni, 2014). Aus inhaltlicher Perspektive könnten zum Beispiel aber auch häufig als interessant erlebte biologisch-medizinische Kontexte implementiert werden (z. B. Elster, 2007; Hoffmann et al., 1998; siehe Überblick in Habig et al. in diesem Band, Kap. „Empirische Befunde der Interessenforschung der Fächer Biologie, Chemie und Physik im Primar- und Sekundarbereich seit 2012 – Ein systematisches Review"). Bislang bleibt in vielen Beschreibungen der beforschten Angebote in Schülerlaboren jedoch offen, ob und wenn ja, wie diese solche Erkenntnisse zu typischen Interessen von Schüler:innen aufgreifen. Dies trägt dazu bei, dass ein Vergleich der Ergebnisse basierend auf unterschiedlichen Angeboten in Schülerlaboren erschwert ist.

Weil der Besuch von Schülerlaboren zumindest einen kurzfristigen Effekt hat (siehe Überblick in Lewalter, 2020; Nickolaus et al., 2018; Tillmann & Wegner, 2021; siehe Abschn. 5), liegt die Frage nahe, ob Schülerlabore als Lern*orte* gegenüber Schule einen Vorteil haben, wenn es um die Förderung von Interesse an Naturwissenschaften geht. Studien, die sich mit dieser Annahme befassen und dafür ein vergleichbares Angebot in Schule und Schülerlabor implementiert haben, legen überwiegend nahe, dass der Ort, an dem ein Angebot umgesetzt wird, dessen Wirkung auf das Interesse schwach bis gar nicht beeinflusst (Itzek-Greulich & Vollmer, 2017; Kirchhoff et al., 2023, 2024; Molz et al., 2022; Röllke et al., 2020, 2021; Schüttler et al., 2021; s. a. Neher-Asylbekov & Wagner, 2023a). Auch wenn dies zunächst vielleicht für Schülerlabore ernüchternd erscheint, ergeben sich daraus wichtige Implikationen. Es deutet sich an, dass weniger der Lernort, sondern viel mehr die Qualität und Passung des Angebots zu den Lernenden von entscheidender Bedeutung für die Förderung von Interessen sind. So zeigen beispielsweise Merkmale wie Verständlichkeit, Alltagsbezug, Zusammenarbeit und Betreuungsqualität im Schülerlabor einen positiven Zusammenhang mit berichteten Interessen (z. B. Engeln, 2004; Glowinski & Bayrhuber, 2011; Pawek, 2009; Simon, 2019; Woithe et al., 2022), was sich auch mit Erkenntnissen bzgl. entsprechender Merkmale im naturwissenschaftlichen Unterricht deckt (siehe Überblick in Habig et al. in diesem Band, Kap. „Empirische Befunde der Interessenforschung der Fächer Biologie, Chemie und Physik im Primar- und Sekundarbereich seit 2012 – Ein systematisches Review"; Potvin &

Hasni, 2014). Schule und Schülerlabor stehen damit nicht in direkter Konkurrenz, sondern können ergänzende Möglichkeiten für naturwissenschaftsbezogene Gegenstandserfahrungen bieten. Darüber hinaus bedeutet die weitgehende Unabhängigkeit vom konkreten Lernort (Schülerlabor vs. Schule), dass bestimmte Forschungsfragen in der Interessenforschung im Lernort Schülerlabor als kontrollierbareres Setting untersucht und darin gewonnene Erkenntnisse trotz der vermeintlichen Einschränkungen bzgl. der ökologischen Validität ein Stück weit auf den Lernort Schule übertragen werden können.

Entscheidender als die Frage, ob bestimmte Gegenstandserfahrungen im Schülerlabor oder in der Schule gewonnen werden, scheint insgesamt die Frage zu sein, wie die Potenziale beider Lernorte lernförderlich miteinander verzahnt werden können (siehe Diskussion in Molz et al., 2022). Eine solche Verzahnung ist dabei zentral für die Nachhaltigkeit der Wirkung außerschulischer Lernorte wie dem Schülerlabor (Behrendt & Franklin, 2014; DeWitt & Storksdieck, 2008; Schwarzer & Itzek-Greulich, 2015). Sie kann beispielsweise dazu beitragen, dass entsprechende Angebote im Schülerlabor besser zu den Voraussetzungen von Schüler:innen passen und damit positives Erleben als Ausgangspunkt einer Interessenentwicklung wahrscheinlicher machen (Hinweise in Glowinski & Bayrhuber, 2011; Streller, 2016). Konkrete Umsetzungen einer inhaltlichen Verzahnung von Schülerlabor und naturwissenschaftlichem Unterricht wurden bereits in verschiedenen Studien exploriert (siehe Überblick in Itzek-Greulich, 2020; Nickolaus et al., 2018). Hierbei nimmt typischerweise der naturwissenschaftliche Unterricht auf das Schülerlabor Bezug, in dem das Thema des Besuchs in der Schule vor- (z. B. Runge et al., 2013) und/oder nachbereitet wird (z. B. Molz et al., 2022; Reimann et al., 2020; Röllke & Grotjohann, 2020). Wie genau jedoch die Lernenden dazu angeregt werden, inhaltliche Verbindungen zwischen gewonnenen Erkenntnissen und Erfahrungen zu einem Gegenstand in beiden Lernorten herzustellen, ist aus den zugehörigen Publikationen oft kaum rekonstruierbar. Ein deutlicher(er) Fokus auf die Ausgestaltung der Anregungen zur wechselseitigen Herstellung von Verbindungen (Schule-Schülerlabor) hat aber das Potenzial, zur Nachhaltigkeit entwickelter Kompetenzen beizutragen. So könnte beispielsweise das an einem Lernort aufgebaute konzeptuelle Wissen im anderen Lernort durch Übertrag auf andere Kontexte stabilisiert und Interessen über das Erleben der Nutzbarkeit von Kenntnissen verstärkt werden. Solche nachhaltigen Effekte durch eine inhaltliche Verzahnung deuten sich in den bisherigen Studien für kognitive Lernergebnisse an; dem Interesse scheint es zumindest nicht zu schaden (Molz et al., 2022; Reimann et al., 2020; Röllke & Grotjohann, 2020). Basierend auf dem aktuell eher diversen und wenig spezifizierten Stand der Forschung lassen sich kaum fundierte Aussagen über die Wirksamkeit verschiedener Formen der expliziten Anregung des Herstellens inhaltlicher Verbindungen zwischen beiden Lernorten treffen, da sich die Studien in der Regel auf einen Vergleich zwischen vorhandener versus keiner Verzahnung beschränken (Molz et al., 2022; Röllke & Grotjohann, 2020; Runge et al., 2013). Interessant könnte hier beispielsweise sein, zu untersuchen, welche Formen der Verzahnung besser als andere geeignet sind, um das während des Schülerlaborbesuchs geweckte Interesse im Unterricht aufrechtzuerhalten bzw. nachhaltig fördern zu können.

7 Fazit und Ausblick

In diesem Kapitel ist der Stand der Forschung zur Interessenförderung im Schülerlabor ausgehend von bisherigen Überblicksartikeln (Itzek-Greulich, 2020; Lewalter, 2020; Tillmann & Wegner, 2021; s. a. zu außerschulischen MINT-Lernorten i. A. Neher-Asylbekov & Wagner, 2023a, b; Nickolaus et al., 2018) strukturiert und aktualisiert aufbereitet sowie um die Darstellung typischerweise genutzter Forschungszugänge sowie damit einhergehender Herausforderungen und bestehender Lücken ergänzt. Hierfür wurden basierend auf einer vereinfachten Angebots-Nutzungs-Überlegung (Abb. 1) nicht nur Befunde und Herausforderungen entlang des Zuschnitts Voraussetzung – Prozess – Ergebnis (Abschn. 5) unter Berücksichtigung der Gestaltung des Angebots (Abschn. 6) präsentiert, sondern auch stärker inhaltliche Betrachtungen angestellt. Darin wurde zum einen auf verschiedene theoretische Ausdeutungen des Gegenstands fokussiert (Abschn. 3) sowie zum anderen die Betrachtung auf die Konstrukte *Desinteresse* und *Abneigung* erweitert (Abschn. 4). Zusammengenommen bilden diese Perspektiven ein Raster ab, das – nach weiterer kritischer Prüfung und dessen Ausbau – fruchtbar werden kann, um Schülerlaborforschung einzuordnen und Fehlstellen zu identifizieren.

Über die beleuchteten Perspektiven hinweg ist insbesondere auffällig, dass sich die Erkenntnisse zur Interessenförderung im Schülerlabor unter Umständen kaum von Erkenntnissen der schulbezogenen Interessenforschung unterscheiden. Dies zeigt sich zum Beispiel in der Bedeutung der Qualität und der Passung des Angebots zu den Lernenden (Abschn. 6; Habig et al. in diesem Band, Kap. „Empirische Befunde der Interessenforschung der Fächer Biologie, Chemie und Physik im Primar- und Sekundarbereich seit 2012 – Ein systematisches Review"; Potvin & Hasni, 2014) sowie in der weitgehenden Unabhängigkeit vom Lernort (Schule vs. Schülerlabor; Abschn. 6). Außerdem entsprechen eine Reihe von Herausforderungen in der Schülerlaborforschung denen, die sich ähnlich auch in der schulbezogenen Interessenforschung finden. Hierzu zählt beispielsweise der genaue Zuschnitt des untersuchten Interesses (Bezugspunkt und Auflösungsgrad des Gegenstandes in Abschn. 3; vgl. Bernholt & Krey in diesem Band, Kap. „Die Erfassung von Interessen in der empirischen fachdidaktischen Forschung – Ein methodologisches Review"; von Aufschnaiter et al. in diesem Band, Kap. „Entwurf eines Interessenmodells für die Naturwissenschaften") und das überwiegende Erfassen des situativen Interesses mittels Selbstauskünften von Schüler:innen in Fragebögen am Ende einer Intervention (Abschn. 5; vgl. Bernholt & Krey in diesem Band, Kap. „Die Erfassung von Interessen in der empirischen fachdidaktischen Forschung – Ein methodologisches Review"). Gleichzeitig wird das Potenzial einer lernortsbezogenen Forschung im Schülerlabor bislang kaum ausgeschöpft, da das erfasste Interesse zu wenig spezifisch für Inhalte und Aktivitäten im Schülerlabor ausgeschärft (Abschn. 3), zu wenig auf Desinteresse und Abneigung außerhalb unter Umständen verminter schulischer Begegnung fokussiert (Abschn. 4) und zu wenig auf verschiedene Formen der Verzahnung mit Schule ausgerichtet ist (Abschn. 6). Zukünftige Interessenforschung könnte – ähnlich zu Untersuchungen zur Wahrnehmung der wissenschaftlichen Authentizität in Schülerlaboren (z. B. in Finger et al., 2022; Schüttler et al., 2021) – stärker Charakteristika aufgreifen, die Schülerlabore von Schule unterscheiden bzw. das Zusammenwirken mit Schule ertragreich werden lassen.

Literatur

Aufschnaiter, C. v., & Aufschnaiter, S. v. (2001). Über den Zusammenhang von kognitiver Entwicklung und situativem Erleben beim Bearbeiten physikalischer Aufgaben. In C. Finkbeiner & G. W. Schnaitmann (Hrsg.), *Lehren und Lernen im Kontext empirischer Forschung und Fachdidaktik* (S. 459–478). Auer.

Aufschnaiter, C. v., Steckenmesser-Sander, K., & Vorholzer, A. (2020). Videogestützte Forschung in Schülerlaboren. In K. Sommer, J. Wirth, & M. Vandebeke (Hrsg.), *Handbuch Forschen im Schülerlabor – Theoretische Grundlagen, empirische Forschungsmethoden und aktuelle Anwendungsgebiete* (S. 201–211). Waxmann.

Behrendt, M., & Franklin, T. (2014). A review of research on school field trips and their value in education. *International Journal of Environmental and Science Education, 9*(3), 235–245.

Betz, A., Flake, S., Mierwald, M., & Vanderbeke, M. (2016). Modelling authenticity in teaching and learning contexts: A contribution to theory development and empirical investigation of the construct. In C.-K. Looi, J. Polman, U. Cress, & P. Reimann (Hrsg.), *Transforming learning, empowering learners*. The International Conference of the Learning Sciences (ICLS), 2016 (Bd. 2, S. 815–818). The International Society of the Learning Sciences.

Brandt, A., Möller, J., & Kohse-Höinghaus, K. (2008). Was bewirken außerschulische Experimentierlabors? *Zeitschrift für Pädagogische Psychologie, 22*(1), 5–12. https://doi.org/10.1024/1010-0652.22.1.5.

Braund, M., & Reiss, M. (2006). Towards a more authentic science curriculum: The contribution of out-of-school learning. *International Journal of Science Education, 28*(12), 1373–1388.

Brüning, A.-K., Käpnick, F., Weusmann, B., Köster, H., & Nordmeier, V. (2019). Lehr-Lern-Labore im MINT-Bereich – eine konzeptionelle Einordnung und empirisch konstruktive Begriffskennzeichnung. In B. Priemer & J. Roth (Hrsg.), *Lehr-Lern-Labore. Konzepte und deren Wirksamkeit in der MINT-Lehrpersonenbildung* (S. 13–26). Springer Spektrum. https://doi.org/10.1007/978-3-662-58913-72.

Csikszentmihalyi, M., & Larson, R. (1987). Validity and reliability of the Experience-Sampling Method. *Journal of Nervous and Mental Disease, 175*(9), 526–536.

Damerau, K. (2012). *Molekulare und Zell-Biologie im Schülerlabor. Fachliche Optimierung und Evaluation der Wirksamkeit im BeLL Bio (Bergisches Lehr-Lern-Labor Biologie).* Dissertation. Bergische Universität Wuppertal.

Deci, E. L., & Ryan, R. M. (2000). The „what" and „why" of goal pursuits: Human needs and the self-determination of behavior. *Psychological Inquiry, 11*(4), 227–268.

DeWitt, J., & Storksdieck, M. (2008). A short review of school field trips: Key findings from the past and implications for the future. *Visitor Studies, 11*(2), 181–197. https://doi.org/10.1080/10645570802355562.

Dierks, P., Höffler, T., Blankenburg, J., Peters, H., & Parchmann, I. (2016). Interest in science: A RIASEC-based analysis of students' interests. *International Journal of Science Education, 38*(2), 238–258. https://doi.org/10.1080/09500693.2016.1138337.

Elster, D. (2007). Interessante und weniger interessante Kontexte für das Lernen von Naturwissenschaften. *Der mathematische und naturwissenschaftliche Unterricht, 60*(4), 243–249.

Engeln, K. (2004). *Schülerlabors. Authentische, aktivierende Lernumgebungen als Möglichkeit, Interesse an Naturwissenschaften und Technik zu wecken.* Logos.

Eshach, H. (2007). Bridging in-school and out-of-school learning: Formal, non-formal, and informal education. *Journal of Science Education and Technology, 16*(2), 171–190. https://doi.org/10.1007/s10956-006-9027-1.

Finger, L., van den Bogaert, V., Fleischer, J., Raimann, J., Sommer, K., & Wirth, J. (2022). Das Schülerlabor als Ort authentischer Wissenschaftsvermittlung? Entwicklung und Validierung eines Fragebogens zur Erfassung der Authentizitätswahrnehmung der Wissenschaftsvermittlung im Schülerlabor. *Zeitschrift für Didaktik der Naturwissenschaften, 28,* 21–35. https://doi.org/10.1007/s40573-022-00139-4.

Fortus, D., Lin, J., Neumann, K., & Sadler, T. D. (2022). The role of affect in science literacy for all. *International Journal of Science Education, 44*(4), 535–555. https://doi.org/10.1080/09500693.2022.2036384.

Frach, S. (2018). *Talente erkennen, Talente fördern in Schülerlaboren: Eine Pilotstudie zur Identifizierung und Förderung naturwissenschaftlich-technisch interessierter Schülerinnen und Schüler in Schülerlaboren.* Uni-Edition.

Garner, N., & Eilks, I. (2015). The Expectations of Teachers and Students Who Visit a Non-Formal Student Chemistry Laboratory. *EURASIA Journal of Mathematics, Science and Technology Education, 11*(5). https://doi.org/10.12973/eurasia.2015.1415a.

Glowinski, I., & Bayrhuber, H. (2011). Student labs on a university campus as a type of out-of-school learning environment: Assessing the potential to promote students' interest in science. *International Journal of Environmental and Science Education, 6*(4), 371–392.

Guderian, P., Priemer, B., & Schön, L.-H. (2006). In den Unterricht eingebundene Schülerlaborbesuche und deren Einfluss auf das aktuelle Interesse an Physik. *Physik und Didaktik in Schule und Hochschule, 2*(5), 142–149.

Haupt, O. J., Domjahn, J., Martin, U., Skiebe-Corrette, P., Vorst, S., Zehren, W., & Hempelmann, R. (2013). Schülerlabor – Begriffsschärfung und Kategorisierung. *Der mathematische und naturwissenschaftliche Unterricht, 66*(6), 324–330.

Hidi, S., & Renninger, K. A. (2006). The four-phase model of interest development. *Educational Psychologist, 41*(2), 111–127.

Hoffmann, L., Häußler, P., & Lehrke, M. (1998). *Die IPN-Interessenstudie Physik*. IPN.

Itzek-Greulich, H. (2020). Die Anbindung von Schülerlaborprojekten in die Schule. In K. Sommer, J. Wirth, & M. Vandebeke (Hrsg.), *Handbuch Forschen im Schülerlabor – Theoretische Grundlagen, empirische Forschungsmethoden und aktuelle Anwendungsgebiete* (S. 139–149). Waxmann.

Itzek-Greulich, H., & Vollmer, C. (2017). Emotional and motivational outcomes of lab work in the secondary intermediate track: The contribution of a science center outreach lab. *Journal of Research in Science Teaching, 54*(1), 3–28. https://doi.org/10.1002/tea.21334.

Karstoff, T., Rönnebeck, S., Neumann, K., Seßler, S., Diedrich, J., & Schiepe-Tiska, A. (2023). Naturwissenschaftliche Kompetenz in PISA 2022. Entwicklungen und mögliche Herausforderungen. In D. Lewalter, J. Diedrich, F. Goldhammer, O. Köller, & K. Reiss (Hrsg.), *PISA 2022. Analyse der Bildungsergebnisse in Deutschland* (S. 113–137). Waxmann.

Kirchhoff, T., Randler, C., & Großmann, N. (2023). Experimenting at an outreach science lab versus at school – Differences in students' basic need satisfaction, intrinsic motivation, and flow experience. *Journal of Research in Science Teaching, 60*(10), 2255–2293. https://doi.org/10.1002/tea.21859.

Kirchhoff, T., Wilde, M., & Großmann, N. (2024). On the interest-promoting effect of outreach science labs: A comparison of students' interest during experimentation at an outreach science lab and at school. *Research in Science Education, 54*(3), 459–473. https://doi.org/10.1007/s11165-023-10140-7.

Kisiel, J. (2005). Understanding elementary teacher motivations for science fieldtrips. *Science Education, 89*(6), 936–955. https://doi.org/10.1002/sce.20085.

Knogler, M., Harackiewicz, J., Gegenfurtner, A., & Lewalter, D. (2015). How situational is situational interest? Investigating the longitudinal structure of situational interest. *Contemporary Educational Psychology, 43,* 39–50. https://doi.org/10.1016/j.cedpsych.2015.08.004.

Krapp, A. (1992a). Konzepte und Forschungsansätze zur Analyse des Zusammenhangs von Interesse, Lernen und Leistung. In A. Krapp & M. Prenzel (Hrsg.), *Interesse, Lernen, Leistung. Neuere Ansätze der Pädagogisch-Psychologischen Interessenforschung* (S. 9–52). Aschendorff.

Krapp, A. (1992b). Das Interessenkonstrukt. Bestimmungsmerkmale der Interessenhandlung und des individuellen Interesses aus der Sicht einer Person-Gegenstands-Konzeption. In A. Krapp & M. Prenzel (Hrsg.), *Interesse, Lernen, Leistung. Neuere Ansätze der Pädagogisch-Psychologischen Interessenforschung* (S. 297–329). Aschendorff.

Krapp, A., & Prenzel, M. (2011). Research on interest in science: Theories, methods, and findings. *International Journal of Science Education, 33*(1), 27–50. https://doi.org/10.1080/09500693.2010.518645.

Lewalter, D. (2020). Schülerlaborbesuche aus motivationaler Sicht unter besonderer Berücksichtigung des Interesses. In K. Sommer, J. Wirth, & M. Vandebeke (Hrsg.), *Handbuch Forschen im Schülerlabor – Theoretische Grundlagen, empirische Forschungsmethoden und aktuelle Anwendungsgebiete* (S. 63–70). Waxmann.

Mokhonko, S., Nickolaus, R., & Windaus, A. (2014). Förderung von Mädchen in Naturwissenschaften: Schülerlabore und ihre Effekte. *Zeitschrift für Didaktik der Naturwissenschaften, 20,* 143–159. https://doi.org/10.1007/s40573-014-0016-2.

Molz, A., Kuhn, J., & Müller, A. (2022). Effectiveness of science outreach labs with and without connection to classroom learning: Affective and cognitive outcomes. *Physical Review Physics Education Research, 18*(2). https://doi.org/10.1103/PhysRevPhysEducRes.18.020144.

Nachtigall, V., & Rummel, N. (2021). Investigating students' perceived authenticity of learning activities in an out-of-school lab for social sciences: A replication study. *Instructional Science, 49*(6), 779–810.

Nachtigall, V., Rummel, N., & Serova, K. (2018). Authentisch ist nicht gleich authentisch – Wie Schülerinnen und Schüler die Authentizität von Lernaktivitäten im Schülerlabor einschätzen. *Unterrichtswissenschaft, 46*(3), 299–319. https://doi.org/10.1007/s42010-018-0020-1.

Neher-Asylbekov, S., & Wagner, I. (2023a). Effects of out-of-school STEM learning environments on student interest: A critical systematic literature review. *Journal for STEM Education Research, 6*(1), 1–44. https://doi.org/10.1007/s41979-022-00080-8.

Neher-Asylbekov, S., & Wagner, I. (2023b). Modelling of interest in out-of-school science learning environments: A systematic literature review. *International Journal of Science Education, 45*(13), 1074–1096. https://doi.org/10.1080/09500693.2023.2185830.

Nickolaus, R., Steffensky, M., & Parchmann, I. (2018). Expertise zu Effekten zentraler außerschulischer MINT-Angebote. Nationales MINT Forum. https://www.nationalesmintforum.de/fileadmin/medienablage/content/veranstaltungen/6_NMG_2018/pdf/NMF-Expertise_zu_Effekten_zentraler_au_erschulischer_MINT-Angebote_2018.pdf. Zugegriffen: 12 März 2025.

Osborne, J. (2023). Science, scientific literacy, and science education. In N. G. Lederman & D. Zeidler (Hrsg.), *Handbook of research on science education* (Bd. III, S. 785–816). Routledge.

Pawek, C. (2009). *Schülerlabore als interessefördernde außerschulische Lernumgebungen für Schülerinnen und Schüler aus der Mittel- und Oberstufe.* Dissertation, Christian-Albrechts-Universität zu Kiel.

Potvin, P., & Hasni, A. (2014). Interest, motivation and attitude towards science and technology at K-12 levels: A systematic review of 12 years of educational research. *Studies in Science Education, 50*(1), 85–129. https://doi.org/10.1080/03057267.2014.881626.

Priemer, B., & Lewalter, D. (2009). Schülerlaborbesuche – eine Bereicherung für den naturwissenschaftlichen Unterricht!? *Praxis der Naturwissenschaften – Physik in der Schule,* 58(4), 10–14.

Priemer, B., Menzl, C., Hagos, F., Musold, W., & Schulz, J. (2018). Das situationale epistemische Interesse an physikalischen Themen von Mädchen und Jungen nach dem Besuch eines Schülerlabors. *Zeitschrift für Didaktik der Naturwissenschaften, 24,* 279–285. https://doi.org/10.1007/s40573-018-0073-z.

Reimann, M., Herzog, S., Parchmann, I., & Schwarzer, S. (2020). Wirksamkeit der schulischen Vor- und Nachbereitung eines Schülerlaborbesuches. *Zeitschrift für Didaktik der Naturwissenschaften, 26,* 227–240. https://doi.org/10.1007/s40573-020-00121-y.

Renninger, K. A., & Hidi, S. E. (2019). Interest development and learning. In K. A. Renninger & S. E. Hidi (Hrsg.), *The Cambridge handbook of motivation and learning* (S. 265–290). Cambridge University Press. https://doi.org/10.1017/9781316823279.013.

Röllke, K., & Grotjohann, N. (2020). Einfluss der Nachbereitung eines Schülerlaborbesuches auf den Wissensbehalt der Schülerinnen und Schüler. In K. Sommer, J. Wirth, & M. Vandebeke (Hrsg.), *Handbuch Forschen im Schülerlabor – Theoretische Grundlagen, empirische Forschungsmethoden und aktuelle Anwendungsgebiete* (S. 127–135). Waxmann.

Röllke, K., Maak, A.-L., Wenzel, A., & Grotjohann, N. (2020). Experimental workshops in student labs and at school – what influence do location and personality traits have on learners' motivational variables? *Pedagogical Research, 5*(1), Article em0050. https://doi.org/10.29333/pr/6338.

Röllke, K., Sellmann-Risse, D., Wenzel, A., & Grotjohann, N. (2021). Impact of inquiry-based learning in a molecular biology class on the dimensions of students' situational interest. *International Journal of Science Education, 43*(17), 2843–2865. https://doi.org/10.1080/09500693.2021.1993377.

Runge, K., Stiefs, D., & Schecker, H. (2013). Wirkungen schulischer Vorbereitung auf den Besuch des DLR_School_Lab. *LeLamagazin,* 3–5.

Schäfer, X., & Habig, S. (2024). Interesse im Schülerlabor – eine Frage von Situation oder Disposition. In H. van Vorst (Hrsg.), *Jahrestagung der Gesellschaft für Didaktik der Chemie und Physik 2023: Frühe naturwissenschaftliche Bildung* (S. 530–533).

Schiefele, U., Krapp, A., Wild, K.-P., & Winteler, A. (1993). Der „Fragebogen zum Studieninteresse" (FSI). *Diagnostica, 39*(4), 335–351.

Schiepe-Tiska, A., Simm, I., & Schmidtner, S. (2016). Motivationale Orientierungen, Selbstbilder und Berufserwartungen in den Naturwissenschaften in PISA 2015. In K. Reiss, C. Sälzer, A. Schiepe-Tiska, E. Klieme, & O. Köller (Hsrg.), *PISA 2015. Eine Studie zwischen Kontinuität und Innovation* (S. 99–132). Waxmann.

Schmidt, I., Di Fuccia, D. S., & Ralle, B. (2011). Außerschulische Lernstandorte: Erwartungen, Erfahrungen und Wirkungen aus der Sicht von Lehrkräften und Schulleitungen. *Der mathematische und naturwissenschaftliche Unterricht, 64*(6), 362–369.

Schüttler, T., Watzka, B., Girwidz, R., & Ertl, B. (2021). Die Wirkung der Authentizität von Lernort und Laborgeräten auf das situationale Interesse und die Relevanzwahrnehmung beim Besuch eines naturwissenschaftlichen Schülerlabors. *Zeitschrift für Didaktik der Naturwissenschaften, 27,* 109–125. https://doi.org/10.1007/s40573-021-00128-z.

Schwarzer, S., & Itzek-Greulich, H. (2015). Möglichkeiten und Wirkungen von Schülerlaboren: Vor- und Nachbereitung zur Vernetzung mit dem Schulunterricht. *Naturwissenschaften im Unterricht Chemie, 26*(147), 8–13.

Seidel, T. (2014). Angebots-Nutzungs-Modelle in der Unterrichtspsychologie. Integration von Struktur- und Prozessparadigma. *Zeitschrift für Pädagogik, 60*(6), 850–866. https://doi.org/10.3262/ZP1406850.

Simon, F. (2019). *Der Einfluss von Betreuung und Betreuenden auf die Wirksamkeit von Schülerlaborbesuchen.* Logos.

Sommer, K., Wirth, J., & Rummel, N. (2018). Authentizität der Wissenschaftsvermittlung im Schülerlabor – Einführung in den Thementeil. *Unterrichtswissenschaft, 46*(3), 253–260. https://doi.org/10.1007/s42010-018-0022-z.

Streller, M. (2016). *The educational effects of pre and post-work in out-of-school laboratories.* Dissertation, Technische Universität Dresden.

Tillmann, J., & Wegner, C. (2021). Weiterentwicklung eines klassischen Schülerlabors – Darstellung des aktuellen Forschungsstandes. *Progress in Science Education, 4*(2), 5–39. https://doi.org/10.25321/PRISE.2021.1076.

Upmeier zu Belzen, A., & Vogt, H. (2001). Interessen und Nicht-Interessen bei Grundschulkindern: Theoretische Basis der Längsschnittstudie PEIG. *Zeitschrift für Didaktik der Biologie, 10*(1), 17–31. https://doi.org/10.4119/zdb-1691.

Vieluf, S., Praetorius, A.-K., Rakoczy, K., Kleinknecht, M., & Pietsch, M. (2020). Angebots-Nutzungs-Modelle der Wirkweise des Unterrichts. *Zeitschrift für Pädagogik, 66. Beiheft*, 63–80. https://doi.org/10.25656/01:25864.

Weßnigk, S. (2013). *Kooperatives Arbeiten an industrienahen außerschulischen Lernorten.* Dissertation, Christian-Albrechts-Universität zu Kiel.

Woithe, J., Müller, A., Schmeling, S., & Kuhn, J. (2022). Motivational outcomes of the science outreach lab S'Cool LAB at CERN: A multilevel analysis. *Journal of Research in Science Teaching, 59*(6), 930–968. https://doi.org/10.1002/tea.21748.

Zimmermann, S. A. C. (2019). *Schülerlabor Neurowissenschaften. Ein biologiedidaktisches Forschungs- und Entwicklungsprojekt für die Oberstufe in einer außerschulischen Lernumgebung*. Dissertation, Johann Wolfgang Goethe-Universität.

FSC
www.fsc.org
MIX
Papier | Fördert gute Waldnutzung
FSC® C083411

Kolibri 360 GmbH
Ferdinand-Jühlke-Straße 7
99095 Erfurt, Deutschland
produktsicherheit@kolibri360.de